新编高等数学同步学习与辅导

配同济大学编《高等数学》（高教六版、七版）

陈春宝　沈家骅　编著

丁颂康　　　主审

·上海·

图书在版编目(CIP)数据

新编高等数学同步学习与辅导 / 陈春宝，沈家骅编著.--上海：同济大学出版社，2021.7（2024.7重印）
 ISBN 978-7-5608-8954-2

Ⅰ.①新… Ⅱ.①陈… ②沈… Ⅲ.①高等数学－高等学校－教学参考资料 Ⅳ.①O13

中国版本图书馆 CIP 数据核字(2021)第 125477 号

新编高等数学同步学习与辅导
配同济大学编《高等数学》（高教六版、七版）
陈春宝　沈家骅　编著
丁颂康　主审
责任编辑　朱　勇　缪临平　　责任校对　徐春莲　　封面设计　潘向蓁

出版发行	同济大学出版社　　www.tongjipress.com.cn	
	(地址：上海市四平路1239号　邮编：200092　电话：021－65985622)	
经　销	全国各地新华书店	
印　刷	启东市人民印刷有限公司	
开　本	710mm×960mm　1/16	
印　张	23.5	
印　数	13001—16100	
字　数	470 000	
版　次	2021年7月第1版	
印　次	2024年7月第5次印刷	
书　号	ISBN 978-7-5608-8954-2	
定　价	78.00元	

本书若有印装质量问题，请向本社发行部调换　　版权所有　侵权必究

前　言

"高等数学"作为高等院校各专业学生必修的一门基础课,它在自然科学、工程技术和国民经济等各方面都有着广泛的应用,在大学一年级的课程中占有非常重要的地位.

"高等数学"由于其概念抽象,推理缜密,方法灵活而且计算较为烦琐,往往使初学者感到比较困难.规律难找,习题难做,表达不够完整是学生们常见的问题.为了使学生尽快地掌握学习规律,复习、巩固、掌握"高等数学"的基本概念、基本原理和基本解题方法,编者在《高等数学同步辅导与训练题集》《新编高等数学阶梯同步练习与辅导》和《高等数学新编同步试题库》的基础上,广泛地听取了教师和学生的意见,对内容进行了重新精选和修改,编写成了《新编高等数学同步学习与辅导》一书.

本书以全国高等院校数学课程指导委员会编制的"数学课程教学的基本要求"为指导,由长期从事"高等数学"教学、具有丰富教学经验的教师负责编写.

有一位著名数学家曾说过:"解题可以认为是人的最富有特征的活动、解题是一种本领,你只能通过模仿和实践才能学到它,假如你要从解题中取得最大收获,你就应该在做的题目中去找到它的特征,它的特征在你今后求解其他问题时就能起到指导作用、每种解题方法,只有通过你自己的体验,才会变成你自己的财富."

本书有以下特点:

1. 与教学同步,要点明确.根据教材顺序,以每次教学课为一个单元,将每章节的知识点归纳集中在一起,与教学同步给出练习题,题型既有常规的,也有一些比较特殊的,尤其有一些应对考试的题型,便于学生整体掌握本章节内容,同时方便学生随时检索查阅详细题解.

2. 多级筛选,适用面广.本书按照教材的要求,对各章、节内容进行了A级和B级同步训练题筛选收录.A级作一般性的知识要点;B级是必须掌握、学期考试考纲中必考的或试卷命题中出现频率比较高的知识点,不同基础的学生可按照自身的情况选择不同等级的题型进行学习和练习.

3. 循环复习,强化记忆.本书每章后配有一定数量的章节练习题,并给出解答. 以上内容也为教师上习题课提供了素材.

　　本书配合同济大学编《高等数学》(高教六版、七版)教材,融汇了高等数学中各环节的内容,原则上不超出工科院校高等数学课程教学基本要求,个别内容要求略高.

　　本书既可作为高等院校学生学习高等数学课程的参考资料,又可作为学生参加全国数学竞赛的训练资料,也可供报考硕士研究生的学生复习高等数学时使用.

　　本书由陈春宝、沈家骅编著,丁颂康教授主审. 承蒙同济大学出版社缪临平副编审在我们共同合作的20多年时间里,对我们编写"高等数学同步辅导书"的策划、关心和帮助,在此向他表示衷心感谢! 由于编者水平的关系,书中一定存有不少不足和错误之处,万望各位读者指正.

编　者

2021年3月于上海

目 录

前 言
第 1 章 函数与极限 ·· 1
 §1-1 函数的概念 ·· 1
 §1-2 数列极限 ··· 5
 §1-3 函数的极限 ·· 8
 §1-4 极限运算法则 ·· 10
 §1-5 两个重要极限 ·· 15
 §1-6 无穷小与无穷大及其比较 ·· 18
 §1-7 函数的连续性与间断点 ··· 23
 §1-8 闭区间上连续函数及其性质 ··· 27

第 2 章 导数与微分 ·· 33
 §2-1 导数的概念 ··· 33
 §2-2 函数和差积商的导数、反函数求导法 ·· 36
 §2-3-1 复合函数的导数 ·· 39
 §2-3-2 高阶导数的求法 ·· 42
 §2-4 隐函数的导数、参数方程的导数 ··· 45
 §2-5 微分及其应用 ·· 49

第 3 章 中值定理和导数的应用 ··· 55
 §3-1 中值定理 ··· 55
 §3-2 洛必达法则 ··· 58
 §3-3 泰勒公式 ··· 62
 §3-4 函数的单调性和极值 ··· 66
 §3-5 函数的最大值与最小值 ··· 69
 §3-6 曲线的凹凸性与拐点 ··· 73
 §3-7 函数图形的描绘和曲线的曲率 ·· 76

第 4 章 不定积分 ··· 82
 §4-1 不定积分概念与性质 ··· 82

§4-2 第一类换元法 ································· 85
§4-3 第二类换元法与分部积分法 ············· 88
§4-4 有理函数的积分法 ·························· 92

第5章 定积分 ··· 98
§5-1 定积分概念与性质 ·························· 98
§5-2 微积分基本公式 ··························· 101
§5-3 定积分换元法与分部积分法 ·········· 107
§5-4 反常积分 ····································· 112

第6章 定积分的应用 ··································· 115
§6-1 定积分的几何应用 ························ 115
§6-2 曲线的弧长计算和定积分的物理应用 ·· 121

第7章 微分方程 ··· 127
§7-1 微分方程概念及可分离变量微分方程 ·· 127
§7-2 齐次方程与一阶线性方程 ·············· 132
§7-3 伯努利方程 ·································· 137
§7-4 可降阶的微分方程 ························ 141
§7-5 线性方程解的结构与齐次方程 ······· 145
§7-6 二阶线性非齐次微分方程 ·············· 150

第8章 空间解析几何与向量代数 ·················· 157
§8-1 向量代数概念与坐标 ···················· 157
§8-2 数量积与向量积 ··························· 160
§8-3 平面及其方程 ······························ 163
§8-4 直线及其方程 ······························ 166
§8-5 空间曲面方程与曲线方程 ·············· 170

第9章 多元函数微分法及其应用 ·················· 177
§9-1 多元函数的概念 ··························· 177
§9-2 偏导数与全微分 ··························· 180
§9-3 多元复合函数求导法则 ················· 187
§9-4 隐函数求导法则 ··························· 190
§9-5 多元函数微分学的几何应用 ·········· 195
§9-6 方向导数与梯度 ··························· 199
§9-7 多元函数的极值及其应用 ·············· 202

第10章　重积分 ... 209

- §10-1　二重积分概念及直角坐标系计算 ... 209
- §10-2　二重积分直角坐标和极坐标计算 ... 214
- §10-3　三重积分概念与直角坐标系下计算 ... 221
- §10-4　柱面坐标和球面坐标系下计算 ... 225
- §10-5　重积分的应用 ... 229

第11章　曲线积分与曲面积分 ... 236

- §11-1　第一类曲线积分 ... 236
- §11-2　第二类曲线积分 ... 240
- §11-3　格林公式及其应用(1) ... 243
- §11-4　格林公式及其应用(2) ... 248
- §11-5　对面积的曲面积分 ... 251
- §11-6　对坐标的曲面积分 ... 256
- §11-7　高斯公式 ... 261
- §11-8　斯托克斯公式 ... 265

第12章　无穷级数 ... 274

- §12-1　常数项级数的概念与性质 ... 274
- §12-2　正项级数及其审敛法 ... 279
- §12-3　交错级数与任意项级数及其审敛法 ... 285
- §12-4　幂级数 ... 291
- §12-5　函数展开成幂级数 ... 295
- §12-6　傅立叶级数(1) ... 299
- §12-7　傅立叶级数(2) ... 303
- §12-8　傅立叶级数(3) ... 307

附　录 ... 314

- 附录A　同步模拟测试题 ... 314
- 附录B　同步模拟测试题解答 ... 334
- 附录C　历年硕士研究生入学考试真题选 ... 350

第 1 章　函数与极限

[**教学目的与要求**]

1. 了解函数的概念,掌握函数的表示方法,学会建立简单应用问题中的函数关系式.
2. 了解函数的奇偶性、单调性、周期性和有界性.
3. 理解复合函数及分段函数的概念,了解反函数及隐函数的概念.
4. 掌握基本初等函数的性质及其图形.
5. 理解极限的概念,理解函数左极限与右极限的概念,以及极限存在与左、右极限之间的关系.
6. 掌握极限的性质及四则运算法则.
7. 了解极限存在的两个准则,并会利用它们求极限,掌握利用两个重要极限求极限的方法.
8. 理解无穷小、无穷大的概念,掌握无穷小的比较方法,会用等价无穷小求极限.
9. 理解函数连续性的概念(含左连续与右连续),会判别函数间断点的类型.
10. 了解连续函数的性质和初等函数的连续性,了解闭区间上连续函数的性质(有界性、最大值和最小值定理、介值定理),并会应用这些性质.

§1-1　函数的概念

A 级同步训练题

一、客观题

1. 下面函数中,与 $y=x$ 相同的是(　　).

   (A) $y=e^{\ln|x|}$ 　　　　(B) $y=\sqrt{x^2}$

   (C) $y=\sqrt[4]{x^4}$ 　　　　(D) $y=x(\sin^2 x+\cos^2 x)$

2. 下列函数中,(　　)既是奇函数,又是单调增加的.

   (A) $\sin^3 x$ 　　　　(B) x^3+1

   (C) x^3+x 　　　　(D) x^3-x

3. 设 $f(x)=x^2, g(x)=2^x$,则函数 $f[g(x)]=($ 　　$)$.
   (A) $2x$　　　(B) 2^{2x}　　　(C) $\log_2 x^2$　　　(D) $2x^2$

4. 若 $f(x)$ 为奇函数,则(　　)也为奇函数.
   (A) $f(x)+1$　　　　　　(B) $f(-x)+1$
   (C) $f(x)+f(|x|)$　　　　(D) $f[f(-x)]$

5. 设 $f(x)=\arcsin\sqrt{1-x^2}$,则 $f(x)$ 的定义域用区间表示为_____.

6. 函数 $f(x)=\sqrt{\dfrac{3-x}{x+2}}$ 的定义域用区间表示为_____.

7. 设 $f(x)=\sqrt{x-1}+\ln(5-x)$,则 $f(x)$ 的定义域用区间表示为_____.

8. 函数 $f(x)=\dfrac{1}{\sqrt{\ln(x+4)}}$ 的定义域用区间表示为_____.

二、求下列函数的定义域

1. $f(x)=\sqrt{-x^2+4x-3}+\dfrac{1}{\ln(x-1)}$.

2. 设 $f(x)$ 的定义域为 $D=[0,1]$,求下列函数的定义域.
   (1) $f(x^2)$; (2) $f(\sin x)$; (3) $f(x+a)(a>0)$; (4) $f(x+a)+f(x-a)(a>0)$.

三、讨论函数 $f(x)=1+\ln x$ 在 $(0,+\infty)$ 内的单调性.

四、讨论函数 $f(x)=\dfrac{\sin x}{1+x^2}$ 的有界性.

五、设 $f(x)=x^2+1, \varphi(x)=\dfrac{1}{\sqrt{x^2+1}}$;求 $f[\varphi(x)]$ 及 $\varphi[f(x)]$.

六、求函数 $y=\sqrt{x^2-4}\,(x\leqslant -2)$ 的反函数,并指出反函数的定义域.

B 级同步训练题

一、客观题

1. 下列函数中,不是奇函数的是(　　).
   (A) $y=\dfrac{e^x-1}{e^x+1}$　　　　(B) $y=\lg(x+\sqrt{1+x^2})$
   (C) $y=x\arccos\dfrac{x}{1+x^2}$　　(D) $y=xf(x^2)$

2. 设 $f(x)=(|x|+x)[e^{|x|-x}-1]\,(-\infty<x<+\infty)$,则 $f(x)$(　　).
   (A) 是奇函数　　　　　　　(B) 是偶函数
   (C) 是奇函数又是偶函数　　(D) 非奇函数又非偶函数

3. 设 $f(x)$ 的定义域是 $(0,1)$,则 $f(\ln x)$ 的定义域是_____.

4. 设 $f(x)$ 的定义域是 $(1,2)$,则 $f\left(\dfrac{1}{x+1}\right)$ 的定义域是_____.

5. 设 $f(x) = \ln x, \varphi(x) = \arcsin x$，则 $f[\varphi(x)]$ 的定义域是_____.

6. 设 $f(x)$ 的定义域是 $(0,1)$，则 $f(\sqrt{4-x^2})$ 的定义域是_____.

二、讨论函数 $f(x) = \dfrac{1}{1+a^{\frac{1}{x}}}$，当 $x \in (-\infty, 0) \cup (0, +\infty)$ 时的有界性.

三、讨论函数 $f(x) = \dfrac{1+2x^2}{1+x^4}$ 在 $(-\infty, +\infty)$ 上的有界性.

四、讨论函数 $f(x) = x - e^{-x}$ 在 $(-\infty, +\infty)$ 上的单调性.

五、求 $f(x) = \sin 5x \cdot \cos x$ 的最小正周期.

六、求函数 $y = \arcsin\sqrt{\dfrac{1-x}{1+x}}$ 的反函数.

七、求函数 $y = \dfrac{e^{-x}}{1+e^{-x}}$ 的反函数，并指出其定义域.

八、设 $f(x) = \begin{cases} 2x+1, & x \geqslant 0; \\ x^2+4, & x < 0. \end{cases}$ 求 $f(2x-1)$.

九、设 $f(x) = \dfrac{1}{2}(x+|x|), \varphi(x) = \begin{cases} x, & x < 0; \\ x^2, & x \geqslant 0. \end{cases}$ 求 $f[\varphi(x)]$.

十、设 $f(x) = e^x \cos x$，问在 $[0, +\infty)$ 上 $f(x)$ 是否有界？

辅导与参考答案

A 级同步训练题

一、客观题

  1. (D). **2.** (C). **3.** (B). **4.** (D).

  5. $[-1,1]$. **6.** $(-2,3]$. **7.** $[1,5)$. **8.** $(-3, +\infty)$.

二、求下列函数的定义域

  1. 解：$\begin{cases} x^2-4x+3 \leqslant 0, \\ x-1 > 0 \text{ 且 } x-1 \neq 1. \end{cases}$ 所以，定义域为 $(1,2) \cup (2,3]$.

  2. 解：(1) $0 \leqslant x^2 \leqslant 1$，所以定义域为 $[-1, 1]$；

    (2) $0 \leqslant \sin x \leqslant 1$，所以定义域为 $[2k\pi, 2k\pi+\pi]$；

    (3) $0 \leqslant x+a \leqslant 1$，所以定义域为 $[-a, 1-a]$；

    (4) $\begin{cases} 0 \leqslant x+a \leqslant 1, \\ 0 \leqslant x-a \leqslant 1, \end{cases} \begin{cases} -a \leqslant x \leqslant 1-a; \\ a \leqslant x \leqslant 1+a. \end{cases}$

所以定义域为：$0 < a < \dfrac{1}{2}, D$ 是 $[a, 1-a]; a = \dfrac{1}{2}, D$ 是 $x = \dfrac{1}{2}; a > \dfrac{1}{2}, D$ 是 $\varnothing$.

三、解：定义域 $(0, +\infty)$，任取 $0 < x_1 < x_2 < +\infty$，有

$$f(x_1) - f(x_2) = (1+\ln x_1) - (1+\ln x_2) = \ln\dfrac{x_1}{x_2} < 0,$$

则 $f(x_1) < f(x_2)$,故 $f(x)$ 在 $(0,+\infty)$ 内单调增加.

四、解:对任意 $x \in (-\infty,+\infty)$, $\left|\dfrac{\sin x}{1+x^2}\right| = \dfrac{|\sin x|}{1+x^2} \leqslant \dfrac{|x|}{1+|x|^2} \leqslant \dfrac{1}{2}$,

故函数 $f(x)$ 在其定义域内有界.

五、解:$f[\varphi(x)] = \varphi^2(x) + 1 = \dfrac{x^2+2}{x^2+1}$;$\varphi[f(x)] = \dfrac{1}{\sqrt{[f(x)]^2+1}} = \dfrac{1}{\sqrt{(x^2+1)^2+1}}$.

六、解:当 $x \leqslant -2$ 时,$0 \leqslant y < +\infty$,由 $y = \sqrt{x^2-4}$ 得 $x = -\sqrt{y^2+4}$,

故所求的反函数为 $\varphi(x) = -\sqrt{x^2+4}$ $(0 \leqslant x < +\infty)$.

B 级同步训练题

一、客观题

1. (C). **2.** (C). **3.** $(1,e)$. **4.** $\left[-\dfrac{1}{2},0\right)$. **5.** $(0,1]$. **6.** $(-2,-\sqrt{3}) \cup (\sqrt{3},2)$.

二、解:因 $a^{\frac{1}{x}} > 0$,则 $0 < \dfrac{1}{1+a^{\frac{1}{x}}} < 1$,

故函数 $f(x)$,当 $x \in (-\infty,0) \cup (0,+\infty)$ 时,有界.

三、解:$f(x) > 0$,$1 + 2x^2 \leqslant 1 + 2x^2 + x^4 = (1+x^2)^2 \leqslant (1+x^2)^2 + (1-x^2)^2$.

于是 $f(x) = \dfrac{1+2x^2}{1+x^4} \leqslant \dfrac{2(1+x^4)}{1+x^4} = 2$,即 $0 < f(x) \leqslant 2$.

故 $f(x)$ 是有界函数.

四、解:在 $(-\infty,+\infty)$ 内任取 $x_1 < x_2$,则 $f(x_2) - f(x_1) = (x_2 - e^{-x_2}) - (x_1 - e^{-x_1}) = (x_2 - x_1) + e^{-x_2}(e^{x_2-x_1} - 1) > 0$,所以 $f(x_2) > f(x_1)$,

故 $f(x)$ 在 $(-\infty,+\infty)$ 内单调增加.

五、解:$f(x) = \dfrac{1}{2}(\sin 6x + \sin 4x)$,$\sin 4x$ 与 $\sin 6x$ 分别是以 $\dfrac{\pi}{2}$,$\dfrac{\pi}{3}$ 为周期的周期函数,故 $f(x)$ 的最小正周期为 π.

六、解:由 $\sin y = \sqrt{\dfrac{1-x}{1+x}}$,$\sin^2 y = \dfrac{1-x}{1+x}$,

解得 $x = \dfrac{1-\sin^2 y}{1+\sin^2 y}$,反函数 $y = \dfrac{\cos^2 x}{1+\sin^2 x}$.

七、解:由 $y = \dfrac{e^{-x}}{1+e^{-x}}$ 得 $e^{-x} = \dfrac{y}{1-y}$,故 $x = -\ln\dfrac{y}{1-y}$.

反函数 $y = \ln\dfrac{1-x}{x}$,定义域 $(0,1)$.

八、解:$f(2x-1) = \begin{cases} 2(2x-1)+1, & 2x-1 \geqslant 0; \\ (2x-1)^2+4, & 2x-1 < 0. \end{cases}$

即 $f(2x-1) = \begin{cases} 4x-1, & x \geqslant \dfrac{1}{2}; \\ 4x^2-4x+5, & x < \dfrac{1}{2}. \end{cases}$

九、解：$f(x) = \begin{cases} 0, & x < 0; \\ x, & x \geqslant 0. \end{cases}$ 故 $f[\varphi(x)] = \begin{cases} 0, & x < 0; \\ x^2, & x \geqslant 0. \end{cases}$

十、解：任给 $M > 0$，必存在正整数 n，使 $n > \dfrac{\ln M}{2\pi}$，

取 $x_1 = 2n\pi$，则 $f(x_1) = e^{2n\pi} \cos(2n\pi) = e^{2n\pi} > M$.

故 $f(x)$ 在 $[0, +\infty)$ 上无界.

§1-2 数列极限

A级同步训练题

一、客观题

1. 根据 $\lim\limits_{n\to\infty} x_n = a$ 的定义，对任给 $\varepsilon > 0$，存在正整数 N，使得对 $n > N$ 的一切 x_n，不等式 $|x_n - a| < \varepsilon$ 都成立，这里的 N（   ）.

   (A) 是 ε 的函数 $N(\varepsilon)$，且当 ε 减少时 $N(\varepsilon)$ 增大

   (B) 是由 ε 所唯一确定的

   (C) 与 ε 有关，但 ε 给定时 N 并不唯一确定

   (D) 是一个很大的常数，与 ε 无关

2. $x_n = \begin{cases} \dfrac{1}{n^2}, & n \text{ 为奇数}; \\ 10^{-10}, & n \text{ 为偶数}. \end{cases}$ 则下列正确的是（   ）.

   (A) $\lim\limits_{n\to\infty} x_n = 0$ 　　　　　　　　(B) $\lim\limits_{n\to\infty} x_n = 10^{-10}$

   (C) $\lim\limits_{n\to\infty} x_n = \begin{cases} 0, & n \text{ 为奇数}, \\ 10^{-10}, & n \text{ 为偶数} \end{cases}$ 　(D) $\lim\limits_{n\to\infty} x_n$ 不存在

3. 在下列数列 $\{x_n\}$ 中，收敛的是（   ）.

   (A) $\left\{(-1)^n \dfrac{n+1}{n}\right\}$　(B) $\left\{\dfrac{2n}{n+1}\right\}$　(C) $\left\{\sin\dfrac{n\pi}{2}\right\}$　(D) $\{n-(-1)^n\}$

4. 数列有界是数列收敛的（   ）.

   (A) 充分条件　　　　　　　　　(B) 必要条件

   (C) 充分必要条件　　　　　　　(D) 既非充分条件又非必要条件

二、观察下列数列的极限

1. $\dfrac{1}{2}, \dfrac{2}{3}, \dfrac{3}{4}, \cdots, \dfrac{n}{n+1}, \cdots$.　　　2. $0, \dfrac{1}{2}, 0, \dfrac{1}{4}, 0, \dfrac{1}{6}, \cdots, 0, \dfrac{1}{2n}, \cdots$.

3. $x_n = (-1)^n \dfrac{n-1}{n}$.　　　　　　4. $x_n = (-1)^n \dfrac{\sin n}{n}$.

三、根据数列极限的定义证明

1. $\lim\limits_{n\to\infty}\dfrac{1}{n^2}=0$.

2. $\lim\limits_{n\to\infty}\dfrac{n+1}{4n+1}=\dfrac{1}{4}$.

B 级同步训练题

一、客观题

1. 若 $\lim\limits_{n\to\infty}u_n=A(A\neq 0)$，则当 n 充分大时，必有（　　）.

   (A) $|u_n|\leqslant A$ (B) $|u_n|\leqslant |A|$

   (C) $|u_n|\leqslant\dfrac{|A|}{2}$ (D) $|u_n|>\dfrac{|A|}{2}$

2. 设数列 $\{u_n\}$ 满足 $\lim\limits_{n\to\infty}|u_n|=A$，则（　　）.

   (A) $\lim\limits_{n\to\infty}u_n=A$ (B) $\lim\limits_{n\to\infty}u_n=-A$

   (C) $\lim\limits_{n\to\infty}u_n$ 不一定存在   (D) $\lim\limits_{n\to\infty}u_n=\pm A$

3. $\lim\limits_{n\to\infty}\left[\dfrac{1}{1\times 2}+\dfrac{1}{2\times 3}+\cdots+\dfrac{1}{n(n+1)}\right]=$（　　）.

   (A) 1   (B) $\dfrac{1}{2}$ (C) ∞ (D) $\dfrac{1}{n}$

二、用分析定义证明

1. 用数列极限的定义证明：$\lim\limits_{n\to\infty}\dfrac{1}{(2n)!!}=0$.

2. 用数列极限的定义证明：$\lim\limits_{n\to\infty}\dfrac{1}{2^n}=0$.

3. 用数列极限的定义证明：$\lim\limits_{n\to\infty}\dfrac{n(n+1)}{2n^2+3}=\dfrac{1}{2}$.

三、设有两个数列 $\{x_n\}$，$\{y_n\}$ 满足 (1) $\lim\limits_{n\to\infty}x_n=0$；(2) y_n 有界，试证明：$\lim\limits_{n\to\infty}(x_n\cdot y_n)=0$.

四、设数列 $\{x_n\}$，$\{y_n\}$ 都是无界数列，$z_n=x_n y_n$，试举例说明：$\{z_n\}$ 不一定是无界数列.

五、若 $\lim\limits_{n\to\infty}|a_n|=|A|$，试讨论 $\lim\limits_{n\to\infty}a_n$ 是否存在.

辅导与参考答案

A 级同步训练题

一、客观题

1. (C).   2. (D).   3. (B).   4. (B).

二、观察下列数列的极限

1. 1.   2. 0.   3. 不存在.   4. 0.

三、根据数列极限的定义证明

1. $\forall \varepsilon > 0$，要使 $\left|\dfrac{1}{n^2} - 0\right| < \varepsilon$，只要 $n > \dfrac{1}{\sqrt{\varepsilon}}$，所以取 $N = \left[\dfrac{1}{\sqrt{\varepsilon}}\right]$，当 $n > N$，有 $\left|\dfrac{1}{n^2} - 0\right| < \varepsilon$ 成立.

2. $\forall \varepsilon > 0$，要使 $\left|\dfrac{n+1}{4n+1} - \dfrac{1}{4}\right| = \dfrac{3}{4(4n+1)} < \dfrac{1}{n} < \varepsilon$，只要 $n > \dfrac{1}{\varepsilon}$，所以取 $N = \left[\dfrac{1}{\varepsilon}\right]$. 当 $n > N$，有 $\left|\dfrac{n+1}{4n+1} - \dfrac{1}{4}\right| < \varepsilon$ 成立.

B 级同步训练题

一、客观题

1. （D）.　　**2.** （C）.　　**3.** （A）.

二、用分析定义证明

1. 证：任给 $\varepsilon > 0$，由于 $\left|\dfrac{1}{(2n)!!} - 0\right| = \dfrac{1}{(2n)!!} \leqslant \dfrac{1}{2n}$，令 $\dfrac{1}{2n} < \varepsilon$，解得 $n > \dfrac{1}{2\varepsilon}$.

故对任给 $\varepsilon > 0$，存在 $N = \left[\dfrac{1}{2\varepsilon}\right]$，当 $n > N$ 时，恒有 $\left|\dfrac{1}{(2n)!!} - 0\right| < \varepsilon$ 成立.

因此：$\lim\limits_{n \to \infty} \dfrac{1}{(2n)!!} = 0$.

2. 证：任给 $\varepsilon > 0$，因为 $\left|\dfrac{1}{2^n} - 0\right| = \dfrac{1}{2^n} < \varepsilon$，解得 $n > -\log_2 \varepsilon$.

故对任给 $\varepsilon > 0$，存在 $N = \left[-\dfrac{\ln \varepsilon}{\ln 2}\right]$，当 $n > N$ 时，恒有 $\left|\dfrac{1}{2^n} - 0\right| < \varepsilon$ 成立.

3. 证：任给 $\varepsilon > 0$，由于 $\left|\dfrac{n(n+1)}{2n^2+3} - \dfrac{1}{2}\right| = \dfrac{|2n-3|}{2(2n^2+3)} < \dfrac{2n}{4n^2} = \dfrac{1}{2n}$，

令 $\dfrac{1}{2n} < \varepsilon$，解得 $n > \dfrac{1}{2\varepsilon}$.

故对任给 $\varepsilon > 0$，取 $N = \max\left\{2, \left[\dfrac{1}{2\varepsilon}\right]\right\}$，则当 $n > N$ 时，恒有

$\left|\dfrac{n(n+1)}{2n^2+3} - \dfrac{1}{2}\right| < \varepsilon$ 成立，因此：$\lim\limits_{n \to \infty} \dfrac{n(n+1)}{2n^2+3} = \dfrac{1}{2}$.

三、证：任给 $\varepsilon > 0$，因为 $\lim\limits_{n \to \infty} x_n = 0$，取 $\varepsilon_1 = \dfrac{\varepsilon}{M}$，则必有 $N > 0$ 存在，使当 $n > N$ 时，$|x_n - 0| = |x_n|$ $< \varepsilon_1$ 成立，从而有 $|x_n y_n - 0| = |x_n| \cdot |y_n| \leqslant M|x_n| < M\varepsilon_1 = \varepsilon$ 成立.

因此：$\lim\limits_{n \to \infty}(x_n \cdot y_n) = 0$.

四、解：例如：$\{x_n\} = 1, 0, 3, 0, 5, \cdots, 2n-1, 0, 2n+1, \cdots$，

$\{y_n\} = 0, 2, 0, 4, 0, 6, \cdots, 0, 2n, 0, \cdots$，

都是无界数列，但 $z_n = x_n y_n = 0$.

五、若 $A = 0$，则由 $\lim\limits_{n \to \infty}|a_n| = 0$，必可得 $\lim\limits_{n \to \infty} a_n = 0$.

但若 $A > 0$，则由 $\lim\limits_{n \to \infty}|a_n| = A$，不一定能得出 $\lim\limits_{n \to \infty} a_n$ 存在.

例:$a_n = \dfrac{1-2n}{n+3}$,则$\lim\limits_{n\to\infty}|a_n|=2$,也有$\lim\limits_{n\to\infty}a_n=-2$,二者都存在.

但若$a_n=(-1)^n$,则$\lim\limits_{n\to\infty}|a_n|=1$,而$\lim\limits_{n\to\infty}a_n$不存在.

§1-3 函数的极限

A级同步训练题

一、客观题

1. 从$\lim\limits_{x\to x_0}f(x)=A$,不能推出(   ).

    (A) $f(x_0^+)=A$　　　　　　　(B) $f(x_0^-)=A$

    (C) $f(x_0)=A$　　　　　　　(D) $\lim\limits_{x\to x_0}[f(x)-A]=0$

2. $f(x)$在$x=x_0$处有定义是$\lim\limits_{x\to x_0}f(x)$存在的(   )条件.

    (A) 充分非必要　　　　　　(B) 必要非充分

    (C) 充分必要　　　　　　　(D) 既不充分也不必要

3. 已知$f(x)=\begin{cases}1, & x\neq 1;\\ 0, & x=1.\end{cases}$则$\lim\limits_{x\to 1}f(x)=$(   ).

    (A) 0 　　(B) 1　　 (C) ∞ 　　(D) 不存在

4. $\lim\limits_{x\to 1+0}f(x)=a$,在以下结论中,则正确的是(   ).

    (A) $f(x)$在$x=1$处有定义且$f(1)=a$

    (B) $f(x)$在$x=1$处的某个空心邻域有定义

    (C) $f(x)$在$x=1$处的右侧邻近有定义

    (D) $f(x)$在$x=1$处的左侧邻近有定义

5. $\lim\limits_{x\to 0+0}\dfrac{|x|}{x}=$(   ).

    (A) 0 　　(B) 1 　　(C) -1 　　(D) 不存在

二、设$f(x)=\begin{cases}\cos 2x, & x<0;\\ x+1, & x>0.\end{cases}$讨论$f(x)$在$x=0$处的左右极限,极限及函数值.

三、设$f(x)=\begin{cases}x-1, & -1<x<0;\\ x+1, & x\geqslant 0.\end{cases}$分别讨论$\lim\limits_{x\to 1}f(x)$,$\lim\limits_{x\to 0}f(x)$,$\lim\limits_{x\to -0.5}f(x)$.

B级同步训练题

一、客观题

1. 若$f(x)=\dfrac{(x-1)^2}{x^2-1}$,$g(x)=\dfrac{x-1}{x+1}$,则(   ).

(A) $f(x) = g(x)$　　　　　　　(B) $\lim\limits_{x\to 1} f(x) = g(x)$

(C) $\lim\limits_{x\to 1} f(x) = \lim\limits_{x\to 1} g(x)$　　　(D) 以上等式都不成立

2. $\lim\limits_{x\to x_0^-} f(x) = \lim\limits_{x\to x_0^+} f(x)$ 是 $\lim\limits_{x\to x_0} f(x)$ 存在的（　　）.

(A) 充分条件但非必要条件　　(B) 必要条件但非充分条件

(C) 充分必要条件　　　　　　(D) 既不是充分条件也不是必要条件

3. 设函数 $f(x) = \begin{cases} e^x - 2, & x > 0; \\ 1, & x = 0; \\ \sin x - \cos x, & x < 0. \end{cases}$ 则 $\lim\limits_{x\to 0} f(x) = （　　）$.

(A) -1　　(B) 1　　(C) 0　　(D) 不存在

4. $\lim\limits_{x\to 0} \text{arccot} \dfrac{1}{x} = （　　）$.

(A) 0　　(B) π　　(C) 不存在　　(D) 0 或 π

5. 设 $f(x) = \dfrac{4}{2 + 3^{\frac{1}{x}}}$，则 $f(0^-) = $ _____.

二、讨论极限 $\lim\limits_{x\to 1} \arctan \dfrac{1}{x-1}$ 的存在性.

三、设 $f(x) = x\sin\dfrac{1}{x}$，试问极限 $\lim\limits_{x\to 0} \dfrac{1}{f(x)}$ 是否存在？

四、用分析定义证明

1. $\lim\limits_{x\to 2} x^2 = 4$.　　　　2. $\lim\limits_{x\to -2} \dfrac{x^2-4}{x+2} = -4$.

五、已知 $\lim\limits_{x\to x_0} f(x) = a > 0$，试用极限定义证明：$\lim\limits_{x\to x_0} \sqrt{f(x)} = \sqrt{a}$.

六、若 $\lim\limits_{x\to x_0} f(x) = a$，$\lim\limits_{x\to x_0} g(x) = b$，且 $a > b$，

证明：存在点 x_0 的某去心邻域，使得在该邻域内，$f(x) > g(x)$.

辅导与参考答案

A 级同步训练题

一、客观题

1. (C).　　**2.** (D).　　**3.** (B).　　**4.** (C).　　**5.** (B).

二、解：$f(0-0) = 1, f(0+0) = 1$，所以 $\lim\limits_{x\to 0} f(x) = 1, f(0)$ 不存在.

三、解：$\lim\limits_{x\to 1} f(x) = \lim\limits_{x\to 1} (x+1) = 2, \lim\limits_{x\to -0.5} f(x) = \lim\limits_{x\to -0.5} (x-1) = -1.5$，

$f(0-0) = -1, f(0+0) = 1$，所以 $\lim\limits_{x\to 0} f(x)$ 不存在.

B 级同步训练题

一、客观题

  1. (C).   2. (C).   3. (A).   4. (C).   5. 2.

二、解:当 $x>1$, $\lim\limits_{x\to 1+0}\arctan\dfrac{1}{x-1}=\dfrac{\pi}{2}$;当 $x<1$, $\lim\limits_{x\to 1-0}\arctan\dfrac{1}{x-1}=-\dfrac{\pi}{2}$.

当 $x\to 1$ 时,左极限与右极限不相等,故 $\lim\limits_{x\to 1}\arctan\dfrac{1}{x-1}$ 不存在.

三、解:对于任意正数 δ,必存在正整数 N,使 $N>\dfrac{1}{\pi\delta}$,

当 $|x|<\delta$ 时,有 $x=\dfrac{1}{N\pi}$,使 $f(x)=0$,故 $\lim\limits_{x\to 0}\dfrac{1}{f(x)}$ 无意义.

四、用分析定义证明

  1. 证:$\forall\varepsilon>0, \exists\delta=\min\left\{1,\dfrac{\varepsilon}{5}\right\}$,当 $0<|x-2|<\delta$ 时,$|x^2-4|<\varepsilon$ 成立.

  2. 证:$\forall\varepsilon>0, \exists\delta=\varepsilon$,当 $0<|x+2|<\delta$ 时,$\left|\dfrac{x^2-4}{x+2}\right|<\varepsilon$ 成立.

五、证:$\forall\varepsilon>0, \exists\delta_1>0$,当 $0<|x-x_0|<\delta_1$ 时,有 $f(x)>0$,

取 $\varepsilon_2=\sqrt{a}\,\varepsilon, \exists\delta_2>0$,当 $0<|x-x_0|<\delta_2$ 时,有 $|f(x)-a|<\sqrt{a}\,\varepsilon$.

取 $\delta=\min\{\delta_1,\delta_2\}$,则当 $0<|x-x_0|<\delta$ 时,

有 $|\sqrt{f(x)}-\sqrt{a}|=\dfrac{|f(x)-a|}{\sqrt{f(x)}+\sqrt{a}}<\dfrac{|f(x)-a|}{\sqrt{a}}<\varepsilon$.

因此, $\lim\limits_{x\to x_0}\sqrt{f(x)}=\sqrt{a}$.

六、证:取 $\varepsilon=\dfrac{a-b}{2}$,由 $\lim\limits_{x\to x_0}f(x)=a$,可知存在 $\delta_1>0$,使当 $0<|x-x_0|<\delta_1$ 时,

有 $|f(x)-a|<\varepsilon$,即 $f(x)>\dfrac{a+b}{2}$,

又 $\lim\limits_{x\to x_0}g(x)=b$,可知存在 $\delta_2>0$,使当 $0<|x-x_0|<\delta_2$ 时,

有 $|g(x)-b|<\varepsilon$,即 $g(x)<\dfrac{a+b}{2}$,

取 $\delta=\min\{\delta_1,\delta_2\}$,则当 $0<|x-x_0|<\delta$ 时,有 $f(x)>\dfrac{a+b}{2}>g(x)$.

§1-4 极限运算法则

A 级同步训练题

一、客观题

  1. 已知 $\lim\limits_{x\to 2}\dfrac{x^2+ax+6}{2-x}=1$,则 a 的值为(   ).

(A) 5   (B) -5   (C) 2   (D) -2

2. $\lim\limits_{x\to\infty}\dfrac{(2-3x)^3(3+2x)^5}{(1-6x)^8} = ($ $)$.

(A) -1   (B) 1   (C) $-\dfrac{1}{2^3\times 3^5}$ (D) 不存在

3. $\lim\limits_{x\to\infty}\dfrac{(1+2x)^{10}(1+3x)^{20}}{(1+6x^2)^{15}} = $ _____.

二、计算下列极限

1. $\lim\limits_{x\to 1+0}\dfrac{\sqrt{x-1}+\sqrt{x-1}}{\sqrt{x^2-1}}$.

2. $\lim\limits_{x\to 2}\dfrac{x^3-3x^2+3x-2}{x^2-x-2}$.

3. $\lim\limits_{h\to 0}\dfrac{(x+h)^3-x^3}{h}$.

4. $\lim\limits_{x\to\infty}\dfrac{4x^2-1}{2x^2-x-1}$.

5. $\lim\limits_{x\to 4}\dfrac{x^2-6x+8}{x^2-5x+4}$.

6. $\lim\limits_{x\to +\infty} x(\sqrt{x^2+1}-\sqrt{x^2-1})$.

7. $\lim\limits_{x\to 1}\left(\dfrac{1}{1-x}-\dfrac{3x}{1-x^3}\right)$.

三、设 $\lim\limits_{x\to +\infty}(\sqrt{4x^2+2x+3}-ax-b)=0$,试确定 a,b 之值.

四、设 $\lim\limits_{x\to 1}\dfrac{x^3+ax^2+x+b}{x-1}=3$,试确定 a,b 之值.

五、设 $f(x)=\cos 2x, g(x)=\begin{cases} x-\dfrac{\pi}{2}, & x\leqslant 0; \\ x+\dfrac{\pi}{2}, & x>0. \end{cases}$ 讨论 $\lim\limits_{x\to 0}g(x)$ 及 $\lim\limits_{x\to 0}f[g(x)]$.

B 级同步训练题

一、客观题

1. 已知 $\lim\limits_{x\to 1}\dfrac{2x^2-x+a}{x-1}=3$,则 a 的值为(   ).

(A) -1   (B) 1   (C) 2   (D) 3

2. 设有两个数列 $\{a_n\},\{b_n\}$,且 $\lim\limits_{n\to\infty}(b_n-a_n)=0$,则(   ).

(A) $\{a_n\},\{b_n\}$ 必都收敛,且极限相等

(B) $\{a_n\},\{b_n\}$ 必都收敛,但极限未必相等

(C) $\{a_n\}$ 收敛,而 $\{b_n\}$ 发散

(D) $\{a_n\}$ 和 $\{b_n\}$ 可能都发散,也可能都收敛

二、设 $f(x) = \dfrac{ax^2 + bx + 5}{x - 5}$，其中 a, b 为常数.

    问：1. a, b 各取何值时，$\lim\limits_{x \to \infty} f(x) = 1$；

        2. a, b 各取何值时，$\lim\limits_{x \to \infty} f(x) = 0$；

        3. a, b 各取何值时，$\lim\limits_{x \to 5} f(x) = 4$.

三、求 a, b 使 $\lim\limits_{x \to \infty} \left(\dfrac{x^2 + 2}{x + 1} - ax + b \right) = 2$.

四、设 $\lim\limits_{x \to 0} \dfrac{x^2}{\sqrt{a^2 + x^2}(b - 1 + x^2)} = \dfrac{1}{2}(a > 0)$，试确定 a, b 之值.

五、讨论极限 $\lim\limits_{x \to \infty} \dfrac{2\mathrm{e}^{3x} - 4\mathrm{e}^{-2x}}{2\mathrm{e}^{3x} + \mathrm{e}^{-2x}}$.

六、计算极限 $\lim\limits_{x \to 1} \dfrac{(\sqrt{x} - 1)(\sqrt[3]{x} - 1)}{(x - 1)^2}$.

七、计算极限 $\lim\limits_{x \to 1} \dfrac{x^{100} + x^{99} + \cdots + x^2 + x - 100}{x - 1}$.

八、计算极限 $\lim\limits_{x \to +\infty} \left(\sqrt{x + \sqrt{x + \sqrt{x}}} - \sqrt{x + \sqrt{x}} \right) \sqrt{x}$.

九、设 $\varphi(x) = x^2 - 3x + 3$，$f_n(x) = 1 + \varphi(x) + \varphi^2(x) + \cdots + \varphi^n(x)$，
    求 $f(x) = \lim\limits_{n \to \infty} f_n(x)$.

十、求极限 $\lim\limits_{x \to +\infty} \dfrac{a^x}{1 + a^{2x}} (a > 0, a \neq 1)$.

十一、求数列的极限 $\lim\limits_{n \to \infty} \left(1 - \dfrac{1}{2^2}\right) \left(1 - \dfrac{1}{3^2}\right) \cdots \left(1 - \dfrac{1}{n^2}\right)$.

辅导与参考答案

A 级同步训练题

一、客观题

  1. (B).   2. (C).   3. $\left(\dfrac{3}{2}\right)^5$.

二、计算下列极限

  1. 原式 $= \lim\limits_{x \to 1 + 0} \dfrac{1}{\sqrt{x + 1}} \cdot \left[\dfrac{\sqrt{x} - 1}{\sqrt{x} - 1} + 1 \right] = \dfrac{1}{\sqrt{2}} \left[\lim\limits_{x \to 1 + 0} \dfrac{(x - 1)}{\sqrt{x - 1}(\sqrt{x} + 1)} + 1 \right] = \dfrac{1}{\sqrt{2}}$.

  2. 原式 $= \lim\limits_{x \to 2} \dfrac{(x - 2)(x^2 - x + 1)}{(x - 2)(x + 1)} = \lim\limits_{x \to 2} \dfrac{x^2 - x + 1}{x + 1} = 1$.

  3. 原式 $= \lim\limits_{h \to 0} \dfrac{3x^2 h + 3xh^2 + h^3}{h} = 3x^2$.

4. 原式 $= \lim\limits_{x\to\infty} \dfrac{4-x^{-2}}{2-x^{-1}-x^{-2}} = 2.$

5. 原式 $= \lim\limits_{x\to 4} \dfrac{(x-4)(x-2)}{(x-4)(x-1)} = \dfrac{2}{3}.$

6. 原式 $= \lim\limits_{x\to +\infty} \dfrac{2x}{\sqrt{x^2+1}+\sqrt{x^2-1}} = 1.$

7. 原式 $= \lim\limits_{x\to 1} \dfrac{1+x+x^2-3x}{(1-x)(1+x+x^2)} = 0.$

三、解: 因 $\lim\limits_{x\to +\infty}(\sqrt{4x^2+2x+3}-ax-b)=0$,故 $\lim\limits_{x\to +\infty} \dfrac{\sqrt{4x^2+2x+3}-ax-b}{x}$

$$= \lim_{x\to +\infty}\left(\sqrt{4+\dfrac{2}{x}+\dfrac{3}{x^2}}-a-\dfrac{b}{x}\right) = 2-a = 0,得 a=2,$$

代回原式得: $b = \lim\limits_{x\to +\infty}(\sqrt{4x^2+2x+3}-2x)$

$$= \lim_{x\to +\infty} \dfrac{2x+3}{\sqrt{4x^2+2x+3}+2x} = \dfrac{2}{4} = \dfrac{1}{2}.$$

四、解: 因 $\lim\limits_{x\to 1} \dfrac{x^3+ax^2+x+b}{x-1} = 3$,故 $\lim\limits_{x\to 1}(x-1)\cdot \dfrac{x^3+ax^2+x+b}{x-1} = a+b+2 = 0,$

即 $b = -a-2$,则 $\lim\limits_{x\to 1} \dfrac{x^3+ax^2+x+b}{x-1} = \lim\limits_{x\to 1}\left[\dfrac{x^3-1}{x-1}+a(x+1)+1\right]$

$$= 3+2a+1 = 4+2a = 3, \quad a = -\dfrac{1}{2}, b = -\dfrac{3}{2}.$$

五、解: 因为 $g(0-0) = \lim\limits_{x\to 0-0}\left(x-\dfrac{\pi}{2}\right) = -\dfrac{\pi}{2}$, $g(0+0) = \lim\limits_{x\to 0+0}\left(x+\dfrac{\pi}{2}\right) = \dfrac{\pi}{2}$;

于是 $\lim\limits_{x\to 0} g(x)$ 不存在.

而 $f[g(x)] = \begin{cases} \cos(2x+\pi), & \text{当 } x>0; \\ \cos(2x-\pi), & \text{当 } x\leqslant 0 \end{cases} = -\cos 2x,$

所以 $\lim\limits_{x\to 0} f[g(x)] = \lim\limits_{x\to 0}(-\cos 2x) = -1.$

B 级同步训练题

一、客观题

1. (A).　　**2.** (D).

二、解:1. 因分母为 $x-5$,分子 x^2 系数应该为零,否则 $f(x)$ 为 ∞,故 $a=0$,又因要求 $\lim\limits_{x\to\infty} f(x) = 1$,所以 $b=1$.

2. 因为要求极限为零,分子最高次幂低于分母,所以 x^2 和 x 系数应该为零,即 $a=b=0$.

3. 由 $\lim\limits_{x\to 5}(x-5) = 0$,知 $\lim\limits_{x\to 5}(ax^2+bx+5) = 25a+5b+5 = 0,$

得: $b = -1-5a$;而 $\lim\limits_{x\to 5} \dfrac{ax^2+bx+5}{x-5} = \lim\limits_{x\to 5} \dfrac{ax^2-5ax-x+5}{x-5}$

$$= \lim_{x\to 5}(ax-1) = 5a-1 = 4,得 a=1, b=-6.$$

三、解:由 $\lim\limits_{x\to\infty}\left(\dfrac{x^2+2}{x+1}-ax+b\right)=2$, 得 $\lim\limits_{x\to\infty}\dfrac{1}{x}\left(\dfrac{x^2+2}{x+1}-ax+b\right)$

$=\lim\limits_{x\to\infty}\left(\dfrac{x^2+2}{x^2+x}-a+\dfrac{b}{x}\right)=1-a=0$, 故 $a=1$.

代回原式得 $2-b=\lim\limits_{x\to\infty}\left(\dfrac{x^2+2}{x+1}-x\right)=\lim\limits_{x\to\infty}\dfrac{2-x}{x+1}=-1$, 从而得 $b=3$.

四、解:因 $\lim\limits_{x\to 0}\dfrac{x^2}{\sqrt{a^2+x^2}(b-1+x^2)}=\dfrac{1}{2}$, $\lim\limits_{x\to 0}\dfrac{\sqrt{a^2+x^2}(b-1+x^2)}{x^2}=2$,

$\lim\limits_{x\to 0}x^2\cdot\dfrac{\sqrt{a^2+x^2}(b-1+x^2)}{x^2}=\lim\limits_{x\to 0}x^2\cdot\lim\limits_{x\to 0}\dfrac{\sqrt{a^2+x^2}(b-1+x^2)}{x^2}=0\times 2=0$,

则 $\lim\limits_{x\to 0}x^2\cdot\dfrac{\sqrt{a^2+x^2}(b-1+x^2)}{x^2}=a(b-1)=0$, 得 $b=1$(因 $a>0$);

代回原式得 $\lim\limits_{x\to 0}\dfrac{x^2}{\sqrt{a^2+x^2}(x^2)}=\dfrac{1}{a}=\dfrac{1}{2}$, 故知 $a=2$, $b=1$ 为所求.

五、解: $\lim\limits_{x\to+\infty}\dfrac{2\mathrm{e}^{3x}-4\mathrm{e}^{-2x}}{2\mathrm{e}^{3x}+\mathrm{e}^{-2x}}=\lim\limits_{x\to+\infty}\dfrac{2-4\mathrm{e}^{-5x}}{2+\mathrm{e}^{-5x}}=1$,

而 $\lim\limits_{x\to-\infty}\dfrac{2\mathrm{e}^{3x}-4\mathrm{e}^{-2x}}{2\mathrm{e}^{3x}+\mathrm{e}^{-2x}}=\lim\limits_{x\to-\infty}\dfrac{2\mathrm{e}^{5x}-4}{2\mathrm{e}^{5x}+1}=-4$, 因此 $\lim\limits_{x\to\infty}\dfrac{2\mathrm{e}^{3x}-4\mathrm{e}^{-2x}}{2\mathrm{e}^{3x}+\mathrm{e}^{-2x}}$ 不存在.

六、解:原式 $=\lim\limits_{x\to 1}\dfrac{x^{\frac{1}{2}}-1}{x-1}\cdot\dfrac{x^{\frac{1}{3}}-1}{x-1}=\lim\limits_{x\to 1}\dfrac{1}{x^{\frac{1}{2}}+1}\cdot\dfrac{1}{x^{\frac{2}{3}}+x^{\frac{1}{3}}+1}=\dfrac{1}{2}\times\dfrac{1}{3}=\dfrac{1}{6}$.

七、解:原式 $=\lim\limits_{x\to 1}\left(\dfrac{x^{100}-1}{x-1}+\dfrac{x^{99}-1}{x-1}+\cdots+\dfrac{x^2-1}{x-1}+\dfrac{x-1}{x-1}\right)$

$=100+99+\cdots+2+1=5050$.

八、解:原式 $=\lim\limits_{x\to+\infty}\dfrac{x+\sqrt{x+\sqrt{x}}-(x+\sqrt{x})}{\sqrt{x+\sqrt{x+\sqrt{x}}}+\sqrt{x+\sqrt{x}}}\cdot\sqrt{x}$

$=\lim\limits_{x\to+\infty}\dfrac{\sqrt{x}}{(\sqrt{x+\sqrt{x+\sqrt{x}}}+\sqrt{x+\sqrt{x}})(\sqrt{x+\sqrt{x}}+\sqrt{x})}\sqrt{x}=\dfrac{1}{4}$.

九、解:令 $|\varphi(x)|<1$, 即 $-1<x^2-3x+3<1$, 解得 $1<x<2$;

$f(x)=\lim\limits_{n\to\infty}f_n(x)=\lim\limits_{n\to\infty}\dfrac{1-\varphi^{n+1}(x)}{1-\varphi(x)}=\dfrac{-1}{x^2-3x+2}$, $1<x<2$;

当 $x\leqslant 1$ 或 $x\geqslant 2$ 时, $f(x)$ 不存在.

十、解:当 $0<a<1$ 时, $\lim\limits_{x\to+\infty}a^x=0$, $\lim\limits_{x\to+\infty}\dfrac{a^x}{1+a^{2x}}=0$;

当 $a>1$ 时, $\lim\limits_{x\to+\infty}a^{-x}=0$, $\lim\limits_{x\to+\infty}\dfrac{a^x}{1+a^{2x}}=\lim\limits_{x\to+\infty}\dfrac{a^{-x}}{a^{-2x}+1}=0$.

综上所述得: $\lim\limits_{x\to+\infty}\dfrac{a^x}{1+a^{2x}}=0$ $(a>0, a\neq 1)$.

十一、解:由 $\left(1-\dfrac{1}{k^2}\right)=\dfrac{k-1}{k}\cdot\dfrac{k+1}{k}$,

原式 $=\lim\limits_{n\to\infty}\left(\dfrac{1}{2}\cdot\dfrac{3}{2}\right)\left(\dfrac{2}{3}\cdot\dfrac{4}{3}\right)\cdots\left(\dfrac{n-1}{n}\cdot\dfrac{n+1}{n}\right)=\lim\limits_{n\to\infty}\dfrac{1}{2}\cdot\dfrac{n+1}{n}=\dfrac{1}{2}$.

§1-5 两个重要极限

A 级同步训练题

一、客观题

1. 在下列极限中,极限值不为零的是( ).

   (A) $\lim\limits_{x \to \infty} \dfrac{\arctan 2x}{x}$ (B) $\lim\limits_{x \to 0} \dfrac{\sin 2x}{x}$ (C) $\lim\limits_{x \to 0} x^2 \sin \dfrac{1}{x}$ (D) $\lim\limits_{x \to \infty} \dfrac{x^2}{x^4 + x^2}$

2. $\lim\limits_{n \to \infty} \left(1 + \dfrac{1}{n}\right)^{n+1\,000}$ 的值是( ).

   (A) e (B) $e^{1\,000}$ (C) $e \cdot e^{1\,000}$ (D) 其他值

3. $\lim\limits_{x \to \pi} \dfrac{\tan x}{\sin x} = ($).

   (A) 1 (B) -1 (C) 0 (D) ∞

4. $\lim\limits_{x \to 0} \left(x \sin \dfrac{1}{x} - \dfrac{1}{x} \sin x\right) = ($).

   (A) -1 (B) 1 (C) 0 (D) 不存在

二、计算下列极限

1. $\lim\limits_{x \to 0} \dfrac{\tan 4x}{x}$. 2. $\lim\limits_{x \to 0}(1 - 3x)^{\frac{1}{x}}$. 3. $\lim\limits_{x \to \infty} \left(\dfrac{4+x}{x}\right)^{2x}$.

4. $\lim\limits_{x \to 0}(1 - 2\sin x)^{2\cot x}$. 5. $\lim\limits_{x \to 0} \dfrac{\tan 2x + x^2 \sin \dfrac{1}{x}}{(1 + \cos x)x}$.

三、求极限 $\lim\limits_{x \to 0^+} \dfrac{\sqrt{2 - 2\cos x}}{x}$.

四、求极限 $\lim\limits_{n \to +\infty} n[\ln(1+n) - \ln(n-1)]$.

五、求极限 $\lim\limits_{x \to 0} \dfrac{\csc x - \cot x}{x}$.

B 级同步训练题

一、计算下列极限

1. 研究极限 $\lim\limits_{x \to 0} \dfrac{\sqrt{2 - 2\cos 4x}}{x}$ 的存在性.

2. $\lim\limits_{n \to \infty} \left(\dfrac{\sqrt[n]{3} + \sqrt[n]{4}}{2}\right)^n$. 3. $\lim\limits_{x \to 0}(\sqrt{1 + x^2} + x)^{\frac{1}{x}}$.

4. $\lim\limits_{n\to\infty}\dfrac{n\sin n!}{n^2+1}$.

5. $\lim\limits_{x\to 0}\dfrac{\ln(1+x+x^2)+\ln(1-x+x^2)}{\sec x-\cos x}$.

二、计算极限 $\lim\limits_{x\to +\infty}\left[\tan\left(\dfrac{\pi}{4}+\dfrac{1}{x}\right)\right]^x$.

三、设 $x_1\in(0,2)$, $x_{n+1}=2x_n-x_n^2(n=1,2,\cdots)$,求极限 $\lim\limits_{n\to\infty}x_n$.

四、设 $x_1=4$, $x_{n+1}=\sqrt{2x_n+3}$ $(n=1,2,\cdots)$,求 $\lim\limits_{n\to+\infty}x_n$.

五、求数列的极限 $\lim\limits_{n\to\infty}\left[\dfrac{1}{(n+1)^2}+\dfrac{1}{(n+2)^2}+\cdots+\dfrac{1}{(2n)^2}\right]$.

六、设有数列 $\{a_n\}$ 满足 $a_n>0$; $\dfrac{a_{n+1}}{a_n}\leqslant r$, $0<r<1$,试证明 $\lim\limits_{n\to\infty}a_n=0$.

辅导与参考答案

A 级同步训练题

一、客观题

 1. (B). **2.** (A). **3.** (B). **4.** (A).

二、计算下列极限

1. 原式 $=\lim\limits_{x\to 0}\dfrac{\sin 4x}{4x}\cdot\dfrac{4}{\cos 4x}=4$. **2.** 原式 $=\lim\limits_{x\to 0}[1+(-3x)]^{\frac{1}{-3x}\cdot(-3)}=e^{-3}$.

3. 原式 $=\lim\limits_{x\to\infty}\left(1+\dfrac{4}{x}\right)^{\frac{x}{4}\cdot 8}=e^8$. **4.** 原式 $=\lim\limits_{x\to 0}(1-2\sin x)^{\frac{1}{-2\sin x}\cdot(-4\cos x)}=e^{-4}$.

5. 原式 $=\left[\lim\limits_{x\to 0}\dfrac{\sin 2x}{x\cos 2x}+\lim\limits_{x\to 0}\dfrac{x^2\sin\frac{1}{x}}{x}\right]\cdot\dfrac{1}{2}=1$.

三、原式 $=\lim\limits_{x\to +0}\dfrac{\sqrt{4\sin^2\frac{x}{2}}}{x}=\lim\limits_{x\to +0}\dfrac{2\left|\sin\frac{x}{2}\right|}{x}=1$.

四、原式 $=\lim\limits_{n\to +\infty}\ln\left(\dfrac{n+1}{n-1}\right)^n=\lim\limits_{n\to +\infty}\ln\left(1+\dfrac{2}{n-1}\right)^{\frac{n-1}{2}\cdot\frac{2n}{n-1}}=\ln e^2=2$.

五、原式 $=\lim\limits_{x\to 0}\dfrac{\tan x-\sin x}{x\sin x\tan x}=\lim\limits_{x\to 0}\dfrac{1-\cos x}{x\sin x}=\lim\limits_{x\to 0}\dfrac{\sin x}{x}\cdot\dfrac{1}{1+\cos x}=\dfrac{1}{2}$.

B 级同步训练题

一、计算下列极限

1. 原式 $=\lim\limits_{x\to +0}\dfrac{2|\sin 2x|}{x}$, $\lim\limits_{x\to +0}\dfrac{2|\sin 2x|}{x}=\lim\limits_{x\to +0}\dfrac{2\sin 2x}{x}=4$;

$\lim\limits_{x\to -0}\dfrac{2|\sin 2x|}{x}=\lim\limits_{x\to -0}\dfrac{-2\sin 2x}{x}=-4$.

由于左、右极限不相等,所以原极限不存在.

2. 原式 $= \lim\limits_{n\to\infty}\left(1+\dfrac{3^{\frac{1}{n}}+4^{\frac{1}{n}}-2}{2}\right)^{\frac{2}{3^{\frac{1}{n}}+4^{\frac{1}{n}}-2}\cdot\frac{3^{\frac{1}{n}}+4^{\frac{1}{n}}-2}{2\cdot\frac{1}{n}}} = e^{\frac{1}{2}(\ln 3+\ln 4)} = 2\sqrt{3}$.

其中 $\lim\limits_{n\to\infty}\left(\dfrac{3^{\frac{1}{n}}+4^{\frac{1}{n}}-2}{2\cdot\dfrac{1}{n}}\right) = \lim\limits_{n\to\infty}\left(\dfrac{3^{\frac{1}{n}}-1}{2\cdot\dfrac{1}{n}}+\dfrac{4^{\frac{1}{n}}-1}{2\cdot\dfrac{1}{n}}\right)$,

而 $\lim\limits_{x\to 0}\dfrac{a^x-1}{x} \xrightarrow{\text{令}a^x-1=u} \lim\limits_{u\to 0}\dfrac{u}{\log_a(1+u)} = \lim\limits_{u\to\infty}\dfrac{1}{\log_a(1+u)^{\frac{1}{u}}} = \dfrac{1}{\log_a e} = \ln a$,

所以 $\lim\limits_{n\to+\infty}\left(\dfrac{3^{\frac{1}{n}}+4^{\frac{1}{n}}-2}{2\cdot\dfrac{1}{n}}\right) = \dfrac{1}{2}\ln 3 + \dfrac{1}{2}\ln 4$.

3. 原式 $= \lim\limits_{x\to 0}(\sqrt{1+x^2})^{\frac{1}{x}} \cdot \left(1+\dfrac{x}{\sqrt{1+x^2}}\right)^{\frac{1}{x}}$

$= \lim\limits_{x\to 0}(1+x^2)^{\frac{1}{x^2}\cdot\frac{x}{2}} \cdot \lim\limits_{x\to 0}\left(1+\dfrac{x}{\sqrt{1+x^2}}\right)^{\frac{\sqrt{1+x^2}}{x}\cdot\frac{1}{\sqrt{1+x^2}}} = e^0 \cdot e^1 = e$.

4. 解: $0 \leqslant \left|\dfrac{n\sin n!}{n^2+1}\right| \leqslant \dfrac{n}{n^2+1} < \dfrac{1}{n}$,即 $-\dfrac{1}{n} < \dfrac{n\sin n!}{n^2+1} < \dfrac{1}{n}$,

而 $\lim\limits_{n\to\infty}\left(-\dfrac{1}{n}\right) = 0$,$\lim\limits_{n\to\infty}\dfrac{1}{n} = 0$,因此 $\lim\limits_{n\to\infty}\dfrac{n\sin n!}{n^2+1} = 0$.

5. 原式 $= \lim\limits_{x\to 0}\dfrac{\ln[(1+x+x^2)(1-x+x^2)]}{\dfrac{1}{\cos x}(1-\cos^2 x)} = \lim\limits_{x\to 0}\dfrac{\ln(1+x^2+x^4)}{\sin^2 x}\cos x$

$= \lim\limits_{x\to 0}\dfrac{\ln(1+x^2+x^4)^{\frac{1}{x^2+x^4}} \cdot (x^2+x^4)}{\sin^2 x} \cdot \cos x$

$= \lim\limits_{x\to 0}\ln(1+x^2+x^4)^{\frac{1}{x^2+x^4}} \cdot \lim\limits_{x\to 0}\dfrac{x^2}{\sin^2 x} \cdot \lim\limits_{x\to 0}(1+x^2) \cdot \lim\limits_{x\to 0}\cos x = \ln e = 1$.

二、解: 原式 $= \lim\limits_{x\to+\infty}\left(\dfrac{1+\tan\dfrac{1}{x}}{1-\tan\dfrac{1}{x}}\right)^x = \lim\limits_{x\to+\infty}\left[\left(\dfrac{1+\tan\dfrac{1}{x}}{1-\tan\dfrac{1}{x}}\right)^{\frac{1}{\tan\frac{1}{x}}}\right]^{\frac{\tan\frac{1}{x}}{\frac{1}{x}}} = \left(\dfrac{e}{e^{-1}}\right)^1 = e^2$.

三、解: 因 $x_1 \in (0,2)$,故 $x_2 = 2x_1 - x_1^2 = 1 - (1-x_1)^2$,得 $0 < x_2 \leqslant 1$.

设 $0 < x_n \leqslant 1$,则 $x_{n+1} = 1 - (1-x_n)^n$,仍有 $0 < x_{n+1} \leqslant 1$,

故对一切正整数 $n \geqslant 2$,$0 < x_n \leqslant 1$ 成立,故 $\{x_n\}$ 有界.

又 $x_{n+1} - x_n = x_n - x_n^2 = x_n(1-x_n)$, 因 $0 < x_n \leqslant 1$,故 $x_{n+1} - x_n \geqslant 0$,

即 $\{x_n\}$ 单调,于是 $\lim\limits_{n\to\infty}x_n$ 存在. 设 $\lim\limits_{n\to\infty}x_n = A$ ($A \geqslant x_2 > 0$),

由 $\lim\limits_{n\to\infty}x_{n+1} = \lim\limits_{n\to\infty}(2x_n - x_n^2)$,得 $A = 2A - A^2$,解得唯一实根 $A = 1$,

故 $\lim\limits_{n\to\infty}x_n = 1$.

四、证:因为 $x_1 = 4, x_2 = \sqrt{2 \times 4 + 3} = \sqrt{11} < 4 = x_1$,设 $x_n < x_{n-1}$ 成立.

$x_{n+1} = \sqrt{2x_n + 3} < \sqrt{2x_{n-1} + 3} = x_n$,由归纳法知 $\{x_n\}$ 单调递减,

又因 $x_1 = 4 > 3$,设 $x_n > 3$ 成立,则 $x_{n+1} = \sqrt{2x_n + 3} > \sqrt{2 \times 3 + 3} = 3$.

故 $\{x_n\}$ 有下界. 所以 $\lim\limits_{n \to \infty} x_n$ 存在,并设为 A,

由 $\lim\limits_{n \to \infty} x_{n+1} = \lim\limits_{n \to \infty} \sqrt{2x_n + 3}$,得 $A = \sqrt{2A + 3}$,即 $A^2 - 2A - 3 = 0$,

求得唯一正根 $A = 3$,故 $\lim\limits_{n \to \infty} x_n = 3$.

五、证:$s_n = \dfrac{1}{(n+1)^2} + \dfrac{1}{(n+2)^2} + \cdots + \dfrac{1}{(2n)^2}$.

$s_n < \dfrac{1}{n^2} + \dfrac{1}{n^2} + \cdots + \dfrac{1}{n^2} = \dfrac{1}{n}$;$s_n > \dfrac{1}{(2n)^2} + \dfrac{1}{(2n)^2} + \cdots + \dfrac{1}{(2n)^2} = \dfrac{1}{4n}$,

而 $\lim\limits_{n \to \infty} \dfrac{1}{4n} = 0$,$\lim\limits_{n \to \infty} \dfrac{1}{n} = 0$,故 $\lim\limits_{n \to \infty} \left[\dfrac{1}{(n+1)^2} + \dfrac{1}{(n+2)^2} + \cdots + \dfrac{1}{(2n)^2} \right] = 0$.

六、证:因 $\dfrac{a_{n+1}}{a_n} \leqslant r$,故有 $a_2 \leqslant a_1 r, a_3 \leqslant a_2 r \leqslant a_1 r^2, \cdots, 0 < a_n \leqslant a_1 \cdot r^{n-1}$.

因 $0 < r < 1$,故 $\lim\limits_{n \to \infty} r^{n-1} = 0$,故 $\lim\limits_{n \to \infty} a_n = 0$.

§1-6 无穷小与无穷大及其比较

A 级同步训练题

一、客观题

1. 若 x 是无穷小,在下面说法中,错误的是( ).

    (A) x^2 是无穷小   (B) $2x$ 是无穷小

    (C) $x - 0.0001$ 是无穷小   (D) $-x$ 是无穷小

2. 在下面命题中,正确的是( ).

    (A) 无穷大是一个非常大的数   (B) 有限个无穷大的和仍为无穷大

    (C) 无界变量必为无穷大   (D) 无穷大必是无界变量

3. $x \to 0$ 时,$1 - \cos 2x$ 是 x^2 的( ).

    (A) 高阶无穷小   (B) 同阶无穷小,但不等价

    (C) 等价无穷小   (D) 低阶无穷小

4. 在下列极限中,值为 1 的是( ).

    (A) $\lim\limits_{x \to \infty} \dfrac{\pi}{2} \cdot \dfrac{\sin x}{x}$ (B) $\lim\limits_{x \to 0} \dfrac{\pi}{2} \cdot \dfrac{\sin x}{x}$

    (C) $\lim\limits_{x \to \frac{\pi}{2}} \dfrac{\pi}{2} \cdot \dfrac{\sin x}{x}$ (D) $\lim\limits_{x \to \pi} \dfrac{\pi}{2} \cdot \dfrac{\sin x}{x}$

二、计算下列极限

1. $\lim\limits_{x \to 0} \dfrac{1 - \cos 2x}{x \tan x}$.

2. $\lim\limits_{x \to 0} \dfrac{(x+1)^2 + (x-1)^3}{x}$.

3. $\lim\limits_{x \to 0} \dfrac{\ln(1 + 2x)}{\sin 4x}$.

4. $\lim\limits_{x \to 0} \dfrac{\tan x - \sin x}{\arcsin^3 x}$.

三、设当 $x \to 0$,$\alpha(x) = \sqrt[3]{1 + 3x^3} - \sqrt[3]{1 - 3x^3} \sim A x^k$,试确定 A 及 k.

四、设 $\alpha(x) = \sin ax^2$,$\beta(x) = e - e^{\cos x}$,且当 $x \to 0$ 时,$\alpha(x) \sim \beta(x)$,求求 a 值.

五、当 $x \to 0^+$,讨论 $\alpha(x) = (1 + 2x)^{\frac{3}{2}} - 1$ 和 $\beta(x) = 1 - \cos\sqrt{x}$ 是否满足 $\alpha(x) \sim \beta(x)$.

六、当 $x \to x_0$ 时,设 $\alpha_1 = o(\alpha)$,$\beta_1 = o(\beta)$ 且 $\lim\limits_{x \to x_0} \dfrac{\alpha}{\beta} = A$,求证:$\lim\limits_{x \to x_0} \dfrac{\alpha + \alpha_1}{\beta + \beta_1} = A$.

B 级同步训练题

一、客观题

1. 在 $x \to 0$ 时,下面说法中,错误的是( ).

   (A) $x \sin x$ 是无穷小   (B) $x \sin \dfrac{1}{x}$ 是无穷小

   (C) $\dfrac{1}{x} \sin \dfrac{1}{x}$ 是无穷大   (D) $\dfrac{1}{x}$ 是无穷大

2. 当 $x \to 0$ 时,$(1 - \cos x)^2$ 是 $\sin^2 x$ 的( ).

   (A) 高阶无穷小   (B) 同阶无穷小,但不等价

   (C) 等价无穷小   (D) 低阶无穷小

3. 如果 $x \to \infty$ 时,$\dfrac{1}{ax^2 + bx + c}$ 是比 $\dfrac{1}{x+1}$ 高阶的无穷小,则 a,b,c 应满足( ).

   (A) $a = 0, b = 1, c = 1$ (B) $a \neq 0, b = 1, c$ 为任意常数

   (C) $a \neq 0, b$ 和 c 为任意常数   (D) a, b, c 都可以是任意常数

4. $x \to 1$ 时,与无穷小 $1 - x$ 等价的是( ).

   (A) $\dfrac{1}{2}(1 - x^3)$ (B) $\dfrac{1}{2}(1 - \sqrt{x})$ (C) $\dfrac{1}{2}(1 - x^2)$ (D) $1 - \sqrt{x}$

5. 当 $x \to 0$ 时,在下列无穷小中,与 x 等价的是( ).

   (A) $1 - \cos\sqrt{2x}$ (B) $\ln\sqrt{1 + x^2}$

   (C) $\sqrt{1 + x^2} - \sqrt{1 - x^2}$ (D) $e^x + e^{-x} - 2$

二、计算下列极限

1. $\lim\limits_{x \to 0} \dfrac{(1 + 4x)^4 - (1 + 2x)^2}{(2x - 1)^2 - 1}$.

2. $\lim\limits_{x \to 2} \dfrac{\ln(1 + \sqrt[3]{x - 2})}{\arcsin(\sqrt[3]{3x^2 - 4x - 4})}$.

3. $\lim\limits_{x\to 0}\dfrac{e^x - e^{x\cos x}}{x \cdot \arctan x^2}$.

4. $\lim\limits_{x\to 0}\dfrac{(e^{\sin x}-1)^4 \cdot \sqrt{1+\tan x^2}}{(1-\cos x)\ln(1+x^2)}$.

5. $\lim\limits_{x\to 2}\dfrac{(3-2x)^{\frac{1}{3}}+\sqrt{x-1}}{x-2}$.

6. $\lim\limits_{n\to\infty} n\left(\arctan\dfrac{n+1}{n} - \arctan\dfrac{n}{n+1}\right)$.

三、设 $\alpha = \sqrt{x+2} - 2\sqrt{x+1} + \sqrt{x}$，$\beta = \dfrac{A}{x^k}$，确定 k 及 A，使当 $x \to +\infty$ 时，$\alpha \sim \beta$.

四、设 $f(x) = \sin x - 2\sin 2x + \sin 3x$，$g(x) = ax^n$，求 a, n，使 $x \to 0$ 时，$f(x) \sim g(x)$.

五、已知：$\lim\limits_{x\to x_0} u(x) = \infty$，$\lim\limits_{x\to x_0} u(x)v(x) = A \neq 0$，问 $\lim\limits_{x\to x_0} v(x) = ?$ 为什么？

六、若 $\lim\limits_{n\to\infty} x_n y_n = 0$，且 $x_n \neq 0$，$y_n \neq 0$，则能否得出"$\lim\limits_{n\to\infty} x_n = 0$ 及 $\lim\limits_{n\to\infty} y_n = 0$ 至少有一式成立"的结论.

七、$f(x) = x\sin x$，问当 $x \to +\infty$ 时，$f(x)$ 是不是无穷大量？

八、设当 $x \to x_0$ 时，$\alpha(x), \alpha_1(x), \beta(x), \beta_1(x)$ 均为无穷小，且 $\alpha(x) \sim \alpha_1(x)$，$\beta(x) \sim \beta_1(x)$，$\lim\limits_{x\to x_0}\dfrac{\alpha(x)}{\beta(x)} = A$ 存在.

试证明：$\lim\limits_{x\to x_0}[1+\alpha(x)]^{\frac{1}{\beta(x)}} = \lim\limits_{x\to x_0}[1+\alpha_1(x)]^{\frac{1}{\beta_1(x)}}$.

辅导与参考答案

A 级同步训练题

一、客观题

    1. (C).   **2.** (D).   **3.** (B).   **4.** (C).

二、计算下列极限

    1. 原式 $= \lim\limits_{x\to 0}\dfrac{2x^2}{x^2} = 2$（利用等价无穷小关系：$1-\cos 2x \sim 2x^2$，$\tan x \sim x$）.

    2. 原式 $= \lim\limits_{x\to 0}\dfrac{(x+1)^2-1}{x} - \lim\limits_{x\to 0}\dfrac{(-x+1)^3-1}{x} = 2-(-3) = 5$.

    3. 原式 $= \lim\limits_{x\to 0}\dfrac{2x}{4x} = \dfrac{1}{2}$ [利用等价无穷小关系：$\ln(1+2x) \sim 2x$，$\sin 4x \sim 4x$].

    4. 原式 $= \lim\limits_{x\to 0}\dfrac{\tan x(1-\cos x)}{x^3} = \lim\limits_{x\to 0}\dfrac{x \cdot \frac{1}{2}x^2}{x^3} = \dfrac{1}{2}$.

    （利用等价无穷小关系 $\arcsin^3 x \sim x^3$）.

三、解：$\lim\limits_{x\to 0}\dfrac{\alpha(x)}{x^3} = \lim\limits_{x\to 0}\dfrac{\sqrt[3]{1+3x^3} - \sqrt[3]{1-3x^3}}{x^3} = \lim\limits_{x\to 0}\left[\dfrac{(1+3x^3)^{\frac{1}{3}}-1}{x^3} - \dfrac{(1-3x^3)^{\frac{1}{3}}-1}{x^3}\right]$

    $= 1-(-1) = 2$，故 $\alpha(x) \sim 2x^3$，即 $A = 2$，$k = 3$ 为所求.

四、解:当 $x \to 0$, $\sin ax^2 \sim ax^2$, $e^{\cos x}(e^{1-\cos x}-1) \sim e(1-\cos x) \sim \dfrac{e}{2}x^2$,

原式 $= \lim\limits_{x \to 0} \dfrac{ax^2}{\dfrac{e}{2}x^2} = \dfrac{2a}{e} = 1$, 故 $a = \dfrac{e}{2}$.

五、解:当 $x \to 0^+$ 时, $\beta(x) = 1-\cos\sqrt{x} \sim \dfrac{1}{2}x$; $\alpha(x) = (1+2x)^{\frac{3}{2}}-1 \sim 3x$,

$\lim\limits_{x \to 0^+} \dfrac{\alpha(x)}{\beta(x)} = \lim\limits_{x \to 0} \dfrac{3x}{\dfrac{1}{2}x} = 6$, 所以不等价.

六、证: $\lim\limits_{x \to x_0} \dfrac{\alpha+\alpha_1}{\beta+\beta_1} = \lim\limits_{x \to x_0} \dfrac{\alpha}{\beta} \cdot \dfrac{1+\dfrac{\alpha_1}{\alpha}}{1+\dfrac{\beta_1}{\beta}}$, 由已知 $\lim\limits_{x \to x_0} \dfrac{\alpha_1}{\alpha} = 0$, $\lim\limits_{x \to x_0} \dfrac{\beta_1}{\beta} = 0$,

所以 $\lim\limits_{x \to x_0} \dfrac{\alpha+\alpha_1}{\beta+\beta_1} = \lim\limits_{x \to x_0} \dfrac{\alpha}{\beta} \cdot \lim\limits_{x \to x_0} \dfrac{1+\dfrac{\alpha_1}{\alpha}}{1+\dfrac{\beta_1}{\beta}} = A \cdot 1 = A$.

B 级同步训练题

一、客观题

1. (C).   2. (A).   3. (C).   4. (C).   5. (A).

二、计算下列极限

1. 当 $x \to 0$ 时, $(1+\alpha x)^n - 1 \sim n\alpha x$, 所以 $\lim\limits_{x \to 0} \dfrac{(1+\alpha x)^n-1}{x} = n\alpha$.

原式 $= \lim\limits_{x \to 0} \dfrac{\dfrac{(1+4x)^4-1}{x} - \dfrac{(1+2x)^2-1}{x}}{\dfrac{(1-2x)^2-1}{x}} = \dfrac{4\times 4 - 2\times 2}{-2\times 2} = -3$.

2. 因为 $u \to 0$ 时, $\ln(1+u) \sim u$, $\arcsin u \sim u$,

所以, 原式 $= \lim\limits_{x \to 2} \dfrac{\sqrt[3]{x-2}}{\sqrt[3]{(x-2)(3x+2)}} = \lim\limits_{x \to 2} \dfrac{1}{\sqrt[3]{3x+2}} = \dfrac{1}{2}$.

3. 因为当 $x \to 0$ 时, $e^x - 1 \sim x$, 而 $e^x - e^{x\cos x} = e^{x\cos x}[e^{x(1-\cos x)}-1]$,

当 $x \to 0$, $e^x - e^{x\cos x} \sim e^{x\cos x} \cdot x(1-\cos x)$, $\arctan x^2 \sim x^2$,

所以原式 $= \lim\limits_{x \to 0} e^{x\cos x} \cdot \dfrac{x(1-\cos x)}{x \cdot x^2} = \dfrac{1}{2}$.

4. 因为当 $x \to 0$ 时, $e^{\sin x}-1 \sim \sin x$, $1-\cos x \sim \dfrac{1}{2}x^2$, $\ln(1+x^2) \sim x^2$.

原式 $= \lim\limits_{x \to 0} \dfrac{(\sin x)^4(\sqrt{1+\tan x^2})}{\dfrac{1}{2}x^2 \cdot x^2} = 2$.

5. 因为 $u \to 0$ 时, $(1+u)^m \sim mu$.

所以原式 $= \lim\limits_{x \to 2} \dfrac{[-1+2(2-x)]^{\frac{1}{3}} + [1+(x-2)]^{\frac{1}{2}}}{x-2}$

$$= \lim_{x \to 2} \frac{\sqrt{1+(x-2)}-1}{x-2} - \lim_{x \to 2} \frac{\sqrt[3]{1-2(2-x)}-1}{x-2}$$

$$= \lim_{x \to 2} \frac{\frac{1}{2}(x-2)}{x-2} + \lim_{x \to 2} \frac{\frac{1}{3} \cdot 2(2-x)}{x-2} = \frac{1}{2} - \frac{2}{3} = -\frac{1}{6}.$$

6. 解: $\tan\left(\arctan\frac{n+1}{n} - \arctan\frac{n}{n+1}\right) = \dfrac{\frac{n+1}{n} - \frac{n}{n+1}}{1 + \frac{n+1}{n} \cdot \frac{n}{n+1}} = \dfrac{2n+1}{2n(n+1)}$,

又 $\tan u \sim u$（当 $u \to 0$），

所以原式 $= \lim\limits_{n \to \infty} \dfrac{n(2n+1)}{2n(n+1)} = 1.$

三、解: $\alpha = (\sqrt{2+x} + \sqrt{x}) - 2\sqrt{x+1} = \dfrac{2 + 2x + 2\sqrt{x^2+2x} - 4(x+1)}{\sqrt{2+x} + \sqrt{x} + 2\sqrt{x+1}}$

$$= \frac{2[\sqrt{x^2+2x} - (x+1)]}{\sqrt{2+x} + \sqrt{x} + 2\sqrt{x+1}}$$

$$= \frac{-2}{(\sqrt{2+x} + \sqrt{x} + 2\sqrt{x+1})(\sqrt{x^2+2x} + x + 1)}.$$

由 $\lim\limits_{x \to +\infty} \dfrac{\alpha}{x^{-\frac{3}{2}}} = \lim\limits_{x \to +\infty} \dfrac{-2x^{\frac{3}{2}}}{(\sqrt{2+x} + \sqrt{x} + 2\sqrt{x+1})(\sqrt{x^2+2x} + x + 1)}$

$= -\dfrac{1}{4}$，所以取 $A = -\dfrac{1}{4}$，$k = \dfrac{3}{2}.$

四、解: $\sin x + \sin 3x - 2\sin 2x = 2\sin 2x \cos x - 2\sin 2x = -2\sin 2x(1 - \cos x)$,

而 $\lim\limits_{x \to 0} \dfrac{f(x)}{x^3} = \lim\limits_{x \to 0} \dfrac{-2\sin 2x \cdot (1-\cos x)}{x^3} = \lim\limits_{x \to 0} \dfrac{-2x \cdot x^2}{x^3} = -2$,

所以取 $a = -2$，$n = 3.$

五、解: $\lim\limits_{x \to x_0} v(x) = 0$，因为 $\lim\limits_{x \to x_0} v(x) = \lim\limits_{x \to x_0} \dfrac{v(x)u(x)}{u(x)} = \lim\limits_{x \to x_0} \dfrac{1}{u(x)} \cdot v(x)u(x)$,

$= \lim\limits_{x \to x_0} \dfrac{1}{u(x)} \cdot \lim\limits_{x \to x_0} v(x)u(x) = 0 \cdot A = 0.$

六、答: 不一定,

例: $x_n = \begin{cases} k, & \text{当 } n = 2k-1; \\ \dfrac{1}{4k^2}, & \text{当 } n = 2k. \end{cases}$ $\qquad y_n = \begin{cases} \dfrac{1}{4k^2}, & \text{当 } n = 2k-1; \\ k, & \text{当 } n = 2k. \end{cases}$

显然 $x_n \neq 0, y_n \neq 0$，且 $\lim\limits_{n \to \infty} x_n y_n = 0$，但 $\lim\limits_{n \to \infty} x_n \neq 0$，$\lim\limits_{n \to \infty} y_n \neq 0.$

七、答: 当 $x \to +\infty$ 时，$f(x)$ 不是无穷大量，$\forall X > 0$，$\exists n > \dfrac{X}{\pi}$，取 $x_1 = n\pi > X$,

则 $|f(x_1)| = |n\pi \sin n\pi| = 0 < M$，故当 $x \to +\infty$ 时，$f(x)$ 不是无穷大.

八、证: 左式 $= \lim\limits_{x \to x_0} [1 + \alpha(x)]^{\frac{1}{\beta(x)}} = \lim\limits_{x \to x_0} [1 + \alpha(x)]^{\frac{1}{\alpha(x)} \cdot \frac{\alpha(x)}{\beta(x)}} = e^A$,

右式 $= \lim\limits_{x \to x_0} [1 + \alpha_1(x)]^{\frac{1}{\beta_1(x)}} = \lim\limits_{x \to x_0} [1 + \alpha_1(x)]^{\frac{1}{\alpha_1(x)} \cdot \frac{\alpha_1(x)}{\alpha(x)} \cdot \frac{\alpha(x)}{\beta(x)} \cdot \frac{\beta(x)}{\beta_1(x)}}$

$= e^{1 \times A \times 1} = e^A =$ 左式.

§1-7 函数的连续性与间断点

A 级同步训练题

一、客观题

1. $f(x)$ 在点 x_0 处有定义是 $f(x)$ 在点 $x = x_0$ 处连续的(　　)条件.
   (A) 必要而非充分　　　　　　(B) 充分而非必要
   (C) 充分必要　　　　　　　　(D) 既不充分也不必要

2. $\lim_{x \to x_0} f(x) = f(x_0)$ 是 $f(x)$ 在 $x = x_0$ 处连续的(　　)条件.
   (A) 必要而非充分　　　　　　(B) 充分而非必要
   (C) 充分必要　　　　　　　　(D) 既不充分也不必要

3. $x = 0$ 是 $f(x) = x \cdot \cos \dfrac{1}{2x}$ 的(　　)间断点.
   (A) 可去　　　(B) 振荡　　　(C) 无穷　　　(D) 跳跃

4. $f(x) = \begin{cases} \dfrac{x^3 - 1}{x - 1}, & x < 1; \\ a, & x \geqslant 1. \end{cases}$ 在 $x = 1$ 处，$f(x)$ 连续，则 $a = (\quad)$.
   (A) 1　　　(B) 2　　　(C) 3　　　(D) 4

5. $f(x) = \dfrac{\ln(1 + 2x)}{\sin x}$，$x = 0$ 为 $f(x)$ 的(　　)间断点.
   (A) 跳跃　　　(B) 振荡　　　(C) 无穷　　　(D) 可去

6. 设函数 $f(x) = (1-x)^{\cot x}$，则定义 $f(0)$ 为(　　)时，$f(x)$ 在 $x = 0$ 处连续.
   (A) $-e$　　　(B) e　　　(C) $\dfrac{1}{e}$　　　(D) 1

二、计算下列各题

1. $f(x) = \begin{cases} 2 - x^2, & 0 \leqslant x \leqslant 1; \\ 2 - x, & 1 < x \leqslant 2, \end{cases}$ 讨论连续性与间断点.

2. $y = \dfrac{x - 1}{x^2 - 3x + 2}$，讨论连续性与间断点.

3. $y = \dfrac{x}{\tan x}$，讨论连续性与间断点.

4. $y = \begin{cases} x^2 - 1, & x \leqslant 1; \\ 3 - x, & x > 1, \end{cases}$ 讨论连续性与间断点.

三、讨论函数 $f(x) = \lim_{n \to \infty} \dfrac{1 - x^{2n}}{1 + x^{2n}} \cdot x$ 的连续性，若有间断点判断其类型.

四、确定 $f(x) = \dfrac{\sin\pi x}{x(x-1)}$ 的间断点,并判定其类型.

五、$f(x) = \begin{cases} \dfrac{1-\sqrt{1-a^2x^2}}{\sin^2 x}, & \text{当 } x \neq 0; \\ a, & \text{当 } x = 0 \end{cases}$ $(a \neq 0)$,试确定 a 值,使 $f(x)$ 在 $x = 0$ 处连续.

B 级同步训练题

一、客观题

1. $f(x) = \begin{cases} x\sin\dfrac{1}{x^2}, & \text{当 } x < 0; \\ \dfrac{\sin x}{x+1}, & \text{当 } x \geqslant 0. \end{cases}$ 则关于 $f(x)$ 的连续性的正确结论是( ).

   (A) $f(x)$ 在 $(-\infty, +\infty)$ 上处处连续　　(B) 只有一个间断点 $x = 0$

   (C) 只有一个间断点 $x = -1$　　(D) 有两个间断点

2. 要使 $f(x) = (1+x^2)^{-\frac{2}{x^2}}$ 在 $x = 0$ 处连续,应补充定义 $f(0)$ 的值为( ).

   (A) 0　　　(B) e^{-2}　　　(C) e^{-4}　　　(D) e^{-1}

3. 设函数 $f(x) = \begin{cases} \dfrac{ax-b}{\sqrt{3x+1}-\sqrt{x+3}}, & x \neq 1; \\ 4, & x = 1 \end{cases}$ 在 $x = 1$ 处连续,则常数 a, b 用数组 (a, b) 表示为( ).

   (A) $(2, -2)$　　(B) $(-2, 2)$　　(C) $(-2, -2)$　　(D) $(2, 2)$

4. 不能导出 $y = f(x)$ 在 x_0 处连续的极限式是( ).

   (A) $\lim\limits_{\Delta x \to 0}[f(x_0 + \Delta x) - f(x_0)] = 0$　　(B) $\lim\limits_{x \to x_0} f(x) = f(x_0)$

   (C) $\lim\limits_{\Delta x \to 0}[f(x_0 + \Delta x) - f(x_0 - \Delta x)] = 0$

   (D) $\lim\limits_{\Delta x \to 0} \dfrac{\Delta y}{\Delta x} = \lim\limits_{\Delta x \to 0} \dfrac{f(x_0 + \Delta x) - f(x_0)}{x_0}$ 存在

5. $f(x) = \begin{cases} (\cos x)^{\frac{2}{x^2}}, & \text{当 } x \neq 0; \\ a, & \text{当 } x = 0 \end{cases}$ 在 $x = 0$ 处连续,则 $a = ($).

   (A) $-e$　　(B) $-\sqrt{e}$　　(C) $\dfrac{1}{e}$　　(D) $\dfrac{1}{\sqrt{e}}$

6. $f(x) = \begin{cases} \dfrac{\sqrt{1-\cos x^2}}{\arctan^2 x}, & x \neq 0; \\ a, & x = 0. \end{cases}$ 要使 $f(x)$ 在 $x = 0$ 处连续,必须使 $a = $ ( ).

(A) $\sqrt{2}$ (B) $\dfrac{1}{\sqrt{2}}$ (C) $\pm\sqrt{2}$ (D) 不存在

7. $f(x) = \begin{cases} \dfrac{\sin x + e^{2ax} - 1}{\ln(1+x)}, & \text{当 } x \neq 0; \\ a, & \text{当 } x = 0 \end{cases}$ 在 $x = 0$ 处连续,则 $a = $ _____.

二、求 $f(x) = \dfrac{x}{2 + 2^{\frac{1}{x}}}$ 的间断点,并判定其类型.

三、$f(x) = \begin{cases} \dfrac{\ln(x^2 + \sqrt{1+x^2})}{ax^2}, & x \neq 0; \\ a, & x = 0. \end{cases}$ 确定 a 的值使 $f(x)$ 在 $x = 0$ 处连续.

四、设 $f(x) = \dfrac{a - \dfrac{x}{2} + e^{\frac{x}{2}} + x\ln(1+x^2) + (b + \cos x)\sin x}{x^2}$ 有可去间断点 $x = 0$,求 a, b 之值.

五、求 $f(x) = \dfrac{(x-1)^2 - 1}{\sqrt{x^2} \cdot (x^2 - 1)}$ 的间断点,并确定其类型.

六、若已知 $\lim\limits_{x \to 0} f(\cos x) = f(1)$,能否说明 $f(x)$ 在 $x = 1$ 处连续?为什么?由所给极限式说明了函数 $f(x)$ 的什么性质?

辅导与参考答案

A 级同步训练题

一、客观题

1. (A).   2. (C).   3. (A).   4. (C).   5. (D).   6. (C).

二、计算下列各题

1. 解:$f(1-0) = 1$; $f(1+0) = 1$; $f(1) = 1$,所以 $f(x)$ 在 $(-\infty, +\infty)$ 内连续.

2. 解:$\lim\limits_{x \to 1} \dfrac{x-1}{x^2 - 3x + 2} = -1$,所以 $x = 1$ 为可去间断点,

     $\lim\limits_{x \to 2} \dfrac{x-1}{x^2 - 3x + 2} = \infty$,所以 $x = 2$ 为无穷间断点;

     故连续区间为 $(-\infty, 1), (1, 2), (2, +\infty)$.

3. 解:$\lim\limits_{x \to 0} \dfrac{x}{\tan x} = 1$,所以 $x = 0$ 为可去间断点;

     $\lim\limits_{x \to k\pi} \dfrac{x}{\tan x} = \infty \ (k \neq 0)$,所以 $x = k\pi$ 为无穷间断点;

     $\lim\limits_{x \to k\pi + \frac{\pi}{2}} \dfrac{x}{\tan x} = 0$,所以 $x = k\pi + \dfrac{\pi}{2}$ 为可去间断点;

连续区间为 $\left(k\pi, k\pi+\dfrac{\pi}{2}\right)$, $\left(k\pi-\dfrac{\pi}{2}, k\pi\right)$.

4. 解: $f(1-0)=0$, $f(1+0)=2$, 所以 $x=1$ 为跳跃间断点, 连续区间为 $(-\infty,1]$, $(1,+\infty)$.

三、解: $f(x)=\lim\limits_{n\to+\infty}\dfrac{1-x^{2n}}{1+x^{2n}}\cdot x=\begin{cases} x, & |x|<1; \\ 0, & |x|=1; \\ -x, & |x|>1. \end{cases}$ 而 $f(1-0)=1$, $f(1+0)=-1$, $f(-1-0)=-1$, $f(-1+0)=1$.

所以 $x=\pm 1$ 为跳跃间断点, 连续区间为 $(-\infty,-1)$, $(-1,1)$, $(1,+\infty)$.

四、解: $x=0$ 及 $x=1$ 是 $f(x)$ 的间断点, 由于 $\lim\limits_{x\to 0}f(x)=\lim\limits_{x\to 0}\dfrac{\sin\pi x}{x(x-1)}=-\pi$,

所以 $x=0$ 是 $f(x)$ 的可去间断点;

而 $\lim\limits_{x\to 1}\dfrac{\sin\pi x}{x(x-1)}\xlongequal{\diamondsuit\, t=x-1}\lim\limits_{t\to 0}\dfrac{\sin(\pi+\pi t)}{(1+t)t}=\lim\limits_{t\to 0}\dfrac{-\sin\pi t}{(1+t)t}=-\pi$,

所以 $x=1$ 是 $f(x)$ 的可去间断点.

五、解: $a=f(0)=\lim\limits_{x\to 0}f(x)=\lim\limits_{x\to 0}\dfrac{1-\sqrt{1-a^2x^2}}{\sin^2 x}=\lim\limits_{x\to 0}\dfrac{\frac{1}{2}a^2x^2}{x^2}=\dfrac{1}{2}a^2$,

即得 $a=\dfrac{1}{2}a^2$, 因 $a\neq 0$, 故 $a=2$.

B 级同步训练题

一、客观题

1. (A). **2.** (B). **3.** (D). **4.** (C). **5.** (C). **6.** (B). **7.** -1.

二、解: $x=0$ 是 $f(x)$ 的间断点, 因为 $f(0-0)=0$, $f(0+0)=0$,

所以 $x=0$ 是 $f(x)$ 的可去间断点.

三、解: $a=f(0)=\lim\limits_{x\to 0}f(x)=\lim\limits_{x\to 0}\dfrac{\ln(x^2+\sqrt{1+x^2})}{ax^2}$

$=\lim\limits_{x\to 0}\dfrac{\ln[1+(x^2+\sqrt{1+x^2}-1)]}{ax^2}$

$=\lim\limits_{x\to 0}\dfrac{x^2+\sqrt{1+x^2}-1}{ax^2}=\dfrac{1}{a}\lim\limits_{x\to 0}\left(1+\dfrac{1}{\sqrt{1+x^2}+1}\right)=\dfrac{3}{2a}$

(利用 $u\to 0$, $\ln(1+u)\sim u$).

令 $a=\dfrac{3}{2a}$, 即 $2a^2=3$, 解得 $a=\pm\sqrt{\dfrac{3}{2}}$.

四、解: 因为 $x=0$ 为可去间断点,

所以 $\lim\limits_{x\to 0}x^2 f(x)=\lim\limits_{x\to 0}\left[a-\dfrac{x}{2}+e^{\frac{x}{2}}+x\ln(1+x^2)+(b+\cos x)\sin x\right]=a+1=0$,

得 $a=-1$,

又 $\lim\limits_{x\to 0}xf(x)=\lim\limits_{x\to 0}\left[-\dfrac{1}{2}+\dfrac{e^{\frac{x}{2}}-1}{x}+\ln(1+x^2)+(b+\cos x)\cdot\dfrac{\sin x}{x}\right]$

$= -\dfrac{1}{2} + \dfrac{1}{2} + b + 1 = 0$,得 $b = -1$(其中 $e^{\frac{x}{2}} - 1 \sim \dfrac{x}{2}$).

五、解:$x = 0, x = 1, x = -1$ 是 $f(x)$ 的间断点,

在 $x = 0$ 处,$f(+0) = \dfrac{0-2}{0-1} = 2$;$f(-0) = \dfrac{(0-2)}{-(0-1)} = -2$.

故 $x = 0$ 是 $f(x)$ 的跳跃间断点.

在 $x = 1$ 处,$\lim\limits_{x \to 1} f(x) = \lim\limits_{x \to 1} \dfrac{x^2 - 2x}{x(x-1)(x+1)} = \infty$,

故 $x = 1$ 是 $f(x)$ 的无穷间断点.

在 $x = -1$ 处,$\lim\limits_{x \to -1} f(x) = \infty$,故 $x = -1$ 是 $f(x)$ 的无穷间断点.

六、证:$|\cos x| \leqslant 1$,故 $\lim\limits_{x \to 0} f(\cos x) = f(1)$,不能得出 $\lim\limits_{x \to 1+0} f(x)$ 存在.

从而不能得出 $f(x)$ 在 $x = 1$ 处连续,

由所给极限式可知 $f(x)$ 在 $x = 1$ 处左连续.

§1-8 闭区间上连续函数及其性质

A 级同步训练题

一、计算下列极限

1. $\lim\limits_{x \to \frac{\pi}{4}} \dfrac{\sin^2 x - \dfrac{1}{2}}{x - \dfrac{\pi}{4}}$.

2. $\lim\limits_{x \to +0} \dfrac{1 - \sqrt{\cos x}}{1 - \cos \sqrt{x}}$.

3. $\lim\limits_{x \to 0} \dfrac{\sqrt{1 + \tan x} - \sqrt{1 + \sin x}}{\tan x^3}$.

4. $\lim\limits_{x \to 0} \dfrac{2^{\frac{1}{x}} - 1}{2^{\frac{1}{x}} + 1}$.

二、$f(x) = \begin{cases} \dfrac{x}{\sqrt{1 - \cos x}}, & -1 < x < 0; \\ 1, & x = 0; \\ \dfrac{1}{x}[\ln x - \ln(x^2 + x)], & x > 0. \end{cases}$ 问 $f(x)$ 在 $(-1, +\infty)$ 内是否连续?

三、证明:方程 $x^3 - 3x + 1 = 0$ 在 $[-1, 1]$ 内有实根.

四、试证方程 $x = \cos x + 2$ 至少有一个不超过 3 的正根.

五、设 $f(x) = (\cos \sqrt{x})^{\frac{1}{x}} (0 < x < +\infty)$,补充定义 $f(0)$ 之值,使 $f(x)$ 在 $[0, +\infty)$ 上连续.

B 级同步训练题

一、客观题

1. 设 $f(x)$ 在 $(-\infty, +\infty)$ 上连续,a 和 b 是任意实数,且 $a < b$,则 $f(x)$ 必有界

区间是( ).

(A) $[a,b]$ (B) $(a,b]$ (C) $[a,b]$ (D) $(-\infty,+\infty)$

2. 方程 $x^3-3x+1=0$ 在 $(0,1)$ 内的实根的个数为( ).

(A) 3   (B) 2   (C) 1   (D) 0

3. 极限 $\lim\limits_{x\to a}\left(\dfrac{\sin x}{\sin a}\right)^{\frac{1}{x-a}}$ 的值是( ), $a\neq k\pi$.

(A) 1   (B) e (C) $e^{\cot a}$ (D) $e^{\tan a}$

二、$f(x)=\begin{cases}\dfrac{3\sin x+x^2\sin\dfrac{1}{x}}{(1+2\cos x)\ln(1+2x)}, & x\neq 0;\\ a, & x=0.\end{cases}$ 确定 a 的值使 $f(x)$ 在 $x=0$ 处连续.

三、证明方程 $\sin x+x=1$ 至少有一个根介于 -1 和 1 之间.

四、试估计方程 $x^3-6x+2=0$ 的各根的范围(要求范围是端点为相邻整数区间).

五、若 $f(x)$ 在 x_0 处连续,$\varphi(x)=f(x)g(x)$ 在 x_0 处也连续,举例说明 $g(x)$ 在 x_0 处不一定连续.

六、若 $f(x)$ 在 $[a,b]$ 上连续,$f(a)<a,f(b)>b$,证明:至少存在一点 $\xi\in(a,b)$,使 $f(\xi)=\xi$.

七、设 $f(x)$ 为连续函数,$x=a$ 与 $x=b$ 是方程 $f(x)=0$ 的两个相邻的根 $(a<b)$.
证明:若已知 (a,b) 内一点 c 处的函数值 $f(c)\neq 0$,则 $f(x)$ 在 (a,b) 内处处同号.

八、设 $f(x),g(x)$ 都在 $[a,b]$ 上连续,$u(x)=\max\{f(x),g(x)\}, x\in[a,b]$,
试证明:$u(x)$ 在 $[a,b]$ 上也连续.

九、设 $f(x)$ 在 $(-\infty,+\infty)$ 上连续,$g(x)=\begin{cases}f(x), & \text{当}\ f(x)>0;\\ 0, & \text{当}\ f(x)\leqslant 0.\end{cases}$ 试证明:$g(x)$ 在 $(-\infty,+\infty)$ 上连续.

十、设函数 $f(x)$ 在 (a,b) 内连续,$a<x_1<x_2<\cdots<x_n<b$,证明在 (a,b) 内至少存在一点 ξ,使 $f(\xi)=\dfrac{f(x_1)+f(x_2)+\cdots+f(x_n)}{n}$.

辅导与参考答案

A 级同步训练题

一、计算下列极限

1. 原式 $=\lim\limits_{u\to 0}\dfrac{\dfrac{1}{2}\left[1-\cos\left(\dfrac{\pi}{2}+2u\right)-1\right]}{u}=\lim\limits_{u\to 0}\dfrac{\sin 2u}{2u}=1$ $(u=x-\dfrac{\pi}{4})$.

2. 原式 $= \lim\limits_{x \to +0} \dfrac{1-\cos x}{\dfrac{x}{2}(1+\sqrt{\cos x})} = 0$（利用等价无穷小关系：$x \to 0, 1-\cos x \sim \dfrac{x^2}{2}$）.

3. 原式 $= \lim\limits_{x \to 0} \dfrac{\tan x - \sin x}{x^3(\sqrt{1+\tan x}+\sqrt{1+\sin x})} = \lim\limits_{x \to 0} \dfrac{\tan x(1-\cos x)}{x^3(\sqrt{1+\tan x}+\sqrt{1+\sin x})}$

$= \lim\limits_{x \to 0} \dfrac{x \cdot \dfrac{1}{2}x^2}{x^3(\sqrt{1+\tan x}+\sqrt{1+\sin x})} = \dfrac{1}{4}$

（利用等价无穷小关系：$x \to 0, 1-\cos x \sim \dfrac{1}{2}x^2, \tan x \sim x$）.

4. 解：$\lim\limits_{x \to -0} \dfrac{2^{\frac{1}{x}}-1}{2^{\frac{1}{x}}+1} = -1$, $\lim\limits_{x \to +0} \dfrac{2^{\frac{1}{x}}-1}{2^{\frac{1}{x}}+1} = 1$，所以极限不存在.

二、解：$f(0-0) = -\sqrt{2}$，$f(0+0) = -1$，$f(0) = 1$，$f(x)$ 在 $x = 0$ 处不连续，$x \neq 0$ 时，连续.

三、证：设 $f(x) = x^3 - 3x + 1$，则 $f(x)$ 在 $[-1,1]$ 上连续，

又 $f(-1) = 3 > 0, f(1) = -1 < 0$，

由零点定理，必存在点 $\xi \in (-1,1)$，使 $f(\xi) = 0$，即

$\xi^3 - 3\xi + 1 = 0$，所以方程 $x^3 - 3x + 1 = 0$ 在 $[-1,1]$ 内有实根.

四、证：设 $f(x) = x - \cos x - 2$，则原方程 $f(x) = 0$，

因为 $f(0) = -3 < 0, f(3) = 1 - \cos 3 > 0$，

所以必存在点 $\xi \in (0,3)$ 使 $f(\xi) = 0$，

故原方程至少有一个不超过 3 的正根.

五、解：$f(0) = \lim\limits_{x \to +0}(\cos\sqrt{x})^{\frac{1}{x}} = \lim\limits_{x \to +0}(1-\sin^2\sqrt{x})^{\frac{1}{2x}}$

$= \lim\limits_{x \to +0}(1-\sin^2\sqrt{x})^{\frac{-1}{\sin^2\sqrt{x}} \cdot \frac{-\sin^2\sqrt{x}}{2x}} = e^{-\frac{1}{2}}$.

B 级同步训练题

一、客观题

    1. (C).   **2.** (C).   **3.** (C).

二、解：$a = f(0) = \lim\limits_{x \to 0} f(x) = \lim\limits_{x \to 0} \dfrac{3\dfrac{\sin x}{x} + x\sin\dfrac{1}{x}}{(1+2\cos x)\dfrac{\ln(1+2x)}{x}} = \dfrac{1}{2}$.

三、证：设 $f(x) = \sin x + x - 1$，$f(x)$ 在 $[-1,1]$ 上连续，

且 $f(-1) = \sin(-1) - 1 - 1 = -2 - \sin 1 < 0$，

$f(1) = \sin 1 + 1 - 1 = \sin 1 > 0$，

由介值定理至少存在点 $\xi \in (-1,1)$，使 $f(\xi) = 0$，

即方程 $\sin x + x = 1$ 至少有一个根介于 -1 和 1 之间.

四、解：设 $f(x) = x^3 - 6x + 2$，$f(x)$ 在 $(-\infty,+\infty)$ 内连续，

因为 $f(-3) = -7 < 0, f(-2) = 6 > 0; f(0) = 2 > 0, f(1) = -3 < 0$；

$f(2) = -2 < 0, f(3) = 11 > 0$.

29

所以由零点定理知题设方程分别在$(-3,-2),(0,1),(2,3)$内至少各有一个根,

又三次方程最多只有三个根,所以方程的根已全部定出所在范围.

五、解:

例:$f(x)=x^3$ 在 $x=0$ 处连续,$g(x)=\begin{cases}1, & \text{当 }x=0;\\ \dfrac{1}{x^2}, & \text{当 }x\neq 0.\end{cases}$

$\varphi(x)=f(x)\cdot g(x)=\begin{cases}0, & \text{当 }x=0;\\ x, & \text{当 }x\neq 0.\end{cases}$ $\varphi(x)=f(x)g(x)$ 在 $x=0$ 处连续,但 $g(x)$ 在 $x=0$ 处不连续.

六、证: $\varphi(x)=f(x)-x$,$\varphi(x)$ 在 $[a,b]$ 上连续,$\varphi(a)=f(a)-a<0$,

$\varphi(b)=f(b)-b>0$,由零点定理,

所以至少有一点 $\xi\in(a,b)$,满足 $\varphi(\xi)=0$,即 $f(\xi)=\xi$.

七、证: 不妨设 $f(c)>0$,反证法,若 $f(x)$ 在 (a,b) 内不处处为正,

即在 (a,b) 内至少存在一点 x_0,使 $f(x_0)<0$,

于是由零点定理,在 x_0 与点 c 之间必存在一点 ξ,使 $f(\xi)=0$,

即 (a,b) 内还有方程 $f(x)=0$ 的一个根 ξ,与 $x=a,x=b$ 为相邻两个根矛盾,

所以 $f(x)$ 在 (a,b) 内处处为正.同理,当 $f(c)<0$,$f(x)$ 处处为负.

八、证: 因 $u(x)=\dfrac{1}{2}[\,|f(x)-g(x)|+(f(x)+g(x))\,]$,又 $f(x),g(x)$ 在 $[a,b]$ 上连续,则 $f(x)-g(x)$ 在 $[a,b]$ 上连续,从而 $|f(x)-g(x)|$ 也在 $[a,b]$ 上连续;所以 $u(x)$ 在 $[a,b]$ 上连续.

九、证: $g(x)=\dfrac{1}{2}[\,|f(x)|+f(x)\,]$,因 $f(x)$ 在 $(-\infty,+\infty)$ 上连续,

$|f(x)|$ 在 $(-\infty,+\infty)$ 上也连续,故 $g(x)$ 在 $(-\infty,+\infty)$ 上连续.

十、证: 因 $f(x)$ 在 (a,b) 内连续,$a<x_1<x_2<\cdots<x_n<b$,

故 $f(x)$ 在 $[x_1,x_n]$ 上连续,$f(x)$ 在 $[x_1,x_2]$ 上有最大值 M 和最小值 m,

于是:$m\leqslant f(x_1)\leqslant M, m\leqslant f(x_2)\leqslant M,\cdots,m\leqslant f(x_n)\leqslant M$,

由介值定理知必存在点 $\xi\in[x_1,x_n]\subset(a,b)$,

使 $f(\xi)=\dfrac{f(x_1)+f(x_2)+\cdots+f(x_n)}{n}$.

章节练习题

一、填空题(将正确答案填在横线上)

1. 设 $f(x)$ 的定义域是 $(0,1)$,则 $f(\lg x)$ 的定义域是_____.

2. $\lim\limits_{x\to\infty}\dfrac{3x^2+5}{5x+3}\cdot\sin\dfrac{4}{x}=$_____.

3. $\lim\limits_{n\to\infty}[\sqrt{1+2+\cdots+n}-\sqrt{1+2+\cdots+(n-1)}\,]=$_____.

4. $\lim\limits_{x\to 0}(1+3x)^{\frac{2}{\sin x}}=$_____.

5. $f(x) = \begin{cases} \dfrac{\sin x + e^{2ax} - 1}{x}, & \text{当 } x \neq 0; \\ a, & \text{当 } x = 0 \end{cases}$ 在 $x = 0$ 处连续，则 $a = $ _____.

二、试求下列极限

1. $\lim\limits_{x \to a} \dfrac{x^3 - (a^2+1)x + a}{x^2 - a^2}$ $(a \neq 0)$.

2. $\lim\limits_{x \to 0} \dfrac{\ln(1-3x)}{\tan 6x}$.

3. $\lim\limits_{x \to 0} \dfrac{\arctan(x\sin x)}{e^{x^2} - 1}$.

4. $\lim\limits_{x \to 1}(1-x)\tan\dfrac{\pi x}{2}$.

5. $\lim\limits_{x \to \infty}\left(\dfrac{3x+2}{3x-1}\right)^{2x+1}$.

三、解答题

1. 求极限 $\lim\limits_{x \to \pi} \dfrac{(x^3 - \pi^3)\sin 5x}{e^{\sin^2 x} - 1}$.

2. $\lim\limits_{n \to \infty}\left(\dfrac{1}{\sqrt{n^2+1}} + \dfrac{1}{\sqrt{n^2+2}} + \cdots + \dfrac{1}{\sqrt{n^2+n}}\right)$.

3. $x_1 = 1, x_{n+1} = 1 + \dfrac{x_n}{x_n + 1}$，求 $\lim\limits_{n \to \infty} x_n$.

四、证明方程 $\sin x - x = 1$ 至少有一个根介于 -2 和 2 之间.

五、设 $f(x)$ 在 $[0, 2a]$ 上连续，且 $f(0) = f(2a)$，证明必存在一点 $\xi \in [0, a]$，使得 $f(\xi + a) = f(\xi)$.

章节练习题答案

一、填空题

1. 答：$(1, 10)$（由 $0 < \lg x < 1$ 得 $1 < x < 10$）. **2.** $\dfrac{12}{5}$. **3.** $\dfrac{\sqrt{2}}{2}$. **4.** e^6. **5.** -1.

二、试求下列极限

1. 解：原式 $= \lim\limits_{x \to a}\left[\dfrac{x(x^2-a^2)}{x^2-a^2} - \dfrac{x-a}{x^2-a^2}\right]$

$= \lim\limits_{x \to a}\left(x - \dfrac{1}{x+a}\right)$

$= a - \dfrac{1}{2a}$.

2. 原式 $= \lim\limits_{x \to 0}\dfrac{-3x}{6x} = -\dfrac{1}{2}$.

3. 原式 $= \lim\limits_{x \to 0}\dfrac{x \sin x}{x^2} = \lim\limits_{x \to 0}\dfrac{\sin x}{x} = 1$.

4. 原式 $= \lim\limits_{x \to 1}(1-x)\cot\dfrac{\pi}{2}(1-x) = \lim\limits_{x \to 1}\dfrac{1-x}{\tan\dfrac{\pi}{2}(1-x)} = \dfrac{2}{\pi}$.

5. 原式 $= \lim\limits_{x \to \infty}\left[\left(1+\dfrac{3}{3x-1}\right)^{\frac{3x-1}{3}}\right]^{\frac{3}{3x-1}(2x+1)} = e^2$.

三、解答题

1. 解：原式 $= \lim\limits_{x \to \pi}\dfrac{(x^3-\pi^3)\sin 5x}{\sin^2 x}$

$= \lim\limits_{x \to \pi}\dfrac{x^3-\pi^3}{\sin x} \cdot \lim\limits_{x \to \pi}\dfrac{\sin 5x}{\sin x}$

$= \lim\limits_{x \to \pi}\dfrac{(x-\pi)(x^2+x\pi+\pi^2)}{\sin(\pi-x)} \cdot \lim\limits_{x \to \pi}\dfrac{\sin 5(x-\pi)}{\sin(x-\pi)} = \dfrac{3\pi^2}{-1} \cdot \dfrac{5}{1} = -15\pi^2$.

2. 采用夹逼准则 $\dfrac{n}{\sqrt{n^2+n}} < \left(\dfrac{1}{\sqrt{n^2+1}} + \dfrac{1}{\sqrt{n^2+2}} + \cdots + \dfrac{1}{\sqrt{n^2+n}}\right) < \dfrac{n}{\sqrt{n^2+1}}$.

而 $\lim\limits_{n \to \infty}\dfrac{n}{\sqrt{n^2+n}} = \lim\limits_{n \to \infty}\dfrac{n}{\sqrt{n^2+1}} = 1$，故原式 $= 1$.

3. 先证明其极限的存在性，由

$$x_{n+1} - x_n = \dfrac{x_n}{1+x_n} - \dfrac{x_{n-1}}{1+x_{n-1}} = \dfrac{x_n - x_{n-1}}{(1+x_n)(1+x_{n-1})}.$$

由归纳法可证 $\{x_n\}$ 为单调递增，又 $x_1 = 1, x_{n+1} = 2 - \dfrac{1}{1+x_n} < 2$，所以由极限存在准则，知

$\lim\limits_{n \to \infty}x_n$ 存在并设为 a，即有 $a = 1 + \dfrac{a}{1+a}$，解得 $a = \lim\limits_{n \to \infty}x_n = \dfrac{1+\sqrt{5}}{2}$.

四、证：设 $f(x) = \sin x - x - 1$，$f(x)$ 在 $[-2, 2]$ 上连续，

且 $f(-2) = \sin(-2) + 2 - 1 = 1 - \sin 2 > 0$,

$f(2) = \sin 2 - 2 - 1 = \sin 2 - 3 < 0$.

由介值定理，至少存在点 $\xi \in (-2, 2)$，使 $f(\xi) = 0$.

即方程 $\sin x - x = 1$ 至少有一个根介于 -2 和 2 之间.

五、证：明显本题采用根值定理，需构造辅助函数 $F(x) = f(x+a) - f(x)$.

$F(x)$ 在 $[0, a]$ 上连续，$F(0) = f(a) - f(0)$；$F(a) = f(2a) - f(a)$，

若 $f(a) - f(0) = 0$，则 $\xi = 0$；若 $f(2a) - f(a) = 0$，则 $\xi = a$;

若 $f(a) - f(0) \neq 0$，$f(2a) - f(a) \neq 0$，则 $F(0) \cdot F(a) = -[f(a) - f(0)]^2 < 0$,

即 $F(0)$ 与 $F(a)$ 异号，由根值定理，必存在一点 $\xi \in [0, a]$，使得 $F(\xi) = 0$,

即 $f(\xi + a) = f(\xi)$.

第 2 章　　导数与微分

[教学目的与要求]

1. 正确理解导数的概念和微分的概念，理解导数的几何意义，了解导数与微分的关系，即一元函数可导与可微是等价的.

2. 会求平面曲线的切线方程和法线方程，了解导数的物理意义，会用导数描述一些物理量，理解函数的可导性与连续性之间的关系.

3. 熟练掌握基本初等函数的导数公式，掌握导数的四则运算法则，复合函数求导法则，隐函数及参数方程的求导法则，反函数求导法则，对数求导法.

4. 了解微分的四则运算法则和一阶微分形式的不变性，会求函数的微分.

5. 了解高阶导数的概念，会求某些简单函数的 n 阶导数，会求分段函数的导数.

6. 掌握高阶导数的莱布尼茨公式：

$$(uv)^{(n)} = u^{(n)}v + nu^{(n-1)}v' + \frac{n(n-1)}{2}u^{(n-2)}v'' + \cdots + nu'v^{(n-1)} + uv^{(n)}.$$

§2-1　导数的概念

A 级同步训练题

一、单项选择题

1. 设 $\lim\limits_{x \to 0} \dfrac{[f(x) - f(0)]\sin 3x}{x^2} = 4$，则 $f'(0)$ 等于(　　).

   (A) 3　　　　(B) 4　　　　(C) $\dfrac{3}{4}$　　　　(D) $\dfrac{4}{3}$

2. 设 $\lim\limits_{x \to 0} \dfrac{xf(x)}{e^{2x^2} - 1} = 1$，其中 $f(0) = 0$，则 $f'(0)$ 等于(　　).

   (A) 0　　　　(B) 1　　　　(C) 2　　　　(D) 4

3. 设 $\lim\limits_{x \to 0} \dfrac{f(3x) - f(0)}{\ln(1 + 2x)} = 1$，则 $f'(0)$ 等于(　　).

   (A) $\dfrac{3}{2}$　　　　(B) $\dfrac{2}{3}$　　　　(C) 6　　　　(D) $\dfrac{1}{6}$

4. 设 $f(x) = (3 + |x|)\tan x$，则 $f(x)$ 在 $x = 0$ 处(　　).

(A) $f'(0) = 3$　　(B) $f'(0) = 0$　　(C) $f'(0) = 1$　　(D) 不可导

5. 设 $f(x)$ 为可导函数且满足 $\lim\limits_{x \to 0} \dfrac{f(1) - f(1-x)}{x} = -1$，则曲线 $y = f(x)$ 在点 $[1, f(1)]$ 处的切线斜率为（　　）.

(A) 2　　(B) -1　　(C) 1　　(D) -2

6. 设 $\lim\limits_{x \to 0} \dfrac{f(1+x) - f(1-2x)}{x} = 1$，$f(x)$ 在 $x = 1$ 处可导，则 $f'(1)$ 等于（　　）.

(A) 1　　(B) $\dfrac{1}{3}$　　(C) $\dfrac{1}{2}$　　(D) 2

二、填空题

1. 设 $\lim\limits_{x \to 0} \dfrac{(1 - \cos 3x) f(x)}{x^2 \sin 2x} = 1$，其中 $f(x)$ 在 $x = 0$ 处可导，$f(0) = 0$，则 $f'(0) = $ _____.

2. 已知 $f(x)$ 在 $x = 0$ 处可导，且 $f(0) = 0$，$f'(0) = 2$，则 $\lim\limits_{x \to 0} \dfrac{f(\sin 4x)}{x} = $ _____.

三、计算题

1. 设 $f(x) = x^3 + 3x$，试用导数定义求 $f'(x)$.

2. 设 $f(x) = a^{3x}$，试用导数定义求 $f'(x)$.

3. 设 $f(x) = \dfrac{1}{x^2}$，试用导数定义求 $f'(1)$.

B 级同步训练题

一、填空题

1. 已知 $f(x)$ 在 $x = 0$ 处可导，且 $f(0) = 0$，$f'(0) = 3$，则 $\lim\limits_{x \to 0} \dfrac{f(x^2 + \arcsin 3x)}{x} = $ _____.

2. 如果 $\Delta y = f(x_0 + \Delta x) - f(x_0)$ 与 $\Delta x (\tan \Delta x - \sec \Delta x)$ 为 $\Delta x \to 0$ 时的等价无穷小，则 $f'(x_0) = $ _____.

二、计算题

1. 讨论 $f(x) = 2^{|x|}$ 在 $x = 0$ 点处的连续性与可导性.

2. 设 $f(x) = \begin{cases} ax + b, & x \leqslant 0; \\ \ln(1 + x), & x > 0. \end{cases}$ 确定 a, b 的值使 $f(x)$ 在 $x = 0$ 处可导.

3. 设 $f(x) = \begin{cases} x^2 \sin \dfrac{1}{x}, & x \neq 0; \\ 0, & x = 0. \end{cases}$ 求 $f'(x)$.

4. 设奇函数 $f(x)$ 在 $(-\delta, \delta)$ 有定义（$\delta > 0$），且在 $x = 0$ 处可导，问 $x = 0$ 是否

为函数 $\dfrac{(3x+\tan x)\cdot f(x)}{x^2}$ 的可去间断点,为什么?

辅导与参考答案

A 级同步训练题

一、单项选择题

1. 根据导数的定义: $f'(x_0) = \lim\limits_{x \to x_0} \dfrac{f(x)-f(0)}{x}$.

$\lim\limits_{x \to 0} \dfrac{f(x)-f(0)}{x} \cdot \dfrac{\sin 3x}{x} = 3f'(0) = 4$,故 $f'(0) = \dfrac{4}{3}$. 答:(D).

2. 根据导数的定义: $f'(0) = \lim\limits_{x \to 0} \dfrac{f(x)-f(0)}{x}$. 又当 $x \to 0$ 时, $e^{2x^2}-1 \sim 2x^2$,

$\lim\limits_{x \to 0} \dfrac{x^2}{e^{2x^2}-1} \cdot \dfrac{f(x)-f(0)}{x} = f'(0) \cdot \dfrac{1}{2} = 1$,所以 $f'(0)=2$. 答:(C).

3. 当 $x \to 0$ 时, $\ln(1+2x) \sim 2x$,

$\lim\limits_{x \to 0} \dfrac{f(3x)-f(0)}{\ln(1+2x)} = \lim\limits_{x \to 0} \dfrac{f(3x)-f(0)}{3x} \cdot \dfrac{3}{2} = 1$,所以 $f'(0) = \dfrac{2}{3}$. 答:(B).

4. 当 $x \to 0$ 时, $\tan x \sim x$, $\lim\limits_{x \to 0} \dfrac{f(x)-f(0)}{x} = \lim\limits_{x \to 0} \dfrac{\tan x(3+|x|)}{x} = 3$. 答:(A).

5. 因为: $\lim\limits_{x \to 0} \dfrac{f(1)-f(1-x)}{x} = \lim\limits_{x \to 0} \dfrac{f(1-x)-1}{-x} = f'(1) = -1$. 答:(B).

6. $\lim\limits_{x \to 0} \dfrac{f(1+x)-f(1-2x)}{x} = \lim\limits_{x \to 0}\left\{\dfrac{f(1+x)-f(1)}{x} + 2\dfrac{f(1-2x)-f(1)}{-2x}\right\}$

$= 3f'(1) = 1$, 所以 $f'(1) = \dfrac{1}{3}$. 答:(B).

二、填空题

1. $\lim\limits_{x \to 0} \dfrac{f(x)-f(0)}{x} \cdot \dfrac{1-\cos 3x}{x \sin 2x} = \lim\limits_{x \to 0} \dfrac{f(x)-f(0)}{x} \cdot \dfrac{\dfrac{1}{2}(3x)^2}{x \cdot 2x} = \dfrac{9}{4}$. $f'(0) = 1$,

所以 $f'(0) = \dfrac{4}{9}$.

2. $\lim\limits_{x \to 0} \dfrac{f(\sin 4x)-f(0)}{\sin 4x} \cdot \dfrac{\sin 4x}{x} = f'(0) \cdot 4 = 8$ [已知 $f'(0) = 2$].

三、计算题

1. $f'(x) = \lim\limits_{\Delta x \to 0} \dfrac{(x+\Delta x)^3 + 3(x+\Delta x) - x^3 - 3x}{\Delta x} = 3x^2+3$.

2. $f'(x) = \lim\limits_{\Delta x \to 0} \dfrac{a^{3(x+\Delta x)} - a^{3x}}{\Delta x} = 3a^{3x}\ln a$.

3. $f'(1) = \lim\limits_{\Delta x \to 0} \dfrac{\dfrac{1}{(1+\Delta x)^2}-1}{\Delta x} = -2$.

B 级同步训练题

一、填空题

1. $\lim\limits_{x\to 0}\dfrac{f(x^2+\arcsin 3x)-f(0)}{x^2+\arcsin 3x}\cdot\dfrac{x^2+\arcsin 3x}{x}=f'(0)\cdot 3=9.$

2. $\lim\limits_{\Delta x\to 0}\dfrac{\Delta y}{\Delta x}=\lim\limits_{\Delta x\to 0}\dfrac{\Delta y}{\Delta x(\tan\Delta x-\sec\Delta x)}\cdot(\tan\Delta x-\sec\Delta x)=-1,$ 故 $f'(x_0)=-1.$

二、计算题

1. $\lim\limits_{x\to 0}2^{|x|}=2^0=1,f(x)$ 在 $x=0$ 处连续,

$\lim\limits_{x\to 0^+}\dfrac{f(x)-f(0)}{x}=\lim\limits_{x\to 0^+}\dfrac{2^x-1}{x}=\ln 2,\ \lim\limits_{x\to 0^-}\dfrac{f(x)-f(0)}{x}=\lim\limits_{x\to 0^-}\dfrac{2^{-x}-1}{x}=-\ln 2,$

所以 $f(x)$ 在 $x=0$ 处不可导.

2. $a=1,b=0$ 时,$f(x)$ 在 $x=0$ 处可导[利用函数 $f(x)$ 在 $x=0$ 处连续和可导].

3. $f'(x)=\begin{cases}2x\sin\dfrac{1}{x}-\cos\dfrac{1}{x}, & x\neq 0;\\ 0, & x=0\end{cases}$ ($x=0$ 处用导数的定义,在 $x\neq 0$ 处也要用导数的定义,但需要分开求).

4. 因 $f(x)$ 为奇函数,且在 $x=0$ 处连续,所以 $f(0)=0.$

$\lim\limits_{x\to 0}\dfrac{(3x+\tan x)f(x)}{x^2}=\lim\limits_{x\to 0}\left(3+\dfrac{\tan x}{x}\right)\dfrac{f(x)-f(0)}{x}=4f'(0),$

故 $x=0$ 是该函数的可去间断点.

§2-2 函数和差积商的导数、反函数求导法

A 级同步训练题

一、选择题

1. 设 $y=\ln\left(\dfrac{x}{2}\right)+2^x-\sin e,$ 则 $y'=(\qquad).$

   (A) $\dfrac{2}{x}+2^x-\cos e$ (B) $\dfrac{1}{x}+2^x\ln a-\cos e$

   (C) $\dfrac{1}{2x}+2^x\ln 2$ (D) $\dfrac{1}{x}+2^x\ln 2$

2. 设 $y=\arctan e+\sec x-\csc x,$ 则 $y'=(\qquad).$

   (A) $\dfrac{-1}{1+e^2}+\sec^2 x+\csc^2 x$ (B) $\dfrac{1}{1+e^2}+\sec x\tan x+\csc x\cot x$

   (C) $\sec x\tan x+\csc x\cot x$ (D) $\sec^2 x+\csc^2 x$

3. 设 $y=e^2\log_{10}x+\sqrt{x}-\tan x-\ln x,$ 则 $y'=(\qquad).$

(A) $\dfrac{e^2}{x}\ln 10 + \dfrac{1}{2\sqrt{x}} - \sec^2 x - \dfrac{1}{x}$ (B) $\dfrac{e^2}{x\ln 10} + \dfrac{1}{2\sqrt{x}} - \sec^2 x - \dfrac{1}{x}$

(C) $\dfrac{e^2}{x}\ln 10 + \dfrac{1}{2\sqrt{x}} - \sec x \cdot \tan x - x$ (D) $\dfrac{e^2}{x \cdot \ln 10} + \dfrac{1}{2\sqrt{x}} - \dfrac{1}{1+x^2} - x$

二、填空题

1. 设 $y = \ln x \cdot \lg x - \ln 2 \cdot \log_2 x$，则 $y' = $ _____.

2. 设 $f(x) = \begin{cases} \dfrac{1}{9}(x^3 + 8), & x \leqslant 1; \\ \sqrt[3]{x}, & x > 1, \end{cases}$ 则右导数 $f'_+(1) = $ _____.

三、计算题

1. 设 $y = \ln 2^x + 2^x + x^2$，求 $y'(x)$.

2. 设 $y = e^x(\sin x) - \dfrac{\tan x}{\ln x}$，求 $y'(x)$.

3. 设 $y = \text{arccot}\, x - \cot x + \csc x$，求 $y'(x)$.

4. 设 $y = 2x + \ln x, x > 0$，求反函数的导数 $x'(y)$.

5. 设 $f(x) = \begin{cases} x, & x \leqslant 1; \\ -2x^2 + 3x, & x > 1, \end{cases}$ 求 $f'(x)$.

B 级同步训练题

一、选择题

1. 设 $y = x\cos x - a^x + \sin e$，则 $y' = ($).

(A) $\cos x - x\sin x - a^x \ln a + \cos e$

(B) $\cos x + x\sin x - a^x \ln a$

(C) $\cos x - x\sin x - a^x$

(D) $\cos x - x\sin x - a^x \ln a$

2. 设 $y = \sin x \ln x - x^2 \sec x + \tan e$，则 $y' = ($).

(A) $\dfrac{\sin x}{x} + \cos x \ln x - 2x\sec x - x^2 \tan^2 x$

(B) $\dfrac{\sin x}{x} + \cos x \ln x - 2x\sec x - x^2 \sec x \tan x + \sec^2 e$

(C) $\dfrac{\sin x}{x} - \cos x \ln x - 2x\sec x - x^2 \sec x \tan x$

(D) $\dfrac{\sin x}{x} + \cos x \ln x - 2x\sec x - x^2 \sec x \tan x$

3. 设 $y = \sec x\, \text{sh}\, x - \text{ch}\, x + \ln a^2\, (a > 0)$ 则 $y' = ($).

(A) $\sec x \tan x\, \text{sh}\, x + \sec x\, \text{ch}\, x + \text{sh}\, x + \dfrac{2}{a}$

(B) $-\sec x \tan x\, \text{sh}\, x + \sec x\, \text{ch}\, x - \text{sh}\, x$

(C) $\sec x \tan x \operatorname{sh} x + \sec x \operatorname{ch} x - \operatorname{sh} x + \dfrac{2\ln a}{a}$

(D) $\sec x \tan x \operatorname{sh} x + \sec x \operatorname{ch} x - \operatorname{sh} x$

二、计算题

1. 设 $y = x\sin x + \cos x + \dfrac{\ln x}{x} - \cot x + \csc x$,求 y'.

2. 设 $y = \arcsin x - \tan x$,求 $y'(x)$.

3. 设 $y = \dfrac{\tan x}{x} + e^x \cdot \cos x - \operatorname{th} x$,求 y'.

4. $f(x) = (x-1)^{2016} g(x)$,其中 $g(x)$ 在 $[0,2]$ 上有界,求 $f'(1)$.

辅导与参考答案

A 级同步训练题

一、选择题

  1. (D).   **2.** (C).   **3.** (B).

二、填空题

  1. $\dfrac{1}{x}\lg x + \ln x \cdot \dfrac{1}{x \cdot \ln 10} - \dfrac{1}{x}$.   **2.** $\dfrac{1}{3}$.

三、计算题

1. $y' = \ln 2 + 2^x \ln 2 + 2x$.

2. $y' = e^x(\cos x + \sin x) - \dfrac{x\sec^2 x \ln x - \tan x}{x \ln^2 x}$.

3. $y' = -\dfrac{1}{1+x^2} + \csc^2 x - \csc x \cot x$.

4. $y' = 2 + \dfrac{1}{x} \neq 0, x > 0, x'(y) = \dfrac{x}{1+2x}$ [利用反函数导数 $x'(y) = \dfrac{1}{f'(x)}$].

5. $f(1) = 1, f'_-(1) = \lim\limits_{x \to 1-0} \dfrac{f(x) - f(1)}{x-1} = \lim\limits_{x \to 1-0} \dfrac{x-1}{x-1} = 1$,

$f'_+(1) = \lim\limits_{x \to 1+0} \dfrac{f(x) - f(1)}{x-1} = \lim\limits_{x \to 1+0} \dfrac{-2x^2 + 3x - 1}{x-1} = -1$,

$f'(1)$ 不存在;$x < 1, f'(x) = 1$;$x > 1, f'(x) = -4x + 3$,

故 $f'(x) = \begin{cases} 1, & x < 1; \\ -4x + 3, & x > 1. \end{cases}$

B 级同步训练题

一、选择题

  1. (D).   **2.** (D).   **3.** (D).

二、计算题

1. $y' = x\cos x + \dfrac{1-\ln x}{x^2} + \csc^2 x - \csc x \cdot \cot x.$

2. $y' = \dfrac{1}{\sqrt{1-x^2}} - \sec^2 x.$

3. $y' = \dfrac{x\sec^2 x - \tan x}{x^2} + e^x(\cos x - \sin x) - \dfrac{1}{\operatorname{ch}^2 x}.$

4. $f'(1) = \lim\limits_{x\to 1} \dfrac{(x-1)^{2016}g(x)-0}{x-1} = 0.$

§2-3-1　复合函数的导数

A 级同步训练题

一、填空题

1. 设 $y = \sin[\sin(\cos x)]$，则 $y' = $ _____.

2. 设 $y = \sqrt{\sin\sqrt{x}} + \sin\left(\sin\dfrac{x}{2}\right)$，则 $y' = $ _____.

3. 设 $y = \log_2 \sqrt{\sin 3x} + 3^{x^2}$，则 $y' = $ _____.

二、计算题

1. 设 $y = \left(\dfrac{3}{2}\right)^{2x} + \tan 2x + \cos e$，求 y'.

2. 设 $y = \dfrac{\cos^2 x}{\sin x - \cos x} + \arcsin e^x$，求 y'.

3. 设 $y = \ln\sqrt{\dfrac{1-\sin x}{1+\sin x}} + e^{\tan x} - \cos 2x$，求 $y'(x)$.

4. 设 $y = x^2\sqrt{1+x} + e^{\sin x}$，求 y'.

5. 设 $y = 3^{\frac{\sin x}{x}}$，求 y'.

6. 设 $y = \arctan\sqrt{x} + \ln\sqrt{\dfrac{x-1}{x+1}}\quad (x>1)$，求 y'.

7. 设 $f(x) = \begin{cases} \ln(1+\tan x), & x \geqslant 0; \\ x, & x < 0, \end{cases}$　求 $f'(x)$.

B 级同步训练题

一、计算题

1. 设 $y = \ln(-e^{2x} + \sqrt{e^{4x}+1}) + 3^{3x}$，求 y'.

2. 若 $f'(x) = e^{-x}$, $y = f(\ln x)$, 求 $\dfrac{dy}{dx}$.

3. 设 $y = \dfrac{\cos x^2}{2\sin^2 x} - \dfrac{1}{2}\ln\left|\tan\dfrac{x}{2}\right|$, 求 y'.

4. 设 $f(x) = |x-1| + |x+1|$, 求 $f'(-1)$, $f'(1)$.

5. 设 $y = 2^{\frac{e^x}{x}}$, 求反函数的导数 $x'(y)$.

6. 已知 $f(x) = \begin{cases} \ln(1+x^3), & x \leqslant 0; \\ x^2 \sin\dfrac{1}{x}, & x > 0, \end{cases}$ 求 $f'(x)$.

7. 在什么条件下, 函数

$$f(x) = \begin{cases} x^n \sin\dfrac{1}{x}, & x \neq 0; \\ 0, & x = 0 \end{cases} \quad (n\text{ 为自然数}).$$

(1) 在 $x=0$ 处是连续的; (2) 在 $x=0$ 处可导; (3) 在 $x=0$ 处其导数是连续的.

辅导与参考答案

A 级同步训练题

一、填空题

1. $-\cos[\sin(\cos x)] \cdot \cos(\cos x) \cdot \sin x$.

2. $\dfrac{\cos\sqrt{x}}{4\sqrt{x} \cdot \sqrt{\sin\sqrt{x}}} + \dfrac{1}{2}\cos\left(\sin\dfrac{x}{2}\right)\cos\dfrac{x}{2}$.

3. $\dfrac{3\cos 3x}{2\sin 3x \cdot \ln 2} + 2x \cdot 3^{x^2} \cdot \ln 3$.

二、计算题

1. $y' = 2\left(\dfrac{3}{2}\right)^{2x} \ln\dfrac{3}{2} + 2\sec^2 2x$ ($\cos e$ 为常数).

2. $y' = \dfrac{-2\sin 2x(\sin x - \cos x) - \cos 2x(\cos x + \sin x)}{(\sin x - \cos x)^2} + \dfrac{e^x}{\sqrt{1-e^{2x}}}$.

3. $y' = \dfrac{1}{2}\left(\dfrac{-\cos x}{1-\sin x} - \dfrac{\cos x}{1+\sin x}\right) + e^{\tan x} \cdot \sec^2 x + 2\sin 2x$

$= \dfrac{-1}{\cos x} + e^{\tan x} \cdot \sec^2 x + 2\sin 2x$.

4. $y' = 2x \cdot \sqrt{1+x} + \dfrac{x^2}{2\sqrt{1+x}} + \cos x \cdot e^{\sin x}$.

5. $y' = \dfrac{x\cos x - \sin x}{x^2} \cdot 3^{\frac{\sin x}{x}} \cdot \ln 3$.

6. $y' = \dfrac{1}{1+x} \cdot \dfrac{1}{2\sqrt{x}} + \dfrac{1}{2} \cdot \dfrac{x+1}{x-1} \cdot \dfrac{x+1-x+1}{(x+1)^2} = \dfrac{1}{1+x} \cdot \dfrac{1}{2\sqrt{x}} + \dfrac{1}{x^2-1}.$

7. $f(0)=0$, $f'_{-}(0) = \lim\limits_{x \to 0-0} \dfrac{x}{x} = 1$, $f'_{+}(0) = \lim\limits_{x \to 0+0} \dfrac{\ln(1+\tan x)}{x} = \lim\limits_{x \to 0+0} \dfrac{\tan x}{x} = 1,$

$f'(x) = \begin{cases} \dfrac{\sec^2 x}{1+\tan x}, & x \geqslant 0; \\ 1, & x < 0 \end{cases}$ ($x=0$ 处用定义求; $x \neq 0$ 时, 用求导公式求).

B 级同步训练题

一、计算题

1. $y' = \dfrac{-2e^{2x}}{\sqrt{e^{4x}+1}} + 3 \cdot 3^{3x} \ln 3.$

2. 令 $u = \ln x$, 则 $y = f(u), \dfrac{dy}{dx} = f'(u) \cdot u'(x) = f'(\ln x) \cdot \dfrac{1}{x} = e^{-\ln x} \cdot \dfrac{1}{x} = \dfrac{1}{x^2}.$

3. $y' = \dfrac{-2x \sin^2 x \cdot \sin^2 x - \cos x^2 \sin 2x}{2\sin^4 x} - \dfrac{1}{4} \cdot \dfrac{1}{\tan \dfrac{x}{2}} \sec^2 \dfrac{x}{2}$

$= \dfrac{-x \sin x^2}{\sin^2 x} - \dfrac{\cos x^2 \cdot \cos x}{\sin^3 x} - \dfrac{1}{2\sin x}.$

4. $f(x) = \begin{cases} -2x, & x < -1; \\ 2, & -1 \leqslant x < 1; \\ 2x, & x \geqslant 1. \end{cases}$

$f'_{-}(-1) = \lim\limits_{x \to -1-0} \dfrac{f(x)-f(-1)}{x+1} = \lim\limits_{x \to -1-0} \dfrac{-2x-2}{x+1} = -2,$

$f'_{+}(-1) = \lim\limits_{x \to -1+0} \dfrac{f(x)-f(-1)}{x+1} = \lim\limits_{x \to -1+0} \dfrac{2-2}{x-1} = 0,$

$f'_{-}(1) = \lim\limits_{x \to 1-0} \dfrac{f(x)-f(0)}{x-1} = \lim\limits_{x \to 1-0} \dfrac{2-2}{x-1} = 0,$

$f'_{+}(1) = \lim\limits_{x \to 1+0} \dfrac{f(x)-f(0)}{x-1} = \lim\limits_{x \to 1+0} \dfrac{2x-2}{x-1} = 2,$

所以 $f'(-1), f'(1)$ 均不存在.

[此题能否将 $f(x)$ 化为分段函数是关键, $x = \pm 1$ 处用定义求.]

5. $y' = \dfrac{e^x(x-1)}{x^2} \cdot 2^{\frac{e^x}{x}} \cdot \ln 2 \neq 0,\quad x'(y) = \dfrac{x^2}{e^x(x-1)y \cdot \ln 2},\quad x \neq 1.$

6. $f(0-0) = f(0+0) = f(0) = 0$, $f(x)$ 在 $x=0$ 处连续,

$f'_{-}(0) = \lim\limits_{x \to 0-0} \dfrac{f(x)-f(0)}{x} = \lim\limits_{x \to 0-0} \dfrac{\ln(1+x^3)}{x} = \lim\limits_{x \to 0-0} \dfrac{x^3}{x} = 0,$

$f'_{+}(0) = \lim\limits_{x \to 0+0} \dfrac{f(x)-f(0)}{x} = \lim\limits_{x \to 0+0} \dfrac{x^2 \sin \dfrac{1}{x}}{x} = 0, \quad f'(0) = 0,$

$f'(x) = \begin{cases} \dfrac{3x^2}{x^3+1}, & x \leqslant 0; \\ 2x\sin \dfrac{1}{x} - \cos \dfrac{1}{x}, & x > 0. \end{cases}$

7. (1) 因 $\lim\limits_{x\to 0}f(x) = \lim\limits_{x\to 0}x^n\sin\dfrac{1}{x} = f(0) = 0$，故 $n > 0$，

所以当 $n > 0$ 时，$f(x)$ 在 $x = 0$ 处连续.

(2) 因 $\lim\limits_{x\to 0}\dfrac{f(x)-f(0)}{x} = \lim\limits_{x\to 0}x^{n-1}\sin\dfrac{1}{x}$ 存在，故 $n-1 > 0$，

即当 $n > 1$ 时，$f(x)$ 在 $x = 0$ 处可导，且 $f'(0) = 0$.

(3) 当 $x \neq 0$ 时，$f(x) = nx^{n-1}\sin\dfrac{1}{x} - x^{n-2}\cos\dfrac{1}{x}$.

当 $x = 0$ 时，$f'(0) = 0\,(n > 1)$，

因 $\lim\limits_{x\to 0}f'(x) = \lim\limits_{x\to 0}\left(nx^{n-1}\sin\dfrac{1}{x} - x^{n-2}\cos\dfrac{1}{x}\right) = f'(0) = 0$，

只要 $n > 2$ 即可，即当 $n > 2$ 时，$f'(x)$ 在 $x = 0$ 处连续.

§2-3-2 高阶导数的求法

A 级同步训练题

一、填空题

1. 设 $y = x\cos 2x$，则 $y'' = $ _____.

2. 设 $y = \sqrt{x^2 - 1}$，则 $y'' = $ _____.

3. 设作直线运动的质点的运动规律为 $s = t^3 - 12t^2$，则它速度开始增加的时刻为 $t = $ _____.

二、计算题

1. 设 $y = \ln\cos 3x$，求 y''.

2. 设 $y = \sqrt{x\sqrt{x\sqrt{x}}}$，求 y''.

3. 设 $y = \ln\dfrac{1-x}{1+x}$，求 y''.

4. 设 $f(x) = |x|\sin^2 x$，求 $f''(x)$.

5. 设 $y = xe^{-x}$，求 $y^{(n)}$.

6. 设 $y = \ln x^x$，求 $y^{(n)}$.

7. 设 $f(x) = \begin{cases} x^3\sin\dfrac{1}{x}, & x \neq 0; \\ 0, & x = 0, \end{cases}$ 求 $f'(x)$ 与 $f''(0)$.

B 级同步训练题

一、填空题

1. 设 $y = f(2x)$，其中 $f(x)$ 具有二阶连续导数，则 $y'' = $ _____.

2. 设 $y = f(\sqrt{x})$，其中 $f(x)$ 具有连续的二阶导数，则 $y'' = $ _____.

3. 一质点沿直线运动，设其运动规律为 $s = t^3 - t$（s 单位为 m，t 的单位为 s），则在 $t = 2s$ 末该质点的加速度为 _____.

二、计算题

1. 设 $y = (2x+1)\ln(2x+1)$,求 y''.

2. 设 $y = x \cdot \arctan g(x)$,其中 $g(x)$ 二阶可导,求 y''.

3. 设 $f(x) = \lim\limits_{t \to +\infty}\left(1 - \dfrac{x}{t}\right)^{t+x}$,求 $f''(x)$.

4. 设 $y = x^2 e^{-x}$,求 $y^{(10)}$.

5. 设 $y = x^3 \cos^2 x$,求 $y^{(15)}\Big|_{x=0}$.

6. 设 $f(x) = \begin{cases} ax^2 + bx + c, & x \leqslant 0; \\ e^x - 1, & x > 0, \end{cases}$ 求 a, b, c 的值,使 $f(x)$ 在 $x = 0$ 处二阶可导.

7. 设 $f(x) = \begin{cases} x^2 \arctan \dfrac{1}{x}, & x \neq 0; \\ 0, & x = 0, \end{cases}$ 试讨论 $f(x)$ 在 $x = 0$ 处的二阶导数的存在性.

辅导与参考答案

A级同步训练题

一、填空题

1. $y'' = -4\sin 2x - 4x\cos 2x$.

2. $y'' = \dfrac{-1}{(x^2-1)^{\frac{3}{2}}}$.

3. $s'' = 6(t-4) = 0$, $t = 4$.

二、计算题

1. 解:$y' = -3\dfrac{\sin 3x}{\cos 3x} = -3\tan 3x$, $y'' = -9\sec^2 3x$.

2. 解:$y = x^{\frac{7}{8}}$, $y' = \dfrac{7}{8}x^{-\frac{1}{8}}$, $y'' = -\dfrac{7}{64}x^{-\frac{9}{8}}$.

3. 解:$y' = -\dfrac{1}{1+x} - \dfrac{1}{1-x} = -\dfrac{2}{1-x^2}$, $y'' = \dfrac{1}{(1+x)^2} - \dfrac{1}{(1-x)^2} = \dfrac{-4x}{(1-x^2)^2}$.

4. 解:当 $x > 0$ 时,$f'(x) = \sin^2 x + x\sin 2x$,当 $x < 0$ 时,$f'(x) = -\sin^2 x - 2x\sin 2x$;当 $x > 0$ 时,$f''(x) = 2\sin 2x + 2x\cos 2x$,当 $x < 0$ 时,$f''(x) = -2\sin 2x - 2x\cos 2x$. 当 $x = 0$ 时,二阶导数为零.

5. 解:$y^{(n)} = (-1)^{n-1} e^{-x}(n-x)$.

6. 解:$y = x\ln x$,则 $y' = \ln x + 1$,$y'' = x^{-1}$,$y''' = (-1)x^{-2}$,
$y^{(n)} = (-1)(-2)\cdots(-n+2)(-n+1)x^{-n} = (-1)^{n-1}(n-1)!x^{-n}$.

7. 解:$x = 0$ 时,$f'(0) = \lim\limits_{x \to 0}\dfrac{f(x) - f(0)}{x} = \lim\limits_{x \to 0}\dfrac{x^3\sin\dfrac{1}{x}}{x} = 0$,

$x \neq 0$ 时,$f'(x) = 3x^2 \sin \frac{1}{x} - x\cos \frac{1}{x}$.

$$f'(x) = \begin{cases} 3x^2 \sin \frac{1}{x} - x\cos \frac{1}{x}, & x \neq 0; \\ 0, & x = 0. \end{cases}$$

$$f''(0) = \lim_{x \to 0} \frac{f'(x) - f'(0)}{x} = \lim_{x \to 0} \frac{3x^2 \sin \frac{1}{x} - x\cos \frac{1}{x}}{x} \text{ 不存在}.$$

B 级同步训练题

一、填空题

1. $y'' = 4f''(2x)$.　　**2.** $y' = \frac{1}{2\sqrt{x}} f'(\sqrt{x})$,$y'' = \frac{1}{4x} f''(\sqrt{x}) - \frac{1}{4x\sqrt{x}} f'(x)$.

3. $12\,(\text{m/s}^2)$.

二、计算题

1. 解:$y' = 2[\ln(2x+1) + 1]$,$y'' = \frac{4}{2x+1}$.

2. 解:$y' = \arctan g(x) + x \cdot \frac{g'(x)}{1 + g^2(x)}$,

$y'' = \frac{2g'(x)}{1 + g^2(x)} + x \cdot \frac{g''(x)[1 + g^2(x)] - 2g(x)[g'(x)]^2}{[1 + g^2(x)]^2}$.

3. 解:$f(x) = \lim_{t \to +\infty} \left[\left(1 - \frac{x}{t}\right)^{-\frac{t}{x}}\right]^{-\frac{(t+x)}{t}} = e^{-x}$,故 $f'(x) = -e^{-x}$,$f''(x) = e^{-x}$.

4. 解:$y^{(10)} = x^2 (e^{-x})^{(10)} + 10 \cdot (e^{-x})^{(9)} \cdot 2x + \frac{10 \times 9}{2!} (e^{-x})^{(8)} \cdot 2$

$= x^2 e^{-x} - 20x e^{-x} + 90 e^{-x} = e^{-x}(x^2 - 20x + 90)$.

本题利用了高阶导数的莱布尼茨公式:

$$(uv)^{(n)} = u^{(n)}v + C_n^1 u^{(n-1)}v' + C_n^2 u^{(n-2)}v'' + \cdots + C_n^{n-1} u' v^{(n-1)} + uv^{(n)}.$$

5. 解:$y = \frac{1}{2} x^3 (1 + \cos 2x)$,利用莱布尼茨公式得:

$y^{(15)} = \frac{1}{2} \left\{ 2^{15} \cdot x^3 \cos\left(2x + \frac{15}{2}\pi\right) + 15 \cdot 2^{14} \cdot 3x^2 \cos(2x + 7\pi) + \frac{15 \times 14}{2!} \cdot 6x \right.$

$\left. \cdot 2^{13} \cos\left(2x + \frac{13}{2}\pi\right) + \frac{15 \times 14 \times 13}{3!} \cdot 6 \cdot 2^{12} \cos(2x + 6\pi) \right\}$,

$y^{(15)} \Big|_{x=0} = \frac{1}{2} \cdot \frac{15 \times 14 \times 13}{3!} \cdot 6 \cdot 2^{12} = 2^{11} \cdot 2\,730$.

6. 解:因在 $x = 0$ 处连续:$\lim_{x \to 0^-} f(x) = \lim_{x \to 0^+} f(x) = f(0)$,得 $c = 0$.

在 $x = 0$ 处,一阶可导:$\lim_{x \to 0^-} \frac{f(x) - f(0)}{x} = \lim_{x \to 0^-} \frac{ax^2 + bx}{x} = b$,

$\lim_{x \to 0^+} \frac{f(x) - f(0)}{x} = \lim_{x \to 0^+} \frac{e^x - 1}{x} = 1$;得 $b = 1$.

故 $f'(x) = \begin{cases} 2ax + 1, & x \leq 1; \\ e^x, & x > 0 \end{cases}$　在 $x = 0$ 处二阶可导.

$$\lim_{x\to 0^-}\frac{f'(x)-f'(0)}{x}=\lim_{x\to 0^-}\frac{2ax}{x}=2a;\ \lim_{x\to 0^+}\frac{f'(x)-f'(0)}{x}=\lim_{x\to 0^+}\frac{e^x-1}{x}=1,$$

得 $2a=1$,即 $a=\frac{1}{2}$.

故当 $a=\frac{1}{2}$, $b=1$, $c=0$ 时, $f(x)$ 在 $x=0$ 处二阶可导.

7. 解:$\lim\limits_{x\to 0}\dfrac{f(x)-f(0)}{x}=\lim\limits_{x\to 0}\dfrac{x^2\arctan\dfrac{1}{x}}{x}=0$;

故 $f'(0)=0$, $f'(x)=\begin{cases}2x\arctan\dfrac{1}{x}-\dfrac{x^2}{1+x^2},&x\neq 0;\\ 0,&x=0.\end{cases}$

$\lim\limits_{x\to 0}\dfrac{f'(x)-f'(0)}{x}=\lim\limits_{x\to 0}\left(2\arctan\dfrac{1}{x}-\dfrac{x}{1+x^2}\right)$ 不存在,

故 $f(x)$ 在 $x=0$ 点二阶导数不存在.

§ 2-4 隐函数的导数、参数方程的导数

A 级同步训练题

一、填空题

1. 设函数 $y=y(x)$ 由方程 $\sin(x^2+y^2)+e^x-y^2=0$ 所确定,则 $\dfrac{dy}{dx}=$ _____.

2. 已知曲线 L 的参数方程为 $\begin{cases}x=a(t-\sin t),\\ y=a(1-\cos t),\end{cases}$ 则 L 在 $t=\dfrac{\pi}{2}$ 处的切线方程为_____.

3. $y=y(x)$ 由参数方程 $\begin{cases}x=\dfrac{2t}{1+t^2},\\ y=\dfrac{1-t^2}{1+t^2}\end{cases}$ 确定,则 $\dfrac{dy}{dx}=$ _____.

二、计算题

1. 设 $y=y(x)$ 由方程 $x^2y+y^2\ln x-1=0$ 所确定,求 $y'|_{x=1}$.

2. 设 $y=y(x)$ 由 $e^y-x=\ln(x+y)$ 所确定,求 y'.

3. 设由方程 $x\tan y=\cos(x+y)$ 可确定函数 $y=y(x)$,求 y'.

4. 设 $y=y(x)$ 由 $x^2+y^2=1$ 所确定,试求 $\dfrac{d^2y}{dx^2}\bigg|_{\substack{x=0\\y=1}}$.

5. 设 $y=2x^x+x$ $(x>0)$,求 y'.

6. 设 $y=(\sin x)^x+x^{\cos x}$,求 y'.

7. 设 $y = y(x)$ 由方程 $\begin{cases} x = 1 + t^3 \\ y = e^{2t} \end{cases}$ 所确定,试求 $\dfrac{dy}{dx}\Big|_{x=9}$.

8. 设 $\begin{cases} x = e^t \cos t \\ y = e^t \sin t \end{cases}$ 确定了函数 $y = y(x)$,求 $\dfrac{dy}{dx}$.

9. 设 $\begin{cases} x = 2t^3 + 3t^2 \\ y = t^2 + 2t \end{cases}$ 确定了函数 $y = y(x)$,求 $\dfrac{d^2 y}{dx^2}$.

10. 设 $y = y(x)$ 由 $\begin{cases} x = f(t) - \pi \\ y = f(e^{4t} - 1) \end{cases}$ 所确定,其中 f 可导,且 $f'(0) \neq 0$. 试求 $\dfrac{dy}{dx}\Big|_{t=0}$.

11. 设 $\begin{cases} x = t - e^{-t} \\ y = t + e^{2t} \end{cases}$ 确定了函数 $y = y(x)$,求 $\dfrac{d^2 y}{dx^2}$.

B 级同步训练题

一、计算题

1. 设 $y = y(x)$ 由方程 $e^{xy} + \cos(xy) = y$ 所确定,求 $y'(0)$.

2. 设 $y = y(x)$ 由方程 $\ln y = \dfrac{x+y}{x}$ 所确定,求 y'.

3. 设 $y = y(x)$ 由 $x^y = e^y + x$ 所确定,求 $\dfrac{dy}{dx}$.

4. 设 $y = y(x)$ 由方程 $y \sin x - \sin(x + y) = 0$ 所确定,求 y'.

5. 设 $y = y(x)$ 由方程 $\dfrac{x}{y} = \text{arccot}(xy)$ 所确定,求 y'.

6. 设 $y = y(x)$ 由方程 $y = f[x + \varphi(y)]$ 所确定,f 与 φ 都是可导函数,求 y'.

7. 设 $y = y(x)$ 由方程 $2^x + 2^y + 1 = 2^{x+y}$ 所确定,求 y'.

8. 设 $y = f(x + y)$,$f''(u)$ 存在,且 $f'(u) \neq 1$,求 y''.

9. 设 $y = (x + \sqrt{1 + x^2})^{\frac{1}{x}}$,求 y'.

10. 设方程 $y^x = (y + x)$ 确定了函数 $y = y(x)$,试求 $\dfrac{dy}{dx}$.

11. 设 $y = x + x^x + x^{x^x}$ $(x > 0, x \neq 1)$,求 y'.

12. 设曲线方程为 $\begin{cases} x = 1 + t + \sin^2 t \\ y = t^2 + \sin t \end{cases}$,求此曲线在 $x = 1$ 处的切线方程.

13. 设 $\begin{cases} x = \sin t + t \\ y = e^t + \arcsin t^2 \end{cases}$ 确定了函数 $y = y(x)$,求 $\dfrac{dy}{dx}$ 在 $t = 0$ 的值.

14. 设 $f(t)$ 可微,且 $f'(t) \neq 0$,若 $\begin{cases} x = e^{f(t)} \\ y = \cos f^2(t) \end{cases}$,求 $A(t)$ 使 $dy = A(t) dx$.

15. 已知 $\begin{cases} x = \ln(1+t^2), \\ y = t - \arctan t, \end{cases}$ 确定了函数 $y = y(x)$,求 $\dfrac{\mathrm{d}y}{\mathrm{d}x}$ 及 $\dfrac{\mathrm{d}^2 y}{\mathrm{d}x^2}$.

16. 设 $y = y(x)$ 由方程组 $\begin{cases} x = f'(t), \\ y = f(t) - tf'(t) \end{cases}$ 所确定,$f''(t)$ 存在且不为零,求 $\dfrac{\mathrm{d}y}{\mathrm{d}x}$ 及 $\dfrac{\mathrm{d}^2 y}{\mathrm{d}x^2}$.

辅导与参考答案

A 级同步训练题

一、填空题

1. $-\dfrac{\mathrm{e}^x + 2x\cos(x^2+y^2)}{2y\cos(x^2+y^2) - 2y}$. 2. $x - y = a\left(\dfrac{\pi}{2} - 2\right)$. 3. $\dfrac{2t}{t^2 - 1}$.

二、计算题

1. $2xy + x^2 y' + 2yy'\ln x + \dfrac{y^2}{x} = 0$, $y' = -\dfrac{2xy + \dfrac{y^2}{x}}{x^2 + 2y\ln x}$, $x = 1$, $y = 1$, $y'(1) = -3$.

2. $\mathrm{e}^y y' - 1 = \dfrac{1 + y'}{x + y}$, $y' = \dfrac{1 + x + y}{\mathrm{e}^y (x+y) - 1}$.

3. $\tan y + x\sec^2 y \cdot y' = -\sin(x+y) \cdot (1+y')$, $y' = -\dfrac{\tan y + \sin(x+y)}{\sin(x+y) + x\sec^2 y}$.

4. $2x + 2yy' = 0$, $\left.\dfrac{\mathrm{d}y}{\mathrm{d}x}\right|_{\substack{x=0 \\ y=1}} = 0$, $2 + 2y'^2 + 2yy'' = 0$, $\left.\dfrac{\mathrm{d}^2 y}{\mathrm{d}x^2}\right|_{\substack{x=0 \\ y=1}} = -1$.

5. 令 $y_1 = x^x$, $\ln y_1 = x\ln x$, $y_1' = x^x(1 + \ln x)$, 所以 $y' = 2x^x(1 + \ln x) + 1$.

6. 令 $y_1 = (\sin x)^x$, $\ln y_1 = x\ln\sin x$, $y_1' = \sin x^x(\ln\sin x + x\cot x)$;

   令 $y_2 = x^{\cos x}$, $\ln y_2 = \cos x \ln x$, $y_2' = x^{\cos x}\left(-\sin x\ln x + \dfrac{\cos x}{x}\right)$,

   $y' = y_1' + y_2' = (\sin x)^x(\ln\sin x + x\cot x) + x^{\cos x}\left(-\sin x\ln x + \dfrac{\cos x}{x}\right)$.

7. $\dfrac{\mathrm{d}y}{\mathrm{d}x} = \dfrac{2\mathrm{e}^{2t}}{3t^2}$, $x = 9$ 时, $t = 2$, $\left.\dfrac{\mathrm{d}y}{\mathrm{d}x}\right|_{t=2} = \dfrac{\mathrm{e}^4}{6}$.

8. $\dfrac{\mathrm{d}y}{\mathrm{d}x} = \dfrac{\mathrm{e}^t \sin t + \mathrm{e}^t \cos t}{\mathrm{e}^t \cos t - \mathrm{e}^t \sin t} = \dfrac{\sin t + \cos t}{\cos t - \sin t}$.

9. $\dfrac{\mathrm{d}y}{\mathrm{d}x} = \dfrac{2t + 2}{6t^2 + 6t} = \dfrac{1}{3t}$, $\dfrac{\mathrm{d}^2 y}{\mathrm{d}x^2} = \dfrac{-1}{18t^3(1+t)}$.

10. $\dfrac{\mathrm{d}y}{\mathrm{d}x} = \dfrac{4\mathrm{e}^{4t} f'(\mathrm{e}^{4t} - 1)}{f'(t)}\bigg|_{t=0} = \dfrac{4 f'(0)}{f'(0)} = 4$.

11. $\dfrac{\mathrm{d}y}{\mathrm{d}x} = \dfrac{1 + 2\mathrm{e}^{2t}}{1 + \mathrm{e}^{-t}}$, $\dfrac{\mathrm{d}^2 y}{\mathrm{d}x^2} = \dfrac{4\mathrm{e}^{2t}(1+\mathrm{e}^{-t}) + (1+2\mathrm{e}^{2t})\mathrm{e}^{-t}}{(1+\mathrm{e}^{-t})^2} \cdot \dfrac{1}{1+\mathrm{e}^{-t}} = \dfrac{4\mathrm{e}^{2t} + 6\mathrm{e}^t + \mathrm{e}^{-t}}{(1+\mathrm{e}^{-t})^3}$.

B 级同步训练题

一、计算题

1. $e^{xy}(y+xy')-(y+xy')\sin(xy)=y'$,当 $x=0$ 时,$y=2$,$y'(0)=2$.

2. $\ln y=\dfrac{x+y}{x}=1+\dfrac{y}{x}$,$\dfrac{y'}{y}=\dfrac{xy'-y}{x^2}$,$y'=\dfrac{y^2}{x(y-x)}$.

3. $x^y\left(\dfrac{y}{x}+y'\ln x\right)=e^y y'+1$,$\dfrac{dy}{dx}=\dfrac{1-yx^{y-1}}{x^y\ln x-e^y}$.

4. $y'\sin x+y\cos x-\cos(x+y)\cdot(1+y')=0$,$y'=\dfrac{-y\cos x+\cos(x+y)}{\sin x-\cos(x+y)}$.

5. $\dfrac{y-xy'}{y^2}=-\dfrac{y+xy'}{1+(xy)^2}$,$y'=\dfrac{y(1+x^2y^2+y^2)}{x(1+x^2y^2-y^2)}$.

6. $y'=f'[x+\varphi(y)]\cdot[1+\varphi'(y)y']$,$y'=\dfrac{f'[x+\varphi(y)]}{1-f'[x+\varphi(y)]\cdot\varphi'(y)}$.

7. $2^x\ln 2+2^y y'\ln 2=2^{x+y}\ln 2\cdot(1+y')$,$y'=\dfrac{2^{x+y}\ln 2-2^x\ln 2}{(2^y-2^{x+y})\ln 2}$.

8. $y'=(1+y')f'$,$y'=\dfrac{f'}{1-f'}=-1+\dfrac{1}{1-f'}$,
   $y''=\dfrac{(1+y')f''}{(1-f')^2}=\dfrac{f''}{(1-f')^3}$.

9. $\ln y=\dfrac{1}{x}\ln(x+\sqrt{1+x^2})$,
   $y'=(x+\sqrt{1+x^2})^{\frac{1}{x}}\left[\dfrac{1}{x\sqrt{1+x^2}}-\dfrac{1}{x^2}\ln(x+\sqrt{1+x^2})\right]$.

10. $\ln y=\dfrac{1}{x}\ln(y+x)$,$y'=\dfrac{(y+x)^{\frac{1}{x}}\left[\dfrac{1}{y+x}-\dfrac{\ln(y+x)}{x}\right]}{x-(y+x)^{\frac{1}{x}-1}}$.

11. $y'=1+x^x(1+\ln x)+x^{x^x}(x^{x-1}+x^x\ln x+x^x\ln^2 x)$.

12. 当 $x=1$ 时,$t=0$,$y=0$,$\dfrac{dy}{dx}=\dfrac{2t+\cos t}{1+2\sin t\cos t}$,
    $\left.\dfrac{dy}{dx}\right|_{x=1}=1$,$x=1$ 处的切线方程为 $y=x-1$.

13. $\dfrac{dy}{dx}=\dfrac{e^t+\dfrac{2t}{\sqrt{1+t^4}}}{\cos t+1}$,$\left.\dfrac{dy}{dx}\right|_{t=0}=\dfrac{1}{2}$.

14. $\dfrac{dy}{dx}=\dfrac{-\sin f^2(t)\cdot 2f(t)f'(t)}{e^{f(t)}f'(t)}$,$A(t)=-\dfrac{2f(t)\sin f^2(t)}{e^{f(t)}}$.

15. $\dfrac{dy}{dx}=\dfrac{\dfrac{t^2}{1+t^2}}{\dfrac{2t}{1+t^2}}=\dfrac{t}{2}$,$\dfrac{d^2y}{dx^2}=\dfrac{1}{2}\cdot\dfrac{1+t^2}{2t}=-\dfrac{1+t^2}{4t}$.

16. $\dfrac{dy}{dx}=\dfrac{f'(t)-f'(t)-tf''(t)}{f''(t)}=-t$,$\dfrac{d^2y}{dx^2}=-\dfrac{1}{f''(t)}$.

§2-5 微分及其应用

A 级同步训练题

一、选择题

1. 若函数 $y=f(x)$,有 $f'(x_0)=k\neq 0,1$,则当 $\Delta x\to 0$ 时,$f(x)$ 在点 $x=x_0$ 处微分 dy 是( ).
   (A) 与 Δx 等价的无穷小
   (B) 与 Δx 同阶的无穷小,但不是等价的无穷小
   (C) 比 Δx 高阶的无穷小
   (D) 比 Δx 低阶的无穷小

2. 设 $y=\ln 2x, x>0$,则 $dy=($).
   (A) $\frac{1}{2x}dx$ (B) $\frac{1}{x}dx$ (C) $\frac{2}{x}dx$ (D) $\left(\frac{1}{2}+\frac{1}{x}\right)dx$

3. 设 $y=f(u), u=\varphi(x)$ 都可微,则 $dy=($).
   (A) $f'(u)du$ (B) $\varphi'(x)dx$ (C) $f'(u)\varphi'(x)du$ (D) $f'(u)dx$

4. 关于函数 $y=f(x)$ 在点 x 处连续、可导及可微三者的关系为( ).
   (A) 连续是可微的充分条件
   (B) 可导是可微的充分必要条件
   (C) 可微不是连续的充分条件
   (D) 连续是可导的充分必要条件

5. 当 $|x|\ll 1$ 时,用微分法可得 $\sqrt{1+x}$ 的近似公式 $\sqrt{1+x}\approx($).
   (A) $1+x$ (B) $1+|x|$ (C) $1+\frac{x}{2}$ (D) $1+\frac{|x|}{2}$

二、填空题

1. 设 $y=\ln\sqrt[3]{1-x^2}$,则 $dy=$_____.

2. 设 $y=\frac{1}{x^2+e^x}$,则 $dy=$_____.

3. 设函数 $y=y(x)$ 由 $\tan y=e^{x+y}$ 确定,则 $dy=$_____.

4. 用微分近似计算 $\sqrt[4]{82}\approx$_____.

5. 用微分近似计算 $\arcsin 0.01\approx$_____.

三、计算题

1. 设 $y=f(x)=\sqrt[5]{x^4}-x$,当 $x=32,\Delta x=-2$ 时,求 dy.

2. 设 $x(t)=t\ln t+\frac{e^t}{t}+\ln\frac{\pi}{3}$,求 dx.

3. 设 $y(x)=-\frac{\sin x}{2\cos^2 x}$,求 dy.

4. 设 $y(x)=e^{\sin x}\sin(\cos x)$,求 $dy|_{x=0}$.

5. 求由方程 $x^3 + y^3 - 3xy = 0$ 确定的隐函数 $y = y(x)$ 的微分 dy.

6. 要在 $r = 0.15\text{cm}$,长为 $l = 4\text{cm}$ 的圆柱形金属侧面镀一层厚为 0.001cm 的铜,求需铜量.

B 级同步训练题

一、计算题

1. 设 $y = \text{arccot}(3 - x)$,当 $x = 2, \Delta x = 0.04$ 时,求 dy.

2. 设 $y(x) = \dfrac{1}{e^x + e^{-x}}$,求 dy.

3. 设 $x(t) = \sqrt{\dfrac{1-t^2}{1+t^2}}$ ($|t| < 1$),求 $dx\Big|_{t=\frac{1}{2}}$.

4. 求 $d(2^x \sin^2 x)$.

5. 设 $f(u)$ 为可导函数,$y = f(e^{2x} - e^{-2x})$,求 dy.

6. 设 $y(x) = \dfrac{x}{1 + e^{-x}}$,求 dy.

7. 求由方程 $x^{\frac{2}{3}} + y^{\frac{2}{3}} = a^{\frac{2}{3}}$ (常数 $a > 0$) 确定的隐函数 $y = y(x)$ 的微分 dy.

8. 设 $y = y(x)$ 由方程 $e^{x-y} - x\sin y = 1$ 确定,求 dy.

9. 设 $y = y(x)$ 由方程 $\begin{cases} x = \ln(1+t^2) \\ y = \arctan t \end{cases}$ 所确定,求 dy(关于 x).

10. 半径为 5cm 的金属球,遇热体积膨胀了 $0.3\pi \text{ cm}^3$,试用微分法求半径增加了多少.

11. 用微分代替增量,计算 $\sqrt[3]{997}$ 的近似值.

辅导与参考答案

A 级同步训练题

一、选择题

1. (B). 2. (B). 3. (A). 4. (B). 5. (C).

二、填空题

1. $\dfrac{-2x\,dx}{3(1-x^2)}$. 2. $-\dfrac{e^x + 2x}{(x^2 + e^x)^2}dx$. 3. $e^x \cot^2 y\,dx$. 4. 3.0093. 5. 0.01.

三、计算题

1. $f'(x) = \dfrac{4}{5\sqrt[5]{x}} - 1$, $f'(32) = -0.6$, $dy = f'(32) \cdot \Delta x = -0.6 \times (-2) = 1.2$.

2. $dx = x'(t)dt = \left[\ln t + 1 + \dfrac{e^t(t-1)}{t^2}\right]dt$.

3. $dy = y'(x)dx = -\dfrac{1+\sin^2 x}{2\cos^3 x}dx$.

4. $y'(x) = e^{\sin x}[\cos x \cdot \sin(\cos x) - \sin x \cdot \cos(\cos x)]$, $y'(0) = \sin 1$,
$dy\big|_{x=0} = y'(0)dx = \sin 1 dx$.

5. $dy = y'(x)dx = \dfrac{y-x^2}{y^2-x}dx\,(y^2-x \neq 0)$.

6. $V = \pi r^2 l = 4\pi r^2$, $t = 0.15$, $\Delta r = 0.001$, $\Delta V = 8\pi r \cdot \Delta r = 0.001\,2\pi(\text{cm}^3)$. 所需铜 $0.0038(\text{cm}^3)$.

B 级同步训练题

一、计算题

1. $y' = \dfrac{1}{1+(3-x)^2}$, $y'\big|_{x=2} = \dfrac{1}{2}$, $dy = y'\big|_{x=2} \cdot \Delta x = \dfrac{1}{2} \times 0.04 = 0.02$.

2. $dy = y'(x)dx = \dfrac{e^{-x} - e^x}{(e^x + e^{-x})^2}dx$.

3. $dx = x'(t)dt = \dfrac{-2t}{1-t^4} \cdot \sqrt{\dfrac{1-t^2}{1+t^2}}\,dt$, 故 $dx\big|_{t=\frac{1}{2}} = -\dfrac{16}{15} \times \sqrt{\dfrac{3}{5}}\,dt$.

4. $d(2^x \sin^2 x) = 2^x d\sin^2 x + \sin^2 x d(2^x) = 2^x[\sin 2x + \sin^2 x \ln 2]dx$.

5. $dy = y'(x)dx = 2f'(e^{2x} - e^{-2x})(e^{2x} + e^{-2x})dx$.

6. $dy = y'(x)dx = \dfrac{1 + e^{-x} + xe^{-x}}{(1+e^{-x})^2}dx$.

7. $dy = y'_x dx = -\left(\dfrac{y}{x}\right)^{\frac{1}{3}}dx$.

8. 利用两边求微分:$e^{x-y}(dx - dy) - \sin y dx - x\cos y dy = 0$,
$$dy = \dfrac{e^{x-y} - \sin y}{e^{x-y} + x\cos y}dx.$$

9. $\dfrac{dx}{dt} = \dfrac{2t}{1+t^2}$, $\dfrac{dy}{dt} = \dfrac{1}{1+t^2}$, $dy = \dfrac{1}{2t}dx$.

10. $V = \dfrac{4}{3}\pi R^3$, $dV = 4\pi R^2 \Delta R = 100\pi \Delta R \approx 0.3\pi$, 得 $\Delta R = 0.003(\text{cm})$.

11. 设 $f(x) = x^{\frac{1}{3}}$, $x_0 = 10^3 = 1000$, $\Delta x = -3$, 则 $\sqrt[3]{997} \approx 10 + \dfrac{-3}{3 \times 10^2} \approx 9.99$.

章节练习题

一、客观题

1. 设 $\lim\limits_{x \to 0} \dfrac{xf(x)}{1-\cos 2x} = 1$, 其中 $f(0) = 0$, 则 $f'(0)$ 等于( ).

 (A) 0　　　(B) 1　　　(C) 2　　　(D) 4

2. 设 $y = \log_2 \sqrt{\sin 3x} + 3^{x^2}$, 则 $y' = $ _____.

3. 设 $y = f(x)$ 具有连续的一阶导数,已知 $f(2) = 1, f'(2) = e$,则 $[f^{-1}(x)]'|_{x=1} = $ _____.

4. 设 $y = x\cos x$,则 $y'' = $ _____.

二、设 $f(x) = \begin{cases} x, & x \leqslant 1; \\ -x^2 + 2x, & x > 1, \end{cases}$ 求 $f'_-(1)$ 及 $f'_+(1)$.

三、设 $y = (3x+1)\ln(3x+1)$,求 y''.

四、设 $y = f(\ln\sqrt{1+\sin^2 x})$,$f(u)$ 为可导函数,求 $f'(x)$.

五、设 $x > 1$,求 $d[x^2 \arctan\sqrt{x-1}]$.

六、设 $\begin{cases} x = te^{2t}, \\ e^t + e^y = 2, \end{cases}$ 确定了函数 $y = y(x)$,求 $\dfrac{dy}{dx}$ 及 $\dfrac{d^2 y}{dx^2}\Big|_{t=0}$.

七、设方程 $y = (y+2x)^{\frac{1}{x}}$ 确定了函数 $y = y(x)$,试求 $\dfrac{dy}{dx}$.

八、设函数 $x = x(y)$ 由方程 $y^x + x + y = 4$ 确定,求 $\dfrac{dx}{dy}\Big|_{y=1}$.

九、求 a, b 之值,使 $f(x) = \begin{cases} e^{ax}, & x \leqslant 0; \\ b(1-x)^2, & x > 0 \end{cases}$ 在点 $x = 0$ 处可微.

十、设 $f(x) = \begin{cases} x^2 \tan x, & x > 0; \\ 0, & x \leqslant 0, \end{cases}$ 试讨论 $f(x)$ 在 $x = 0$ 处的二阶导数存在性.

十一、试求星形线 $x^{\frac{2}{3}} + y^{\frac{2}{3}} = a^{\frac{2}{3}}$ 夹在两坐标轴之间的切线的长度 ($xy \neq 0, a > 0$).

十二、对任意的非零 x_1, x_2,有 $f(x_1 x_2) = f(x_1) + f(x_2)$,且 $f'(1) = 1$,证明:当 $x \neq 0$ 时,$f'(x) = \dfrac{1}{x}$.

章节练习题答案

一、客观题

1. (C).

2. $\dfrac{3\cos 3x}{2\sin 3x \cdot \ln 2} + 2x \cdot 3^{x^2} \cdot \ln 3$.

3. $\dfrac{1}{e}$.

4. $y'' = -2\sin x - x\cos x$.

二、$f(1) = 1, f'_-(1) = \lim\limits_{x \to 1-0} \dfrac{f(x) - f(1)}{x-1} = \lim\limits_{x \to 1-0} \dfrac{x-1}{x-1} = 1$,

$f'_+(1) = \lim\limits_{x \to 1+0} \dfrac{f(x) - f(1)}{x-1} = \lim\limits_{x \to 1+0} \dfrac{-x^2 + 2x - 1}{x-1} = 0$.

三、$y' = 3[\ln(3x+1) + 1]$,$y'' = \dfrac{9}{3x+1}$.

四、$u = \ln\sqrt{1+\sin^2 x}$,$y' = \dfrac{\sin 2x}{2(1+\sin^2 x)} \cdot f'(u)$.

五、原式 $= \dfrac{x}{2}\left(\dfrac{1}{\sqrt{x-1}} + 4\arctan\sqrt{x-1}\right)\mathrm{d}x$.

六、$\dfrac{\mathrm{d}y}{\mathrm{d}x} = \dfrac{-\mathrm{e}^t}{\mathrm{e}^{y+2t}(1+2t)}$，$\left.\dfrac{\mathrm{d}^2 y}{\mathrm{d}x^2}\right|_{t=0} = \dfrac{-2+4}{1^3} = 2$.

七、$\ln y = \dfrac{1}{x}\ln(y+2x)$，

$\dfrac{y'}{y} = -\dfrac{1}{x^2}\ln(y+2x) + \dfrac{y'+2}{x(y+2x)}$，

$y' = \dfrac{(y+2x)^{\frac{1}{x}}\left[\dfrac{2}{y+2x} - \dfrac{\ln(y+2x)}{x}\right]}{x - (y+2x)^{\frac{1}{x}-1}}$.

八、$\mathrm{d}x\,|_{y=1} = x'(1)\mathrm{d}y = -3\mathrm{d}y$.

九、首先在 $x=0$ 处连续，$\lim\limits_{x\to 0^+} b(1-x)^2 = \lim\limits_{x\to 0^-}\mathrm{e}^{ax} = 1$，得 $b=1$.

在 $x=0$ 处可导：

$f'_+(0) = \lim\limits_{x\to 0^+}\dfrac{(1-x)^2 - 1}{x} = \lim\limits_{x\to 0^+}\dfrac{x^2 - 2x}{x} = -2$，

$f'_-(0) = \lim\limits_{x\to 0^-}\dfrac{\mathrm{e}^{ax}-1}{x} = \lim\limits_{x\to 0^-}\dfrac{ax}{x} = a$，

故 $a=-2, b=1$ 时，$f(x)$ 在 $x=0$ 时可导.

十、$\lim\limits_{x\to 0^+}\dfrac{f(x)-f(0)}{x} = \lim\limits_{x\to 0^+}\dfrac{x^2\tan x}{x} = 0$.

$\lim\limits_{x\to 0^-}\dfrac{f(x)-f(0)}{x} = \lim\limits_{x\to 0^-}\dfrac{0}{x} = 0$，

故 $f'(0) = 0$.

$f'(x) = \begin{cases} 2x\tan x + x^2\sec^2 x, & x>0 \\ 0, & x\leqslant 0, \end{cases}$

$\lim\limits_{x\to 0^+}\dfrac{f'(x)-f'(0)}{x} = \lim\limits_{x\to 0^+}\dfrac{2x\tan x + x^2\sec^2 x}{x} = 0$，

$\lim\limits_{x\to 0^-}\dfrac{f'(x)-f'(0)}{x} = \lim\limits_{x\to 0^-}\dfrac{0}{x} = 0$，

故 $f(x)$ 在 $x=0$ 处二阶导数存在.

十一、解：$\dfrac{2}{3}x^{-\frac{1}{3}} + \dfrac{2}{3}y^{-\frac{1}{3}}y' = 0$，

故 $y' = -\sqrt[3]{\dfrac{y}{x}}$，设切点为 (x,y) 则切线方程为 $Y - y = -\sqrt[3]{\dfrac{y}{x}}(X-x)$，

化简得：$\sqrt[3]{x}Y + \sqrt[3]{y}X = a^{\frac{2}{3}}\sqrt[3]{xy}$，

截距为 $a^{\frac{2}{3}}\cdot\sqrt[3]{x}$；$a^{\frac{2}{3}}\cdot\sqrt[3]{y}$，

故夹在两坐标轴之间距离为 a，为常数.

十二、证明：本题因为 $f(x)$ 的表达式未知，无法用求导公式，故应从定义出发，利用题设

因为 $f(1\times 1) = f(1) + f(1)$，所以 $f(1)=0$. $x\neq 0$ 时，

条件得计算 $f(1)$.

$$0 = f(1) = f\left(x \cdot \frac{1}{x}\right) = f(x) + f\left(\frac{1}{x}\right),$$

故 $f\left(\dfrac{1}{x}\right) = - f(x)$,

$$f'(x) = \lim_{h\to 0}\frac{f(x+h)-f(x)}{h} = \lim_{h\to 0}\frac{f(x+h)+f\left(\frac{1}{x}\right)}{h} = \lim_{h\to 0}\frac{f\left(\frac{x+h}{x}\right)}{h}$$

$$= \lim_{h\to 0}\frac{f\left(1+\frac{h}{x}\right)-f(1)}{\frac{h}{x}} \cdot \frac{1}{x} = \frac{1}{x} \cdot f'(1) = \frac{1}{x}.$$

第3章　中值定理和导数的应用

[教学目的与要求]

1. 掌握并会应用罗尔定理、拉格朗日中值定理,了解柯西中值定理.

2. 理解函数的极值概念,掌握用导数判断函数的单调性和求函数极值的方法,掌握函数最大值和最小值的求法及其简单应用.

3. 学会用二阶导数判断函数图形的凹凸性,会求函数图形的拐点以及水平、铅直和斜渐近线,会描绘函数的图形.

4. 掌握用洛必达法则求未定式极限的方法.

5. 知道曲率和曲率半径的概念,会计算曲率和曲率半径.

6. 了解方程近似解的二分法以及切线法.

§3-1　中值定理

A 级同步训练题

一、客观题

1. 使函数 $f(x) = \sqrt[3]{x^2(1-x^2)}$ 适合罗尔定理,条件的区间是(　　).

   (A) $[0,1]$ 　　　(B) $[-1,1]$ 　　　(C) $[-2,2]$ 　　　(D) $\left[-\dfrac{3}{5}, \dfrac{4}{5}\right]$

2. 设 $f(x)$ 在 $[a,b]$ 上连续,在 (a,b) 内可导,记:① $f(a) = f(b)$;② 在 (a,b) 内至少存在 ξ,使 $f'(\xi) = 0$,则(　　).

   (A) ① 是 ② 的充分条件但非必要条件

   (B) ① 是 ② 的必要条件但非充分条件

   (C) ① 是 ② 的充要条件

   (D) ① 与 ② 既非充分条件,也非必要条件

3. $f(x) = x(x-1)(x-2)(x-3)(x-4)$,$f'(x) = 0$ 在 $(0,3)$ 上有(　　)个实根.

   (A) 1 　　　(B) 2 　　　(C) 3 　　　(D) 4

4. 下列函数中,在所给区间上满足拉格朗日中值定理条件的是(　　).

(A) $f(x)=|x|$ $[-1,1]$ (B) $f(x)=|\cos x|$ $[-1,1]$

(C) $f(x)=\dfrac{1}{x^2}$ $[-1,1]$ (D) $f(x)=\begin{cases} x+1, & x\leqslant 0, \\ x^2+1, & x>0 \end{cases}$ $[-1,1]$

5. $f(x)=x^3$ 在$[0,1]$上满足拉格朗日中值定理的 $\xi=$ _____.

6. 函数 $f(x)=4-x^{\frac{2}{3}}$ 在$[-1,1]$上不能得出罗尔定理的结论,其原因是由于 $f(x)$ 不满足罗尔定理的一个条件:_____.

二、验证拉格朗日中值定理对函数 $f(x)=5^x$ 在$[0,1]$上的正确性.

三、求证:$4x^3+3x^2+2x=3$ 在$(0,1)$内至少有一个根.

四、设 $f(x)$ 在$(-\infty,+\infty)$上可微,且 $f'(x)\neq 1$. 试证:方程 $f(x)=x$ 最多有一个实根.

B 级同步训练题

一、客观题

设 $a<b,ab<0,f(x)=|x|$,则在(a,b)内使 $f(b)-f(a)=f'(\xi)(b-a)$ 成立的点 $\xi($).

(A) 只有一点 (B) 有两点

(C) 不存在 (D) 是否存在,与 a,b 的具体数值有关

二、利用拉格朗日中值定理,计算极限 $\lim\limits_{x\to 0}\dfrac{\tan\left(\dfrac{\pi}{4}+2x\right)-\tan\left(\dfrac{\pi}{4}-2x\right)}{\arctan(1+2x)-\arctan(1-2x)}$.

三、设 $f(x)$ 在$[a,b]$上连续,$x_0\in(a,b)$,且 $f(x)$ 在(a,x_0)与(x_0,b)内均可导,且 $\lim\limits_{x\to x_0}f'(x)=1$,证明:$f'(x_0)$存在,且 $f'(x_0)=1$.

四、若函数 $f(x)$ 在$[0,1]$上存在二阶导数,且 $f(0)=f(1)=0$,设 $F(x)=x^2 f(x)$,则存在 $\xi\in(0,1)$,使 $F''(\xi)=0$.

五、设 $f(x)$ 在$[0,1]$上连续,在$(0,1)$内可导,且 $f(1)=0$. 证明:存在一点 $x\in(0,1)$使 $2f(x)+xf'(x)=0$.

六、用拉格朗日中值定理证明,当 $x>0$ 时,$e^x-1<xe^x$.

七、设 $f(x)$ 在$[a,b]$上二阶可导,且连接 $A[a,f(a)]$,$B[b,f(b)]$ 的弦与曲线 $y=f(x)$ 交于 $C[c,f(c)]$,$a<c<b$. 试证存在 $\xi\in(a,b)$,使 $f''(\xi)=0$.

八、设 $\varphi(x)$ 在$[1,e]$上可导,且 $\varphi(1)=0,\varphi(e)=1$,证明方程 $x\varphi'(x)-1=0$ 在$(1,e)$内至少有一实根.

辅导与参考答案

A 级同步训练题

一、客观题

1. (A). 2. (A). 3. (C). 4. (B). 5. $\dfrac{\sqrt{3}}{3}$. 6. $f(x)$ 在 $(-1,1)$ 内可导.

二、证明：$f(x) = 5^x$ 在 $[0,1]$ 上连续，在 $(0,1)$ 内可导，即 $f(x)$ 在 $[0,1]$ 上满足拉格朗日中值定理条件；

令 $f'(x) = 5^x \ln 5 = \dfrac{f(1)-f(0)}{1} = 4$，在 $(0,1)$ 内有解，$x = \log_5 \dfrac{4}{\ln 5}$；

故在 $(0,1)$ 内存在 $\xi = \log_5 \dfrac{4}{\ln 5}$，$f'(\xi) = \dfrac{f(1)-f(0)}{1-0}$，

这就验证了拉格朗日中值定理对函数 $f(x) = 5^x$ 在 $[0,1]$ 上的正确性.

三、证明：设 $f(x) = x^4 + x^3 + x^2 - 3x$，

在 $[0,1]$ 上连续，在 $(0,1)$ 内可导且 $f(0) = f(1) = 0$.

即 $f(x)$ 在 $[0,1]$ 上满足罗尔定理的条件，则至少存在 $\xi \in (0,1)$ 使 $f'(\xi) = 0$；

又 $f'(x) = 4x^3 + 3x^2 + 2x - 3$，即 $f'(\xi) = 4\xi^3 + 3\xi^2 + 2\xi - 3 = 0$，

即方程 $4x^3 + 3x^2 + 2x = 3$ 在 $(0,1)$ 内至少有一个根 ξ.

四、证明：设 $F(x) = f(x) - x$，则 $F(x)$ 在 $(-\infty, +\infty)$ 上可导，

反证：设方程 $f(x) = x$ 有两个不等的实根 $x_1, x_2 (x_1 < x_2)$，

即 $F(x_1) = F(x_2) = 0$，则 $F(x)$ 在 $[x_1, x_2]$ 上满足罗尔定理条件，

即存在 $\xi \in (x_1, x_2)$，使 $F'(\xi) = 0$，即 $f'(\xi) = 1$，这与 $f'(x) \neq 1$，矛盾，

因此，方程 $f(x) = x$ 不可能有两个不等的实根，即最多有一个实根.

B 级同步训练题

一、客观题

(C).

二、利用拉格朗日中值定理，$\tan\left(\dfrac{\pi}{4} + 2x\right) - \tan\left(\dfrac{\pi}{4} - 2x\right) = \sec^2 \xi_1 \cdot (4x)$.

$\arctan(1+2x) - \arctan(1-2x) = \dfrac{1}{1+\xi_2^2} \cdot 4x$，

其中 ξ_1 介于 $\dfrac{\pi}{4} - 2x$ 与 $\dfrac{\pi}{4} + 2x$ 之间，ξ_2 介于 $1-2x$ 与 $1+2x$ 之间，

原式 $= \lim\limits_{x \to 0} \dfrac{4x \cdot \sec^2 \xi_1}{4x \cdot \dfrac{1}{1+\xi_2^2}} = 4 \left(\xi_1 \to \dfrac{\pi}{4}, \xi_2 \to 1\right)$.

三、证明：在以 x_0 与 x 为端点的区间上，$f(x)$ 满足拉格朗日中值定理条件，

则至少存在 ξ 介于 x_0 与 x 之间，使 $f(x) - f(x_0) = f'(\xi)(x - x_0)$，

又 $\lim\limits_{x \to x_0} f'(x) = 1$,则 $\lim\limits_{x \to x_0} \dfrac{f(x) - f(x_0)}{x - x_0} = \lim\limits_{x \to x_0} f'(\xi) = \lim\limits_{\xi \to x_0} f'(\xi) = 1$,

即 $f'(x_0)$ 存在,且 $f'(x_0) = 1$.

四、证明:$F(x) = x^2 f(x)$ 在 $[0,1]$ 上存在二阶导数,因 $f(0) = f(1) = 0$,故 $F(0) = F(1) = 0$,即 $F(x)$ 在 $[0,1]$ 上满足罗尔定理条件,则至少存在 $\xi_1 \in (0,1)$,使 $F'(\xi_1) = 0$,又 $F'(x) = 2xf(x) + x^2 f'(x)$,即 $F'(0) = 0$,

在 $[0, \xi_1]$ 上对 $F'(x)$ 用罗尔定理,则至少存在 $\xi_2 \in (0, \xi_1)$,使 $F''(\xi_2) = 0$.

五、证明:令 $F(x) = x^2 f(x)$,

则 $F(x)$ 在 $[0,1]$ 上连续,在 $(0,1)$ 内可导,因 $f(1) = 0$,得到 $F(0) = F(1) = 0$,

即 $F(x)$ 在 $[0,1]$ 上满足罗尔定理的条件,

则至少存在 $\xi \in (0,1)$,使 $F'(\xi) = 0$,而 $F'(x) = 2xf(x) + x^2 f'(x)$,

即 $2\xi f(\xi) + \xi^2 f'(\xi) = 0$,而 $\xi \in (0,1)$,则 $2f(\xi) + \xi f'(\xi) = 0$,结论成立.

六、证明:令 $f(x) = e^x$,对 $x > 0$ 在 $[0, x]$ 上运用拉格朗日中值定理得 $\dfrac{e^x - 1}{x} = e^\xi$,

式中 $0 < \xi < x$.故有 $e^\xi < e^x$,从而有 $\dfrac{e^x - 1}{x} < e^x, e^x - 1 < xe^x$.

七、证明:$f(x)$ 在 $[a,b]$ 上二阶可导,则 $f(x)$ 在 $[a,c]$,$[c,b]$ 上满足拉格朗日中值定理条件,至少存在 $\xi_1 \in (a,c), \xi_2 \in (c,b)$,使

$$f'(\xi_1) = \dfrac{f(c) - f(a)}{c - a}, f'(\xi_2) = \dfrac{f(b) - f(c)}{b - c},$$

而 A, B, C 三点共线,即 $f'(\xi_1) = f'(\xi_2)$,

于是 $f'(x)$ 在 $[\xi_1, \xi_2]$ 上满足罗尔定理的条件,

故至少存在 $\xi \in (\xi_1, \xi_2) \subset (a,b)$,使 $f''(\xi) = 0$.

八、证明:令 $f(x) = \varphi(x) - \ln x$,则 $f(x)$ 在 $[1, e]$ 内可导,

$\varphi(1) = 0, \varphi(e) = 1$,故 $f(1) = f(e) = 0$,

即 $f(x)$ 在 $[1, e]$ 上满足罗尔定理的条件,则至少存在 $\xi \in (1, e)$,

使 $f'(\xi) = 0$,而 $f'(x) = \varphi'(x) - \dfrac{1}{x}$,即 $\varphi'(\xi) - \dfrac{1}{\xi} = 0, \xi \in (1, e)$,

即 $\xi \varphi'(\xi) = 1$.

§3-2 洛必达法则

A 级同步训练题

一、客观题

1. 设 $f(x), g(x)$ 在 a 的某空心邻域内可导,$g'(x) \neq 0$ 且 $\lim\limits_{x \to a} f(x) = \lim\limits_{x \to a} g(x) = 0$,则 ① $\lim\limits_{x \to a} \dfrac{f(x)}{g(x)} = A$ 与 ② $\lim\limits_{x \to a} \dfrac{f'(x)}{g'(x)} = A$ 的关系是(   ).

(A) ① 是 ② 的充分条件但非必要条件

(B) ① 是 ② 的必要条件但非充分条件

(C) ① 是 ② 的充要条件

(D) ① 不是 ② 的充分条件，也不是必要条件

2. $\lim\limits_{x \to 0} \dfrac{x - \ln(1+x)}{x^2}$ 的值等于 _____.

3. $\lim\limits_{x \to 1} \dfrac{x^5 - 1}{x^{10} - 1}$ 的值等于 _____.

4. $\lim\limits_{x \to 0} \dfrac{2x - \sin 2x}{x^3}$ 的值等于 _____.

5. $\lim\limits_{x \to \pi} \dfrac{\tan 5x}{\tan 3x} =$ _____.

二、计算题

1. $\lim\limits_{x \to 0} \dfrac{e^x - e^{-x}}{\sin 2x}$.   2. $\lim\limits_{x \to 0} \dfrac{\tan x - x}{x - \sin x}$.   3. $\lim\limits_{x \to 0} \dfrac{\arcsin x - x}{\sin^3 x}$.

4. $\lim\limits_{x \to 0} \dfrac{e^x + e^{-x} - 2}{1 - \cos x}$.   5. $\lim\limits_{x \to 0} \left[\dfrac{1}{x} - \dfrac{1}{\ln(1+x)} \right]$.   6. $\lim\limits_{x \to \infty} x^2 (e^{\frac{1}{x^2}} - 1)$.

7. $\lim\limits_{x \to 1}(1-x) \cdot \tan \dfrac{\pi x}{2}$.   8. $\lim\limits_{x \to 0} \left(\dfrac{\sin x}{x} \right)^{\frac{1}{\sin^2 x}}$.

三、试证明：当 $x \to 0$ 时，$x - \ln(1+x)$ 与 $\dfrac{x^2}{2}$ 是等价无穷小.

四、验证：极限 $\lim\limits_{x \to +\infty} \dfrac{x + \sin x \cos x}{x - \sin x \cos x}$ 存在，但不能用洛必达法则得出.

B 级同步训练题

一、客观题

1. $\lim\limits_{x \to +\infty} \dfrac{e^{\frac{1}{x}}}{x^2} =$ _____.

2. $\lim\limits_{x \to 0} \dfrac{e^{x^2} - \cos 2x}{x^2} =$ _____.

二、计算题

1. 试确定 a, n，使得当 $x \to 0$ 时，$\alpha(x) = e^{-x^2} + \cos 2x - 2$ 与 ax^n 为等价无穷小.

2. 求极限 $\lim\limits_{x \to 0^+} \dfrac{(x^{\sin x} - 1)\sin x}{x^2 \ln x}$.

3. 求极限 $\lim\limits_{x \to 0} \dfrac{e^x \sin x - x(1+x)}{\sin x^3}$.

4. 求极限 $\lim\limits_{x \to 0} \dfrac{(1+x)^{\frac{1}{x}} - e}{x}$.

5. 求极限 $\lim\limits_{x\to\pi-0}\dfrac{\ln(\pi-x)-\tan\dfrac{x}{2}}{\cot x}$.

6. 求极限 $\lim\limits_{x\to+\infty}x^2(\mathrm{e}^{\frac{1}{x}}+\mathrm{e}^{-\frac{1}{x}}-2)$.

7. 求极限 $\lim\limits_{x\to 0}\dfrac{2^x-2^{\sin x}}{x\sin^2 x}$.

8. 求极限 $\lim\limits_{x\to 1}\dfrac{x^x-x}{\ln x-x+1}$.

辅导与参考答案

A 级同步训练题

一、客观题

1. (B).　2. $\dfrac{1}{2}$.　3. $\dfrac{1}{2}$.　4. $\dfrac{4}{3}$.　5. $\dfrac{5}{3}$.

二、计算题

1. 原式 $\overset{\frac{0}{0}}{=}\lim\limits_{x\to 0}\dfrac{\mathrm{e}^x+\mathrm{e}^{-x}}{2\cos 2x}=1$.

2. 原式 $\overset{\frac{0}{0}}{=}\lim\limits_{x\to 0}\dfrac{\sec^2 x-1}{1-\cos x}=\lim\limits_{x\to 0}\dfrac{x^2}{\dfrac{1}{2}x^2}=2$. $(\sec^2 x-1=\tan^2 x\sim x^2, 1-\cos x\sim\dfrac{1}{2}x^2, x\to 0)$

3. 原式 $=\lim\limits_{x\to 0}\dfrac{\dfrac{1}{\sqrt{1-x^2}}-1}{3x^2}=\lim\limits_{x\to 0}\dfrac{1-\sqrt{1-x^2}}{3x^2(\sqrt{1-x^2})}=\lim\limits_{x\to 0}\dfrac{\dfrac{1}{2}x^2}{3x^2}=\dfrac{1}{6}$.　$(\sin x\sim x, x\to 0)$

4. 原式 $=\lim\limits_{x\to 0}\dfrac{\mathrm{e}^x-\mathrm{e}^{-x}}{\sin x}=\lim\limits_{x\to 0}\dfrac{\mathrm{e}^x+\mathrm{e}^{-x}}{\cos x}=2$.

5. 原式 $=\lim\limits_{x\to 0}\dfrac{\ln(1+x)-x}{x^2}=\lim\limits_{x\to 0}\dfrac{\dfrac{1}{1+x}-1}{2x}=-\dfrac{1}{2}$.

6. 原式 $=\lim\limits_{x\to\infty}\dfrac{\mathrm{e}^{\frac{1}{x^2}}-1}{\dfrac{1}{x^2}}=\lim\limits_{x\to\infty}\dfrac{\mathrm{e}^{\frac{1}{x^2}}\left(-\dfrac{2}{x^3}\right)}{-\dfrac{2}{x^3}}=1$.

7. 原式 $=\lim\limits_{x\to 1}\dfrac{1-x}{\cos\dfrac{\pi x}{2}}=\lim\limits_{x\to 1}\dfrac{-1}{-\sin\dfrac{\pi x}{2}\cdot\dfrac{\pi}{2}}=\dfrac{2}{\pi}$.

8. 原式 $=\lim\limits_{x\to 0}\left(1+\dfrac{\sin x-x}{x}\right)^{\frac{x}{\sin x-x}\cdot\frac{\sin x-x}{x^3}}=\mathrm{e}^{-\frac{1}{6}}$.

$\left(\text{其中},\lim\limits_{x\to 0}\dfrac{\sin x-x}{x^3}=\lim\limits_{x\to 0}\dfrac{\cos x-1}{3x^2}=-\dfrac{1}{6}\right)$

三、证明：因为 $\lim\limits_{x\to 0}\dfrac{x-\ln(1+x)}{\dfrac{x^2}{2}}=\lim\limits_{x\to 0}\dfrac{1-\dfrac{1}{1+x}}{x}=1$，

则当 $x\to 0$ 时，$x-\ln(1+x)$ 与 $\dfrac{x^2}{2}$ 是等价无穷小．

四、解：因 $\lim\limits_{x\to +\infty}\dfrac{x+\sin x\cos x}{x-\sin x\cos x}=\lim\limits_{x\to +\infty}\dfrac{1+\dfrac{\sin x\cos x}{x}}{1-\dfrac{1}{x}\sin x\cos x}=1$，

但 $\lim\limits_{x\to +\infty}\dfrac{(x+\sin x\cos x)'}{(x-\sin x\cos x)'}=\lim\limits_{x\to +\infty}\dfrac{1+\cos 2x}{1-\cos 2x}$ 不存在，

故 $\lim\limits_{x\to +\infty}\dfrac{x+\sin x\cos x}{x-\sin x\cos x}$ 存在，不能用洛必达法则得出．

B级同步训练题

一、客观题

1. 0.　2. 3.

二、计算题

1. $\lim\limits_{x\to 0}\dfrac{e^{-x^2}+\cos 2x-2}{ax^n}=\lim\limits_{x\to 0}\dfrac{-2xe^{-x^2}-2\sin 2x}{anx^{n-1}}$

$=\lim\limits_{x\to 0}\dfrac{(4x^2-2)e^{-x^2}-4\cos 2x}{n(n-1)ax^{n-2}}=-\dfrac{6}{2a}$（当 $n=2$），

令 $\dfrac{-6}{2a}=1$，得 $a=-3$，

故当 $n=2,a=-3$ 时，$-3x^2$ 与 $e^{-x^2}+\cos 2x-2$ 为等价无穷小．

2. 解：原式 $=\lim\limits_{x\to 0^+}\dfrac{(e^{\sin x\ln x}-1)\cdot x}{x^2\ln x}=\lim\limits_{x\to 0^+}\dfrac{\sin x\cdot\ln x}{x\ln x}=1$（使用等价无穷小）．

3. 解：原式 $=\lim\limits_{x\to 0}\dfrac{e^x\sin x-x(1+x)}{x^3}=\lim\limits_{x\to 0}\dfrac{e^x\sin x+e^x\cos x-1-2x}{3x^2}$

$=\lim\limits_{x\to 0}\dfrac{e^x(\sin x+\cos x)+e^x(\cos x-\sin x)-2}{6x}=\lim\limits_{x\to 0}\dfrac{e^x\cos x-1}{3x}$

$=\lim\limits_{x\to 0}\dfrac{-e^x\sin x+e^x\cos x}{3}=\dfrac{1}{3}$．

4. 解：原式 $=\lim\limits_{x\to 0}\dfrac{e^{\frac{\ln(1+x)}{x}}-e}{x}=\lim\limits_{x\to 0}\dfrac{e\cdot\left[e^{\frac{\ln(1+x)}{x}-1}-1\right]}{x}=\lim\limits_{x\to 0}\dfrac{e\cdot\left[\dfrac{\ln(1+x)}{x}-1\right]}{x}$

$=e\lim\limits_{x\to 0}\dfrac{\ln(1+x)-x}{x^2}=e\lim\limits_{x\to 0}\dfrac{\dfrac{1}{1+x}-1}{2x}=-\dfrac{e}{2}$．

5. 解：原式 $= \lim\limits_{x\to\pi-0} \dfrac{\dfrac{-1}{\pi-x}-\dfrac{1}{2}\sec^2\dfrac{1}{2}x}{-\csc^2 x} = \lim\limits_{x\to\pi-0} \dfrac{\left[2\cos^2\dfrac{1}{2}x+(\pi-x)\right]\sin^2 x}{2(\pi-x)\cos^2\dfrac{1}{2}x}$

$= \lim\limits_{x\to\pi-0} \dfrac{4\left[2\cos^2\dfrac{x}{2}+(\pi-x)\right]\sin^2\dfrac{x}{2}}{2(\pi-x)}$

$= 2\lim\limits_{x\to\pi-0} \dfrac{\dfrac{\sin 2x}{2}-\sin^2\dfrac{x}{2}+(\pi-x)\dfrac{\sin x}{2}}{-1} = 2.$

6. 解：$\lim\limits_{x\to+\infty} x^2(e^{\frac{1}{x}}+e^{-\frac{1}{x}}-2) = \lim\limits_{x\to+\infty} \dfrac{e^{\frac{1}{x}}+e^{-\frac{1}{x}}-2}{\dfrac{1}{x^2}} = \lim\limits_{x\to+\infty} \dfrac{\left(-\dfrac{1}{x^2}e^{\frac{1}{x}}+\dfrac{1}{x^2}e^{-\frac{1}{x}}\right)}{-2x^{-3}}$

$= \lim\limits_{x\to+\infty} \dfrac{-e^{\frac{1}{x}}+e^{-\frac{1}{x}}}{-2x^{-1}} = \lim\limits_{x\to+\infty} \dfrac{e^{\frac{1}{x}}+e^{-\frac{1}{x}}}{2} = 1.$

7. 解：原式 $= \lim\limits_{x\to 0} \dfrac{2^x[1-2^{\sin x-x}]}{x^3} = \lim\limits_{x\to 0} \dfrac{-(\sin x-x)'\ln 2}{(x^3)'} \cdot \lim\limits_{x\to 0} 2^{\sin x-x} \cdot \lim\limits_{x\to 0} 2^x$

$= \ln 2 \lim\limits_{x\to 0} \dfrac{1-\cos x}{3x^2} = \ln 2 \cdot \lim\limits_{x\to 0} \dfrac{\dfrac{1}{2}x^2}{3x^2} = \dfrac{\ln 2}{6}.$

8. 解：原式 $= \lim\limits_{x\to 1} \dfrac{x^x[\ln x+1]-1}{\dfrac{1}{x}-1} = \lim\limits_{x\to 1} \dfrac{x^x[\ln x+1]^2+x^{x-1}}{-\dfrac{1}{x^2}} = -2.$

§3-3 泰勒公式

A 级同步训练题

一、客观题

1. $f(x)=\dfrac{1}{1+x}$ 的 n 阶泰勒多项式为 $P_n(x)=a_0+a_1 x+a_2 x^2+\cdots+a_n x^n$，$a_n=($　　$)$.

　　(A) 1　　　　(B) $(-1)^n$　　　　(C) $\dfrac{1}{n}$　　　　(D) $\dfrac{(-1)^n}{n}$

2. 设 $f(x)$ 有直至 $n+1$ 阶导数，则 $f(x)=\sum\limits_{k=1}^{n}\dfrac{f^{(k)}(0)}{k!}x^k+R_n(x)$ 式中拉格朗日型余项 $R_n(x)=($　　$)$（设 ξ 介于 0 与 x 之间）.

　　(A) $\dfrac{f^{(n)}(\xi)}{n!}x^n$　　(B) $\dfrac{f^{(n+1)}(\xi)}{(n+1)!}x^{n+1}$　　(C) $\dfrac{f^{(n+1)}(x)}{(n+1)!}(\xi)^{n+1}$　　(D) $\dfrac{f^{(n+1)}(0)}{(n+1)!}x^{n+1}$

3. $f(x) = \dfrac{1}{1-x}$ 的 n 阶麦克劳林展开式的拉氏型余项 $R_n(x) = ($ $)$ $(0 < \theta < 1)$.

(A) $\dfrac{1}{(n+1)(1-\theta x)^{n+1}} x^{n+1}$ (B) $\dfrac{(-1)^n}{(n+1)(1-\theta x)^{n+1}} x^{n+1}$

(C) $\dfrac{1}{(1-\theta x)^{n+2}} x^{n+1}$ (D) $\dfrac{(-1)^n}{(1-\theta x)^{n+2}} x^{n+1}$

4. $\sin x$ 的 $2n$ 阶麦克劳林展开式的拉氏余项 $R_{2n}(x) = ($ $)$ (ξ 介于 0 与 x 之间).

(A) $\dfrac{(-1)^n \cos\xi}{(2n+1)!} x^{2n+1}$ (B) $\dfrac{(-1)^n \sin\xi}{(2n+1)!} x^{2n+1}$

(C) $\dfrac{(-1)^n \cos\xi}{(2n)!} x^{2n}$ (D) $\dfrac{(-1)^n \sin\xi}{(2n)!} x^{2n}$

5. 将多项式 $f(x) = (1+x)^4$ 按 4 阶麦克劳林展开式展开，则其余项 $R_4(x) = $ _____.

二、试写出 $f(x) = \dfrac{1}{1+2x}$ 的带拉格朗日型余项的 n 阶麦克劳林展开式.

三、求 $f(x) = \dfrac{18}{5+4x-x^2}$ 在 $x_0 = 2$ 处的三阶泰勒展开式(不写出余项的具体表达式).

四、求 $f(x) = \cos^2 x$ 的 $2n+1$ 阶麦克劳林展开式(带高阶无穷小型余项).

五、求 $\tan x$ 的四阶麦克劳林展开式(带高阶无穷小型余项).

六、设 $f(x)$ 在 $[a,b]$ 上有二阶导数，且 $f''(x) > 0 (a < x < b)$，

试证明：对任意 $x_0 \in (a,b)$ 及 $x \in [a,b]$ 有 $f(x) > f(x_0) + f'(x_0)(x-x_0)$ $(x \neq x_0)$.

七、设 $f(x)$ 在 a 的邻域内有 n 阶导数，且 $f(a) = f'(a) = f''(a) = \cdots = f^{(n-1)}(a) = 0, f^{(n)}(a) < 0$，试证明存在 $\delta > 0$，使在 $(a, a+\delta)$ 内 $f(x) < 0$.

八、设 $[1, +\infty)$ 上 $f''(x) < 0$ 且 $f(1) = 2, f'(1) = -3$，

证明方程 $f(x) = 0$ 在区间 $(1, +\infty)$ 内有唯一实根.

辅导与参考答案

A 级同步训练题

一、客观题

  1. (B).   **2.** (B).   **3.** (C).   **4.** (A).   **5.** 0.

二、解：$f(x) = 1 - 2x + 2^2 x^2 - 2^3 x^3 + \cdots + (-1)^n 2^n x^n + R_n(x)$，

$R_n(x) = \dfrac{(-1)^{n+1}}{(1+\xi)^{n+2}} 2^{n+1} x^{n+1}$，$\xi$ 介于 0 与 x 之间.

三、解：$f(x) = \dfrac{18}{5+4x-x^2} = 3\left(\dfrac{1}{5-x} + \dfrac{1}{x+1}\right), f(2) = 2,$

$$f'(x) = \dfrac{3}{(5-x)^2} - \dfrac{3}{(x+1)^2}, f'(2) = 0,$$

$$f''(x) = \dfrac{6}{(5-x)^3} + \dfrac{6}{(x+1)^3}, f''(2) = \dfrac{4}{9},$$

$$f'''(x) = \dfrac{18}{(5-x)^4} - \dfrac{18}{(x+1)^4}, f'''(2) = 0,$$

$$f(x) = 2 + \dfrac{1}{2!} \cdot \dfrac{4}{9}(x-2)^2 + R_3(x) = 2\left[1 + \dfrac{1}{9}(x-2)^2\right] + R_3(x).$$

四、解：$f(x) = \dfrac{1}{2}(1+\cos 2x)$

$$= \dfrac{1}{2}\left[1 + \left(1 - \dfrac{2^2}{2!}x^2 + \dfrac{2^4}{4!}x^4 - \dfrac{2^6}{6!}x^6 + \cdots + \dfrac{(-1)^n 2^{2n}}{(2n)!}x^{2n}\right)\right] + o(x^{2n+1})$$

$$= 1 - \dfrac{2}{2!}x^2 + \dfrac{2^3}{4!}x^4 - \dfrac{2^5}{6!}x^6 - \cdots + \dfrac{(-1)^n 2^{2n-1}}{(2n)!}x^{2n} + o(x^{2n+1}).$$

五、解：$f(x) = \tan x, f(0) = 0, f'(x) = \sec^2 x, f'(0) = 1,$

$f''(x) = 2\sec^2 x \tan x, f''(0) = 0,$

$f'''(x) = 2\sec^4 x + 2\sec^2 x \tan^2 x, f'''(0) = 2,$

$f^{(4)}(x) = 8\sec^4 x \tan x + 8\sec^4 x \tan x + 8\sec^2 x \tan^3 x, f^{(4)}(0) = 0,$

$f(x) = \tan x = 0 + \dfrac{1}{1!}x + 0 + \dfrac{2x^3}{3!} + 0 \cdot x^4 + R_4(x) = x + \dfrac{1}{3}x^3 + R_4(x).$

六、解：$f(x)$ 在 x_0 处泰勒公式展开：

$$f(x) = f(x_0) + f'(x_0)(x-x_0) + f''(\xi)\dfrac{(x-x_0)^2}{2},$$

式中 ξ 介于 x_0 与 x 之间，故 $f''(\xi) > 0$，又当 $x \neq x_0$ 时，$(x-x_0)^2 \neq 0$，

故 $\dfrac{1}{2}f''(\xi)(x-x_0)^2 > 0$，从而 $f(x) > f(x_0) + f'(x_0)(x-x_0).$

七、证：$f(x) = \dfrac{f^{(n)}(a)}{n!}(x-a)^n + o[(x-a)^n],$

$$\lim_{x \to a}\dfrac{f(x)}{(x-a)^n} = \dfrac{f^{(n)}(a)}{n!} + \lim_{x \to 0}\dfrac{o((x-a)^n)}{(x-a)^n} = \dfrac{f^{(n)}(a)}{n!} < 0,$$

故存在 $\delta > 0$，使当 $a < x < a + \delta$ 时，$\dfrac{f(x)}{(x-a)^n} < 0$，从而 $f(x) < 0.$

八、证：泰勒公式展开 $f(x) = f(1) + f'(1)(x-1) + \dfrac{1}{2}f''(\xi)(x-1)^2,$

当 $x > 1$ 时，$f(x) < 2 - 3(x-1) = 5 - 3x,$

取 $x = 2, f(2) < 0$，又 $f(1) = 2 > 0,$

故 $f(x) = 0$ 在 $(1,2)$ 内至少有一个实根，从而在 $(1, +\infty)$ 内至少有一个实根.

又因 $f'(x) = f'(1) + f''(\xi_1)(x-1)$ ［$f'(x)$ 使用中值定理］，

故当 $x > 1$ 时，$f'(x) < f'(1) = -3 < 0$，则在 $[1, +\infty)$ 内 $f(x)$ 单调递减.

$f(x) = 0$ 在 $(1, +\infty)$ 内至多有一个实根，$f(x) = 0$ 在 $(1, +\infty)$ 内有唯一实根.

章节练习题

一、设函数 $f(x) = e^{-x}\sin x$，验证在区间 $[0, 3\pi]$ 上 $f(x)$ 满足罗尔定理条件，并求出罗尔定理中的中间值 ξ.

二、求极限 $\lim\limits_{x \to +\infty} x^2(a^{\frac{1}{x}} + a^{-\frac{1}{x}} - 2)$.

三、$\lim\limits_{x \to 0} \dfrac{e^{x^2} - \cos x}{x^2}$.

四、求极限 $\lim\limits_{x \to \infty}\left[x - x^2 \ln\left(1 + \dfrac{1}{x}\right) \right]$

五、求极限 $\lim\limits_{x \to 0}(2 - e^{\sin x})^{\cot \pi x}$.

六、设 $f(x)$ 在 $[a, b]$ 上有连续导数，在 (a, b) 内二阶可导，且 $f(a) = f(b) = f'(a) = 0$，证明在 (a, b) 内至少存在点 c，使 $f''(c) = 0$.

七、设 $f(x)$ 在 $a < x_1 < x_2 < b$，上可导，且有 $f(x_1) = f(x_2) = 0$；证明：至少存在一点 x 在 (x_1, x_2) 上，使 $f(x) + f'(x) = 0$.

章节练习题答案

一、证：$f(x) = e^{-x}\sin x$ 在 $[0, 3\pi]$ 上连续在 $(0, 3\pi)$ 内可导，

且 $f(0) = f(3\pi) = 0$.

即 $f(x)$ 在 $[0, 3\pi]$ 上满足罗尔定理的条件，

$f'(x) = -e^{-x}\sin x + e^{-x}\cos x$，

令 $f'(x) = 0$，得 $\xi_1 = \dfrac{\pi}{4}, \xi_2 = \dfrac{5\pi}{4}, \xi_3 = \dfrac{9\pi}{4}$，

即在 $(0, 3\pi)$ 内存在以上 ξ_i，使 $f'(\xi_i) = 0 (i = 1, 2, 3)$.

二、原式 $= \lim\limits_{t \to 0^+} \dfrac{a^t + a^{-t} - 2}{t^2}$；$t = \dfrac{1}{x}$

$= \lim\limits_{t \to 0^+} \dfrac{a^t + a^{-t}}{2t}\ln a = \lim\limits_{t \to 0^+} \dfrac{a^t + a^{-t}}{2}\ln^2 a = \ln^2 a$. $\left(t = \dfrac{1}{x}\right)$

三、原式 $= \lim\limits_{x \to 0} \dfrac{1 + x^2 + o(x^2) - 1 + \frac{1}{2}x^2 + o(x^2)}{x^2} = \lim\limits_{x \to 0} \dfrac{\frac{3}{2}x^2 + o(x^2)}{x^2} = \dfrac{3}{2}$.

四、解：法 1：令 $x = \dfrac{1}{t}$，则原式 $= \lim\limits_{t \to 0} \dfrac{t - \ln(1 + t)}{t^2} = \lim\limits_{t \to 0} \dfrac{1 - \frac{1}{t}}{2t} = \dfrac{1}{2}$.

法 2：可用泰勒公式，原式 $= \lim\limits_{x \to \infty}\left[x - x^2\left(\dfrac{1}{x} - \dfrac{1}{2x^2}\right) + o\left(\dfrac{1}{x^2}\right) \right] = \dfrac{1}{2}$.

五、解：令 $y = (2 - e^{\sin x})^{\cot \pi x}$，

则 $\lim\limits_{x \to 0}\ln y = \lim\limits_{x \to 0} \dfrac{\ln(2 - e^{\sin x})}{\tan \pi x} = \lim\limits_{x \to 0} \dfrac{\frac{1}{2 - e^{\sin x}} \cdot (-e^{\sin x}) \cdot \cos x}{\pi \sec^2 \pi x} = -\dfrac{1}{\pi}$.

故原式 $= e^{-\frac{1}{\pi}}$.

六、证明：因 $f(x)$ 在 $[a,b]$ 上有连续导数，且 $f(a) = f(b) = 0$，

即 $f(x)$ 在 $[a,b]$ 上满足罗尔定理的条件，

则至少存在 $\xi \in (a,b)$ 使 $f'(\xi) = 0$，

又 $f'(x)$ 在 $[a,\xi]$ 连续，在 (a,ξ) 可导，且 $f'(a) = f'(\xi) = 0$，

即 $f'(x)$ 在 $[a,\xi]$ 上满足罗尔定理的条件，

则至少存在 $c \in (a,\xi) \subset (a,b)$，使 $f''(c) = 0$.

七、证明：本题明显应采用中值定理，但无法直接用，那么先构造辅助函数，这也是这类题的难点.

设 $F(x) = f(x) \cdot e^x$，因 $f(x)$ 在 $[x_1,x_2]$ 可导，又 $F(x_1) = F(x_2) = 0$.

由罗尔定理得至少存在一点 $x \in (x_1,x_2)$ 使 $F'(x) = 0$，又 $F'(x) = f'(x) \cdot e^x + f(x) \cdot e^x$，

所以 $f'(x) + f(x) = 0$.

§3-4 函数的单调性和极值

A 级同步训练题

一、客观题

1. 函数 $y = x^3 + 2x + 4$ 在定义区间内（　　）.

(A) 单调增加　　(B) 单调减少　　(C) 有增有减　　(D) 不增不减

2. 关于函数 $f(x) = e^{\frac{1}{x}}$ 的单调性的正确结论是（　　）.

(A) 当 $x \neq 0$ 时单调递增

(B) 在 $(-\infty, 0)$ 及 $(0, +\infty)$ 内单调递减

(C) 在 $(-\infty, 0)$ 及 $(0, +\infty)$ 内单调递增

(D) 在 $(-\infty, 0)$ 内单调递增，在 $(0, +\infty)$ 内单调递减

3. 函数 $y = f(x)$ 在点 $x = x_0$ 处连续且取得极小值，则 $f(x)$ 在 x_0 处必有（　　）.

(A) $f'(x_0) = 0$　　　　　　　　(B) $f''(x_0) > 0$

(C) $f'(x_0) = 0$ 且 $f''(x_0) > 0$　　(D) $f'(x_0) = 0$ 或不存在

4. 设 $f(x) = e^x(x-1)^2$，则关于 $f(x)$ 的极值，以下判断正确的是（　　）.

(A) $x = -1$ 不是极值点，$x = 1$ 是极值点

(B) $x = -1$ 是极值点，$x = 1$ 不是极值点

(C) $x = -1$ 是极值点，$x = 1$ 也是极值点

(D) $x = -1, x = 1$ 都不是极值点

二、讨论函数 $y = x + \sin x$ 是否有极值，若有极值则应指明是极大值或是极小值.

三、求函数 $y = 2x - \ln x^2$ 的单调区间.

四、判定函数 $y = \tan x - x$ 的单调性.

五、判定下列函数的单调区间

1. $y = x + e^{-x}$.

2. $y = x^2 - 2\ln x$.

3. $y = x\sqrt{4x - x^2}$.

六、求下列函数的极值

1. $y = 2x^3 + 6x^2 - 18x + 7$.

2. $y = e^x + 4e^{-x}$.

B 级同步训练题

一、客观题

1. 设 $f(x)$ 在 $(-\infty, +\infty)$ 内取得极大值 $f(x_0)(x_0 \neq 0)$,则有(　　).

   (A) $f(-x)$ 在 $-x_0$ 处取得极小值　　(B) $f(-x)$ 在 x_0 处取得极小值

   (C) $f(-x)$ 在 $-x_0$ 处取得极大值　　(D) $-f(-x)$ 在 x_0 处取得极大值

2. 设 $f(x), g(x)$ 在 $(-\infty, +\infty)$ 上都可导,且 $f(x) < g(x)$,则必有(　　).

   (A) $f(-x) > g(-x)$　　　　　　　(B) $f'(x) < g'(x)$

   (C) 对任意 x_0 有 $\lim\limits_{x \to x_0} f(x) < \lim\limits_{x \to x_0} g(x)$　(D) $g(x) - f(x)$ 单调递增

3. 设方程 $y' - y^2 + x = 0$ 确定了 y 是 x 的函数 $y = f(x)$,且已知在 x_0 处,$f'(x_0) = 0$,则下列结论中,正确的是(　　).

   (A) $f(x)$ 在 $x = x_0$ 处取得极大值

   (B) $f(x)$ 在 $x = x_0$ 处取得极小值

   (C) $f(x)$ 在 $x = x_0$ 处不取得极值

   (D) 仅从所给条件还不能确定 $f(x)$ 在 x_0 处是否取得极值

4. 设 $f(x)$ 及 $g(x)$ 都在 $x = x_0$ 处取得极大值,$F(x) = f(x)g(x)$,则 $F(x)$ 在 $x = x_0$ 处(　　).

   (A) 也必取得极小值　　　　　　　(B) 必取得极大值

   (C) 必不取得极值　　　　　　　　(D) 是否取得极值不能确定

5. 设 $f(x)$ 在 $x = 0$ 的某邻域内连续,且 $f(0) = 0$,$\lim\limits_{x \to 0} \dfrac{f(x)}{1 - \cos x} = -1$,则点 $x = 0$(　　).

   (A) 是 $f(x)$ 的极大值点　　　　　(B) 是 $f(x)$ 的极小值点

   (C) 不是 $f(x)$ 的驻点　　　　　　(D) 是 $f(x)$ 的驻点但不是极值点

6. 方程 $x^5 + 2x^3 + 3x + 4 = 0$,是否有实根(　　).

   (A) 无实根　　　　　　　　　　　(B) 有唯一实根

(C) 有三个不同的实根　　　　　　(D) 有五个不同的实根

二、设函数 $\varphi(x)$ 在点 $x=1$ 处连续,且 $\varphi(1)\neq 0$,试研究 $f(x)=(x-1)^4\varphi(x)$ 在 $x=1$ 处的极值情况.

三、求函数 $y=x^{-x}$ 的极值.

四、判定函数 $y=\dfrac{x^2+1}{x}$ 的单调性.

五、证明当 $x>0$ 时,$1+x\ln(x+\sqrt{1+x^2})>\sqrt{1+x^2}$.

六、设 $f(x)$ 在 x_0 的某邻域内三阶可导,且满足:$f'(x_0)=0,f''(x_0)=0,f'''(x_0)<0$,试判定 x_0 是不是 $f(x)$ 的极值点.

辅导与参考答案

A 级同步训练题

一、客观题

　　1.（A）.　2.（B）.　3.（D）.　4.（C）.

二、解:$y'=1+\cos x\geqslant 0$,函数无极值.

三、解:$y'=\dfrac{2}{x}(x-1)$,得驻点 $x=1$,当 $-\infty<x<0$ 及 $1<x<+\infty$ 时,$y'>0$,

　　当 $0<x<1$ 时,$y'<0$,

　　故函数的单调递增区间是 $(-\infty,0)$ 和 $(1,+\infty)$,单调递减区间是 $(0,1]$.

四、解:定义域为 $\left(k\pi-\dfrac{\pi}{2},k\pi+\dfrac{\pi}{2}\right)$,也是连续区间 $y'=\sec^2 x-1\geqslant 0$,

　　所以函数在 $\left(k\pi-\dfrac{\pi}{2},k\pi+\dfrac{\pi}{2}\right)$ 内单调递增.

五、1. 解:$y'=1-\mathrm{e}^{-x}=0,x=0$,故当 $x<0$ 时,函数单调递减;当 $x\geqslant 0$ 时,函数单调递增.

　　2. 解:$y'=2x-\dfrac{2}{x}=0,x=\pm 1$,因 $x>0$,故 $0<x<1$ 时,函数单调递减,

　　　当 $x\geqslant 1$ 时,函数单调递增(注意函数的定义域).

　　3. 解:$y'=\sqrt{4x-x^2}+\dfrac{2x-x^2}{\sqrt{4x-x^2}}=\dfrac{6x-2x^2}{\sqrt{4x-x^2}}=0,x_1=0,x_2=3$,

　　　函数的定义域为 $[0,4]$,故在 $[0,3)$ 函数单调递增,在 $[3,4]$ 函数单调递减.

六、1. $y'=6x^2+12x-18=0,x_1=-3,x_2=1$.

x	$(-\infty,-3)$	-3	$(-3,1)$	1	$(1,+\infty)$
y'	$+$	0	$-$	0	$+$
y	增	61	减	-3	增

　　$y_{极大}(-3)=61,y_{极小}(1)=-3$.

　　2. $y'=\mathrm{e}^x-4\mathrm{e}^{-x}=0$,故 $x=\ln 2;y''=\mathrm{e}^x+4\mathrm{e}^{-x}>0,y_{极小}(\ln 2)=4$.

B 级同步训练题

一、客观题

1. (C). 2. (C). 3. (A). 4. (D). 5. (A). 6. (B).

二、解:因 $f(x)$ 在 $x=1$ 处连续且 $f(1)=0$,

由连续函数的性质知,存在 1 的某邻域,使在该邻域内 $\varphi(x)$ 与 $\varphi(1)$ 同号,

当 $\varphi(1)>0$ 时,在 1 的上述去心邻域内,$f(x)=(x-1)^4\varphi(x)>0$,

即 $f(x)>f(1)=0$,故 $f(1)$ 为 $f(x)$ 的极小值;

当 $\varphi(1)<0$ 时,在 1 的上述去心邻域内 $f(x)=(x-1)^4\varphi(x)<0$,

即 $f(x)<f(1)=0$,故 $f(1)$ 为 $f(x)$ 的极大值.

三、解:$y'=-(\ln x+1)x^{-x}$,令 $y'=0$ 得 $x=e^{-1}$,

当 $0<x<e^{-1}$ 时,$y'>0$;$x>e^{-1}$ 时,$y'<0$,故 $x=e$ 时有极大值 $y(e^{-1})=e^{e^{-1}}$.

四、解:$y'=1-\dfrac{1}{x^2}>0(x\neq 0)$,故函数在 $(-\infty,-1),(1,+\infty)$ 内单调递增;

在 $(-1,0),(0,1)$ 内也单调递减.

五、解:令 $f(x)=1+x\ln(x+\sqrt{1+x^2})-\sqrt{1+x^2}$,$f'(x)=\ln(x+\sqrt{1+x^2})$,

当 $x>0$ 时,$f'(x)>0$,$f(x)$ 在 $[0,+\infty)$ 单调递增,即 $f(x)>f(0)=0$,

$1+x\ln(x+\sqrt{1+x^2})>\sqrt{1+x^2}$.

六、解:因 $f''(x_0)=0$,$f'''(x_0)<0$,故 $f'(x)$ 在 x_0 处取得极大值 $f'(x_0)=0$.

则在 x_0 的某一去心邻域内 $f'(x)<0$(不变号),故 x_0 不是 $f(x)$ 的极值点.

§3-5 函数的最大值与最小值

A 级同步训练题

一、客观题

函数 $y=x+2\sin x$ 在区间 $\left[0,\dfrac{\pi}{2}\right]$ 上的最大值为 _____.

二、讨论函数 $y=x^2-4x+1$ 的最值.

三、求函数 $y=x^4-2x^2+3$ 在 $[-1,2]$ 上的最大值与最小值.

四、求 $f(x)=\dfrac{1}{3}x^3-x+1$ 在 $[0,2]$ 上的最值.

五、求 $f(x)=xe^x$ 在 $(-\infty,+\infty)$ 内的最值.

六、证明:当 $x>0$ 时,$x\geqslant 1+\ln x$.

七、某农场需建一个面积为 $512m^2$ 的矩形菜地,一边河道,另三边用篱笆围成,

问:长宽为多少时,用料最省.

八、欲做一个底面为长方形的无盖的箱子,其体积为 36cm^3,其底边成 $1:2$ 关系,问:各边长为多少时,才使表面积最小.

B级同步训练题

一、研究 $y = x^2 - \dfrac{16}{x}$ 在 $x < 0$ 时的最值.

二、研究函数 $y = 2\tan x - \tan^2 x$ 在 $0 < x < \dfrac{\pi}{2}$ 时的最大值与最小值.

三、求函数 $y = \sqrt[3]{(x^2 - 2x)^2}$ 在 $[-1, 3]$ 上的最值.

四、求函数 $y = \operatorname{arccot} \dfrac{1-x}{1+x}$ 在 $[0, 1]$ 上的最大值与最小值.

五、研究函数 $y = n^{\frac{1}{n}}$ 在 $(1, +\infty)$ 内的最大值.

六、求证:当 $x < 1$ 时,$e^x \leqslant \dfrac{1}{1-x}$.

七、容积为 V 的圆柱形闭合容器,高 h 及底半径 r 为多少时,可使表面积最小?

八、在半径为 R 的球内,求体积最大的内接圆柱体的高.

九、在曲线 $y = x^2$ 上求一点 $x_0 (0 < x_0 < 8)$,使过该点的切线与 x 轴,$x = 8$ 所围成的三角形面积为最大.

辅导与参考答案

A级同步训练题

一、客观题

$2 + \dfrac{\pi}{2}$.

二、解:$y' = 2x - 4 = 2(x-2)$,唯一驻点:$x = 2$,
$y'' = 2 > 0$,故当 $x = 2$ 时 y 取极小值,也是最小值为 -3,$y(\infty) = +\infty$,没有最大值.

三、解:$y' = 4x(x+1)(x-1)$,驻点 $x_1 = -1$, $x_2 = 0$, $x_3 = 1$,
$y(-1) = 2, y(0) = 3, y(1) = 2, y(2) = 11$,
故 $y_{\min} = y(\pm 1) = 2$, $y_{\max} = y(2) = 11$.

四、解:$f'(x) = x^2 - 1$, $f'(1) = 0$ ($x = 1$ 是唯一驻点),
$f(0) = 1, f(1) = \dfrac{1}{3} - 1 + 1 = \dfrac{1}{3}, f(2) = \dfrac{8}{3} - 2 + 1 = \dfrac{5}{3}$,
故 $f(x)$ 的最大值为 $f(2) = \dfrac{5}{3}$,$f(x)$ 的最小值为 $f(1) = \dfrac{1}{3}$.

五、解：$f'(x) = xe^x + e^x = (1+x)e^x$，当 $x = -1$ 时，$f'(x) = 0$，

$f''(x) = e^x + (1+x)e^x = (x+2)e^x, f''(-1) = e^{-1} > 0$，

故 $f(x)$ 在 $x = -1$ 处取得唯一的极小值，也是最小值，$f(-1) = -e^{-1}$，

由于 $\lim\limits_{x \to +\infty} xe^x = +\infty$，故 $f(x)$ 没有最大值．

六、解：令 $f(x) = x - 1 - \ln x, f'(x) = 1 - \dfrac{1}{x} = \dfrac{x-1}{x}, f'(1) = 0$，

$f''(x) = \dfrac{1}{x^2}, f''(1) = 1 > 0$，

故函数在 $(0, +\infty)$ 有唯一极值 $f(1)$，是极小值也是最小值，

所以，当 $x > 0$ 时，$f(x) \geqslant f(1) = 0$，即 $x \geqslant 1 + \ln x$．

七、解：设宽为 x，则长为 $\dfrac{512}{x}$m，总长为 $L = 2x + \dfrac{512}{x}, x > 0$，

$L' = 2 - \dfrac{512}{x^2}$，唯一驻点 $x = 16$，

$L'' = \dfrac{1024}{x^3} > 0$，即 $x = 16$ 为极小值点，

故菜地宽为 16m，长为 $\dfrac{512}{16} = 32$m 时，可使所用材料最省．

八、解：设底边长为 x，则宽为 $\dfrac{x}{2}$，高为 h，

箱子表面积为 $S = \dfrac{x^2}{2} + 2\left(xh + \dfrac{x}{2}h\right) = \dfrac{x^2}{2} + 3xh$，

因 $x \cdot \dfrac{x}{2} \cdot h = 36$，故 $h = \dfrac{72}{x^2}$，

$S' = x - \dfrac{216}{x^2}$，唯一驻点 $x_1 = 6$(cm)，$S'' = 1 + \dfrac{432}{x^3} > 0$，

故 $x_1 = 6$cm 是极小值点，也是最小值点，箱子的长、宽、高分别为 6cm，3cm，4cm 时，表面积最小．

B 级同步训练题

一、解：$y' = \dfrac{2(x^3 + 8)}{x^2}$，驻点：$x = -2$，

而 $y'' = 2 - \dfrac{32}{x^3}, y''(-2) = 6 > 0$，故函数在 $x = -2$ 时取得最小值，$y = 12$，

$\lim\limits_{x \to -0}\left(x^2 - \dfrac{16}{x}\right) = +\infty, \lim\limits_{x \to -\infty}\left(x^2 - \dfrac{16}{x}\right) = +\infty$，故 $y = x^2 - \dfrac{16}{x}$ 在 $(-\infty, 0)$ 内无最大值．

二、解：$y' = 2\sec^2 x(1 - \tan x)$，唯一驻点 $x = \dfrac{\pi}{4}$，

当 $\dfrac{\pi}{4} < x < \dfrac{\pi}{2}$ 时，$y' < 0$，故 $x = \dfrac{\pi}{4}$ 为函数的唯一的极大值点．

所以 $y_{\max} = y\left(\dfrac{\pi}{4}\right) = 1$，函数没有最小值．

三、解:$y' = \dfrac{4(x-1)}{3\sqrt[3]{x^2-2x}}$ $(x \neq 2)$,驻点 $x = 1$,不可导点 $x = 2$,

$y(-1) = \sqrt[3]{9}, y(1) = 1; y(2) = 0, y(3) = \sqrt[3]{9}$;

故在 $[0,3]$ 上 $y_{\max} = y(3) = y(-1) = \sqrt[3]{9}; y_{\min} = y(2) = 0$.

四、解:$y' = -\dfrac{1}{1+\left(\dfrac{1-x}{1+x}\right)^2} \cdot \dfrac{-(1+x)-(1-x)}{(1+x)^2} = \dfrac{1}{1+x^2} > 0$,

故 y 在 $[0,1]$ 上单调递增,$y_{\max} \mid (1) = \text{arccot}\,\dfrac{1-1}{1+1} = \dfrac{\pi}{2}$,

$y_{\min} \mid (0) = \text{arccot}\,\dfrac{1-0}{1+0} = \dfrac{\pi}{4}$.

五、解:$y' = x^{\frac{1}{x}}\left(\dfrac{1-\ln x}{x}\right)$,在 $(1, +\infty)$ 内唯一的驻点,$x = e$,

当 $1 < x < e$ 时,$y' > 0$;当 $e < x < +\infty$ 时,$y' < 0$,

故 $x = e$ 为函数极大值点也是最大值点,因 $2 < e < 3$,取 $n = 2, n = 3$,

$y(2) = \sqrt{2} < y(3) = \sqrt[3]{3}$,所以 $y_{\max} = \sqrt[3]{3}$.

六、解:令 $f(x) = (1-x)e^x$ $(x < 1)$,$f'(x) = -xe^x = 0, x = 0$,

$f''(x) = -(1+x)e^x, f''(0) < 0$,故 $f(0) = 1$ 为函数极大值,也是最大值,

即当 $x < 1$ 时,$f(x) \leqslant f(0) = 1$,故 $(1-x)e^x \leqslant 1$;即 $e^x \leqslant \dfrac{1}{1-x}$.

七、解:表面积 $A = 2\pi rh + 2\pi r^2 = \dfrac{2V}{r} + 2\pi r^2$,其中 $h = \dfrac{V}{\pi r^2}$,

$A' = -\dfrac{2V}{r^2} + 4\pi r$,唯一驻点 $r = \sqrt[3]{\dfrac{V}{2\pi}}$,

$A'' \mid_r = \left(\dfrac{4V}{r^3} + 4\pi\right)_r > 0$,

故当 $r = \sqrt[3]{\dfrac{V}{2\pi}}, h = 2\sqrt[3]{\dfrac{V}{2\pi}}$ 时表面积最小.

八、解:设内接圆柱体的高为 h,则圆柱体的底面半径 $r = \sqrt{R^2 - \left(\dfrac{h}{2}\right)^2}$,

其体积为 $V = \pi h\left(R^2 - \dfrac{h^2}{4}\right), 0 < h < 2R$,

$V' = \pi\left(R^2 - \dfrac{3}{4}h^2\right)$,唯一驻点 $h = \dfrac{2\sqrt{3}}{3}R$,

$V'' = -\dfrac{3}{2}\pi h < 0$,故 $h = \dfrac{2\sqrt{3}}{3}R$ 时,圆柱体体积最大.

九、解:$y' = 2x$,设切点为 (x_0, x_0^2),所以切线方程为 $y - 2xx_0 = -x_0^2$,

$S = \dfrac{x_0(16-x_0)^2}{4}$ $(0 < x_0 < 8), S' = \dfrac{(16-x_0)(16-3x_0)}{4} = 0$,

$x_0 = \dfrac{16}{3}$,为唯一驻点,$S'' < 0$,故所求点为 $\left(\dfrac{16}{3}, \dfrac{256}{9}\right)$.

§3-6 曲线的凹凸性与拐点

A 级同步训练题

一、客观题

1. 曲线 $y = x\operatorname{arccot}x$ 的图像(　　).

   (A) $(-\infty, +\infty)$ 内为凸

   (B) $(-\infty, +\infty)$ 内为凹

   (C) $(-\infty, 0)$ 内为凸,$(0, +\infty)$ 内为凹

   (D) $(-\infty, 0)$ 内为凹,而$(0, \infty)$ 内为凸

2. 曲线 $y = -3x^2 + x^3$ 在(　　).

   (A) $(1, +\infty)$ 内是凹的,在$(-\infty, 1)$ 内是凸的

   (B) $(1, +\infty)$ 内是凸的,在$(-\infty, 1)$ 内是凹的

   (C) $(0, +\infty)$ 内是凸的,在$(-\infty, 0)$ 内是凹的

   (D) $(0, +\infty)$ 内是凹的,在$(-\infty, 0)$ 内是凸的

3. 曲线 $y = \ln(x^2 - 1)$ 的凸区间是(　　).

   (A) $(-\infty, +\infty)$　　　　　(B) $(-\infty, -1) \cup (1, +\infty)$

   (C) 仅为$(-\infty, -1)$　　　　　(D) 仅为$(1, +\infty)$

4. 曲线 $y = x^3 - 6x + 6$ 在区间$[0, \sqrt{2}]$ 内的特性是(　　).

   (A) 单调上升,凹　　　　　(B) 单调上升,凸

   (C) 单调下降,凹　　　　　(D) 单调下降,凸

5. 曲线 $y = x + \dfrac{2x}{x^2 - 1}$ 在(　　).

   (A) $(-\infty, 0]$ 内是凸的

   (B) $(-\infty, -1)$ 及$(-1, 0]$ 内是凸的

   (C) $(-\infty, -1)$ 内是凸的,而在$(-1, 0]$ 内是凹的

   (D) $(-\infty, -1)$ 内是凹的,而在$(-1, 0]$ 内是凸的

6. 曲线 $\begin{cases} x = t^2, \\ y = 3t + t^3 \end{cases}$ 的拐点(　　).

   (A) 只有$(1, 4)$ 一点　　　　　(B) 只有$(1, -4)$ 一点

   (C) 有$(0, 0), (1, 4), (1, -4)$ 三个点　　(D) 有$(1, 4)$ 及$(1, -4)$ 两个点

二、判定曲线 $y = e^{\frac{1}{x}}$ 在$(0, +\infty)$ 内凹凸性.

三、判定曲线 $y=(x+3)\sqrt{x}$ 在 $[0,+\infty)$ 上的凹凸性.

四、试确定 $y=ax^3+bx^2+cx+d$ 中的 a,b,c,d,使得点 $(-2,44)$ 为驻点,点 $(1,-10)$ 为拐点.

B 级同步训练题

一、客观题

1. 曲线 $y=m+nx+12x^2-2x^3-x^4$ 的凸区间( ).

   (A) 仅为 $(-\infty,-2]$ (B) 仅为 $[-2,1]$

   (C) 仅为 $[1,+\infty)$ (D) 为 $(-\infty,-2]$ 及 $[1,+\infty)$

2. 曲线 $y=x^2\ln x$ 在 $x=\dfrac{1}{e^2}$ 的小邻域内是( ).

   (A) 凸的   (B) 凹的

   (C) 左侧近邻凸,右侧近邻凹   (D) 左侧近邻凹,右侧近邻凸

3. 设 x,y 是任意两个正数且 $x\neq y$,则有( )式成立.

   (A) $x\ln x+y\ln y>(x+y)\ln\dfrac{x+y}{2}$ (B) $x\ln x+y\ln y\geqslant(x+y)\ln\dfrac{x+y}{2}$

   (C) $x\ln x+y\ln y<(x+y)\ln\dfrac{x+y}{2}$ (D) $x\ln x+y\ln y\leqslant(x+y)\ln\dfrac{x+y}{2}$

4. 函数 $y=xe^x$ 在 $(-1,+\infty)$ 内的图形是( ).

   (A) 以 $\left(-2,\dfrac{-2}{e^2}\right)$ 为拐点而下降的曲线

   (B) 以 $y=0$ 为渐近线而凹的曲线

   (C) 以 $\left(-2,\dfrac{-2}{e^2}\right)$ 为拐点而上升的曲线

   (D) 向上凸而下降的曲线

5. 设 $f(x)=-f(-x),x\in\mathbf{R}$ 且在 $(-\infty,0)$ 内 $f'(x)>0,f''(x)<0$,则在 $(0,+\infty)$ 内( ).

   (A) $f'(x)>0,f''(x)<0$ (B) $f'(x)>0,f''(x)>0$

   (C) $f'(x)<0,f''(x)<0$ (D) $f'(x)<0,f''(x)>0$

6. 曲线 $y=e^{\arctan x}$ 在点 $(0,1)$ 近邻是( ).

   (A) 左侧凸,右侧凹   (B) 左侧凹,右侧凸

   (C) 凸的   (D) 凹的

7. 曲线 $y=\sqrt{\dfrac{x-1}{x+1}}$ 在 $(-\infty,-1)$ 内的图形是( ).

   (A) 曲线与 $y=1$ 有多个交点   (B) 单调递增且凹

(C) 单调递增且凸　　　　　　　　(D) 曲线介于 $y=0$ 与 $y=1$ 之间

二、设曲线 $y=k(x^2-3)^2$ 在拐点处有过原点的法线,则 k 为何值?

三、试判定曲线 $y=\dfrac{\cos x}{2+\sin x}$ 在 $[0,2\pi]$ 上的凹凸区间.

四、判定曲线 $y=\dfrac{x^4}{x^2+1}$ 的凹凸性.

辅导与参考答案

A 级同步训练题

一、客观题

　　1. (A).　2. (A).　3. (B).　4. (C).　5. (C).　6. (D).

二、解: $y'=\dfrac{-1}{x^2}e^{\frac{1}{x}}$, $y''=\left(\dfrac{2}{x^3}+\dfrac{1}{x^4}\right)e^{\frac{1}{x}}$, 当 $x\in(0,+\infty)$ 时, $y''>0$,

　　故曲线 $y=e^{\frac{1}{x}}$ 在 $(0,+\infty)$ 内凹.

三、解: $y'=\sqrt{x}+\dfrac{x+3}{2\sqrt{x}}=\dfrac{3}{2}\sqrt{x}+\dfrac{3}{2\sqrt{x}}$, $y''=\dfrac{3}{4}\cdot\dfrac{1}{\sqrt{x}}-\dfrac{3}{4}\cdot\dfrac{1}{\sqrt{x^3}}=\dfrac{3(x-1)}{4\sqrt{x^3}}$,

　　当 $x=1$ 时, $y''=0$;

　　当 $x<1$ 时, $y''<0$;

　　当 $x>1$ 时, $y''>0$.

　　曲线在 $[0,1]$ 上凸;在 $[1,+\infty)$ 上凹.

四、解: $y'=3ax^2+2bx+c$, $y''=6ax+2b$,曲线过点 $(-2,44)$,$(1,-10)$,

　　故有: $\begin{cases}-8a+4b-2c+d=44,\\a+b+c+d=-10.\end{cases}$ 又 $(-2,44)$ 为驻点,$(1,-10)$ 为拐点,

　　故 $\begin{cases}y'(-2)=12a-4b+c=0,\\y''(1)=6a+2b=0.\end{cases}$ 解方程得 $a=1,b=-3,c=-24,d=16$.

B 级同步训练题

一、客观题

　　1. (D).　2. (A).　3. (A).　4. (C).　5. (B).　6. (D).　7. (B).

二、解: $y'=4k(x^2-3)x$, $y''=12k(x^2-1)$,令 $y''=0$ 求得拐点 $(\pm 1,4k)$,

　　法线 $y-4k=\pm\dfrac{1}{8k}(x\mp 1)$,当 $x=0$ 时,$y=0$,故 $k=\pm\dfrac{\sqrt{2}}{8}$.

三、解: $y'=\dfrac{-\sin x(2+\sin x)-(\cos x)(\cos x)}{(2+\sin x)^2}=-\dfrac{1+2\sin x}{(2+\sin x)^2}$,

　　$y''=-\dfrac{2\cos x(2+\sin x)^2-(1+2\sin x)\cdot 2(2+\sin x)(\cos x)}{(2+\sin x)^4}$

75

$$= \frac{2\cos x(\sin x - 1)}{(2+\sin x)^3}.$$

当 $0 < x < \frac{\pi}{2}$，$y'' < 0$ 时，曲线凸，当 $\frac{\pi}{2} < x < \frac{3\pi}{2}$，$y'' > 0$ 时，曲线凹，

当 $\frac{3\pi}{2} < x < 2\pi$，$y'' < 0$ 时，曲线凸．

四、解：$y' = 2x - 2 \cdot \dfrac{x}{(x^2+1)^2}$，

$$y'' = 2 - 2 \cdot \frac{1-3x^2}{(x^2+1)^3} = \frac{2x^2}{(x^2+1)^3}[x^4 + 3x^2 + 6],$$

$y'' \geqslant 0$，且等号仅在 $x = 0$ 处成立，故曲线凹．

§3-7　函数图形的描绘和曲线的曲率

A 级同步训练题

一、客观题

1. 曲线 $y = \dfrac{\ln x^2}{x^2}$ 的渐近线是(　　)．

(A) $y = 0$ 及 $x = 0$　　　　　　(B) $y = 0$ 而无垂直渐近线

(C) $x = 0$ 而无水平渐近线　　　(D) $y = 1$ 及 $x = 0$

2. 曲线 $y = e^{\frac{1}{x}}$ 的渐近线，下述结论中，正确的是(　　)．

(A) 只有铅直渐近线

(B) 只有水平渐近线

(C) 既有水平渐近线，又有铅直渐近线

(D) 没有渐近线

3. 曲线 $y = \dfrac{e^x + e^{-x}}{e^x - e^{-x}}$ 渐近线的条数为(　　)．

(A) 1　　　　(B) 2　　　　(C) 3　　　　(D) 4

4. $y = x + 1$ 的图形在任意点 (x, y) 处的曲率为(　　)．

(A) 0　　　(B) $\dfrac{1}{2}$　　　(C) $\dfrac{1}{2\sqrt{2}}$　　　(D) $\dfrac{1}{(1+x^2)^{\frac{3}{2}}}$

二、求曲线 $y = \sqrt[3]{x^2 + x^3}$ 的渐近线．

三、关于函数曲线 $y = \dfrac{x}{x^2+1}$，填写下表：

1	单调增区间	
2	单调减区间	
3	极值点	
4	极　值	
5	凹区间	
6	凹区间	
7	拐　点	
8	渐近线	

四、设 $y = \dfrac{x^2+3}{x-1}$，回答下列问题：

　　1. 划分函数单调区间并求极值.

　　2. 划分函数图形的凹凸区间.

　　3. 求函数图形的渐近线.

B级同步训练题

一、客观题

　　1. 关于曲线 $y = \dfrac{\cos x}{1+x^2}$ 渐近线的正确结论是(　　).

　　(A) 有水平渐近线，无铅直渐近线　　(B) 有铅直渐近线，无水平渐近线

　　(C) 有铅直渐近线，又有水平渐近线　(D) 无铅直渐近线，也无水平渐近线

　　2. 关于曲线 $y = x\mathrm{e}^{\frac{1}{x^2}}+1$ 渐近线的正确结论是(　　).

　　(A) 仅有铅直渐近线 $x=0$

　　(B) 有水平渐近线 $y=1$，与斜渐近线 $y=x+1$

　　(C) 仅有斜渐近线 $y=x+1$

　　(D) 有铅直渐近线 $x=0$ 与斜渐近线 $y=x+1$

　　3. 曲线 $y = \dfrac{\ln x}{x}$ 的图形(　　).

　　(A) 有二个拐点 $\left(\mathrm{e}, \dfrac{1}{\mathrm{e}}\right)$，$\left(\mathrm{e}^{\frac{3}{2}}, \dfrac{3}{2}\mathrm{e}^{-\frac{3}{2}}\right)$ 而无渐近线

　　(B) 有一个拐点 $\left(\mathrm{e}^{\frac{3}{2}}, \dfrac{3}{2}\mathrm{e}^{-\frac{3}{2}}\right)$ 及一条渐近线 $y=0$

　　(C) 有一个拐点 $\left(\mathrm{e}, \dfrac{1}{\mathrm{e}}\right)$ 及一条渐近线 $x=0$

　　(D) 有一个拐点 $\left(\mathrm{e}^{\frac{3}{2}}, \dfrac{3}{2}\mathrm{e}^{-\frac{3}{2}}\right)$ 及二条渐近线 $x=0, y=0$

　　4. 曲线 $y = x^2-4x+10$ 在点 $(2,6)$ 处的曲率为_____.

二、求曲线 $y = a\operatorname{ch}\dfrac{x}{a}$ 上点 $(a, a\operatorname{ch}1)$ 处的曲率 $(a > 0)$.

三、求曲线 $\begin{cases} x = a(\cos t + t\sin t), \\ y = a(\sin t - t\cos t) \end{cases}$ 在 $t = \pi$ 处的曲率.

四、求 $y = x\ln x$ 在点 $(1, 0)$ 处的曲率圆半径.

五、求曲线 $y = \dfrac{1}{3}x^{\frac{3}{2}} - \sqrt{x}\,(x > 0)$ 在点 (x, y) 处的曲率圆半径公式.

六、设函数 $y = \dfrac{x^3 - 4}{x^2}$ 讨论下列问题:

    1. 函数的单调增减区间及极值.
    2. 函数图形的凹凸及拐点.
    3. 函数图形的渐近线.

七、设 $y = F(x)$ 适合: $F(0) = 0, F'(x) = e^{x^2}$, 关于 $F(x)$ 讨论:
    1. $F(x)$ 的单调性.   2. $F(x)$ 的奇偶性.   3. 极值性.
    4. $F(x)$ 的凹区间.   5. $F(x)$ 的凸区间.   6. 拐点.

辅导与参考答案

A 级同步训练题

一、客观题
    1. (A).   2. (C).   3. (C).   4. (A).

二、解: $y = \sqrt[3]{x^2 + x^3}$ 处处连续，无铅直渐近线.

$$\lim_{x \to \infty} \frac{y}{x} = \lim_{x \to \infty} \frac{\sqrt[3]{x^2 + x^3}}{x} = 1, \lim_{x \to \infty}(y - x) = \lim_{x \to \infty}(\sqrt[3]{x^2 + x^3} - x)$$

$$= \lim_{x \to \infty} \frac{\left(1 + \dfrac{1}{x}\right)^{\frac{1}{3}} - 1}{\dfrac{1}{x}} = \frac{1}{3}, \text{所求渐近线为 } y = x + \frac{1}{3}.$$

三、解:

1	单调增区间	$[-1, 1]$
2	单调减区间	$(-\infty, -1], [1, +\infty)$
3	极值点	$x = -1, x = 1$
4	极 值	$-0.5, 0.5$
5	凹区间	$[-\sqrt{3}, 0], [\sqrt{3}, +\infty)$
6	凹区间	$[-\infty, -\sqrt{3}], [0, \sqrt{3}]$
7	拐 点	$(-\sqrt{3}, \sqrt{3}/4), (0, 0), (\sqrt{3}, \sqrt{3}/4)$
8	渐近线	$y = 0$

四、解：**1.** $y = \dfrac{x^2+3}{x-1}, y' = \dfrac{2x(x-1)-(x^2+3)}{(x-1)^2} = \dfrac{(x+1)(x-3)}{(x-1)^2}.$

当 $x=-1, x=3$ 时, $y'=0$, 在 $(-\infty,-1)$ 内, $y'>0$; 在 $(-1,1)$ 内, $y'<0$; 在 $(1,3)$ 内, $y'<0$; 在 $(3,+\infty)$ 内, $y'>0$.

故函数的单调增区间是 $(-\infty,-1]$ 及 $[3,+\infty)$.

函数的单调减区间是 $[-1,1)$ 及 $(1,3]$.

$x=-1$ 时, y 取得极大值 -2.

$x=3$ 时, y 取得极小值 6.

2. $y' = 1 - \dfrac{4}{(x-1)^2}, y'' = \dfrac{8}{(x-1)^3}$ 在 $(-\infty,1)$ 内曲线凸,

在 $(1,+\infty)$ 内曲线凹, 曲线无拐点.

3. $x=1$ 是曲线的铅直渐近线, $y=x+1$ 是曲线的斜渐近线.

B 级同步训练题

一、客观题

   1. (A).   **2.** (D).   **3.** (D).   **4.** 2.

二、解：$y' = \operatorname{sh}\dfrac{x}{a}, 1+y'^2 = \operatorname{ch}^2\dfrac{x}{a}, y'' = \dfrac{1}{a}\operatorname{ch}\dfrac{x}{a};$

$$k = \dfrac{|y''|}{(1+y'^2)^{\frac{3}{2}}} = \dfrac{\dfrac{1}{a}\operatorname{ch}\dfrac{x}{a}}{\operatorname{ch}^3\dfrac{x}{a}} = \dfrac{1}{a\operatorname{ch}^2\dfrac{x}{a}} = \dfrac{1}{a\operatorname{ch}^2 1}.$$

三、解：$\dfrac{\mathrm{d}x}{\mathrm{d}t} = at\cos t, \dfrac{\mathrm{d}y}{\mathrm{d}t} = at\sin t, \dfrac{\mathrm{d}y}{\mathrm{d}x} = \tan t, 1+\left(\dfrac{\mathrm{d}y}{\mathrm{d}x}\right)^2 = \sec^2 t,$

$$\dfrac{\mathrm{d}^2 y}{\mathrm{d}x^2} = \dfrac{\sec^2 t}{at\cos t} = \dfrac{\sec^3 t}{at}, k = \dfrac{\left|\dfrac{\mathrm{d}^2 y}{\mathrm{d}x^2}\right|}{\left[1+\left(\dfrac{\mathrm{d}y}{\mathrm{d}x}\right)^2\right]^{\frac{3}{2}}} = \dfrac{\left|\dfrac{\sec^2 t}{at}\right|}{|\sec^3 t|} = \dfrac{1}{|at|},$$

$k\big|_{t=\pi} = \dfrac{1}{a\pi}.$

四、解：$y'(1)=1, y''(1)=1$, 曲率 $k = \dfrac{|1|}{(1+1)^{\frac{3}{2}}} = \dfrac{1}{2\sqrt{2}},$

曲率半径 $R = 2\sqrt{2}.$

五、解：$y' = \dfrac{1}{3}\cdot\dfrac{3}{2}\sqrt{x} - \dfrac{1}{2}\cdot\dfrac{1}{\sqrt{x}} = \dfrac{1}{2}\left(\sqrt{x}-\dfrac{1}{\sqrt{x}}\right), y'' = \dfrac{1}{4}\cdot\dfrac{1}{\sqrt{x}} + \dfrac{1}{4\sqrt{x^3}} = \dfrac{x+1}{4x\sqrt{x}},$

$$k = \dfrac{|y''|}{(1+y'^2)^{\frac{3}{2}}} = \dfrac{2}{(x+1)^2}, R = \dfrac{(x+1)^2}{2}.$$

六、解：**1.** $y = \dfrac{x^3-4}{x^2}, y' = 1+\dfrac{8}{x^3}$, 仅当 $x=-2$ 时, $y'=0$.

当 $-\infty < x < -2$ 时, $y'>0$, 函数单调增加;

当 $-2 < x \leqslant 0$ 时, $y'<0$, 函数单调减少;

当 $x \geqslant 0$ 时, $y'>0$, 函数单调增加.

$x=-2$ 时,y 取得极小值,$y(-2)=-3$.

2. $y''=-\dfrac{24}{x^4}<0$ 函数图形在 $(-\infty,0)$ 及 $(0,+\infty)$ 上都凸无拐点.

3. $\lim\limits_{x\to\infty}\dfrac{y}{x}=1,\lim\limits_{x\to\infty}(y-x)=0$.

函数图形有斜渐近线 $y=x$,$\lim\limits_{x\to 0}y=\infty$,函数图形有铅直渐近线 $x=0$.

七、解:1. 在 $(-\infty,+\infty)$ 上单调增加.

2. 因 $F'(x)$ 为偶函数,且 $F(0)=0$,故 $F(x)$ 为奇函数.

3. 因 $F'(x)$ 单调增加,故无极值点.

4. 在 $(0,+\infty]$ 上凹.

5. 在 $(-\infty,0)$ 上凸.

6. 拐点 $(0,0)$.

章节练习题

一、填空题(将正确答案填在横线上)

1. $y=x-\sqrt{x}$ 的单调减少区间是_____.

2. $f(x)=x^3-3x^2+6$ 的极小值是_____.

3. 曲线 $y=\mathrm{e}^{-\frac{2}{x}}$ 的拐点是_____.

4. $y=x\mathrm{e}^{\frac{1}{x^2}}$ 的斜渐近线是_____.

5. 关于曲线 $y=x^5-3x^3-x^2-2$ 在 $[0,1]$ 上一段的凹凸性的正确判断是_____.

二、 求函数 $y=x\mathrm{e}^x-\mathrm{e}^x+1$ 的单调区间.

三、 求函数 $y=\sqrt{x}\ln x$ 的极值.

四、 研究 $y=x^2-\dfrac{54}{x}$ 在 $x<0$ 时的最大值与最小值.

五、证明: 当 $x>0$ 时,$\ln(1+x)>x-\dfrac{x^2}{2}$.

章节练习题答案

一、1. $\left[0,\dfrac{1}{4}\right]$. **2.** $f(2)=2$. **3.** $(1,\mathrm{e}^{-2})$. **4.** $y=x$. **5.** 凸.

二、 $y'=x\mathrm{e}^x$ 当 $-\infty<x<0$ 时,$y'<0$,函数在 $(-\infty,0]$ 上单调减少;

当 $0<x<+\infty$ 时,$y'>0$,故函数单调增加,区间为 $[0,+\infty)$.

三、 函数在定义域 $(0,+\infty)$ 内连续;$y'=\dfrac{1}{2\sqrt{x}}(\ln x+2)$.

驻点:$x=\mathrm{e}^{-2}$,当 $0<x<\mathrm{e}^{-2}$ 时,$y'<0$;

当 $e^{-2} < x$ 时,$y' > 0$,故函数有极小值 $y(e^{-2}) = -\dfrac{2}{e}$.

四、$y' = \dfrac{2(x^3 + 27)}{x^2}$,驻点:$x = -3$.

而 $y'' = 2 - \dfrac{108}{x^3}$,$y''(-3) = 6 > 0$,故函数在 $x = -3$ 时取得最小值,$y_{\min} = 27$.

$\lim\limits_{x \to -0}\left(x^2 - \dfrac{54}{x}\right) = +\infty$,$\lim\limits_{x \to -\infty}\left(x^2 - \dfrac{54}{x}\right) = +\infty$,

故 $y = x^2 - \dfrac{54}{x}$ 在 $(-\infty, 0)$ 内无最大值.

五、令 $f(x) = \ln(1+x) - x + \dfrac{x^2}{2}$,

$f'(x) = \dfrac{x^2}{1+x} > 0$,

故当 $x \geqslant 0$ 时,$f(x)$ 单调递增;

当 $x > 0$ 时,$f(x) > f(0) = 0$,即 $\ln(1+x) > x - \dfrac{x^2}{2}$.

第 4 章　不定积分

[教学目的与要求]

1. 理解原函数概念和不定积分的概念.

2. 掌握不定积分的基本公式,掌握不定积分的性质,掌握不定积分的换元积分法与分部积分法.

3. 学会求有理函数、三角函数有理式和简单无理函数的积分.

§4-1　不定积分概念与性质

A 级同步训练题

一、客观题

1. 下列函数中,不是 $e^{2x} - e^{-2x}$ 的原函数的是(　　).

(A) $\dfrac{1}{2}(e^{2x} + e^{-2x})$ 　　　　　(B) $\dfrac{1}{2}(e^x + e^{-x})^2$

(C) $\dfrac{1}{2}(e^x - e^{-x})^2$ 　　　　　(D) $2(e^{2x} - e^{-2x})$

2. 如果 $\int df(x) = \int dg(x)$,则下列各式中,不一定成立的是(　　).

(A) $f(x) = g(x)$ 　　　　　(B) $f'(x) = g'(x)$

(C) $df(x) = dg(x)$ 　　　　　(D) $d\int f' dx = d\int g' dx$

3. 若 $f(x)$ 的某个原函数为常数,则 $f(x) = $ _____.

4. $\int \dfrac{(1-x)^2}{x} dx = $ _____.

5. 设 $\int f(x) dx = e^x + C$, $\int f^{(n)}(x) dx = $ _____.

6. $\int f(x) dx = \cos^2 2x + C$,则 $f(x) = $ _____.

二、计算下列不定积分

1. 求 $\int (\sqrt{x}-1)(\sqrt{x^3}+1)\mathrm{d}x$. 2. 求 $\int \dfrac{x^2-1}{1+x^2}\mathrm{d}x$. 3. 求 $\int \dfrac{\mathrm{d}x}{\sin^2 x \cos^2 x}\mathrm{d}x$.

4. 求 $\int \dfrac{(1+x)^2}{x(1+x^2)}\mathrm{d}x$. 5. 求 $\int \dfrac{1-\sin^2 x}{\cos^2 x-1}\mathrm{d}x$.

B 级同步训练题

一、客观题

1. $\int \dfrac{3x^4+3x^2+1}{x^2+1}\mathrm{d}x = $ _____.

2. 设 $\int f(x)\mathrm{d}x = \varphi(x) + C$,其中 $\varphi(x)$ 具有任意阶导数,则 $\int f^{(n)}(x)\mathrm{d}x$ = _____.

3. 经过点 $(1,0)$ 且切线斜率为 $3x^2$ 的曲线方程是( ).
 (A) $y=x^3$ (B) $y=x^3+1$ (C) $y=x^3-1$ (D) $y=x^3+C$

二、计算下列不定积分

1. 求 $\int \dfrac{\sqrt{1+x^2}+\sqrt{1-x^2}}{\sqrt{1-x^4}}\mathrm{d}x$. 2. 求 $\int \dfrac{\sqrt{x^2+1}-\sqrt{x^2-1}}{\sqrt{x^4-1}}\mathrm{d}x$.

3. 求 $\int \dfrac{2+\sin^2 x}{1-\cos 2x}\mathrm{d}x$. 4. 求 $\int \dfrac{2+4\cos^2 x}{1+\cos 2x}\mathrm{d}x$.

5. 求 $\int \sqrt{1-\sin 2x}\,\mathrm{d}x$ $\left(\dfrac{\pi}{4} \leqslant x \leqslant \dfrac{\pi}{2}\right)$. 6. 求 $\int \dfrac{\cos 2x}{\cos^2 x \sin^2 x}\mathrm{d}x$.

7. 求 $\int \dfrac{x^3+x^2+5x+1}{x^3+x}\mathrm{d}x$. 8. 求 $\int \dfrac{\mathrm{d}x}{(1+x^2)\cdot 2x^2}$.

三、已知 $f(x) = |x-1|$,求 $\int f(x)\mathrm{d}x$.

辅导与参考答案

A 级同步训练题

一、客观题

1. (D). 2. (A). 3. 0. 4. $\ln|x| - 2x + \dfrac{x^2}{2} + C$.

5. $\int f^{(n)}(x)\mathrm{d}x = \int \mathrm{e}^x \mathrm{d}x = \mathrm{e}^x + C$. 6. $f(x) = -2\sin 4x$.

83

二、计算下列不定积分

1. 原式 $= \dfrac{1}{3}x^3 - \dfrac{2}{5}x^{\frac{5}{2}} + \dfrac{2}{3}x^{\frac{3}{2}} - x + C$.

2. 原式 $= x - 2\arctan x + C$.

3. 原式 $= \int \dfrac{\sin^2 x + \cos^2 x}{\sin^2 x \cdot \cos^2 x} dx = \tan x - \cot x + C$.

4. 原式 $= \int \dfrac{x^2 + 2x + 1}{x(1+x^2)} dx = \int \dfrac{1}{x} dx + 2\int \dfrac{dx}{1+x^2} = \ln|x| + 2\arctan x + C$.

5. 原式 $= \int \dfrac{1 - \sin^2 x}{-\sin^2 x} dx = -\int \csc^2 x \, dx + \int dx = \cot x + x + C$.

B级同步训练题

一、客观题

1. $x^3 + \arctan x + C$. 2. $\varphi^{(n)}(x) + C$. 3. （C）.

二、计算下列不定积分

1. 原式 $= \int \dfrac{dx}{\sqrt{1-x^2}} + \int \dfrac{dx}{\sqrt{1+x^2}} = \arcsin x + \ln|x + \sqrt{1+x^2}| + C$.

2. 原式 $= \int \dfrac{dx}{\sqrt{x^2-1}} - \int \dfrac{dx}{\sqrt{x^2+1}} = \ln|x+\sqrt{x^2-1}| - \ln|x+\sqrt{x^2+1}| + C$.

3. 原式 $= \int \csc^2 x \, dx + \dfrac{1}{2}\int dx = -\cot x + \dfrac{1}{2}x + C$.

4. 原式 $= \int \dfrac{2 + 4\cos^2 x}{2\cos^2 x} dx = \int \sec^2 x \, dx + 2\int dx = \tan x + 2x + C$.

5. 原式 $= \int \sqrt{(\cos x - \sin x)^2} \, dx = \int (\sin x - \cos x) dx = -\cos x - \sin x + C$.

6. 原式 $= \int \dfrac{\cos^2 x - \sin^2 x}{\cos^2 x \sin^2 x} dx = \int \csc^2 x \, dx - \int \sec^2 x \, dx = -\cot x - \tan x + C$.

7. 原式 $= \int \dfrac{x(x^2+1) + x^2 + 1 + 4x}{x^3 + x} dx = \int \left(1 + \dfrac{1}{x} + \dfrac{4}{1+x^2}\right) dx$
    $= x + \ln|x| + 4\arctan x + C$.

8. 原式 $= \dfrac{1}{2}\int \left(\dfrac{1}{x^2} - \dfrac{1}{1+x^2}\right) dx = -\dfrac{1}{2x} - \dfrac{1}{2}\arctan x + C$.

三、解：因为 $f(x) = \begin{cases} x-1, & x \geqslant 1, \\ 1-x, & x < 1, \end{cases}$ 所以 $\int f(x) dx = \begin{cases} \dfrac{1}{2}(x-1)^2 + C_1, & x \geqslant 1, \\ -\dfrac{1}{2}(1-x)^2 + C_2, & x < 1. \end{cases}$

由原函数的连续性，$\lim\limits_{x \to 1^+} F(x) = \lim\limits_{x \to 1^-} F(x)$，所以 $C_1 = C_2$，令 $C_1 = C_2 = C$.

则 $\int f(x) dx = \begin{cases} \dfrac{1}{2}(x-1)^2 + C, & x \geqslant 1, \\ -\dfrac{1}{2}(1-x)^2 + C, & x < 1. \end{cases}$

§4-2 第一类换元法

A级同步训练题

一、客观题

1. 如果 $\int f(x)\mathrm{d}x = F(x)+C$,则 $\int \mathrm{e}^{-x}f(\mathrm{e}^{-x})\mathrm{d}x = ($ $)$.

   (A) $F(\mathrm{e}^{-x})+C$ (B) $-F(\mathrm{e}^{-x})+C$ (C) $-\mathrm{e}^{-x}F(\mathrm{e}^{-x})+C$ (D) $\mathrm{e}^{-x}F(\mathrm{e}^{-x})+C$

2. 如果 $f(x) = \mathrm{e}^{-x}$,则 $\int \dfrac{f'(\ln x)}{x}\mathrm{d}x = ($ $)+C$.

   (A) $-\dfrac{1}{x}$ (B) $\dfrac{1}{x}$ (C) $-\ln x$ (D) $\ln x$

3. $I = \int \dfrac{\mathrm{d}x}{\mathrm{e}^{2x}+\mathrm{e}^{-2x}}$, $I = ($ $)$.

   (A) $\dfrac{1}{2}(\mathrm{e}^{2x}-\mathrm{e}^{-2x})+C$ (B) $\dfrac{1}{2}\arctan \mathrm{e}^{2x}+C$

   (C) $\arctan \mathrm{e}^{2x}+C$ (D) $\mathrm{e}^{x}+\mathrm{e}^{-x}+C$

4. $\int f(x)\mathrm{d}x = F(x)+C$, $\int \cos x f(\sin x)\mathrm{d}x = $ _____.

5. $\int \dfrac{\mathrm{d}x}{x\sqrt{1-\ln^2 2x}} = $ _____.

6. 设 $f(x)$ 连续可导,则 $\int f'(2x)\mathrm{d}x = $ _____.

7. $\int x f(x^2) f'(x^2)\mathrm{d}x = $ _____.

8. $\int \left(\dfrac{1}{\sin^2 x}+1\right)\mathrm{d}\sin x = $ _____.

9. $\int x^2 \mathrm{e}^{2x^3}\mathrm{d}x = $ _____.

二、计算下列不定积分

1. $\int \dfrac{\mathrm{d}x}{(x^2-2)(x^2+3)}$. 2. $\int \dfrac{1+\ln x}{(x\ln x)^{\frac{3}{2}}}\mathrm{d}x$. 3. $\int \dfrac{\ln 2x}{x\ln 4x}\mathrm{d}x$.

4. $\int \dfrac{1-\sin x}{x+\cos x}\mathrm{d}x$. 5. $\int \mathrm{e}^{2x}\mathrm{d}x$. 6. $\int x\sqrt{1-x^2}\mathrm{d}x$.

7. $\int \dfrac{1}{4+9x^2}\mathrm{d}x$. 8. $\int \dfrac{1}{x^2}\mathrm{e}^{-\frac{1}{x}}\mathrm{d}x$.

三、设 $f'(\sin^2 x) = \cos^2 x$,求 $f(x)$.

B级同步训练题

一、客观题

1. $I = \int \dfrac{e^{-x}-1}{e^{-x}+1}dx$, $I = (\quad)$.

   (A) $\ln(e^{-x}-1)+C$ (B) $\ln(e^{-x}+1)+C$

   (C) $x - 2\ln(e^x+1)+C$ (D) $x - 2\ln(e^{-x}+1)+C$

2. 已知 $\dfrac{\cos x}{x}$ 是 $f(x)$ 的一个原函数，则 $\int f(x) \cdot \dfrac{\cos x}{x}dx = $ _____.

二、计算下列不定积分

1. $\int \dfrac{1}{x}\ln x\, dx$. 2. $\int \sin^2 x \cos x\, dx$. 3. $\int \sin^3 x\, dx$. 4. $\int \tan^4 x\, dx$.

5. $\int \cos^4 x\, dx$. 6. $\int \dfrac{1}{\sqrt{4-9x^2}}dx$. 7. $\int e^{e^x+x}dx$.

三、已知 $f(x)$ 的一个原函数为 $\dfrac{\sin x}{1+x \cdot \sin x}$，求 $\int f(x) \cdot f'(x)dx$.

四、设 $f(x) \cdot f'(x) = x$, $f(x) > 0$, 且 $f(1) = \sqrt{2}$, 求 $f(x)$.

五、求 $\int \dfrac{dx}{4-x^4}$.

六、求 $\int \dfrac{dx}{(e^x - e^{-x})^2}$.

七、求 $\int \sin^2 2x \sin 3x\, dx$.

八、求 $\int \dfrac{x\ln(1+x^2)+1}{1+x^2}dx$.

九、求 $\int \dfrac{x\, dx}{\sqrt{1+x^2}+\sqrt{(1+x^2)^3}}$.

十、求 $\int \dfrac{\cos x}{\sqrt{3+\cos 2x}}dx$.

辅导与参考答案

A级同步训练题

一、客观题

1. (B). 2. (B). 3. (B). 4. $F(\sin x)+C$. 5. $\arcsin(\ln 2x)+C$. 6. $\dfrac{1}{2}f(2x)+C$.

7. $\frac{1}{4}[f(x^2)]^2 + C.$ 8. $-\csc x + \sin x + C.$ 9. $\frac{1}{6}e^{2x^3} + C.$

二、计算下列不定积分

1. 原式 $= \frac{1}{5}\left[\int \frac{1}{x^2-2}dx - \int \frac{1}{x^2+3}dx\right]$

    $= \frac{1}{5} \cdot \frac{1}{2\sqrt{2}}\ln\left|\frac{x-\sqrt{2}}{x+\sqrt{2}}\right| - \frac{1}{5\sqrt{3}}\arctan\frac{x}{\sqrt{3}} + C.$

2. 原式 $= \int \frac{d(x\ln x)}{(x\ln x)^{\frac{3}{2}}} = -2(x\ln x)^{-\frac{1}{2}} + C.$

3. 原式 $= \int \frac{\ln 2 + \ln x}{\ln 4 + \ln x}d(\ln x) = \ln x - \ln 2 \cdot \ln|\ln 4x| + C.$

4. 原式 $= \int \frac{d(x+\cos x)}{x+\cos x} = \ln|x+\cos x| + C.$

5. 原式 $= \frac{1}{2}e^{2x} + C.$ 6. 原式 $= -\frac{1}{3}\sqrt{(1-x^2)^3} + C.$

7. 原式 $= \frac{1}{6}\arctan\frac{3x}{2} + C.$ 8. 原式 $= e^{-\frac{1}{x}} + C.$

三、解：令 $u = \sin^2 x$，则 $\cos^2 x = 1 - \sin^2 x = 1 - u.$

因此 $f'(u) = 1 - u$，所以 $f(u) = \int(1-u)du = u - \frac{1}{2}u^2 + C,$

即 $f(x) = x - \frac{x^2}{2} + C.$

B 级同步训练题

一、客观题

1. (C).   2. $\frac{1}{2}\left(\frac{\cos x}{x}\right)^2 + C.$

二、计算下列不定积分

1. 原式 $= \frac{1}{2}\ln^2 x + C.$ 2. 原式 $= \frac{1}{3}\sin^3 x + C.$

3. 原式 $= \frac{1}{3}\cos^3 x - \cos x + C.$

4. 原式 $= \int(\tan^2 x)(\sec^2 x - 1)dx = \int \tan^2 x d\tan x - \int(\sec^2 x - 1)dx$

    $= \frac{1}{3}\tan^3 x - \tan x + x + C.$

5. 原式 $= \int\left(\frac{1+\cos 2x}{2}\right)^2 dx = \frac{1}{4}\int\left[1 + 2\cos 2x + \frac{1+\cos 4x}{2}\right]dx$

    $= \frac{3x}{8} + \frac{1}{4}\sin 2x + \frac{1}{32}\sin 4x + C.$

6. 原式 $= \frac{1}{3}\arcsin\frac{3x}{2} + C.$ 7. 原式 $= e^{e^x} + C.$

三、解:因为 $f(x) = \left(\dfrac{\sin x}{1+x\sin x}\right)' = \dfrac{\cos x - \sin^2 x}{(1+x\sin x)^2}$,

所以 $\int f(x)f'(x)\mathrm{d}x = \int f(x)\mathrm{d}f(x) = \dfrac{1}{2}f^2(x) + C$

$\qquad = \dfrac{1}{2}\dfrac{(\cos x - \sin^2 x)^2}{(1+x\sin x)^4} + C.$

四、解:因为 $f(x) \cdot f(x) = x$,所以 $\dfrac{1}{2}f^2(x) = \dfrac{1}{2}x^2 + C$,

因为 $f(x) = \sqrt{x^2 + 2C}$,代入 $f(1) = \sqrt{2}$,得 $C = \dfrac{1}{2}$,所以 $f(x) = \sqrt{x^2+1}$.

五、解:原式 $= \displaystyle\int \dfrac{\mathrm{d}x}{(2-x^2)(2+x^2)} = \dfrac{1}{4}\int\left(\dfrac{1}{2-x^2} + \dfrac{1}{2+x^2}\right)\mathrm{d}x$

$\qquad = \dfrac{1}{4}\cdot\dfrac{1}{2\sqrt{2}}\ln\left|\dfrac{\sqrt{2}+x}{\sqrt{2}-x}\right| + \dfrac{1}{4\sqrt{2}}\arctan\dfrac{x}{\sqrt{2}} + C.$

六、解:原式 $= \displaystyle\int \dfrac{\mathrm{e}^{2x}}{(\mathrm{e}^{2x}-1)^2}\mathrm{d}x = \dfrac{1}{2}\int\dfrac{\mathrm{d}(\mathrm{e}^{2x}-1)}{(\mathrm{e}^{2x}-1)^2} = -\dfrac{1}{2(\mathrm{e}^{2x}-1)} + C.$

七、解:原式 $= \displaystyle\int \dfrac{1-\cos 4x}{2}\cdot\sin 3x\,\mathrm{d}x$

$\qquad = \dfrac{1}{6}\displaystyle\int \sin 3x\,\mathrm{d}(3x) - \dfrac{1}{4}\int[\sin(-x) + \sin(7x)]\mathrm{d}x$

$\qquad = -\dfrac{1}{6}\cos 3x - \dfrac{1}{4}\cos x + \dfrac{1}{28}\cos 7x + C.$

八、解:原式 $= \dfrac{1}{2}\displaystyle\int \ln(1+x^2)\mathrm{d}\ln(1+x^2) + \int\dfrac{\mathrm{d}x}{1+x^2} = \dfrac{1}{4}[\ln(1+x^2)]^2 + \arctan x + C.$

九、解:原式 $= \dfrac{1}{2}\displaystyle\int \dfrac{\mathrm{d}(1+x^2)}{\sqrt{1+x^2}[1+(1+x^2)]} = \int\dfrac{\mathrm{d}\sqrt{1+x^2}}{1+(1+x^2)} = \arctan(\sqrt{1+x^2}) + C.$

十、解:原式 $= \displaystyle\int \dfrac{\mathrm{d}(\sin x)}{\sqrt{4-2\sin^2 x}} = \dfrac{1}{\sqrt{2}}\int\dfrac{\mathrm{d}(\sin x)}{\sqrt{2-\sin^2 x}} = \dfrac{1}{\sqrt{2}}\arcsin\left(\sqrt{\dfrac{1}{2}}\sin x\right) + C.$

§4-3 第二类换元法与分部积分法

A 级同步训练题

一、客观题

1. 设 $I = \displaystyle\int \ln\dfrac{x}{2}\mathrm{d}x$,则 $I = (\quad)$.

   (A) $\dfrac{1}{x} + C$　(B) $x\ln\dfrac{x}{2} + C$　(C) $x\ln\dfrac{x}{2} - x + C$　(D) $\dfrac{x}{2}\ln\dfrac{x}{2} - \dfrac{x}{2} + C$

2. 设 $I = \displaystyle\int \dfrac{\operatorname{arccot}\sqrt{x}}{\sqrt{x}(1+x)}\mathrm{d}x$,则 $I = (\quad)$.

(A) $-(\text{arccot}\sqrt{x})^2 + C$ (B) $\text{arccot}\sqrt{x} + C$

(C) $(\text{arccot}\sqrt{x})^2 + C$ (D) $-\sqrt{\text{arccot}x} + C$

3. 设 $I = \int \dfrac{dx}{1+\sqrt{x}}$，则 $I = ($ $)$.

(A) $-2\sqrt{x} + 2\ln(1+\sqrt{x}) + C$ (B) $2\sqrt{x} + 2\ln(1+\sqrt{x}) + C$

(C) $2\sqrt{x} - 2\ln(1+\sqrt{x}) + C$ (D) $-2\sqrt{x} - 2\ln(1+\sqrt{x}) + C$

4. 设 $I = \int \dfrac{dx}{\sqrt{4+x^2}}$，则 $I = ($ $)$.

(A) $2\arctan x + C$ (B) $2\sqrt{4+x^2} + C$

(C) $\dfrac{1}{2}\ln(4+x^2) + C$ (D) $\ln|x + \sqrt{4+x^2}| + C$

二、计算下列不定积分

1. 求 $\int \dfrac{dx}{x^2\sqrt{x^2-4}}$. 2. 求 $\int x\sin\dfrac{x}{2}dx$. 3. 求 $\int \arcsin x\, dx$.

4. 求 $\int \dfrac{x^2}{\sqrt{9-x^2}}dx$. 5. 求 $\int x^2 e^x dx$. 6. 求 $\int \dfrac{1}{\sqrt{e^x-4}}dx$.

三、已知 $f(x)$ 的一个原函数为 $\dfrac{\ln x}{x}$，试求 $\int xf'(x)dx$.

B 级同步训练题

一、客观题

1. 设 $\ln f(t) = \cos t$，则 $\int \dfrac{tf'(t)}{f(t)}dt = $ _____.

2. 已知 $f(x)$ 是 e^x 的一个原函数，$f(0) = 1$，则 $\int xf(x)dx = $ _____.

3. 设 $f(x)$ 的一个原函数为 $\sin x$，则 $\int x^2 f''(x)dx = $ _____.

二、计算下列不定积分

1. $\int \dfrac{dx}{x\sqrt{x^2-a^2}}$，其中 a 是非零常数. 2. $\int \dfrac{dx}{x^3\sqrt{x^2-4}}$.

3. $\int \dfrac{1}{\sqrt{(a^2-x^2)^3}}dx\ (a>0)$. 4. $\int \dfrac{1}{x^2\sqrt{4+x^2}}dx$. 5. $\int x\cdot\tan^2 x\, dx$.

6. $\int \dfrac{\ln^2 x}{x^2}dx$. 7. $\int e^{-x}\cos x\, dx$. 8. $\int \dfrac{\sqrt{1+2\ln x}}{x\ln x}dx$.

三、设 $f(x)$ 的原函数为 $\dfrac{\sin x}{x}$，求 $\int xf'(x)dx$.

辅导与参考答案

A 级同步训练题

一、客观题

1. (C).   2. (A).   3. (C).   4. (D)

二、计算下列不定积分

1. 解：令 $x = 2\sec t, \mathrm{d}x = 2\sec t \cdot \tan t \mathrm{d}t.$

$$原式 = \int \frac{2\sec t \cdot \tan t}{4\sec^2 t \cdot 2\tan t}\mathrm{d}t = \frac{1}{4}\int \cos t \mathrm{d}t = \frac{1}{4}\sin t + C = \frac{1}{4}\frac{\sqrt{x^2-4}}{x} + C.$$

2. 解：原式 $= -2\int x \mathrm{d}\cos \frac{x}{2} = -2x\cos \frac{x}{2} + 2\int \cos \frac{x}{2}\mathrm{d}x = -2x\cos \frac{x}{2} + 4\sin \frac{x}{2} + C.$

3. 解：$\int \arcsin x \mathrm{d}x = x \cdot \arcsin x - \int \frac{x}{\sqrt{1-x^2}}\mathrm{d}x = x\arcsin x + \frac{1}{2}\int \frac{\mathrm{d}(1-x^2)}{\sqrt{1-x^2}}$

$$= x\arcsin x + \sqrt{1-x^2} + C.$$

4. 解：令 $x = 3\sin t, \quad \mathrm{d}x = 3\cos t \mathrm{d}t.$

$$原式 = \int \frac{9\sin^2 t}{3\cos t}3\cos t \mathrm{d}t = 9\int \sin^2 t \mathrm{d}t = 9\int \frac{1-\cos 2t}{2}\mathrm{d}t$$

$$= \frac{9}{2}\left[t - \frac{1}{2}\sin 2t\right] + C = \frac{9}{2}\left[\arcsin \frac{x}{3} - \frac{x\sqrt{9-x^2}}{9}\right] + C.$$

5. 解：原式 $= \int x^2 \mathrm{d}e^x = x^2 e^x - \int 2x e^x \mathrm{d}x = x^2 e^x - 2\int x \mathrm{d}e^x = e^x(x^2 - 2x + 2) + C.$

6. 解：令 $\sqrt{e^x - 4} = t, \mathrm{d}x = \frac{2t}{4+t^2}\mathrm{d}t,$

$$原式 = \int \frac{1}{t} \cdot \frac{2t}{4+t^2}\mathrm{d}t = \arctan \frac{t}{2} + C = \arctan \frac{\sqrt{e^x-4}}{2} + C.$$

三、解：$f(x) = \frac{1-\ln x}{x^2}; \int f(x)\mathrm{d}x = \frac{\ln x}{x} + C;$

故 $\int xf'(x)\mathrm{d}x = \int x\mathrm{d}f(x) = xf(x) - \int f(x)\mathrm{d}x = \frac{1-2\ln x}{x} + C.$

B 级同步训练题

一、客观题

1. $t\cos t - \sin t + C.$ 2. $e^x(x-1) + C.$ 3. $-x^2\sin x - 2x\cos x + 2\sin x + C.$

二、计算下列不定积分

1. 解：令 $x = a\sec t, \mathrm{d}x = a\sec t \tan t \mathrm{d}t.$

$$原式 = \int \frac{a\sec t \cdot \tan t \mathrm{d}t}{a\sec t \cdot a\tan t} = \frac{1}{a}\int \mathrm{d}t = \frac{t}{a} + C = \frac{1}{a}\arccos \frac{a}{x} + C.$$

2. 解：令 $x = 2\sec t, \mathrm{d}x = 2\sec t \cdot \tan t \mathrm{d}t$.

$$原式 = \int \frac{2\sec t \cdot \tan t}{8\sec^3 t \cdot 2\tan t}\mathrm{d}t = \frac{1}{8}\int \frac{\mathrm{d}t}{\sec^2 t} = \frac{1}{8}\int \cos^2 t \mathrm{d}t = \frac{t}{16} + \frac{1}{16}\sin t \cos t + C$$

$$= \frac{1}{16}\arccos\frac{2}{x} + \frac{\sqrt{x^2 - 4}}{8x^2} + C.$$

3. 解：令 $x = a\sin t, \mathrm{d}x = a\cos t \mathrm{d}t$,

$$原式 = \int \frac{a\cos t \mathrm{d}t}{a^3 \cos^3 t} = \frac{1}{a^2}\int \sec^2 t \mathrm{d}t = \frac{\tan t}{a^2} + C = \frac{x}{a^2 \sqrt{a^2 - x^2}} + C.$$

4. 解：令 $x = 2\tan t, \mathrm{d}x = 2\sec^2 t \mathrm{d}t$,

$$原式 = \frac{1}{4}\int \csc t \cot t \mathrm{d}t = -\frac{1}{4}\csc t + C = -\frac{\sqrt{4 + x^2}}{4x} + C.$$

5. 解：原式 $= \int x(\sec^2 x - 1)\mathrm{d}x = \int x \mathrm{d}(\tan x) - \int x \mathrm{d}x$

$$= \left[x\tan x - \int \tan x \mathrm{d}x\right] - \frac{x^2}{2} = x\tan x + \ln|\cos x| - \frac{x^2}{2} + C.$$

6. 解：原式 $= -\int \ln^2 x \cdot \mathrm{d}\left(\frac{1}{x}\right) = -\frac{\ln^2 x}{x} + \int \frac{1}{x} \cdot 2\ln x \cdot \frac{1}{x}\mathrm{d}x$

$$= -\frac{\ln^2 x}{x} - 2\int \ln x \mathrm{d}\left(\frac{1}{x}\right) = -\frac{\ln^2 x}{x} - 2\left[\frac{1}{x}\ln x - \int \frac{1}{x} \cdot \frac{1}{x}\mathrm{d}x\right]$$

$$= -\frac{\ln^2 x}{x} - 2\frac{\ln x}{x} - \frac{2}{x} + C.$$

7. 解：原式 $= -\int \cos x \mathrm{d}(\mathrm{e}^{-x}) = -\mathrm{e}^{-x}\cos x - \int \mathrm{e}^{-x}\sin x \mathrm{d}x$

$$= -\mathrm{e}^{-x}\cos x + \int \sin x \mathrm{d}(\mathrm{e}^{-x})$$

$$= -\mathrm{e}^{-x}\cos x + \mathrm{e}^{-x}\sin x - \int \mathrm{e}^{-x}\cos x \mathrm{d}x,$$

故原式 $= \frac{1}{2}\mathrm{e}^{-x}(-\cos x + \sin x) + C.$

8. 解：令 $\sqrt{1 + 2\ln x} = t$, 则 $\frac{1}{x}\mathrm{d}x = t\mathrm{d}t$,

$$原式 = \int \frac{2t^2}{1 - t^2}\mathrm{d}t = 2t + \ln\left|\frac{t-1}{t+1}\right| + C$$

$$= 2\sqrt{1 + 2\ln x} + \ln\left|\frac{\sqrt{1 + 2\ln x} - 1}{\sqrt{1 + 2\ln x} + 1}\right| + C.$$

三、解：$\int xf'(x)\mathrm{d}x = \int x \mathrm{d}f(x) = xf(x) - \int f(x)\mathrm{d}x$

$$= x\left(\frac{\sin x}{x}\right)' - \frac{\sin x}{x} + C = \frac{x\cos x - 2\sin x}{x} + C.$$

§4-4　有理函数的积分法

A 级同步训练题

一、客观题

$\dfrac{1}{1-x^2}$ 的一个原函数为(　　).

(A) $\arcsin x$　　(B) $\arctan x$　　(C) $\dfrac{1}{2}\ln\left|\dfrac{1-x}{1+x}\right|$　　(D) $\dfrac{1}{2}\ln\left|\dfrac{1+x}{1-x}\right|$

二、计算下列不定积分

1. $\displaystyle\int\dfrac{\mathrm{d}x}{x^2-5x+6}.$

2. $\displaystyle\int\dfrac{\mathrm{d}x}{x^2+(a+b)x+ab}\ (a\neq b).$

3. $\displaystyle\int\dfrac{x\mathrm{d}x}{x^4-3x^2+2}.$

4. $\displaystyle\int\dfrac{x^3}{\sqrt{x-1}}\mathrm{d}x.$

5. $\displaystyle\int\dfrac{\mathrm{d}x}{2x^3+x^2-x}.$

6. $\displaystyle\int\dfrac{\mathrm{d}x}{\sin^2 x+4\cos^2 x}.$

B 级同步训练题

一、计算下列不定积分

1. $\displaystyle\int\dfrac{\mathrm{d}x}{(x-1)^2(x^2+2x+2)}.$

2. $\displaystyle\int\dfrac{\mathrm{d}x}{x^3+1}.$

二、计算下列不定积分

1. $\displaystyle\int\dfrac{\mathrm{d}x}{1-\cos^4 x}.$

2. $\displaystyle\int\dfrac{\mathrm{d}x}{\cos x\sin^2 x}.$

3. $\displaystyle\int\dfrac{2+\cos x}{1+\cos x}\mathrm{d}x.$

4. $\displaystyle\int\dfrac{\sin 2x}{1+\cos x}\mathrm{d}x.$

5. $\displaystyle\int\dfrac{\sin x}{1+\sin x}\mathrm{d}x.$

三、求 $\displaystyle\int\dfrac{\mathrm{d}x}{(\sin x+\cos x)^2}.$

四、求 $\displaystyle\int\dfrac{x\mathrm{e}^x}{(x+1)^2}\mathrm{d}x.$

辅导与参考答案

A 级同步训练题

一、客观题

(D).

二、计算下列不定积分

1. 解:$\int \dfrac{\mathrm{d}x}{x^2-5x+6} = \int \dfrac{\mathrm{d}x}{(x-3)(x-2)} = \int \dfrac{\mathrm{d}x}{x-3} - \int \dfrac{\mathrm{d}x}{x-2}$

$= \ln|x-3| - \ln|x-2| + C = \ln\left|\dfrac{x-3}{x-2}\right| + C.$

2. 解:$\int \dfrac{\mathrm{d}x}{x^2+(a+b)x+ab} = \int \dfrac{\mathrm{d}x}{(x+a)(x+b)}$

$= \dfrac{1}{b-a}\int \dfrac{1}{x+a}\mathrm{d}x - \dfrac{1}{b-a}\int \dfrac{1}{x+b}\mathrm{d}x$

$= \dfrac{1}{b-a}\ln|x+a| - \dfrac{1}{b-a}\ln|x+b| + C$

$= \dfrac{1}{b-a}\ln\left|\dfrac{x+a}{x+b}\right| + C.$

3. 解:$\int \dfrac{x\mathrm{d}x}{x^4-3x^2+2} = \dfrac{1}{2}\int \dfrac{\mathrm{d}x^2}{x^4-3x^2+2}$,令 $x^2 = t$,

原式 $= \dfrac{1}{2}\int \dfrac{\mathrm{d}t}{t^2-3t+2} = \dfrac{1}{2}\int\left(\dfrac{1}{t-2} - \dfrac{1}{t-1}\right)\mathrm{d}t$

$= \dfrac{1}{2}\ln|t-2| - \dfrac{1}{2}\ln|t-1| + C$

$= \dfrac{1}{2}\ln|x^2-2| - \dfrac{1}{2}\ln|x^2-1| + C.$

4. 解:令 $\sqrt{x-1} = u, \mathrm{d}x = 2u\mathrm{d}u$,

原式 $= \int \dfrac{(1+u^2)^3 \cdot 2u\mathrm{d}u}{u} = 2\int(1+u^2)^3\mathrm{d}u = 2\int(1+3u^2+3u^4+u^6)\mathrm{d}u$

$= 2\left(u + u^3 + \dfrac{3}{5}u^5 + \dfrac{u^7}{7}\right) + C$

$= 2\left[\sqrt{x-1} + \sqrt{(x-1)^3} + \dfrac{3}{5}\sqrt{(x-1)^5} + \dfrac{1}{7}\sqrt{(x-1)^7}\right] + C.$

5. 解:$\int \dfrac{\mathrm{d}x}{2x^3+x^2-x} = \int \dfrac{\mathrm{d}x}{x(x+1)(2x-1)}$

$= -\int \dfrac{\mathrm{d}x}{x} + \dfrac{1}{3}\int \dfrac{1}{x+1}\mathrm{d}x + \dfrac{4}{3}\int \dfrac{\mathrm{d}x}{2x-1}$

$= -\ln|x| + \dfrac{1}{3}\ln|x+1| + \dfrac{2}{3}\ln|2x-1| + C.$

6. 解：$\int \dfrac{\mathrm{d}x}{\sin^2 x + 4\cos^2 x} = \int \dfrac{\mathrm{d}x}{\cos^2 x(\tan^2 x + 4)}$

$\qquad = \int \dfrac{\mathrm{d}\tan x}{\tan^2 x + 4} = \dfrac{1}{2}\arctan\left(\dfrac{\tan x}{2}\right) + C.$

B 级同步训练题

一、计算下列不定积分

1. 解：原式 $= \int\left[\dfrac{1}{5(x-1)^2} - \dfrac{4}{25(x-1)} + \dfrac{4x+7}{25(x^2+2x+2)}\right]\mathrm{d}x$

$= \dfrac{1}{5}\int\dfrac{\mathrm{d}x}{(x-1)^2} - \dfrac{4}{25}\int\dfrac{\mathrm{d}x}{x-1} + \dfrac{2}{25}\int\dfrac{\mathrm{d}(x^2+2x+2)}{x^2+2x+2} + \dfrac{3}{25}\int\dfrac{\mathrm{d}(x+1)}{(x+1)^2+1}$

$= -\dfrac{1}{5(x-1)} - \dfrac{4}{25}\ln|x-1| + \dfrac{2}{25}\ln(x^2+2x+2) + \dfrac{3}{25}\arctan(x+1) + C.$

2. 解：原式 $= \int\dfrac{1}{(x+1)(x^2-x+1)}\mathrm{d}x = \int\left(\dfrac{\frac{1}{3}}{x+1} - \dfrac{\frac{1}{3}x - \frac{2}{3}}{x^2-x+1}\right)\mathrm{d}x$

$= \dfrac{1}{3}\int\dfrac{\mathrm{d}x}{x+1} - \dfrac{1}{6}\int\dfrac{\mathrm{d}(x^2-x+1)}{x^2-x+1} + \dfrac{1}{2}\int\dfrac{\mathrm{d}\left(x-\frac{1}{2}\right)}{\left(x-\frac{1}{2}\right)^2 + \left(\frac{\sqrt{3}}{2}\right)^2}$

$= \dfrac{1}{3}\ln|x+1| - \dfrac{1}{6}\ln|x^2-x+1| + \dfrac{\sqrt{3}}{3}\arctan\dfrac{\sqrt{3}(2x-1)}{3} + C.$

二、计算下列不定积分

1. 解：原式 $= \int\dfrac{\mathrm{d}x}{(1-\cos^2 x)(1+\cos^2 x)} = \dfrac{1}{2}\int\left[\dfrac{1}{1+\cos^2 x} + \dfrac{1}{1-\cos^2 x}\right]\mathrm{d}x$

$= \dfrac{1}{2}\int\dfrac{\csc^2 x \mathrm{d}x}{\csc^2 x + \cot^2 x} + \dfrac{1}{2}\int\csc^2 x \mathrm{d}x$

$= \dfrac{1}{2}\int\dfrac{-\mathrm{d}\cot x}{1+2\cot^2 x} - \dfrac{1}{2}\int\mathrm{d}\cot x$

$= -\dfrac{1}{2\sqrt{2}}\arctan(\sqrt{2}\cot x) - \dfrac{1}{2}\cot x + C.$

2. 解：原式 $= \int\dfrac{\sin^2 x + \cos^2 x}{\cos x \sin^2 x}\mathrm{d}x = \int\dfrac{\mathrm{d}x}{\cos x} + \int\dfrac{\cos x \mathrm{d}x}{\sin^2 x}$

$= \ln|\sec x + \tan x| + \int\dfrac{\mathrm{d}\sin x}{\sin^2 x} = \ln|\sec x + \tan x| - \dfrac{1}{\sin x} + C.$

3. 解：原式 $= \int\dfrac{(2+\cos x)(1-\cos x)}{(1+\cos x)(1-\cos x)}\mathrm{d}x$

$= \int\dfrac{2-\cos x - \cos^2 x}{\sin^2 x}\mathrm{d}x = \int\dfrac{1-\cos x + \sin^2 x}{\sin^2 x}\mathrm{d}x$

$= \int\mathrm{d}x - \int\dfrac{\mathrm{d}\sin x}{\sin^2 x} + \int\dfrac{1}{\sin^2 x}\mathrm{d}x = x + \dfrac{1}{\sin x} - \cot x + C.$

4. 解：原式 $= \int \dfrac{2\sin x\cos x(1-\cos x)}{\sin^2 x}\mathrm{d}x = 2\int \dfrac{\cos x}{\sin x}\mathrm{d}x - \int \dfrac{2(1-\sin^2 x)}{\sin x}\mathrm{d}x$

$= 2\ln|\sin x| - 2\int \dfrac{1}{\sin x}\mathrm{d}x + 2\int \sin x\mathrm{d}x$

$= 2\ln|\sin x| - 2\ln|\csc x - \cot x| - 2\cos x + C.$

5. 解：原式 $= \int \dfrac{\sin x(1-\sin x)}{\cos^2 x}\mathrm{d}x = \int \dfrac{\sin x\mathrm{d}x}{\cos^2 x} - \int \tan^2 x\mathrm{d}x$

$= \int \dfrac{-\mathrm{d}\cos x}{\cos^2 x} - \int (\sec^2 x - 1)\mathrm{d}x$

$= \dfrac{1}{\cos x} + \int \mathrm{d}x - \int \sec^2 x\mathrm{d}x = \dfrac{1}{\cos x} + x - \tan x + C.$

三、解：设 $\tan x = t, \sec^2 x\mathrm{d}x = \mathrm{d}t,$

$\int \dfrac{\mathrm{d}x}{(\sin x + \cos x)^2} = \int \dfrac{\frac{\mathrm{d}x}{\cos^2 x}}{(\tan x + 1)^2} = \int \dfrac{\mathrm{d}t}{(t+1)^2} = -\dfrac{1}{t+1} + C$

$= -\dfrac{\cos x}{\sin x + \cos x} + C.$

四、解：原式 $= -\int x\mathrm{e}^x\mathrm{d}\left(\dfrac{1}{x+1}\right) = -\dfrac{x\mathrm{e}^x}{x+1} + \int \dfrac{1}{x+1}\mathrm{d}(x\mathrm{e}^x)$

$= -\dfrac{x\mathrm{e}^x}{x+1} + \int \mathrm{e}^x\mathrm{d}x$

$= -\dfrac{x\mathrm{e}^x}{x+1} + \mathrm{e}^x + C.$

章节练习题

一、客观题

1. 函数 $f(x)$ 在 $(-\infty,\infty)$ 上连续，则 $\mathrm{d}\left[\int f(x)\mathrm{d}x\right]$ 等于（   ）.

(A) $f(x)$ (B) $f(x)\mathrm{d}x$

(C) $f(x) + C$ (D) $f'(x)\mathrm{d}x$

2. 若 $F(x)$ 和 $G(x)$ 都是 $f(x)$ 的原函数，则（   ）.

(A) $F(x) - G(x) = 0$ (B) $F(x) + G(x) = 0$

(C) $F(x) - G(x) = C$（常数）   (D) $F(x) + G(x) = C$（常数）

3. $\int \dfrac{\mathrm{d}x}{(1-x)\sqrt{1-x}} = $ _____.

4. $\int \dfrac{\cos x}{1+\sin^2 x}\mathrm{d}x = $ _____.

5. $\int \dfrac{1}{x^3}\sin\dfrac{1}{x^2}\mathrm{d}x = $ _____.

6. $\int x\arctan x\,dx = $ _____.

二、计算题

1. $\int \dfrac{x}{\sqrt{1-x^2}}dx.$

2. $\int \dfrac{x-1}{x^2+4x+13}dx.$

3. $\int \dfrac{x\arcsin x}{\sqrt{1-x^2}}dx.$

4. $\int \dfrac{xe^x}{\sqrt{e^x-1}}dx.$

5. $\int x\cos^2 x\,dx.$

6. $\int \dfrac{\ln(e^x+1)}{e^x}dx.$

7. $\int \dfrac{x^3}{1+(1+x^4)^2}dx.$

8. $\int \dfrac{1}{x\sqrt{x^2+1}}dx.$

9. $\int \dfrac{dx}{\sqrt{x(1+x)}}dx.$

10. $\int \sqrt{\dfrac{x-1}{x+1}}dx.$

三、设 $f'(\sin^2 x) = \cos 2x + \tan^2 x$,当 $0<x<1$ 时,求 $f(x)$.

四、设 $F(x)$ 为 $f(x)$ 的原函数,当 $x \geqslant 0$ 时,有 $f(x)F(x) = \sin^2 2x$,且 $F(0)=1, F(x) \geqslant 0$.试求 $f(x)$.

章节练习题答案

一、客观题

1. (B).　　**2.** (C).　　**3.** $2(1-x)^{-\frac{1}{2}} + C$.　　**4.** $\arctan(\sin x) + C$.　　**5.** $\dfrac{1}{2}\cos\dfrac{1}{x^2} + C$.

6. $\dfrac{1}{2}(x^2+1)\arctan x - \dfrac{1}{2}x + C$.

二、计算题

1. 原式 $= -\dfrac{1}{2}\int \dfrac{1}{\sqrt{1-x^2}}d(1-x^2) = -\sqrt{1-x^2} + C$.

2. 原式 $= \dfrac{1}{2}\int \dfrac{d(x^2+4x+13)}{x^2+4x+13} - 3\int \dfrac{1}{(x+2)^2+9}d(x+2)$

$\qquad = \dfrac{1}{2}\ln(x^2+4x+13) - \arctan\dfrac{x+2}{3} + C$.

3. 原式 $= -\int \arcsin x\,d\sqrt{1-x^2} = -\sqrt{1-x^2}\arcsin x + x + C$.

4. 原式 $= 2\int x\,d\sqrt{e^x-1} = 2x\sqrt{e^x-1} - 2\int \sqrt{e^x-1}\,dx$.

令 $\sqrt{e^x-1} = u$,$\int \sqrt{e^x-1}\,dx = \int \dfrac{2u^2\,du}{1+u^2} = 2u - 2\arctan u + C$.

故原式 $= 2x\sqrt{e^x-1} - 4\sqrt{e^x-1} + 4\arctan\sqrt{e^x-1} + C$.

5. 原式 $= \int x \cdot \dfrac{1+\cos 2x}{2} dx = \dfrac{x^2}{4} + \dfrac{1}{4}\int x d\sin 2x$

$= \dfrac{x^2}{4} + \dfrac{1}{4}x\sin 2x + \dfrac{1}{8}\cos 2x + C.$

6. 原式 $= -\int \ln(e^x+1) de^{-x} = -e^{-x}\ln(1+e^x) + \int \dfrac{dx}{1+e^x}$

$= -e^{-x}\ln(1+e^x) - \ln(1+e^{-x}) + C.$

7. 原式 $= \dfrac{1}{4}\int \dfrac{1}{1+(1+x^4)^2} d(1+x^4) = \dfrac{1}{4}\arctan(1+x^4) + C.$

8. 令 $x = \tan u, dx = \sec^2 u du.$

原式 $= \int \dfrac{\sec^2 u du}{\tan u \sec u} = \int \csc u du = -\ln|\csc u + \cot u| + C$

$= -\ln\left|\dfrac{\sqrt{1+x^2}+1}{x}\right| + C.$

9. 原式 $= 2\int \dfrac{1}{\sqrt{1+(\sqrt{x})^2}} d\sqrt{x} = 2\ln(\sqrt{x} + \sqrt{1+x}) + C.$

10. 原式 $= \int \dfrac{x-1}{\sqrt{x^2-1}} dx = \dfrac{1}{2}\int \dfrac{d(x^2-1)}{\sqrt{x^2-1}} - \int \dfrac{dx}{\sqrt{x^2-1}}$

$= \sqrt{x^2-1} - \ln|x + \sqrt{x^2-1}| + C.$

三、解: 令 $u = \sin^2 x, f'(u) = 1 - 2u + \dfrac{u}{1-u},$ 故 $f'(x) = 1 - 2x + \dfrac{x}{1-x},$

$f(x) = \int\left(1 - 2x + \dfrac{x}{1-x}\right)dx = -x^2 - \ln(1-x) + C.$

四、解: $\int 2f(x)F(x)dx = 2\int F(x)dF(x) = F^2(x) = \int 2\sin^2 2x dx$

$= \int(1-\cos 4x)dx = x - \dfrac{\sin 4x}{4} + C.$

因 $F(0) = 1,$ 故 $C = 1, F(x) = \sqrt{1 + x - \dfrac{1}{4}\sin 4x},$

$f(x) = F'(x) = \dfrac{1}{2\sqrt{1+x-\dfrac{1}{4}\sin 4x}}(1 - \cos 4x).$

第 5 章 定积分

[教学目的与要求]

1. 理解变上限函数的定义及其求导数定理.
2. 理解定积分概念和定义,掌握牛顿-莱布尼茨公式.
3. 理解反常积分的概念并会计算反常积分.

§5-1 定积分概念与性质

A级同步训练题

一、客观题

1. 函数 $f(x)$ 在闭区间 $[a,b]$ 上连续是 $f(x)$ 在 $[a,b]$ 上可积的(   ).
   (A) 必要条件   (B) 充分条件
   (C) 充分必要条件   (D) 既非充分条件也非必要条件

2. 积分中值定理 $\int_a^b f(x)dx = f(\xi)(b-a)$ 中, ξ 是 $[a,b]$ 上_____.
   (A) 任意一点   (B) 必存在的某一点   (C) 唯一的某点   (D) 中点

3. 由 $[a,b]$ 上连续曲线 $y=f(x)$,直线 $x=a, x=b$ 和 x 轴围成图形的面积 $S = ($ $)$.

   (A) $\int_a^b f(x)dx$ (B) $\left|\int_a^b f(x)dx\right|$

   (C) $\int_a^b |f(x)|dx$ (D) $\dfrac{[f(b)+f(a)](b-a)}{2}$

4. 在 $\left[-\dfrac{\pi}{2}, \dfrac{\pi}{2}\right]$ 上的曲线 $y = \sin x$ 与 x 轴围成图形的面积为(   ).

   (A) $\int_{-\frac{\pi}{2}}^{\frac{\pi}{2}} \sin x\, dx$ (B) $\int_0^{\frac{\pi}{2}} \sin x\, dx$ (C) 0 (D) $2\int_0^{\frac{\pi}{2}} \sin x\, dx$

5. 已知积分 $\int_{-1}^{2} f(x)dx$ 表示曲线 $y=f(x), x=-1, x=2$ 及 x 轴围成的平面图形面积,则在 $[-1,2]$ 上有 $f(x)($ $)$.
   (A) 大于 0   (B) 小于 0   (C) 连续   (D) 可导

6. 由定积分的几何意义知 $\int_{-\pi}^{\pi} \sin^3 x \, dx =$ _____.

7. 定积分 $\int_{-a}^{a} \sqrt{a^2-x^2} \, dx$ 的几何意义是_____.

8. $\dfrac{d}{dx}\int_{a}^{b} x\ln(1+x^2) \, dx =$ _____,其中 a 和 b 都是常数.

二、比较下列积分的大小

1. $\int_{0}^{1} e^{-x} \, dx$ 与 $\int_{0}^{1} (1+2x) \, dx$.   2. $\int_{0}^{\frac{\pi}{4}} \sin x \, dx$ 与 $\int_{0}^{\frac{\pi}{4}} \cos x \, dx$.

三、估计积分 $\int_{0}^{2} e^{x^2-x} \, dx$ 的值.

四、试用定积分定义求 $\int_{a}^{b} x \, dx \, (a<b)$.

B 级同步训练题

一、客观题

1. 定积分所表示的下列极限是( ).

   (A) $\lim\limits_{n\to\infty} \dfrac{b-a}{n} \sum\limits_{i=1}^{n} f\left[\dfrac{i}{n}(b-a)\right]$

   (B) $\lim\limits_{n\to\infty} \dfrac{b-a}{n} \sum\limits_{i=1}^{n} f\left[\dfrac{i-1}{n}(b-a)\right]$

   (C) $\lim\limits_{n\to\infty} \sum\limits_{i=1}^{n} f(\xi_i) \Delta x_i \, [\xi_i \in (x_{i-1}, x_i)]$

   (D) $\lim\limits_{\lambda\to 0} \sum\limits_{i=1}^{n} f(\xi_i) \Delta x_i \, [\lambda = \max\{\Delta x_i\}, \xi_i \in (x_{i-1}, x_i)]$

2. 设 $I = \int_{a}^{b} f(x) \, dx$,据定积分的几何意义可知( ).

   (A) 由曲线 $y=f(x)$ 及直线 $x=a, x=b$ 与 x 轴所围图形的面积,所以 $I>0$

   (B) 若 $I=0$,则上述图形面积为零, $f(x)=0$

   (C) I 是曲线 $y=f(x)$ 及直线 $x=a, x=b$ 与 x 轴之间各部分面积的代数和

   (D) I 是曲线 $y=|f(x)|$ 及直线 $x=a, x=b$ 与 x 轴所围图形的面积

3. 曲线 $|x|+|y|=1$ 所围平面图形面积为( ).

   (A) $\dfrac{1}{2}$ (B) 1   (C) $\dfrac{3}{2}$ (D) 2

4. $\int_{-1}^{0} |2x+1| \, dx = ($ $)$.

   (A) 1   (B) 0   (C) $-\dfrac{1}{2}$ (D) $\dfrac{1}{2}$

5. $I_1 = \int_{e}^{x} \ln t \, dt, I_2 = \int_{e}^{x} \ln t^2 \, dt \, (x>0)$,则( ).

(A) 仅当 $x > \mathrm{e}$ 时，$I_1 < I_2$ (B) 对一切 $x \neq \mathrm{e}$ 有 $I_1 < I_2$
(B) 仅当 $x < \mathrm{e}$ 时，$I_1 < I_2$ (D) 对一切 $x \neq \mathrm{e}$ 有 $I_1 \geqslant I_2$

6. 由定积分的定义知，和式极限 $\lim\limits_{n\to\infty}\sum\limits_{k=1}^{n}\dfrac{n}{n^2+k^2} = $ _____.

7. 设在区间 $[a,b]$ 上 $f(x) > 0, f'(x) < 0, f''(x) > 0$，令 $S_1 = \int_a^b f(x)\mathrm{d}x$，
$S_2 = f(b)(b-a), S_3 = \dfrac{1}{2}[f(b)+f(a)](b-a)$，则有（ ）.

(A) $S_1 < S_2 < S_3$ (B) $S_2 < S_1 < S_3$
(C) $S_3 < S_1 < S_2$ (D) $S_2 < S_3 < S_1$

二、利用估值定理证明不等式 $\ln(1+\sqrt{2}) < \int_0^1 \dfrac{\mathrm{d}x}{\sqrt{1+x^n}} < 1\,(n > 2)$.

三、证明不等式 $\dfrac{1}{2} \leqslant \int_{\frac{\pi}{4}}^{\frac{\pi}{2}} \dfrac{\sin x}{x}\mathrm{d}x \leqslant \dfrac{\sqrt{2}}{2}$.

四、试比较两个积分 $I_1 = \int_0^{\pi} \mathrm{e}^{-x^2}\cos^2 x\,\mathrm{d}x$ 和 $I_2 = \int_{\pi}^{2\pi} \mathrm{e}^{-x^2}\cos^2 x\,\mathrm{d}x$ 的大小.

五、设 $f''(x) < 0, x \in (0,1)$ 证明 $\int_0^1 f(x^2)\mathrm{d}x \leqslant f\left(\dfrac{1}{3}\right)$.

辅导与参考答案

A 级同步训练题

一、客观题

 1. (B). 2. (B). 3. (C). 4. (D). 5. (A).

 6. 0. 7. 半径为 a 的上半圆的面积 $\dfrac{1}{2}\pi a^2$. 8. 0.

二、比较下列积分的大小

 1. 因 $\mathrm{e}^{-x} < 1+x$，故 $I_1 < I_2$. 2. 因 $\sin x \leqslant \cos x, x \in \left[0, \dfrac{\pi}{4}\right]$，故 $I_1 < I_2$.

三、解：$f(x) = \mathrm{e}^{x^2-x}, f'(x) = \mathrm{e}^{x^2-x}(2x-1) = 0, x = \dfrac{1}{2}$，

$f(0) = 1, f\left(\dfrac{1}{2}\right) = \mathrm{e}^{-\frac{1}{4}}, f(2) = \mathrm{e}^2$，所以 $M = \mathrm{e}^2, m = \mathrm{e}^{-\frac{1}{4}}$，

故 $2\mathrm{e}^{-\frac{1}{4}} \leqslant I \leqslant 2\mathrm{e}^2$.

四、解：原式 $= \lim\limits_{n\to\infty}\sum\limits_{i=1}^{n}\left(\dfrac{b-a}{n}i+a\right)\cdot\dfrac{b-a}{n} = \lim\limits_{n\to\infty}\dfrac{(b-a)(1+2+\cdots+n^2)}{n} + a(b-a) = \dfrac{b^2-a^2}{2}$.

B 级同步训练题

一、客观题

1. (D). 2. (C). 3. (D). 4. (D). 5. (A). 6. $\dfrac{\pi}{4}$. 7. (B).

二、证:因为 $\sqrt{1+x^2} > \sqrt{1+x^n} > 1, x \in (0,1)$,

于是 $\displaystyle\int_0^1 \dfrac{\mathrm{d}x}{\sqrt{1+x^2}} < \int_0^1 \dfrac{\mathrm{d}x}{\sqrt{1+x^n}} < 1$,

即 $\ln(1+\sqrt{2}) < \displaystyle\int_0^1 \dfrac{\mathrm{d}x}{\sqrt{1+x^n}} < 1$.

三、解:设 $f(x) = \dfrac{\sin x}{x}$,因为 $f'(x) = \dfrac{x\cos x - \sin x}{x^2} < 0, x \in \left[\dfrac{\pi}{4}, \dfrac{\pi}{2}\right]$,

$f(x)$ 在 $\left[\dfrac{\pi}{4}, \dfrac{\pi}{2}\right]$ 上单调下降,$m = f\left(\dfrac{\pi}{2}\right) = \dfrac{2}{\pi}, M = f\left(\dfrac{\pi}{4}\right) = \dfrac{2\sqrt{2}}{\pi}$.

于是 $\dfrac{2}{\pi} \leqslant \dfrac{\sin x}{x} \leqslant \dfrac{2\sqrt{2}}{\pi}, x \in \left[\dfrac{\pi}{4}, \dfrac{\pi}{2}\right]$,由积分性质得 $\dfrac{1}{2} \leqslant \displaystyle\int_{\frac{\pi}{4}}^{\frac{\pi}{2}} \dfrac{\sin x}{x} \mathrm{d}x \leqslant \dfrac{\sqrt{2}}{2}$.

四、解:因为 $I_2 \xlongequal{x-\pi=t} \displaystyle\int_0^\pi \mathrm{e}^{-(\pi+t)^2} \cos^2 t \mathrm{d}t$.

故 $I_1 - I_2 = \displaystyle\int_0^\pi \left[\mathrm{e}^{-t^2} - \mathrm{e}^{-(\pi+t)^2}\right] \cos^2 t \mathrm{d}t = \left[\mathrm{e}^{-\xi^2} - \mathrm{e}^{-(\pi+\xi)^2}\right] \int_0^\pi \cos^2 t \mathrm{d}t, 0 \leqslant \xi \leqslant \pi$

$= \dfrac{\pi}{2} \left[\mathrm{e}^{-\xi^2} - \mathrm{e}^{-(\pi+\xi)^2}\right] > 0$,则 $I_1 > I_2$.

五、解:由泰勒公式 $f(u) = f\left(\dfrac{1}{3}\right) + f'\left(\dfrac{1}{3}\right)\left(u - \dfrac{1}{3}\right) + \dfrac{f''(\xi)}{2!}\left(u - \dfrac{1}{3}\right)^2$,

ξ 介于 $\dfrac{1}{3}$ 与 u 之间,

因为 $f''(u) < 0, u \in (0,1)$,故 $f(x^2) \leqslant f\left(\dfrac{1}{3}\right) + f'\left(\dfrac{1}{3}\right)\left(x^2 - \dfrac{1}{3}\right)$,

所以 $\displaystyle\int_0^1 f(x^2) \mathrm{d}x \leqslant \int_0^1 f\left(\dfrac{1}{3}\right) \mathrm{d}x + \int_0^1 f'\left(\dfrac{1}{3}\right)\left(x^2 - \dfrac{1}{3}\right) \mathrm{d}x = f\left(\dfrac{1}{3}\right)$.

§ 5-2 微积分基本公式

A 级同步训练题

一、客观题

1. 设 $f(x)$ 为连续函数,且 $F(x) = \displaystyle\int_{\frac{1}{x}}^{\ln x} f(t) \mathrm{d}t$,则 $F'(x)$ 等于(   ).

(A) $\dfrac{1}{x} f(\ln x) + \dfrac{1}{x^2} f\left(\dfrac{1}{x}\right)$ (B) $f(\ln x) + f\left(\dfrac{1}{x}\right)$

(C) $\dfrac{1}{x}f(\ln x) - \dfrac{1}{x^2}f\left(\dfrac{1}{x}\right)$ (D) $f(\ln x) - f\left(\dfrac{1}{x}\right)$

2. $f(x) = \begin{cases} \dfrac{1}{\cos^2 x}, & 0 \leqslant x \leqslant b; \\ \dfrac{1}{\sin^2 x}, & b < x \leqslant \dfrac{\pi}{2}, \end{cases}$ 且 $\int_0^{\frac{\pi}{2}} f(x)\,\mathrm{d}x = 2$,则 $b = ($　　$)$.

(A) $\dfrac{\pi}{2}$ (B) $\dfrac{\pi}{3}$ (C) $\dfrac{\pi}{4}$ (D) $\dfrac{\pi}{6}$

3. 设 $F(x) = \dfrac{x^2}{x-a}\displaystyle\int_a^x f(t)\,\mathrm{d}t$,其中 $f(x)$ 为连续函数,则 $\lim\limits_{x\to a}F(x)$ 等于($\quad$).

(A) a^2 (B) $a^2 f(a)$ (C) 0 (D) 不存在

4. 设 $f(x)$ 有连续的导数,$f(a) = 0, f'(a) \neq 0, F(x) = \displaystyle\int_a^x (x-t)f(t)\,\mathrm{d}t$,且当 $x \to a$ 时,$F'(x)$ 与 $(x-a)^k$ 是同阶无穷小,则 k 等于($\quad$).

(A) 1 (B) 2 (C) 3 (D) 4

5. $\dfrac{\mathrm{d}}{\mathrm{d}x}\displaystyle\int_0^x \sin t^2\,\mathrm{d}t = $ _____.

6. $\dfrac{\mathrm{d}}{\mathrm{d}x}\displaystyle\int_0^{x^2} \sin t^2\,\mathrm{d}t = $ _____.

7. $\dfrac{\mathrm{d}}{\mathrm{d}x}\displaystyle\int_0^x (x-t)\sin t\,\mathrm{d}t = $ _____.

8. $\lim\limits_{x\to 0^+}\dfrac{\displaystyle\int_0^{x^2}\sin\sqrt{t}\,\mathrm{d}t}{x^3} = $ _____.

二、计算下列极限

1. $\lim\limits_{x\to 0}\dfrac{\displaystyle\int_0^x (e^t - e^{-t})\,\mathrm{d}t}{\displaystyle\int_0^{2x}\ln(1+t)\,\mathrm{d}t}$.

2. $\lim\limits_{x\to 0}\dfrac{\displaystyle\int_0^{\frac{x^2}{2}}\tan^2 t\,\mathrm{d}t}{\displaystyle\int_x^0 t^2(t - \sin t)\,\mathrm{d}t}$.

三、已知 $f(x) = \begin{cases} \displaystyle\int_0^x t e^t\,\mathrm{d}t, & x < 0; \\ x^2, & x \geqslant 0. \end{cases}$ 试讨论 $f(x)$ 在 $x = 0$ 点处的连续性和可导性.

四、计算下列定积分

1. $\displaystyle\int_1^2 \left(x + \dfrac{1}{\sqrt{x}}\right)^2\,\mathrm{d}x$. 2. $\displaystyle\int_0^{\sqrt{3}}\dfrac{\mathrm{d}x}{1+x^2}$. 3. $\displaystyle\int_0^{\frac{\pi}{4}}\tan^4 x\,\mathrm{d}x$.

B 级同步训练题

一、客观题

1. $\lim\limits_{n\to+\infty}\sum\limits_{i=1}^{n}\dfrac{i}{n^2}e^{\left(\frac{i}{n}\right)^2}=$ (　　).

   (A) $e-1$ 　　(B) $\dfrac{1}{2}(e-1)$ 　　(C) e^2 　　(D) e^{-2}

2. 若已知 $x\to 0$ 时, $f(x)=\int_0^x(x^2-t^2)\varphi(t)dt$ 的导数与 x^2 是等价, 则 $\varphi(0)=$ (　　).

   (A) 1 　　(B) $\dfrac{1}{2}$ 　　(C) -1 　　(D) $-\dfrac{1}{2}$

3. $\int_0^b|x|dx=$ ＿＿＿＿＿＿＿＿＿＿, 其中 b 是实数.

二、计算下列极限

1. $\lim\limits_{x\to 0}\dfrac{\int_0^{\sin^2 x}\dfrac{\ln(1+t)}{t}dt}{e^{x^2}-1}$.

2. $\lim\limits_{x\to 0}\dfrac{\int_{-x}^0 (3^t-2^t)dt}{\int_0^{3x}\arcsin 4t\,dt}$.

3. 已知: $\lim\limits_{x\to 0}\dfrac{1}{x^4}\int_0^{x^2}\dfrac{t}{\sqrt{a^2+t}}dt=1$, 求 a 的值.

4. 设 $f(x)$ 是连续函数, 且 $f(1)=2$, 求 $\lim\limits_{x\to 1}\dfrac{\int_1^x\left[\int_t^1 f(u)du\right]dt}{(x-1)^2}$.

5. $\lim\limits_{x\to 0^+}\dfrac{\int_0^{x^2}(\tan\sqrt{t}-\sqrt{t})dt}{\int_0^x t(\tan t-\sin t)dt}$.

三、设函数 $f(x)$ 具有连续导数, 又曲线 $y=f(x)$ 通过原点 O, 且它在原点 O 处的切线斜率等于 2, 试求: $\lim\limits_{x\to 0}\dfrac{\int_0^x f(t)dt}{x\ln(1+x)}$.

四、设 $f(x) = \begin{cases} \dfrac{1-\cos ax}{x^2}, & x < 0; \\ 1, & x = 0; \\ \dfrac{b\sin x + \int_0^x \cos t^2 \, dt}{x}, & x > 0 \end{cases}$ 在点 $x=0$ 处连续,试求常数 a 和 b 的值.

五、求函数 $y = \int_0^x t(t-3)^2 \, dt$ 的极值和它所表示曲线的拐点.

六、设 $f(x) = x^2 - x\int_0^2 f(x) \, dx + 2\int_0^1 f(x) \, dx$,求 $f(x)$.

七、设 $f(x) = \begin{cases} \dfrac{1}{2}\sin x, & 0 \leqslant x \leqslant \pi; \\ 1, & x < 0 \text{ 或 } x > \pi, \end{cases}$ 求 $F(x) = \int_0^x f(t) \, dt$ 在 $(-\infty, +\infty)$ 内的表达式.

八、计算 $\int_0^{\frac{\pi}{2}} \max\{\sin x, \cos x\} \, dx$.

辅导与参考答案

A 级同步训练题

一、客观题

1. (A). **2.** (C). **3.** (B). **4.** (B). **5.** $\sin x^2$. **6.** $2x\sin x^4$. **7.** $\int_0^x \sin t \, dt = 1 - \cos x$.

8. $\dfrac{2}{3}$.

二、计算下列极限

1. 原式 $= \lim\limits_{x \to 0} \dfrac{e^x - e^{-x}}{2\ln(1+2x)} = \lim\limits_{x \to 0} \dfrac{e^x + e^{-x}}{\dfrac{4}{1+2x}} = \dfrac{1}{2}$.

2. 原式 $= \lim\limits_{x \to 0} \dfrac{x\tan^2\left(\dfrac{x^2}{2}\right)}{-x^2(x-\sin x)} = -\lim\limits_{x \to 0} \dfrac{x \cdot \left(\dfrac{x^2}{2}\right)^2}{x^2(x-\sin x)} = -\dfrac{1}{4}\lim\limits_{x \to 0} \dfrac{x^3}{x-\sin x}$

$= -\dfrac{1}{4}\lim\limits_{x \to 0} \dfrac{3x^2}{1-\cos x} = -\dfrac{3}{4}\lim\limits_{x \to 0} \dfrac{x^2}{\dfrac{1}{2}x^2} = -\dfrac{3}{2}$.

$\left[\text{利用等价无穷小替换 } x \to 0 \text{ 时}, \tan^2\left(\dfrac{x^2}{2}\right) \sim \left(\dfrac{x^2}{2}\right)^2\right]$

三、解:$f(-0) = \lim\limits_{x \to 0^-} \int_0^x te^t \, dt = 0, f(+0) = \lim\limits_{x \to 0^+} f(x) = \lim\limits_{x \to 0^+} x^2 = 0$,又 $f(0) = 0$;

故 $f(x)$ 在点 $x=0$ 处连续.

$$f'_-(0) = \lim_{x \to 0^-} \frac{f(x)-f(0)}{x} = \lim_{x \to 0^-} \frac{\int_0^x te^t dt}{x} = \lim_{x \to 0^+}(xe^x) = 0,$$

$$f'_+(0) = \lim_{x \to 0^+} \frac{f(x)-f(0)}{x} = \lim_{x \to 0^+} \frac{x^2}{x} = 0,$$

$f'(0) = 0, f(x)$ 在点 $x=0$ 处可导.

四、计算下列定积分

1. 原式 $= \left(\dfrac{1}{3}x^3 + \dfrac{4}{3}x^{\frac{3}{2}} + \ln x\right)\Big|_1^2 = 1 + \dfrac{8\sqrt{2}}{3} + \ln 2.$

2. 原式 $= \arctan x \Big|_0^{\sqrt{3}} = \dfrac{\pi}{3}.$

3. 原式 $= \left(\dfrac{1}{3}\tan^3 x - \tan x + x\right)\Big|_0^{\frac{\pi}{4}} = \dfrac{\pi}{4} - \dfrac{2}{3}.$

B 级同步训练题

一、客观题

1. (B). **2.** (B). **3.** $\begin{cases} -\dfrac{b^2}{2}, & b < 0; \\ 0, & b = 0; \\ \dfrac{b^2}{2}, & b > 0. \end{cases}$

二、计算下列极限

1. 原式 $= \lim\limits_{x \to 0} \dfrac{\dfrac{\ln(1+\sin^2 x)}{\sin^2 x} \cdot \sin 2x}{2xe^{x^2}} = \lim\limits_{x \to 0} \dfrac{\ln(1+\sin^2 x)}{\sin^2 x} \cdot \dfrac{\sin 2x}{2x} \cdot \dfrac{1}{e^{x^2}} = 1.$

2. 原式 $\lim\limits_{x \to 0} \dfrac{3^{-x} - 2^{-x}}{3\arcsin 12x} = \lim\limits_{x \to 0} \dfrac{-3^{-x}\ln 3 + 2^{-x}\ln 2}{36} = \dfrac{1}{36}(\ln 2 - \ln 3) = \dfrac{1}{36}\ln\dfrac{2}{3}.$

3. 原式 $= \lim\limits_{x \to 0} \dfrac{\dfrac{2x^3}{\sqrt{a^2+x^2}}}{4x^3} = \dfrac{1}{2\sqrt{a^2}}, \dfrac{1}{2|a|} = 1, a = \pm\dfrac{1}{2}.$

4. 原式 $= \lim\limits_{x \to 1} \dfrac{\int_x^1 f(u)du}{2(x-1)} = \lim\limits_{x \to 1} \dfrac{-f(x)}{2} = -\dfrac{1}{2}f(1) = -1.$

5. 原式 $= \lim\limits_{x \to 0^+} \dfrac{2x(\tan x - x)}{x(\tan x - \sin x)} = \lim\limits_{x \to 0} \dfrac{2(\tan x - x)}{\tan x - \sin x} = 2\lim\limits_{x \to 0} \dfrac{\sec^2 x - 1}{\sec^2 x - \cos x}$

$= 2\lim\limits_{x \to 0} \dfrac{\tan^2 x}{\sec^2 x(1-\cos^3 x)} = 2\lim\limits_{x \to 0} \dfrac{\sin^2 x}{1-\cos^3 x} = 2\lim\limits_{x \to 0} \dfrac{2\sin x \cos x}{3\cos^2 x \cdot \sin x} = \dfrac{4}{3}.$

三、解: 由题意知, $f(0) = 0, f'(0) = 2$, 则

$$\lim_{x \to 0} \frac{\int_0^x f(t)dt}{x\ln(1+x)} = \lim_{x \to 0} \frac{f(x)}{2x} = \lim_{x \to 0} \frac{f'(x)}{2} = \frac{1}{2}f'(0) = 1.$$

(利用:$x \to 0$ 时,$\ln(1+x) \sim x$)

四、解:$\lim\limits_{x \to 0^-} f(x) = \lim\limits_{x \to 0^-} \dfrac{1-\cos ax}{x^2} = \dfrac{a^2}{2} = f(0) = 1$,故 $a = \pm\sqrt{2}$;

$$\lim_{x \to 0^+} f(x) = \lim_{x \to 0^+} \dfrac{b\sin x + \int_0^x \cos t^2 \,dt}{x} = \lim_{x \to 0} \dfrac{b\cos x + \cos x^2}{1} = b+1;$$

$= f(0) = 1$,故 $b = 0$.

五、解:$y' = x(x-3)^2$,令 $y' = 0$ 得函数的驻点 $x = 0, x = 3$.

$y'' = (x-3)^2 + 2x(x-3) = (x-3)(3x-3)$,

令 $y'' = 0$,得 $x = 1, x = 3$,列表如下:

x	$(-\infty,0)$	0	$(0,1)$	1	$(1,3)$	3	$(3,+\infty)$
y'	$-$	0	$+$		$+$	0	$+$
y''	$+$		$+$	0	$-$	0	$+$
$y=f(x)$	↘	极小值	↗	拐点	↗	拐点	↗

由此知函数的极小值为 $y(0)$;$y(0) = \int_0^0 t(t-3)^2 \,dt = 0$,

$y = \int_0^x t(t-3)^2 \,dt = \dfrac{x^4}{4} - 2x^3 + \dfrac{9}{2}x^2$,

极小值 $y(0) = 0$;$y(1) = \dfrac{11}{4}, y(3) = \dfrac{27}{4}$;

拐点为 $\left(1, \dfrac{11}{4}\right)$ 和 $\left(3, \dfrac{27}{4}\right)$.

六、解:令 $\int_0^2 f(x)\,dx = A, \int_0^1 f(x)\,dx = B$,

$\int_0^2 f(x)\,dx = \int_0^2 x^2 \,dx - A\int_0^2 x \,dx + 4B, 3A - 4B = \dfrac{8}{3}$;

$\int_0^1 f(x)\,dx = \int_0^1 x^2 \,dx - A\int_0^1 x \,dx + 2B, \dfrac{1}{2}A - B = \dfrac{1}{3}$;

$A = \dfrac{4}{3}; B = \dfrac{1}{3}$;故 $f(x) = x^2 - \dfrac{4}{3}x + \dfrac{2}{3}$.

七、解:当 $x < 0, f(x) = 1$,故 $F(x) = \int_0^x f(t)\,dt = \int_0^x 1 \,dt = x$.

$0 \leqslant x \leqslant \pi, f(x) = \dfrac{1}{2}\sin x$,故 $F(x) = \int_0^x \dfrac{1}{2}\sin t \,dt = -\dfrac{1}{2}\cos t \Big|_0^x = \dfrac{1}{2} - \dfrac{1}{2}\cos x$.

$x > \pi, F(x) = \int_0^\pi \dfrac{1}{2}\sin t \,dt + \int_\pi^x 1 \,dt = 1 + x - \pi$.

所以,$F(x) = \begin{cases} x, & x < 0; \\ \dfrac{1}{2} - \dfrac{1}{2}\cos x, & 0 \leqslant x \leqslant \pi; \\ 1 + x - \pi, & x > \pi. \end{cases}$

八、解:原式 $= \int_0^{\frac{\pi}{4}} \cos x \mathrm{d}x + \int_{\frac{\pi}{4}}^{\frac{\pi}{2}} \sin x \mathrm{d}x = \sin x \Big|_0^{\frac{\pi}{4}} - \cos x \Big|_{\frac{\pi}{4}}^{\frac{\pi}{2}} = \sqrt{2}.$

§5-3 定积分换元法与分部积分法

A 级同步训练题

一、客观题

1. 定积分 $\int_1^2 -\frac{1}{x^2} \mathrm{e}^{\frac{1}{x}} \mathrm{d}x$ 的值是( ).

   (A) $\mathrm{e}^{\frac{1}{2}}$ (B) $\mathrm{e}^{\frac{1}{2}} - \mathrm{e}$ (C) 1   (D) 不存在

2. 积分 $\int_1^{\mathrm{e}} \frac{\ln x^2}{x} \mathrm{d}x = ($ $).$

   (A) $\frac{\mathrm{e}^2}{2} - 1$ (B) $\frac{1}{\mathrm{e}^2} - 1$ (C) 1   (D) -2

3. 定积分 $\int_{-7}^0 \frac{1}{\sqrt[3]{x+8}} \mathrm{d}x$ 作适当变换后应等于( ).

   (A) $\int_0^1 3x \mathrm{d}x$ (B) $\int_1^2 3x \mathrm{d}x$ (C) $\int_0^2 3x \mathrm{d}x$ (D) $\int_{-7}^0 3x \mathrm{d}x$

4. 设 $f(x)$ 在给定区间上连续,则 $\int_0^a x^3 f(x^2) \mathrm{d}x = ($ $).$

   (A) $\frac{1}{2} \int_0^a x f(x) \mathrm{d}x$ (B) $\frac{1}{2} \int_0^{a^2} x f(x) \mathrm{d}x$

   (C) $2 \int_0^{a^2} x f(x) \mathrm{d}x$ (D) $\int_0^a x f(x) \mathrm{d}x$

5. 若 $\int_0^x f(t) \mathrm{d}t = \frac{x^4}{2}$,则 $\int_0^4 \frac{1}{\sqrt{x}} f(\sqrt{x}) \mathrm{d}x = ($ $).$

   (A) 16   (B) 8   (C) 4   (D) 2

6. $\int_{-\frac{\pi}{2}}^{\frac{\pi}{2}} \sin^4 x \mathrm{d}x = $ _____.

7. $F(x) = \int_0^x t \mathrm{e}^{-t^2} \mathrm{d}t$ 有极值,则当 $x = $ _____ 时,取极小值 _____.

8. $\int_{-1}^1 x \ln(1+x^2) \mathrm{d}x = $ _____.

二、计算下列定积分

1. $\int_1^{\mathrm{e}^3} \frac{\mathrm{d}x}{x \sqrt{1+\ln x}}.$ 2. $\int_{-1}^1 (x - \sqrt{1-x^2})^2 \mathrm{d}x.$

3. 设 $f(x)=\begin{cases}1+x^2, & x<0;\\ e^{-x}, & x\geqslant 0,\end{cases}$ 求 $\int_1^3 f(x-2)dx$.   4. 求 $\int_0^1 x\sqrt{\dfrac{1-x^2}{1+x^2}}dx$.

5. 求 $\int_{\sqrt{e}}^{e} \dfrac{dx}{x\sqrt{\ln x(1-\ln x)}}$.   6. 求 $\int_1^2 \dfrac{dx}{x(x^6+4)}$.

三、计算下列定积分

1. 求 $\int_0^1 \ln(x+\sqrt{1+x^2})dx$.   2. 求 $\int_0^{\frac{1}{4}} \dfrac{\arcsin\sqrt{x}}{\sqrt{1-x}}dx$.

3. 求 $\int_0^1 \arctan\sqrt{x}\,dx$.   4. 求 $\int_0^\pi x^2\cos x\,dx$.

四、已知 $f(2)=\dfrac{1}{2}, f'(2)=0$ 及 $\int_0^2 f(x)dx=1$,求 $\int_0^1 x^2 f''(2x)dx$,$f(x)$ 具有连续导数.

B 级同步训练题

一、客观题

1. 设 $\varphi(x)$ 为连续的奇函数,又 $f(x)=\int_0^x \varphi(t)dt$,则 $f(-x)=$ (   ).

  (A) $f(x)$ (B) $-f(x)$ (C) 0   (D) $\varphi(x)$

2. $f''(x)$ 在 $[a,b]$ 上连续,则 $\int_a^b xf''(x)dx=$ (   ).

  (A) $[af'(a)-f(a)]-[bf'(b)-f(b)]$
  (B) $[bf'(b)-f(b)]+[af'(a)-f(a)]$
  (C) $[bf'(b)-f(b)]-[af'(a)-f(a)]$
  (D) $[af'(a)-f(a)]+[bf'(b)-f(b)]$

3. 若函数 $f(x)$ 在 $[-a,a]$ 上连续,则 $\int_{-a}^a [f(x)-f(-x)]dx=$ _____.

4. 设 $f'(x)$ 连续,则 $\int_a^b f'(2x)dx=$ _____.

5. $\dfrac{d}{dx}\int_0^x \cos(t-x)dt=$ _____.

6. $\int_{-3}^3 (x^3+4)\sqrt{9-x^2}\,dx=$ _____.

7. 设 $f(x)$ 以 T 为周期的连续函数,$\int_0^T f(x)dx=1$,则 $\int_1^{1+2016T} f(x)dx=$ _____.

8. $\int_0^\pi \sin^{10}x\,dx=$ _____.

二、计算下列定积分

1. 求 $\int_0^1 \dfrac{dx}{x+\sqrt{1-x^2}}$.   2. 求 $\int_{-1}^1 (x^2-1)^n dx$,其中 n 为正整数.

3. 求 $\int_0^{\frac{\pi}{2}} \dfrac{\mathrm{d}x}{2+\cos x}$. 　　　4. 求 $\int_{-\frac{\pi}{2}}^{\frac{\pi}{2}} \dfrac{\mathrm{e}^x \sin^4 x}{1+\mathrm{e}^x}\mathrm{d}x$.

三、计算下列定积分

1. 求 $\int_0^1 \arcsin\sqrt{x}\,\mathrm{d}x$. 　　　2. 求 $\int_0^{\frac{\pi}{2}} x^2 \sin x\,\mathrm{d}x$.

3. 求 $\int_0^4 \cos(\sqrt{x}-1)\,\mathrm{d}x$. 　　　4. 求 $\int_0^1 \dfrac{x\mathrm{e}^x}{(1+x)^2}\,\mathrm{d}x$.

四、若 $f'(u)$ 在 $[-1,1]$ 上连续，求 $\int_0^\pi [f(\cos x)\cos x - f'(\cos x)\sin^2 x]\mathrm{d}x$.

五、设 $f(x)$ 在 $[a,+\infty)$ 上连续，且 $f(a)=0$，

证明：$\lim\limits_{h\to 0} \dfrac{1}{h}\int_a^x [f(t+h)-f(t)]\mathrm{d}t = f(x)$.

辅导与参考答案

A 级同步训练题

一、客观题

1. (B). 　2. (C). 　3. (B). 　4. (B). 　5. (A). 　6. $\dfrac{3}{8}\pi$. 　7. $0,0$. 　8. 0.

二、计算下列定积分

1. 解：原式 $= 2\sqrt{1+\ln x}\Big|_1^{\mathrm{e}^3} = 2$.

2. 解：原式 $= \int_{-1}^1 (x^2 - 2x\sqrt{1-x^2} + 1 - x^2)\mathrm{d}x = 2$.

3. 解：令 $x-2=u, \mathrm{d}x=\mathrm{d}u$,

   原式 $= \int_{-1}^1 f(u)\mathrm{d}u = \int_{-1}^0 (1+u^2)\mathrm{d}u + \int_0^1 \mathrm{e}^{-u}\mathrm{d}u = \dfrac{7}{3} - \mathrm{e}^{-1}$.

4. 解：令 $x^2 = t$，原式 $= \int_0^1 \dfrac{1}{2}\sqrt{\dfrac{1-t}{1+t}}\mathrm{d}t = \dfrac{1}{2}\int_0^1 \dfrac{1-t}{\sqrt{1-t^2}}\mathrm{d}t$

   $= \dfrac{1}{2}\int_0^1 \left(\dfrac{1}{\sqrt{1-t^2}} - \dfrac{t}{\sqrt{1-t^2}}\right)\mathrm{d}t = \dfrac{1}{2}\arcsin t\Big|_0^1 + \dfrac{1}{2}\sqrt{1-t^2}\Big|_0^1 = \dfrac{1}{4}(\pi - 2)$.

5. 解：令 $\ln x = t, x = \mathrm{e}^t, \mathrm{d}x = \mathrm{e}^t\mathrm{d}t$,

   原式 $= \int_{\frac{1}{2}}^1 \dfrac{\mathrm{e}^t}{\mathrm{e}^t\sqrt{t(1-t)}}\mathrm{d}t = 2\int_{\frac{1}{2}}^1 \dfrac{\mathrm{d}\sqrt{t}}{\sqrt{1-(\sqrt{t})^2}} = 2\arcsin\sqrt{t}\Big|_{\frac{1}{2}}^1 = \dfrac{\pi}{2}$.

6. 解：原式 $= \int_1^2 \dfrac{x^5}{x^6(x^6+4)}\mathrm{d}x$ 　$(x^6 = t)$

   $= \dfrac{1}{6}\int_1^{64} \dfrac{\mathrm{d}t}{t(t+4)} = \dfrac{1}{24}\int_1^{64} \left(\dfrac{1}{t} - \dfrac{1}{t+4}\right)\mathrm{d}t$

$$= \frac{1}{24}\big[\ln t - \ln(t+4)\big]_1^{64} = \frac{1}{24}\ln\frac{80}{17}.$$

三、计算下列定积分

1. 解:原式 $= x\ln(x+\sqrt{1+x^2})\Big|_0^1 - \int_0^1 \frac{x}{\sqrt{1+x^2}}dx$

$= \ln(1+\sqrt{2}) - \frac{1}{2}\int_0^1 (1+x^2)^{-\frac{1}{2}}d(1+x^2)$

$= \ln(1+\sqrt{2}) - \sqrt{1+x^2}\Big|_0^1 = \ln(1+\sqrt{2}) - \sqrt{2} + 1.$

2. 解:原式 $= \int_0^{\frac{1}{2}} \frac{2t\arcsin t}{\sqrt{1-t^2}}dt$ (令 $\sqrt{x}=t$)

$= \int_0^{\frac{1}{2}} \arcsin t\, d(-2\sqrt{1-t^2}) = -2\sqrt{1-t^2}\arcsin t\Big|_0^{\frac{1}{2}} + 2\int_0^{\frac{1}{2}}dt = 1 - \frac{\sqrt{3}}{6}\pi.$

3. 解:原式 $= \int_0^1 \arctan t\, d(t^2)$ (令 $\sqrt{x}=t$)

$= t^2\arctan t\Big|_0^1 - \int_0^1 \frac{t^2}{1+t^2}dt = \frac{\pi}{4} - \int_0^1 \left(1 - \frac{1}{1+t^2}\right)dt = \frac{\pi}{2} - 1.$

4. 解:原式 $= x^2\sin x\Big|_0^\pi - 2\int_0^\pi x\sin x\, dx = 2x\cos x\Big|_0^\pi - 2\int_0^\pi \cos x\, dx = -2\pi.$

四、解: $\int_0^1 x^2 f''(2x)dx \xrightarrow{t=2x} \frac{1}{8}\int_0^2 t^2 f''(t)dt = \frac{1}{8}\left[t^2 f'(t)\Big|_0^2 - 2\int_0^2 tf'(t)dt\right]$

$= -\frac{1}{4}\int_0^2 t\, df(t) = -\frac{1}{4}\left[tf(t)\Big|_0^2 - \int_0^2 f(t)dt\right] = -\frac{1}{4}[1-1] = 0.$

B 级同步训练题

一、客观题

1. (A). **2.** (C). **3.** 0. **4.** $\frac{1}{2}[f(2b) - f(2a)]$. **5.** $\cos x$. **6.** 18π. **7.** 2016.

8. $\frac{63\pi}{256}$.

二、计算下列定积分

1. 解:原式 $= \int_0^{\frac{\pi}{2}} \frac{\cos t}{\sin t + \cos t}dt$ (令 $x = \sin t$)

$= \int_0^{\frac{\pi}{2}}\left(1 - \frac{\sin t}{\sin t + \cos t}\right)dt = \frac{\pi}{2} - \int_0^{\frac{\pi}{2}} \frac{\sin t}{\sin t + \cos t}dt,$

令 $t = \frac{\pi}{2} - u$,右式第二项

$I = \int_{\frac{\pi}{2}}^0 \frac{\cos u}{\sin u + \cos u}(-du) = \int_0^{\frac{\pi}{2}} \frac{\cos u}{\sin u + \cos u}du,$

$2I = \frac{\pi}{2}, \quad I = \frac{\pi}{4}, \quad 原式 = \frac{\pi}{4}.$

2. 解：原式 $= (-1)^n 2\int_0^1 (1-x^2)^n dx$ （令 $x = \sin t$）

$$= (-1)^n 2\int_0^{\frac{\pi}{2}} \cos^{2n+1} t\, dt = (-1)^n \frac{2 \cdot (2n)!!}{(2n+1)!!}.$$

3. 解：原式 $= \int_0^{\frac{\pi}{2}} \frac{dx}{2+2\cos^2\frac{x}{2}-1} = 2\int_0^1 \frac{dt}{3+t^2}$ （令 $\tan\frac{x}{2} = t$）

$$= \frac{2}{\sqrt{3}} \arctan\frac{t}{\sqrt{3}}\bigg|_0^1 = \frac{\sqrt{3}}{9}\pi.$$

4. 解：原式 $= \int_{-\frac{\pi}{2}}^{\frac{\pi}{2}} \sin^4 x\, dx - \int_{-\frac{\pi}{2}}^{\frac{\pi}{2}} \frac{\sin^4 x}{1+e^x} dx$，记 $I = \int_{-\frac{\pi}{2}}^{\frac{\pi}{2}} \frac{\sin^4 x}{1+e^x} dx$ （$x = -t$）

$$= -\int_{\frac{\pi}{2}}^{-\frac{\pi}{2}} \frac{\sin^4 t}{1+e^{-t}} dt = \int_{-\frac{\pi}{2}}^{\frac{\pi}{2}} \frac{e^t \sin^4 t}{e^t+1} dt,$$

原式 $= \frac{1}{2}\int_{-\frac{\pi}{2}}^{\frac{\pi}{2}} \sin^4 x\, dx = \int_0^{\frac{\pi}{2}} \sin^4 x\, dx = \frac{3}{4\times 2} \cdot \frac{\pi}{2} = \frac{3\pi}{16}.$

三、计算下列定积分

1. 解：原式（令 $\sqrt{x} = \sin u$）

$$= \int_0^{\frac{\pi}{2}} u\sin 2u\, du = -\frac{u}{2}\cos 2u\bigg|_0^{\frac{\pi}{2}} + \frac{1}{2}\int_0^{\frac{\pi}{2}} \cos 2u\, du = \frac{\pi}{4}.$$

2. 解：原式 $= -x^2\cos x\bigg|_0^{\frac{\pi}{2}} + 2\int_0^{\frac{\pi}{2}} x\cos x\, dx = 2x\sin x\bigg|_0^{\frac{\pi}{2}} - 2\int_0^{\frac{\pi}{2}} \sin x\, dx$

$$= \pi + 2\cos x\bigg|_0^{\frac{\pi}{2}} = \pi - 2.$$

3. 解：原式 $= \int_{-1}^1 2(t+1)\cos t\, dt$ （令 $\sqrt{x} = t+1$）

$$= 4\int_0^1 \cos t\, dt = 4\sin 1.$$

4. 解：原式 $= \int_0^1 \frac{e^x}{1+x} dx - \int_0^1 \frac{e^x}{(1+x)^2} dx$

$$= \frac{e^x}{1+x}\bigg|_0^1 + \int_0^1 \frac{e^x}{(1+x)^2} dx - \int_0^1 \frac{e^x}{(1+x)^2} dx = \frac{e}{2} - 1.$$

四、解：$\int_0^\pi [f(\cos x)\cos x - f'(\cos x)\sin^2 x] dx$

$$= \int_0^\pi f(\cos x)\cos x\, dx - \int_0^\pi f'(\cos x)\sin^2 x\, dx$$

$$= f(\cos x)\sin x\bigg|_0^\pi - \int_0^\pi f'(\cos x)(-\sin x)\sin x\, dx - \int_0^\pi f'(\cos x)\sin^2 x\, dx = 0.$$

五、证：左边 $= \lim_{h\to 0}\frac{1}{h}\left[\left(\int_{a+h}^a + \int_a^x + \int_x^{x+h}\right)f(t)dt - \int_a^x f(t)dt\right]$ （令 $t+h = u$）

$$= \lim_{h\to 0}\frac{1}{h}\left[\int_{a+h}^a f(t)dt + \int_x^{x+h} f(t)dt\right] \quad \left(\frac{0}{0}\text{ 型}\right)$$

$$= \lim_{h\to 0}[-f(a+h) + f(x+h)]$$

$$= f(x) - f(a) = f(x) = 右边.$$

§5-4 反常积分

A 级同步训练题

一、客观题

1. 以下各积分不属于反常积分的是( ).

(A) $\int_0^{+\infty} \ln(1+x)\,dx$ (B) $\int_0^1 \frac{\sin x}{x}\,dx$ (C) $\int_{-1}^1 \frac{dx}{x^2}$ (D) $\int_{-3}^0 \frac{dx}{1+x}$

2. 已知反常积分 $\int_{-\infty}^{+\infty} e^{k|x|}\,dx = 1$, 则 $k = $ _____.

(A) $\frac{1}{2}$ (B) $-\frac{1}{2}$ (C) 2 (D) -2

3. $\int_0^1 \frac{dx}{\sqrt{1-x}}\,dx$ 是( ).

(A) 发散 (B) 收敛于 $\frac{1}{2}$ (C) 收敛于 2 (D) 收敛于 1

4. 若 $\int_0^{+\infty} \frac{a}{1+x^2}\,dx = \pi$, 则 $a = ($).

(A) 1 (B) 2 (C) $\frac{1}{2}$ (D) $-\frac{1}{2}$

二、计算下列反常积分

1. 求 $\int_a^{2a} \left[\frac{1}{(x-a)^{\frac{2}{3}}} + 3x^2\right]dx$.
2. 求 $\int_1^2 \frac{x}{\sqrt{x-1}}\,dx$.
3. 求 $\int_1^{+\infty} \frac{dx}{x\sqrt{1+x^2}}$.
4. 求 $\int_1^{+\infty} \frac{1+2x^2}{x^2(1+x^2)}\,dx$.
5. 求 $\int_0^{+\infty} x^3 e^{-x^2}\,dx$.

三、 求 $\int_1^{+\infty} \frac{\arctan x}{x^2(1+x^2)}\,dx$.

四、 求 $\int_{-1}^1 \frac{3x^2+2}{\sqrt[3]{x^2}}\,dx$.

B 级同步训练题

一、计算下列反常积分

1. $\int_0^{+\infty} \frac{dx}{(1+x^2)^2}$.
2. $\int_{\sqrt{2}}^{+\infty} \frac{dx}{x\sqrt{x^2-1}}$.
3. $\int_0^{+\infty} \frac{\arctan x}{(1+x^2)^{\frac{3}{2}}}\,dx$.

二、求下列反常积分

1. $\int_0^{+\infty} e^{-\sqrt{x}}\,dx$.
2. $\int_0^{+\infty} e^{-x}\sin x\,dx$.
3. $\int_1^3 \frac{x\,dx}{\sqrt{|x^2-4|}}$.

4. $\int_0^1 \sqrt{\dfrac{x}{1-x}}\,dx$.   5. $\int_0^{+\infty} \min\left(e^{-x}, \dfrac{1}{2}\right)dx$.

辅导与参考答案

A 级同步训练题

一、客观题

1. (B).   2. (D).   3. (C).   4. (B).

二、计算下列反常积分

1. 原式 $= \left[3(x-a)^{\frac{1}{3}} + x^3\right]_a^{2a} = 3\sqrt[3]{a} + 7a^3$.

2. 原式 $= \int_1^2 \left(\sqrt{x-1} + \dfrac{1}{\sqrt{x-1}}\right)dx = \left(\dfrac{2}{3}(x-1)^{\frac{3}{2}} + 2\sqrt{x-1}\right)\bigg|_1^2 = \dfrac{8}{3}$.

3. 原式 $= \int_0^1 \dfrac{dt}{\sqrt{1+t^2}} = \ln(t + \sqrt{1+t^2})\bigg|_0^1 = \ln(1+\sqrt{2})$. （令 $x = \dfrac{1}{t}$）

4. 原式 $= \int_1^{+\infty} \dfrac{1+2x^2}{x^2(1+x^2)}dx = \int_1^{+\infty} \left(\dfrac{1}{x^2} + \dfrac{1}{1+x^2}\right)dx$
   $= \left(-\dfrac{1}{x} + \arctan x\right)\bigg|_1^{+\infty} = 1 + \dfrac{\pi}{4}$.

5. 令 $x^2 = t$, 原式 $= \dfrac{1}{2}\int_0^{+\infty} te^{-t}dt = \dfrac{1}{2}\int_0^{+\infty} te^{-t}dt = \dfrac{1}{2}(-te^{-t} - e^{-t})\bigg|_0^{+\infty} = \dfrac{1}{2}$.

三、 原式 $= \int_{\frac{\pi}{4}}^{\frac{\pi}{2}} t \cdot \cot^2 t\, dt$　（令 $x = \tan t$）

$= \int_{\frac{\pi}{4}}^{\frac{\pi}{2}} t(\csc^2 t - 1)dt = -\left(t\cdot\cot t - \ln\sin t + \dfrac{t^2}{2}\right)\bigg|_{\frac{\pi}{4}}^{\frac{\pi}{2}} = \dfrac{\pi}{4} - \dfrac{1}{2}\ln 2 - \dfrac{3}{32}\pi^2$.

四、 原式 $= \int_{-1}^1 3x^{\frac{4}{3}}dx + \int_{-1}^1 \dfrac{2}{x^{\frac{2}{3}}}dx$, $\int_{-1}^1 3x^{\frac{4}{3}}dx = \dfrac{9}{7}x^{\frac{7}{3}}\bigg|_{-1}^1 = \dfrac{18}{7}$,

$\int_0^1 \dfrac{2}{x^{\frac{2}{3}}}dx = \left[6x^{\frac{1}{3}}\right]_{0^+}^1 = 6.$ ($x = 0$ 是瑕点)

同理：$\int_{-1}^0 \dfrac{2}{x^{\frac{2}{3}}}dx = 6$, 故 $\int_{-1}^1 \dfrac{2}{x^{\frac{2}{3}}}dx = 12$,

所以原式 $= \dfrac{18}{7} + 12 = 14\dfrac{4}{7}$.

B 级同步训练题

一、计算下列反常积分

1. 原式 $= \int_0^{\frac{\pi}{2}} \cos^2 t\, dt = \dfrac{\pi}{4}$.   （令 $x = \tan t$）

2. 原式 $= \int_0^{\frac{\sqrt{2}}{2}} \frac{\mathrm{d}t}{\sqrt{1-t^2}} = \arcsin t \Big|_0^{\frac{\sqrt{2}}{2}} = \frac{\pi}{4}.$ （令 $x = \frac{1}{t}$）

3. 令 $\arctan x = t$，原式 $= \int_0^{\frac{\pi}{2}} \frac{t}{\sec^3 t} \sec^2 t \mathrm{d}t = \int_0^{\frac{\pi}{2}} t\cos t \mathrm{d}t = \int_0^{\frac{\pi}{2}} t\mathrm{d}\sin t$

$$= t\sin t \Big|_0^{\frac{\pi}{2}} - \int_0^{\frac{\pi}{2}} \sin t \mathrm{d}t = \frac{\pi}{2} + \cos t \Big|_0^{\frac{\pi}{2}} = \frac{\pi}{2} - 1.$$

二、计算下列反常积分

1. 原式 $= 2\int_0^{+\infty} t\mathrm{e}^{-t}\mathrm{d}t = 2(-t\mathrm{e}^{-t} - \mathrm{e}^{-t}) \Big|_0^{+\infty} = 2.$ （令 $\sqrt{x} = t$）

2. 原式 $= \int_0^{+\infty} \mathrm{e}^{-x}\sin x \mathrm{d}x = -\mathrm{e}^{-x}\sin x \Big|_0^{+\infty} + \int_0^{+\infty} \mathrm{e}^{-x}\cos x \mathrm{d}x$

$= -\mathrm{e}^{-x}\cos x \Big|_0^{+\infty} - \int_0^{+\infty} \mathrm{e}^{-x}\sin x \mathrm{d}x = 1 - \int_0^{+\infty} \mathrm{e}^{-x}\sin x \mathrm{d}x = \frac{1}{2}.$

3. 原式 $= \int_1^2 \frac{x\mathrm{d}x}{\sqrt{4-x^2}} + \int_2^3 \frac{x\mathrm{d}x}{\sqrt{x^2-4}} = -\sqrt{4-x^2} \Big|_1^2 + \sqrt{x^2-4} \Big|_2^3 = \sqrt{3} + \sqrt{5}.$

4. 令 $x = \sin^2 t$，原式 $= \int_0^{\frac{\pi}{2}} 2\sin^2 t \mathrm{d}t = 2 \cdot \frac{\pi}{4} = \frac{\pi}{2}.$

5. 原式 $= \int_0^{\ln 2} \frac{1}{2}\mathrm{d}x + \int_{\ln 2}^{+\infty} \mathrm{e}^{-x}\mathrm{d}x = \frac{1}{2}\ln 2 - \mathrm{e}^{-x} \Big|_{\ln 2}^{+\infty} = \frac{1}{2}\ln 2 + \mathrm{e}^{-\ln 2} = \frac{1}{2}(\ln 2 + 1).$

第6章 定积分的应用

[教学目的与要求]

1. 掌握定积分元素法的表达式.

2. 学会计算一些几何量(平面图形的面积、平面曲线的弧长、旋转体的体积及侧面积、平行截面面积为已知的立体体积等).

3. 学会计算一些物理量(变力做功、引力、压力和函数的平均值等).

§6-1 定积分的几何应用

A 级同步训练题

一、客观题

1. 如图 6-1 所示,S_1 和 S_2 表示的面积,S_1 位于 x 轴下方,S_2 位于上方,则 $\int_a^b f(x)\mathrm{d}x = (\qquad)$.

   (A) $S_1 + S_2$　　(B) $S_1 - S_2$　　(C) $S_2 - S_1$　　(D) $|S_1 - S_2|$

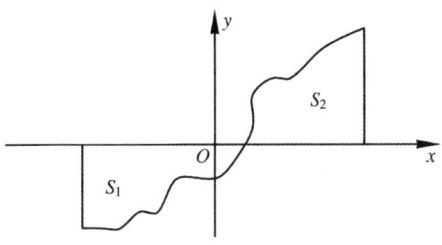

图 6-1

2. 曲边梯形 $0 \leqslant y \leqslant f(x), 0 \leqslant a \leqslant x \leqslant b$,绕 x 轴旋转得到的旋转体的体积为 ( ).

   (A) $\pi \int_a^b f^2(x)\mathrm{d}x$　　　　(B) $\int_a^b f^2(x)\mathrm{d}x$

   (C) $2\pi \int_a^b xf(x)\mathrm{d}x$　　　　(D) $\int_a^b xf(x)\mathrm{d}x$

3. 两个半径为 a 的直交圆柱体所围立体的体积 $V = (\qquad)$.

(A) $8\int_0^a (a^2-x^2)\mathrm{d}x$ (B) $16\int_0^a (a^2-x^2)\mathrm{d}x$

(C) $2\int_0^a (a^2-x^2)\mathrm{d}x$ (D) $4\int_0^a (a^2-x^2)\mathrm{d}x$

4. 曲线 $y=\ln x$ 与直线 $x=\dfrac{1}{e}$，$x=e$ 及 $y=0$ 所围成的平面图形的面积为( ).

(A) $e-\dfrac{1}{e}$ (B) $e+\dfrac{1}{e}$ (C) $2\left(1-\dfrac{1}{e}\right)$ (D) $\dfrac{1}{e}+1$

5. 由 $y=x^2$，$x=0$ 及 $y=1$ 所围成的平面图形绕 y 轴旋转而成旋转体的体积为( ).

(A) $\dfrac{\pi}{2}$ (B) $\dfrac{\pi}{3}$ (C) $\dfrac{\pi}{4}$ (D) $\dfrac{\pi}{6}$

二、求由曲线 $y^2=x$，$x^2=y$ 围成的平面图形，绕 y 轴旋转所得旋转体的体积.

三、求曲线 $y=x^2$ 和 $y=x^3$，在 $[0,1]$ 上所围成的平面图形的面积.

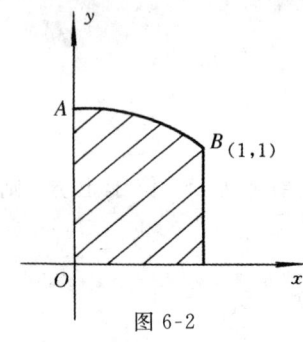

图 6-2

四、如图 6-2 所示，求图中阴影部分面积，其中 $\overset{\frown}{AB}$ 是以 $(0,0)$ 为圆心，半径为 $\sqrt{2}$ 的圆弧段.

五、两个半径为 1 的圆柱体正交(两对称轴垂直相交)，求公共部分的体积.

六、由 $xy=1$，$y=x$ 及 $x=2$ 围成一图形，求：(1) 面积；(2) 绕 x 轴旋转的体积.

七、求 $y=1-x^2$ 在 $(-1,0)$ 和 $(1,0)$ 两点处的切线和曲线所围图形的面积.

B 级同步训练题

一、客观题

1. 曲线 $y=\ln x$，$y=\ln a$，$y=\ln b(0<a<b)$ 及 y 轴所围成的平面图形的面积为( ).

(A) $\int_{\ln a}^{\ln b} \ln x\,\mathrm{d}x$ (B) $\int_{\ln a}^{\ln b} e^y\,\mathrm{d}y$ (C) $\int_{e^a}^{e^b} e^x\,\mathrm{d}x$ (D) $\int_{e^b}^{e^a} \ln x\,\mathrm{d}x$

2. 由曲线 $y=\sqrt{1-(x-1)^2}$ 与直线 $y=x$ 所围平面图形绕 y 轴旋转成的立体的体积 $V=($).

(A) $\pi\int_0^1 y^2\,\mathrm{d}y - \pi\int_0^1 (1-\sqrt{1-y^2})^2\,\mathrm{d}y$ (B) $\int_0^1 y^2\,\mathrm{d}y - \int_0^1 (1+\sqrt{1-y^2})^2\,\mathrm{d}y$

(C) $\int_0^1 y^2\,\mathrm{d}y - \int_0^1 (1-\sqrt{1-y^2})^2\,\mathrm{d}y$ (D) $\pi\int_0^1 (1+\sqrt{1-y^2})^2\,\mathrm{d}y - \pi\int_0^1 y^2\,\mathrm{d}y$

3. 曲线 $r=\sqrt{|\cos 2\theta|}$ $(0\leqslant\theta\leqslant 2\pi)$ 所围成的平面图形的面积为( ).

(A) 2　　(B) 0　　(C) 1　　(D) 3

4. 曲线 $r=3\cos\theta$ 和 $r=1+\cos\theta$ 所围成的平面图形的公共部分的面积为( ).

(A) $\int_0^{\frac{\pi}{4}} \frac{1}{2}(1+\cos\theta)^2 d\theta + \int_{\frac{\pi}{4}}^{\frac{\pi}{2}} \frac{1}{2}(3\cos\theta)^2 d\theta$

(B) $\int_0^{\frac{\pi}{3}} \frac{1}{2}(1+\cos\theta)^2 d\theta + \int_{\frac{\pi}{3}}^{\frac{\pi}{2}} \frac{1}{2}(3\cos\theta)^2 d\theta$

(C) $2\left[\int_0^{\frac{\pi}{4}} \frac{1}{2}(1+\cos\theta)^2 d\theta + \int_{\frac{\pi}{4}}^{\frac{\pi}{2}} \frac{1}{2}(3\cos\theta)^2 d\theta\right]$

(D) $2\left[\int_0^{\frac{\pi}{3}} \frac{1}{2}(1+\cos\theta)^2 d\theta + \int_{\frac{\pi}{3}}^{\frac{\pi}{2}} \frac{1}{2}(2\cos\theta)^2 d\theta\right]$

5. 曲线 $\begin{cases} x=a\cos^3 t, \\ y=a\sin^3 t \end{cases}$ 所围图形的面积 $A=($ 　 $)$.

(A) $\frac{\pi}{8}a^2$　　(B) $\frac{3\pi}{8}a^2$　　(C) $\frac{\pi}{4}a^2$　　(D) $\frac{\pi}{2}a^2$

二、求曲线 $y=x^3-6x$ 与 $y=x^2$ 所围成图形的面积.

三、求由曲线 $y=x^2$ 和 $y=x^3$ 所围成的平面图形分别绕 x 轴及绕 y 轴旋转而成的旋转体的体积.

四、求由不等式 $r\leqslant 2\cos 2\theta$ 和 $r\geqslant 1$ 确定的平面区域的面积.

五、求 $r\leqslant 2\cos\theta$ 与 $r^2\leqslant 6\cos 2\theta$ 所围成公共部分的面积.

六、求由不等式：$\frac{1}{x^2+3x+4}\leqslant y\leqslant \frac{1}{x^2+3x+2}$ 及 $0\leqslant x\leqslant 1$ 所确定的区域的面积.

七、试求 $(x^2+y^2)^2=a(x^2-y^2)$ 所围的平面图形绕 x 轴旋转所得立体的体积.

八、求摆线 $\begin{cases} x=a(t-\sin t), \\ y=a(1-\cos t) \end{cases}$ 的一拱 $(0\leqslant t\leqslant 2\pi)$ 与横轴所围成图形绕 x 轴旋转的体积.

辅导与参考答案

A级同步训练题

一、客观题

1. (C).　　**2.** (A).　　**3.** (A).　　**4.** (C).　　**5.** (A).

二、解：解出交点 $(0,0),(1,1)$.（图 6-3）

$$V_y = \pi\int_0^1 (y-y^4)dy = \pi\left(\frac{1}{2}-\frac{1}{5}\right) = \frac{3}{10}\pi.$$

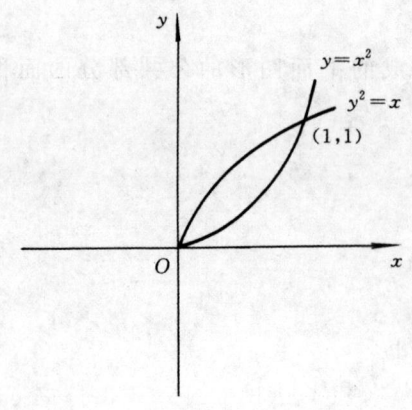

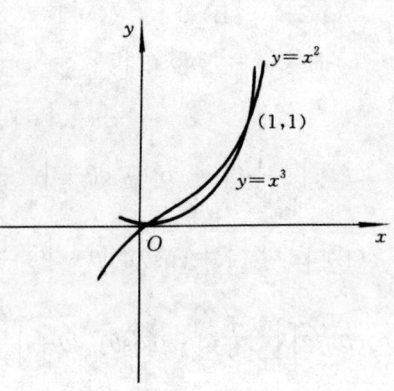

图 6-3 　　　　　　　　　　　　　图 6-4

三、解：$S = \int_0^1 (x^2 - x^3)\mathrm{d}x = \left(\frac{1}{3}x^3 - \frac{1}{4}x^4\right)\Big|_0^1 = \frac{1}{12}$.（图 6-4）

四、解：AB 的方程：$x^2 + y^2 = 2$，$S = \int_0^1 \sqrt{2-x^2}\,\mathrm{d}x$，设 $x = \sqrt{2}\sin t$，

$$S = \int_0^{\frac{\pi}{4}} 2\cos^2 t\,\mathrm{d}t = \int_0^{\frac{\pi}{4}} (1+\cos 2t)\,\mathrm{d}t = \frac{\pi}{4} + \frac{1}{2}\sin 2t\Big|_0^{\frac{\pi}{4}} = \frac{\pi}{4} + \frac{1}{2}.$$

五、解：$V = 8V_1 = 8\int_0^1 S(x)\mathrm{d}x$，$S(x) = y^2 = 1-x^2$

$$= 8\int_0^1 (1-x^2)\mathrm{d}x = 8\left(1 - \frac{1}{3}\right) = \frac{16}{3}.\text{（图 6-5）}$$

六、解：$S(x) = \int_1^2 \left(x - \frac{1}{x}\right)\mathrm{d}x = \frac{3}{2} - \ln 2$；

$$V(x) = \int_1^2 \pi\left(x^2 - \frac{1}{x^2}\right)\mathrm{d}x = \frac{11\pi}{6}.\text{（图 6-6）}$$

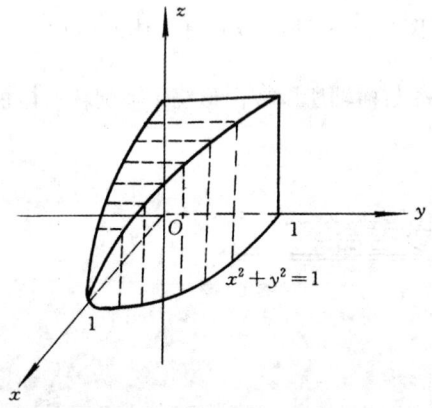

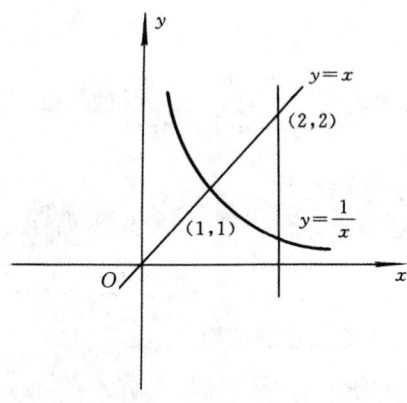

图 6-5 　　　　　　　　　　　　　图 6-6

七、解：$y' = -2x$，在 $(1,0)$ 处的切线方程为 $y = 2 - 2x$，由对称性知：

$$S = 2\int_0^1 (2 - 2x - 1 + x^2)\mathrm{d}x = \frac{2}{3}.\text{（图 6-7）}$$

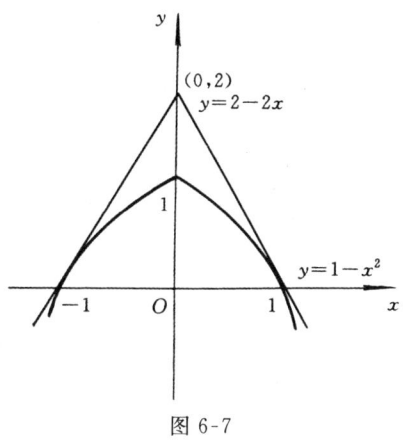

图 6-7

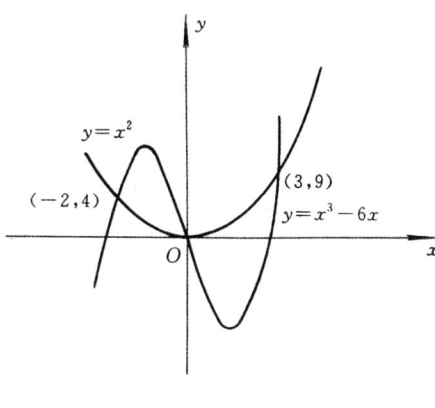

图 6-8

B 级同步训练题

一、客观题

1. (B). 2. (A). 3. (A). 4. (D). 5. (B).

二、解：交点为 $(0,0),(-2,4),(3,9)$（图 6-8）.
$$S=\int_{-2}^{0}(x^3-6x-x^2)\mathrm{d}x+\int_{0}^{3}(x^2-x^3+6x)\mathrm{d}x=\frac{253}{12}.$$

三、解：绕 x 轴 $V_x=\pi\int_{0}^{1}(x^4-x^6)\mathrm{d}x=\pi\left(\frac{1}{5}-\frac{1}{7}\right)=\frac{2}{35}\pi.$

绕 y 轴 $V_y=\pi\int_{0}^{1}(y^{\frac{2}{3}}-y)\mathrm{d}y=\pi\left(\frac{3}{5}-\frac{1}{2}\right)=\frac{\pi}{10}.$（图 6-9）

四、解：$2\cos 2\theta=1,\theta=\dfrac{\pi}{6}.$

$$S=8\cdot\frac{1}{2}\int_{0}^{\frac{\pi}{6}}(4\cos^2 2\theta-1)\mathrm{d}\theta$$

$$=4\int_{0}^{\frac{\pi}{6}}(1+2\cos 4\theta)\mathrm{d}\theta=\frac{4}{6}\pi+2\sin 4\theta\bigg|_{0}^{\frac{\pi}{6}}=\frac{2}{3}\pi+\sqrt{3}.\text{（图 6-10）}$$

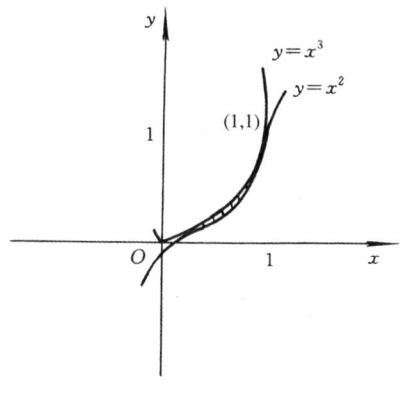

图 6-9

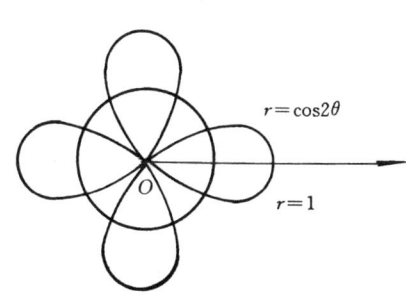

图 6-10

五、解:$\begin{cases} r = 2\cos\theta, \\ r^2 = 6\cos2\theta, \end{cases}$ 交点为 $\left(\sqrt{3}, -\dfrac{\pi}{6}\right)$, $\left(\sqrt{3}, \dfrac{\pi}{6}\right)$.(图 6-11)

$$S = 2\left(\dfrac{1}{2}\int_0^{\frac{\pi}{6}} 4\cos^2\theta d\theta + \dfrac{1}{2}\int_{\frac{\pi}{6}}^{\frac{\pi}{4}} 6\cos2\theta d\theta\right)$$

$$= 2\int_0^{\frac{\pi}{6}} (1+\cos2\theta)d\theta + 6\int_{\frac{\pi}{6}}^{\frac{\pi}{4}} \cos2\theta d\theta$$

$$= \dfrac{\pi}{3} + \sin2\theta\Big|_0^{\frac{\pi}{6}} + 3\sin2\theta\Big|_{\frac{\pi}{6}}^{\frac{\pi}{4}}$$

$$= \dfrac{\pi}{3} + \dfrac{\sqrt{3}}{2} + 3\left(1 - \dfrac{\sqrt{3}}{2}\right) = 3 + \dfrac{\pi}{3} - \sqrt{3}.$$

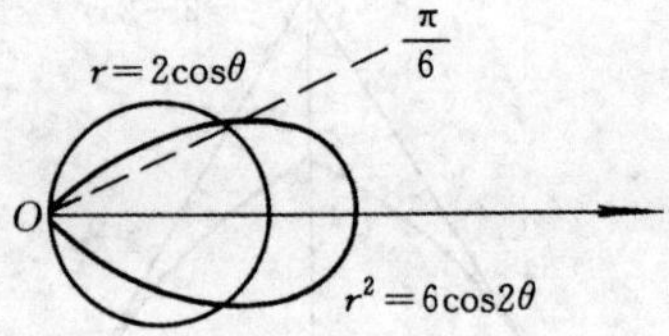

图 6-11

六、解:$S = \int_0^1 \left(\dfrac{1}{x^2+3x+2} - \dfrac{1}{x^2+3x+4}\right)dx$

$$= \int_0^1 \left[\dfrac{1}{x+1} - \dfrac{1}{x+2} - \dfrac{1}{\left(x+\dfrac{3}{2}\right)^2 + \dfrac{7}{4}}\right]dx$$

$$= \left(\ln\dfrac{x+1}{x+2} - \dfrac{2}{\sqrt{7}}\arctan\dfrac{2x+3}{\sqrt{7}}\right)\Big|_0^1$$

$$= \ln\dfrac{2}{3} - \ln\dfrac{1}{2} - \dfrac{2}{\sqrt{7}}\left(\arctan\dfrac{5}{\sqrt{7}} - \arctan\dfrac{3}{\sqrt{7}}\right)$$

$$= 2\ln2 - \ln3 - \dfrac{2\sqrt{7}}{7}\arctan\dfrac{\sqrt{7}}{11}.\text{(图 6-12)}$$

七、解:由题设得 $y^2 = \dfrac{1}{2}(-2x^2 - a^2 + a\sqrt{8x^2+a^2})$.(图 6-13)

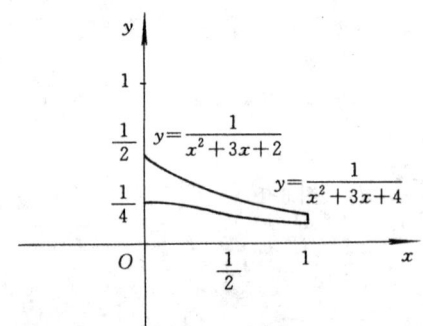

图 6-12

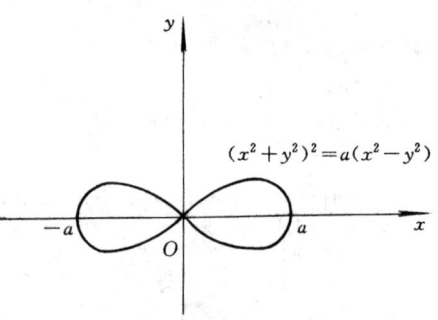

图 6-13

$$V_x = 2\pi\int_0^a y^2 dx = 2\pi\int_0^a \dfrac{1}{2}(-2x^2 - a^2 + a\sqrt{8x^2+a^2})dx$$

$$= -\dfrac{5}{3}\pi a^3 + \dfrac{\pi a}{2\sqrt{2}}\left[\dfrac{2\sqrt{2}}{2}3a^2 + \dfrac{a^2}{2}\ln(2\sqrt{2}+3)a\right] - \dfrac{\pi a^3}{2\sqrt{2}}\ln a$$

$$= \dfrac{1}{4}\pi a^3\left[\sqrt{2}\ln(\sqrt{2}+1) - \dfrac{2}{3}\right].$$

八、解：$V_x = \int_0^{2\pi a} \pi y^2 \mathrm{d}x = \pi \int_0^{2\pi} a^2(1-\cos t)^2 \mathrm{d}[a(t-\sin t)]$

$\quad = \pi a^3 \int_0^{2\pi} (1-\cos t)^3 \mathrm{d}t = 5\pi^2 a^3.$

§6-2 曲线的弧长计算和定积分的物理应用

A 级同步训练题

一、客观题

1. 曲线 $\begin{cases} x = \mathrm{e}^t \sin t, \\ y = \mathrm{e}^t \cos t \end{cases}$ 自 $t=0$ 至 $t=\dfrac{\pi}{2}$ 之间的一段弧的弧长 $s=$（　　）.

(A) $\sqrt{2}(5-\mathrm{e}^{\frac{\pi}{2}})$ (B) $\sqrt{2}\,|\,2-\mathrm{e}^{\frac{\pi}{2}}\,|$ (C) $\sqrt{2}\,\mathrm{e}^{\frac{\pi}{2}}$ (D) $\sqrt{2}(\mathrm{e}^{\frac{\pi}{2}}-1)$

2. 横截面面积为 $S(x)$，深为 2 的水池装满水，把水全部抽到高为 10 的水塔上，所做的功为（　　）.

(A) $\int_0^2 Sg(12-x)\mathrm{d}x$ (B) $\int_0^{10} Sg(12-x)\mathrm{d}x$

(C) $\int_0^2 Sg(10-x)\mathrm{d}x$ (D) $\int_0^{12} Sg(12-x)\mathrm{d}x$

二、求曲线 $y = \dfrac{x^3}{3} + \dfrac{1}{4x}$ 上相应于 $1 \leqslant x \leqslant 3$ 的一段弧的长度.

三、求曲线 $y = \dfrac{x^2}{2} - \dfrac{\ln x}{4}$ 上相应于 $1 \leqslant x \leqslant \mathrm{e}$ 的一段弧的长度.

四、计算曲线 $x = \int_1^t \dfrac{\cos u}{u} \mathrm{d}u, \; y = \int_1^t \dfrac{\sin u}{u}\mathrm{d}u$ 上相应于 $1 \leqslant t \leqslant \dfrac{\pi}{2}$ 的一段弧的长度.

B 级同步训练题

一、客观题

1. 抛物线 $y^2 = 2x$ 自点 $(0,0)$ 至点 $\left(\dfrac{1}{2}, 1\right)$ 的一段曲线弧的弧长 $s=$（　　）.

(A) $\dfrac{1}{2}\left[\sqrt{2} + \ln(1+\sqrt{2})\right]$ (B) $\dfrac{1}{2}\left[\sqrt{2} - \ln(1+\sqrt{2})\right]$

(C) $\dfrac{1}{2}\left[\sqrt{2} + \dfrac{1}{2}\ln(1+\sqrt{2})\right]$ (D) $-\dfrac{1}{2}\left[\sqrt{2} + \ln(1+\sqrt{2})\right]$

2. 半径为 R 的半球形水池装满水．将水全部吸完，需做功 =（　　）.

(A) $\int_0^R g\pi(R^2-x^2)\mathrm{d}x$ (B) $\int_0^R g\pi x^2 \mathrm{d}x$

(C) $\int_0^R g\pi x(R^2-x^2)\mathrm{d}x$ (D) $\int_0^R g\pi x^3 \mathrm{d}x$

3. 用 F 牛顿的力可使弹簧伸长 $l$cm，现要使弹簧伸长 $2l$cm，需做 $W = ($　　$)(J)$.

(A) $\dfrac{l}{50}F$　　　(B) $2lF$　　　(C) $\dfrac{lF}{25}$　　　(D) $\dfrac{lF}{5}$

4. 如图 6-14 所示，一均匀棒长为 3，线密度为 ρ，在延长线上距一端为 1 处放一质量为 m 的质点. 设棒与质点的引力为 F，若将棒的质量集中在 $\bar{x}$ 处，使得它与质点的引力也等于 F，则 $\bar{x} = ($　　$)$.

(A) 1　　　(B) 1.5　　　(C) 2　　　(D) 2.5

图 6-14

二、求曲线 $x = \dfrac{1}{4}y^2 - \dfrac{1}{2}\ln y$ 上相应于 $1 \leqslant y \leqslant e$ 的一段弧的长度.

三、求曲线 $y = \dfrac{1}{2x^2} + \dfrac{x^4}{16}$ 上相应于 $1 \leqslant x \leqslant 2$ 的一段弧的长度.

四、求曲线 $y = \displaystyle\int_{-\frac{\pi}{2}}^{x} \sqrt{\cos x}\,\mathrm{d}x$ 的长度.

五、求曲线 $r = 1 + \cos\theta$ 上相应于 $\theta \in [0, \pi]$ 的一段弧的长度.

六、求曲线 $r = a\sin\theta$ 的长度.

辅导与参考答案

A 级同步训练题

一、客观题

1. (D).　　**2.** (A).

二、解：$y' = x^2 - \dfrac{1}{4x^2},\ 1 + y'^2 = 1 + x^4 - \dfrac{1}{2} + \dfrac{1}{16x^4} = \left(x^2 + \dfrac{1}{4x^2}\right)^2$,

$s = \displaystyle\int_1^3 \sqrt{1 + y'^2}\,\mathrm{d}x = \int_1^3 \left(x^2 + \dfrac{1}{4x^2}\right)\mathrm{d}x = \left(\dfrac{x^3}{3} - \dfrac{1}{4x}\right)\bigg|_1^3 = \dfrac{53}{6}.$

三、解：$y' = x - \dfrac{1}{4x},\ 1 + y'^2 = 1 + x^2 - \dfrac{1}{2} + \dfrac{1}{16x^2} = \left(x + \dfrac{1}{4x}\right)^2$,

$s = \displaystyle\int_1^e \sqrt{1 + y'^2}\,\mathrm{d}x = \int_1^e \left(x + \dfrac{1}{4x}\right)\mathrm{d}x = \left(\dfrac{x^2}{2} + \dfrac{1}{4}\ln x\right)\bigg|_1^e = \dfrac{e^2}{2} - \dfrac{1}{4}.$

四、解：$x' = \dfrac{\cos t}{t},\ y' = \dfrac{\sin t}{t},\ s = \displaystyle\int_1^{\frac{\pi}{2}} \sqrt{x'^2 + y'^2}\,\mathrm{d}t$

$= \displaystyle\int_1^{\frac{\pi}{2}} \sqrt{\dfrac{\cos^2 t + \sin^2 t}{x^2}}\,\mathrm{d}t = \int_1^{\frac{\pi}{2}} \dfrac{1}{t}\,\mathrm{d}t = \ln t \bigg|_1^{\frac{\pi}{2}} = \ln\dfrac{\pi}{2}.$

B 级同步训练题

一、客观题

    1. (A).   **2.** (C).   **3.** (A).   **4.** (C).

二、解：$x' = \dfrac{1}{2}y - \dfrac{1}{2y}$, $s = \int_1^e \sqrt{1+x'^2}\,dy = \int_1^e \dfrac{1}{2}\left(y + \dfrac{1}{y}\right)dy$,

$\qquad = \left(\dfrac{1}{4}y^2 + \dfrac{1}{2}\ln y\right)\Big|_1^e = \dfrac{1}{4}(e^2 + 1)$.

三、解：$y' = -\dfrac{1}{x^3} + \dfrac{x^3}{4}$, $s = \int_1^2 \sqrt{1+y'^2}\,dx = \int_1^2 \left(\dfrac{1}{x^3} + \dfrac{x^3}{4}\right)dx$

$\qquad = \left(-\dfrac{1}{2x^2} + \dfrac{x^4}{16}\right)\Big|_1^2 = \dfrac{21}{16}$.

四、解：因 $\cos x \geqslant 0$, 故 $-\dfrac{\pi}{2} \leqslant x \leqslant \dfrac{\pi}{2}$. $y' = \sqrt{\cos x}$,

$s = \int_{-\frac{\pi}{2}}^{\frac{\pi}{2}} \sqrt{1+y'^2}\,dx = \int_{-\frac{\pi}{2}}^{\frac{\pi}{2}} \sqrt{1+\cos x}\,dx = 2\int_0^{\frac{\pi}{2}} \sqrt{2}\cos\dfrac{x}{2}\,dx = 4\sqrt{2}\sin\dfrac{x}{2}\Big|_0^{\frac{\pi}{2}} = 4$.

五、解：$r' = -\sin\theta$, $s = \int_0^\pi \sqrt{r^2 + r'^2}\,d\theta$

$\qquad = \int_0^\pi \sqrt{1 + 2\cos\theta + \cos^2\theta + \sin^2\theta}\,d\theta = \sqrt{2}\int_0^\pi \sqrt{1+\cos\theta}\,d\theta$

$\qquad = 2\int_0^\pi \cos\dfrac{\theta}{2}\,d\theta = 4\sin\dfrac{\theta}{2}\Big|_0^\pi = 4$.

六、解：$r' = a\cos\theta$, $s = \int_0^\pi \sqrt{r^2 + r'^2}\,d\theta = \int_0^\pi a\,d\theta = a\pi$.

章节练习题

一、客观题

1. 设函数 $f(x)$ 在 $(-\infty, +\infty)$ 上连续，则 $\dfrac{d}{dx}\int_{3x}^{x^2} f(t)\,dt = $ _____.

2. 设函数 $f(x)$ 在 $[0,4]$ 上连续，且 $\int_1^{x^2-2} f(t)\,dt = 2x - 1$, 则 $f(2) = $ _____.

3. $\int_1^{e^3} \dfrac{dx}{x(1+\ln x)} = $ _____.

4. $\int_1^{+\infty} \dfrac{dx}{x(x^2+1)} = $ _____.

5. $\int_{-\pi}^{\pi} \left[\dfrac{2\sin x \cdot (x^4 + 3x^2 + 1)}{1+x^2} + \cos x\right]dx = $ _____.

6. $\lim\limits_{n\to\infty} \dfrac{1^p + 2^p + \cdots + n^p}{n^{p+1}}$ $(p > 0) = $ _____.

7. 函数 $f(x) = xe^x + x\int_x^1 f(t)dt$，则 $f'(1) = $ _____.

8. 若函数 $f(x) = \dfrac{d}{dx}\int_0^x \sin(t-x)dt$，则 $f(x)$ 等于 _____.
(A) $-\sin x$ (B) $-1+\cos x$ (C) $\sin x$ (D) 0

9. 定积分 $\int_{-2}^{2}(|x|+x)e^{|x|}dx$ 的值是 _____.
(A) 0   (B) 4   (C) $2e^2+2$ (D) $\dfrac{6}{e^2}$

二、计算下列积分

1. $\int_{-1}^{4} x\sqrt{|x|}dx$.

2. $\int_{-\frac{1}{2}}^{\frac{1}{2}} \dfrac{x\arcsin x}{\sqrt{1-x^2}}dx$.

3. $\int_{-\frac{\pi}{2}}^{\frac{\pi}{2}}(x+\cos^3 x)dx$.

4. $\int_0^{\frac{\pi}{2}} \sqrt{1-\sin 2x}\,dx$.

三、已知函数 $f(x)$ 在 $x=1$ 的邻域内可导，且 $\lim_{x\to 1}f(x) = 0$，$\lim_{x\to 1}f'(x) = 1$，求：
$$\lim_{x\to 1}\dfrac{\int_1^x \left[\int_t^1 tf(u)du\right]dt}{(1-x)^3}.$$

四、设函数 $f(x)$ 在 $[a,b]$ 上连续，且 $f(x) > 0$，$F(x) = \int_a^x f(t)dt + \int_b^x \dfrac{dt}{f(t)}(x\in[a,b])$，证明：(1) $F'(x) \geqslant 2$；(2) 方程 $F(x) = 0$ 在区间 (a,b) 内有且只有一个根.

五、求函数 $f(x) = \int_0^x te^{-t}dt$ 的极值和它的图形的拐点.

六、求双纽线 $r^2 = a^2\sin 2\theta$ 所围图形的面积.

七、求由平面图形 $y = \cos x - \sin x$，$y = 0\left(0 \leqslant x \leqslant \dfrac{\pi}{4}\right)$ 绕 x 轴旋转的旋转体体积.

八、求摆线 $x = a(t-\sin t)$，$y = a(1-\cos t)$ 的一拱及 $y = 0$ 绕 x 轴旋转的旋转体体积.

九、求曲线 $y = |\ln x|$ 介于 $x = \dfrac{1}{e}$，$x = e$ 之间的弧长.

章节练习题答案

一、客观题

1. $2xf(x^2) - 3f(3x)$.   2. $\pm\dfrac{1}{2}$.   3. $\ln 4$.

4. $\dfrac{1}{2}\ln 2$.   5. 0.   6. $\dfrac{1}{p+1}$.

7. e.   8. (A).   9. (C).

二、计算下列积分

1. 原式 $= \int_{-1}^{1} x\sqrt{|x|}dx + \int_1^4 x\sqrt{x}dx = \int_1^4 x^{\frac{3}{2}}dx = \dfrac{2}{5}x^{\frac{5}{2}}\Big|_1^4 = \dfrac{62}{5}$.

2. 原式 $= -2\int_0^{\frac{1}{2}} \arcsin x \, d\sqrt{1-x^2} = -2\left[\arcsin x \cdot \sqrt{1-x^2} - x\right]\Big|_0^{\frac{1}{2}}$

$= 1 - \frac{\sqrt{3}}{6}\pi.$

3. 原式 $= 2\int_0^{\frac{\pi}{2}} \cos^3 x \, dx = \frac{4}{3}.$

4. 原式 $= \int_0^{\frac{\pi}{4}} (\cos x - \sin x) dx - \int_{\frac{\pi}{4}}^{\frac{\pi}{2}} (\sin x - \cos x) dx$

$= \sin x + \cos x \Big|_0^{\frac{\pi}{4}} - (\sin x + \cos x)\Big|_{\frac{\pi}{4}}^{\frac{\pi}{2}} = 2\sqrt{2} - 2.$

三、解：原式 $= \lim_{x \to 1} \dfrac{\int_x^1 x f(u) du}{-3(1-x)^2} = \lim_{x \to 1} \dfrac{-f(x)}{6(1-x)} = \lim_{x \to 1} \dfrac{-f'(x)}{-6} = \dfrac{1}{6}.$

四、解：$F'(x) = f(x) + \dfrac{1}{f(x)} \geqslant 2,$

因 $F(x)$ 在 $[a,b]$ 上连续，$F(a) \cdot F(b) < 0,$

故由根值定理知至少存在一点 $\xi \in (a,b),$

使 $F(\xi) = 0,$ 又因为 $F(x)$ 单调增，所以 $F(x) = 0$ 有且仅有一个根.

五、解：$f'(x) = xe^{-x} = 0, x = 0; f''(x) = (1-x)e^{-x} = 0, x = 1,$

$f''(0) > 0,$ 则 $f_{\text{极小}}(0) = 0; f'''(1) \neq 0,$ 故拐点为 $[1, f(1)].$

$f(1) = \int_0^1 te^{-t} dt = 1 - \dfrac{2}{e},$ 所以拐点 $(1, 1 - 2e^{-1}).$

六、解：$S = 2\int_0^{\frac{\pi}{2}} \dfrac{1}{2} r^2(\theta) d\theta = \int_0^{\frac{\pi}{2}} a^2 \sin 2\theta d\theta = a^2.$（图 6-15）

七、解 $V = \pi \int_0^{\frac{\pi}{4}} (\cos x - \sin x)^2 dx = \pi \left(\dfrac{\pi}{4} - \dfrac{1}{2}\right).$（图 6-16）

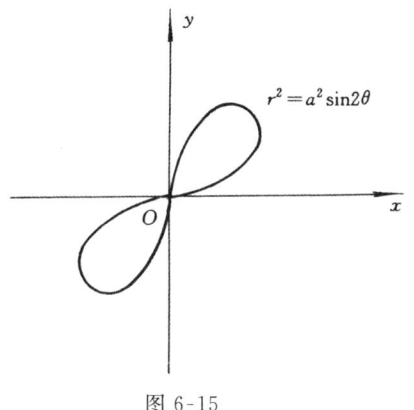

图 6-15

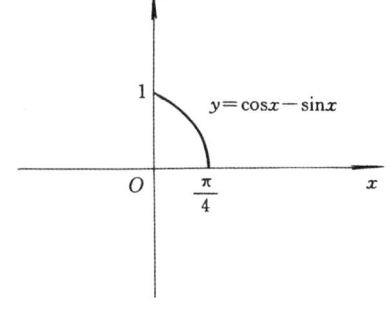

图 6-16

八、解：$V_x = \int_a^{2\pi a} \pi y^2 dx = \pi \int_0^{2\pi} a^2 (1-\cos x)^2 d[a(t - \sin t)]$

$$= \pi a^3 \int_0^{2\pi} (1-\cos t)^3 \,dt = 5\pi^2 a^3.$$

九、解:$s = \int_{\frac{1}{e}}^{e} \sqrt{1+y'^2}\,dx = \int_{\frac{1}{e}}^{1} \sqrt{1+\left(-\frac{1}{x}\right)^2}\,dx + \int_{1}^{e} \sqrt{1+\frac{1}{x^2}}\,dx$

$$= \left. \left(\sqrt{x^2+1} - \ln \frac{1+\sqrt{x^2+1}}{x} \right) \right|_{\frac{1}{e}}^{e}$$

$$= \left(1-\frac{1}{e}\right)\sqrt{e^2+1} + \ln \frac{e+\sqrt{e^2+1}}{1+\sqrt{e^2+1}} + 1. \text{(图 6-17)}$$

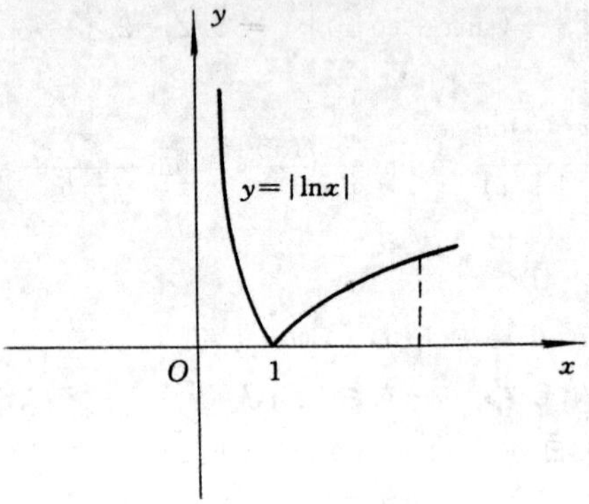

图 6-17

第7章 微分方程

[教学目的与要求]

1. 了解微分方程及微分方程的解、通解、初始条件、特解等概念；熟练掌握可分离变量微分方程的解法.
2. 了解齐次方程的概念，会解齐次方程，并从中领会用变量代换求解方程的思想.
3. 了解一阶线性微分方程的概念，熟练掌握一阶线性方程的解法.
4. 会解伯努利(Bernoulli)方程并从中领会用变量代换求解方程的思想.
5. 会用降阶法解下列方程：$y^{(n)} = f(x), y'' = f(x,y'), y'' = f(y,y')$.
6. 理解二阶线性微分方程解的结构；掌握二阶常系数齐次线性微分方程的解法. 会求自由项形如 $P_m(x)e^{\lambda x}$, $e^{\lambda x}(A\cos\beta x + B\sin\beta x)$ 二阶常系数非齐次线性微分方程的特解.
7. 了解高阶常系数非齐次线性微分方程的解法.

§7-1 微分方程概念及可分离变量微分方程

A 级同步训练题

一、客观题

1. 下列方程中,(　　)是常微分方程.

   (A) $x^2 + y^2 = a^2$ 　　　　　　　　(B) $y + \dfrac{d}{dx}(e^{\arctan x}) = 0$

   (C) $\dfrac{\partial^2 u}{\partial x^2} + \dfrac{\partial^2 u}{\partial y^2} = 0$ 　　　　　　　　(D) $y'' = x^2 + y^2$

2. 下列方程中，_____是二阶微分方程.

   (A) $(y'') + x^2 y' + x^2 = 0$ 　　　　　　(B) $(y')^2 + 3x^2 y = x^3$

   (C) $y''' + 3y'' + y = 0$ 　　　　　　　(D) $y' - y^2 = \sin x$

3. 微分方程 $\dfrac{d^2 y}{dx^2} + \omega^2 y = 0$ 的通解是_____，其中 C, C_1, C_2 均为任意常数.

   (A) $y = C\cos\omega x$ 　　　　　　　　(B) $y = C\sin\omega x$

(C) $y = C_1\cos\omega x + C_2\sin\omega x$ (D) $y = C\cos\omega x + C\sin\omega x$

4. C 是任意常数,则微分方程 $y' = 3y^{\frac{2}{3}}$ 的一个特解是_____.
   (A) $y = (x+2)^3$ (B) $y = x^3 + 1$
   (C) $y = (x+C)^3$ (D) $y = C(x+1)^3$

5. 微分方程 $(7x - 6y)\mathrm{d}x + \mathrm{d}y = 0$ 的阶数是_____.

6. 积分曲线 $y = (C_1 + C_2 x)\mathrm{e}^{2x}$ 中满足 $y\mid_{x=0} = 0, y'\mid_{x=0} = 1$ 的曲线是_____.

二、验证:$u - C\mathrm{e}^{kt} - 20 = 0$ (k 为常数) 是方程 $\dfrac{\mathrm{d}u}{\mathrm{d}t} = k(u - 20)$ 的解.

三、求下列方程的解

1. 求微分方程 $y' = \dfrac{1 + y + y^2}{1 + x + x^2}$ 的通解.

2. 求初值问题 $\begin{cases} (a^2 + y^2)\mathrm{d}x + 2x\sqrt{ax - x^2}\,\mathrm{d}y = 0, \\ y\mid_{x=a} = 0, (a > 0) \end{cases}$ 的解.

3. 求方程 $y^2 + x^2 y' = xyy'$ 的通解.

4. 求微分方程 $axy' + 2y = xyy'$ 的通解,其中 a 为常数.

5. 求微分方程 $x\mathrm{d}y + y\mathrm{d}x = \dfrac{\mathrm{d}x}{y} - \dfrac{\mathrm{d}y}{x}$ 的通解.

6. 解方程 $\begin{cases} \sin(y' + 2y) = 1, \\ y\mid_{x=0} = 0. \end{cases}$

四、作适当变换,求微分方程的解

1. 求微分方程 $y' = \sin(x + y + 1)$ 的通解.

2. 求微分方程 $xy' - y[\ln(xy) - 1] = 0$ 的通解.

五、证明:$y_1 = \dfrac{\sin x}{x}$ 是微分方程 $y'' + \dfrac{2}{x}y' + y = 0$ 的解.

六、求函数 $\begin{cases} x = t\mathrm{e}^t, \\ y = \mathrm{e}^{-t} \end{cases}$ 所满足的一阶微分方程,并指出其是否是线性微分方程.

B 级同步训练题

一、解答下列各题

1. 下列等式中,哪些是微分方程,若是,指出它的阶数,并说明是否是线性方程.
   (1) $y^2\mathrm{d}y = 2x\mathrm{d}x$.
   (2) $a_0(t)\dfrac{\mathrm{d}^n x}{\mathrm{d}t^n} + a_1(t)\dfrac{\mathrm{d}^{n-1} x}{\mathrm{d}t^{n-1}} + \cdots + a_n(t)x = f(t)$.
   (3) $(y'')^2 + 2y' + xy = 0$.

(4) $(4xy^3+1)dx+(5y^2-3)dy=0$.

2. 下列等式中,哪些是微分方程,若是,指出它的阶数

(1) $\dfrac{dy}{dx}+3xy=e^x-\sin x$.

(2) $4x+y^2=5xy$.

(3) $(y'')^2+4y'-5y+x=0$.

(4) $f(x+1,4y+y')=0$ $[f(u,v)$ 可微$]$.

二、求下列方程的解

1. 求微分方程 $xy'-y^2+1=0$ 的通解.

2. 求微分方程 $(1+x)y'+1=2e^{-y}$ 的通解.

3. 求微分方程 $xy'-y=y^2$ 满足初始条件 $y|_{x=1}=1$ 的解.

4. 解方程 $ydy-\dfrac{y^2}{x^2}dx=\dfrac{2}{x^2}dx$.

5. 求微分方程初值问题 $\begin{cases}(1+e^x)yy'=e^x,\\ y|_{x=1}=1\end{cases}$ 的解.

6. 求微分方程 $y'-e^{x-y}+e^x=0$ 的通解.

7. 求微分方程 $y'=\cos(x-y)-\cos(x+y)$ 的通解.

三、求函数 $\begin{cases}x=e^{-\text{arccot}\,t},\\ y=e^{\arctan t}\end{cases}$ 所满足的一阶微分方程,并指出其是否是线性微分方程.

四、已知 $2\int_0^x y(\xi)\sqrt{1+y'^2(\xi)}d\xi=2x+y^2(x)$,求 $y(x)$.

五、设有可微函数 $f(x)>0$ 满足 $f(x)=e^{ax^2}+\int_0^x e^{a(x^2-t^2)}f(t)dt$,求 $f(x)$ 所满足的微分方程.

六、若 $F(x)$ 是 $f(x)$ 的一个原函数,$G(x)$ 是 $\dfrac{1}{f(x)}$ 的一个原函数,又 $F(x)\cdot G(x)=-1$,$f(0)=1$,求 $f(x)$.

辅导与参考答案

A 级同步训练题

一、客观题

　　1. (D). **2.** (A). **3.** (C). **4.** (A). **5.** 1. **6.** $y=xe^{2x}$.

二、解:$\dfrac{du}{dt}-kCe^{kt}=0$,　　　　　　　　　　　　　(1)

　　　由 $u-Ce^{kt}-20=0$ 解得 $Ce^{kt}=(u-20)$,　　　　　(2)

将式(2)代入式(1)得 $\dfrac{du}{dt} = k(u - 20)$.

三、求下列方程的解

1. 解: $\dfrac{dy}{1+y+y^2} + \dfrac{dx}{1+x+x^2} = 0$, $\arctan\dfrac{2y+1}{\sqrt{3}} + \arctan\dfrac{2x+1}{\sqrt{3}} = C$,

整理得通解: $x + y + 1 = C(1 - x - y - 2xy)$.

2. 解: 分离变量后得通解 $\arctan\dfrac{y}{a} = \sqrt{\dfrac{a}{x} - 1} + C$,

由初始值确定积分常数得 $C = 0$,

于是初始值问题的解为: $y = a\tan\left(\sqrt{\dfrac{a}{x} - 1}\right)$.

3. 解: 原方程化为 $\dfrac{dy}{dx} = \dfrac{y^2}{xy - x^2}$, (1)

令 $u = \dfrac{y}{x}$ 代入式(1)得 $\dfrac{u-1}{u}du = \dfrac{1}{x}dx$, (2)

积分得 $\dfrac{e^u}{u} = \dfrac{1}{C}x$, 通解为 $y = Ce^{\frac{y}{x}}$.

4. 解: $\dfrac{y-a}{y}dy = \dfrac{2}{x}dx$, 积分得通解为: $\ln C + y - a\ln|y| = 2\ln x$,

即 $Ce^y = x^2|y|^a$.

5. 解: $\dfrac{-2y}{1-y^2}dy = \dfrac{-2x}{1+x^2}dx$, 积分得通解为: $\ln|1-y^2| + \ln|1+x^2| = C_1$,

即 $(1+x^2)(1-y^2) = C$.

6. 解: 原方程等价于 $\begin{cases} y' + 2y = 2k\pi + \dfrac{\pi}{2}, \quad k = 0, \pm 1, \pm 3, \cdots & (1) \\ y|_{x=0} = 0. & (2) \end{cases}$

$y = Ce^{-2x} + \left(k\pi + \dfrac{\pi}{4}\right)$, 由初始条件式(2)确定 $C = -\left(k\pi + \dfrac{\pi}{4}\right)$,

故解为: $y = \left(k\pi + \dfrac{\pi}{4}\right)(1 - e^{-2x})$.

四、作适当变换,求微分方程的解

1. 解: 令 $u = x + y + 1$, 则 $\dfrac{du}{dx} = 1 + \sin u$

或写成 $\dfrac{1 - \sin u}{1 - \sin^2 u}du = dx$, 积分得 $\tan u - \sec u = x + C$,

将 $u = x + y + 1$ 代回即得原方程的通解为:
$x + C = \tan(x + y + 1) - \sec(x + y + 1)$.

2. 解: 令 $u = xy$, 则 $\dfrac{du}{dx} = y + x\dfrac{dy}{dx}$, 代入方程整理得: $\dfrac{du}{dx} = \dfrac{u}{x}\ln u$,

积分得 $u = e^{Cx}$, 以代回得原方程通解 $y = \dfrac{1}{x}e^{Cx}$.

五、证: $y' = \dfrac{\cos x}{x} - \dfrac{\sin x}{x^2}$, 即 $xy' + y = \cos x$,

再对 x 求导：$xy'' + 2y' = -\sin x$，即 $y'' + \dfrac{2}{x}y' - y = 0$，

故 $y = \dfrac{\sin x}{x}$ 是 $y'' + \dfrac{2}{x}y' + y = 0$ 的解.

六、解：$\dfrac{\mathrm{d}y}{\mathrm{d}x} = \dfrac{-\mathrm{e}^{-t}}{\mathrm{e}^{t} + t \cdot \mathrm{e}^{t}} = \dfrac{-y}{\dfrac{1}{y} + x} = \dfrac{-y^2}{1 + xy}$，

这就是函数所满足的微分方程.以 y 为未知函数，不是线性方程，若以 x 为未知函数，所得到的微分方程为线性方程.

B 级同步训练题

一、解答下列各题

1. (1) 一阶非线性微分方程. (2) n 阶线性微分方程.
(3) 二阶非线性微分方程. (4) 一阶非线性微分方程.

2. (1) 是，一阶. (2) 不是. (3) 是，二阶. (4) 是，一阶.

二、求下列方程的解

1. 解：当 $y \neq 1$ 时，$\dfrac{\mathrm{d}y}{y^2 - 1} = \dfrac{\mathrm{d}x}{x}$.

$\ln \dfrac{y-1}{y+1} = 2\ln x + \ln C, y = \dfrac{Cx^2 + 1}{1 - Cx^2}$.

2. 解：$\dfrac{\mathrm{e}^y \mathrm{d}y}{2 - \mathrm{e}^y} = \dfrac{\mathrm{d}x}{1 + x}, (x+1)(2 - \mathrm{e}^y) = C$.

3. 解：$\dfrac{\mathrm{d}y}{y(y+1)} = \dfrac{\mathrm{d}x}{x}, \ln \dfrac{y}{y+1} = \ln x + \ln C$,

$\dfrac{y}{y+1} = Cx$，由 $y|_{x=1} = 1$，得 $C = \dfrac{1}{2}$,

故所求通解为 $x = \dfrac{2y}{y+1}$, $y = \dfrac{x}{2-x}$.

4. 解：$\dfrac{y}{y^2 + 2} \mathrm{d}y = \dfrac{\mathrm{d}x}{x^2}$，积分得 $\ln \left(\dfrac{y^2 + 2}{C} \right) = -\dfrac{2}{x}$,

$y^2 = C\mathrm{e}^{-\frac{2}{x}} - 2$.

5. 解：$y\mathrm{d}y = \dfrac{\mathrm{e}^x}{1 + \mathrm{e}^x}\mathrm{d}x, \dfrac{1}{2}y^2 = \ln(1 + \mathrm{e}^x) + C$,

由初始条件求得：$C = \dfrac{1}{2} - \ln(1 + \mathrm{e})$,

$\dfrac{1}{2}y^2 = \ln(1 + \mathrm{e}^x) + \left[\dfrac{1}{2} - \ln(1 + \mathrm{e}) \right]$.

6. 解：$y' = 2\sin x \sin y, \dfrac{\mathrm{d}y}{\sin y} = 2\sin x \mathrm{d}x$,

解得：$\tan \dfrac{y}{2} = C\mathrm{e}^{-2\cos x}$.

7. 解：$\dfrac{\mathrm{d}y}{4\mathrm{e}^{-y} - 2} = \dfrac{\mathrm{d}x}{2x + 1}, \dfrac{\mathrm{e}^y \mathrm{d}y}{\mathrm{e}^y - 2} = \dfrac{-2\mathrm{d}x}{2x + 1}$,

即 $(\mathrm{e}^y - 2)(2x + 1) = C$.

三、解: $\dfrac{dy}{dx} = \dfrac{e^{\arctan t} \cdot \dfrac{1}{1+t^2}}{-e^{-\arctan t} \cdot \left(\dfrac{-1}{1+t^2}\right)} = -\dfrac{y}{x}$.

这就是已知函数所满足的微分方程,它是线性方程.

四、解:两边关于 x 求导得 $2yy' - y^2 = -1$,

$y^2 = Ce^x + 1$,由 $y|_{x=0} = 0$,求得 $C = -1$,

故原方程的解为: $y^2 = 1 - e^x$.

五、解: $f(x) = e^{ax^2} + e^{ax^2}\int_0^x e^{-at^2}f(t)dt$,

$f'(x) = 2axf(x) + f(x)$,

故 $f(x)$ 所满足的微分方程是 $\begin{cases} f'(x) = (2ax+1)f(x), \\ f(0) = 1. \end{cases}$

六、解: $F'(x) = f(x)$, $G'(x) = \dfrac{1}{f(x)} = \dfrac{1}{F'(x)}$,

由 $F(x)G(x) = -1$, $F'(x)G(x) + F(x)G'(x) = 0$,

$F'(x) = \pm F(x)$,积分得 $F(x) = Ce^x$,或 $F(x) = Ce^{-x}$,

$f(x) = Ce^x$,或 $f(x) = -Ce^{-x}$,

由 $f(0) = 1$,得 $C = \pm 1$,于是 $f(x) = e^x$ 或 $f(x) = e^{-x}$.

§7-2 齐次方程与一阶线性方程

A 级同步训练题

一、求下列齐次方程的解

1. 求微分方程 $(x^2 + 3y^2)dx - 2xydy = 0$ 的通解.

2. 求微分方程 $(y^4 - 2x^3y)dx + (x^4 - 2xy^3)dy = 0$ 的通解.

3. 求微分方程 $y' = \dfrac{x+y}{x-y}$ 的通解.

4. 求微分方程 $(x^2 + y^2)dx + xydy = 0$ 的通解.

5. 求微分方程 $x(x-y)y' + y^2 = 0$ 的通解.

6. 求初值问题 $\begin{cases} y' = e^{-\frac{y}{x}} + \dfrac{y}{x}, \\ y|_{x=1} = 1 \end{cases}$ 的解.

7. 求初值问题 $\begin{cases} (y^2 - 3x^2)dy + 2xydx = 0, \\ y|_{x=0} = 1 \end{cases}$ 的解.

二、求下列线性方程的解

1. 求微分方程 $(x^2\cos x - y)dx + xdy = 0$ 的通解.

2. 求微分方程 $y^2 - x = 2xyy'$ 的通解.

3. 求微分方程 $(x-2xy-y^2)dy + y^2 dx = 0$ 的通解.

4. 求初值问题 $\begin{cases} xdy = (2y+3x^4+x^2)dx, \\ y|_{x=1} = -2 \end{cases}$ 的通解.

5. 求微分方程 $\dfrac{dy}{dx} = \dfrac{y}{x+y^3}$ 的通解.

6. 求微分方程 $y' + (\tan x) \cdot y = \sec x$ 的通解.

三、作适当变换,求微分方程 $\sin x \cos y dy - (\cos x \sin y + \tan^2 x) dx = 0$ 的通解.

B 级同步训练题

一、解答下列各题

1. 求微分方程 $x(\ln x - \ln y)dy - ydx = 0$ 的通解.

2. 求微分方程 $y^2 dx + x^2 dy = xy dy$ 的通解.

3. 求微分方程初值问题 $\begin{cases} y' + y\cos x = \sin 2x, \\ y|_{x=\frac{\pi}{2}} = 1 \end{cases}$ 的解.

4. 求微分方程初值问题 $\begin{cases} y' + 2y = \sin(100\pi x), \\ y|_{x=0} = 0 \end{cases}$ 的解.

5. 求微分方程 $\dfrac{dy}{dx} + y\dfrac{d\varphi(x)}{dx} = \varphi(x)\dfrac{d\varphi(x)}{dx}$ [其中,$\varphi(x)$ 为已知函数] 的通解.

6. 求微分方程初值问题 $\begin{cases} ydy = (2x+y)dx, \\ y|_{x=2} = 1 \end{cases}$ 的解.

7. 求方程 $y = e^x + \int_0^x y(t)dt$ 的解.

8. 求方程 $y^2 - x = 2xyy'$ 的通解.

9. 解方程 $\dfrac{dy}{dx} + (\cot x)y = \csc x$.

10. 解方程 $\begin{cases} xy' - \dfrac{1}{x+1}y = x, \quad (1) \\ y|_{x=1} = 1. \quad (2) \end{cases}$

二、求微分方程初值问题 $\begin{cases} \dfrac{y-xy'}{x+yy'} = 2, \\ y|_{x=1} = 1 \end{cases}$ 的解.

三、求微分方程初值问题 $\begin{cases} \dfrac{dy}{dx} = \dfrac{x-y^2}{2y(x+y^2)}, \\ y|_{x=1} = 0 \end{cases}$ 的解.

四、求微分方程 $(x-2xy-y^2)dy + y^2 dx = 0$ 的通解.

五、作适当变换,求微分方程 $\sqrt{1+x^2}\sin 2y \cdot y' = 2x\sin^2 y + e^{2\sqrt{1+x^2}}$ 的通解.

辅导与参考答案

A级同步训练题

一、求下列齐次方程的解

1. 解：令 $y = xu$，原方程化为 $\dfrac{2u\,du}{1+u^2} = \dfrac{dx}{x}$，积分得 $x = C(1+u^2)$，

   以 $y = xu$ 代入上式得原方程的通解为：$x^3 = C(x^2 + y^2)$.

2. 解：令 $y = ux$，则有 $\dfrac{1-2u^3}{u(1+u^3)}du = \dfrac{dx}{x}$，积分得：$x = \dfrac{C}{u^3+1}u$，

   以 $y = ux$ 代回，原方程的通解为：$x^3 + y^3 = Cxy$.

3. 解：令 $y = xu$，原方程化为 $x\dfrac{du}{dx} = \dfrac{1+u^2}{1-u}$，分离变量后积分得

   $\arctan u = \ln\dfrac{x\sqrt{1+u^2}}{C}$，以 $u = \dfrac{y}{x}$ 代入上式得原方程的通解为：$\sqrt{x^2+y^2} = Ce^{\arctan\frac{y}{x}}$.

4. 解：令 $\dfrac{y}{x} = u$，则方程化为 $\dfrac{u\,du}{1+2u^2} = -\dfrac{1}{x}dx$，积分得 $\dfrac{C_1}{x} = \sqrt[4]{1+2u^2}$，

   以 $\dfrac{y}{x} = u$ 代入得：$x^4 + 2x^2y^2 = C$.

5. 解：令 $y = xu$，$x\dfrac{du}{dx} = \dfrac{-u^2}{1-u} - u = \dfrac{-u}{1-u}$，

   $\dfrac{u-1}{u}du = \dfrac{dx}{x}$，$u = \ln u + \ln x + \ln C_1$，$y = x(\ln y + C)$.

6. 解：令 $y = xu$，原方程化为 $x\dfrac{du}{dx} = e^{-u}$，积分得 $e^u = \ln x + C$，

   以 $u = \dfrac{y}{x}$ 代入上式得原方程的通解为：$e^{\frac{y}{x}} = \ln x + C$；

   由初始条件得：$C = e$，初始值问题解为：$e^{\frac{y}{x}} - e = \ln x$.

7. 解：令 $y = ux$，代入方程得 $\dfrac{3-u^2}{u^3-u}du = \dfrac{dx}{x}$，

   积分得：$xu^3 = C(u^2-1)$，原方程通解为：$y^3 = C(y^2-x^2)$，

   由初始条件得 $C = 1$，于是初始问题解为：$y^3 = y^2 - x^2$.

二、求下列线性方程的解

1. 解：原方程化为 $\dfrac{dy}{dx} - \dfrac{1}{x}y = -x\cos x$，$y(x) = x(C - \sin x)$ 为所求通解.

2. 解：令 $y^2 = z$，原方程化为 $\dfrac{dz}{dx} - \dfrac{z}{x} = -1$，

   $z = e^{\int\frac{1}{x}dx}\left(C - \int e^{-\int\frac{1}{x}dx}dx\right) = x(C - \ln x)$，

   故原方程的通解为：$y^2 = x(C - \ln x)$.

3. 解：$\dfrac{dx}{dy} + \dfrac{1-2y}{y^2}x = 1$，$x = e^{-\int\frac{1-2y}{y^2}dy}\left(C + \int e^{\int\frac{1-2y}{y^2}dy}dy\right)$

— 134 —

$= Cy^2 e^{\frac{1}{y}} + y^2$(此外,$y = 0$ 也是方程的一个解).

4. 解:$\dfrac{dy}{dx} - \dfrac{2}{x} y = 3x^3 + x$,通解为 $y = x^2 \left(C + \dfrac{3}{2} x^2 + \ln x \right)$,

   由初始值求得:$C = -\dfrac{7}{2}$,$y = \dfrac{3}{2} x^4 + \left(\ln x - \dfrac{7}{2} \right) x^2$.

5. 解:$\dfrac{dx}{dy} - \dfrac{1}{y} x = y^2$,$x = e^{\int \frac{1}{y} dy} \left(C + \int y^2 e^{-\int \frac{1}{y} dy} dy \right)$

   $= Cy + \dfrac{1}{2} y^2$($y = 0$ 也是方程的解).

6. 解:$y = e^{-\int \tan x dx} \left(C + \int \sec x e^{\int \tan x dx} dx \right)$

   $= \cos x \left(\int \sec^2 x dx + C \right) = \sin x + C \cos x$.

三、解:令 $u = \sin y$,原方程化为 $\dfrac{du}{dx} - (\cot x) \cdot u = \dfrac{\sin x}{\cos^2 x}$,

$u = e^{\int \cot x dx} \left(C + \int \dfrac{\sin x}{\cos^2 x} e^{-\int \cot x dx} dx \right) = \sin x (C + \tan x)$.

故原方程的通解为:$\sin y = \sin x (C + \tan x)$.

B 级同步训练题

一、解答下列各题

1. 解:令 $y = ux$,则有 $-\dfrac{\ln u}{u(1 + \ln u)} du = \dfrac{1}{x} dx$,

   积分得 $-[\ln u - \ln(1 + \ln u)] = \ln x + \ln C$.

   以 $u = \dfrac{y}{x}$ 代回,原方程的通解为:$Cy = 1 + \ln \dfrac{y}{x}$.

2. 解:令 $y = ux$,则有 $\dfrac{u - 1}{u} du = \dfrac{dx}{x}$,

   积分得:$u - \ln u = \ln x - \ln C$,

   以 $u = \dfrac{y}{x}$ 代回,原方程的通解为:$y = Ce^{\frac{y}{x}}$.

3. 解:$y = e^{-\int \cos x dx} \left(\int \sin 2x e^{\int \cos x dx} dx + C \right)$

   $= e^{-\sin x} \left(2 \int \sin x \cdot e^{\sin x} d\sin x + C \right) = 2\sin x - 2 + Ce^{-\sin x}$,

   由初始条件求得 $C = e$,所以 $y = 2\sin x - 2 + e^{1 - \sin x}$.

4. 解:$y = e^{-2x} \left[C + \dfrac{2e^{2x} \sin(100\pi x) - 100\pi \cos(100\pi x)}{4 + (100\pi)^2} \right]$,

   由初始值求得 $C = \dfrac{100\pi}{4 + (100\pi)^2}$,初始值问题的解为:

   $y = \dfrac{100\pi}{4 + (100\pi)^2} e^{-2x} + \dfrac{2\sin(100\pi x) - 100\pi \cos(100\pi x)}{4 + (100\pi)^2}$.

5. 解:$y = e^{-\int \frac{d\varphi}{dx} dx} \left[C + \int \varphi(x) \dfrac{d\varphi}{dx} e^{\int \frac{d\varphi}{dx} dx} dx \right]$.

6. 解：令 $y = xu$，原方程化为 $\dfrac{1}{x}dx = \dfrac{u}{-u^2 + u + 2}du$，

积分得 $\ln(-u^2 + u + 2) + \dfrac{1}{3}\ln\dfrac{u-2}{u+1} = -2\ln x + C'$，

即 $(-u^2 + u + 2)\left(\dfrac{u-2}{u+1}\right)^{\frac{1}{3}} x^2 = C$，

还原成原来变量得 $(2x - y)^4(x + y)^2 - C^3 = 0$；

以 $y|_{x=2} = 1$ 代入得 $C^3 = 729$，

初始问题通解为 $(2x - y)^4(x + y)^2 = 729$.

7. 解：由已给方程得 $\begin{cases} y' - y = e^x, & (1) \\ y|_{x=0} = 1. & (2) \end{cases}$

式(1)的通解为 $y = xe^x + Ce^x$，

由初始条件式(2)确定 $C = 1$，故原方程的解为 $y = (x+1)e^x$.

8. 解：令 $u = y^2$，原方程化为 $\dfrac{du}{dx} - \dfrac{1}{x}u = -1$，

$u = e^{\int \frac{1}{x}dx}\left\{C - \int(e^{-\int \frac{1}{x}dx})dx\right\} = x\{C - \ln|x|\}$，

即 $y^2 = x\{C - \ln|x|\}$.

9. 解：$y = \left\{C + \int \csc x \cdot e^{\int \cot x\, dx} dx\right\} e^{-\int \cot x\, dx}$

$= \{C + x\}\dfrac{1}{\sin x} = \dfrac{x}{\sin x} + \dfrac{C}{\sin x}$.

10. 解：式(1)可化为：$y' - \dfrac{1}{x(x+1)}y = 1$，

$y = \left\{C + \int\left[e^{-\int \frac{1}{x(x+1)}dx}\right]dx\right\}e^{\int \frac{1}{x(x+1)}dx}$

$= C\dfrac{x}{x+1} + \dfrac{x^2}{x+1} + \dfrac{x}{x+1}\ln|x|$，

由初始条件式(2)确定 $C = 1$，故得

$y = \dfrac{x}{x+1} + \dfrac{x^2}{x+1} + \dfrac{x}{x+1}\ln|x|$.

二、解：令：$y = xu$，得 $\dfrac{1 + 2u}{1 + u^2}du = -\dfrac{2}{x}dx$，

积分得 $\arctan u + \ln(u^2 + 1) = -2\ln x + C$，

以 $u = \dfrac{y}{x}$ 代入得原方程的通解：$\arctan\dfrac{y}{x} + \ln(x^2 + y^2) = C$.

由初始值求得 $C = \dfrac{\pi}{4} + \ln 2$，

于是初始值问题解为 $\arctan\dfrac{y}{x} + \ln(x^2 + y^2) = \dfrac{\pi}{4} + \ln 2$.

三、解：原方程为 $\dfrac{2y\,dy}{dx} = \dfrac{x - y^2}{x + y^2}$，令 $y^2 = u$，

则有 $\dfrac{du}{dx} = \dfrac{x - u}{x + u}$，求得通解：$y^4 + 2xy^2 - x^2 = C$，

由初始值条件求得:$C=-1$,

故初始值问题解为:$y^4+2xy^2-x^2+1=0$.

四、解:当 $y\neq 0$,原方程化为:$\dfrac{\mathrm{d}x}{\mathrm{d}y}+\dfrac{1-2y}{y^2}x=1$,

故通解为 $x=\mathrm{e}^{-\int\frac{1-2y}{y^2}\mathrm{d}y}\left\{C+\int\mathrm{e}^{\int\frac{1-2y}{y^2}\mathrm{d}y}\mathrm{d}y\right\}=Cy^2\mathrm{e}^{\frac{1}{y}}+y^2$.

此外,$y=0$ 也是方程的一个解.

五、解:原方程化为 $\sqrt{1+x^2}\,\dfrac{\mathrm{d}\sin^2 y}{\mathrm{d}x}=2x\sin^2 y+\mathrm{e}^{2\sqrt{1+x^2}}$,

令 $z=\sin^2 y$,得 $\dfrac{\mathrm{d}z}{\mathrm{d}x}-\dfrac{2x}{\sqrt{1+x^2}}z=\dfrac{\mathrm{e}^{2\sqrt{1+x^2}}}{\sqrt{1+x^2}}$,

$z=\mathrm{e}^{\int\frac{2x}{\sqrt{1+x^2}}\mathrm{d}x}\left\{C+\int\dfrac{\mathrm{e}^{2\sqrt{1+x^2}}}{\sqrt{1+x^2}}\mathrm{e}^{-\int\frac{2x}{\sqrt{1+x^2}}\mathrm{d}x}\mathrm{d}x\right\}$

$=C\mathrm{e}^{2\sqrt{1+x^2}}+\mathrm{e}^{2\sqrt{1+x^2}}\ln(x+\sqrt{1+x^2})$,

原方程的通解为 $\sin^2 y=C\mathrm{e}^{2\sqrt{1+x^2}}+\mathrm{e}^{2\sqrt{1+x^2}}\ln(x+\sqrt{1+x^2})$.

§7-3　伯努利方程

A 级同步训练题

一、求下列微分方程的解

1. 求微分方程 $y-y'\cos x=y^2(1-\sin x)\cos x$ 的通解.

2. 求微分方程 $xy'+y=x^2y^2\ln x$ 的通解.

3. 求微分方程 $y'-9x^2y=3(x^5+x^2)y^{\frac{2}{3}}$ 满足初始条件 $y|_{x=0}=0$ 的特解.

4. 求微分方程 $xy'-y=y^2\ln x$ 满足初始条件 $y|_{x=1}=1$ 的特解.

5. 求方程 $y'=\dfrac{x}{2(x^2-1)}y-\dfrac{x}{2y}$ 满足初始条件 $y|_{x=0}=1$ 的特解.

6. 求微分方程 $y'=\dfrac{1}{x^2+y^2+2xy}$ 的通解.

二、求解下列方程

1. 求微分方程 $2\dfrac{\mathrm{d}y}{\mathrm{d}x}-y\sec x=y^3\tan x$ 的通解.

2. 解方程 $4xy'+y+x^2y^4=0$.

三、求解下列各题

1. 求微分方程 $(y^4-3x^2)\mathrm{d}y+xy\mathrm{d}x=0$ 的通解.

2. 求微分方程 $xy'\ln x\sin y+\cos y(1-x\cos y)=0$ 的通解.

3. 求微分方程 $y'+\sin y+x\cos y+x=0$ 的通解.

辅导与参考答案

A 级同步训练题

一、求下列微分方程的解

1. 解：设 $z = y^{-1}$，代入原方程得：$z' + \dfrac{1}{\cos x} z = (1 - \sin x)$，

通解：$z = \dfrac{\cos x}{1 + \sin x}(C + \sin x)$，

以 $z = y^{-1}$ 代入上式，得原方程通解为：$y = \dfrac{1 + \sin x}{\cos x (C + \sin x)}$.

2. 解：原方程化为：$y' + \dfrac{1}{x} y = x \ln x y^2$，令 $z = y^{-1}$，以上方程化为

$z' - \dfrac{1}{x} z = -x \ln x$，解得：$z = Cx - x^2 \ln x + x^2$；

以 $z = y^{-1}$ 代入上式得原方程的通解为：$\dfrac{1}{y} = Cx - x^2 \ln x + x^2$.

3. 解：原方程化为 $\dfrac{\mathrm{d} y^{\frac{1}{3}}}{\mathrm{d} x} - 3x^2 y^{\frac{1}{3}} = x^5 + x^2$，

$y^{\frac{1}{3}} = C e^{x^3} - \dfrac{1}{3} x^3 - \dfrac{2}{3}$，由初始条件，求得 $C = \dfrac{2}{3}$，

故原初值问题的解为 $y = \left(\dfrac{2}{3} e^{x^3} - \dfrac{1}{3} x^3 - \dfrac{2}{3} \right)^3$.

4. 解：原方程化为 $\dfrac{\mathrm{d} y^{-1}}{\mathrm{d} x} + \dfrac{1}{2} y^{-1} = -\dfrac{1}{x} \ln x$，

解得 $y^{-1} = \dfrac{1}{x}(C - x \ln x + x)$，

由初始条件求得 $C = 0$，故原方程的解为：$y = \dfrac{1}{1 - \ln x}$.

5. 解：原方程化为 $yy' - \dfrac{x}{2(x^2 - 1)} y^2 = -\dfrac{x}{2}$，

即 $\dfrac{\mathrm{d} y^2}{\mathrm{d} x} - \dfrac{x}{x^2 - 1} y^2 = -x$，$y^2 = C \sqrt{1 - x^2} + (1 - x^2)$，

以 $x = 0, y = 1$ 代入得 $C = 0$，

所以，初始值问题的解为 $y^2 = 1 - x^2$.

6. 解：原方程化为 $\dfrac{\mathrm{d} y}{\mathrm{d} x} = \dfrac{1}{(x + y)^2}$，令 $u = x + y$，

则得 $\dfrac{\mathrm{d} u}{\mathrm{d} x} = 1 + \dfrac{\mathrm{d} y}{\mathrm{d} x}$，$\dfrac{u^2}{1 + u^2} \mathrm{d} u = \mathrm{d} x$，

积分得 $u - \arctan u = x + C$，

以 $u = x + y$ 代回，得原方程通解为 $y = \arctan(x + y) + C$.

二、求解下列方程

1. 解：原方程化为 $\dfrac{\mathrm{d} y^{-2}}{\mathrm{d} x} + \sec x \cdot y^{-2} = -\tan x$，

解得 $y^{-2} = \dfrac{x+C}{\sec x + \tan x} - 1$,

即 $(1+y^2)(\sec x + \tan x) = y^2(x+C)$.

2. 解:原方程化为 $y' + \dfrac{1}{4x}y = -\dfrac{x}{4}y^4, \dfrac{\mathrm{d}y^{-3}}{\mathrm{d}x} - \dfrac{3}{4x}y^{-3} = \dfrac{3}{4}x$,

$y^{-3} = Cx^{\frac{3}{4}} + \dfrac{3}{5}x^2$.

三、求解下列各题

1. 解:原方程写成 $\dfrac{\mathrm{d}y}{\mathrm{d}x} = \dfrac{xy}{3x^2 - y^4}$,

两边乘以 $2y$,并令 $z = y^2$,原方程化为:$\dfrac{\mathrm{d}z}{\mathrm{d}x} = \dfrac{2xz}{3x^2 - z^2}$,

令 $z = xu$,上述方程化为 $\dfrac{3-u^2}{u^3 - u}\mathrm{d}u = \dfrac{\mathrm{d}x}{x}$,

积分得 $x = C\dfrac{u^2 - 1}{u^3}$,以 $u = \dfrac{z}{x}, z = y^2$ 代入上式得原方程通解为

$y^6 = C(y^4 - x^2)$.

2. 解:令 $u = \cos y$,原方程化为 $u' - \dfrac{1}{x\ln x}u = -\dfrac{1}{\ln x}u^2$,

令 $z = u^{-1}$,得 $z' + \dfrac{1}{x\ln x}z = \dfrac{1}{\ln x}$,

$z = \dfrac{1}{\ln x}(C + x)$,即 $\dfrac{1}{\cos y} = \dfrac{1}{\ln x}(C + x)$,

或 $\cos y(C + x) = \ln x$.

3. 解:$\dfrac{y'}{1 + \cos y} + \dfrac{\sin y}{1 + \cos y} = -x$,令 $u = \dfrac{\sin y}{1 + \cos y}$,

则 $\dfrac{\mathrm{d}u}{\mathrm{d}x} + u = -x, u = Ce^{-x} - x + 1$,

$\dfrac{\sin y}{1 + \cos y} = Ce^{-x} - x + 1$.

章节练习题(一)

一、客观题

1. 已知曲线 $y = y(x)$ 过点 $(0,1)$ 且其上任一点 (x,y) 处的切线斜率为 $2x\ln(1+x^2)$,则 $f(x) = \underline{\qquad}$.

2. 以 $(x+C)^2 + y^2 = 1$ 为通解的微分方程是 $\underline{\qquad}$.(其中 C 为任意常数)

3. 微分方程 $4y\mathrm{d}x + (1 - 4x)\mathrm{d}y = 0$ 的通解为 $\underline{\qquad}$.

4. 微分方程 $y' + y = e^{-x}$ 的通解为 $\underline{\qquad}$.

5. 微分方程 $y\mathrm{d}x + x\mathrm{d}y = y^2\mathrm{d}y$ 的通解为 $\underline{\qquad}$.

6. 函数 $f(x)$ 满足关系式 $f(x) = \displaystyle\int_0^{2x} f\left(\dfrac{t}{2}\right)\mathrm{d}t + 1, f(x) = \underline{\qquad}$.

二、求解下列各题

1. 求 $\dfrac{\sec x}{1+y^2}\mathrm{d}y = x\mathrm{d}x, y\big|_{x=0} = 1$ 的特解.

2. 求 $(\mathrm{e}^{x+y} - \mathrm{e}^x)\mathrm{d}x - (\mathrm{e}^{x+y} - \mathrm{e}^y)\mathrm{d}y = 0$ 的通解.

3. 设 $f(x) = x + \int_0^x f(t)\mathrm{d}t, f(x)$ 是连续函数,求 $f(x)$.

4. 求 $y' = \dfrac{y}{x}(1 + \ln y - \ln x)$ 的解.

5. 求 $y' + \dfrac{1}{x}y = \dfrac{\sin x}{x}$ 的通解.

6. 求 $\dfrac{\mathrm{d}y}{\mathrm{d}x} = \dfrac{y}{x + y^3 \mathrm{e}^y}$ 的通解.

 章节练习题答案(一)

一、客观题

1. $f(x) = (1+x^2)\ln(1+x^2) - x^2 + 1$.

2. $y^2 y'^2 + y^2 = 1$.

3. $y = C(4x - 1)$.

4. $y = (x + C)\mathrm{e}^{-x}$.

5. $xy = \dfrac{1}{3}y^3 + C$.

6. $y = \mathrm{e}^{2x}$.

二、解答下列各题

1. 解:$\int \dfrac{1}{1+y^2}\mathrm{d}y = \int x\cos x\mathrm{d}x$, $\arctan y = x\sin x + \cos x + C$.

   由初始条件得 $C = \dfrac{\pi}{4} - 1$,通解为 $\arctan y = x\sin x + \cos x + \dfrac{\pi}{4} - 1$.

2. 解:$\int \dfrac{\mathrm{e}^y \mathrm{d}y}{\mathrm{e}^y - 1} = \int \dfrac{\mathrm{e}^x \mathrm{d}x}{\mathrm{e}^x - 1}$,则 $\ln(\mathrm{e}^y - 1) = \ln(\mathrm{e}^x - 1) + \ln C$,

   故 $\mathrm{e}^y - 1 = C(\mathrm{e}^x - 1)$.

3. 解:$f'(x) = 1 + f(x), f'(x) - f(x) = 1, f(x) = -1 + C\mathrm{e}^x$,由初始条件得 $C = 1$,所以通解为 $f(x) = \mathrm{e}^x - 1$.

4. 解:令 $y = xu$,故 $y' = u + xu'$,原方程化为 $x\dfrac{\mathrm{d}y}{\mathrm{d}x} = u\ln u$, $\int \dfrac{\mathrm{d}u}{u\ln u} = \int \dfrac{\mathrm{d}x}{x}$,积分得 $\ln\ln u = \ln x + \ln C$,即 $u = \mathrm{e}^{Cx}$,所以通解为 $y = x\mathrm{e}^{Cx}$.

5. 解:$y = \left[\int \dfrac{1}{x}\sin x \mathrm{e}^{\int \frac{1}{x}\mathrm{d}x}\mathrm{d}x + C\right]\mathrm{e}^{-\int \frac{1}{x}\mathrm{d}x} = \dfrac{C - \cos x}{x}$.

6. 解:原方程化为 $\dfrac{\mathrm{d}x}{\mathrm{d}y} = \dfrac{x}{y} + y^2\mathrm{e}^y$, $x = \left(\int y^2\mathrm{e}^y \mathrm{e}^{\int -\frac{1}{y}\mathrm{d}y}\mathrm{d}y + C\right)\mathrm{e}^{\int \frac{1}{y}\mathrm{d}y}$,

   所以通解为 $x = y[\mathrm{e}^y(y - 1) + C]$.

§7-4 可降阶的微分方程

A 级同步训练题

一、客观题

1. 满足方程 $x^2 y'' = 1, y'(1) = -1, y(1) = 0$ 的解为_____.
2. 微分方程 $y'' - x - e^x = 0$ 的通解是_____.
3. 微分方程 $y'' = y'''$ 的通解是_____.
4. 微分方程 $xy''' = y''$ 的通解是_____.
5. 微分方程 $y'' - 2y' = x$ 的通解是_____.
6. 微分方程 $y'' - 2\tan x \cdot y' = 0$ 的通解是_____.
7. 微分方程 $\dfrac{y''}{y'} = 2y$ 的通解是_____.

二、求解下列方程

1. 求微分方程 $(1+y^2)y'' = 2yy'^2$ 的通解.
2. 求微分方程 $x^2 y'' + xy' = 1$ 的通解.
3. 求微分方程 $xy'' - y' + x^2 = 0$ 的通解.
4. 求微分方程 $y'' - 2y'^2 \cot y = 0$ 的通解.
5. 求微分方程 $(x+1)y'' + y' = \ln(x+1)$ 的通解.
6. 求微分方程 $xy'' - y' = x \ln x$ 的通解.

B 级同步训练题

一、客观题

1. 微分方程 $y' + y'' = xy''$ 满足条件 $y'(2) = 1, y(2) = 1$ 的解是( ).

    (A) $y = (x-1)^2$　　　　(B) $y = \left(x + \dfrac{1}{2}\right)^2 - \dfrac{21}{4}$

    (C) $y = \dfrac{1}{2}(x-1)^2 + \dfrac{1}{2}$　　(D) $y = \left(x - \dfrac{1}{2}\right)^2 - \dfrac{5}{4}$

2. 微分方程 $(1-x^2)y'' - xy' = 0$ 满足条件 $y'(0) = 1, y(0) = 0$ 的解是( ).

    (A) $y = \dfrac{1}{2}\arcsin x$　　　　(B) $y = \arcsin x$

    (C) $y = \arcsin\left(x - \dfrac{\pi}{4}\right) + \dfrac{\sqrt{2}}{2}$　(D) $y = \arcsin\left(x + \dfrac{\pi}{4}\right) - \dfrac{\sqrt{2}}{2}$

3. 微分方程 $y'' - 2y'^2 \tan y = 0$ 满足条件 $y(0) = 0, y'(0) = 1$ 的解是( ).

   (A) $x = \dfrac{y}{2} + \dfrac{1}{4}\sin 2y$ (B) $x = y - \dfrac{1}{4}\sin 2y$

   (C) $x = \dfrac{y}{2} - \dfrac{1}{4}\sin 2y$ (D) $x = y + \dfrac{1}{2}\sin 2y$

4. 微分方程 $y'' - 2yy'^3 = 0$ 满足条件 $y'(0) = -1, y(0) = 1$ 的解是( ).

   (A) $\dfrac{y^3}{3} = x + \dfrac{1}{3}$ (B) $\dfrac{x^3}{3} = y - 1$

   (C) $\dfrac{y^3}{3} = -x + \dfrac{1}{3}$ (D) $\dfrac{x^3}{3} = -y + 1$

5. 满足方程 $(1 + x^2)y'' = 1, y'(0) = 1, y(0) = 1$ 的函数为 _____.

二、求微分方程 $y'' - y'^2 = 0$ 满足条件 $y\big|_{x=0} = 0, y'\big|_{x=0} = -1$ 的特解.

三、求微分方程 $y' \cdot y'' e^y = 1$ 满足条件 $y(0) = 0, y'(0) = -3$ 的特解.

四、求微分方程 $y'' = y' e^y$ 满足条件 $y(0) = 0, y'(0) = 1$ 的解.

五、求微分方程 $y'' = 3\sqrt{y}$ 满足条件 $y(0) = 1, y'(0) = 2$ 的解.

六、求微分方程 $y'' = y'y$ 的通解.

七、求微分方程 $(4x - 1)^2 y'' - 2(4x - 1)y' = 1$ 的通解.

八、求微分方程 $2yy'' + y'^2 = 0$ 满足条件 $y(0) = 1, y'(0) = 2$ 的解.

九、求微分方程 $3y'y''(1 - y) + y'^3 + 1 = 0$ 的通解.

十、已知曲线 $y = y(x)$ 过原点,且曲线上任一点 $M(x_0, y_0)$ 处切线与 x 轴、直线 $x = x_0$ 所围三角形面积等于由曲线、x 轴与直线 $x = x_0$ 所围成的面积,求此曲线方程.

辅导与参考答案

A 级同步训练题

一、客观题

1. $y = -\ln x$.   2. $y = \dfrac{x^3}{6} + e^x + C_1 x + C_2$.

3. $y = C_1 e^x + C_2 x + C_3$.   4. $y = C_1 x^3 + C_2 x + C_3$.

5. $y = C_1 e^{2x} - \dfrac{1}{4}(x^2 + x) + C_2$.   6. $y = C_1 x + \dfrac{C_1}{2}\sin 2x + C_2$.

7. $x = C_1 \arctan(C_1 y) + C_2$.

二、求解下列方程

1. 解:令 $y' = p(y), y'' = pp'$,得

$$(1+y^2)p \cdot p' = 2p^2 y, \text{即} \frac{\mathrm{d}p}{p} = \frac{2y}{1+y^2}\mathrm{d}y,$$

$$p = C_1(1+y^2), \quad \frac{\mathrm{d}y}{1+y^2} = C_1 \mathrm{d}x,$$

通解为 $\arctan y = C_1 x + C_2.$

2. 解:$y'' + \frac{1}{x}y' = \frac{1}{x^2}, y' = \frac{1}{x}[\ln|x| + C_1],$

$$y = \frac{1}{2}\ln^2|x| + C_1 \ln|x| + C_2.$$

3. 解:令 $y' = p(x), y'' = p',$ 得 $p' - \frac{1}{x}p = -x,$

$$p = y' = x(-x + C_1), y = -\frac{x^3}{3} + C_1 x^2 + C_2.$$

4. 解:令 $y' = p(y), y'' = pp',$ 则 $\frac{\mathrm{d}p}{p} = 2\cot y \cdot \mathrm{d}y,$

$$p = y' = \frac{1}{C_1}\sin^2 y, \mathrm{d}x = \frac{C_1 \mathrm{d}y}{\sin^2 y},$$

$$x = C_2 - C_1 \cot y.$$

5. 解:令 $y' = p(x), y'' = p'$ 得 $p' + \frac{1}{x+1}p = \frac{\ln(x+1)}{x+1}.$

$$p = y' = \frac{1}{x+1}[(x+1)\ln(x+1) - x + \overline{C}_1],$$

$$y = (x + C_1)\ln(x+1) - 2x + C_2.$$

6. 解:令 $y' = p(x), y'' = p',$ 得 $p' - \frac{1}{x}p = \ln x,$

$$p = y' = \frac{x}{2}\ln^2 x + C_1 x,$$

通解为 $y = \frac{x^2}{4}\ln x(\ln x - 1) + \frac{C_1}{2}x^2 + C_2.$

B 级同步训练题

一、客观题

1. (C) **2.** (B) **3.** (A) **4.** (C) **5.** $y = x\arctan x - \frac{1}{2}\ln(1+x^2) + x + 1.$

二、解:令 $y' = p(x),$ 得 $y'' = p'.$

$$-\frac{1}{y'} = x + C_1, \text{由} y'|_{x=0} = -1, \text{得} C_1 = 1.$$

$$y = -\ln|1+x| + C_2, \text{由} y|_{x=0} = 0, \text{得} C_2 = 0.$$

解为 $y = -\ln|1+x|.$

三、解：令 $y' = p(x), y'' = p'$ 得 $p^2 p' = e^{-y}$，

$\dfrac{p^3}{3} = -e^{-y} + C_1$，由 $y(0) = 1$ 得 $C_1 = 0$，

$p = -\sqrt[3]{3} e^{-\frac{y}{3}}, 3e^{\frac{y}{3}} = -\sqrt[3]{3} x + C_2$，由 $y'(0) = -3$ 得 $C_2 = 3$，

特解为　　$3e^{\frac{y}{3}} = -\sqrt[3]{3} x + 3$.

四、解：令 $y' = p(y), y'' = pp'$，得 $pp' = pe^y$，

$dp = e^y dy, p = y' = e^y + C_1$，由 $y'(0) = 1$ 得 $C_1 = 0, y' = e^y$，

$-e^{-y} = x + C_2$，由条件 $y(0) = 0$，得 $C_2 = -1$，

特解为　　$x = 1 - e^{-y}$.

五、解：令 $y' = p(y), y'' = pp'$，得 $pp' = 3\sqrt{y}$，

$p^2 = 4y^{\frac{3}{2}} + C_1$，由条件 $y'(0) = 2$ 得 $C_1 = 0, p = y' = 2y^{\frac{3}{4}}$.

$\sqrt[4]{y} = \dfrac{1}{2} x + C_2$，由条件 $y(0) = 1$，得 $C_2 = 1$，

特解为　　$\sqrt[4]{y} = \dfrac{1}{2} x + 1$.

六、解：令 $y' = p(y), y'' = pp'$，得 $p' = y$，

$p = y' = \dfrac{y^2}{2} + \bar{C}_1, \quad \dfrac{dy}{\frac{y^2}{2} + \bar{C}_1} = dx$，

$x = 2C_1 \arctan(C_1 y) + C_2$.

七、解：令 $y' = p(x), y'' = p'$，得 $p' - \dfrac{2}{4x-1} p = \dfrac{1}{(4x-1)^2}$，

$p = y' = \sqrt{4x-1} \left[-\dfrac{1}{6} (4x-1)^{-\frac{3}{2}} + \bar{C}_1 \right]$，

$y = -\dfrac{1}{24} \ln |4x-1| + C_1 \sqrt{(4x-1)^3} + C_2$.

八、解：令 $y' = p(y), y'' = pp'$，得 $\dfrac{2dp}{p} = -\dfrac{dy}{y}$，

$p^2 = \dfrac{C_1}{y}$，由条件 $y'(0) = 2$ 得 $C_1 = 4, \dfrac{dy}{dx} = \dfrac{2}{\sqrt{y}}$，

$\dfrac{2}{3} y^{\frac{3}{2}} = 2x + C_2$，由 $y(0) = 1$，得　$C_2 = \dfrac{2}{3}$，

特解为　　$x = \dfrac{1}{3}(y^{\frac{3}{2}} - 1)$.

九、解：令 $y' = p(y), y'' = pp', \dfrac{3p^2}{1+p^3} dp = \dfrac{1}{y-1} dy$，

$p^3 = C_1(y-1) - 1$，

$\dfrac{dy}{\sqrt[3]{C_1 y - C_1 - 1}} = dx, x = \dfrac{3}{2C_1}(C_1 y - C_1 - 1)^{\frac{2}{3}} + C_2$.

十、解:过曲线上任一点(x,y)处的切线方程为$Y-y=y'(X-x)$,

它与x轴的交点为$\left(x-\dfrac{y}{y'},0\right)$,由已知有

$\dfrac{1}{2}\dfrac{y^2}{y'}=\int_0^x y\mathrm{d}x$,且$y(0)=0$,

将此方程关于x求导得$\dfrac{2yy'^2-y^2y''}{y'^2}=2y$,

$y^2y''=0$,其通解为 $y=C_1x+C_2$,

代入条件$y(0)=0$,得$C_2=0$,故所求曲线方程为$y=C_1x$.

§7-5 线性方程解的结构与齐次方程

A 级同步训练题

一、客观题

1. 若方程$y''+py'+qy=0$(p,q均为实常数)有特解$y_1=\mathrm{e}^x,y_2=\mathrm{e}^{-x}$,则$p$等于_____,$q$等于_____.

2. 若某个二阶常系数线性齐次微分方程的通解为$y=C_1\mathrm{e}^x+C_2\mathrm{e}^{-x}$,其中$C_1,C_2$为独立的任意常数,则该方程为_____.

3. 若某个二阶常系数线性齐次微分方程的通解为$y=C_1+C_2x$,其中C_1,C_2为独立的任意常数,则该方程为_____.

4. 若某个二阶常系数线性齐次微分方程的通解为$y=(C_1+C_2x)\mathrm{e}^x$,其中C_1,C_2为独立的任意常数,则该方程为_____.

二、已知微分方程$x'''-3x'+2x=0$的三个特解为$x_1=\mathrm{e}^t,x_2=t\mathrm{e}^t,x_3=\mathrm{e}^{-2t}$,问$x=C_1\mathrm{e}^t+2C_1t\mathrm{e}^t+C_2\mathrm{e}^{-2t}$是否是微分方程的通解(其中$C_1,C_2$是任意常数),为什么?

三、设$x_1(t),x_2(t)$分别为非齐次方程①:$x''+p(t)x'+q(t)x=f(t)$的两个特解,证明:$x(t)=x_1(t)-x_2(t)$是方程①对应的齐次方程②:$x''+p(t)x'+q(t)x=0$的解.

四、已知$x_1(t),x_2(t)$是微分方程$x''+a_1(t)x'+a_2(t)x=0$的两个解,$x=C_1x_1(t)+C_2x_2(t)$(C_1,C_2为任意常数)也是方程的解.

五、设$x_1(t)$是非齐次线性方程①:$x''(t)+a_1(t)x'(t)+a_2(t)x(t)=f_1(t)$的解. $x_2(t)$是方程②:$x''(t)+a_1(t)x'(t)+a_2(t)x(t)=f_2(t)$的解.

试证明:$x=x_1(t)+x_2(t)$是方程③:$x''(t)+a_1(t)x'(t)+a_2(t)x(t)=f_1(t)+f_2(t)$的解.

六、验证:$\mathrm{e}^{t^2},\mathrm{e}^{-t^2}$是微分方程$x''-\dfrac{1}{t}x'-4t^2x=0$的两个线性无关特解,并求此方程

的通解.

七、求解下列齐次方程

1. 求微分方程 $y'' + y' - 6y = 0$ 的通解.

2. 求微分方程 $y'' + 6y' + 10y = 0$ 的通解.

3. 求微分方程满足初始条件的解:$\begin{cases} y'' + 3y' + 2y = 0, \\ y(0) = -1, y'(0) = 5. \end{cases}$

八、试验证 $y = e^{-x}\sin x$ 是微分方程 $y'' + 2y' + 2y = 0$ 的一条在原点处与直线 $y = x$ 相切的积分曲线.

B 级同步训练题

一、客观题

1. 设 $f_1(t), f_2(t), \cdots, f_n(t)$ 为定义在 $[\alpha, \beta]$ 上一函数组,如果存在一组 _____ 数 $k_1, k_2, \cdots, k_n$,使 $k_1 f_1(t) + k_2 f_2(t) + \cdots + k_n f_n(t) \equiv 0$ ($t \in [\alpha, \beta]$),则称 $f_1(t), f_2(t), \cdots, f_n(t)$ 在 $[\alpha, \beta]$ 上线性相关.

2. 已知 $t, t\ln t$ 是微分方程 $x'' - \frac{1}{t}x' + \frac{1}{t^2}x = 0$ 的解,则其通解为 $x(t) =$ _____.

3. 若方程 $y'' + py' + qy = 0$(p, q 均为实常数)有特解 $y_1 = e^{-x}, y_2 = e^{3x}$,则 p 等于 _____,q 等于 _____.

4. 若某个三阶常系数线性齐次微分方程的通解为 $y = C_1 + C_2 x + C_3 e^x$,其中 C_1, C_2, C_3 为独立的任意常数,则该方程为 _____.

5. 若某个三阶常系数线性齐次微分方程的通解为 $y = C_1 + C_2 \cos x + C_3 \sin x$,其中 C_1, C_2, C_3 为独立的任意常数,则该方程为 _____.

二、已知 $x_1 = e^t \cos t, x_2 = 5e^t \cos t$ 是微分方程 $x'' - 2x' + 2x = 0$ 的两个特解,问:$x = C_1 e^t \cos t + C_2 5e^t \cos t$ 是否是方程的通解,为什么?

三、已知二阶齐次线性方程的一个基本解组为:$y_1 = t^2, y_2 = t$,写出此方程.

四、已知方程 $(t-1)x'' - (t+1)x' + 2x = 0$ 的一个特解为 $x_1 = 1 + t^2$,求其通解.

五、设 $x_1(t) = \begin{cases} (t-1)^2, & 0 \leq t \leq 1; \\ 0, & 1 < t \leq 2. \end{cases}$ $x_2(t) = \begin{cases} 0, & 0 \leq t \leq 1; \\ (t-1)^2, & 1 < t \leq 2. \end{cases}$

试证明:$x_1(t), x_2(t)$ 在 $[0,2]$ 上线性无关.

六、判别下列函数组是否线性相关:$0, \arctan t, \sin t, \cos 2t$.

七、求微分方程 $tx'' - x' = 0$ 的通解.

八、求微分方程满足初始条件的解:$\begin{cases} y'' - 3y' - 10y = 0, \\ y(0) = -1, \\ y'(0) = 2. \end{cases}$

九、求微分方程 $x^{(4)} - ax = 0$ $(a > 0)$ 的通解.

十、在线性微分方程 $y'' + py' + qy = 0$ 中(p,q 为常数),令 $y = \mathrm{e}^{-\frac{1}{2}px}u$,将因变量 y 换成 u,试求出 u 满足的微分方程.

十一、求微分方程 $y'' - 2ny' + k^2y = 0$ $(n > 0)$ 的通解.

十二、试讨论 q 为何值时,微分方程 $x''(t) + qx = 0$ 具有当 $t \to +\infty$ 时,趋于 0 的非零解.

辅导与参考答案

A 级同步训练题

一、客观题
1. $p = 0, q = -1$.　　2. $y'' - y = 0$.　　3. $y'' = 0$.　　4. $y'' - 2y' + y = 0$.

二、解:$x = C_1\mathrm{e}^t + 2C_1 t\mathrm{e}^t + C_2\mathrm{e}^{-2t}$ 不是微分方程的通解,因为它只含有两个独立的任意常数.

三、解:由题设 $x_1'' + p(t)x_1' + q(t)x_1 = f(t)$,　　　　　　　　　　　　　　　(1)

$x_2'' + p(t)x_2' + q(t)x_2 = f(t)$,　　　　　　　　　　　　　　　(2)

式(1) $-$ 式(2) 得　$(x_1 - x_2)'' + p(t)(x_1 - x_2)' + q(t)(x_1 - x_2) = 0$,

即 $x = x_1 - x_2$ 是齐次方程 ② 的解.

四、解:$\begin{cases} x = C_1 x_1(t) + C_2 x_2(t), \\ x' = C_1 x_1'(t) + C_2 x_2'(t), \\ x'' = C_1 x_1''(t) + C_2 x_2''(t), \end{cases}$ 代入原方程得

$x''(t) + a_1(t)x'(t) + a_2(t)x(t) =$
$[x_1''(t) + a_1(t)x_1'(t) + a_2(t)x_1(t)] + [x_2''(t) + a_1(t)x_2'(t) + a_2(t)x_2(t)] = 0$,

所以 $x = C_1 x_1(t) + C_2 x_2(t)$ 是原方程的解.

五、解:因为 $x_1(t), x_2(t)$ 分别为方程 ① 和方程 ② 的解,

$x_1''(t) + a_1(t)x_1'(t) + a_2(t)x_1(t) \equiv f_1(t)$,　　　　　　　　　　　　(1)

$x_2''(t) + a_1(t)x_2'(t) + a_2(t)x_2(t) \equiv f_2(t)$,　　　　　　　　　　　　(2)

式(1) $+$ 式(2) 得

$[x_1(t) + x_2(t)]'' + a_1(t)[x_1(t) + x_2(t)]' + a_2(t)[x_1(t) + x_2(t)] = f_1(t) + f_2(t)$,

即 $x = x_1(t) + x_2(t)$ 是方程 ③ 的解.

六、解:$(\mathrm{e}^{t^2})'' - \dfrac{1}{t}(\mathrm{e}^{t^2})' - 4t^2\mathrm{e}^{t^2} = 2\mathrm{e}^{t^2} + 4t^2\mathrm{e}^{t^2} - \dfrac{1}{t} \times 2t\mathrm{e}^{t^2} - 4t^2\mathrm{e}^{t^2} = 0$,

$(\mathrm{e}^{-t^2})'' - \dfrac{1}{t}(\mathrm{e}^{-t^2})' - 4t^2\mathrm{e}^{-t^2}$

$= -2\mathrm{e}^{-t^2} + 4t^2\mathrm{e}^{-t^2} - \dfrac{1}{t}(-2t\mathrm{e}^{-t^2}) - 4t^2\mathrm{e}^{-t^2} = 0$,

故 e^{t^2}, e^{-t^2} 是方程的解,且 $\dfrac{e^{t^2}}{e^{-t^2}} = e^{2t^2} \neq$ 常数.

于是 e^{t^2}, e^{-t^2} 是方程线性无关的解(构成基本解组),故方程的通解为
$$x = C_1 e^{t^2} + C_2 e^{-t^2},\text{其中 } C_1, C_2 \text{ 为任意常数.}$$

七、求下列齐次方程

1. 解:特征方程为 $\lambda^2 + \lambda - 6 = 0$,特征根为 $\lambda_1 = -3, \lambda_2 = 2$.

   通解为 $y = C_1 e^{-3x} + C_2 e^{2x}$.

2. 解:特征方程为 $\lambda^2 + 6\lambda + 10 = 0$.

   特征根为 $\lambda_1 = -3 + i, \lambda_2 = -3 - i$,

   通解为 $y = e^{-3x}(C_1 \cos x + C_2 \sin x)$.

3. 解:特征方程 $\lambda^2 + 3\lambda + 2 = 0$,特征根为 $\lambda_1 = -2, \lambda_2 = -1$,

   通解为 $y = C_1 e^{-2x} + C_2 e^{-x}$,

   由初始条件得 $C_1 = -4, C_2 = 3$,原问题的解为 $y = -4e^{-2x} + 3e^{-x}$.

八、解:因为 $y = e^{-x} \sin x$,

于是 $y' = e^{-x}(\cos x - \sin x), y'' = -2e^{-x} \cos x$,代入微分方程得
$$y'' + 2y' + 2y = -2e^{-x} \cos x + 2e^{-x}(\cos x - \sin x) + 2e^{-x} \sin x = 0.$$

故 $y = e^{-x} \sin x$ 是所给微分方程的解.

又因为 $y(0) = e^{-0} \sin 0 = 0, y'(0) = e^{-x}(\cos x - \sin x)|_{x=0} = 1$.

直线 $y = x$ 的斜率为 1,故曲线 $y = e^{-x} \sin x$ 过原点且与直线 $y = x$ 相切,结论成立.

B 级同步训练题

一、客观题

1. 不全为 0. 2. $C_1 t + C_2 t \ln t (C_1, C_2$ 为任意常数$)$.

3. $-2, -3$. 4. $y''' - y'' = 0$. 5. $y''' + y' = 0$.

二、解:$x = C_1 e^t \cos t + C_2 5 e^t \cos t$ 不是方程的通解,因为 $x_1 = e^t \cos t, x_2 = 5 e^t \cos t$ 线性相关.

三、解:$y = C_1 t^2 + C_2 t$,   (1)

$y' = 2C_1 t + C_2$,   (2)

$y'' = 2C_1$,   (3)

$ty' - y = C_1 t^2 = \dfrac{1}{2} y'' t^2$ 或 $t^2 y'' - 2ty' + y = 0$ 为所求方程.

四、解:由于方程各项系数和为 0,故方程有另一个特解为 $x_2(t) = e^t, x_1(t), x_2(t)$ 线性无关,构成基本解组.

通解为 $x = C_1(1 + t^2) + C_2 e^t (C_1, C_2$ 为任意常数$)$.

五、解:令 $k_1 x_1(t) + k_2 x_2(t) \equiv 0, t \in [0, 2]$,

$k_1(t-1)^2 \equiv 0, 0 \leqslant t \leqslant 1, k_2(t-1)^2 \equiv 0, 1 < t \leqslant 2$,

因此得 $k_1 = k_2 = 0$,故知 $x_1(t), x_2(t)$ 在 $[0, 2]$ 上线性无关.

六、解:取 $k_1 = 1 \neq 0, k_2 = k_3 = k_4 = 0$,

得 $1 \times 0 + 0 \times \arctan t + 0 \times \sin t + 0 \times \cos 2t \equiv 0$,

故函数组线性相关.

七、解:容易观察得:$x_1(t) = 1, x_2(t) = t^2$,

为原方程的两个非零特解,且线性无关.

故方程通解为 $x = C_1 + C_2 t^2$.

八、解:特征方程为 $\lambda^2 - 3\lambda - 10 = 0$,特征根为 $\lambda_1 = 5, \lambda_2 = -2$,

通解为 $y = C_1 e^{5x} + C_2 e^{-2x}$,

由初始条件得 $C_1 = 0, C_2 = -1$,

原问题的解为 $y = -e^{-2x}$.

九、解:特征方程为 $\lambda^4 - a = 0$,

特征根为 $\lambda_1 = -a^{\frac{1}{4}}, \lambda_2 = a^{\frac{1}{4}}, \lambda_3 = -a^{\frac{1}{4}}i, \lambda_4 = a^{\frac{1}{4}}i$,

通解为 $x = C_1 e^{-a^{\frac{1}{4}}t} + C_2 e^{a^{\frac{1}{4}}t} + C_3 \cos(a^{\frac{1}{4}}t) + C_4 \sin(a^{\frac{1}{4}}t)$.

十、解:$y' = -\frac{1}{2} p e^{-\frac{1}{2}px} u + e^{-\frac{1}{2}px} u', y'' = e^{-\frac{1}{2}px}\left(u'' - pu' + \frac{1}{4}p^2 u\right)$,

代入原方程整理得 $u'' + \left(q - \frac{1}{4}p^2\right)u = 0$,

令 $k = q - \frac{1}{4}p^2$ 得 $u'' + ku = 0$.

十一、解:特征方程为 $\lambda^2 - 2n\lambda + k^2 = 0$,特征根为 $\lambda = n \pm \sqrt{n^2 - k^2}$,

通解为

$$y = \begin{cases} C_1 e^{(n+\sqrt{n^2-k^2})x} + C_2 e^{(n-\sqrt{n^2-k^2})x}, & n^2 > k^2; \\ (C_1 + C_2 x)e^{nx}, & n^2 = k^2; \\ e^{nx}\left[C_1 \cos\sqrt{k^2-n^2}\,x + C_2 \sin\sqrt{k^2-n^2}\,x\right], & n^2 < k^2. \end{cases}$$

十二、解:特征方程 $\lambda^2 + q = 0$ 的根为 $\lambda = \pm\sqrt{-q}$,方程的通解为

$$x(t) = \begin{cases} C_1 \cos\sqrt{q}\,t + C_2 \sin\sqrt{q}\,t, & q > 0; \\ C_1 + C_2 t, & q = 0; \\ C_1 e^{-\sqrt{-q}\,t} + C_2 e^{\sqrt{-q}\,t}, & q < 0. \end{cases}$$

当 $q \geq 0$ 时,无论 C_1, C_2 取何值,只要 C_1, C_2 不同时为 0,就有 $\lim\limits_{t \to +\infty} x(t) \neq 0$,而当 $q < 0$ 时,取 $C_1 = 1, C_2 = 0$,就有

$$\lim\limits_{t \to +\infty} x(t) = \lim\limits_{t \to +\infty} e^{-\sqrt{-q}\,t} = 0.$$

故当 $q < 0$ 时,方程具有当 $t \to +\infty$ 时趋于 0 的非零解.

§7-6　二阶线性非齐次微分方程

A 级同步训练题

一、客观题

1. 微分方程 $y'' + ry = (1+r)e^x$ 的一个特解为_____,其中 r 为实常数.

2. 微分方程 $y'' - 3y = e^{2x} + 1$ 的一个特解为_____.

3. 微分方程 $y'' + 3y = \sin\sqrt{3}x$ 用待定系数法确定的特解(系数值不求)形式是_____.

4. 微分方程 $4y'' - 12y' + 9y = e^{\frac{3}{2}x}$ 用待定系数法确定的特解形式是_____.

5. 微分方程 $y'' - 4y' = 2\cos 4x$ 用待定系数法确定的特解形式是_____.

6. 微分方程 $y'' - \dfrac{1}{x^2}y = 1$ 的一个特解为_____.

7. 微分方程 $y'' - 4y = 2x + 3$ 的通解为_____.

二、求下列齐次方程的解

1. 求微分方程 $y'' - y = x$ 的通解.

2. 求微分方程 $x''(t) - 4x'(t) + 5x(t) = 5$ 的通解.

3. 求微分方程 $y'' + y = \sin x$ 的通解.

4. 求微分方程 $y'' - 2y' + y = x^2 e^x$ 的一个特解.

5. 求微分方程 $y'' + y = \operatorname{ch}x$ 的一个特解.

6. 求微分方程 $y'' - 2my' + m^2 y = \sin mx$ (m 为非零实常数) 的通解.

7. 求微分方程 $x''(t) - 2x'(t) - 3x(t) = 3\sin 2t$ 的一个特解.

8. 求微分方程 $y'' + y = 1 + \cos 2x$ 满足初始条件 $y(0) = 1, y'(0) = 1$ 的解.

9. 求微分方程 $y'' + 2y' - 3y = (2x+1)e^x$ 的一个特解.

10. 求微分方程 $y'' - 2y' = x\cos 2x$ 的一个特解.

B 级同步训练题

一、客观题

1. 微分方程 $y''' + 3y'' + 3y' + y = xe^{-x}$ 的一个特解应具有形式(　　).

　　(A) Axe^{-x}　　　　　　(B) $Ax^3 e^{-x}$

　　(C) $x^3(Ax+B)e^{-x}$　　(D) $(Ax^3 + Bx^2 + Cx)e^{-x}$

2. 微分方程 $y'' - y' = x^2$ 的一个特解应具有形式(　　).

　　(A) Ax^2　　　　　　(B) $Ax^2 + Bx + C$

　　(C) Ax^3　　　　　　(D) $x(Ax^2 + Bx + C)$

3. 微分方程 $y'' - 5y' + 6y = xe^{-2x}$ 的一个特解应具有形式( ).

(A) Axe^{-2x} (B) $(Ax+B)e^{-2x}$

(C) $(Ax^2+Bx+C)e^{-2x}$ (D) $x(Ax+B)e^{-2x}$

4. 微分方程 $y'' - y = e^x + 1$ 的一个特解应具有形式( ).

(A) $Ae^x + B$ (B) $Axe^x + Bx$

(C) $Ae^x + Bx$ (D) $Axe^x + B$

二、求微分方程 $(1+x^2)y'' + (1+x)y' + y = 1$ 的通解.

三、求微分方程 $y'' - a^2 y = e^x$ 的一个特解,其中 a 为非零实常数.

四、求微分方程 $y''' + y' = \sin x$ 的通解.

五、求微分方程 $y'' + 4y = \cos 2x$ 的通解.

六、求微分方程 $y'' - y = x\sin x$ 的一个特解.

七、求微分方程 $(2x-1)^2 y'' - 4(2x-1)y' + 8y = 8x$ 的一个特解.

八、求微分方程 $x^2 y'' - 2xy' + 2y = x$ 的通解.

九、求微分方程 $y'' - 4y' + 4y = (1+x+x^2)e^{2x}$ 的通解.

十、求微分方程 $y'' - 2y' + 2y = e^x \cos x$ 的一个特解.

十一、设函数 $f(x)$ 是二阶连续可微的偶函数,且满足方程 $f'(x) + \int_0^{-x} f(t)dt = x$,求函数 $f(x)$.

十二、求微分方程 $y'' - y = x$ 的一条积分曲线,使其在点 $(0,3)$ 处有水平切线.

十三、求微分方程 $y'' + y = \cos x$ 的一条积分曲线,使其与直线 $y = 1$ 相切于点 $(0,1)$.

辅导与参考答案

A 级同步训练题

一、客观题

1. $y = e^x$.   **2.** $y^* = e^{2x} - \dfrac{1}{3}$.   **3.** $y^* = x(A\cos\sqrt{3}x + B\sin\sqrt{3}x)$.   **4.** $y^* = Ax^2 e^{\frac{3}{2}x}$.

5. $y^* = A\cos 4x + B\sin 4x$.   **6.** $y = x^2$.   **7.** $y = C_1 e^{2x} + C_2 e^{-2x} - \dfrac{x}{2} - \dfrac{3}{4}$.

二、求下列齐次方程的解

1. 解:特征方程 $r^2 - 1 = 0$ 的根为 $r_{1,2} = \pm 1$,

   对应齐次方程的通解为 $y_C = C_1 e^x + C_2 e^{-x}$.

   设特解为 $y_p = Ax + B$,代入方程得 $y_p = -x$,故所求通解为

     $y = y_C + y_p = C_1 e^x + C_2 e^{-x} - x$.

2. 解:特征方程 $r^2 - 4r + 5 = 0$ 的根为 $r_{1,2} = 2 \pm i$,

   对应齐次方程的通解为 $x_C = e^{2t}(C_1 \cos t + C_2 \sin t)$.

   设特解为 $x_p = A$,代入方程得 $x_p = 1$,故所求通解为

$$x = x_C + x_p = e^{2t}(C_1\cos t + C_2\sin t) + 1.$$

3. 解:特征方程 $r^2 + 1 = 0$ 的根为 $r_{1,2} = \pm i$.

   对应的齐次方程的通解为 $y_C = C_1\cos x + C_2\sin x$.

   设特解为 $y_p = x(A\cos x + B\sin x)$,代入方程得 $y_p = -\dfrac{1}{2}x\cos x$.

   故所求通解为 $y = y_C + y_p = \left(C_1 - \dfrac{x}{2}\right)\cos x + C_2\sin x$.

4. 解:特征方程 $r^2 - 2r + 1 = 0$ 的根为 $r_1 = r_2 = 1$.

   设特解为 $y_p = x^2(Ax^2 + Bx + C)e^x$,

   代入方程得 $y_p = \dfrac{1}{12}x^4 e^x$.

5. 解:特征方程 $r^2 + 1 = 0$ 的根为 $r_{1,2} = \pm i$.

   因为 $\mathrm{ch}x = \dfrac{e^x + e^{-x}}{2}$,故设特解为 $y_p = Ae^x + Be^{-x}$.

   代入方程得 $y_p = \dfrac{1}{4}(e^x + e^{-x}) = \dfrac{1}{2}\mathrm{ch}x$.

6. 解:特征方程 $r^2 - 2mr + m^2 = 0$ 的根为 $r_1 = r_2 = m$.

   对应的齐次方程的通解为 $y_C = (C_1 + C_2 x)e^{mx}$.

   设特解为 $y_p = A\cos mx + B\sin mx$,代入方程得

   $y_p = \dfrac{1}{2m^2}\cos mx$,故所求通解为

   $y = y_C + y_p = (C_1 + C_2 x)e^{mx} + \dfrac{1}{2m^2}\cos mx$.

7. 解:特征方程 $r^2 - 2r - 3 = 0$ 的根为 $r_1 = 3, r_2 = -1$.

   设特解为 $x_p = A\cos 2t + B\sin 2t$.

   代入方程得 $x_p(t) = \dfrac{1}{65}(12\cos 2t - 21\sin 2t)$.

8. 解:特征方程 $r^2 + 1 = 0$ 的根为 $r_{1,2} = \pm i$,

   对应齐次方程的通解为 $y_C = C_1\cos x + C_2\sin x$.

   设特解为 $y_p = A + B\cos 2x + C\sin 2x$,代入方程得

   $y_p = 1 - \dfrac{1}{3}\cos 2x$,原方程的通解为

   $y = C_1\cos x + C_2\sin x + 1 - \dfrac{1}{3}\cos 2x$.

   代入初始条件,得解 $y = \dfrac{1}{3}\cos x + \sin x + 1 - \dfrac{1}{3}\cos 2x$.

9. 解:特征方程 $r^2 + 2r - 3 = 0$ 的根为 $r_1 = 1, r_2 = -3$.

   设特解为 $y_p = x(Ax + B)e^x$ 代入方程得 $y_p = \dfrac{x}{8}(2x+1)e^x$.

10. 解:特征方程 $r^2 - 2r = 0$ 的根为 $r_1 = 0, r_2 = 2$.

    设特解为 $y_p = (Ax + B)\cos 2x + (Cx + D)\sin 2x$,

    代入方程得 $y_p = -\dfrac{1}{8}(x+1)\cos 2x + \dfrac{1}{16}(-2x+1)\sin 2x$.

B级同步训练题

一、客观题

1. (C). 2. (D). 3. (B). 4. (D)

二、解:令 $1+x=\mathrm{e}^t$,原方程变形为 $\dfrac{\mathrm{d}^2 y}{\mathrm{d}t^2}+y=1$.

其通解为 $y=C_1\cos t+C_2\sin t+1$.

原方程通解为 $y=C_1\cos[\ln(x+1)]+C_2\sin[\ln(x+1)]+1$.

三、解:特征方程:$r^2-a^2=0$ 的根为 $r=\pm|a|$.

若 $|a|\neq 1$,可设特解为 $y_p=A\mathrm{e}^x$,代入方程得 $A=\dfrac{1}{1-a^2}$,

所以方程有特解 $y_p=\dfrac{1}{1-a^2}\mathrm{e}^x$.

若 $|a|=1$,设特解为 $y_p=Ax\mathrm{e}^x$,代入方程得 $A=\dfrac{1}{2}$,

所以方程有特解 $y_p=\dfrac{x}{2}\mathrm{e}^x$.

四、解:特征方程 $r^3+r=0$ 的根为 $r_1=0, r_{2,3}=\pm\mathrm{i}$.

对应齐次方程的通解为 $y=C_1+C_2\cos x+C_3\sin x$.

设特解为 $y^*=x(A\cos x+B\sin x)$,代入方程得

$y^*=-\dfrac{x}{2}\sin x$,故所求通解为

$y=C_1+C_2\cos x+C_3\sin x-\dfrac{x}{2}\sin x$.

五、解:特征方程 $r^2+4=0$ 的根为 $r_{1,2}=\pm 2\mathrm{i}$.

对应的齐次方程的通解 $y_C=C_1\cos 2x+C_2\sin 2x$.

设特解为 $y_p=x(A\cos 2x+B\sin 2x)$,代入方程得

$y_p=\dfrac{1}{2}x\sin 2x$,故所求通解为

$y=y_C+y_p=C_1\cos 2x+\left(C_2+\dfrac{1}{2}x\right)\sin 2x$.

六、解:特征方程 $r^2-1=0$ 的根为 $r_{1,2}=\pm 1$.

设特解为 $y_p=(Ax+B)\cos x+(Cx+D)\sin x$,

代入方程得 $y_p=-\dfrac{1}{2}(\cos x+x\sin x)$.

七、解:令 $2x-1=\mathrm{e}^t$,原方程变形为 $\dfrac{\mathrm{d}^2 y}{\mathrm{d}t^2}-3\dfrac{\mathrm{d}y}{\mathrm{d}t}+2y=\mathrm{e}^t+1$.

其通解为 $y=C_1\mathrm{e}^t+C_2\mathrm{e}^{2t}+\dfrac{1}{2}-t\mathrm{e}^t$,原方程通解为

$y=C_1(2x-1)+C_2(2x-1)^2+\dfrac{1}{2}-(2x-1)\ln(2x-1)$.

八、解:令 $x = e^t$,原方程变形为 $\dfrac{d^2 y}{dt^2} - 3 \dfrac{dy}{dt} + 2y = e^t$,

其通解为 $y = C_1 e^{2t} + C_2 e^t - t e^t$,

原方程通解为 $y = C_1 x^2 + C_2 x - x\ln x$.

九、解:特征方程 $r^2 - 4r + 4 = 0$ 的根为 $r_1 = r_2 = 2$.

对应的齐次方程的通解为 $y_C = (C_1 + C_2 x) e^{2x}$,

设特解为 $y_p = x^2 (Ax^2 + Bx + C) e^{2x}$,代入方程得

$y_p = x^2 \left(\dfrac{1}{12} x^2 + \dfrac{1}{6} x + \dfrac{1}{2} \right) \cdot e^{2x}$,

故所求通解为 $y = \left(C_1 + C_2 x + \dfrac{1}{2} x^2 + \dfrac{1}{6} x^3 + \dfrac{1}{12} x^4 \right) e^{2x}$.

十、解:特征方程 $r^2 - 2r + 2 = 0$ 的根为 $r_{1,2} = 1 \pm i$,

设特解为 $y_p = x e^x (A\cos x + B\sin x)$,

代入方程得 $y_p = \dfrac{x}{2} e^x \sin x$.

十一、解:原方程关于 x 求导得 $f''(x) - f(-x) = 1$,

由于 f 是偶函数,有 $f''(x) - f(x) = 1$,且 $f'(0) = 0$,

方程的通解为 $f(x) = C_1 e^x + C_2 e^{-x} - 1$,

代入条件 $f'(0) = 0$ 及 f 是偶函数,得 $C_1 = C_2$,故所求函数为

$f(x) = C_1 (e^x + e^{-x}) - 1$.

十二、解:方程的通解为 $y = C_1 e^x + C_2 e^{-x} - x$,

由已知得初条件 $y(0) = 3, y'(0) = 0$,代入上式得:

$C_1 = 2, C_2 = 1$,

故所求积分曲线的方程为 $y = 2e^x + e^{-x} - x$.

十三、解:$y = C_1 \cos x + C_2 \sin x + \dfrac{1}{2} x \sin x$,

由已知 $y(0) = 1, y'(0) = 0$,代入上式得

$C_1 = 1, C_2 = 0$,

故所求积分曲线的方程为 $y = \cos x + \dfrac{1}{2} x \sin x$.

章节练习题(二)

一、客观题

1. 下列方程中可利用 $p = y', p' = y''$ 降为 p 的一阶微分方程的是( ).

   (A) $y'' + yy' + y^2 = 0$ (B) $(y'')^2 + y' - \sin x = 0$

   (C) $y'' + x^2 y' - x^2 y = 0$ (D) $xy'' + yy' + x = 0$

2. 函数 $y = Ce^{2x}$ 是方程 $y'' - 4y = 0$ 的( ).

(A) 通解 (B) 特解 (C) 解,但既非通解也非特解 (D) 以上都不对

3. 微分方程 $y'' + 4y' = \sin^2 x$ 的特解应具有形式(其中,a,b,c 为常数)(　　).

   (A) $ax + bx\cos 2x + cx\sin 2x$ (B) $x(a\cos^2 x + b\sin^2 x)$

   (C) $a + b\cos 2x + c\sin 2x$ (D) $a + b\sin^2 x$

4. 微分方程 $y'' - 6y' + 9y = 3x^2 \mathrm{e}^{3x}$ 特解应具有形式(　　).

   (A) $(Ax^2 + Bx + C)\mathrm{e}^{3x}$ (B) $x(Ax^2 + Bx + C)\mathrm{e}^{3x}$

   (C) $x^2(Ax^2 + Bx + C)\mathrm{e}^{3x}$ (D) $Ax^3 \mathrm{e}^{3x}$

5. 微分方程 $y'' + 2y + y = 0$ 的通解 $y = $ _____.

6. 以 $\lambda_1 = 1, \lambda_2 = 2$ 为特征根的阶数最低的常系数线性齐次微分方程是_____.

二、求解下列微分方程

1. 求微分方程 $y'' - 5y' + 6y = (x+1)\mathrm{e}^{3x}$ 的通解.

2. 已知函数 $y = f(x)$ 的图形与 $y = x$ 相切于原点且满足微分方程 $y'' + \dfrac{2}{1-y}y'^2 = 0$,求 $f(x)$.

3. 设二阶常数线性微分方程 $y'' + ay' + \beta y = \gamma \mathrm{e}^x$ 的一个特解为 $y = \mathrm{e}^{2x} + (1+x)\mathrm{e}^x$,试确定常数 α, β, γ,并求该方程的通解.

4. 已知 $y_1 = x\mathrm{e}^x + x, y_2 = x\mathrm{e}^x + \mathrm{e}^{-x}, y_3 = x\mathrm{e}^x + x - \mathrm{e}^{-x}$ 是某二阶线性非齐次微分方程的三个解,求此微分方程的通解.

5. 求 $y'' - y = x\mathrm{e}^x \cos x$ 的通解.

章节练习题答案(二)

一、客观题

1. (A).　2. (C).　3. (A).　4. (C).

5. $y'' - 3y' + 2y = 0$.　**6.** $y''' + y'' + 4y' + 4y = 0$.

二、求解下列微分方程

1. 解:特征方程为 $r^2 - 5r + 6 = 0, r_1 = 2, r_2 = 3, \bar{y} = C_1 \mathrm{e}^{2x} + C_2 \mathrm{e}^{3x}$,

$y^* = x(ax+b)\mathrm{e}^{3x}, Q(x) = ax^2 + bx, Q' = 2ax+b, Q'' = 2a$.

得:$a = \dfrac{1}{2}, b = 0$,故 $y = C_1 \mathrm{e}^{2x} + C_2 \mathrm{e}^{3x} + \dfrac{1}{2} x^2 \mathrm{e}^{3x}$.

2. 解:令 $y' = p(y), y'' = p\dfrac{\mathrm{d}p}{\mathrm{d}y}, \dfrac{\mathrm{d}p}{\mathrm{d}y} + \dfrac{2}{1-y}p = 0, \dfrac{\mathrm{d}p}{p} = \dfrac{2\mathrm{d}y}{y-1}$,

积分得:$p = C_1(y-1)^2$,由初始条件得:$C_1 = 1$.

$y' = (y-1)^2, \dfrac{\mathrm{d}y}{(y-1)^2} = \mathrm{d}x$,故 $\dfrac{1}{1-y} = x + C_2$,因 $x = 0, y = 0$,

故 $C_2 = 1$.　所以　$f(x) = \dfrac{x}{1+x}$.

155

3. 解: $y' = 2e^{2x} + (2+x)e^x$, $y'' = 4e^{2x} + (3+x)e^x$, 代入方程得:

$4 + 2\alpha + \beta = 0, \alpha + \beta + 1 = 0, 3 + 2\alpha + \beta = \gamma$, 解方程得:

$\alpha = -3, \beta = 2, \gamma = -1$, 原方程为 $y'' - 3y' + 2y = -e^x$.

特征方程 $r^2 - 3r + 2 = 0, r_1 = 1, r_2 = 2, \bar{y} = C_1 e^x + C_2 e^{2x}$,

$y^* = axe^x, Q(x) = ax, Q' = a, Q'' = 0$, 解得 $a = 1$,

所以方程的通解为 $y = C_1 e^x + C_2 e^{2x} + xe^x$.

4. 解: $y_4 = y_2 - y_1 = e^{-x} - x, y_5 = y_3 - y_2 = -2e^{-x} + x$,

$\bar{y} = C_1(e^{-x} - x) + C_2(x - 2e^{-x}), y = \bar{y} + y_1$.

5. 解: 特征方程: $r^2 - 1 = 0, r_1 = -1, r_2 = 1, \bar{y} = C_1 e^{-x} + C_2 e^x$.

设特解形式为 $y^* = (ax+b)e^x \cos x + (cx+d)e^x \sin x$.

$(y^*)' = e^x[(a + ax + b + cx + d)\cos x + (c - ax - b + cx + d)\sin x]$,

$(y^*)'' = e^x[(2a + 2cx + 2d)\cos x + (-2a - 2ax - 2b + 2c)\sin x]$,

代入方程解得 $a = -\dfrac{1}{5}, b = \dfrac{14}{25}, c = \dfrac{2}{5}, d = \dfrac{2}{25}$,

通解为 $y = C_1 e^{-x} + C_2 e^x + e^x \left[\left(-\dfrac{x}{5} + \dfrac{14}{25}\right)\cos x + \left(\dfrac{2x}{5} + \dfrac{2}{25}\right)\sin x \right]$.

第8章　空间解析几何与向量代数

[**教学目的与要求**]

1. 理解空间直角坐标系,理解向量的概念及其表示.
2. 掌握向量的运算(线性运算、数量积、向量积、混合积),掌握两个向量垂直和平行的条件.
3. 理解单位向量、方向数与方向余弦、向量的坐标表达式,熟练掌握用坐标表达式进行向量运算的方法.
4. 掌握平面方程和直线方程及其求法.
5. 学会求平面与平面、平面与直线、直线与直线之间的夹角,并会利用平面、直线的相互关系(平行、垂直、相交等)解决有关问题.
6. 学会求点到直线以及点到平面的距离.
7. 理解曲面方程的概念,了解常用二次曲面的方程及其图形,会求以坐标轴为旋转轴的旋转曲面及母线平行于坐标轴的柱面方程.
8. 了解空间曲线的参数方程和一般方程,了解空间曲线在坐标平面上的投影,并会求其方程.

§8-1　向量代数概念与坐标

A 级同步训练题

一、客观题

1. 点 $(4,-3,5)$ 到 Oy 轴的距离为(　　).

   (A) $\sqrt{4^2+(-3)^2+5^2}$　　　　　　(B) $\sqrt{(-3)^2+5^2}$
   (C) $\sqrt{4^2+(-3)^2}$　　　　　　　　(D) $\sqrt{4^2+5^2}$

2. 已知梯形 $OABC$, $\overrightarrow{CB} \parallel \overrightarrow{OA}$ 且 $|\overrightarrow{CB}| = \dfrac{1}{2}|\overrightarrow{OA}|$,设 $\overrightarrow{OA} = \boldsymbol{a}$,$\overrightarrow{OC} = \boldsymbol{b}$,则 $\overrightarrow{AB} = ($ 　　$)$.

   (A) $\dfrac{1}{2}\boldsymbol{a} - \boldsymbol{b}$　　(B) $\boldsymbol{a} - \dfrac{1}{2}\boldsymbol{b}$　　(C) $\dfrac{1}{2}\boldsymbol{b} - \boldsymbol{a}$　　(D) $\boldsymbol{b} - \dfrac{1}{2}\boldsymbol{a}$

3. 已知 $A(2,-3,4)$,$B(5,2,-6)$,$C(-4,-8,8)$,则 $\triangle ABC$ 的重心

为_____.

4. 点 $(2,1,-3)$ 关于坐标原点对称的点是_____.

5. 点 $(4,3,-5)$ 在_____坐标面上的投影点是 $M(0,3,-5)$.

6. 已知向量 a 与 b 方向相反,且 $|b|=2|a|$,则 b 由 a 表示为 $b=$_____.

7. 已知向量 $a=\{4,-4,7\}$ 的终点坐标为 $(2,-1,7)$,则 a 的始点坐标为_____.

8. 设向量 a 与坐标轴正向的夹角为 α,β,γ,且已知 $\alpha=60°,\beta=120°$. 则 $\gamma=$_____.

二、设 a,b 为非零向量 $\mathrm{Prj}_a b = \mathrm{Prj}_b a$,问 a 与 b 有什么关系?

三、设 $P(3,4,-2)$ 和 $Q(-5,8,10)$ 分线段 AB 的比分别为 $\dfrac{AP}{PB}=\dfrac{1}{2},\dfrac{AQ}{QB}=\dfrac{3}{2}$,求点 A 坐标.

四、求点 M,使它到四个点 $A(0,2,2),B(-1,4,1),C(2,1,3),D(4,6,-2)$ 的距离都相等.

B 级同步训练题

一、客观题

1. 设有非零向量 a 和 b,若 $a \perp b$,则必有_____.
   (A) $|a+b|=|a|+|b|$ (B) $|a+b|=|a-b|$
   (C) $|a+b|<|a-b|$ (D) $|a+b|>|a-b|$

2. 点 $(5,-3,2)$ 关于_____的对称点是 $M(5,-3,-2)$.

3. 设向量 a 与 b 有共同的始点,则与 a,b 共面且平分 a 与 b 的夹角的向量为_____.

4. 设 $|a|=4$,a 与轴 l 的夹角为 $\dfrac{\pi}{6}$,则 $\mathrm{Prj}_l a =$_____.

5. 设 a 的方向角为 α,β,γ,满足 $\cos\alpha=1$ 时,a 垂直于_____坐标面.

二、设 a,b 是不平行的非零向量,$\overrightarrow{OA}=a-13b$,$\overrightarrow{OB}=2a-8b$,$\overrightarrow{OC}=\lambda(a-b)$,且 A,B,C 三点共线,求 λ.

三、在棱长为 1 的立方体中,AB 为一条棱,AG 为对角线,求 $\overrightarrow{AB}$ 在 $\overrightarrow{AG}$ 上的投影.

四、设长方体三条棱长为 $|OA|=5,|OB|=3,|OC|=4$,OM 为对角线,求 $\overrightarrow{OA},\overrightarrow{OB},\overrightarrow{OC}$ 分别在 $\overrightarrow{OM}$ 上的投影.

五、设向量 a,b 满足 $|a|+|b|=2$,求以 a,b 为边的三角形面积的最大值.

六、已知点 $A(-3,2,-1),B(4,-2,3),C(-4,4,-3)$,$AD$ 是 $\triangle ABC$ 的一条分角线,求 $|AD|$.

辅导与参考答案

A 级同步训练题

一、客观题

1. (D).   2. (D).   3. $(1,-3,2)$.   4. $(-2,-1,3)$.   5. yOz.   6. $-2a$.

7. $(2,-3,0)$.   8. $45°,135°$.

二、解：$\mathrm{Prj}_a b = |b|\cos\theta,[\theta=(\widehat{a,b})]$，$\mathrm{Prj}_b a = |a|\cos\theta$，

按题设有 $|a|\cos\theta = b\cos\theta$，故 $|a|=|b|$ 或 $a \perp b$.

三、解：$\dfrac{AP}{PB}=\dfrac{1}{2},\dfrac{AP}{AB}=\dfrac{1}{3},\dfrac{AQ}{QB}=\dfrac{3}{2},\dfrac{AQ}{AB}=\dfrac{3}{5}$，

所以 $\dfrac{AP}{AQ}=\dfrac{1}{3}\Big/\dfrac{3}{5}=\dfrac{5}{9},\dfrac{PA}{AQ}=-\dfrac{5}{9}$，

点 A 的坐标：$x=\dfrac{9}{4}\left(3+\dfrac{5}{9}\cdot 5\right)=13,y=-1,z=-17$，即点 $A(13,-1,-17)$.

四、解：设点 M 为 (x,y,z)，由 $|MA|=|MB|$，有 $x-2y+z=-5$，

$|MA|=|MC|$，有 $2x-y+z=3$，$|MA|=|MD|$，有 $x+y-z=6$，

$x=3,y=5,z=2$，所求点为 $M(3,5,2)$.

B 级同步训练题

一、客观题

1. (B).   2. xOy.   3. $\dfrac{a}{|a|}+\dfrac{b}{|b|}$.   4. $2\sqrt{3}$.   5. yOz.

二、解：$\overrightarrow{AB}=a+5b$，$\overrightarrow{BC}=(\lambda-2)a+(8-\lambda)b$，

A,B,C 共线，即 $\overrightarrow{AB}/\!/\overrightarrow{BC}$，故 $\dfrac{\lambda-2}{1}=\dfrac{8-\lambda}{5}$，得 $\lambda=3$.

三、解：显然 $\overrightarrow{AG}$ 在 $\overrightarrow{AB}$ 上的投影 $(\overrightarrow{AG})_{\overrightarrow{AB}}=1$，又 $|\overrightarrow{AG}|=\sqrt{3}$，

由 $(\overrightarrow{AG})_{\overrightarrow{AB}}=|\overrightarrow{AG}|\cos\theta(\theta=\angle BAG)$，得 $\cos\theta=\dfrac{1}{\sqrt{3}}$，

因此 $(\overrightarrow{AB})_{\overrightarrow{AG}}=|\overrightarrow{AB}|\cos\theta=\dfrac{1}{\sqrt{3}}$.

四、解：OM 与三棱夹角依次记作 α,β,γ，则因 $|OM|=5\sqrt{2}$，有

$$\cos\alpha=\dfrac{\sqrt{2}}{2},\cos\beta=\dfrac{3\sqrt{2}}{10},\cos\gamma=\dfrac{2\sqrt{2}}{5},$$

故 $(\overrightarrow{OA})_{\overrightarrow{OM}}=\dfrac{5}{2}\sqrt{2}$，$(\overrightarrow{OB})_{\overrightarrow{OM}}=\dfrac{9}{10}\sqrt{2}$，$(\overrightarrow{OC})_{\overrightarrow{OM}}=\dfrac{8}{5}\sqrt{2}$.

五、解：$S=\dfrac{1}{2}|a||b|\cdot\sin\theta$，$S$ 取最大值时，显然有 $\sin\theta=1$，

— 159 —

故 $S = \frac{1}{2}|\boldsymbol{a}||\boldsymbol{b}| = \frac{1}{2}|\boldsymbol{a}|(2-|\boldsymbol{a}|) = \frac{1}{2}(2|\boldsymbol{a}|-|\boldsymbol{a}|^2)$
$= \frac{1}{2}[1-(1-|\boldsymbol{a}|)^2]$,所以 $S_{\max} = \frac{1}{2}$.

六、解:$|AB| = 9$,$|AC| = 3$,故 $\frac{BD}{DC} = 3$,

D 点坐标:$x = \frac{1}{4}(4-12) = -2$,$y = \frac{5}{2}$,$z = -\frac{3}{2}$,

$|AD|^2 = 1 + \left(\frac{1}{2}\right)^2 + \left(\frac{1}{2}\right)^2 = \frac{3}{2}$,$|AD| = \frac{1}{2}\sqrt{6}$.

§8-2 数量积与向量积

A 级同步训练题

一、客观题

1. 设空间三点的坐标分别为 $M(1,-3,4)$,$N(-2,1,-1)$,$P(-3,-1,1)$. 则 $\angle MNP = (\quad)$.

    (A) π (B) $\frac{3\pi}{4}$ (C) $\frac{\pi}{2}$ (D) $\frac{\pi}{4}$

2. 设 $\boldsymbol{a} = \{x,3,2\}$,$\boldsymbol{b} = \{-1,y,4\}$. 若 $\boldsymbol{a} \parallel \boldsymbol{b}$,则($\quad$).
   (A) $x = 0.5$, $y = 6$ (B) $x = -0.5$, $y = 6$
   (C) $x = 1$, $y = -7$ (D) $x = -1$, $y = -3$

3. 设 $\boldsymbol{a} = \sqrt{2}\{1,2,1\}$,$\boldsymbol{b} = \{1,-1,1\}$,则 $|(4\boldsymbol{a}+5\boldsymbol{b})\times(5\boldsymbol{a}+6\boldsymbol{b})| = $ _____.

4. 设向量 $\boldsymbol{a},\boldsymbol{b},\boldsymbol{c}$ 满足 $\boldsymbol{a}+\boldsymbol{b}+\boldsymbol{c} = \boldsymbol{0}$,且 $|\boldsymbol{a}| = 3$,$|\boldsymbol{b}| = 4$,$|\boldsymbol{c}| = 5$,则 $\boldsymbol{a}\cdot\boldsymbol{b} + \boldsymbol{b}\cdot\boldsymbol{c} + \boldsymbol{c}\cdot\boldsymbol{a} = $ _____.

5. 设 $\boldsymbol{a} = \{4,-3,4\}$,$\boldsymbol{b} = \{2,2,1\}$,则 $\operatorname{Prj}_{\boldsymbol{b}}\boldsymbol{a} = $ _____.

6. 若 $(\widehat{\boldsymbol{a},\boldsymbol{b}}) = \frac{2\pi}{3}$,且 $|\boldsymbol{a}| = 1$,$|\boldsymbol{b}| = 2$. 则 $|\boldsymbol{a}\times\boldsymbol{b}| = $ _____.

7. 设 $(\widehat{\boldsymbol{a},\boldsymbol{b}}) = \frac{\pi}{3}$,$|\boldsymbol{a}| = 5$,$|\boldsymbol{b}| = 8$. 则 $|\boldsymbol{a}-\boldsymbol{b}| = $ _____.

二、设非零向量 $\boldsymbol{a},\boldsymbol{b}$ 满足 $(2\boldsymbol{a}+5\boldsymbol{b}) \perp (\boldsymbol{a}-\boldsymbol{b})$,$(2\boldsymbol{a}+3\boldsymbol{b}) \perp (\boldsymbol{a}-5\boldsymbol{b})$,求 $(\widehat{\boldsymbol{a},\boldsymbol{b}})$.

三、已知点 $A(-1,1,3)$,$B(3,3,-1)$,$C(3,0,2)$,试在 $\triangle ABC$ 所在平面上求点 D,使 $AD \perp AB$,且 $\angle ABD = \frac{\pi}{4}$.

四、设 $\boldsymbol{a} = \{2,-1,1\}$,$\boldsymbol{b} = \{1,3,-1\}$,求与 $\boldsymbol{a}$ 和 $\boldsymbol{b}$ 均垂直的单位向量.

五、设 H 是 $\triangle ABC$ 三条高的交点,已知点 $A(-1,4,6)$,$B(-4,1-6)$,$C(4,-3,2)$,

求点 H 的坐标.

六、给定向量 $a,b,n(n\neq 0)$，试求向量 c（即用 a,b,n 表示 c），使 $(c-a)\perp n, c-b \parallel n$.

B 级同步训练题

一、客观题

1. 下列结论中，正确的是（ ）.
   (A) $|a|a=a^2$　　　　　　(B) 若 $a\cdot b=0$ 则必 $a=0$ 或 $b=0$
   (C) $a(b-c)=ab-ac$　　　(D) 若 $a\neq 0$，且 $ab=ac$ 则 $b=c$

2. 对任何向量 a,b,c，总有（ ）.
   (A) $(a\cdot b)c=a(b\cdot c)$　　　(B) $(a\times b)\cdot c=a\cdot(b\times c)$
   (C) $a\cdot(b\times c)=b\cdot(a\times c)$　(D) $(a\times b)\times c=a\times(b\times c)$

3. 设 a,b,c 均为非零向量，且 $a=b\times c, b=c\times a, c=a\times b$，则 $|a|+|b|+|c|=$ _____.

4. 设 $a=\{4,-1,1\}, b=\{1,2,-2\}$，向量 c 满足 $a=b\times c$，则 $|c|$ 的最小值为 _____.

5. 设 $a=\sqrt{2}\{1,1,-2\}, b=\{2,1,-3\}$，则 $(5a-3b)\times(7a-5b)=$ _____.

6. 设 a,b,c 均为非零向量，满足 $c=a\times b, b=c\times a, a=b\times c$ 则 $|a+b+c|=$ _____.

7. 设向量 a,b,c 满足 $a+b+c=0$，且 $|a|=3, |b|=4, |c|=5$，则 $|a\times b+b\times c+c\times a|=$ _____.

二、设非零向量 a,b 满足 $(2a+3b)\perp(a-b), (3a+2b)\perp(a+4b)$，求 $(\widehat{a,b})$.

三、已知点 $A(1,1,1), B(1,0,2), C(2,1,2), D(-1,2,-2)$，证明这四个点共面.

四、设向量 $a=\{2,3,-1\}, b=\{1,-2,3\}, c=\{2,1,2\}$，向量 d 与 a,b 均垂直，且在向量 c 上的投影是 14，求向量 d.

辅导与参考答案

A 级同步训练题

一、客观题

1. (D). **2.** (B). **3.** 6. **4.** -25. **5.** 2. **6.** $\sqrt{3}$. **7.** 7.

二、解：$(2a+5b)\cdot(a-b)=0, (2a+3b)\cdot(a-5b)=0$,
即 $2|a|^2+3a\cdot b-5|b|^2=0, 2|a|^2-7a\cdot b-15|b|^2=0$,
有 $-a\cdot b=|b|^2$，$|a|^2=4|b|^2, \cos(\widehat{a,b})=\dfrac{a\cdot b}{|a||b|}=-\dfrac{1}{2}$,

即 $(\widehat{a,b}) = \dfrac{2\pi}{3}$.

三、解:$\overrightarrow{AB} = \{4,2,-4\}$,$\overrightarrow{AC} = \{4,-1,-1\}$,设 $\overrightarrow{AC} = \lambda\overrightarrow{AB} + \mu\overrightarrow{AD}$,有 $\overrightarrow{AC} \cdot \overrightarrow{AB} = \lambda|\overrightarrow{AB}|^2$,即 $18 = 36\lambda$,得 $\lambda = \dfrac{1}{2}$,于是 $\mu\overrightarrow{AD} = \overrightarrow{AC} - \dfrac{1}{2}\overrightarrow{AB} = \{2,-2,1\}$,

由 $|\overrightarrow{AD}| = |\overrightarrow{AB}| = 6$,得 $\overrightarrow{AD} = \pm 2\{2,-2,1\}$,$\overrightarrow{OD} = \overrightarrow{OA} + \overrightarrow{AD} = \{-1\pm 4, 1\mp 4, 3\pm 2\}$,即 D 为 $(3,-3,5)$ 或 $(-5,5,1)$.

四、解:$a \times b = \begin{vmatrix} i & j & k \\ 2 & -1 & 1 \\ 1 & 3 & -1 \end{vmatrix} = -2i + 3j + 7k$,所以所求单位向量为

$$\pm\left\{-\dfrac{2}{\sqrt{62}}, \dfrac{3}{\sqrt{62}}, \dfrac{7}{\sqrt{62}}\right\}.$$

五、解:设 H 为 (x,y,z),由 $CH \perp AB$,有 $x+y+4z = 9$,

由 $AH \perp BC$,有 $2x-y+2z = 6$,

又 A,B,C,H 共面,有 $2x+2y-z = 0$,H 为 $(1,0,2)$.

六、解:因 $c-b \parallel n$,可设 $c-b = \lambda n$,$c = b + \lambda n$,

$c-a = b-a+\lambda n$,因 $c-a \perp n$,故 $(b-a)\cdot n + \lambda|n|^2 = 0$,得

$\lambda = -\dfrac{(b-a)\cdot n}{|n|^2}$,所以 $c = b - \dfrac{(b-a)\cdot n}{|n|^2}n$.

B 级同步训练题

一、客观题

1. (C). **2.** (B). **3.** 3. **4.** $\sqrt{2}$. **5.** $4\sqrt{2}\{1,1,1\}$. **6.** $\sqrt{3}$. **7.** 36.

二、解:$(2a+3b)\cdot(a-b) = 0$,$(3a+2b)\cdot(a+4b) = 0$,

$2|a|^2 + a\cdot b - 3|b|^2 = 0$, $3|a|^2 + 14a\cdot b + 8|b|^2 = 0$,

有 $a\cdot b = -|b|^2$,$|a|^2 = 2|b|^2$,$\cos(\widehat{a,b}) = \dfrac{a\cdot b}{|a||b|} = -\dfrac{1}{\sqrt{2}}$,

$$(\widehat{a,b}) = \dfrac{3\pi}{4}.$$

三、证:$\overrightarrow{AB} = \{0,-1,1\}$,$\overrightarrow{AD} = \{-2,1,-3\}$,$\overrightarrow{AC} = \{1,0,1\}$,

$(\overrightarrow{AB} \times \overrightarrow{AC}) \cdot \overrightarrow{AD} = \begin{vmatrix} 0 & -1 & 1 \\ 1 & 0 & 1 \\ -2 & 1 & -3 \end{vmatrix} = 0$,故四点共面.

四、解:设 $d = \{x,y,z\}$,

$\begin{cases} 2x+3y-z = 0, \\ x-2y+3z = 0, \\ \dfrac{2x+y+2z}{3} = 14, \end{cases}$ 解答:$x = -42$,$y = z = 42$,即 $d = \{-42,42,42\}$.

§8-3 平面及其方程

A 级同步训练题

一、客观题

1. 平面 $x-2z=0$ 的位置是( ).
   (A) 平行于 xOz 坐标面
   (B) 平行于 x 轴
   (C) 垂直于 y 轴
   (D) 通过 y 轴

2. 下列平面中通过坐标原点的平面是( ).
   (A) $x=1$
   (B) $x+2z+3y+4=0$
   (C) $3(x-1)-y+(y+3)=0$
   (D) $x+y+z=1$

3. 过点 $M(3,0,1)$ 且与平面 $3x-7y+5z-12=0$ 平行的平面方程是_____.

4. 点 $P(1,2,1)$ 到平面 $x+2y+2z-10=0$ 的距离是_____.

5. 当 $l=$_____及 $m=$_____时,两平面 $2x+my+3z-5=0$ 与 $lx-6y-6z+2=0$ 互相平行.

二、求下列平面的方程

1. 平面过两点 $M_1(1,1,1),M_2(0,1,-1)$,且垂直于平面 $\pi_1:x+y+z=0$,求它的方程.

2. 平行 x 轴且过两点 $P_1(4,0,-2)$ 和 $P_2(5,1,7)$.

3. 求过三点 $A(0,4,-5),B(-1,-2,2),C(4,2,1)$ 的平面方程.

4. 求过点 $M(5,-4,2)$ 和 $N(3,0,-1)$ 且与向量 $\boldsymbol{a}=\{7,8,-6\}$ 平行的平面.

三、已知三点 $M_1(2,1,5),M_2(0,4,-1),M_3(3,4,-7)$,求过点 $M_0(2,-6,3)$ 且与 $\triangle M_1M_2M_3$ 所在平面平行的平面方程.

四、求过点 $M(0,0,1)$ 和 $N(3,0,0)$,且与 xOy 平面成 $\frac{\pi}{3}$ 角的平面方程.

五、一平面与平面 $\pi_1:20x-4y-5z+7=0$ 平行,且相距 6 个单位,求这平面的方程.

B 级同步训练题

一、客观题

1. 已知两平面 $\pi_1:mx+y-3z+1=0$ 与 $\pi_2:7x-2y-z=0$. 当 $m=$( )时,$\pi_1 \perp \pi_2$.
   (A) $\frac{1}{7}$
   (B) $-\frac{1}{7}$
   (C) 7
   (D) -7

2. 两平面 $\pi_1: x+y-11=0$, $\pi_2: 3x+8=0$ 的夹角 $\theta=$ (　　).

(A) $\dfrac{\pi}{2}$　　　　(B) $\dfrac{\pi}{3}$　　　　(C) $\dfrac{\pi}{4}$　　　　(D) $\dfrac{\pi}{6}$

3. 平面 $19x-4y+8z+21=0$ 和 $19x-4y+8z+42=0$ 之间的距离等于_____.

4. 过点 $(1,2,1)$ 与向量 $s_1=i-2j-3k$, $s_2=-j-k$ 平行的平面方程为_____.

5. 平行于 x 轴,且过点 $P(3,-1,2)$ 及 $Q(0,1,0)$ 的平面方程是_____.

6. 若平面 $x+2y-kz=1$ 与平面 $y-z=3$ 成 $\dfrac{\pi}{4}$ 角,则 $k=$_____.

二、求下列平面的方程

1. 已知平面通过两点 $M(3,-2,5)$ 及 $N(2,3,1)$ 且平行于 z 轴,求平面方程.

2. 一平面平分两点 $A(1,2,3)$ 和 $B(3,-1,4)$ 间的线段且和它垂直,求此平面方程.

3. 自点 $P_0(2,3,-5)$ 分别向各坐标面作垂线,求过三个垂足的平面方程.

4. 过两点 $M(0,4,-3)$ 和 $N(6,-4,3)$ 作平面,使之不过原点,且使其在坐标轴上截距之和等于零,求此平面方程.

5. 若平面 $x+3y-5+\lambda(x-y-2z+4)=0$ 在 x 轴、y 轴上的截距非零且相等,求此平面方程.

三、设平面与原点的距离为 6,且在坐标轴上的截距之比为 $a:b:c=1:3:2$,求此平面的方程.

四、平面 π 过 x 轴且与平面 $y=x$ 成 $\dfrac{\pi}{3}$ 角,求平面 π 的方程.

辅导与参考答案

A 级同步训练题

一、客观题

1. (D).　　2. (C).　　3. $3x-7y+5z-14=0$.　　4. 1.　　5. $l=-4, m=3$.

二、求下列平面的方程

1. 解: π_1 法向量为 $n_1=\{1,1,1\}$, $\overrightarrow{M_1M_2}=\{-1,0,-2\}$,

$n=n_1\times\overrightarrow{M_1M_2}=\{-2,1,1\}$, 故平面方程为 $2x-y-z=0$.

2. 解: 设平面方程为 $By+Cz+D=0$,

过 P_1, P_2 点, 故 $\begin{cases} -2C+D=0, \\ B+7C+D=0. \end{cases}$ 得 $B:C:D=9:(-1):(-2)$,

故平面方程为 $9y - z - 2 = 0$.

3. 解: $\overrightarrow{AB} = \{-1, -6, 7\}, \overrightarrow{AB} = \{4, -2, 6\}$,

$$\mathbf{n} = \overrightarrow{AB} \times \overrightarrow{AC} = \begin{vmatrix} \mathbf{i} & \mathbf{j} & \mathbf{k} \\ -1 & -6 & 7 \\ 4 & -2 & 6 \end{vmatrix} = -2\{11, -17, -13\},$$

故平面方程为 $11x - 17y - 13z + 3 = 0$.

4. 解: $\overrightarrow{MN} = \{-2, 4, -3\}, \mathbf{n} = \overrightarrow{MN} \times \mathbf{a} = \begin{vmatrix} \mathbf{i} & \mathbf{j} & \mathbf{k} \\ -2 & 4 & -3 \\ 7 & 8 & -6 \end{vmatrix} = -11\{0, 3, 4\}$,

故平面方程为 $3y + 4z + 4 = 0$.

三、解: $\overrightarrow{M_1M_2} = \{-2, 3, -6\}, \overrightarrow{M_1M_3} = \{1, 3, -12\}$,

$\mathbf{n} = \overrightarrow{M_1M_2} \times \overrightarrow{M_1M_3} = \{-18, -30, -9\} = -3\{6, 10, 3\}$,

所求平面方程为 $6x + 10y + 3z + 39 = 0$.

四、解: 设所求平面方程为 $\pi: \dfrac{x}{3} + \dfrac{y}{b} + \dfrac{z}{1} = 1$, 法向量为 $\mathbf{n} = \left\{\dfrac{1}{3}, \dfrac{1}{b}, 1\right\}$.

由 π 与 xOy 平面成 $\dfrac{\pi}{3}$ 角, 故 $\cos\dfrac{\pi}{3} = |\cos(\widehat{\mathbf{n}, \mathbf{k}})| = \dfrac{|\mathbf{n} \cdot \mathbf{k}|}{|\mathbf{n}||\mathbf{k}|} = \dfrac{1}{\sqrt{\dfrac{1}{9} + \dfrac{1}{b^2}}}$,

解得: $b = \pm\dfrac{3}{\sqrt{26}}$, 故平面方程为 $x \pm \sqrt{26}y + 3z - 3 = 0$.

五、解: 设平面为 $\pi: 20x - 4y - 5z + D = 0$, 在 π_1 上取点 $P_0\left(0, \dfrac{7}{4}, 0\right)$,

则该点到 π 的距离为 $d = \dfrac{|D - 7|}{21}$, 由 $d = 6$, 得 $D = -119$ 和 $D = 133$,

故所求平面为 $20x - 4y - 5z - 119 = 0$ 和 $20x - 4y - 5z + 133 = 0$.

B 级同步训练题

一、客观题

1. (B). **2.** (C). **3.** 1. **4.** $x - y + z = 0$. **5.** $y + z = 1$. **6.** $\dfrac{1}{4}$.

二、求下列平面的方程

1. 解: 设平面方程为 $A(x - 3) + B(y + 2) = 0$,

由于过 N 点, 得 $A(2 - 3) + B(3 + 2) = 0, A : B = 5 : 1$,

故平面方程为 $5(x - 3) + (y + 2) = 0$, 即 $5x + y - 13 = 0$.

2. 解: A, B 中点为 $P\left(2, \dfrac{1}{2}, \dfrac{7}{2}\right), \overrightarrow{AB} = \{2, -3, 1\}$,

故平面方程为 $2x - 3y + z - 6 = 0$.

3. 解: 垂足分别为 $A(2, 3, 0), B(0, 3, -5), C(2, 0, -5)$,

$\overrightarrow{AB} = \{-2, 0, -5\}, \overrightarrow{AC} = \{0, -3, -5\}$,

$$n = \vec{AB} \times \vec{AC} = \begin{vmatrix} i & j & k \\ -2 & 0 & -5 \\ 0 & -3 & -5 \end{vmatrix} = \{-15, -10, 6\},$$

故平面方程为 $15x + 10y - 6z - 60 = 0.$

4. 解:设平面方程为 $\dfrac{x}{a} + \dfrac{y}{b} - \dfrac{z}{a+b} = 1,$

$$\begin{cases} \dfrac{4}{b} + \dfrac{3}{a+b} = 1, \\ \dfrac{6}{a} - \dfrac{4}{b} - \dfrac{3}{a+b} = 1. \end{cases} \quad 解得 a = 3, b = -2, 6,$$

故平面方程为 $2x - 3y - 6z = 6$ 或 $6x + 3y - 2z = 18.$

5. 解:平面方程为 $(1+\lambda)x + (3-\lambda)y + (-2\lambda)z + (-5+4\lambda) = 0,$

在 x 轴、y 轴上截距分别为 $-\dfrac{4\lambda - 5}{1+\lambda}, \dfrac{-4\lambda - 5}{3-\lambda}, -\dfrac{4\lambda - 5}{3-\lambda},$

由条件 $-\dfrac{4\lambda - 5}{1+\lambda} = -\dfrac{4\lambda - 5}{3-\lambda},$ 得 $\lambda = 1,$

故平面方程为 $2x + 2y - 2z - 1 = 0.$

三、解:设平面方程为 $\dfrac{x}{\lambda} + \dfrac{y}{3\lambda} + \dfrac{z}{2\lambda} = 1,$ 即 $6x + 2y + 3z - 6\lambda = 0,$

$d = \dfrac{6}{7}|\lambda|,$ 由条件 $d = 6,$ 解得 $\lambda = \pm 7.$

故平面方程为 $6x + 2y + 3z \pm 42 = 0.$

四、解:设平面方程为 $y + Cz = 0, \boldsymbol{n} = \{0, 1, C\},$ 平面 $y = x$ 法向量为 $\boldsymbol{n}_1 = \{1, -1, 0\},$

由条件 $\cos \dfrac{\pi}{3} = |\cos(\widehat{\boldsymbol{n}, \boldsymbol{n}_1})| = \dfrac{|\boldsymbol{n} \cdot \boldsymbol{n}_1|}{|\boldsymbol{n}| \cdot |\boldsymbol{n}_1|} = \dfrac{1}{\sqrt{2}\sqrt{C^2+1}},$ 解得 $C = \pm 1,$

故平面方程为 $y \pm z = 0.$

§8-4 直线及其方程

A级同步训练题

一、客观题

1. 直线 $l_1 : x - 1 = y = z + 1,$ $l_2 : x = -(y-1) = \dfrac{z+1}{0}$ 的相对关系是( ).

   (A) 平行   (B) 重合   (C) 垂直   (D) 异面

2. 设空间直线的标准方程是 $\dfrac{x}{0} = \dfrac{y}{1} = \dfrac{z}{2},$ 则该直线过原点,且( ).

   (A) 垂直于 x 轴   (B) 垂直于 y 轴,但不平行于 x 轴
   (C) 垂直于 z 轴,但不平行于 x 轴   (D) 平行于 x 轴

3. 直线 $L : \dfrac{x+3}{-2} = \dfrac{y+4}{-7} = \dfrac{z}{3}$ 与平面 $\pi : 4x - 2y - 2z = 3$ 的关系是( ).

(A) 平行   (B) 垂直相交   (C) L 在 π 上   (D) 相交但不垂直

4. 设在直线 $L_1: \dfrac{x-1}{1} = \dfrac{5-y}{2} = \dfrac{z+8}{1}$ 与 $L_2: \begin{cases} x-y=6, \\ 2y+z=3. \end{cases}$ 则 L_1 与 L_2 的夹角为( ).

     (A) $\dfrac{\pi}{6}$ (B) $\dfrac{\pi}{4}$ (C) $\dfrac{\pi}{3}$ (D) $\dfrac{\pi}{2}$

5. 直线 $\begin{cases} 3x+2z=0, \\ 5x-1=0 \end{cases}$ 平行于 _____ 轴.

6. 直线 $\begin{cases} x+2y-z-2=0, \\ x+y-3z-7=0 \end{cases}$ 的方向余弦为 _____.

7. 设空间两直线 $\dfrac{x-1}{1} = \dfrac{y+1}{2} = \dfrac{z-1}{\lambda}$ 与 $x+1 = y-1 = z$ 相交于一点,则 $\lambda =$ _____.

二、求 B 和 D,使直线 $\begin{cases} x-2y+z-9=0, \\ 3x+By+z-D=0 \end{cases}$ 在 xOy 平面上.

三、一直线在 xOz 坐标面上,且过原点又垂直于直线 $\dfrac{x-2}{3} = \dfrac{y+1}{-2} = \dfrac{z-5}{1}$,求它的对称式方程.

四、求过平面 $4x-y+3z-1=0$ 和 $x+5y-z+2=0$ 的交线且过点 $P(1,1,1)$ 的平面.

五、由点 $P(1,2,3)$ 向直线 $l: \dfrac{x}{1} = \dfrac{y-4}{-3} = \dfrac{z-3}{-2}$ 引垂线,求垂足的坐标.

六、求过 $l: \begin{cases} 3x+2y-z-1=0, \\ 2x-3y+2z+2=0 \end{cases}$ 且垂直于 $\pi: x+2y+3z-5=0$ 的平面方程.

B 级同步训练题

一、客观题

1. 直线 $L_1: \begin{cases} x+2y-z=7, \\ -2x+y+z=7 \end{cases}$ 与 $L_2: \begin{cases} 3x+6y-3z=8, \\ 2x-y-z=0 \end{cases}$ 的关系是( ).

     (A) $L_1 \perp L_2$ (B) $L_1 \parallel L_2$

     (C) L_1 与 L_2 相交但不垂直   (D) L_1 与 L_2 为异面直线

2. 两平面 $x-2y-z=3, 2x-4y-2z=5$ 各自与平面 $x+y-3z=0$ 的交线是( ).

     (A) 相交的   (B) 平行的   (C) 异面的   (D) 重合的

3. 直线 $\begin{cases} 5x+y-3z-7=0, \\ 2x+y-3z-7=0, \end{cases}$ 试判别其所在位置( ).

     (A) 垂直 yOz 平面   (B) 在 yOz 平面内

(C) 平行 x 轴   (D) 在 xOy 平面内

4. 直线 $\dfrac{x+3}{-2}=\dfrac{y+4}{-7}=\dfrac{z}{3}$ 与平面 $2x-y-z+2=0$ 的关系是(   ).

 (A) 平行,但直线不在平面上   (B) 直线在平面上

 (C) 垂直相交   (D) 相交但不垂直

5. 过点 $(-1,2,1)$ 且平行直线 $\begin{cases} x+y-2z-1=0, \\ x+2y-z+1=0 \end{cases}$ 的直线方程为 _____.

6. 直线 $\begin{cases} x+y+3z=0, \\ x-y-z=0 \end{cases}$ 与 $x-y-z+1=0$ 的夹角为 _____.

二、试求 k 值,使两直线 $\dfrac{x-1}{k}=\dfrac{y+4}{5}=\dfrac{z-3}{-3}, \dfrac{x+3}{3}=\dfrac{y-9}{-4}=\dfrac{z+14}{7}$ 相交.

三、求两直线 $L_1: \begin{cases} y=3x-5, \\ z=-2x+3 \end{cases}$ 及 $L_2: \begin{cases} y=x, \\ z=1 \end{cases}$ 间所夹之锐角.

四、求过 $P_0(4,2,-3)$ 与平面 $\pi: x+y+z-10=0$ 平行且与直线

 $L_1: \begin{cases} x+2y-z-5=0, \\ z-10=0 \end{cases}$ 垂直的直线方程.

五、求过点 $(-1,-4,3)$ 并与下面两直线 $L_1: \begin{cases} 2x-4y+z=1, \\ x+3y=-5, \end{cases} L_2: \begin{cases} x=2+4t, \\ y=-1-t, \\ z=-3+2t \end{cases}$

都垂直的直线方程.

六、求平面的方程,使得这个平面垂直于平面 $x-y+2z-5=0$,平行于以 $\dfrac{1}{5}, \dfrac{-2}{5}$,

 $\dfrac{2\sqrt{5}}{5}$ 为方向余弦的直线,并且过点 $(5,0,1)$.

七、求过 $L: \begin{cases} 2x-y-2z+1=0, \\ x+y+4z-2=0 \end{cases}$ 在 y 轴和 z 轴上有相同的非零截距的平面.

八、在平面 $x+y+z=1$ 上作一直线,使它与直线 $\begin{cases} y=1, \\ z=-1 \end{cases}$ 垂直相交.

辅导与参考答案

A 级同步训练题

一、客观题

 1. (C).   2. (A).   3. (A).   4. (C).   5. y 轴.

 6. $-\dfrac{5}{\sqrt{30}}, \dfrac{2}{\sqrt{30}}, -\dfrac{1}{\sqrt{30}}$ 或 $\dfrac{5}{\sqrt{30}}, -\dfrac{2}{\sqrt{30}}, \dfrac{1}{\sqrt{30}}$.   7. $\dfrac{5}{4}$.

二、解：xOy 平面方程为 $z=0$，对任意 x,y，有 $\begin{cases} x-2y-9=0, \\ 3x+By-D=0. \end{cases}$

故 $1:3=-2:B=-9:(-D)$，解得：$B=-6, D=27$.

三、解：所求直线的方向向量为 $\boldsymbol{S} = \begin{vmatrix} \boldsymbol{i} & \boldsymbol{j} & \boldsymbol{k} \\ 0 & 1 & 0 \\ 3 & -2 & 1 \end{vmatrix} = \{1,0,-3\}$，

故所求直线为 $\dfrac{x}{1} = \dfrac{y}{0} = \dfrac{z}{-3}$.

四、解：设平面方程为 $4x-y+3z-1+\lambda(x+5y-z+2)=0$，

由于过点 P，故点 P 坐标满足上述方程，解得 $\lambda = -\dfrac{5}{7}$，

故平面方程为 $23x-32y+26z-17=0$.

五、解：L_1 参数方程 $\begin{cases} x=t, \\ y=4-3t, \\ z=3-2t. \end{cases}$ 设垂足为 $Q(t,4-3t,3-2t)$，

$\overrightarrow{PQ}$ 与直线 L 垂直，$\overrightarrow{PQ}$ 垂直直线 L，方向向量 $\boldsymbol{S}=\{1,-3,-2\}$，

$\overrightarrow{PQ} \cdot \boldsymbol{S}=0$，解得：$t=\dfrac{1}{2}$，故垂足为 $\left(\dfrac{1}{2}, \dfrac{5}{2}, 2\right)$.

六、解：设所求平面为 $3x+2y-z-1+\lambda(2x-3y+2z+2)=0$，

由于垂直平面 π，$(3+2\lambda)+2(2-3\lambda)+3(-1+2\lambda)=0$，

解得 $\lambda=-2$，故所求平面为 $x-8y+5z+5=0$.

B级同步训练题

一、客观题

1. (B). **2.** (B). **3.** (B). **4.** (A). **5.** $\dfrac{x+1}{3} = \dfrac{y-2}{-1} = \dfrac{z-1}{1}$. **6.** 0.

二、解：第二条直线的参数方程为 $\begin{cases} x=3t-3, \\ y=-4t+9, \\ z=7t-14. \end{cases}$

满足第一条直线方程，$\dfrac{3t-4}{k} = \dfrac{-4t+13}{5} = \dfrac{7t-17}{-3}$，$k=2$.

三、解：$\boldsymbol{S}_1=\{1,3,-2\}, \boldsymbol{S}_2=\{1,1,0\}, \cos(\widehat{\boldsymbol{S}_1,\boldsymbol{S}_2}) = \dfrac{\boldsymbol{S}_1 \cdot \boldsymbol{S}_2}{|\boldsymbol{S}_1||\boldsymbol{S}_2|} = \dfrac{2}{\sqrt{7}}$，

故两直线夹角为 $\arccos \dfrac{2}{\sqrt{7}}$.

四、解：π 的法向量为 $\boldsymbol{n}=\{1,1,1\}$，$\boldsymbol{S}_1 = \begin{vmatrix} \boldsymbol{i} & \boldsymbol{j} & \boldsymbol{k} \\ 1 & 2 & -1 \\ 0 & 0 & 1 \end{vmatrix} = \{2,-1,0\}$，

$\boldsymbol{S} = \boldsymbol{n} \times \boldsymbol{S}_1 = \{1,2,-3\}$，$\dfrac{x-4}{1} = \dfrac{y-2}{2} = \dfrac{z+3}{-3}$.

五、解: $S_1 = \begin{vmatrix} i & j & k \\ 2 & -4 & 1 \\ 1 & 3 & 0 \end{vmatrix} = \{-3, 1, 10\}$, $S_2 = \{4, -1, 2\}$,

$S = S_1 \times S_2 = \{12, 46, -1\}$, 故直线为 $\dfrac{x+1}{12} = \dfrac{y+4}{46} = \dfrac{z-3}{-1}$.

六、解: π 法向量 $n = \{1, -1, 2\}$, l 方向向量 $S = \left\{\dfrac{1}{5}, \dfrac{-2}{5}, \dfrac{2\sqrt{5}}{5}\right\}$,

$$n_1 = n \times S = -\dfrac{1}{5}\{2\sqrt{5} - 4, 2\sqrt{5} - 2, 1\},$$

$$(2\sqrt{5} - 4)(x - 5) + (2\sqrt{5} - 2)y + z - 1 = 0.$$

七、解: 设平面方程为 $2x - y - 2z + 1 + \lambda(x + y + 4z - 2) = 0$,

在 y 轴,z 轴上截距分别为 $\dfrac{1-2\lambda}{1-\lambda}, \dfrac{1-2\lambda}{2-4\lambda}$,

解得 $\lambda = \dfrac{1}{3}$, 故平面方程为 $7x - 2y - 2z + 1 = 0$.

八、解: 已知直线与平面交点为 $P_0(1, 1, -1)$, 过 P_0 作与已知直线垂直的平面为 $x = 1$, 故所求直线为 $\begin{cases} x = 1, \\ x + y + z = 1. \end{cases}$

§8-5 空间曲面方程与曲线方程

A 级同步训练题

一、客观题

1. xOz 坐标面上的直线 $x = z - 1$ 绕 Oz 轴旋转而成的圆锥面的方程是().

   (A) $x^2 + y^2 = z - 1$ (B) $z^2 = x^2 + y^2 + 1$

   (C) $(z-1)^2 = x^2 + y^2$ (D) $(x+1)^2 = y^2 + z^2$

2. 方程 $x = C$ 在空间表示(　　).

   (A) yOz 坐标面   (B) 一个点

   (C) 一条直线   (D) 与 yOz 面平行的平面

3. 下列方程中,(　　)表示母线平行与 Oy 轴的双曲柱面.

   (A) $x^2 - y^2 = 1$ (B) $x^2 - z^2 = 1$ (C) $x^2 + z = 1$ (D) $xz = 1$

4. 设点 $P(1, -1, a)$ 的曲面 $x^2 + y^2 + z^2 - 2x + 4y = 0$ 上,则 $a = $ ＿＿＿＿＿.

5. 将 zOx 面上的抛物线 $z^2 = 5x$, 绕 Ox 轴旋转而成的曲面方程是＿＿＿＿＿.

6. 方程 $y = x + 1$ 在平面解析几何中表示＿＿＿＿＿, 而在空间解析几何中表示＿＿＿＿＿.

二、 求以 $M_1(1, 4, 5), M_2(1, 1, 1)$ 为直径的两个端点的球面的方程.

三、试写出曲面 $x^2 + \dfrac{y^2}{4} = \dfrac{z^2}{9}$ 被下列平面所截得的截线方程,并指出截线的名称.

(1) $x = 0$;　　(2) $z = 3$;　　(3) $z = 0$.

四、求曲线 $\begin{cases} x = 3\sin t, \\ y = 4\sin t, \\ z = 5\cos t \end{cases} (0 \leqslant t < 2\pi)$ 的一个一般方程.

五、求由曲面 $x^2 + y^2 = z, y = x^2, y = 1, z = 0$ 所围成的立体在 xOy 平面上的投影区域.

六、求由曲面 $z = x^2 + y^2, z = 2\sqrt{x^2 + y^2}$ 所围成的立体在 xOy 平面上的投影区域.

B 级同步训练题

一、客观题

1. 曲面 $x^2 + y^2 + z^2 = 1$ 与 $x^2 + y^2 = 2z$ 的交线是(　　).

 (A) 抛物线　　(B) 双曲线　　(C) 圆周　　(D) 椭圆

2. 曲面 $z = \sqrt{x^2 + y^2}$ 是(　　).

 (A) zOx 平面上曲线 $z = x$ 绕 z 轴旋转而成的旋转曲面

 (B) zOy 平面上曲线 $z = |y|$ 绕 z 轴旋转而成的旋转曲面

 (C) zOx 平面上曲线 $z = x$ 绕 x 轴旋转而成的旋转曲面

 (D) zOy 平面上曲线 $z = |y|$ 绕 y 轴旋转而成的旋转曲面

3. 过球面 $x^2 + y^2 + z^2 - 6x + 2y = 15$ 上一点 $P(3,3,3)$ 处的球面的切平面方程为_____.

4. 圆锥为 $x^2 + y^2 = 3z^2$ 的半顶角 $\alpha = $ _____.

5. 方程 $y^2 = 1 - z$ 表示的曲面是曲线平行于_____轴的_____柱面.

二、指出 $\dfrac{x^2}{4} + \dfrac{y^2}{4} - z^2 = 1$ 类型,它由 yOz 平面上的什么曲线绕什么轴旋转而产生的?

三、动点 M 到两定点 $P_1(a,0,0), P_2(4a,0,0)$ 的两个距离之比等于 $1:2$,求 M 的轨迹方程.

四、指出曲线 $L: \begin{cases} y^2 - x^2 = z, \\ z = 0 \end{cases}$ 的图形是什么?

五、试写出曲面 $x^2 + \dfrac{y^2}{4} - z^2 = 1$ 被下列平面所截得的截线方程,并指出截线的名称.

(1) $x = 1$;　　(2) $y = 1$;　　(3) $z = 1$.

六、求由曲面 $3x^2 + y^2 = z$ 和 $z = 1 - y^2$ 所围成的立体在 xOy 平面上的投影区域.

七、试考察曲面 $\dfrac{x^2}{a^2} - \dfrac{y^2}{b^2} + \dfrac{z^2}{c^2} = 1$，

　　(1) 在平面 $x = a$ 上的截痕形状，并写出其方程；

　　(2) 在平面 $y = b$ 上的截痕形状，并写出其方程；

　　(3) 在平面 $z = c$ 上的截痕形状，并写出其方程．

八、求由曲面 $z = 3 - x^2 - 2y^2, z = 2x^2 + y^2$ 所围成的立体在 xOy 平面上的投影区域．

九、证明：$x = a\sin 2t, y = a(1 - \cos 2t), z = 2a\sin t (0 \leqslant t < 2\pi)$ 在同一球面上，求此球面方程．

十、证明曲线 $L: \begin{cases} x = t\cos t, \\ y = t\sin t, \\ z = t \end{cases}$ 在以 z 轴为对称轴，原点为顶点，半顶角为 $\dfrac{\pi}{4}$ 的圆锥面上．

辅导与参考答案

A 级同步训练题

一、客观题

　　1. (C).　2. (D).　3. (B).　4. ± 2　5. $y^2 + z^2 = 5x$.　6. 直线、平面．

二、解：M_1, M_2 中点为 $M_0 \left(1, \dfrac{5}{2}, 3\right)$，$|M_1 M_2| = 5$，即直径为 5，半径为 $\dfrac{5}{2}$．

$$(x-1)^2 + \left(y - \dfrac{5}{2}\right)^2 + (z-3)^2 = \left(\dfrac{5}{2}\right)^2, \quad x^2 + y^2 + z^2 - 2x - 5y - 6z + 10 = 0.$$

三、解：(1) 截线为 $\begin{cases} \dfrac{y^2}{4} = \dfrac{z^2}{9}, \\ x = 0, \end{cases}$ 即 $\begin{cases} \dfrac{y}{2} = \pm \dfrac{z}{3}, \\ x = 0. \end{cases}$ 故为一对相交直线．

　　(2) 截线为 $\begin{cases} x^2 + \dfrac{y^2}{4} = 1, \\ z = 3 \end{cases}$ 为椭圆．

　　(3) 截线为 $\begin{cases} x^2 + \dfrac{y^2}{4} = 0, \\ z = 0, \end{cases}$ 即为一点 $(0, 0, 0)$．

四、解：$\dfrac{x}{y} = \dfrac{3}{4}$，即 $4x - 3y = 0$，$\left(\dfrac{y}{4}\right)^2 + \left(\dfrac{z}{5}\right)^2 = 1$，

$$\begin{cases} 4x - 3y = 0, \\ \dfrac{y^2}{16} + \dfrac{z^2}{25} = 1, \end{cases} \quad 即 \begin{cases} 4x - 3y = 0, \\ x^2 + y^2 + z^2 = 25. \end{cases}$$

五、解：投影区域为 xOy 平面上，由曲线 $y = x^2, y = 1$ 所围，即 $\begin{cases} x^2 \leqslant y \leqslant 1, \\ z = 0. \end{cases}$

六、解：交线 $\begin{cases} z = x^2 + y^2, \\ z = 2\sqrt{x^2 + y^2}, \end{cases}$ 在 xOy 平面上投影曲线为 $\begin{cases} x^2 + y^2 = 4, \\ z = 0. \end{cases}$

故所求投影区域为 $\begin{cases} x^2 + y^2 \leqslant 4, \\ z = 0. \end{cases}$

B 级同步训练题

一、客观题

1.（C）． **2.**（B）． **3.** $4y + 3z = 21$． **4.** $\dfrac{\pi}{3}$． **5.** Ox、抛物．

二、解：旋转单叶双曲面，由 yOz 平面上曲线 $\dfrac{y^2}{4} - z^2 = 1$ 绕 z 轴旋转而成．

三、解：设动点 $M(x,y,z)$，$|P_1M|:|P_2M| = 1:2$，

即 $4[(x-a)^2 + y^2 + z^2] = (x-4a)^2 + y^2 + z^2$，

即 $x^2 + y^2 + z^2 = (2a)^2$．

四、解：L 即为 $L:\begin{cases} y^2 - x^2 = 0, \\ z = 0, \end{cases}$ 即 $\begin{cases} y - x = 0 \\ z = 0 \end{cases}$ 和 $\begin{cases} y + x = 0, \\ z = 0. \end{cases}$

故 L 表示 xOy 平面上一对相交直线．

五、解：(1) 截线为 $\begin{cases} \dfrac{y^2}{4} - z^2 = 0, \\ x = 1, \end{cases}$ 故为一对相交直线．

(2) 截线为 $\begin{cases} x^2 - z^2 = \dfrac{3}{4}, \\ y = 1, \end{cases}$ 故为双曲线．

(3) 截线为 $\begin{cases} x^2 + \dfrac{y^2}{4} = 2, \\ z = 1, \end{cases}$ 故为椭圆．

六、解：投影区域由交线 $\begin{cases} 3x^2 + y^2 = z, \\ z = 1 - y^2 \end{cases}$ 在 xOy 平面上投影曲线所围成投影曲线为

$\begin{cases} 3x^2 + y^2 = 1 - y^2, \\ z = 0. \end{cases}$ 故投影区域为 $\begin{cases} 3x^2 + 2y^2 \leqslant 1, \\ z = 0. \end{cases}$

七、解：(1) $\begin{cases} -\dfrac{y^2}{b^2} + \dfrac{z^2}{c^2} = 0, \\ x = a \end{cases}$ 为相交直线．

(2) $\begin{cases} \dfrac{x^2}{a^2} + \dfrac{z^2}{c^2} = 2, \\ y = b \end{cases}$ 为椭圆，中心在 $(\sqrt{2}a, b, \sqrt{2}c)$．

(3) $\begin{cases} \dfrac{x^2}{a^2} - \dfrac{y^2}{b^2} = 0, \\ z = c \end{cases}$ 为两相交直线．

八、解:交线 $\begin{cases} z = 3 - x^2 - 2y^2, \\ z = 2x^2 + y^2, \end{cases}$ 在 xOy 平面上的投影曲线为

$\begin{cases} 3 - x^2 - 2y^2 = 2x^2 + y^2, \\ z = 0, \end{cases}$ 即 $\begin{cases} x^2 + y^2 = 1, \\ z = 0. \end{cases}$

故所求投影区域为 $\begin{cases} x^2 + y^2 \leqslant 1, \\ z = 0. \end{cases}$

九、证: $x^2 + y^2 + z^2 = a^2 \sin^2 2t + a^2(1 - \cos 2t)^2 + 4a^2 \sin^2 t = 4a^2$,

故曲线在球面 $x^2 + y^2 + z^2 = 4a^2$ 上.

十、证:圆锥面即为 yOz 平面上曲线 $y = z$ 绕 z 轴旋转而成的,

故其方程为 $x^2 + y^2 = z^2$,

将 L 代入上面的方程,得 $t^2 \cos^2 t + t^2 \sin^2 t = t^2$,

满足方程,故 L 在此圆锥面上.

章节练习题

一、客观题

1. 已知 a 与 b 垂直,且 $|a| = 2, |b| = 4$, 则 $|a+b| = $ _____, $|a-b| = $ _____.

2. $(a+b+c) \times c + (a+b+c) \times b + (b-c) \times a = $ _____.

3. 若两平面 $mx + y + z - 1 = 0$ 与 $mx + y - 2z = 0$ 互相垂直,则 $m = $ _____.

4. 通过点 $(1,1,1)$ 和点 $(1,2,0)$ 且与平面 $x + 3y - z + 1 = 0$ 垂直的平面方程是 _____.

5. 已知从原点到某平面所作的垂线的垂足为点 $(-1, -1, 1)$,则该平面方程为 _____.

6. 设平面 $\pi: x + ky - 2z - 9 = 0$,若 π 过点 $(1,1,2)$,则 $k = $ _____;又若 π 与平面 $2x - 3y + z = 0$ 成 $45°$,则 $k = $ _____.

7. 平面过点 $(2, 4, -2)$,它在 Ox 轴上的截距为 2,在 Oz 轴上的截距为 -2,则该平面的方程是 _____.

8. 若直线 $\dfrac{x-3}{2k} = \dfrac{y+1}{k-2} = \dfrac{z-3}{5}$ 与 $\dfrac{x-1}{3} = y + 5 = \dfrac{z+2}{k-2}$ 垂直,则 $k = $ _____.

9. 已知四点 $A(2,3,1), B(-1,1,1), C(1,2,-1), D(2,-2,1)$,则通过点 A 且垂直于点 B、C、D 所确定的平面的直线方程是 _____.

10. 点 $(-1,1,1)$ 在平面 $x + y - z = 0$ 上的投影点的坐标为 _____.

11. 母线平行于 Oz 轴且通过曲线 $\begin{cases} x^2 + y^2 + 4z^2 = 1, \\ x^2 = y^2 + z^2 \end{cases}$ 的柱面方程是 _____.

二、计算题

1. 设单位向量 a, b, c 且满足 $a + b + c = 0$.

试证:$a \cdot b + b \cdot c + c \cdot a = -\dfrac{3}{2}$.

2. 直线 $L: \dfrac{x-1}{1} = \dfrac{y-1}{3} = \dfrac{z-2}{3}$,平面 $\pi: x+3y-5z+1=0$,求

(1) 直线与平面的交点坐标;

(2) 直线与平面的夹角.

3. 求通过点 $P(2,1,0)$ 且与直线 $\dfrac{x-5}{3} = \dfrac{y}{2} = \dfrac{z+2}{-2}$ 垂直相交的直线.

4. 求点 $M(1,2,3)$ 到 $L: \begin{cases} x+y-z=1, \\ 2x+z=3 \end{cases}$ 的距离.

5. 求过两平面 $x+y-z=0, x+2y+z=0$ 的交线,作两个相互垂直的平面,其中一个平面过点 $A(0,1,-1)$.

章节练习题答案

一、客观题

1. $2\sqrt{5}, 2\sqrt{5}$. 2. $2a \times c$. 3. ± 1. 4. $-2x+y+z=0$.

5. $x+y-z+3=0$. 6. $12, \pm\sqrt{\dfrac{35}{2}}$. 7. $\dfrac{x}{2} + \dfrac{y}{-4} + \dfrac{z}{-2} = 1$.

8. 1. 9. $\dfrac{x-2}{2} = \dfrac{y-3}{2} = \dfrac{z-1}{3}$. 10. $\left(-\dfrac{2}{3}, \dfrac{4}{3}, \dfrac{2}{3}\right)$.

11. $5x^2 - 3y^2 = 1$.

二、计算题

1. 解: 在 $a+b+c=0$ 两边分别同乘 a,b,c 得: $a \cdot a + a \cdot b + a \cdot c = 0$;

$b \cdot a + b \cdot b + b \cdot c = 0$; $c \cdot a + c \cdot b + c \cdot c = 0$,三式相加得:

$2(a \cdot b + b \cdot c + c \cdot a) + 3 = 0$, 所以 $a \cdot b + b \cdot c + c \cdot a = -\dfrac{3}{2}$.

2. 解: 令 $\begin{cases} x=1+t, \\ y=1+3t, \\ z=2+3t. \end{cases}$ 代入平面方程得 $t=-1$,所以交点为 $(0,-2,-1)$,

$$\sin\alpha = \dfrac{|1+9-15|}{\sqrt{1+9+9}\sqrt{1+9+25}} = \dfrac{5}{\sqrt{665}}.$$

3. 解: 设直线方程为 $\dfrac{x-2}{m} = \dfrac{y-1}{n} = \dfrac{z}{p}$,与已知直线垂直: $3m+2n-2p=0$,与已知直线相

交: $\begin{vmatrix} m & n & p \\ 3 & 2 & -2 \\ 3 & -1 & -2 \end{vmatrix} = -6m - 9p = 0$;

解得直线方程为 $\dfrac{x-2}{-6} = \dfrac{y-1}{13} = \dfrac{z}{4}$.

4. 解: $S = \begin{vmatrix} i & j & k \\ 1 & 1 & -1 \\ 2 & 0 & 1 \end{vmatrix} = \{1, -3, -2\}$ 而 $N(1,1,1)$ 在 L 上,

故, $d = \dfrac{|S \times \overrightarrow{MN}|}{|S|} = \dfrac{|\{-4,-2,1\}|}{\sqrt{14}} = \dfrac{\sqrt{6}}{2}$.

5. 解: 设过交线的平面方程为 $(x+y-z)+\lambda(x+2y+z)=0$, 即 $(1+\lambda)x+(1+2\lambda)y+(-1+\lambda)z=0$, 平面过点 $(0,1,-1)$, 所以 $1+2\lambda+1-\lambda=0$, 解得 $\lambda=-2$, 故过交线和 A 点的平面为 $x+3y+3z=0$, 另一个平面与该平面垂直, $1+\lambda+3+6\lambda-3+3\lambda=0$, 故 $\lambda=-\dfrac{1}{10}$, 另一平面为 $9x+8y-11z=0$.

第9章 多元函数微分法及其应用

[教学目的与要求]

1. 理解多元函数的概念.
2. 了解二元函数的极限与连续性的概念,以及有界闭区域上连续函数的性质.
3. 理解偏导数的概念;会求多元函数的一阶偏导数和高阶偏导数.
4. 理解全微分的概念;了解全微分存在的必要条件和充分条件.
5. 掌握复合函数一阶偏导数的求法,会求复合函数的二阶偏导数.
6. 学会求隐函数(包括由两个方程组成的方程组确定的隐函数)的偏导数.
7. 理解曲线的切线和法平面以及曲面的切平面与法线.
8. 学会求曲线的切线和法平面及曲面的切平面与法线的方程.
9. 了解方向导数与梯度的概念及其计算方法.

§9-1 多元函数的概念

A级同步训练题

一、客观题

1. 函数 $z = \sqrt{\ln(x+2y+1)}$ 的定义域为_____.
2. 函数 $z = \ln(y\ln x)$ 的定义域为_____.
3. 设 $f(x+y, x-y) = xy + y^2$,则 $f(y,x) =$ _____.
4. 已知 $f(x-y, xy) = x^2 + y^2$,则 $f(x,y) =$ _____.
5. 函数 $z = \dfrac{\sqrt{x+y^2}}{\ln(1-x^2-y^2)}$ 的定义域为_____.
6. $\lim\limits_{\substack{x \to 0 \\ y \to 0}} \dfrac{xy}{\sqrt{1+xy}-1} =$ _____.

二、求函数 $z = \sqrt{y\sin x}$ 的定义域.

三、设 $f\left(x+y, \dfrac{y}{x}\right) = x^2 - y^2$,求 $f(x,y)$.

B 级同步训练题

一、客观题

1. 极限 $\lim\limits_{\substack{x\to 0\\ y\to 0}}\dfrac{2x^2 y}{x^4+y^2}=($).

   (A) 0　　(B) 不存在　　(C) 1　　(D) 存在且不等于 0 或 1

2. 有且仅有一个间断点的函数是( ).

   (A) $z=\dfrac{y}{x-y}$　　　　(B) $z=\mathrm{e}^x\ln(x^2+y^2)$

   (C) $z=\dfrac{x}{x+y}$　　　　(D) $z=\tan xy$

3. 下列极限存在的是( ).

   (A) $\lim\limits_{\substack{x\to 0\\ y\to 0}}\dfrac{x}{x+y}$　　　　(B) $\lim\limits_{\substack{x\to 0\\ y\to 0}}\dfrac{1}{x+y}$

   (C) $\lim\limits_{\substack{x\to 0\\ y\to 0}}\dfrac{x^2}{x+y}$　　　　(D) $\lim\limits_{\substack{x\to 0\\ y\to 0}}(x-y)\sin\dfrac{1}{x+y}$

二、计算下列极限

1. $\lim\limits_{\substack{x\to 0\\ y\to 0}}\dfrac{x^2 y^3}{x^4+y^4}$.

2. $\lim\limits_{\substack{x\to 0\\ y\to 0}}\dfrac{(x^2+y^2)\sin(x^2 y^2)}{1-\cos(x^2+y^2)}$.

3. $\lim\limits_{\substack{x\to 0\\ y\to 0}}(x^2+y^2)^{\tan(x^2 y^2)}$.

三、求函数 $u=\arcsin\left(\dfrac{\sqrt{x^2+y^2}}{z^2}\right)$ 的定义域.

四、用极限定义证明 $\lim\limits_{\substack{x\to 0\\ y\to 0}}\dfrac{xy^2}{x^2+y^2}=0$.

五、试证极限 $\lim\limits_{\substack{x\to 0\\ y\to 0}}\dfrac{x^4+y^2}{x^2+y^4}$ 不存在.

六、试研究函数 $f(x,y)=\begin{cases}\dfrac{x^2 y}{x^2+y^2},&(x,y)\neq(0,0);\\ 0,&(x,y)=(0,0)\end{cases}$ 的连续性.

辅导与参考答案

A 级同步训练题

一、客观题

1. $x + 2y \geqslant 0$.   2. $x > 1, y > 0$；或 $0 < x < 1, y < 0$.   3. $\dfrac{1}{2}y(y-x)$.

4. $x^2 + 2y$.   5. $0 < x^2 + y^2 < 1$ 且 $x + y^2 \geqslant 0$.   6. 2.

二、解：$y \geqslant 0, \sin x \geqslant 0$，得 $y \geqslant 0, 2k\pi \leqslant x \leqslant (2k+1)\pi$.

$y \leqslant 0, \sin x \leqslant 0$，得 $y \leqslant 0, (2k+1)\pi \leqslant x \leqslant (2k+2)\pi$.

三、解：设 $x + y = u, \dfrac{y}{x} = v$，则 $x = \dfrac{u}{1+v}, y = \dfrac{uv}{1+v}$，

$$f(u,v) = \left(\dfrac{u}{1+v}\right)^2 - \left(\dfrac{uv}{1+v}\right)^2 = \dfrac{u^2(1-v^2)}{(1+v)^2} = \dfrac{u^2(1-v)}{1+v},$$

所以，$f(x,y) = \dfrac{x^2(1-y)}{1+y}$.

B 级同步训练题

一、客观题

1. (B).   2. (B).   3. (D).

二、计算下列极限

1. 解：由于 $0 \leqslant \dfrac{x^2 y^3}{x^4 + y^4} \leqslant \dfrac{y}{2} \to 0$（当 $x \to 0, y \to 0$），$\lim\limits_{\substack{x \to 0 \\ y \to 0}} \dfrac{x^2 y^3}{x^4 + y^4} = 0$.

2. 解：原式 $= \lim\limits_{\substack{x \to 0 \\ y \to 0}} \dfrac{(x^2+y^2)\sin(x^2 y^2)}{\dfrac{1}{2}(x^2+y^2)^2} = \lim\limits_{\substack{x \to 0 \\ y \to 0}} \dfrac{2x^2 y^2}{x^2+y^2}$，

当 $(x,y) \to (0,0)$ 时，x^2 为无穷小量，$\left|\dfrac{2y^2}{x^2+y^2}\right| \leqslant 2$，有界，则原式 $= 0$.

3. 解：$(x^2+y^2)^{\tan(x^2 y^2)} = \left[(x^2+y^2)^{x^2+y^2}\right]^{\frac{\tan x^2 y^2}{x^2+y^2}}$，

又 $\lim\limits_{x \to 0^+} x^x = e^{\lim\limits_{x \to 0^+} \frac{\ln x}{\frac{1}{x}}} = e^{\lim\limits_{x \to 0^+} \frac{\frac{1}{x}}{-\frac{1}{x^2}}} = 1$ $(\tan x^2 y^2 \sim x^2 y^2)$,

$0 \leqslant \dfrac{x^2 y^2}{x^2+y^2} \leqslant \dfrac{x^2 y^2}{x^2} = y^2 \to 0$ （当 $x \to 0, y \to 0$ 时），

所以 $\lim\limits_{\substack{x \to 0 \\ y \to 0}} \dfrac{x^2 y^2}{x^2+y^2} = 0$，$\lim\limits_{\substack{x \to 0 \\ y \to 0}} (x^2+y^2)^{x^2 y^2} = 1^0 = 1$.

三、解：$-1 \leqslant \dfrac{\sqrt{x^2+y^2}}{z^2} \leqslant 1$，得 $\sqrt{x^2+y^2} \leqslant z^2$.

四、证：由于 $\left|\dfrac{xy^2}{x^2+y^2} - 0\right| = \dfrac{y^2}{x^2+y^2}|x| \leqslant |x| \leqslant \sqrt{x^2+y^2}$，

所以 $\forall \varepsilon > 0$，取 $\delta = \varepsilon$，只要 $0 < \sqrt{x^2+y^2} < \delta$，必有

$\left|\dfrac{y^2 x}{x^2+y^2}-0\right|<\varepsilon$，故 $\lim\limits_{\substack{x\to 0\\ y\to 0}}\dfrac{xy^2}{x^2+y^2}=0$.

五、证：由于 $\lim\limits_{\substack{x\to 0\\ y=x}}\dfrac{x^4+y^2}{x^2+y^4}=1$，$\lim\limits_{\substack{x^2=y\\ x\to 0}}\dfrac{x^4+y^2}{x^2+y^4}=\lim\limits_{y\to 0}\dfrac{2x^4}{x^2+x^8}=0$，

所以 $\lim\limits_{\substack{x\to 0\\ y\to 0}}\dfrac{x^4+y^2}{x^2+y^4}$ 不存在.

六、解：由于 $\dfrac{x^2 y}{x^2+y^2}$ 是初等函数，所以除点$(0,0)$外处处连续.

又 $0\leqslant\left|\dfrac{x^2 y}{x^2+y^2}\right|=\dfrac{x^2}{x^2+y^2}|y|\leqslant|y|$，

则 $\lim\limits_{\substack{x\to 0\\ y\to 0}}f(x,y)=0=f(0,0)$，故 $f(x,y)$ 处处连续.

§9-2 偏导数与全微分

A 级同步训练题

一、客观题

1. 函数 $z(x,y)=\begin{cases}\dfrac{1}{x^2+y^2}, & (x,y)\neq(0,0);\\ 0, & (x,y)=(0,0)\end{cases}$ 在点$(0,0)$处（　　）.

   (A) 连续但不可导　　　　(B) 不连续但可导

   (C) 可导且连续　　　　　(D) 既不连续又不可导

2. 函数 $f(x,y)=\begin{cases}\dfrac{xy}{x^2+y^2}, & (x,y)\neq(0,0);\\ 0, & (x,y)=(0,0)\end{cases}$ 在点$(0,0)$处（　　）.

   (A) 连续且可导　　　　　(B) 不连续且不可导

   (C) 连续但不可导　　　　(D) 可导但不连续

3. 设 $f(x,y)=2x+\arcsin\sqrt{\dfrac{y}{x}}$，则 $f'_x(2,1)=$（　　）.

   (A) $\dfrac{7}{4}$　　　　(B) $\dfrac{9}{4}$　　　　(C) $\dfrac{3}{2}$　　　　(D) $\dfrac{5}{2}$

4. 设 $u=x^2-2bxy+cy^2$，$\left.\dfrac{\partial u}{\partial x}\right|_{(2,1)}=6$，$\left.\dfrac{\partial u}{\partial y}\right|_{(2,1)}=0$，则 $\dfrac{\partial^2 u}{\partial y\partial x}=$（　　）.

   (A) 4　　　　(B) -4　　　　(C) 2　　　　(D) -2

5. 设 $z=x^2+(y-2)\arcsin\sqrt{\dfrac{x}{y}}$，那么 $\left.\dfrac{\partial z}{\partial x}\right|_{(1,2)}=$（　　）.

   (A) 2　　　　(B) 1　　　　(C) $\dfrac{\pi}{2}$　　　　(D) $\dfrac{\pi}{4}$

6. 曲线 $\begin{cases} z = 3 - \dfrac{1}{2}(x^2 + y^2), \\ x = 1 \end{cases}$ 在点 $(1,1,2)$ 处的切线与 y 轴正向所成的倾角为 _____.

7. 曲线 $\begin{cases} x^2 - y^2 + z^2 = 0, \\ x = 1 \end{cases}$ 在点 $(1,2,\sqrt{3})$ 处的切线与 z 轴正向所成的倾角为 _____.

8. 设 $u = \arctan \dfrac{x+y+z-xyz}{1-xy-xz-yz}$，则 $\left.\dfrac{\partial u}{\partial y}\right|_{(0,0,0)} = $ _____.

9. 设 $u(x,y,z) = \left(\dfrac{x}{y}\right)^z$，则 $\left.\mathrm{d}u\right|_{(1,2,1)} = $ _____.

10. 设 $z = y\mathrm{e}^{x+y}$，则 $\mathrm{d}z = $ _____.

二、计算下列一阶偏导数

1. 设 $f(x,y) = \sin x + (y-1)\arccos\left(\dfrac{x}{y}\right)^{\frac{1}{3}}$，求 $\left.\dfrac{\partial f}{\partial x}\right|_{(0,1)}, \left.\dfrac{\partial f}{\partial y}\right|_{(0,1)}$.

2. $z = \ln\sqrt{1+x^2+y^2}$.

3. $u = \ln\mathrm{arccot}\dfrac{x}{y}$.

4. $\varphi(x,y) = \int_y^{xy} f(s)\mathrm{d}s + \int_0^1 \mathrm{e}^{x^2} \mathrm{d}x$.

三、设 $f(x,y) = \begin{cases} \dfrac{x^2+y^2}{x+y}, & (x,y) \neq (0,0); \\ 0, & (x,y) = (0,0). \end{cases}$ 根据偏导数定义求 $f_x'(0,0), f_y'(0,0)$.

四、计算下列全微分

1. $z = y\mathrm{e}^x$.

2. $z = \ln(1+xy)$.

3. $u = z^{xy}$.

五、设 $u = \ln\sqrt{(x-1)^2 + (y-1)^2}$，求证 $\dfrac{\partial^2 u}{\partial x^2} + \dfrac{\partial^2 u}{\partial y^2} = 0$.

B 级同步训练题

一、客观题

1. 函数 $f(x,y) = \begin{cases} \dfrac{2x^2y^2}{x^4+2y^4}, & (x,y) \neq (0,0); \\ 0, & (x,y) = (0,0) \end{cases}$ 在点 $(0,0)$ 处（　　）.

(A) 连续但不可微 　　　　　(B) 可微

(C) 可导但不可微 　　　　　(D) 既不连续又不可导

2. 函数 $z = f(x,y)$ 在点 (x_0, y_0) 处具有偏导数是它在该点存在全微分的( ).

(A) 充分而非必要条件　　(B) 必要而非充分条件

(C) 充分必要条件　　(D) 既非充分又非必要条件

3. 设 $f(x,y) = e^{x+y}\sqrt[3]{x+y}$，则在 $(0,0)$ 点处的两个偏导数 $f_x(0,0)$ 和 $f_y(0,0)$ 的情况为( ).

(A) 两个偏导数均不存在　　(B) $f_x(0,0)$ 不存在，$f_y(0,0) = \dfrac{1}{3}$

(C) $f_x(0,0) = \dfrac{1}{3}$, $f_y(0,0) = \dfrac{1}{3}$　　(D) $f_x(0,0) = \dfrac{1}{3}$, $f_y(0,0)$ 不存在

4. 设 $z = (1+xy)^x$，则 $\left.\dfrac{\partial z}{\partial x}\right|_{(1,1)} = ($).

(A) $1+\ln 2$　　(B) $1+2\ln 2$　　(C) 4　　(D) 8

5. 设 $z = xye^{xy}$，则 $z_x(x,x) = ($).

(A) $2x(1+x^2)e^{x^2}$　　(B) $2x(1-x^2)e^{x^2}$

(C) $x(1-x^2)e^{x^2}$　　(D) $x(1+x^2)e^{x^2}$

6. 设 $z = x^{y^2}$ 则 $\dfrac{\partial z}{\partial x} = ($).

(A) $y^2 x^{y^2-1}$　　(B) $y^2 x^{y^2}[\ln x]$　　(C) $2x^y$　　(D) $2x^y \ln x^y$

7. 设 $u = \arctan\dfrac{x}{y}$，则 $\dfrac{\partial^2 u}{\partial x^2} + \dfrac{\partial^2 u}{\partial y^2} = ($).

(A) $\dfrac{4xy}{(x^2+y^2)^2}$　　(B) $\dfrac{-4xy}{(x^2+y^2)^2}$

(C) 0　　(D) $\dfrac{2xy}{(x^2+y^2)^2}$

8. 设 $f(x,y) = x^y e^x$，则 $f_x(1,-x) = ($).

(A) 0　　(B) e　　(C) $e(-x+1)$　　(D) $1-ex$

9. 若 $f(x,-x) = x^2+2x$, $f'_1(x,-x) = 5x+1$，则 $f'_2(x,-x) = ($).

(A) $x+3$　　(B) $x-3$　　(C) $-3x+1$　　(D) $3x-1$

10. 曲线 $\begin{cases} x^2 yz = 1, \\ y = 1 \end{cases}$ 在点 $(1,1,1)$ 处的切线与 z 轴正向所成的倾角为_____.

11. 设 $f(x,y) = x+(y-1)\arccos\sqrt{\dfrac{x}{y}}$，则 $f'_x(x,1) = $ _____.

12. 设 $f(x,y) = \begin{cases} \dfrac{1}{xy}\tan(x^2 y), & xy \neq 0; \\ 0, & xy = 0, \end{cases}$ 则 $f_x(0,1) = $ _____.

13. 设 $u(x,y) = \ln(1 + \sqrt{x^2 + y^2})$，则 $du\,|_{(1,1)} = $ _____.

二、设 $f(x,y) = \sqrt{x^2 + 4y^4}$，问 $f_x(0,0)$ 与 $f_y(0,0)$ 是否存在?若存在,求其值.

三、已知 $\varphi(x)$ 可微,$\varphi(0) = \varphi'(0) = 1$ 且 $d\varphi\{\sin[x\varphi(x)]\} = A(x)dx$,求 $A(0)$.

四、设 $f(x,y) = \begin{cases} e^{xy} - \dfrac{x^3 - y^3}{x^2 + y^2}, & (x,y) \neq (0,0); \\ 1, & (x,y) = (0,0). \end{cases}$ 根据偏导数定义求 $f_x(0,0)$, $f_y(0,0)$.

五、设 $u = \arcsin \dfrac{x}{\sqrt{x^2 + y^2}}$,求 $\dfrac{\partial u}{\partial x}$.

六、证明:$f(x,y) = \begin{cases} \dfrac{4xy^2}{x^2 + y^4}, & (x,y) \neq (0,0); \\ 0, & (x,y) = (0,0). \end{cases}$ 在点 $(0,0)$ 处不连续,但存在一阶偏导数.

七、求下列微分方程的解

1. 求微分方程 $\dfrac{xdy + ydy}{\sqrt{1 + x^2 + y^2}} + xdy + ydx = 0$ 的通解.

2. 求微分方程 $\dfrac{xdy}{x^2 + y^2} = \left(\dfrac{y}{x^2 + y^2} - 1\right)dx$ 的通解.

3. 求方程 $(x^2 + y^2 + 2x)dx + 2ydy = 0$ 的通解.

4. 求 $(y\ln x - x)dx + (y + x\ln x - x)dy = 0$ 的通解.

5. 求微分方程 $(x^3 - 3xy^2)dx + (y^3 - 3x^2y)dy = 0$ 的通解.

6. 求微分方程 $y' = \dfrac{x - y + 5}{x + y - 1}$ 的通解.

7. 求微分方程 $e^x \sin y dx + e^x \cos y dy = xe^{-y}dy - e^{-y}dx$ 的通解.

8. 求微分方程 $\dfrac{y}{x}dx + (y^3 - \ln x)dy = 0$ 的通解.

9. 解方程 $ydx - xdy = x^2y^2dx + dy$.

10. 解方程 $xdy + x^2dx = ydx - y^2dx$.

辅导与参考答案

A 级同步训练题

一、客观题

1. (D). **2.** (D). **3.** (A). **4.** (C). **5.** (A). **6.** $\dfrac{3\pi}{4}$.

7. $\arctan\dfrac{\sqrt{3}}{2}$. **8.** 1. **9.** $\dfrac{1}{2}\mathrm{d}x - \dfrac{1}{4}\mathrm{d}y - \dfrac{1}{2}\ln 2\,\mathrm{d}z$. **10.** $\mathrm{e}^{x+y}[y\mathrm{d}x + (1+y)\mathrm{d}y]$.

二、计算下列一阶偏导数

1. 解：$\left.\dfrac{\partial f}{\partial x}\right|_{(0,1)} = \left.\dfrac{\mathrm{d}f(x,1)}{\mathrm{d}x}\right|_{x=0} = 1$, $\left.\dfrac{\partial f}{\partial y}\right|_{(0,1)} = \left.\dfrac{\mathrm{d}f(0,y)}{\mathrm{d}y}\right|_{y=1} = \dfrac{\pi}{2}$.

2. 解：$\dfrac{\partial z}{\partial x} = \dfrac{x}{1+x^2+y^2}$, $\dfrac{\partial z}{\partial y} = \dfrac{y}{1+x^2+y^2}$.

3. 解：$\dfrac{\partial u}{\partial x} = -\dfrac{1}{\operatorname{arccot}\dfrac{x}{y}} \cdot \dfrac{y}{x^2+y^2}$, $\dfrac{\partial u}{\partial y} = -\dfrac{1}{\operatorname{arccot}\dfrac{x}{y}} \cdot \dfrac{-x}{x^2+y^2}$.

4. 解：$\varphi'_x = yf(xy)$, $\varphi'_y = xf(xy) - f(y)$.

三、解：$\lim\limits_{\Delta x \to 0}\dfrac{f(0+\Delta x,0)-f(0,0)}{\Delta x} = \lim\limits_{\Delta x\to 0}\dfrac{\Delta x}{\Delta x} = 1$, $f_x(0,0) = 1$,

$\lim\limits_{\Delta y \to 0}\dfrac{f(0,0+\Delta y)-f(0,0)}{\Delta y} = \lim\limits_{\Delta y\to 0}\dfrac{\Delta y}{\Delta y} = 1$, $f_y(0,0) = 1$.

四、计算下列全微分

1. 解：$\mathrm{d}z = \mathrm{e}^x(y\mathrm{d}x + \mathrm{d}y)$.

2. 解：$\mathrm{d}z = \dfrac{1}{1+xy}(y\mathrm{d}x + x\mathrm{d}y)$.

3. 解：$\mathrm{d}u = z^{xy}\left(y\ln z\,\mathrm{d}x + x\ln z\,\mathrm{d}y + \dfrac{xy}{z}\mathrm{d}z\right)$.

五、解：$\dfrac{\partial u}{\partial x} = \dfrac{x-1}{(x-1)^2 + (y-1)^2}$,

$\dfrac{\partial^2 u}{\partial x^2} = \dfrac{1}{(x-1)^2+(y-1)^2} - \dfrac{2(x-1)^2}{[(x-1)^2+(y-1)^2]^2}$,

$\dfrac{\partial u}{\partial y} = \dfrac{y-1}{(x-1)^2+(y-1)^2}$,

$\dfrac{\partial^2 u}{\partial y^2} = \dfrac{1}{(x-1)^2+(y-1)^2} - \dfrac{2(y-1)^2}{[(x-1)^2+(y-1)^2]^2}$,

$\dfrac{\partial^2 u}{\partial x^2} + \dfrac{\partial^2 u}{\partial y^2} = 0$.

B 级同步训练题

一、客观题

1. (C). **2.** (B). **3.** (A). **4.** (B). **5.** (D). **6.** (A). **7.** (C).

8. (C). **9.** (D). **10.** $\pi - \arctan\left(\dfrac{1}{2}\right)$. **11.** 1. **12.** 1.

13. $\dfrac{1}{2+\sqrt{2}}(dx + dy)$.

二、解：$\lim\limits_{\Delta x \to 0} \dfrac{f(\Delta x, 0) - f(0,0)}{\Delta x} = \lim\limits_{\Delta x \to 0} \dfrac{|\Delta x|}{\Delta x}$ 不存在，$f_x(0,0)$ 不存在；

$\lim\limits_{\Delta y \to 0} \dfrac{f(0,\Delta y) - f(0,0)}{\Delta y} = \lim\limits_{\Delta y \to 0} 2\Delta y = 0$, $f_x(0,0) = 0.$

三、解：记 $u = x\varphi(x)$, $t = \sin u = \sin[x\varphi(x)]$,

$d\varphi\{\sin[x\varphi(x)]\} = \varphi'(t)dt = \varphi'(t)\cos u \, du$

$\qquad = \varphi'(t)\cos[x\varphi(x)][\varphi(x) + x\varphi'(x)]dx,$

$A(x) = \varphi'(t)[\varphi(x) + x\varphi'(x)]\cos[x\varphi(x)]$. 所以 $A(0) = 1.$

四、解：$\lim\limits_{\Delta x \to 0} \dfrac{f(0+\Delta x, 0) - f(0,0)}{\Delta x} = \lim\limits_{\Delta x \to 0} \dfrac{-\Delta x}{\Delta x} = -1, f_x(0,0) = -1,$

$\lim\limits_{\Delta y \to 0} \dfrac{f(0, 0+\Delta y) - f(0,0)}{\Delta y} = \lim\limits_{\Delta y \to 0} \dfrac{\Delta y}{\Delta y} = 1, f_x(0,0) = 1.$

五、解：$\dfrac{\partial u}{\partial x} = \dfrac{1}{\sqrt{1 - \dfrac{x^2}{x^2+y^2}}} \left[\dfrac{y^2}{(x^2+y^2)^{\frac{3}{2}}} \right] = \dfrac{y^2}{|y|(x^2+y^2)}.$

六、证：$\lim\limits_{\substack{(x,y)\to(0,0)\\ y^2=x}} f(x,y) = \lim\limits_{y \to 0} \dfrac{4y^4}{y^4+y^4} = 4 \neq f(0,0), f(x,y)$ 在点 $(0,0)$ 处不连续.

$\lim\limits_{\Delta x \to 0} \dfrac{f(\Delta x, 0) - f(0,0)}{\Delta x} = \lim\limits_{\Delta x \to 0} \dfrac{0}{\Delta x} = 0 = f_x(0,0),$

$\lim\limits_{\Delta y \to 0} \dfrac{f(0,\Delta y) - f(0,0)}{\Delta y} = \lim\limits_{\Delta y \to 0} \dfrac{0}{\Delta y} = 0 = f_y(0,0).$

七、求下列微分方程的解

1. 解：原方程化为 $d(\sqrt{1+x^2+y^2}) + d(xy) = 0$，

故通解为 $\sqrt{1+x^2+y^2} + xy = C.$

2. 解：移项得 $\dfrac{xdy - ydx}{x^2+y^2} + dx = 0$，即 $d\left(\arctan\dfrac{y}{x}\right) + dx = 0$，

故原方程的通解为 $\arctan\dfrac{y}{x} + x = C.$

3. 解：方程两边同乘以 $\dfrac{1}{x^2+y^2}$，得：$dx + \dfrac{2xdx + 2ydy}{x^2+y^2} = 0$，

即 $d[x + \ln(x^2+y^2)] = 0$，通解为：$x + \ln(x^2+y^2) = C.$

4. 解：$\dfrac{\partial}{\partial y}(y\ln x - x) = \dfrac{\partial}{\partial x}(y + x\ln x - x) = \ln x$,

故方程为全微分方程.

由 $2(y\ln x - x)\mathrm{d}x + (2y + 2x\ln x - 2x)\mathrm{d}y = 0$,

$2\mathrm{d}(x\ln x - x)y - \mathrm{d}x^2 + \mathrm{d}y^2 + 2(x\ln x - x)\mathrm{d}y = 0$.

$\mathrm{d}[2(x\ln x - x)y] - \mathrm{d}(x^2 - \mathrm{d}y^2) = 0$,

$2[x\ln x - x]y - x^2 + y^2 = C$ 为所求通解.

5. 解：$\dfrac{\partial}{\partial y}(x^3 - 3xy^2) = -6xy$；$\dfrac{\partial}{\partial x}(y^3 - 3x^2 y) = -6xy$,

故为全微分方程.

通解为：$\int_0^x x^3\mathrm{d}x + \int_0^y (y^3 - 3x^2 y)\mathrm{d}y = C'$,

即 $x^4 + y^4 - 6x^2 y^2 = C$.

6. 解：$(-x + y - 5)\mathrm{d}x + (x + y - 1)\mathrm{d}y = 0$，$\dfrac{\partial P}{\partial y} = \dfrac{\partial Q}{\partial x} = 1$,

令 $\mathrm{d}u = (-x - 5 + y)\mathrm{d}x + (x + y - 1)\mathrm{d}y = 0$,

$u = -(x+5)^2 + (y-1)^2 + 2xy$,

所求通解为：$-(x+5)^2 + (y-1)^2 + 2xy = C$.

7. 解：原方程变形为 $(\mathrm{e}^x\sin y + \mathrm{e}^{-y})\mathrm{d}x + (\mathrm{e}^x\cos y - x\mathrm{e}^{-y})\mathrm{d}y = 0$,

$\dfrac{\partial}{\partial y}(\mathrm{e}^x\sin y + \mathrm{e}^{-y}) = \dfrac{\partial}{\partial x}(\mathrm{e}^x\cos y - x\mathrm{e}^{-y}) = \mathrm{e}^x\cos y - \mathrm{e}^{-y}$,

故它为全微分方程

$u(x,y) = \int_{(0,\frac{\pi}{2})}^{(x,y)} (\mathrm{e}^x\sin y + \mathrm{e}^{-y})\mathrm{d}x + (\mathrm{e}^x\cos y - x\mathrm{e}^{-y})\mathrm{d}y$

$= \mathrm{e}^x\sin y + x\mathrm{e}^{-y} - 1$, 故通解为 $\mathrm{e}^x\sin y + x\mathrm{e}^{-y} = C$.

8. 解：原方程变形为 $\dfrac{1}{xy}\mathrm{d}x - \dfrac{1}{y^2}\ln x\mathrm{d}y + y\mathrm{d}y = 0$,

$\mathrm{d}\left(\dfrac{1}{y}\ln x\right) + \mathrm{d}\left(\dfrac{1}{2}y^2\right) = 0$, 故通解为 $2\ln x + y^3 = Cy$.

9. 解：原方程两边除以 y^2 得 $\dfrac{y\mathrm{d}x - x\mathrm{d}y}{y^2} = x^2\mathrm{d}x + \dfrac{\mathrm{d}y}{y^2}$,

$\mathrm{d}\left(\dfrac{x}{y}\right) = \mathrm{d}\left(\dfrac{1}{3}x^3 - \dfrac{1}{y}\right)$, 故通解为 $\dfrac{x}{y} = \dfrac{x^3}{3} - \dfrac{1}{y} = C'$.

10. 解：原方程化为 $x\mathrm{d}y - y\mathrm{d}x + (x^2 + y^2)\mathrm{d}x = 0$,

$\dfrac{x\mathrm{d}y - y\mathrm{d}x}{x^2 + y^2} + \mathrm{d}x = 0$，$\mathrm{d}\left(\arctan\dfrac{y}{x}\right) + \mathrm{d}x = 0$,

$\arctan\dfrac{y}{x} + x = C$.

§9-3 多元复合函数求导法则

A 级同步训练题

一、客观题

1. 设 $u = \arcsin\sqrt{\dfrac{x}{y}}$ $(y > x > 0)$，则 $\dfrac{\partial u}{\partial y} = ($).

   (A) $\dfrac{\sqrt{y}}{2x\sqrt{y-x}}$ \qquad (B) $\dfrac{\sqrt{x}}{2y\sqrt{y-x}}$

   (C) $\dfrac{-\sqrt{x}}{2y\sqrt{y-x}}$ \qquad (D) $\dfrac{-\sqrt{y}}{2x\sqrt{y-x}}$

2. 设 $z = \sin(xy^2)$，则 $\dfrac{1}{y} \cdot \dfrac{\partial z}{\partial x} + \dfrac{1}{2x} \cdot \dfrac{\partial z}{\partial y} = ($).

   (A) $\cos(xy^2)$ \qquad (B) $2y\cos(xy^2)$

   (C) $2x\cos(xy^2)$ \qquad (D) $y\cos(xy^2)$

3. 设 $u = f(r)$，而 $r = \sqrt{x^2 + y^2 + z^2}$，$f(r)$ 具有二阶连续导数. 则 $\dfrac{\partial^2 u}{\partial x^2} + \dfrac{\partial^2 u}{\partial y^2} + \dfrac{\partial^2 u}{\partial z^2} = ($).

   (A) $f''(r) + \dfrac{2}{r}f'(r)$ \qquad (B) $f''(r) + \dfrac{1}{r}f'(r)$

   (C) $\dfrac{1}{r^2}f''(r) + \dfrac{1}{r}f'(r)$ \qquad (D) $\dfrac{1}{r^2}f''(r) + \dfrac{2}{r}f'(r)$

二、设 $z = x^y$，求 $\dfrac{\partial z}{\partial x}, \dfrac{\partial z}{\partial y}$，其中 $x > 0, y > 0$.

三、设 $u = \mathrm{e}^{x^2+y^2+z^2}, z = x^2 + y$，求 $\dfrac{\partial u}{\partial x}, \dfrac{\partial u}{\partial y}$.

四、若 $f(x-y, x+y) = x^2 - y^2$，证明：$\dfrac{\partial f}{\partial x} + \dfrac{\partial f}{\partial y} = x + y$.

五、设 $F(u,v)$ 具有连续偏导数，$W = F(x+y, y+z)$，试证明：$W_x' + W_z' = W_y'$.

B 级同步训练题

一、客观题

1. 设 $u = \arcsin\dfrac{y}{\sqrt{x^2+y^2}}(x<0)$，则 $\dfrac{\partial u}{\partial x} = ($).

   (A) $\dfrac{y}{x^2+y^2}$ \qquad (B) $\dfrac{-y}{x^2+y^2}$

(C) $\dfrac{|y|}{x^2+y^2}$ (D) $\dfrac{-|y|}{x^2+y^2}$

2. 设 $z = 2xy + (y-1)\arcsin\sqrt{\dfrac{x}{y}}$，那么 $\dfrac{\partial z}{\partial y}\bigg|_{(1,1)} = ($　　$)$.

(A) 0　　(B) 2　　(C) $2 + \dfrac{\pi}{2}$　　(D) $2 - \dfrac{\pi}{2}$

3. 若 $f(2x, -x) = x^2 + 3x$, $f_x(2x, -x) = 6x + 1$, 则 $f_y(2x, -x) = ($　　$)$.

(A) $x + 10$　　(B) $x - 10$　　(C) $10x + 1$　　(D) $10x - 1$

4. 若 $f(x, x^2) = 2x^2 e^{-x}$, $f'_1(x, x^2) = -x^2 e^{-x}$, 则 $f'_2(x, x^2) = ($　　$)$.

(A) $2xe^{-x}$　　(B) $(-x^2 + 2x)e^{-x}$　　(C) $\dfrac{4-x}{2}e^{-x}$　　(D) $(4-x)e^{-x}$

5. 设 $u = f(x, y)$ 在极坐标：$x = r\cos\theta$, $y = r\sin\theta$ 下，不依赖于 r，即 $u = \varphi(\theta)$，其中 $\varphi(\theta)$ 有二阶连续导数，则 $\dfrac{\partial^2 u}{\partial x^2} + \dfrac{\partial^2 u}{\partial y^2} = ($　　$)$.

(A) $\dfrac{1}{r^2}\varphi''(\theta)$ 　　 (B) $\dfrac{1}{r^2}\varphi''(\theta) + \dfrac{2\sin 2\theta}{r^2}\varphi'(\theta)$

(C) $\dfrac{1}{r^2}\varphi''(\theta) - \dfrac{2\sin 2\theta}{r^2}\varphi'(\theta)$ 　　 (D) $\dfrac{1}{r}\varphi''(\theta)$

6. 设 $u = f(e^x + e^{-y})$, $f(t)$ 具有二阶连续导数，则 $\dfrac{\partial^2 u}{\partial x^2} + \dfrac{\partial^2 u}{\partial y^2} = ($　　$)$.

(A) $(e^{2x} - e^{-2y})f''(t) + (e^x + e^{-y})f'(t)$

(B) $(e^{2x} + e^{-2y})f''(t) + (e^x - e^{-y})f'(t)$

(C) $(e^{2x} - e^{-2y})f''(t) + (e^x - e^{-y})f'(t)$

(D) $(e^{2x} + e^{-2y})f''(t) + (e^x + e^{-y})f'(t)$

7. $z = f\left(e^x \sin y, \dfrac{y}{x}\right)$，其中 $f(u, v)$ 可微，则 $\dfrac{\partial z}{\partial x} = $ _____.

二、设 $z = \arccos(x\sqrt{1-y^2} - y\sqrt{1-x^2})$，求 $\dfrac{\partial^2 z}{\partial y^2}, \dfrac{\partial^2 z}{\partial x \partial y}$.

三、设 $u = \dfrac{1}{r}f\left(\dfrac{x}{r}, \dfrac{y}{r}, \dfrac{z}{r}\right)$，其中 f 有一阶连续偏导数，$r = \sqrt{x^2 + y^2 + z^2}$，求 u 对 x, y, z 的全微分.

四、设 $f(x, y)$ 有连续偏导数，$f(1, 1) = 1$, $f'_1(1, 1) = 2$, $f'_2(1, 1) = 3$, $\varphi(x) = f\{x, f[x, f(x, x)]\}$，求 $\varphi(1), \varphi'(1)$.

五、设 $u^2 = yz$, $v^2 = xz$, $w^2 = xy$，且 $f(u, v, w) = F(x, y, z)$ 具有连续偏导数.
试证明：$uf_u + vf_v + wf_w = xF_x + yF_y + zF_z$.

六、设 $u = f(r)$, $v = \sqrt{x^2 + y^2 + z^2}$，其中 $f(r)$ 二阶可导，满足 $\dfrac{\partial^2 u}{\partial x^2} + \dfrac{\partial^2 u}{\partial y^2} + \dfrac{\partial^2 u}{\partial z^2} = 0$，

且 $f(1)=1, f'(1)=0$，求 $f(r)$.

辅导与参考答案

A 级同步训练题

一、客观题

  1. (C).   **2**. (B).   **3**. (A).

二、解：$\dfrac{\partial z}{\partial x} = yx^{y-1}$；$\dfrac{\partial z}{\partial y} = x^y \ln x$.

三、$u'_x = e^{x^2+y^2+z^2}(2x + 2z \cdot 2x) = e^{x^2+y^2+(x^2+y)^2}[2x + 4(x^2+y)]$,

  $u'_y = e^{x^2+y^2+z^2}(2y + 2z \cdot 1) = e^{x^2+y^2+(x^2+y)^2}(2y + 2x^2 + 2y)$.

四、$f(x,y) = xy$，$f'_x = y$，$f'_y = x$，故 $f'_x + f'_y = x + y$.

五、证：$W'_x = F_1 \cdot 1$，$W'_y = F_1 + F_2$，$W'_z = F_2$，故 $W'_x + W'_z = F_1 + F_2 = W'_y$.

B 级同步训练题

一、客观题

  1. (A).   **2**. (C).   **3**. (D).   **4**. (C).   **5**. (A).   **6**. (D).

  7. $f'_u e^x \sin y - f'_v \cdot \dfrac{y}{x^2}$.

二、解：$\dfrac{\partial z}{\partial y} = \dfrac{-1}{[1-(x\sqrt{1-y^2}-y\sqrt{1-x^2})^2]^{\frac{1}{2}}} \cdot \left[-\sqrt{1-x^2} - \dfrac{xy}{\sqrt{1-y^2}}\right] = \dfrac{\pm 1}{(1-y^2)^{\frac{1}{2}}}$,

$\dfrac{\partial^2 z}{\partial y^2} = \dfrac{\pm y}{(1-y^2)^{\frac{3}{2}}}$，$\dfrac{\partial^2 z}{\partial x \partial y} = 0$.

三、解：$du = -\dfrac{dr}{r^2} f + \dfrac{1}{r} f'_1 d\dfrac{x}{r} + \dfrac{1}{r} f'_2 d\dfrac{y}{r} + \dfrac{1}{r} f'_3 d\dfrac{z}{r}$

$= -\dfrac{f}{r^3}(xdx + ydy + zdz) + \dfrac{f'_1}{r^2}dx + \dfrac{f'_2}{r^2}dy + \dfrac{f'_3}{r^2}dz +$

$(xf'_1 + yf'_2 + zf'_3)\left(-\dfrac{1}{r^3}\right)(xdx + ydy + zdz)$

$= \left[\dfrac{1}{r^3}(f'_1 - xf) - \dfrac{x}{r^4}(xf_1 + yf_2 + zf_3)\right]dx +$

$\left[\dfrac{1}{r^3}(f'_2 - yf) - \dfrac{y}{r^4}(xf_1 + yf_2 + zf_3)\right]dy +$

$\left[\dfrac{1}{r^3}(f'_3 - zf) - \dfrac{z}{r^4}(xf_1 + yf_2 + zf_3)\right]dz$.

四、解：$\varphi(1) = f(1,1) = 1$,

$\varphi'(x) = f_1\{x, f[x, f(x,x)]\} + f_2\{x, f[x, f(x,x)]\} \cdot$

$\{f_1[x, f(x,x)] + f_2[x, f(x,x)] \cdot [f_1(x,x) + f_2(x,x)]\}$

$\varphi'(1) = 2 + 3[2 + 3(2+3)] = 53.$

五、证:$F_x = f_v \cdot \dfrac{z}{2v} + f_w \cdot \dfrac{y}{2w},\quad xF_x = \dfrac{v}{2}f_v + \dfrac{w}{2}f_w,$

$F_y = f_u \cdot \dfrac{z}{2u} + f_w \cdot \dfrac{x}{2w},\quad yF_y = \dfrac{u}{2}f_u + \dfrac{w}{2}f_w,$

$F_z = f_u \cdot \dfrac{y}{2u} + f_v \cdot \dfrac{x}{2v},\quad zF_z = \dfrac{u}{2}f_u + \dfrac{v}{2}f_v.$

$xF_x + yF_y + zF_z = uf_u + vf_v + wf_w.$

六、解:$\dfrac{\partial u}{\partial x} = f' \cdot \dfrac{x}{r},\ \dfrac{\partial^2 u}{\partial x^2} = f'' \cdot \left(\dfrac{x}{r}\right)^2 - \dfrac{x^2}{r^3}f' + \dfrac{f'}{r}$

同理:$\dfrac{\partial^2 u}{\partial y^2} = f'' \cdot \left(\dfrac{y}{r}\right)^2 - \dfrac{y^2}{r^3}f' + \dfrac{f'}{r},\ \dfrac{\partial^2 u}{\partial z^2} = f'' \cdot \left(\dfrac{z}{r}\right)^2 - \dfrac{z^2}{r^3}f' + \dfrac{f'}{r}$

由 $\dfrac{\partial^2 u}{\partial x^2} + \dfrac{\partial^2 u}{\partial y^2} + \dfrac{\partial^2 u}{\partial z^2} = 0$ 得:$f'' + \dfrac{2}{r}f' = 0$

令 $f' = P(r), P' + \dfrac{2}{r}P = 0$,所以 $P(r) = \dfrac{C_1}{r^2}, f(r) = -\dfrac{C_1}{r} + C_2$

由 $f(1) = 1, f'(1) = 0$ 得 $C_1 = 1, C_2 = 2$

所以 $f(r) = 2 - \dfrac{1}{r}.$

§9-4　隐函数求导法则

A 级同步训练题

一、客观题

1. 设 $\sin(x + 2y - 3z) = x + 2y - 3z$,则 $\dfrac{\partial z}{\partial x} + \dfrac{\partial z}{\partial y} = $ ＿＿＿＿＿.

2. 函数 $y = y(x)$ 由 $2 + x^2 y = e^y - \sin 1$ 所确定,则 $\dfrac{dy}{dx} = $ ＿＿＿＿＿.

3. 设函数 $z = z(x,y)$ 由方程 $x + y + z = e^{-(x^2+y^2+z^2)}$ 所确定,则 $\dfrac{\partial z}{\partial y} = $ ＿＿＿＿＿.

二、设函数 $z = z(x,y)$ 由方程 $z + e^z = xy$ 所确定,求 $\dfrac{\partial^2 z}{\partial x \partial y}$.

三、设函数 $y = y(x)$ 由方程 $x - y = e^{x+y}$ 所确定,求 $\dfrac{dy}{dx}$ 和 $\dfrac{d^2 y}{dx^2}$.

四、设 $z = z(x,y)$,由方程 $\text{arccot} z - z = x^2 y^3 + e^z$ 所确定,求 $\dfrac{\partial z}{\partial x}, \dfrac{\partial z}{\partial y}$.

五、函数 $z = z(x,y)$ 由方程 $z^x = xyz$ 所确定,求 z_x.

六、设 $z = z(x,y)$ 由 $x^2 + z^2 = y\varphi\left(\dfrac{z}{y}\right)$ 所确定,求 $\dfrac{\partial z}{\partial x}$(其中,$\varphi$ 为可微函数).

B 级同步训练题

一、设 $u = f(x,y,z)$ 具有一阶连续偏导数,其中 $z = z(x,y)$ 由方程 $z + e^z = x + y$ 所确定,求 du.

二、设 $z = f(x,y)$,其中 $y = y(x)$ 由方程 $\varphi(x,y) = x$ 所确定,其中 f,φ 具有连续一阶偏导数,且 $\varphi_y' \neq 0$,求 $\dfrac{dz}{dx}$.

三、设 $z = z(x,y)$ 由方程 $x = f(xz, yz)$ 所确定,其中 f 具有一阶连续偏导数,求 dz.

四、设 $z = z(x,y)$ 由方程 $\varphi(x-z, y-z) = 0$ 所确定,其中 φ 具有一阶连续偏导数.

证明:$\dfrac{\partial z}{\partial x} + \dfrac{\partial z}{\partial y} = 1$.

五、函数 $y = y(x)$ 由方程 $x^2 + 2xy - y^2 = 1$ 所确定,求 $\dfrac{d^3 y}{dx^3}$.

六、函数 $z = z(x,y)$ 由方程 $\sin(y+z) = xy^3 - 2z + 2$ 所确定,求 $\dfrac{\partial^2 z}{\partial x^2}$.

七、函数 $z = z(x,y)$ 由 $y^z = x^y$ 所确定,试求 dz.

八、函数 $y = y(x)$ 由方程组 $\begin{cases} y = e^t - t, \\ y^2 - t - x^2 = 1 \end{cases}$ 所确定,求 $\dfrac{dy}{dx}$.

九、函数 $y = y(x), z = z(x)$ 由方程组 $\begin{cases} 2x + y + e^z = 10, \\ 3x + y^2 + z = 10 \end{cases}$ 所确定,求 $\dfrac{dy}{dx}, \dfrac{dz}{dx}$.

十、设 $y = f(x,u)$,而 $u = u(x,y)$ 由方程 $x = g(x,y,u)$ 所确定,其中 f,g 具有一阶连续偏导数,求 $\dfrac{dy}{dx}$.

辅导与参考答案

A 级同步训练题

一、客观题

1. 1.   2. $\dfrac{2xy}{e^y - x^2}$.   3. $-\dfrac{1 + 2y e^{-(x^2+y^2+z^2)}}{1 + 2z e^{-(x^2+y^2+z^2)}}$.

二、解:$\dfrac{\partial z}{\partial x} + e^z \dfrac{\partial z}{\partial x} = y, \dfrac{\partial z}{\partial x} = \dfrac{y}{1+e^z}$,同理 $\dfrac{\partial z}{\partial y} = \dfrac{x}{1+e^z}$,

$\dfrac{\partial^2 z}{\partial x \partial y} = \dfrac{1 + e^z - y e^z \cdot \dfrac{\partial z}{\partial y}}{(1+e^z)^2} = \dfrac{1}{1+e^z} - \dfrac{xy e^z}{(1+e^z)^3}$.

三、解：$\dfrac{dy}{dx} = \dfrac{(1-e^{x-y})}{1+e^{x+y}} = \dfrac{-x+y+1}{1+x-y} = -1 + \dfrac{2}{1+x-y}$,

$\dfrac{d^2y}{dx^2} = -\dfrac{2(1-y')}{(1+x-y)^2} = \dfrac{4(-x+y)}{(1+x-y)^3}$.

四、解：$-\dfrac{1}{1+z^2}dz - dz = 2xy^3 dx + 3x^2 y^2 dy$,

$dz = -\dfrac{2xy^3(1+z^2)dx + 3x^2y^2(1+z^2)dy}{2+z^2}$,

$\dfrac{\partial z}{\partial x} = -\dfrac{2xy^3(1+z^2)}{2+z^2}$; $\quad \dfrac{\partial z}{\partial y} = -\dfrac{2x^2y^2(1+z^2)}{2+z^2}$.

五、解：令 $F(x,y,z) = z^x - xyz$.

$F_x = z^x \ln z - yz$, $F_z = xz^{x-1} - xy$, $z_x = -\dfrac{z^x \ln z - yz}{xz^{x-1} - xy}$.

六、解：$F = x^2 + z^2 - y\varphi\left(\dfrac{z}{y}\right)$, $\quad F_x = 2x$, $\quad F_z = 2z - y\varphi'\left(\dfrac{z}{y}\right) \cdot \dfrac{1}{y}$,

$\dfrac{\partial z}{\partial x} = \dfrac{2x}{2z - \varphi'\left(\dfrac{z}{y}\right)} \cdot \left[2z - \varphi'\left(\dfrac{z}{y}\right) \neq 0\right]$.

B 级同步训练题

一、解：$du = f_1 dx + f_2 dy + f_3 dz$, $\quad dz + e^z dz = dy + dx$,

$du = \left(f_1 + \dfrac{f_3}{1+e^z}\right)dx + \left(f_2 + \dfrac{f_3}{1+e^z}\right)dy$.

二、解：$dz = f_x dx + f_y dy$, $\quad \varphi_x dx + \varphi_y dy = dx$,

$dz = f_x dx + \dfrac{(1-\varphi_x)f_y}{\varphi_y}dx$, $\quad \dfrac{dz}{dx} = f_x + \dfrac{(1-\varphi_x)f_y}{\varphi_y}$.

三、解：令 $F(x,y,z) = f(xz, yz) - x$,

$F_x = zf_1 - 1$, $F_y = zf_2$, $F_z = xf_1 + yf_2$,

$dz = \dfrac{1}{xf_1 + yf_2}[(1-zf_1)dx - zf_2 dy]$.

四、证明：$\left(1 - \dfrac{\partial z}{\partial x}\right)\varphi_1 - \dfrac{\partial z}{\partial x}\varphi_2 = 0$, $\quad \dfrac{\partial z}{\partial x} = \dfrac{\varphi_1}{\varphi_1 + \varphi_2}$,

$-\dfrac{\partial z}{\partial y}\varphi_1 + \left(1 - \dfrac{\partial z}{\partial y}\right)\varphi_2 = 0$, $\quad \dfrac{\partial z}{\partial y} = \dfrac{\varphi_2}{\varphi_1 + \varphi_2}$,

所以 $\dfrac{\partial z}{\partial x} + \dfrac{\partial z}{\partial y} = 1$.

五、解：$\dfrac{dy}{dx} = -\dfrac{2x+2y}{2x-2y} = \dfrac{x+y}{y-x}$,

$\dfrac{d^2y}{dx^2} = \dfrac{(1+y')(y-x) - (y'-1)(x+y)}{(y-x)^2} = \dfrac{2}{(x-y)^3}$,

$\dfrac{d^3y}{dx^3} = \dfrac{-6(x-y)^2(1-y')}{(x-y)^6} = \dfrac{12}{(x-y)^5}$.

六、解：$\cos(y+z)z_x = y^3 - 2z_x$, $\dfrac{\partial z}{\partial x} = \dfrac{y^3}{2+\cos(y+z)}$.

$$\frac{\partial^2 z}{\partial x^2} = \frac{y^3 \sin(y+z) z_y}{[2+\cos(y+z)]^2} = \frac{y^6 \sin(y+z)}{[2+\cos(y+z)]^3}.$$

七、解：$z\ln y = y\ln x$，$\dfrac{\partial z}{\partial x}\ln y = \dfrac{y}{x}$，$\dfrac{\partial z}{\partial x} = \dfrac{y}{x\ln y}$，

$\dfrac{\partial z}{\partial y}\ln y + \dfrac{z}{y} = \ln x$，$\dfrac{\partial z}{\partial y} = \dfrac{y\ln x - z}{y\ln y}$，$\mathrm{d}z = \dfrac{1}{\ln y}\left(\dfrac{y\mathrm{d}x}{x} + \dfrac{y\ln x - z}{y}\mathrm{d}y\right).$

八、解：$\begin{cases} \dfrac{\mathrm{d}y}{\mathrm{d}x} = \mathrm{e}^t \dfrac{\mathrm{d}t}{\mathrm{d}x} - \dfrac{\mathrm{d}t}{\mathrm{d}x}, \\ 2y\dfrac{\mathrm{d}y}{\mathrm{d}x} - \dfrac{\mathrm{d}t}{\mathrm{d}x} - 2x = 0, \end{cases}$ $\dfrac{\mathrm{d}y}{\mathrm{d}x} = \dfrac{2x(-1+\mathrm{e}^t)}{-1+2y(1+\mathrm{e}^t)}.$

九、解：$\begin{cases} 2 + \dfrac{\mathrm{d}y}{\mathrm{d}x} + \mathrm{e}^z \dfrac{\mathrm{d}z}{\mathrm{d}x} = 0, \\ 3 + 2y\dfrac{\mathrm{d}y}{\mathrm{d}x} + \dfrac{\mathrm{d}z}{\mathrm{d}x} = 0, \end{cases}$ $\dfrac{\mathrm{d}y}{\mathrm{d}x} = \dfrac{2-3\mathrm{e}^z}{2y\mathrm{e}^z - 1}$，$\dfrac{\mathrm{d}z}{\mathrm{d}x} = \dfrac{3-4y}{2y\mathrm{e}^z - 1}.$

十、解：$\mathrm{d}y = f_1 \mathrm{d}x + f_2 \mathrm{d}u$，$\mathrm{d}x = g_1 \mathrm{d}x + g_2 \mathrm{d}y + g_3 \mathrm{d}u$，

$g_3 \mathrm{d}y - f_2 \mathrm{d}x = (f_1 g_3 - g_1 f_2)\mathrm{d}x - f_2 g_2 \mathrm{d}y,$

$\dfrac{\mathrm{d}y}{\mathrm{d}x} = \dfrac{f_2 + f_1 g_3 - g_1 f_2}{g_3 + f_2 g_2}.$

章节练习题（一）

一、客观题

1. $z = \ln(y-x) + \dfrac{\sqrt{x}}{\sqrt{1-x^2-y^2}}$ 的定义域为_____.

2. $\lim\limits_{\substack{x\to 0 \\ y\to 0}} \dfrac{1-\cos\sqrt{x^2+y^2}}{x^2+y^2} = $ _____.

3. 设 $f(x,y) = xy + \dfrac{x}{x^2+y^2}$，则 $f'_x(0,1) = $ _____.

   $f'_y(0,1) = $ _____.

4. $f(x,y)$ 在 (x_0, y_0) 处 $\dfrac{\partial f}{\partial x}, \dfrac{\partial f}{\partial y}$ 均存在，是 $f(x,y)$ 在 (x_0, y_0) 处连续的(　　)条件.

   (A) 充分　　(B) 必要　　(C) 充分必要　　(D) 既不充分也不必要

5. $f(x,y,z) = \left(\dfrac{x}{y}\right)^{\frac{1}{z}}$，则 $\mathrm{d}f(1,1,1) = $ _____.

6. 在点 P 处，f 可微的充分条件是(　　).

   (A) f 的全部一阶偏导存在　　(B) f 连续

   (C) f 的全部一阶偏导连续　　(D) f 连续且 $\dfrac{\partial f}{\partial x}, \dfrac{\partial f}{\partial y}$ 均存在

7. 肯定不是某个二元函数的全微分的为(　　).

   (A) $y\mathrm{d}x + x\mathrm{d}y$　　(B) $y\mathrm{d}x - x\mathrm{d}y$　　(C) $x\mathrm{d}x + y\mathrm{d}y$　　(D) $x\mathrm{d}x - y\mathrm{d}y$

8. $z = xy + x^3$，则 $\dfrac{\partial z}{\partial x} + \dfrac{\partial z}{\partial y} = $ _____.

9. $z = f\left(e^x \sin y, \dfrac{y}{x}\right)$，其中 $f(x,y)$ 可微，则 $\dfrac{\partial z}{\partial x} = $ _____.

二、计算题

1. $z = \ln\arctan\dfrac{x}{y}$ 求一阶偏导.　　2. $z = (1+xy)^{xy}$，求 $\dfrac{\partial z}{\partial x}$.

3. $z = \ln\sqrt{1+x^2+y^2}$，求 $dz\big|_{(\sqrt{2},1)}$.

4. 设 $u = e^{x^2+y^2+z^2}$，$z = x\sin y$，求 $\dfrac{\partial u}{\partial x}$，$\dfrac{\partial u}{\partial y}$.

5. 设 $u = f(xy, x^2+y^2)$ 且 f 可微，求 $\dfrac{\partial u}{\partial y}$.

6. 设 $xy^2 = e^x - \cos y$ 确定 y 与 x 的函数. 求 $\dfrac{dy}{dx}$.

7. $z^3 - 3xyz = 1$ 确定了 z 是 x, y 的二元函数，求 $\dfrac{\partial^2 z}{\partial x \partial y}$.

8. 设 $u = f(xy, x-y)$，f 有连续的二阶偏导，求 $\dfrac{\partial^2 u}{\partial x \partial y}$.

9. 设 $z = z(x,y)$ 由方程 $x^2 + y^2 + z^2 = yf\left(\dfrac{z}{y}\right)$ 确定，且 f 可微.

求证：$(x^2 - y^2 - z^2)\dfrac{\partial z}{\partial x} + 2xy\dfrac{\partial z}{\partial y} = 2xz$.

10. 若 ξ, η 为新的变量，试变换方程：$y\dfrac{\partial z}{\partial x} - x\dfrac{\partial z}{\partial y} = 0$，其中 $\xi = x$，$\eta = x^2 + y^2$.

章节练习题答案（一）

一、客观题

1. $\begin{cases} y > x \geqslant 0, \\ x^2 + y^2 < 1. \end{cases}$　　2. $\dfrac{1}{2}$.　　3. $2, 0$.　　4. (D).　　5. $dx - dy$.

6. (C).　　7. (B).　　8. $x + y + 3x^2$.　　9. $\sin y e^x \cdot f_1' - \dfrac{y}{x^2} f_2'$.

二、计算题

1. 解：$z_x' = \dfrac{1}{\arctan\dfrac{y}{x}} \cdot \dfrac{y}{x^2+y^2}$，$z_y' = \dfrac{1}{\arctan\dfrac{y}{x}} \cdot \dfrac{-x}{x^2+y^2}$.

2. 解：$z_x' = y(1+xy)^{xy}\left[\ln(1+xy) + \dfrac{xy}{1+xy}\right]$.

3. 解：$dz = \dfrac{xdx + ydy}{1+x^2+y^2}$，$dz(\sqrt{2},1) = \dfrac{\sqrt{2}dx + dy}{4}$.

4. 解：$u_x' = e^{x^2+y^2+x^2\sin^2 y}(2x + 2x\sin^2 y)$，$u_y' = e^{x^2+y^2+x^2\sin^2 y}(2y + x^2\sin 2y)$.

5. 解：$u_y' = xf_1' + 2yf_2'$.

6. 解：$F(x,y,z) = xy^2 - e^x + \cos y$，$F_x' = y^2 - e^x$，$F_y' = 2xy - \sin y$，

故 $y' = \dfrac{e^x - y^2}{2xy - \sin y}$.

7. 解:$\dfrac{\partial z}{\partial x} = \dfrac{yz}{z^2 - xy}$, $\dfrac{\partial z}{\partial y} = \dfrac{xz}{z^2 - xy}$, $\dfrac{\partial^2 z}{\partial x \partial y} = \dfrac{z(z^4 - 2xyz^2 - x^2 y^2)}{(z^2 - xy)^3}$.

8. 解:$u'_x = f'_1 y + f'_2$, $u''_{xy} = xy f''_{11} + (x-y) f''_{12} - f''_{22} + f'_1$.

9. 解:$F(x,y,z) = x^2 + y^2 + z^2 - yf(u)$, $F'_x = 2x$, $F'_y = 2y - f(u) + \dfrac{zf'}{y}$,

$$F'_z = 2z - f', \text{ 则 } \dfrac{\partial z}{\partial x} = \dfrac{2x}{f' - 2z}, \dfrac{\partial z}{\partial y} = \dfrac{2y - f + \dfrac{zf'}{y}}{f' - 2z},$$

$$\text{故 } (x^2 - y^2 - z^2) \dfrac{\partial z}{\partial x} + 2xy \dfrac{\partial z}{\partial y} = \dfrac{2xz(f' - 2z)}{f' - 2z} = 2xz.$$

10. 解:$\dfrac{\partial z}{\partial x} = \dfrac{\partial z}{\partial \xi} + \dfrac{\partial z}{\partial \eta} 2x$, $\dfrac{\partial z}{\partial y} = \dfrac{\partial z}{\partial \eta} 2y$, 故 $y \dfrac{\partial z}{\partial x} - x \dfrac{\partial z}{\partial y} = y \dfrac{\partial z}{\partial \xi} = 0$, $\dfrac{\partial z}{\partial \xi} = 0$.

§9-5 多元函数微分学的几何应用

A 级同步训练题

一、客观题

1. 曲面 $z = F(x,y,z)$ 的一个法向量为(   ).
   (A) $\{F'_x, F'_y, F'_z - 1\}$ (B) $\{F'_x - 1, F'_y - 1, F'_z - 1\}$
   (C) $\{F'_x, F'_y, F'_z\}$ (D) $\{-F'_x, -F'_y, 1\}$

2. 旋转抛物面 $z = x^2 + 2y^2 - 4$ 在点 $(1,-1,-1)$ 处的法线方程为(   ).
   (A) $\dfrac{x-1}{2} = \dfrac{y+1}{4} = \dfrac{z+1}{-1}$ (B) $\dfrac{x-1}{2} = \dfrac{y+1}{-4} = \dfrac{z+1}{-1}$
   (C) $\dfrac{x-1}{-2} = \dfrac{y+1}{4} = \dfrac{z+1}{-1}$ (D) $\dfrac{x+1}{-2} = \dfrac{y-1}{4} = \dfrac{z-1}{-1}$

3. 曲线 $x = \sin(t-1), y = \ln t, z = t^2$ 在对应于 $t = 1$ 点处的切线方程是(   ).
   (A) $\dfrac{x}{1} = \dfrac{y}{1} = \dfrac{z-1}{1}$ (B) $\dfrac{x}{1} = \dfrac{y-1}{1} = \dfrac{z-1}{2}$
   (C) $\dfrac{x}{1} = \dfrac{y}{1} = \dfrac{z-1}{2}$ (D) $\dfrac{x}{1} = \dfrac{y}{1} = \dfrac{z}{2}$

4. 曲线 $x = t^3, y = t^2, z = t$ 在点 $(1,1,1)$ 处的切向量 $\boldsymbol{S} = $ _____ .

5. $x^2 - y^2 + z^2 = 1$ 在点 $(1,1,1)$ 处的切平面方程为 _____ .

二、求曲面 $x^y + y^x - \pi^z = \pi^\pi$ 在点 (π, π, π) 处的切平面方程和法线方程.

三、求曲线 $x = t, y = t^2, z = t^3$ 上的点,使曲线在该点处的切线平行于平面 $6y - z = 1$.

四、求曲线 $x=2t-t^2-1, y=t+1, z=t^3-9t-1$ 上的点,使曲线在该点处的切线垂直于平面 $2x-y-3z+4=0$.

五、求曲面 $z=x^2+y^2$ 在点 $(1,2,5)$ 处的切平面方程与法线方程.

B 级同步训练题

一、客观题

1. 设曲面 $z=xy$ 上点 P 的切平面平行于平面 $4x+2y+z=16$,则点 P 到已知平面的距离等于( ).

   (A) 21 (B) $\sqrt{21}$ (C) $\dfrac{24}{\sqrt{21}}$ (D) $\dfrac{1}{21}$

2. 曲面 $z=\mathrm{e}^{yz}+x\cos(x+y)$ 在点 $\left(\dfrac{\pi}{2},0,1\right)$ 处的法线方程为( ).

   (A) $\dfrac{x-\dfrac{\pi}{2}}{\dfrac{\pi}{2}}=\dfrac{y}{1+\dfrac{\pi}{2}}=\dfrac{z-1}{1}$ (B) $\dfrac{x-\dfrac{\pi}{2}}{-\dfrac{\pi}{2}}=\dfrac{y}{1+\dfrac{\pi}{2}}=\dfrac{z-1}{-1}$

   (C) $\dfrac{x-\dfrac{\pi}{2}}{-\dfrac{\pi}{2}}=\dfrac{y}{1-\dfrac{\pi}{2}}=\dfrac{z-1}{1}$ (D) $\dfrac{x-\dfrac{\pi}{2}}{-\dfrac{\pi}{2}}=\dfrac{y}{1-\dfrac{\pi}{2}}=\dfrac{z-1}{-1}$

3. 设曲面 $z=x^2-y^2$ 在点 $(1,2,-3)$ 处的切平面为 S,则点 $(1,-2,4)$ 到 S 的距离为( ).

   (A) $-\sqrt{21}$ (B) $\sqrt{21}$ (C) $\dfrac{9}{\sqrt{21}}$ (D) $-\dfrac{9}{\sqrt{21}}$

4. 若曲线 $x=\ln\cos t, y=\ln\sin t, z=\tan t$ 在对应于 $t=\dfrac{\pi}{4}$ 点处的切线与 zOx 平面交角的正弦值是( ).

   (A) $\sqrt{\dfrac{1}{6}}$ (B) $-\sqrt{\dfrac{1}{6}}$ (C) 0 (D) 1

5. 设 $f(z), g(y)$ 都是可微函数,则曲线 $x=f(z), z=g(y)$ 在点 (x_0, y_0, z_0) 处的法平面方程为_____.

6. 若曲线 $\begin{cases} x^2-y^2-z=0 \\ 2x^2+y^2+z^2=5 \end{cases}$ 在点 $(1,-1,0)$ 处的切向量与 y 轴正向成钝角,则它与 x 轴正向夹角的余弦 $\cos\alpha=$_____.

7. 设函数 $F(u,v,w)$ 具有一阶连续偏导数,且 $F_u(1,-1,-1)=\sqrt{3}, F_v(1,-1,-1)=-1, F_w(1,-1,-1)=1$,曲面 $F(x,xy,xyz)=0$ 过点 $P(1,-1,1)$,则曲面过点 P 的法线与 yOz 平面的交角为_____.

8. 设曲线 $x=2t+1$，$y=2t^2-1$，$z=t^2+2$ 在 $t=-1$ 对应点处的法平面为 S，则点 $(-1,2,2)$ 到 S 的距离 $d=$ _____.

二、求函数 $u=x-2y+3z$ 在点 $(1,1,1)$ 处沿球面 $x^2+y^2+z^2=3$ 处法线方向的方向导数.

三、求曲线 $x=t^3$，$y=2t^2$，$z=t$ 上的点，使曲线在该点处的切线平行于平面 $x+y+z=1$.

四、求曲线 $x=2t^3+2t+2$，$y=t^3+2t+1$，$z=4t-3$ 上的点，使曲线在该点处的法平面平行于平面 $13x+7y+2z=0$，并写出曲线在该点处的切线方程.

五、在柱面 $x^2+y^2=R^2$ 上求一曲线，使该曲线经过点 $(R,0,0)$，且在任一点处的切向量与 x 轴的夹角等于与 z 轴的夹角.

六、设 $M(1,0,0)$ 为曲面 $\mathrm{e}^z=f(x,y)$ 上的一点，且 $f'_x(1,0)=2$，$f'_y(1,0)=-2$，求曲面在点 M 处的切平面.

七、证明：曲线 $x=mt$，$y=n\sin(mt)$，$z=n\cos(mt)$ 上任意一点的切线与 yOz 平面的夹角都相同（其中 $m\neq 0$，$n\neq 0$）.

辅导与参考答案

A 级同步训练题

一、客观题

  1.（A）． **2.**（B）． **3.**（C）． **4.** $\{3,2,1\}$． **5.** $x-y+z-1=0$．

二、解：对应的切平面法向量 $\boldsymbol{n}=\{\pi^\pi(1+\ln\pi),\pi^\pi(1+\ln\pi),-\pi^\pi\ln\pi\}$，

切平面方程 $(1+\ln\pi)(x+y)-\ln\pi\cdot z-\pi(2+\ln\pi)=0$，

法线方程 $\dfrac{x-\pi}{1+\ln\pi}=\dfrac{y-\pi}{1+\ln\pi}=\dfrac{z-\pi}{-\ln\pi}$.

三、解：设所求的点对应于 $t=t_0$，对应切线方向向量

$\boldsymbol{S}=\{1,2t_0,3t_0^2\}$，$\boldsymbol{S}\cdot\boldsymbol{n}=12t_0-3t_0^2=0$，

解得 $t_0=0$ 和 $t_0=4$，$(0,0,0)$ 和 $(4,16,64)$.

四、解：设所求的点对应于 $t=t_0$，对应的切线方向向量

$\boldsymbol{S}=\{2-2t_0,1,3t_0^2-9\}$，$\dfrac{2-2t_0}{2}=\dfrac{1}{-1}=\dfrac{3t_0^2-9}{-3}$，

解得 $t_0=2$，所求点为 $(-1,3,-11)$.

五、解：$F(x,y,z)=x^2+y^2-z$，$F_x=2x$，$F_y=2y$，$F_z=-1$，

在点 $(1,2,5)$ 处 $\boldsymbol{n}=\{2,4,-1\}$，

切平面方程为 $2x+4y-z-5=0$；法线方程为 $\dfrac{x-1}{2}=\dfrac{y-2}{4}=\dfrac{z-5}{-1}$.

B 级同步训练题

一、客观题
    1. (C).   **2**. (D).   **3**. (C).   **4**. (A).
    5. $f'(z_0)g'(y_0)(x-x_0)+(y-y_0)+g'(y_0)(z-z_0)=0$.
    6. $-\dfrac{1}{\sqrt{41}}$.   **7**. $\dfrac{\pi}{3}$.   **8**. $\dfrac{1}{\sqrt{6}}$.

二、解:$\boldsymbol{n}=\{2x,2y,2z\}=2\{1,1,1\}$，$\cos\alpha=\cos\beta=\cos\gamma=\dfrac{1}{\sqrt{3}}$，

$$\left.\dfrac{\partial u}{\partial x}\right|_{(1,1,1)}=1,\quad \left.\dfrac{\partial u}{\partial y}\right|_{(1,1,1)}=-2,\quad \left.\dfrac{\partial u}{\partial z}\right|_{(1,1,1)}=3,$$

$$\dfrac{\partial u}{\partial n}=1\cdot\dfrac{1}{\sqrt{3}}-2\cdot\dfrac{1}{\sqrt{3}}+3\dfrac{1}{\sqrt{3}}=\dfrac{2}{\sqrt{3}}.$$

三、解:设所求的点对应于 $t=t_0$，对应的切线方向向量为

$$\boldsymbol{S}=\{3t_0^2,4t_0,1\},\quad \boldsymbol{S}\cdot\boldsymbol{n}=3t_0^2+4t_0+1=0;$$

$t_0=-\dfrac{1}{3}$ 和 $t_0=-1$，所求点为：$\left(-\dfrac{1}{27},\dfrac{2}{9},-\dfrac{1}{3}\right)$ 和 $(-1,2,-1)$.

四、解:对应的法平面法向量 $\boldsymbol{n}=\{6t_0^2+2,3t_0^2+2,4\}$，

$\boldsymbol{n}$ 平行于平面法向量 $\boldsymbol{n}_1=\{13,7,2\}$，

$$\dfrac{6t_0^2+2}{13}=\dfrac{3t_0^2+2}{7}=\dfrac{4}{2},\quad t_0=2 \text{ 和 } t_0=-2;$$

所求点为：$(22,13,5)$ 和 $(-18,-11,-11)$，

切线方程：$\dfrac{x-22}{13}=\dfrac{y-13}{7}=\dfrac{z-5}{2}$ 和 $\dfrac{x+18}{13}=\dfrac{y+11}{7}=\dfrac{z+11}{2}$.

五、解:设曲线的参数方程为 $x=R\cos t,\ y=R\sin t,\ z=z(t)$，

$$\boldsymbol{S}=\{-R\sin t, R\cos t, z'(t)\},$$

$\boldsymbol{S}$ 与 x 轴夹角余弦 $\cos\alpha=\dfrac{-R\sin t}{\sqrt{R^2+[z'(t)]^2}}$；

$\boldsymbol{S}$ 与 z 轴夹角余弦 $\cos\gamma=\dfrac{z'(t)}{\sqrt{R^2+[z'(t)]^2}}$，

由 $\cos\alpha=\cos\gamma$，得 $z'(t)=-R\sin t$，$z=R\cos t+C$，

由曲线过点 $(R,0,0)$，得 $C=-R$.

所求曲线为：$x=R\cos t,\ y=R\sin t,\ z=R\cos t-R$.

六、解:$F(x,y,z)=f(x,y)-e^z$，$F_x=f'_x$，$F_y=f'_y$，$F_z=-e^z$，

$\boldsymbol{n}=\{2,-2,-1\}$，切平面为 $2x-2y-z-2=0$.

七、证:对任意 t，$\boldsymbol{S}=\{m,mn\cos(mt),-mn\sin(mt)\}=m\{1,n\cos(mt),n\sin(mt)\}$,

yOz 平面法向量 $\boldsymbol{i}=\{1,0,0\}$，$\cos(\widehat{\boldsymbol{S},\boldsymbol{i}})=\dfrac{1}{\sqrt{1+n^2}}$，

$(\widehat{\boldsymbol{S},\boldsymbol{i}})=\arccos\dfrac{1}{\sqrt{1+n^2}}$ 为常数.

§9-6 方向导数与梯度

A 级同步训练题

一、客观题

1. 函数 $z = x + 2y$ 在点 $(3,5)$ 沿各方向的方向导数的最大值为( ).

   (A) 3   (B) 0   (C) $\sqrt{5}$ (D) 2

2. 函数 $z = x^2 + y^2$ 在点 $(1,1)$ 沿 $\boldsymbol{l} = \{-1,-1\}$ 方向的方向导数为( ).

   (A) $2\sqrt{2}$ (B) $-2\sqrt{2}$ (C) 0   (D) 1

3. 若 $z = f(x,y)$ 在点 (x_0, y_0) 处沿 x 轴反方向的方向导数为 1,则 $f(x,y)$ 在该点对 x 的偏导数( ).

   (A) 1   (B) -1 (C) 不一定存在   (D) 一定不存在

4. 设函数 $u = xz^3 - yz - x - z$,则函数 u 在点 $(1,-2,1)$ 处方向导数的最大值为( ).

   (A) 2   (B) $\sqrt{17}$ (C) 7   (D) 3

5. 设 $\boldsymbol{n}$ 是曲面 $x^2 + 2y^2 + 3z^2 = 6$ 在点 $P(1,1,1)$ 处指向外侧的法向量,则 $u = \dfrac{\sqrt{6x^2 + 8y^2}}{z}$ 在点 P 沿 $\boldsymbol{n}$ 方向的方向导数为( ).

   (A) $\left\{\dfrac{1}{\sqrt{14}}, \dfrac{2}{\sqrt{14}}, \dfrac{3}{\sqrt{14}}\right\}$ (B) $-\dfrac{10}{7}$ (C) $-\dfrac{7}{10}$ (D) $\dfrac{10}{7}$

6. 已知 $u(x,y,z) = \dfrac{x^2}{1} + \dfrac{y^2}{2} + \dfrac{z^2}{3}$,则 $\mathbf{grad}\, u = ($ $)$.

   (A) $\left\{2x, y, \dfrac{2z}{3}\right\}$ (B) $\sqrt{x^2 + \dfrac{y^2}{4} + \dfrac{4z^2}{9}}$

   (C) $\{x, y, z\}$ (D) $\left\{\dfrac{1}{1}, \dfrac{1}{2}, \dfrac{1}{3}\right\}$

7. 函数 $z = y^x$ 在点 $(2,1)$ 沿 $\boldsymbol{a} = \{1,1\}$ 方向的方向导数是_____.

8. 函数 $f(x,y) = 2x + y - \ln\sqrt{x^2 + y^2}$ 在点 $(1,1)$ 沿 $\boldsymbol{a} = \{-4,3\}$ 方向的方向导数是_____.

9. 设 $f(x,y,z) = \ln(x^2 + y^2 + z^2)$,则 $\mathbf{grad}\, f(1,-1,2) =$ _____.

10. 设函数 $u = f(x-y, x+y, xz)$ 对各变量具有一阶连续偏导数,则 $\mathbf{grad}\, u =$ _____.

二、求由 $x^3 + y^3 + z^3 - 3xyz = 0$ 确定的隐函数 $z = z(x,y)$ 在点 $(0,-4)$ 处沿 $\boldsymbol{a} = \{3,-4\}$ 方向的方向导数.

三、求由 $e^z - xyz = e$ 确定的隐函数 $z = z(x,y)$ 在点 $(0,1)$ 处沿 $a = \{3, -4\}$ 方向的方向导数.

四、求函数 $z = \int_0^x \cos y \cos t \, dt$ 在点 $(0,0)$ 处沿 $a = \{-1, 2\}$ 方向的方向导数.

五、求函数 $z = x\ln(1+y^2)$ 在点 $(1,1)$ 处沿曲线 $2x^2 - y^2 = 1$ 切线(指向 x 增大方向)向量的方向导数.

六、求函数 $z = x^2 + \ln\arctan y$ 在点 $(1,1)$ 处沿 a 方向的方向导数,其中 a 为曲线 $y = \dfrac{1}{2}x^2$ 在点 $(1,1)$ 的切向量,方向为 x 增大的方向.

七、求函数 $z = x^y$ 在点 $(1,1)$ 沿 a 方向的方向导数,其中 a 为曲线 $x^2 + y^2 = 2x$ 在点 $(1,1)$ 处的内法线向量.

八、求函数 $z = \ln\sqrt{x^2 + y^2}$ 在点 $M_0(x_0, y_0)$ 处沿过该点的等值线的外法线方向的方向导数.

九、设 $u = x^2 - y^2 + z^2 - xy - (x+y+z)$,求函数 u 在点 $O(0,0,0)$ 和点 $A(1,1,1)$ 处的梯度,又 u 在哪些点上的梯度为零向量?

十、利用梯度与方向导数的关系计算函数 $u = x^2 + y^2 + z^2 + 2x - 2y$ 在点 $P(1,1,1)$ 处沿方向 $\{1,-1,1\}$ 的方向导数.

十一、设有数量场 $u = \dfrac{x^2}{a^2} + \dfrac{y^2}{b^2} - \dfrac{z^2}{c^2}$,问当 a,b,c 满足什么条件时,才能使函数 $u(x,y,z)$ 在点 $P(1,2,2)$ 处沿方向 $l = \{1,2,-2\}$ 的方向导数最大?

辅导与参考答案

A级同步训练题

一、客观题

1. (C). 2. (B). 3. (C). 4. (B). 5. (B). 6. (A). 7. $\sqrt{2}$.

8. $-\dfrac{9}{10}$. 9. $\left\{\dfrac{1}{3}, \dfrac{-1}{3}, \dfrac{2}{3}\right\}$. 10. $\{f_1 + f_2 + zf_3, -f_1 + f_2, xf_3\}$.

二、解:当 $x = 0, y = -4$,得 $z = 4$,

$$\left.\dfrac{\partial z}{\partial x}\right|_{(0,-4)} = \left.-\dfrac{x^2 - yz}{z^2 - xy}\right|_{(0,-4)} = -1, \quad \left.\dfrac{\partial z}{\partial y}\right|_{(0,-4)} = \left.-\dfrac{y^2 - xz}{z^2 - xy}\right|_{(0,-4)} = -1,$$

$\cos\alpha = \dfrac{3}{5}$, $\cos\beta = \dfrac{-4}{5}$, 故 $\dfrac{\partial z}{\partial a} = \dfrac{1}{5}$.

三、解:$\left.\dfrac{\partial z}{\partial x}\right|_{(0,1)} = \left.\dfrac{yz}{e^z - xy}\right|_{(0,1)} = \dfrac{1}{e}$, $\left.\dfrac{\partial z}{\partial y}\right|_{(0,1)} = \left.\dfrac{xz}{e^z - xy}\right|_{(0,1)} = 0$,

$\cos\alpha = \dfrac{3}{5}$, $\sin\alpha = -\dfrac{4}{5}$, 故 $\dfrac{\partial z}{\partial a} = \dfrac{3}{5e}$.

四、解: $\dfrac{\partial z}{\partial x}\bigg|_{(0,0)} = \cos y\cos x\bigg|_{(0,0)} = 1$, $\dfrac{\partial z}{\partial y}\bigg|_{(0,0)} = (-\sin y\sin x)\bigg|_{(0,0)} = 0$,

$\cos\alpha = \dfrac{-1}{\sqrt{5}}$, $\sin\alpha = \dfrac{2}{\sqrt{5}}$, $\dfrac{\partial z}{\partial l} = -\dfrac{1}{\sqrt{5}}$.

五、解: $\tan\alpha = \dfrac{4x}{2y}\bigg|_{(1,1)} = 2$, $\cos\alpha = \dfrac{1}{\sqrt{5}}$, $\cos\beta = \dfrac{2}{\sqrt{5}}$,

所以 $\dfrac{\partial z}{\partial\alpha} = \left[\ln(1+y^2)\cos\alpha + \dfrac{2xy}{1+y^2}\cos\beta\right]_{(1,1)} = \ln 2 \cdot \dfrac{1}{\sqrt{5}} + \dfrac{2}{\sqrt{5}} = \dfrac{1}{\sqrt{5}}(\ln 2 + 2)$.

六、解: $\tan\alpha = y\bigg|_{x=1} = 1$, $\cos\alpha = \dfrac{1}{\sqrt{2}}$, $\cos\beta = \dfrac{1}{\sqrt{2}}$,

$\dfrac{\partial z}{\partial x}\bigg|_{(1,1)} = 2x\bigg|_{(1,1)} = 2$, $\dfrac{\partial z}{\partial y}\bigg|_{(1,1)} = \dfrac{1}{\arctan y}\cdot\dfrac{1}{1+y^2}\bigg|_{(1,1)} = \dfrac{2}{\pi}$,

所以 $\dfrac{\partial z}{\partial a} = 2\times\dfrac{1}{\sqrt{2}} + \dfrac{2}{\pi}\times\dfrac{1}{\sqrt{2}} = \sqrt{2}\left(1 + \dfrac{1}{\pi}\right)$.

七、解: 切线斜率 $\tan\alpha = -\dfrac{x-1}{y}\bigg|_{(1,1)} = 0$,

内法线向量 $\boldsymbol{n}^0 = \{0, -1\}$, $\cos\alpha = 0$, $\cos\beta = -1$,

$\dfrac{\partial z}{\partial x}\bigg|_{(1,1)} = yx^{y-1}\bigg|_{(1,1)} = 1$, $\dfrac{\partial z}{\partial y}\bigg|_{(1,1)} = x^y\cdot\ln x\bigg|_{(1,1)} = 0$, 所以 $\dfrac{\partial z}{\partial n} = 0$.

八、解: 等值线方程为 $x^2 + y^2 = x_0^2 + y_0^2$, 外法线向量 $\boldsymbol{n} = \{x_0, y_0\}$, 所以

$\cos\alpha = \dfrac{x_0}{\sqrt{x_0^2 + y_0^2}}$, $\cos\beta = \dfrac{y_0}{\sqrt{x_0^2 + y_0^2}}$,

$\dfrac{\partial z}{\partial n} = \dfrac{x_0}{x_0^2 + y_0^2}\cos\alpha + \dfrac{y_0}{x_0^2 + y_0^2}\cos\beta = \dfrac{1}{\sqrt{x_0^2 + y_0^2}}$.

九、解: $\operatorname{\mathbf{grad}} u = \{2x - y - 1, -2y - x - 1, 2z - 1\}$,

$\operatorname{\mathbf{grad}} u\bigg|_o = \{-1, -1, -1\}$. $\operatorname{\mathbf{grad}} u\bigg|_A = \{0, -4, 1\}$.

令 $\operatorname{\mathbf{grad}} u = \mathbf{0}$, 得 $x = \dfrac{1}{5}$, $y = \dfrac{-3}{5}$, $z = \dfrac{1}{2}$. u 在点 $\left(\dfrac{1}{5}, \dfrac{-3}{5}, \dfrac{1}{2}\right)$ 处的梯度为零向量.

十、解: $\operatorname{\mathbf{grad}} u\bigg|_p = \{2x+2, 2y-2, 2z\}\bigg|_{p'} = \{4, 0, 2\}$.

$\boldsymbol{r}^0 = \dfrac{1}{\sqrt{3}}\{1, -1, 1\}$, $\dfrac{\partial u}{\partial r}\bigg|_p = \operatorname{\mathbf{grad}} u \cdot \boldsymbol{r}^0 = 2\sqrt{3}$.

十一、解: $\operatorname{\mathbf{grad}} u\bigg|_p = \left\{\dfrac{2x}{a^2}, \dfrac{2y}{b^2}, -\dfrac{2z}{c^2}\right\} = \left\{\dfrac{2}{a^2}, \dfrac{4}{b^2}, -\dfrac{4}{c^2}\right\}$,

当 $\operatorname{\mathbf{grad}} u\bigg|_p$ 与 l 方向一致时, $\dfrac{\partial u}{\partial l}\bigg|_p$ 取最大值.

$\dfrac{\dfrac{2}{a^2}}{1} = \dfrac{\dfrac{4}{b^2}}{2} = \dfrac{-\dfrac{4}{c^2}}{-2}$ 得 $a| = |b| = |c|$. 此即为所求之条件.

§9-7 多元函数的极值及其应用

A级同步训练题

一、客观题

1. 如果点 (x_0, y_0) 有定义且 $f(x, y)$ 在 (x_0, y_0) 的某邻域内有连续二阶偏导，$\Delta = AC - B^2, A = f''_{xx}(x_0, y_0), B = f''_{xy}(x_0, y_0), C = f''_{yy}(x_0, y_0)$，则当（　　），$f(x, y)$ 在 (x_0, y_0) 取极大值.

(A) $\Delta > 0, A > 0$ (B) $\Delta < 0, A > 0$

(C) $\Delta < 0, A < 0$ (D) $\Delta > 0, A < 0$

2. 函数 $z = x^3 - y^3 + 3x^2 + 3y^2 - 9x$ 的极值点有（　　）.

(A) $(1, 0)$ 和 $(1, 2)$ (B) $(1, 0)$ 和 $(1, 4)$

(C) $(1, 0)$ 和 $(-3, 2)$ (D) $(-3, 0)$ 和 $(-3, 2)$

3. 设函数 $z = 1 + \sqrt{x^2 + y^2}$，则点 $(0, 0)$ 是函数 z 的（　　）.

(A) 极大值点但非最大值点   (B) 极大值点且是最大值点

(C) 极小值点但非最小值点   (D) 极小值点且是最小值点

二、求函数 $z = x^2 + xy^2$ 驻点.

三、求函数 $z = \cos(x + y) + \cos x$ 的驻点.

四、求函数 $z = 2x^3 + y^2 - 6x$ 的极值.

五、求函数 $z = x^4 - 2x^2 + \dfrac{1}{3}y^3 + y^2$ 的极值.

六、利用拉格朗日乘数法，试将已知正数 9 分成 3 个正数之和，使它们的积为最大.

B级同步训练题

一、客观题

1. 设函数 $z = z(x, y)$ 是 $x^2 + y^2 - z^2 = -1$ 的 $z > 0$ 的部分，则点 $(0, 0)$ 是函数 z 的（　　）.

(A) 极大值点但非最大值点   (B) 极大值点且是最大值点

(C) 极小值点但非最小值点   (D) 极小值点且是最小值点

2. 设函数 $z = x^2 - y^2$，则（　　）.

(A) 函数 z 在点 $(0, 0)$ 处取得极大值

(B) 函数 z 在点 $(0, 0)$ 处取得极小值

(C) 点$(0,0)$非函数z的极值点

(D) 点$(0,0)$是函数z的最大值点或最小值点,但不是极值点

3. 函数$f(x,y,z)=x^2$在$x^2-y^2-2z^2=2$条件下的极小值是_____.

4. 若函数$z=2x^2+2y^2+3xy+ax+by+c$在点$(-2,3)$处取得极小值-3,则常数a,b,c之积$abc=$_____.

二、求函数$z=x^3+y^3-3x^2-3y^2$的极值.

三、求函数$z=xe^x\sin y$的极值.

四、求函数$z=x^3-3xy^2-y^2$在闭域$D:-1\leqslant x\leqslant 0,-1\leqslant y\leqslant 1$上的最大值和最小值.

五、利用多元函数求极值的方法,求点$P(1,1,1)$到直线$\begin{cases}x+2y=5,\\2x-y+3z=4\end{cases}$的距离.

六、求函数$u=xyz^2$在条件$x^2+y^2+z^2=4R^2, x>0, y>0, z>0$下的极大值,并证明对任意正数$a,b,c,$成立$abc^2\leqslant\dfrac{1}{64}(a+b+c)^4$.其中$R>0$.

辅导与参考答案

A级同步训练题

一、客观题

  1. (D). **2.** (C). **3.** (D).

二、解:由$\begin{cases}z_x=2x+y^2=0,\\z_y=2xy=0,\end{cases}$解得驻点:$(0,0)$.

三、解:由$\begin{cases}z_x=-\sin(x+y)-\sin x=0,\\z_y=-\sin(x+y)=0,\end{cases}$解得驻点:$[m\pi,(m-n)\pi]$.

  其中$m,n=0,\pm 1,\pm 2,\cdots$.

四、解:由$\begin{cases}z_x=6x^2-6=0,\\z_y=2y=0,\end{cases}$解得驻点:$(1,0),(-1,0)$.

$z_{xx}=12x, z_{xy}=0, z_{yy}=2, D=24x-0, D(-1,0)=-24, D(1,0)=24$,

$z_{xx}(-1,0)=-12, z_{xx}(1,0)=12$,

函数z在点$(1,0)$处取得极小值$z(1,0)=-4$,点$(-1,0)$为非极值点.

五、解:由$\begin{cases}z_x=4x^3-4x=0,\\z_y=y^2+2y=0,\end{cases}$

得驻点:$(0,0),(0,-2),(-1,0),(-1,-2),(1,0),(1,-2)$,

$D = z_{xx}z_{yy} - z_{xy}^2 = (12x^2 - 4) \cdot (2y+2) = 8(3x^2-1)(y+1)$,

$D(0,0) = -8 < 0$, $D(-1,-2) = -16 < 0$, $D(1,-2) = -16 < 0$,

$D(0,-2) = 8 > 0$, $z_{xx}(0,-2) = -4 < 0$,

$D(-1,0) = 16 > 0$, $z_{xx}(-1,0) = 8 > 0$,

$D(1,0) = 16 > 0$, $z_{xx}(1,0) = 8 > 0$；点$(0,0),(-1,-2),(1,-2)$为非极值点.

函数z在点$(0,-2)$处取极大值$z(0,-2) = \dfrac{4}{3}$.

函数z在点$(-1,0)$处取极小值$z(-1,0) = -1$.

函数z在点$(1,0)$处取极小值$z(1,0) = -1$.

六、解：求$f = x_1 x_2 x_3$在条件$x_1 + x_2 + x_3 = 9, x_i > 0 \ (i=1,2,3)$下的极大值，

令$L = x_1 x_2 x_3 + \lambda(x_1 + x_2 + x_3 - 9)$,

由$\begin{cases} L_{x_1} = x_2 x_3 + \lambda = 0, \\ L_{x_2} = x_1 x_3 + \lambda = 0, \\ L_{x_3} = x_1 x_2 + \lambda = 0, \\ L_\lambda = x_1 + x_2 + x_3 - 9 = 0, \end{cases}$ 解得驻点：$(3,3,3)$,

且$f(3,3,3) = 27$，因此应把9分成3个相等的正数3，它们的积为最大27.

B 级同步训练题

一、客观题

1. (D).　　**2.** (C).　　**3.** 2.　　**4.** 30.

二、解：由$\begin{cases} z_x = 3x^2 - 6x = 0, \\ z_y = 3y^2 - 6y = 0. \end{cases}$ 得驻点：$(0,0),(0,2),(2,0),(2,2)$.

$D = z_{xx}z_{yy} - z_{xy}^2 = 36(x-1)(y-1)$.

$D(0,0) = 36 > 0$, $z_{xx} = -6 < 0$, $D(2,0) = -36 < 0$, $D(0,2) = -36 < 0$.

$D(2,2) = 36 > 0$, $z_{xx}(2,2) = 6 > 0$.

点$(0,2),(2,0)$为非极值点；函数z在点$(0,0)$处取极大值$z(0,0) = 0$；

在点$(2,2)$处取极小值$z(2,2) = -8$.

三、解：由$\begin{cases} z_x = (x+1)\mathrm{e}^x \sin y = 0, \\ z_y = x\mathrm{e}^x \cos y = 0, \end{cases}$ 得驻点$\left(-1, n\pi + \dfrac{\pi}{2}\right), (0, n\pi) \ (n = 0, \pm 1, \pm 2, \cdots)$.

$D = z_{xx}z_{yy} - z_{xy}^2$ 得：

$D(0, n\pi) = -1 < 0$, $D\left(-1, n\pi + \dfrac{\pi}{2}\right) = \mathrm{e}^{-2} > 0$,

$z_{xx}\left(-1, 2k\pi + \dfrac{\pi}{2}\right) = \mathrm{e}^{-1} > 0$,

$z_{xx}\left[-1, (2k+1)\pi + \dfrac{\pi}{2}\right] = -\mathrm{e}^{-1} < 0$,

点$(0,n\pi)$为非极值点,$n=0,\pm1,\pm2,\cdots$;

函数z在点$\left(-1,2k\pi+\dfrac{\pi}{2}\right)$处取极小值$z\left(-1,2k\pi+\dfrac{\pi}{2}\right)=-\mathrm{e}^{-1}$,

在点$\left[-1,(2k+1)\pi+\dfrac{\pi}{2}\right]$处取极大值$z\left[-1,(2k+1)\pi+\dfrac{\pi}{2}\right]=\mathrm{e}^{-1}$.

四、解:由$\begin{cases}z_x=3x^2-3y^2=0,\\ z_y=-6xy-2y=0,\end{cases}$ 得D内驻点$\left(-\dfrac{1}{3},\dfrac{1}{3}\right)$,$\left(-\dfrac{1}{3},-\dfrac{1}{3}\right)$,

在边界$x=-1$上,$z_1=2y^2-1$ $(-1\leqslant y\leqslant 1)$,

$z_1'=4y=0$,得驻点$y=0$,$z_1(-1)=1$,$z_1(1)=1$,$z_1(0)=-1$,

在边界$x=0$上,$z_2=-y^2$ $(-1\leqslant y\leqslant 1)$.

$z_2'=-2y=0$,得驻点$y=0$,$z_2(-1)=-1$,$z_2(1)=-1$,$z_2(0)=0$.

在边界$y=-1$上,$z_3=x^3-3x-1$ $(-1\leqslant x\leqslant 0)$,

$z_3'=3x^2-3\leqslant 0$,$z_3(-1)=1$,$z_3(0)=-1$.

在边界$y=1$上,$z_4=x^3-3x-1$ $(-1\leqslant x\leqslant 0)$,

$z_4'=3x^2-3\leqslant 0$,$z_4(-1)=1$,$z_4(0)=-1$.

比较后可知z在点$(-1,0)$及$(0,\pm1)$处取最小值$z(-1,0)=-1$.

在点$(-1,\pm1)$处取最大值$z(-1,1)=z(-1,-1)=1$.

五、解:直线$\begin{cases}x+2y=5,\\ 2x-y+3z=4\end{cases}$ 上点(x,y,z)到点P的距离平方.

$d^2=(x-1)^2+(y-1)^2+(z-1)^2$.

令$F=(x-1)^2+(y-1)^2+(z-1)^2+\lambda(x+2y-5)+\mu(2x-y+3z-4)$,

由$\begin{cases}F_x=2(x-1)+\lambda+2\mu=0,\\ F_y=2(y-1)+2\lambda-\mu=0,\\ F_z=2(z-1)+3\mu=0,\\ F_\lambda=x+2y-5=0,\\ F_\mu=2x-y+3z-4=0,\end{cases}$ 得驻点$M\left(\dfrac{7}{5},\dfrac{9}{5},1\right)$.

由实际问题知最小值必定存在,故$d_{\min}=\dfrac{2}{5}\sqrt{5}$.

所以点$P(1,2,-1)$到直线$\begin{cases}x+2y=5,\\ 2x-y+3z=4\end{cases}$ 的距离为$\dfrac{2}{5}\sqrt{5}$.

六、证:令$L=xyz^2+\lambda(x^2+y^2+z^2-4R^2)$.

由$\begin{cases}L_x=yz^2+2\lambda x=0,\\ L_y=xz^2+2\lambda y=0,\\ L_z=2xyz+2\lambda z=0,\\ L_\lambda=x^2+y^2+z^2-4R^2=0,\end{cases}$ 得驻点$(R,R,\sqrt{2}R)$.

且$u(R,R,\sqrt{2}R)=2R^4$,$u_{\max}=2R^4$.

由 $xyz^2 \leqslant 2R^4 = 2\left(\dfrac{x^2+y^2+z^2}{4}\right)^2 = \dfrac{1}{8}(x^2+y^2+z^2)^2$,

得 $(xyz^2)^2 \leqslant \dfrac{1}{64}(x^2+y^2+z^2)^4$, 取 $a = x^2, b = y^2, c = z^2$,

则得 $abc^2 \leqslant \dfrac{1}{64}(a+b+c)^4$.

章节练习题（二）

一、客观题

1. 曲线 $x = t, y = t^2, z = t^3$. 在点 $(-1,1,-1)$ 处的一个切向量为（　　）.

   (A) $\{1,2,3\}$　　　　(B) $\{1,-2,3\}$　　　　(C) $\{1,1,1\}$　　　　(D) $\{-1,1,-1\}$

2. 函数 $f(x,y,z) = 2(x-y) - x^2 - y^2$（　　）.

   (A) 有极大值 2　　　　　　　　　　　　(B) 有极小值 2

   (C) 无极值　　　　　　　　　　　　　　(D) 有无极值不确定

3. 设 n 是曲面 $2x^2 + 3y^2 + z^2 = 6$ 在点 $P(1,1,1)$ 处指向内侧的法向量，则 $u = \dfrac{\sqrt{6x^2+8y^2}}{z}$ 在点 P 沿 n 方向的方向导数为（　　）.

   (A) $\left\{\dfrac{-2}{\sqrt{14}}, \dfrac{-3}{\sqrt{14}}, \dfrac{-1}{\sqrt{14}}\right\}$　　　　(B) $-\dfrac{11}{7}$　　　　(C) $\dfrac{11}{7}$　　　　(D) 2

4. $x^2 + y^2 + z^2 = 3$ 在点 $(1,-1,1)$ 的切平面方程为_____.

5. 设 $f(x,y,z) = \ln(x^2 + y^2 + z^2)$，则 $\mathbf{grad}\, f(1,-1,2) = $_____.

6. 函数 $f(x,y) = (6x - x^2)(4y - y^2)$ 的驻点有_____.

二、计算题

1. 求曲线 $l: x = \cos t, y = \sin t, z = t$, 在 $t = \pi$ 处的切线方程和法平面方程.

2. 求曲线 $\begin{cases} x+y+z = 0 \\ x^2+y^2+z^2 = 6 \end{cases}$ 在点 $M_0(1,-2,1)$ 处的切线方程.

3. 求曲面 $z = x^2 y$ 在点 $(1,2,2)$ 处的切平面方程与法线方程.

4. 求 $z = x^2 - y^2$ 在点 $(1,2)$ 沿 $P(1,2)$ 到 $Q(2, 2+\sqrt{3})$ 的方向的方向导数.

5. 求 $u = x + 2xy + 3xyz$ 在点 $M_0(1,1,-1)$ 处的梯度，并求该点的最大方向导数.

6. 求 $f(x,y) = (x^2 - 2x + y)e^y$ 的极值点及极值.

7. 设 $M_0(x_0, y_0, z_0)$ 是 $z = xf\left(\dfrac{y}{x}\right)$ 上一点，求证 M_0 处的法线垂直于向径 $\overrightarrow{OM_0}$.

8. 求抛物线 $y = x^2$ 与直线 $x - y - 2 = 0$ 之间的最短距离.

9. 试求在圆锥面 $z = \sqrt{x^2 + y^2}$ 与平面 $z = 1$ 所围锥体内作出的底面平行于 xOy 面的最大长方体的体积.

章节练习题答案(二)

一、客观题

1. (B). 2. (A). 3. (B).

4. $x-y+z-3=0$.

5. $\left\{\dfrac{1}{3},-\dfrac{1}{3},\dfrac{2}{3}\right\}$.

6. $(3,2)$,$(0,0)$,$(0,4)$,$(6,0)$,$(6,4)$.

二、计算题

1. 解:$x'=-\sin t$,$y'=\cos t$,$z'=1$,$\boldsymbol{S}=\{0,-1,1\}$,

   切线方程:$\dfrac{x+1}{0}=\dfrac{y}{-1}=\dfrac{z-\pi}{1}$,法平面方程:$-y+z-\pi=0$.

2. 解:$\begin{cases}1+y'+z'=0,\\2x+2yy'+2zz'=0\end{cases}\Rightarrow\begin{cases}y'=0,\\z'=-1.\end{cases}$ 切线方程:$\dfrac{x-1}{1}=\dfrac{y+2}{0}=\dfrac{z-1}{-1}$.

3. 解:$z'_x=2xy$,$z'_y=x^2$,$\boldsymbol{n}=\{4,1,-1\}$,切平面方程:$4x+y-z-4=0$.

   法线方程:$\dfrac{x-1}{4}=\dfrac{y-2}{1}=\dfrac{z-2}{-1}$.

4. 解:$\mathbf{grad}\,z=\{2x,-2y\}$,$\mathbf{grad}\,z(1,2)=\{2,-4\}$,$\boldsymbol{l}=\{1,\sqrt{3}\}$,$\boldsymbol{l}^0=\left\{\dfrac{1}{2},\dfrac{\sqrt{3}}{2}\right\}$,

   $\dfrac{\partial z}{\partial l}=\mathbf{grad}\,z\cdot\boldsymbol{l}^0=1-2\sqrt{3}$.

5. 解:$\mathbf{grad}\,u=\{1+2y+3yz,2x+3xz,3xy\}$,$\mathbf{grad}\,u(1,1,-1)=\{0,-1,3\}$,

   $\dfrac{\partial u}{\partial l}_{\max}=|\mathbf{grad}\,u|=\sqrt{10}$.

6. 解:$\begin{cases}f'_x=(2x-2)e^y=0,\\f'_y=e^y(x^2-2x+y+1)=0.\end{cases}$ 解得驻点$(1,0)$.

   $A=f''_{xx}=2e^y$,$B=(2x-2)e^y$,$C=(x^2-2x+y+2)e^y$.

   代入点$(1,0)$得$\Delta=AC-B^2>0$,$A>0$,$f_{极小}(1,0)=-1$.

7. 解:$F(x,y,z)=xf\left(\dfrac{y}{x}\right)-z$,$F'_x=f-\dfrac{y}{x}f'$,$F'_y=f'$,$F'_z=-1$.

   $\boldsymbol{n}=\left\{f-\dfrac{y_0}{x_0}f',f',-1\right\}$,$\overrightarrow{OM_0}=\{x_0,y_0,z_0\}$,

   $\boldsymbol{n}\cdot\overrightarrow{OM_0}=x_0f-y_0f'+y_0f'-z_0=0$,所以结论成立.

8. 解:设(x,y)为抛物线上任意一点,则点到直线的距离为$d=\dfrac{|x-y-2|}{\sqrt{2}}$,且满足$y=x^2$,令

   $L=\dfrac{1}{2}(x-y-2)^2+\lambda(x^2-y)$.

$$\begin{cases} L'_x = x - y - 2 + 2\lambda x = 0, \\ L'_y = -x + y + 2 - \lambda = 0, \\ L'_\lambda = x^2 - y = 0. \end{cases} \text{解得唯一驻点} \left(\frac{1}{2}, \frac{1}{4}\right),$$

所以 $d = \dfrac{7\sqrt{2}}{8}$ 为所求最短距离.

9. 解：设长方体的一个顶点为 (x,y,z)，满足 $z = \sqrt{x^2+y^2}$，长方体的长、宽和高分别为 $2x, 2y, 1-z$ (x,y,z 在第一卦限)

$V = 4xy(1-z)$，且 $z = \sqrt{x^2+y^2}$，令 $L = xy(1-z) + \lambda(z^2 - x^2 - y^2)$，

$$\begin{cases} L'_x = y(1-z) - 2\lambda x, \\ L'_y = x(1-z) - 2\lambda y, \\ L'_z = -xy + 2\lambda z, \\ L'_\lambda = z^2 - x^2 - y^2. \end{cases} \text{解得唯一驻点} \left(\frac{\sqrt{2}}{3}, \frac{\sqrt{2}}{3}, \frac{2}{3}\right),$$

所以最大长方体体积为 $V = 4xy(1-z) = \dfrac{8}{27}$.

第 10 章 重积分

[教学目的与要求]

1. 理解二重积分的定义和性质.
2. 熟练掌握在直角坐标系下二重积分的计算;掌握在极坐标系下二重积分的计算.
3. 理解三重积分的概念,掌握在直角坐标系下三重积分的计算,学会利用柱坐标和球坐标计算某些三重积分.

§10-1 二重积分概念及直角坐标系计算

A 级同步训练题

一、客观题

1. 二重积分 $\iint\limits_D f(x,y)\mathrm{d}x\mathrm{d}y$ 的值与( ).

   (A) 函数 f 及变量 x,y 有关
   (B) 区域 D 及变量 x,y 无关
   (C) 函数 f 及区域 D 有关
   (D) 函数 f 无关,区域 D 有关

2. 设 $D: x^2 + y^2 \leqslant 4$ 在第一象限部分,则由估值不等式得 $\iint\limits_D (4x^2 + 4y^2 + 1)\mathrm{d}x\mathrm{d}y$ 在( )之间.

   (A) 1,17
   (B) 0,16
   (C) $0, 16\pi$
   (D) $\pi, 17\pi$

3. 设 $D: x^2 + y^2 \leqslant a^2 (a > 0)$,当 $a = ($)时,$\iint\limits_D \sqrt{a^2 - x^2 - y^2}\mathrm{d}x\mathrm{d}y = \frac{2}{3}\pi$.

   (A) -1
   (B) 1
   (C) $\sqrt[3]{2}$
   (D) $\sqrt[3]{\frac{1}{2}}$

4. 设 $D: 0 \leqslant x \leqslant 1, 0 \leqslant y \leqslant 2(1-x)$,由二重积分的几何意义知 $\iint\limits_D \mathrm{d}x\mathrm{d}y$ = _____.

5. 若 D 是以 $(0,0),(1,0)$ 及 $(0,1)$ 为顶点的三角形区域,由二重积分的几何意义

知 $\iint\limits_{D}(2-2x-2y)d\sigma =$ _____.

6. 由二重积分的几何意义得到 $\iint\limits_{x^2+y^2\leqslant 1}d\sigma =$ _____.

7. $\int_0^1 dy\int_0^{2y} ydx =$ _____.

8. 设 $D = \{(x,y) \mid 0\leqslant x\leqslant 2, x\leqslant y\leqslant 2\}$, $\iint\limits_{D} e^{-y^2}dxdy =$ _____.

二、利用二重积分的性质，比较下列积分的大小

1. $I_1 = \iint\limits_{D}\ln(x^2+y^2)dxdy$ 与 $I_2 = \iint\limits_{D}[\ln(x^2+y^2)]^3 dxdy$,

   其中 $D: e\leqslant x^2+y^2\leqslant 2e$.

2. $I_1 = \iint\limits_{D}\ln(x^2+y^2)dxdy$ 与 $I_2 = \iint\limits_{D}[\ln(x^2+y^2)]^3 dxdy$,

   其中 D 是以 $(e,0),(0,e)$ 及 (e,e) 为顶点的三角形区域.

三、利用二重积分的估值性质，估计积分

$\iint\limits_{D}\sqrt{xy(x+y)}dxdy, \quad D: 0\leqslant x\leqslant 1, 0\leqslant y\leqslant 1.$

四、D 由 $x+y=1, x-y=1, x=0$ 围成，求 $\iint\limits_{D} xd\sigma$.

五、计算二重积分 $\iint\limits_{D} xy^2 e^{xy}dxdy, \quad$ 其中 $D: 0\leqslant x\leqslant 1, 0\leqslant y\leqslant 1.$

B 级同步训练题

一、客观题

1. $\iint\limits_{D} f(x,y)d\sigma = \lim\limits_{\lambda\to 0}\sum\limits_{i=1}^n f(\xi_i,\eta_i)\Delta\sigma_i$ 中, λ 是( ).

   (A) 最大小区间长度   (B) 小区域的最大面积
   (C) 小区域的直径   (D) 小区域的最大直径

2. 用直线 $x=1+\dfrac{i}{n}, y=1+\dfrac{j}{n}$ $(i,j=0,1,2,\cdots,n)$ 把矩形域 $D: 1\leqslant x\leqslant 2$,

   $1\leqslant y\leqslant 2$ 分割成一系列小长方形，则二重积分 $\iint\limits_{D}(x^2+y^2)d\sigma = ($ $)$.

   (A) $\lim\limits_{n\to+\infty}\sum\limits_{i=1}^n\sum\limits_{j=1}^n\left[\left(1+\dfrac{i}{n}\right)^2+\left(1+\dfrac{j}{n}\right)^2\right]\dfrac{1}{n^2}$

   (B) $\lim\limits_{n\to+\infty}\sum\limits_{i=1}^n\sum\limits_{j=1}^n\left[\left(\dfrac{i}{n}\right)^2+\left(\dfrac{j}{n}\right)^2\right]\dfrac{1}{n^2}$

(C) $\lim\limits_{n\to+\infty}\sum\limits_{i=1}^{n}\sum\limits_{j=1}^{n}\left[\left(\dfrac{i}{n}\right)^2+\left(\dfrac{j}{n}\right)^2\right]\dfrac{1}{n}$

(D) $\lim\limits_{n\to+\infty}\sum\limits_{i=1}^{n}\sum\limits_{j=1}^{n}\left[\left(1+\dfrac{i}{n}\right)^2+\left(1+\dfrac{j}{n}\right)^2\right]\dfrac{1}{n}$

3. 设 $I=\iint\limits_{D}\ln(x+y)\mathrm{d}x\mathrm{d}y$, $J=\iint\limits_{D}(x+y)^2\mathrm{d}x\mathrm{d}y$, $K=\iint\limits_{D}(x+y)\mathrm{d}x\mathrm{d}y$. D 是由直线 $x=0, y=0, x+y=\dfrac{1}{2}$ 及 $x+y=1$ 所围成的区域,则 I,J,K 的大小顺序为( ).

(A) $K<J<I$ (B) $I<J<K$

(C) $I<K<J$ (D) $K<I<J$

4. $D=\left\{(x,y)\,\middle|\,x^2+y^2\leqslant 1, x\geqslant -\dfrac{1}{2}\right\}$,则 $\iint\limits_{D}(x^2+y^2)\mathrm{d}\sigma=($).

(A) $\displaystyle\int_{-\frac{1}{2}}^{1}\mathrm{d}x\int_{-\sqrt{1-x^2}}^{\sqrt{1-x^2}}(x^2+y^2)\mathrm{d}y$ (B) $\displaystyle\int_{-\sqrt{1-x^2}}^{\sqrt{1-x^2}}\mathrm{d}y\int_{-\frac{1}{2}}^{1}(x^2+y^2)\mathrm{d}x$

(C) $\displaystyle\int_{-\frac{1}{2}}^{1}\mathrm{d}x\int_{-\frac{1}{2}}^{\sqrt{1-x^2}}(x^2+y^2)\mathrm{d}y$ (D) $\displaystyle\int_{-\frac{1}{2}}^{1}\mathrm{d}x\int_{-\frac{1}{2}}^{1}(x^2+y^2)\mathrm{d}y$

二、利用二重积分的性质,比较积分的大小,

$$I_1=\iint\limits_{D}\sin(x^2+y^2)\mathrm{d}x\mathrm{d}y \text{ 与 } I_2=\iint\limits_{D}\sin^2(x^2+y^2)\mathrm{d}x\mathrm{d}y,$$

其中 $D: 1\leqslant x^2+y^2\leqslant 2$.

三、利用二次积分的性质估计积分的值 $\iint\limits_{D}\dfrac{\mathrm{d}x\mathrm{d}y}{2+\sin^2 x+\sin^2 y}$,其中 $D:|x|+|y|\leqslant 10$.

四、将下列积分化为在直角坐标系下的二次积分.(两种次序)

1. $\iint\limits_{|x|\leqslant 1,|y|\leqslant 1}f(x,y)\mathrm{d}\sigma$.

2. 设 D 由 $y=x^2, y=2x^2, y=1, y=2$ 围成第一象限 $\iint\limits_{D}f(x,y)\mathrm{d}\sigma$.

五、计算二重积分 $\iint\limits_{D}\dfrac{x^2}{y^2}\mathrm{d}x\mathrm{d}y$,其中 D 是由曲线 $xy=2, y=1+x^2$ 及直线 $x=2$ 所围成的区域.

六、设 $f(x,y)$ 在 $x^2+y^2\leqslant 1$ 上连续,求证: $\lim\limits_{t\to+0}\dfrac{1}{t^2}\iint\limits_{x^2+y^2\leqslant t^2}f(x,y)\mathrm{d}x\mathrm{d}y=\pi f(0,0)$.

辅导与参考答案

A 级同步训练题

一、客观题

1. (C).　　2. (D).　　3. (B).　　4. 1(积分区域如图 10-1 所示).

5. $\dfrac{1}{3}$(积分区域如图 10-2 所示).　　6. π.　　7. $\dfrac{2}{3}$.　　8. $\dfrac{1}{2}(1-e^{-4})$(积分区域如图 10-3 所示).

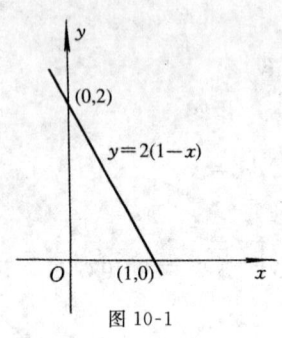

图 10-1

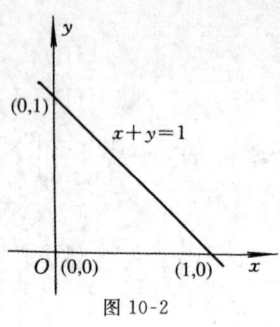

图 10-2

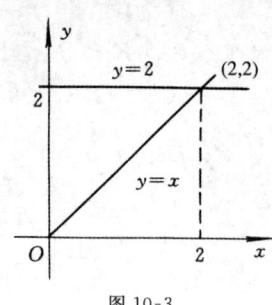

图 10-3

二、利用二重积分的性质，比较下列积分的大小

1. 因 $1 \leqslant \ln(x^2+y^2) \leqslant 1+\ln 2$, $\ln(x^2+y^2) \leqslant [\ln(x^2+y^2)]^3$, 故 $I_1 < I_2$.

2. 因 $x+y \geqslant e$, $\ln(x+y) \geqslant 1$, $\ln(x+y) \leqslant [\ln(x+y)]^3$, 故 $I_1 < I_2$.

三、解：因 $0 \leqslant \sqrt{xy(x+y)} \leqslant \sqrt{2}$, D 的面积 $\sigma = 1$,

故 $0 \leqslant \iint\limits_{D} \sqrt{xy(x+y)} \, d\sigma \leqslant \sqrt{2}$.

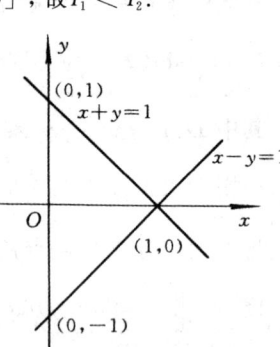

图 10-4

四、解：因为, $0 \leqslant x \leqslant 1$, $x-1 \leqslant y \leqslant 1-x$, 积分区域如图 10-4

所示, $I = \int_0^1 dx \int_{x-1}^{1-x} x \, dy = \int_0^1 (2x - 2x^2) dx = \dfrac{1}{3}$.

五、解：由于积分区域是矩形域, 所以选择 x 先积分较为方便.

原式 $= \int_0^1 dy \int_0^1 xy^2 e^{xy} dx$

$= \int_0^1 e^{xy}(xy-1) \Big|_0^1 dy$

$= \int_0^1 (ye^y - e^y + 1) dx = 3 - e$.

B 级同步训练题

一、客观题

1. (D).　　2. (A).　　3. (B).　　4. (A).(积分区域如图 10-5 所示).

二、解：因 $\sin(x^2+y^2) \geqslant \sin^2(x+y^2) \geqslant 1$, 故 $I_1 \geqslant I_2$.

三、解:故 $2 \leqslant 2+\sin^2 x+\sin^2 y \leqslant 4$(积分区域如图 10-6 所示).

$$\frac{1}{4} \leqslant \frac{1}{2+\sin^2 x+\sin^2 y} \leqslant \frac{1}{2}, D \text{ 的面积为 } 200,$$

故 $50 \leqslant \iint\limits_{D} \frac{\mathrm{d}x\mathrm{d}y}{2+\sin^2 x+\sin^2 y} \leqslant 100.$

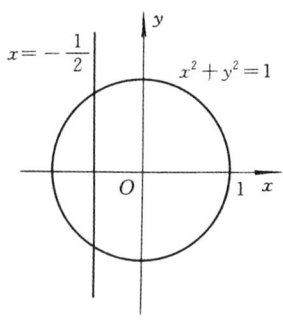

图 10-5

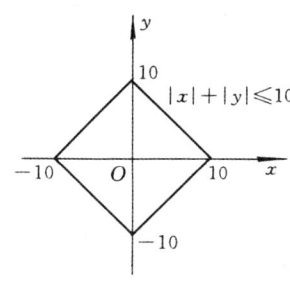

图 10-6

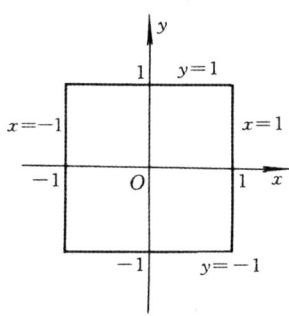

图 10-7

四、解:**1.** $I=\int_{-1}^{1}\mathrm{d}x\int_{-1}^{1}f(x,y)\mathrm{d}y=\int_{-1}^{1}\mathrm{d}y\int_{-1}^{1}f(x,y)\mathrm{d}x$(积分区域如图 10-7 所示).

2. 积分区域如图 10-8 所示.

$$I=\int_{1}^{2}\mathrm{d}y\int_{\sqrt{\frac{y}{2}}}^{\sqrt{y}}f(x,y)\mathrm{d}x$$

$$=\int_{\sqrt{\frac{1}{2}}}^{1}\mathrm{d}x\int_{1}^{2x^2}f(x,y)\mathrm{d}y+\int_{1}^{\sqrt{2}}\mathrm{d}x\int_{x^2}^{2}f(x,y)\mathrm{d}y.$$

五、解: $xy=2$,与 $y=1+x^2$ 的交点为 $(1,2)$(积分区域如图 10-9 所示).

原式 $=\int_{1}^{2}x^2\mathrm{d}x\int_{\frac{2}{x}}^{1+x^2}\frac{1}{y^2}\mathrm{d}y=\int_{1}^{2}x^2\cdot\left(\frac{x}{2}-\frac{1}{1+x^2}\right)\mathrm{d}x$

$=\frac{7}{8}+\arctan 2-\frac{\pi}{4}.$

六、证:原式 $=\lim\limits_{t\to +0}\frac{1}{t^2}f(\xi,\eta)\cdot\pi t^2=\pi f(0,0).$

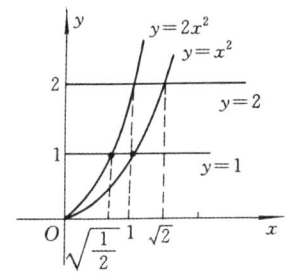

图 10-8

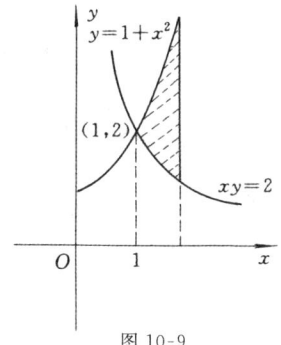

图 10-9

§10-2 二重积分直角坐标和极坐标计算

A 级同步训练题

一、客观题

1. 交换 $\int_{\frac{1}{2}}^{1}dx\int_{\frac{1}{x}}^{2}f(x,y)dy + \int_{1}^{2}dx\int_{x}^{2}f(x,y)dy$ 的次序,则下列结果正确的是( ).

   (A) $\int_{1}^{2}dy\int_{\frac{1}{y}}^{y}f(x,y)dx$ (B) $\int_{1}^{2}dy\int_{y}^{\frac{1}{y}}f(x,y)dx$

   (C) $\int_{1}^{3}dy\int_{\frac{1}{x}}^{x}f(x,y)dx$ (D) $\int_{\frac{1}{3}}^{1}dy\int_{x}^{\frac{1}{x}}f(x,y)dx$

2. 交换 $\int_{0}^{1}dy\int_{0}^{1-y}f(x,y)dx$ 的次序为_____.

3. 设 $f(x,y)$ 是连续函数,交换下列积分的积分次序
$\int_{0}^{1}dy\int_{0}^{y^2}f(x,y)dx + \int_{1}^{2}dy\int_{0}^{4-y^2}f(x,y)dx = $ _____.

4. 设域 $D: x^2 + y^2 \leqslant 4, f$ 是域 D 上的连续函数,则 $\iint_{D}f(2\sqrt{x^2+y^2})dxdy = $ ( ).

   (A) $2\pi\int_{0}^{2}f(2r^2)dr$ (B) $4\pi\int_{0}^{r}rf(2r)dr$

   (C) $2\pi\int_{0}^{2}rf(2r)dr$ (D) $4\pi\int_{0}^{2}rf(2r)dr$

5. $D: x^2 + y^2 \leqslant 1$,则 $\iint_{D}e^{x^2+y^2}d\sigma = $ _____.

二、交换下列积分次序

1. $\int_{0}^{1}dy\int_{0}^{y}f(x,y)dx + \int_{1}^{2}dy\int_{0}^{2-y}f(x,y)dx$.

2. $\int_{0}^{1}dx\int_{0}^{x^2}f(x,y)dy + \int_{1}^{2}dx\int_{0}^{2-x}f(x,y)dy$.

3. $\int_{0}^{2}dy\int_{\sqrt{2y-y^2}}^{\sqrt{4y-y^2}}f(x,y)dx + \int_{2}^{4}dy\int_{0}^{\sqrt{4y-y^2}}f(x,y)dx$.

三、计算下列二重积分

1. 计算二重积分 $\iint_{D}(|x|+|y|)d\sigma$,其中 $D: |x|+|y| \leqslant 4$.

2. 计算二重积分 $\iint_D x e^{xy} d\sigma$,其中 $D: \dfrac{1}{y} \leqslant x \leqslant 2, 1 \leqslant y \leqslant 2$.

3. 设 $D = \{(x,y) \mid |x| + |y| \leqslant 1\}$,求 $\iint_D e^{x+y} d\sigma$.

4. 计算 $\iint_D \sqrt{x^2 + y^2} d\sigma$,其中 D 为 $x^2 + y^2 = y$ 和 $x = 0$ 所围的第一象限.

5. 利用极坐标计算二重积分 $\iint_D \sqrt{R^2 - x^2 - y^2} d\sigma$,其中 $D: x^2 + y^2 \leqslant Rx (R > 0)$.

6. 利用极坐标计算二重积分 $\iint_D \ln(1 + x^2 + y^2) d\sigma$,其中 $D: x^2 + y^2 \leqslant 4, x \geqslant 0, y \geqslant 0$.

四、计算 $I = \displaystyle\int_0^1 dx \int_x^1 e^{\frac{x}{y}} dy$.

B 级同步训练题

一、客观题

1. 若区域 D 为 $x^2 + y^2 \leqslant x$,则二重积分 $\iint_D (x+y) \sqrt{x^2 + y^2} dx dy$ 化成累次积分为( ).

(A) $\displaystyle\int_{-\frac{\pi}{2}}^{\frac{\pi}{2}} d\theta \int_0^{\cos\theta} (\cos\theta + \sin\theta) \sqrt{r\cos\theta}\, r\, dr$

(B) $\displaystyle\int_0^{\pi} d\theta \int_0^{\cos\theta} (\cos\theta + \sin\theta) \sqrt{r\cos\theta}\, r\, dr$

(C) $2\displaystyle\int_0^{\frac{\pi}{2}} d\theta \int_0^{\cos\theta} (\cos\theta + \sin\theta) \sqrt{r\cos\theta}\, r\, dr$

(D) $\displaystyle\int_{-\frac{\pi}{2}}^{\frac{\pi}{2}} d\theta \int_0^{\cos\theta} (\cos\theta + \sin\theta) r^3\, dr$

2. 若区域 D 为 $(x-1)^2 + y^2 \leqslant 1$,则二重积分 $\iint_D f(x,y) dx dy$ 化成累次积分为( ).

(A) $\displaystyle\int_0^{\pi} d\theta \int_0^{2\cos\theta} f(r,\theta) r\, dr$ (B) $\displaystyle\int_{-\pi}^{\pi} d\theta \int_0^{2\cos\theta} f(r,\theta) r\, dr$

(C) $2\displaystyle\int_0^{\frac{\pi}{2}} d\theta \int_0^{2\cos\theta} f(r,\theta) dr$ (D) $\displaystyle\int_{-\frac{\pi}{2}}^{\frac{\pi}{2}} d\theta \int_0^{2\cos\theta} f(r,\theta) r\, dr$

3. 设 $D: x^2 + y^2 \leqslant 1, y \geqslant 0$,则二重积分 $\iint_D \sin(xy^2) d\sigma =$ _____.

4. 二次积分 $\displaystyle\int_{-a}^{a} dx \int_0^{\sqrt{a^2 - x^2}} f(x,y) dy$ 在极坐标系下先对 r 积分的二次积分

为_____.

5. $D: x \leqslant y \leqslant \sqrt{3}x, x^2+y^2 \leqslant 2x$, $\iint\limits_{D} f(x,y)\mathrm{d}x\mathrm{d}y$ 化为在极坐标系中先对 r 积分的累次积分为_____.

二、交换下列积分次序

1. $\int_0^1 \mathrm{d}x \int_{-\sqrt{2-x^2}}^{x} f(x,y)\mathrm{d}y.$

2. $\int_0^\pi \mathrm{d}x \int_0^{\sin x} f(x,y)\mathrm{d}y.$

3. $\int_0^1 \mathrm{d}x \int_0^{x^{\frac{3}{2}}} f(x,y)\mathrm{d}y + \int_1^2 \mathrm{d}x \int_0^{1-\sqrt{4x-x^2-3}} f(x,y)\mathrm{d}y.$

4. $\int_0^1 \mathrm{d}y \int_{2-\sqrt{4-y^2}}^{1-\sqrt{1-y^2}} f(x,y)\mathrm{d}x + \int_0^1 \mathrm{d}y \int_{1+\sqrt{1-y^2}}^{2+\sqrt{4-y^2}} f(x,y)\mathrm{d}x + \int_1^2 \mathrm{d}y \int_{2-\sqrt{4-y^2}}^{2+\sqrt{4-y^2}} f(x,y)\mathrm{d}x.$

5. $\int_0^{\frac{\pi}{2}} \mathrm{d}\theta \int_0^\theta f(r\cos\theta, r\sin\theta) r\mathrm{d}r.$

三、设 $f(x,y)$ 为连续函数,写出积分 $\int_{-\frac{\pi}{4}}^{\frac{\pi}{4}} \mathrm{d}\theta \int_0^{2\cos\theta} f(r\cos\theta, r\sin\theta) r\mathrm{d}r$,在直角坐标系中先积分 y 后积分 x 的二次积分.

四、设 $f(x,y)$ 是连续函数 $\int_0^{\frac{\pi}{2}} \mathrm{d}\theta \int_{\cos\theta}^1 f(r\cos\theta, r\sin\theta) r\mathrm{d}r + \int_{\frac{\pi}{2}}^{\frac{3\pi}{4}} \mathrm{d}\theta \int_0^1 f(r\cos\theta, r\sin\theta) r\mathrm{d}r$ 化为在直角坐标系下先对 y 后对 x 的二次积分.

五、将积分 $\int_0^1 \mathrm{d}x \int_{1-x}^{\sqrt{1-x^2}} f(x,y)\mathrm{d}y$ 变为在极坐标系中先对 r 积分的二次积分.

六、计算二次积分 $\int_0^1 \mathrm{d}x \int_{\sqrt{x}}^1 \sin y^3 \mathrm{d}y.$

七、计算 $\iint\limits_{D} y[\mathrm{e}^{(1-y^2)\cos x} + yx^4]\mathrm{d}x\mathrm{d}y$, $D: -1 \leqslant x \leqslant 1; -2 \leqslant y \leqslant 2.$

八、计算二重积分 $\iint\limits_{D} r^2 \mathrm{d}r\mathrm{d}\theta$,其中 $D: 0 \leqslant \cos\theta \leqslant r \leqslant 1.$

九、计算二次积分 $\int_0^1 \mathrm{d}x \int_{\sqrt{1-x^2}}^{\sqrt{9-x^2}} \mathrm{e}^{x^2+y^2} \mathrm{d}y + \int_1^3 \mathrm{d}x \int_0^{\sqrt{9-x^2}} \mathrm{e}^{x^2+y^2} \mathrm{d}y.$

十、计算极限 $\lim\limits_{t\to +0} \iint\limits_{t^2 \leqslant x^2+y^2 \leqslant 1} \ln(x^2+y^2)\mathrm{d}\sigma.$

辅导与参考答案

A 级同步训练题

一、客观题

1. (A) 积分区域如图 10-10 所示，$\begin{cases} 1 \leqslant y \leqslant 2, \\ \dfrac{1}{y} \leqslant x \leqslant y. \end{cases}$

2. 因为 $\begin{cases} 0 \leqslant x \leqslant 1, \\ 0 \leqslant y \leqslant 1-x, \end{cases}$ 所以原式为 $\int_0^1 \mathrm{d}x \int_0^{1-x} f(x,y)\,\mathrm{d}y.$

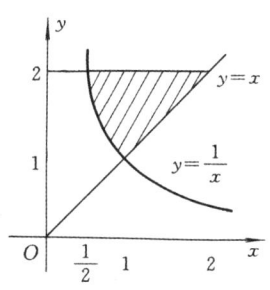

图 10-10

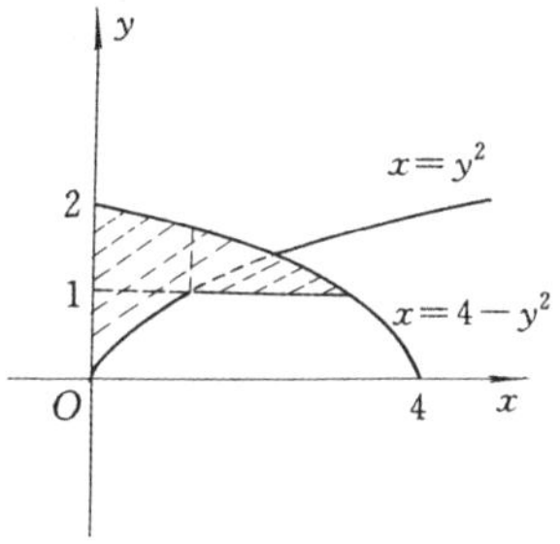

图 10-11

3. 积分区域如图 10-11 所示．$\int_0^1 \mathrm{d}x \int_{\sqrt{x}}^{\sqrt{4-x}} f(x,y)\,\mathrm{d}y + \int_1^3 \mathrm{d}x \int_1^{\sqrt{4-x}} f(x,y)\,\mathrm{d}y.$

4. (C). **5.** $\pi(\mathrm{e}-1).$

二、交换下列积分次序

1. 原式 $= \int_0^1 \mathrm{d}x \int_x^{2-x} f(x,y)\,\mathrm{d}y$（积分区域如图 10-12 所示）．

2. 原式 $= \int_0^1 \mathrm{d}y \int_{\sqrt{y}}^{2-y} f(x,y)\,\mathrm{d}x$（积分区域如图 10-13 所示）．

3. 原式 $= \int_0^1 \mathrm{d}x \int_{2-\sqrt{4-x^2}}^{1-\sqrt{1-x^2}} f(x,y)\,\mathrm{d}y + \int_0^1 \mathrm{d}x \int_{1+\sqrt{1-x^2}}^{2+\sqrt{4-x^2}} f(x,y)\,\mathrm{d}y +$
$\int_1^2 \mathrm{d}x \int_{2-\sqrt{4-x^2}}^{2+\sqrt{4-x^2}} f(x,y)\,\mathrm{d}y$（积分区域如图 10-14 所示）．

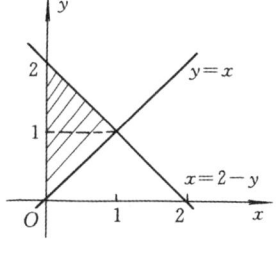

图 10-12

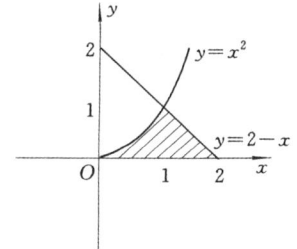

图 10-13

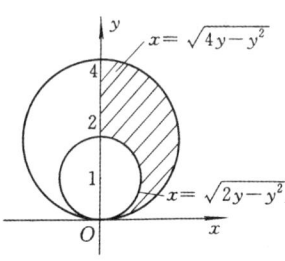

图 10-14

三、计算下列二重积分

1. 解:由于积分区域关于 x,y 轴均对称,而被积函数对 x,y 均为偶函数.

所以原式 $= 4\int_0^4 dy\int_0^{4-y}(x+y)dx = 2\int_0^4(16-y^2)dy = \dfrac{256}{3}$(积分区域如图 10-15 所示).

2. 解:本题对区域 D 应先 x 后 y,但对被积函数采用先 y 后 x(积分区域如图 10-16 所示).

原式 $= \int_{\frac{1}{2}}^1 dx\int_{\frac{1}{x}}^2 xe^{xy}dy + \int_1^2 dx\int_1^2 xe^{xy}dy = \int_{\frac{1}{2}}^1(e^{2x}-e)dx + \int_1^2(e^{2x}-e^x)dx$

$= \dfrac{1}{2}e^4 - e^2$.

3. 解:本题尽管区域如第 1 题,但被积函数不具备奇偶性,所以不能用对称性.

原式 $= \int_{-1}^0 e^x dx\int_{-x-1}^{x+1} e^y dy + \int_0^1 e^x dx\int_{x-1}^{1-x} e^y dy$

$= \int_{-1}^0 e^x(e^{x+1}-e^{-x-1})dx + \int_0^1 e^x(e^{-x+1}-e^{x-1})dx = e - e^{-1}$.

4. 解:积分区域如图 10-17 所示,其极坐标方程为 $r = \sin\theta$,即 $0 \leqslant \theta \leqslant \dfrac{\pi}{2}, 0 \leqslant r \leqslant \sin\theta$.

所以原式 $= \int_0^{\frac{\pi}{2}} d\theta \int_0^{\sin\theta} r\cdot rdr = \dfrac{1}{3}\int_0^{\frac{\pi}{2}} \sin^3\theta d\theta = \dfrac{2}{9}$.

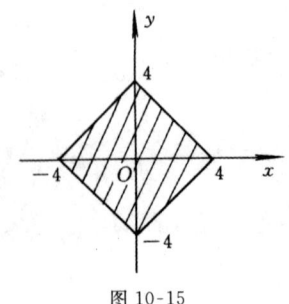

图 10-15

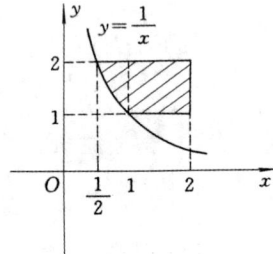

图 10-16

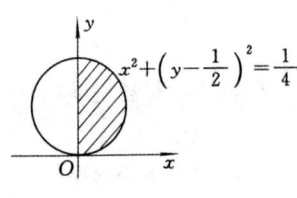

图 10-17

5. 解:$x^2+y^2=Rx$ 的极坐标方程为 $r=R\cos\theta$,由于 D 关于 x 轴对称,而被积函数是 y 的偶函数.

所以原式 $= 2\int_0^{\frac{\pi}{2}} d\theta\int_0^{R\cos\theta}\sqrt{R^2-r^2}\,rdr = \dfrac{2}{3}\int_0^{\frac{\pi}{2}}(R^3-R^3\sin^3\theta)d\theta$

$= \dfrac{2R^3}{3}\left(\dfrac{\pi}{2}-\dfrac{2}{3}\right)$.

6. 解:原式 $= \int_0^{\frac{\pi}{2}} d\theta\int_0^2 \ln(1+r^2)rdr = \dfrac{\pi}{4}\left[(1+r^2)\ln(1+r^2)-r^2\right]\Big|_0^2$

$= \dfrac{\pi}{4}(5\ln 5 - 4)$.

四、解: 先交换积分次序,$I = \int_0^1 dy\int_0^y e^{\frac{x}{y}}dx = \int_0^1 y(e-1)dy = \dfrac{1}{2}(e-1)$.

B级同步训练题

一、客观题

1. (D).　　2. (D).　　3. 0 (D 关于 y 轴对称,被积函数对 x 为奇函数).

4. $\int_0^\pi d\theta \int_0^a f(r\cos\theta, r\sin\theta) r dr$.　　5. $\int_{\frac{\pi}{4}}^{\frac{\pi}{3}} d\theta \int_0^{2\cos\theta} f(r\cos\theta, r\sin\theta) r dr$.

二、交换下列积分次序

1. $\int_{-\sqrt{2}}^{-1} dy \int_0^{\sqrt{2-y^2}} f(x,y) dx + \int_{-1}^{0} dy \int_0^{1} f(x,y) dx + \int_0^{1} dy \int_y^{1} f(x,y) dx$ (积分区域如图 10-18 所示).

2. $\int_0^1 dy \int_{\arcsin y}^{\pi - \arcsin y} f(x,y) dx$.

3. $\int_0^1 dy \int_{y^{\frac{2}{3}}}^{2-\sqrt{2y-y^2}} f(x,y) dx$ (积分区域如图 10-19 所示).

4. $\int_0^2 dx \int_{\sqrt{2x-x^2}}^{\sqrt{4x-x^2}} f(x,y) dy + \int_2^4 dx \int_0^{\sqrt{4x-x^2}} f(x,y) dy$ (积分区域如图 10-20 所示).

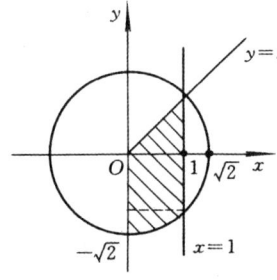

图 10-18

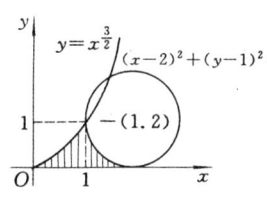

图 10-19

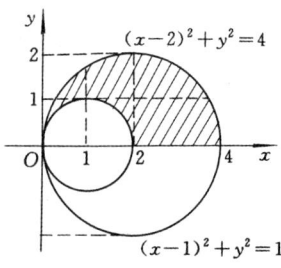

图 10-20

5. $\int_0^{\frac{\pi}{2}} dr \int_r^{\frac{\pi}{2}} f(r\cos\theta, r\sin\theta) r d\theta$.

三、解:根据 $-\dfrac{\pi}{4} \leqslant \theta \leqslant \dfrac{\pi}{4}$,$0 \leqslant r \leqslant 2\cos\theta$,得积分区域图形如图 10-21 所示.

所以原式为: $\int_0^1 dx \int_{-x}^{x} f(x,y) dy + \int_1^2 dx \int_{-\sqrt{2x-x^2}}^{\sqrt{2x-x^2}} f(x,y) dy$.

四、解:由积分上、下限得知积分区域如图 10-22 所示.

所以原式为: $\int_{-\frac{\sqrt{2}}{2}}^{0} dx \int_{-x}^{\sqrt{1-x^2}} f(x,y) dy + \int_0^{1} dx \int_{x-x^2}^{\sqrt{1-x^2}} f(x,y) dy$.

其中,$r=1$,即 $x^2+y^2=1$,而 $r=\cos\theta$,即 $x^2+y^2=x$,$\theta=\dfrac{3\pi}{4}$,为 $y=-x$.

五、解:积分区域如图 10-23 所示,$x^2+y^2=1$,即 $r=1$,$x+y=1$,即 $r=\dfrac{1}{\sin\theta+\cos\theta}$.

所以原式为：$\int_0^{\frac{\pi}{2}} d\theta \int_{\frac{1}{\sin\theta+\cos\theta}}^{1} f(r\cos\theta, r\sin\theta) r dr$.

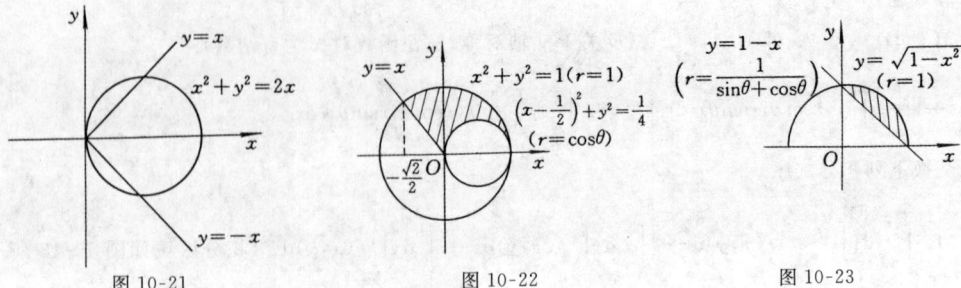

图 10-21　　　　　　　　图 10-22　　　　　　　　图 10-23

六、解：本题不能直接积分，先进行积分次序的交换.

原式 $= \int_0^1 dy \int_0^{y^2} \sin y^3 dx = \int_0^1 y^2 \sin y^3 dy = \frac{1}{3}(1-\cos 1)$（积分区域如图 10-24 所示）.

七、解：由于积分区域 D 关于 x 轴对称，$ye^{(1-y^2)\cos x}$ 是 y 的奇函数.

所以 $\iint\limits_{D} ye^{(1-y^2)\cos x} dxdy = 0$.

原式 $I = \int_{-1}^{1} dx \int_{-2}^{2} ye^{(1-y^2)\cos x} dy + \int_{-1}^{1} x^4 dx \int_{-2}^{2} y^2 dy = 0 + \frac{4}{15} \cdot 2^3 = \frac{32}{15}$（积分区域如图 10-25 所示）.

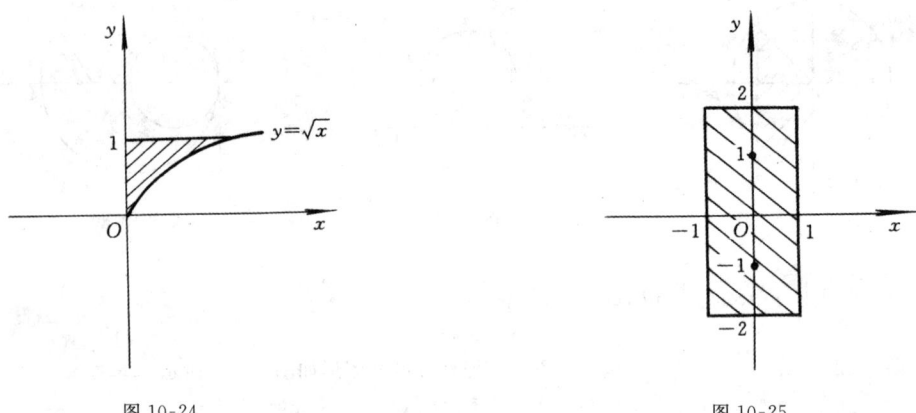

图 10-24　　　　　　　　　　　　　　　图 10-25

八、解：原式 $= \int_{-\frac{\pi}{2}}^{\frac{\pi}{2}} d\theta \int_{\cos\theta}^{1} r^2 dr = \frac{2}{3} \int_{-\frac{\pi}{2}}^{\frac{\pi}{2}} (1-\cos^3\theta) d\theta = \frac{2}{3} \left(\frac{\pi}{2} - \frac{2}{3}\right)$（积分区域如图 10-26 所示）.

九、解：本题用直角坐标系时，由于 $\int e^{x^2} dx$，其原函数不能用初等函数表示，所以只能采用极坐标系，

由 $0 \leqslant x \leqslant 1$，$\sqrt{1-x^2} \leqslant y \leqslant \sqrt{9-x^2}$ 和 $1 \leqslant x \leqslant 3$，$0 \leqslant y \leqslant \sqrt{9-x^2}$ 知道积分区域为圆环第一象限部分，如图 10-27 所示.

原式 $= \int_0^{\frac{\pi}{2}} d\theta \int_1^3 e^{r^2} r dr = \frac{\pi}{4}(e^9 - e)$.

十、解：原式 $= \lim\limits_{t \to 0^+} \int_0^{2\pi} d\theta \int_t^1 \ln r^2 r dr = \lim\limits_{t \to 0^+} \pi \int_{t^2}^1 \ln u du = \pi \lim\limits_{t \to 0^+} (u\ln u - u) \Big|_{t^2}^1 = -\pi.$

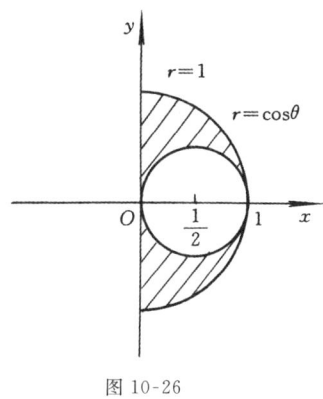

图 10-26

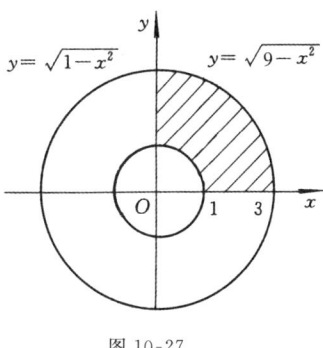

图 10-27

§10-3 三重积分概念与直角坐标系下计算

A 级同步训练题

一、客观题

1. 设 Ω 为球体 $x^2 + y^2 + z^2 \leqslant 1$，$f(x,y,z)$ 在 Ω 上连续，$I = \iiint\limits_{\Omega} xyz f(x^2 + y^2 + z^2) dv$，则 $I = ($ $)$.

(A) $4 \iiint\limits_{\substack{x^2+y^2+z^2 \leqslant 1 \\ z \geqslant 0}} xyz f(x^2 + y^2 + z^2) dv$

(B) $4 \iiint\limits_{\substack{x^2+y^2+z^2 \leqslant 1 \\ y \geqslant 0, z \geqslant 0}} xyz f(x^2 + y^2 + z^2) dv$

(C) $2 \iiint\limits_{\substack{x^2+y^2+z^2 \leqslant 1 \\ z \geqslant 0}} xyz f(x^2 + y^2 + z^2) dv$

(D) 0

2. Ω 由不等式 $z \geqslant \sqrt{x^2 + y^2}$，$x^2 + y^2 + (z-1)^2 \leqslant 1$ 确定，则 $\iiint\limits_{\Omega} f(x,y,z) dv = ($ $)$.

(A) $\int_0^2 dz \iint\limits_{x^2+y^2 \leqslant 1} f(x,y,z) dxdy$

(B) $\int_0^2 dz \iint\limits_{x^2+y^2 \leqslant z^2} f(x,y,z) dxdy$

(C) $\int_0^2 dz \iint\limits_{x^2+y^2 \leqslant 2z-z^2} f(x,y,z) dxdy$

(D) $\int_1^2 dz \iint\limits_{x^2+y^2 \leqslant 2z-z^2} f dxdy + \int_0^1 dz \iint\limits_{x^2+y^2 \leqslant z^2} f dxdy$

3. 设 Ω 是由 $3x^2+y^2=z$, $z=1-x^2$ 所围的有界闭区域, 且 $f(x,y,z)$ 在 Ω 上连续, 则 $\iiint\limits_\Omega f(x,y,z) dv = ($ $)$.

(A) $2\int_0^{\frac{1}{2}} dx \int_0^{\sqrt{1-4x^2}} dy \int_{3x^2+y^2}^{1-x^2} f(x,y,z) dz$

(B) $\int_0^1 dz \int_{-\sqrt{x}}^{\sqrt{x}} dy \int_{-\sqrt{\frac{z-y^2}{3}}}^{\sqrt{\frac{z-y^2}{3}}} f(x,y,z) dx$

(C) $\int_{-1}^1 dy \int_{-\sqrt{\frac{1-y^2}{2}}}^{\sqrt{\frac{1-y^2}{2}}} dx \int_{3x^2+y^2}^{1-x^2} f(x,y,z) dz$

(D) $\int_{-\frac{1}{2}}^{\frac{1}{2}} dx \int_{-\sqrt{1-4x^2}}^{\sqrt{1-4x^2}} dy \int_{1-x^2}^{3x^2+y^2} f(x,y,z) dz$

4. 设 Ω 是由曲面 $z=x^2+y^2$, $y=x$, $y=0$, $z=1$ 所围第一卦限部分的有界闭区域, 且 $f(x,y,z)$ 在 Ω 上连续, 则 $\iiint\limits_\Omega f(x,y,z) dv$ 等于($ $).

(A) $\int_0^{\frac{\sqrt{2}}{2}} dy \int_y^{\sqrt{1-y^2}} dx \int_0^1 f dz$ (B) $\int_0^{\frac{\sqrt{2}}{2}} dy \int_y^{\sqrt{1-y^2}} dx \int_{x^2+y^2}^1 f dz$

(C) $\int_0^{\frac{\sqrt{2}}{2}} dx \int_y^{\sqrt{1-y^2}} dy \int_{x^2+y^2}^1 f dz$ (D) $\int_0^1 dy \int_y^{\sqrt{1-y^2}} dx \int_{x^2+y^2}^1 f dz$

5. 设 $I = \iiint\limits_\Omega (e^{x^2} \sin z^3 + y^2 \cos x \tan y + 1) dv$, 其中 Ω: $|x| \leqslant 1$, $|y| \leqslant 1$, $|z| \leqslant 1$, 则 $I = $ _____.

6. 设 $f(x,y,z)$ 在有界闭区域 Ω 上可积, $\Omega = \Omega_1 + \Omega_2$, 则 $I = \iiint\limits_\Omega f(x,y,z) dv = \iiint\limits_{\Omega_1} f(x,y,z) dv + $ _____.

7. 设 Ω 由 $z=x^2+y^2$ 与平面 $z=1$ 围成闭区域, 把 $I = \iiint\limits_\Omega f(x,y,z) dv$ 化为直角坐标系的三次积分为 _____.

二、试将积分 $\int_{-1}^1 dx \int_{-\sqrt{1-x^2}}^{\sqrt{1-x^2}} dy \int_{\sqrt{x^2+y^2}}^1 f(x,y,z) dz$ 化成先对 x, 再对 y, 最后对 z 积分的

三次积分式.

三、设 Ω 是以 $(1,0,0),(0,-2,0),(0,2,0),(0,0,3)$ 为顶点的四面体,试将 $\iiint\limits_{\Omega} f(x,y,z)\mathrm{d}v$ 化成先对 y 次对 z 再对 x 积分的三次积分式.

四、试对积分 $\iiint\limits_{\Omega} f(x,y,z)\mathrm{d}v$ 按先对 z 次对 y 再对 x 求积的次序化成三次积分,其中 Ω 是 $x^2+y^2+z^2 \leqslant 4$ 被平面 $x+y=2$ 所截下较小部分的区域.

五、设 $u=f(t)$ 具有三阶连续导数,且 $f(0)=0$,试完成下列算式:
$$I=\int_0^1 \mathrm{d}x \int_0^x \mathrm{d}y \int_0^y f'''(x+y+z)\mathrm{d}z.$$

六、计算 $I=\iiint\limits_{\Omega} \mathrm{e}^{x^2+y^2}\mathrm{d}v$,其中 Ω 是由 $0 \leqslant x \leqslant 1, 0 \leqslant y \leqslant 1, 0 \leqslant z \leqslant xy$ 所确定的区域.

七、设 Ω 是由 $y=\sqrt{x}$,$y=0$,$z=0$ 及 $x^2+z=\pi$ 所围的有界闭区域. 计算 $I=\iiint\limits_{\Omega} y\cos(x^2+z)\mathrm{d}v$.

八、设 Ω 是由曲面 $x^2+z=1$,$y^2+z=1$ 以及 $z=0$ 所围的有界闭区域.试计算 $\iiint\limits_{\Omega} z^2\mathrm{d}v$.

九、计算 $\iiint\limits_{\Omega} \mathrm{e}^{x^3}\mathrm{d}v$,$\Omega$ 由锥面 $x^2=y^2+z^2$ 与平面 $x=1$ 围成闭区域.

辅导与参考答案

A 级同步训练题

一、客观题

1. (D)(利用对称性). **2.** (D).

3. (C)(积分区域如图 10-28 所示). **4.** (B)(积分区域如图 10-29 所示).

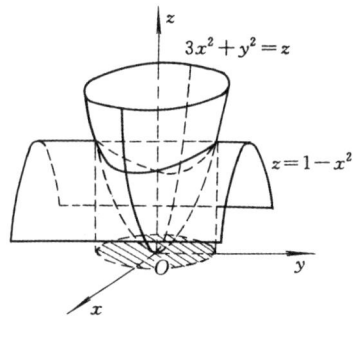

图 10-28

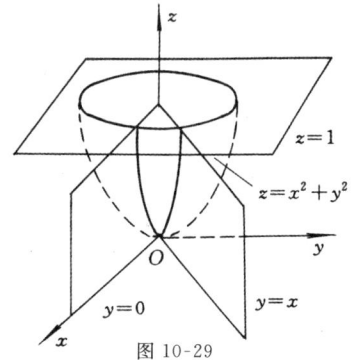

图 10-29

5. 8(积分的前二部分,利用 Ω 的对称性及被积函数是 z 和 y 的奇函数,所以积分为 0).

6. $\iiint\limits_{\Omega_2} f(x,y,z)\mathrm{d}v.$

7. $\int_{-1}^{1}\mathrm{d}x\int_{-\sqrt{1-x^2}}^{\sqrt{1-x^2}}\mathrm{d}y\int_{x^2+y^2}^{1}f(x,y,z)\mathrm{d}z$ (积分区域 Ω 在 xOy 平面上投影为 $x^2+y^2\leqslant 1$).

二、解: 由三次积分得知积分区域如图 10-30 所示. 在 yOz 平面上投影为: $y=-z,y=z$ 和 $z=1$ 所围,过 x 作平行于 z 轴的直线穿越积分区域,交点为:

$$x=\pm\sqrt{z^2-y^2}.$$

所以 $I=\int_0^1\mathrm{d}z\int_{-z}^{z}\mathrm{d}y\int_{-\sqrt{z^2-y^2}}^{\sqrt{z^2-y^2}}f(x,y,z)\mathrm{d}x.$

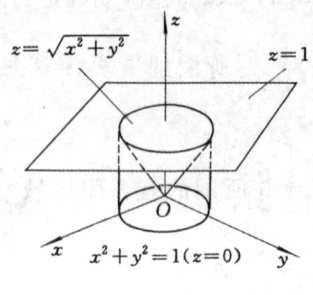

图 10-30

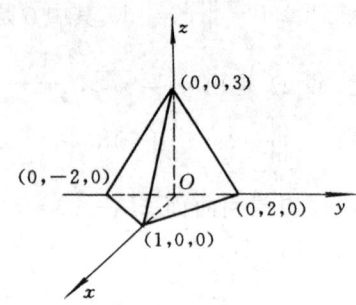

图 10-31

三、解: 过点 $(1,0,0),(0,2,0),(0,0,3)$ 的平面方程为: $x+\dfrac{y}{2}+\dfrac{z}{3}=1$, 所围积分区域如图 10-31 所示. 过点 $(1,0,0),(0,-2,0),(0,0,3)$ 的平面方程为: $x-\dfrac{y}{2}+\dfrac{z}{3}=1$,

在 xOz 平面上投影为: $x=0, z=0, z=3(1-x)$ 所围,而平行 y 轴直线交 Ω 为二平面:

$y=2\left(x+\dfrac{z}{3}-1\right)$ 和 $y=2\left(1-x-\dfrac{z}{3}\right),$

所以 $I=\int_0^1\mathrm{d}x\int_0^{3(1-x)}\mathrm{d}z\int_{2\left(x+\frac{z}{3}-1\right)}^{2\left(1-x-\frac{z}{3}\right)}f\mathrm{d}y.$

四、解: Ω 在 xOy 平面上投影为: $x^2+y^2\leqslant 4$ 和 $y+x\geqslant 2$ 所围,而平行于 z 轴的直线交 Ω,得:

$-\sqrt{4-x^2-y^2}\leqslant z\leqslant\sqrt{4-x^2-y^2}.$

所以 $I=\int_0^2\mathrm{d}x\int_{2-x}^{\sqrt{4-x^2}}\mathrm{d}y\int_{-\sqrt{4-x^2-y^2}}^{\sqrt{4-x^2-y^2}}f(x,y,z)\mathrm{d}z.$

五、解: $I=\int_0^1\mathrm{d}x\int_0^x[f''(x+2y)-f''(x+y)]\mathrm{d}y$

$=\int_0^1\left[\dfrac{1}{2}f'(3x)-f'(2x)+\dfrac{1}{2}f'(x)\right]\mathrm{d}x$

$=\dfrac{1}{6}f(3)-\dfrac{1}{2}f(2)+\dfrac{1}{2}f(1).$

六、解: 由 $0\leqslant x\leqslant 1, 0\leqslant y\leqslant 1, 0\leqslant z\leqslant xy$ 知:

$$I = \int_0^1 dx \int_0^1 dy \int_0^{xy} e^{x^2+y^2} dz = \int_0^1 dx \int_0^1 x e^{x^2} y e^{y^2} dy = \frac{1}{4}(e-1)^2.$$

七、解：Ω 在 xOy 平面上投影为：$y = \sqrt{x}$，$y = 0$，$x = \sqrt{\pi}$ 所围，平行于 z 轴直线交 Ω 于：$z = 0$ 和 $z = \pi - x^2$（如图 10-32 所示），

$$I = \int_0^{\sqrt{\pi}} dx \int_0^{\sqrt{x}} dy \int_0^{\pi-x^2} y\cos(x^2+z) dz = \int_0^{\sqrt{\pi}} dx \int_0^{\sqrt{x}} y(-\sin x^2) dy$$

$$= \int_0^{\sqrt{\pi}} -\frac{x}{2}\sin x^2 dx = -\frac{1}{2}.$$

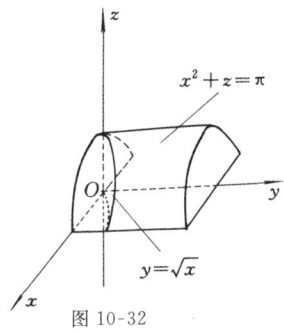

图 10-32

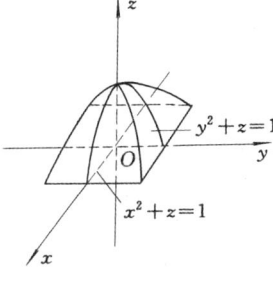

图 10-33

八、解：由于被积函数为 z^2，宜采用先计算一个二重积分，再计算一个定积分，二重积分的积分区域 D_z 为平行于 xOy 平面的平面截 Ω 得正方形 $\begin{cases} x = 2\sqrt{1-z}, \\ y = 2\sqrt{1-z}, \end{cases}$ 面积为 $S = 4(1-z)$，

原式 $= \int_0^1 z^2 dz \iint_{D_z} dx dy = \int_0^1 4z^2(1-z) dz = \left(\frac{4}{3}z^3 - z^4\right)\Big|_0^1 = \frac{1}{3}$（积分区域如图 10-33 所示）.

九、解：用平行于 yOz 的平面截 Ω 得 $y^2 + z^2 = x^2$ 为圆，面积为 $S = \pi x^2$，采用先二后一得：

原式 $= \int_0^1 e^{x^3} dx \iint_{D_x} dy dz = \int_0^1 \pi x^2 e^{x^3} dx = \frac{\pi}{3}(e-1).$

§10-4 柱面坐标和球面坐标系下计算

A 级同步训练题

一、将下列三重积分化为三次积分

1. 设 Ω 是由 xOz 平面上圆 $(x-a)^2 + z^2 \leqslant b^2 (a > b > 0)$ 绕 z 轴旋转一周而得的立体，试将 $\iiint_\Omega f(x,y,z) dv$ 化成柱面坐标下的三次积分式.

2. 设 Ω 是由 $z \geqslant \sqrt{x^2+y^2}$，$z \leqslant \sqrt{1-x^2-y^2}$，$0 \leqslant x \leqslant y \leqslant \sqrt{3} x$ 所确定的立体，试将 $\iiint_\Omega f(x^2+y^2+z^2) dv$ 化成球面坐标下的三次积分式.

3. Ω 是由 $x^2+y^2+z^2 \leqslant 2z$ 所确定的立体,将 $\iiint\limits_{\Omega} f(x \cdot y) \mathrm{d}v$ 化成球面坐标下的三次积分式.

4. Ω 是由 $z=\sqrt{x^2+y^2}$, $z=1$, $z=2$ 所围介于 $1 \leqslant z \leqslant 2$ 部分的立体,试将 $\iiint\limits_{\Omega} f(\sqrt{x^2+y^2+z^2}) \mathrm{d}v$ 化成球面坐标下的三次积分式.

5. Ω 是由锥面 $z=\sqrt{x^2+y^2}$ 及 $z=4$ 所围的有界闭区域,试将 $\iiint\limits_{\Omega} f(x^2+y^2,z) \mathrm{d}v$ 分别化成柱面、球面坐标下的三次积分式.

6. 设 Ω 是由 $z=\sqrt{9-x^2-y^2}$ 及 $z=0$ 所围的闭区域,试将 $\iiint\limits_{\Omega} f(x^2+y^2) \mathrm{d}v$ 分别化成球面、柱面坐标下的三次积分式.

7. 设 Ω 是由 $x^2+y^2 \leqslant z$, $1 \leqslant z \leqslant 2$ 所确定的闭区域,试将 $\iiint\limits_{\Omega} f(x^2+y^2+z^2) \mathrm{d}v$ 化成柱面坐标下的三次积分式.

8. 设 Ω 是由 $z=x^2+3y^2$ 及 $z=8-3x^2-y^2$ 所围的有界闭区域,试将 $\iiint\limits_{\Omega} f(x,y,z) \mathrm{d}v$ 分别化成直角坐标与柱面坐标下的三次积分式.

9. 设 Ω 是平面上曲线 $z=\sqrt{3}x$, $z=-\sqrt{3}x$ 及 $x=1$ 所围的图形绕 z 轴旋转一周后所得的立体,试将 $\iiint\limits_{\Omega} f(x,y,z) \mathrm{d}v$ 分别化成直角与柱面坐标下的三次积分式.

10. Ω 是由 $x^2+y^2+(z-a)^2 \leqslant a^2$, $a>0$ 所确定的立体,试将 $\iiint\limits_{\Omega} f(\sqrt{x^2+y^2+z^2}) \mathrm{d}v$ 化成直角坐标、柱面坐标以及球面坐标下的三次积分式.

二、Ω 是由 xOz 平面上的半圆 $x^2+z^2 \leqslant 1$, $z \geqslant 0$ 绕 z 轴旋转一周后所得的立体,试计算 $I=\iiint\limits_{\Omega} z \mathrm{d}v$.

三、Ω 是由 $y=\sqrt{2x-x^2}$, $y=0$, $z=1$ 及 $z=-1$ 所围的立体,试计算 $I=\iiint\limits_{\Omega} z\sqrt{x^2+y^2} \mathrm{d}v$.

四、设 Ω 是由 $1 \leqslant x^2+y^2 \leqslant 4$, $y \geqslant 0$, $z \leqslant 0$ 以及 $z \geqslant -\sqrt{x^2+y^2}$ 所确定的闭区域,试计算 $\iiint\limits_{\Omega} y \mathrm{d}v$.

五、设 Ω 是由 $z \leqslant x^2+y^2+z^2 \leqslant 2z$ 所确定的闭区域,试计算 $\iiint\limits_{\Omega} z \mathrm{d}v$.

六、求 $\lim\limits_{t \to +0} \dfrac{1}{t^4} \iiint\limits_{x^2+y^2+z^2 \leqslant t^2} \sqrt{x^2+y^2+z^2} \mathrm{d}x\mathrm{d}y\mathrm{d}z$.

辅导与参考答案

A 级同步训练题

一、将下列三重积分化为三次积分

1. Ω 在 xOy 平面上投影为圆环：$0 \leqslant \theta \leqslant 2\pi$，

$a - b \leqslant r \leqslant a + b$，$-\sqrt{b^2 - (r-a)^2} \leqslant z \leqslant \sqrt{b^2 - (r-a)^2}$，

$$I = \int_0^{2\pi} d\theta \int_{a-b}^{a+b} r dr \int_{-\sqrt{b^2-(r-a)^2}}^{\sqrt{b^2-(r-a)^2}} f(r\cos\theta, r\sin\theta, z) dz.$$

2. $\dfrac{\pi}{4} \leqslant \theta \leqslant \dfrac{\pi}{3}$，$0 \leqslant \varphi \leqslant \dfrac{\pi}{4}$，$0 \leqslant \rho \leqslant 1$（积分区域如图 10-34 所示）．

$$I = \int_{\frac{\pi}{4}}^{\frac{\pi}{3}} d\theta \int_0^{\frac{\pi}{4}} d\varphi \int_0^1 f(\rho^2) \rho^2 \sin\varphi d\rho.$$

3. 由 $x^2 + y^2 + z^2 = 2z$，得 $\rho = 2\cos\varphi$，φ 由 0 到 $\dfrac{\pi}{2}$．

所以 $I = \displaystyle\int_0^{2\pi} d\theta \int_0^{\frac{\pi}{2}} d\varphi \int_0^{2\cos\varphi} f(\rho^2\sin\theta\cos\theta\sin^2\varphi) \rho^2 \sin\varphi d\rho.$

4. 积分区域为一圆台，由于点 O 在投影区域中，所以 $0 \leqslant \theta \leqslant 2\pi$．在 yOz 平面投影：$y = z$，所以 $0 \leqslant \varphi \leqslant \dfrac{\pi}{4}$，$z = 1$，即 $\rho = \dfrac{1}{\cos\varphi}$，$z = 2$，为 $\rho = \dfrac{2}{\cos\varphi}$．

$$I = \int_0^{2\pi} d\theta \int_0^{\frac{\pi}{4}} d\varphi \int_{\sec\varphi}^{2\sec\varphi} f(\rho) \rho^2 \sin\varphi d\rho \text{（积分区域如图 10-35 所示）．}$$

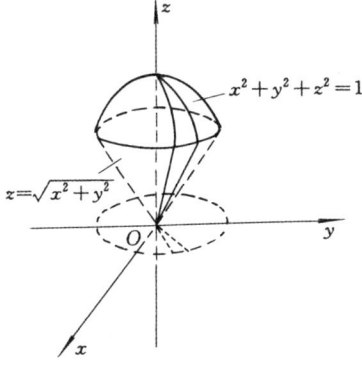

图 10-34

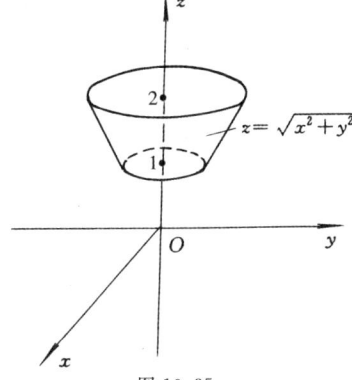

图 10-35

5. $I = \displaystyle\int_0^{2\pi} d\theta \int_0^4 r dr \int_r^4 f(r^2, z) dz$

$= \displaystyle\int_0^{2\pi} d\theta \int_0^{\frac{\pi}{4}} d\varphi \int_0^{4\sec\varphi} f(\rho^2\sin^2\varphi, \rho\cos\varphi) \rho^2 \sin\varphi d\rho.$

6. 积分区域为球心在 O 点，半径为 3 的上半球，

所以 $I = \displaystyle\int_0^{2\pi} d\theta \int_0^3 r dr \int_0^{\sqrt{9-r^2}} f(r^2) dz = \int_0^{2\pi} d\theta \int_0^{\frac{\pi}{2}} d\varphi \int_0^3 f(\rho^2\sin^2\varphi) \rho^2 \sin\varphi d\rho.$

7. 先在极坐标系下积分，积分区域用平行于 xOy 平面截 Ω，得圆域：$x^2+y^2 \leqslant z$. 所以 $0 \leqslant \theta \leqslant 2\pi, 0 \leqslant r \leqslant \sqrt{z}$.

故 $I = \int_1^2 dz \int_0^{2\pi} d\theta \int_0^{\sqrt{z}} f(r^2+z^2) r dr$.

8. 在 xOy 平面上投影为：$\begin{cases} z = x^2+3y^2, \\ z = 8-3x^2-y^2, \end{cases}$ 因为 $x^2+y^2 \leqslant 2$，在直角坐标系下

$$\begin{cases} -\sqrt{2} \leqslant x \leqslant \sqrt{2}, \\ -\sqrt{2-x^2} \leqslant y \leqslant \sqrt{2-x^2}, \\ x^2+3y^2 \leqslant z \leqslant 8-3x^2-y^2 \end{cases}$$

在柱面坐标系中，$0 \leqslant \theta \leqslant 2\pi, 0 \leqslant r \leqslant \sqrt{2}$，
$r^2 + 2r^2\sin^2\theta \leqslant z \leqslant 8 - 2r^2\cos^2\theta - r^2$，所以

原式 $= \int_{-\sqrt{2}}^{\sqrt{2}} dx \int_{-\sqrt{2-x^2}}^{\sqrt{2-x^2}} dy \int_{x^2+3y^2}^{8-3x^2-y^2} f(x,y,z) dz$

$= \int_0^{2\pi} d\theta \int_0^{\sqrt{2}} r dr \int_{r^2+2r^2\sin^2\theta}^{8-2r^2\cos^2\theta-r^2} f(r\cos\theta, r\sin\theta, z) dz$.

9. 旋转体方程为：$z^2 = 3(x^2+y^2)$，在 xOy 平面上投影为：$x^2+y^2 \leqslant 1$，Ω 为圆锥外，圆柱面 $x^2+y^2=1$ 内部分.

$I = \int_{-1}^1 dx \int_{-\sqrt{1-x^2}}^{\sqrt{1-x^2}} dy \int_{-\sqrt{3(x^2+y^2)}}^{\sqrt{3(x^2+y^2)}} f(x,y,z) dz$

$= \int_0^{2\pi} d\theta \int_0^1 r dr \int_{-\sqrt{3}r}^{\sqrt{3}r} f(r\cos\theta, r\sin\theta, z) dz$.

10. $I = \int_{-a}^a dx \int_{-\sqrt{a^2-x^2}}^{\sqrt{a^2-x^2}} dy \int_{a-\sqrt{a^2-(x^2+y^2)}}^{a+\sqrt{a^2-(x^2+y^2)}} f(\sqrt{x^2+y^2+z^2}) dz$

$= \int_0^{2\pi} d\theta \int_0^a r dr \int_{a-\sqrt{a^2-r^2}}^{a+\sqrt{a^2-r^2}} f(\sqrt{r^2+z^2}) dz = \int_0^{2\pi} d\theta \int_0^{\frac{\pi}{2}} d\varphi \int_0^{2a\cos\varphi} f(\rho) \rho^2 \sin\varphi d\rho$.

(此题：Ω 为球心在 $(0,0,a)$、半径为 a 的球面，$x^2+y^2+z^2=2az$，球面坐标系方程 $\rho=2a\cos\varphi$)

二、解：积分区域为球心在原点、半径为 1 的上半球面：$z=\sqrt{1-x^2-y^2}$，在 xOy 平面上的投影为：$x^2+y^2 \leqslant 1$，可采用柱面坐标系，由 $z=0$ 到上半球面 $z=\sqrt{1-x^2-y^2}$，

$I = \int_0^{2\pi} d\theta \int_0^1 r dr \int_0^{\sqrt{1-r^2}} z dz = \pi \int_0^1 r(1-r^2) dr = \frac{\pi}{4}$.

三、解：用柱面坐标系，在 xOy 平面上的投影为：

$z = \sqrt{2x-x^2}, \ y=0$,

所以 $0 \leqslant \theta \leqslant \frac{\pi}{2}, \quad 0 \leqslant r \leqslant 2\cos\theta$

$I = \int_0^{\frac{\pi}{2}} d\theta \int_0^{2\cos\theta} r dr \int_{-1}^1 z r dz = 0$（本题也可采用积分区域 Ω 的对称性，被积函数是 z 的奇函数）

积分区域如图 10-36 所示.

四、解:Ω 在 xOy 平面上投影为:$1 \leqslant x^2 + y^2 \leqslant 4$,在 $y \geqslant 0$ 部分,而 z 由圆锥 $z = -\sqrt{x^2 + y^2}$ 到平面 $z = 0$.

采用柱面坐标系 $I = \int_0^\pi d\theta \int_1^2 r dr \int_{-r}^0 r\sin\theta dz$

$= \int_0^\pi \sin\theta d\theta \int_1^2 r^3 dr = \dfrac{15}{2}$.

五、解:Ω 为小球面 $z = x^2 + y^2 + z^2$ 内和大球面 $2z = x^2 + y^2 + z^2$ 内,在球面坐标系下:$0 \leqslant \theta \leqslant 2\pi, 0 \leqslant \varphi \leqslant \dfrac{\pi}{2}$,$\cos\varphi \leqslant \rho \leqslant 2\cos\varphi$.

$I = \int_0^{2\pi} d\theta \int_0^{\frac{\pi}{2}} d\varphi \int_{\cos\varphi}^{2\cos\varphi} \rho^3 \sin\varphi \cos\varphi d\rho$

$= \dfrac{15\pi}{2} \int_0^{\frac{\pi}{2}} \sin\varphi \cos^5\varphi d\varphi = \dfrac{5\pi}{4}$.

六、解:$I(t) = \int_0^{2\pi} d\theta \int_0^\pi \sin\varphi d\varphi \int_0^1 \rho^3 d\rho = \pi t^4$,

所以原式 $= \lim\limits_{t \to 0^+} \dfrac{I(t)}{t^4} = \lim\limits_{t \to 0^+} \dfrac{\pi t^4}{t^4} = \pi$.

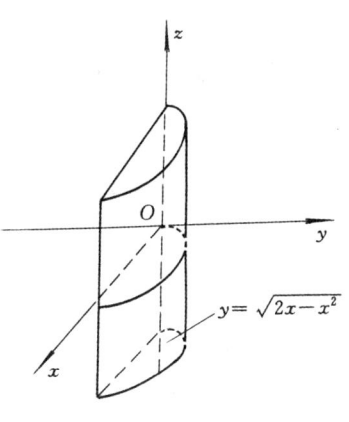

图 10-36

§10-5 重积分的应用

A 级同步训练题

一、D 是由曲线 $x^2 = 4(x+y)$ 以及 $x+y = 4$ 所围的图形,试求 D 的面积.

二、在 $\dfrac{\pi}{4} \leqslant x \leqslant \dfrac{3\pi}{4}$ 部分,试求由 $y = \sin x, y = \cos x$ 所围图形的面积.

三、试求由 $0 \leqslant z \leqslant x^2 + y^2, 0 \leqslant x \leqslant 1, 0 \leqslant y \leqslant 2$ 所确定的立体的体积.

四、试用二重积分计算由曲线 $y^2 = x, y - x + 2 = 0$ 所围图形的面积.

五、试求在极坐标下由 $r \leqslant 1 + \cos\theta, r \geqslant 2\cos\theta$ 所确定图形的面积.

六、试求曲面 $x^2 + y^2 = 12 - z$ 与 $z = \sqrt{x^2 + y^2}$ 所围立体的体积.

七、试求由 $x^2 + y^2 = z$ 与 $z = 2 - \sqrt{x^2 + y^2}$ 所围立体的体积.

B 级同步训练题

一、利用重积分的几何应用解答下列各题

1. 求在 $x \geqslant 0$ 部分由曲线 $y = \cos x$ 及 $y = \cos 2x$ 所围第一块封闭图形的面积.

2. 试求圆锥面 $z^2 = x^2 + y^2$ 被柱面 $x^2 + y^2 = x$ 截下有限部分的曲面面积.

3. 试求锥面 $\dfrac{16}{9} z^2 = x^2 + y^2$ 被柱面 $(x-2)^2 + y^2 = 4$ 截下部分的面积.

4. 试求曲面 $2z = 2 - x^2 - y^2$ 被平面 $z = 0$ 截下部分的面积.

5. 试求曲面 $z = xy$ 被柱面 $x^2 + y^2 = 1$ 所截下部分的面积.

6. 试求曲面 $z = x^2 + y^2$ 含于球面 $x^2 + y^2 + z^2 = 12$ 内部部分曲面的面积.

7. 试求第一卦限中 $y^2 + z^2 \leqslant 1$ 被 $y = x$ 截下有限部分的体积.

8. 试求由 $\sqrt{x^2 + y^2} \leqslant z \leqslant 2 - x^2 - y^2$, $x^2 + y^2 \leqslant 1$ 所确定立体在第一卦限的体积.

9. 试求由 $1 \leqslant x^2 + y^2 + z^2 \leqslant 4$, $x^2 + y^2 \leqslant z^2$, $z \geqslant 0$ 所确定立体的体积.

10. 试求由 $y \leqslant x^2 + y^2 \leqslant 2y$, $0 \leqslant z \leqslant \sqrt{x^2 + y^2}$ 所确定立体的体积.

二、利用重积分的物理应用解答下列各题

1. 设圆形薄片 $x^2 + y^2 \leqslant R^2$ 的面密度函数为 $\rho(x,y) = \sqrt{x^2 + y^2}$,试求薄片质量.

2. 设 D 是由 $y = 0$, $y = x$ 及 $x = 1$ 所围成的平面薄片,其上各点的面密度为 $\rho(x,y) = xy$,试求薄片质量.

3. Ω 是由 $1 \leqslant x^2 + y^2 + z^2 \leqslant 4$ 所确定的空心球体,其体密度 $\rho = \dfrac{1}{\sqrt{x^2 + y^2 + z^2}}$,试求 Ω 的质量.

4. 平面薄片由 $y^2 = x + 1$ 与 $y^2 = -x + 1$ 所围成,其上各点的面密度等于该点到 x 轴的距离,试求薄片的质量.

5. 设均匀薄片由 $4x^2 + y^2 \leqslant 4$, $y \geqslant 0$ 确定,试求薄片的质心坐标($\rho = 1$).

6. 试求由 $y = x^2$ 及 $y = 1$ 所围均匀薄片对于直线 $y = 1$ 的转动惯量(设密度 $\rho = 1$).

三、设 D_1 与 D_2 分别是第一象限由 $\sqrt{x^3} + \sqrt{y^3} \leqslant 1$,以及 $x^2 + y^2 \leqslant 1$ 所确定的闭区域,试证:面积关系式 $\iint\limits_{D_1} \mathrm{d}x\mathrm{d}y \leqslant \iint\limits_{D_2} \mathrm{d}x\mathrm{d}y$.

辅导与参考答案

A 级同步训练题

一、解:$S = \iint\limits_D \mathrm{d}x\mathrm{d}y = \int_{-4}^4 \mathrm{d}x \int_{\frac{x^2}{4}-x}^{4-x} \mathrm{d}y = \int_{-4}^4 \left(4 - \dfrac{x^2}{4}\right) \mathrm{d}x = \dfrac{64}{3}$ (积分区域如图 10-37 所示).

二、解:$S = \iint\limits_D \mathrm{d}x\mathrm{d}y = \int_{\frac{\pi}{4}}^{\frac{3\pi}{4}} \mathrm{d}x \int_{\cos x}^{\sin x} \mathrm{d}y = \sqrt{2}$ (积分区域如图 10-38 所示).

三、解:$V = \int_0^1 \mathrm{d}x \int_0^2 (x^2 + y^2) \mathrm{d}y = \int_0^1 \left(2x^2 + \dfrac{2^3}{3}\right) \mathrm{d}x = \dfrac{10}{3}$ (积分区域如图 10-39 所示).

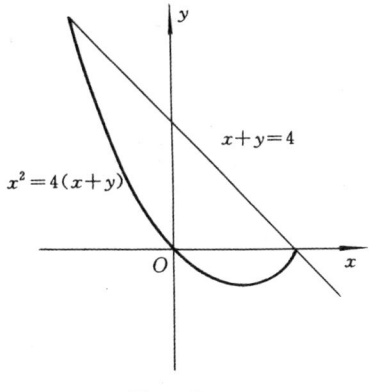

图 10-37

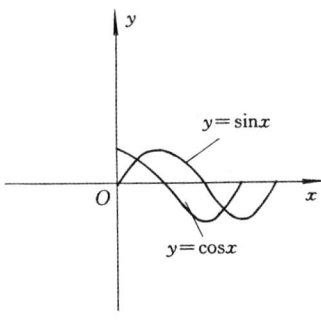

图 10-38

四、解：$S = \iint\limits_{D} \mathrm{d}x\mathrm{d}y = \int_{-1}^{2} \mathrm{d}y \int_{y^2}^{y+2} \mathrm{d}x = \frac{9}{2}$（积分区域如图 10-40 所示）.

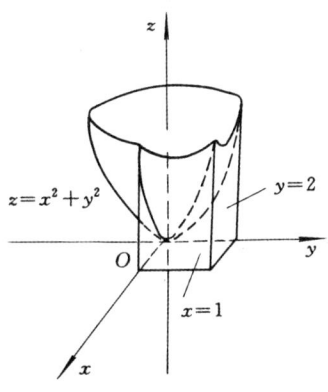

图 10-39

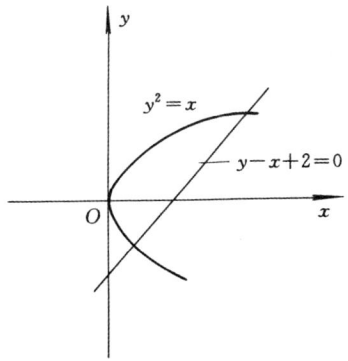

图 10-40

五、解：采用心形线所围面积减去圆面积（积分区域如图 10-41 所示）.

$$S = 2\int_{0}^{\pi} \mathrm{d}\theta \int_{0}^{1+\cos\theta} r\mathrm{d}r - \pi = \int_{0}^{\pi} (1+\cos\theta)^2 \mathrm{d}\theta - \pi = \frac{\pi}{2}.$$

六、解：交痕 $\begin{cases} x^2 + y^2 = 12 - z, \\ z = \sqrt{x^2 + y^2} \end{cases}$ 得到：$x^2 + y^2 = 9$（积分区域如图 10-42 所示）.

所以：$V = \iint\limits_{D_{xy}} (12 - x^2 - y^2 - \sqrt{x^2 + y^2}) \mathrm{d}x\mathrm{d}y$

$= \int_{0}^{2\pi} \mathrm{d}\theta \int_{0}^{3} r(12 - r^2 - r) \mathrm{d}r = \frac{99\pi}{2}.$

七、解：同上题交痕：$x^2 + y^2 \leqslant 1$（积分区域如图 10-43 所示）.

$$V = \iint\limits_{D_{xy}} (2 - \sqrt{x^2 + y^2} - x^2 - y^2) \mathrm{d}x\mathrm{d}y = \int_{0}^{2\pi} \mathrm{d}\theta \int_{0}^{1} r\left(2 - r - \frac{r^2}{2}\right) \mathrm{d}r = \frac{5}{6}\pi.$$

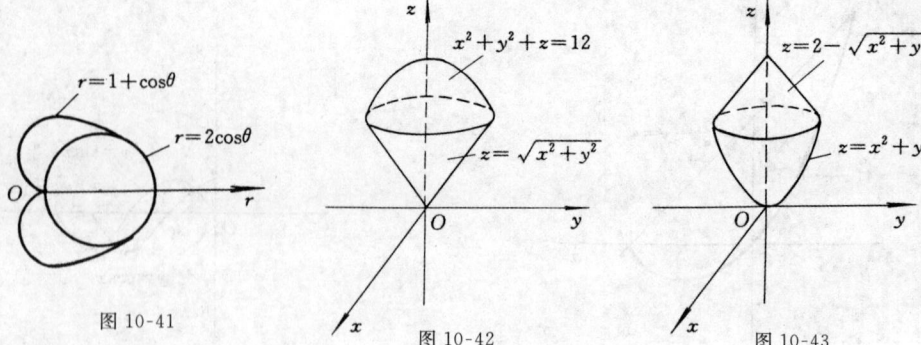

图 10-41   图 10-42   图 10-43

B 级同步训练题

一、利用重积分的几何应用解答下列各题

1. 解:由 $\cos x = \cos 2x$ 得 $x_1 = 0$, $x_2 = \dfrac{2\pi}{3}$,

$$S = \iint_D dxdy = \int_0^{\frac{2\pi}{3}} dx \int_{\cos 2x}^{\cos x} dy$$
$$= \int_0^{\frac{2\pi}{3}} (\cos x - \cos 2x) dx = \dfrac{3\sqrt{3}}{4} \text{ (积分区域如图 10-44 所示)}.$$

2. 解:曲面在 xOy 平面上投影:$x^2 + y^2 \leqslant x$,半径为 $\dfrac{1}{2}$,故面积为 $\dfrac{\pi}{4}$.

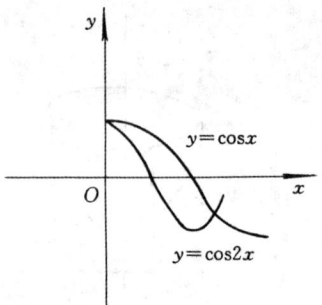

图 10-44

又 $z'_x = \dfrac{x}{\sqrt{x^2+y^2}}$, $z'_y = \dfrac{y}{\sqrt{x^2+y^2}}$.

所以 $S = 2\iint\limits_{D_{xy}} \sqrt{1+z_x^2+z_y^2}\, dxdy = 2\iint\limits_{D_{xy}} \sqrt{2}\, dxdy = 2\sqrt{2} S_{D_{xy}} = \dfrac{\sqrt{2}}{2}\pi.$

3. 解:在 xOy 平面上的投影 $D: (x-2)^2 + y^2 \leqslant 4$,面积为 4π.

$$S = 2\iint\limits_{D_{xy}} \sqrt{1+z_x^2+z_y^2}\, dxdy = 2\iint\limits_{D_{xy}} \dfrac{5}{4}\, dxdy = \dfrac{5}{2} S_{D_{xy}} = 10\pi.$$

4. 解:在 xOy 平面上的投影 $D: x^2 + y^2 \leqslant 2$, $z'_x = -x$, $z'_y = -y$,

所以 $S = \iint\limits_{D_{xy}} \sqrt{1+z_x^2+z_y^2}\, dxdy = \iint\limits_{D_{xy}} \sqrt{1+x^2+y^2}\, dxdy$

$$= \int_0^{2\pi} d\theta \int_0^{\sqrt{2}} \sqrt{1+r^2}\, rdr = 2\pi \cdot \dfrac{1}{3}(1+r^2)^{\frac{3}{2}} \Big|_0^{\sqrt{2}}$$
$$= \dfrac{2\pi}{3}(3\sqrt{3}-1).$$

5. 解:在 xOy 平面上的投影 $D: x^2 + y^2 \leqslant 1$, $z'_x = y$, $z'_y = x$.

$$S = \iint\limits_{D_{xy}} \sqrt{1+z_x^2+z_y^2}\,dxdy = \iint\limits_{D_{xy}} \sqrt{1+x^2+y^2}\,dxdy = \int_0^{2\pi} d\theta \int_0^1 \sqrt{1+r^2}\,rdr$$

$$= 2\pi \cdot \frac{1}{3}(1+r^2)^{\frac{3}{2}} \Big|_0^1 = \frac{2\pi}{3}(2\sqrt{2}-1).$$

6. 解:交痕 $\begin{cases} z = x^2+y^2, \\ x^2+y^2+z^2 = 12 \end{cases}$ 为 $x^2+y^2 = 3$ 在 xOy 平面上的投影 $D: x^2+y^2 \leqslant 3$,

$z_x' = 2x$, $z_y' = 2y$,

$$S = \iint\limits_{D_{xy}} \sqrt{1+z_x^2+z_y^2}\,dxdy = \iint\limits_{D_{xy}} \sqrt{1+4x^2+4y^2}\,dxdy$$

$$= \int_0^{2\pi} d\theta \int_0^{\sqrt{3}} \sqrt{1+4r^2}\,rdr = 2\pi \cdot \frac{1}{12}(1+4r^2)^{\frac{3}{2}} \Big|_0^{\sqrt{3}}$$

$$= \frac{\pi}{6}(13\sqrt{13}-1).$$

7. 解:$V = \iiint\limits_{\Omega} dv = \int_0^1 dy \int_0^y dx \int_0^{\sqrt{1-y^2}} dz = \frac{1}{3}$ (积分区域

如图 10-45 所示).

8. 解:交痕 $\begin{cases} z = \sqrt{x^2+y^2}, \\ z = 2-x^2-y^2, \end{cases}$

$x^2+y^2 \leqslant 1$ 在第 1 象限.

$$V = \iiint\limits_{\Omega} dv = \int_0^{\frac{\pi}{2}} d\theta \int_0^1 rdr \int_r^{2-r^2} dz$$

$$= \frac{\pi}{2} \int_0^1 r(2-r^2-r)dr = \frac{5\pi}{24}.$$

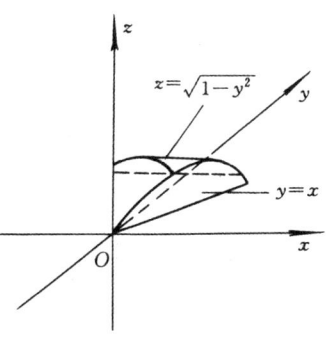

图 10-45

9. 解:$V = \iiint\limits_{\Omega} dv = \int_0^{2\pi} d\theta \int_0^{\frac{\pi}{4}} d\varphi \int_1^2 \rho^2 \sin\varphi d\rho = \frac{14\pi}{3} \int_0^{\frac{\pi}{4}} \sin\varphi d\varphi = \frac{14\pi}{3}\left(1-\frac{\sqrt{2}}{2}\right).$

10. 解:$V = \iint\limits_{D} \sqrt{x^2+y^2}\,dxdy = 2\int_0^{\frac{\pi}{2}} d\theta \int_{\sin\theta}^{2\sin\theta} r^2 dr = \frac{14}{3}\int_0^{\frac{\pi}{2}} \sin^3\theta d\theta = \frac{28}{9}.$

二、利用重积分物理应用解答下列各题

1. 解:$M = \iint\limits_{D} \sqrt{x^2+y^2}\,dxdy = \int_0^{2\pi} d\theta \int_0^R r^2 dr = \frac{2\pi R^3}{3}.$

2. 解:$M = \iint\limits_{D} xy dxdy = \int_0^1 dx \int_0^x xy dy = \frac{1}{8}.$

3. 解:$M = \iiint\limits_{\Omega} \frac{1}{\sqrt{x^2+y^2+z^2}} dv = \int_0^{2\pi} d\theta \int_0^{\pi} d\varphi \int_1^2 \rho\sin\varphi d\rho = 6\pi.$

4. 解:$M = \iint\limits_{D} |y|\,dxdy = 2\int_0^1 dy \int_{y^2-1}^{1-y^2} ydx = 2\int_0^1 y(2-y^2)dy = \frac{3}{2}$ (本题注意距离 y 需加绝对值).

5. 解:由对称性 $\bar{x} = 0$, $M = \pi$,得

$$M_x = \int_{-1}^1 dx \int_0^{2\sqrt{1-x^2}} ydy = \frac{8}{3}, 故 \bar{y} = \frac{8}{3\pi}, 质心坐标\left(0, \frac{8}{3\pi}\right).$$

6. 解:$I = \iint\limits_{D}(y-1)^2 dxdy = \int_{-1}^{1}dx\int_{x^2}^{1}(y-1)^2 dy = \frac{2}{3}\int_{0}^{1}(1-x^2)^3 dx = \frac{32}{105}$.

三、证:$r_1(\theta) = \dfrac{1}{\sqrt{(\cos^{\frac{3}{2}}\theta + \sin^{\frac{3}{2}}\theta)^3}}$, $r_2(\theta) = 1$,

$\phi(\theta) = \cos^{\frac{3}{2}}\theta + \sin^{\frac{3}{2}}\theta$ 的最小值为 1, 故 $r_1 \leqslant r_2$,

所以 $\iint\limits_{D_1}dxdy = \int_{0}^{\frac{\pi}{2}}d\theta\int_{0}^{r_1}rdr < \int_{0}^{\frac{\pi}{2}}d\theta\int_{0}^{1}rdr = \iint\limits_{D_2}dxdy$.

章节练习题

一、客观题

1. 交换 $\int_{1}^{2}dy\int_{2-y}^{\sqrt{2y-y^2}}f(x,y)dx$ 得_____.

2. 求曲线 $y^2 = 4x$, $x^2 = \dfrac{y}{2}$ 所围成图形的面积为_____.

3. 设 D 为由 $x^2+y^2 \leqslant ax(a>0)$, $y \geqslant 0$ 围成的闭区域,则 $\iint\limits_{D}x^2 dxdy$ 化为极坐标下的二次积分的表达式为_____.

4. 设 $\Omega: x^2+y^2+z^2 \leqslant R^2$,则 $\iiint\limits_{\Omega}x^2 dxdydz = $ _____.

5. 设积分区域 $D: 1 \leqslant \sqrt{x^2+y^2} \leqslant 2$,则二重积分 $\iint\limits_{D}\sqrt{x^2+y^2}\,dxdy = $ _____.

　　(A) $\int_{0}^{2\pi}d\theta\int_{r}^{4}rdr$ 　　　　(B) $\int_{0}^{2\pi}d\theta\int_{0}^{1}r^2 dr$

　　(C) $\int_{0}^{2\pi}d\theta\int_{1}^{2}rdr$ 　　　　(D) $\int_{0}^{2\pi}d\theta\int_{1}^{2}r^2 dr$

6. 下列结果中,正确的是(　　).

　　(A) 若 $D: x^2+y^2 \leqslant 1$, $D_1: x^2+y^2 \leqslant 1$, $x,y \geqslant 0$,则
$$\iint\limits_{D}\sqrt{1-x^2-y^2}\,dxdy = 4\iint\limits_{D_1}\sqrt{1-x^2-y^2}\,dxdy$$

　　(B) 若 $D: x^2+y^2 \leqslant 1$, $D_1: x^2+y^2 \leqslant 1$, $x,y \geqslant 0$,则
$$\iint\limits_{D}xy\,dxdy = 4\iint\limits_{D_1}xy\,dxdy$$

　　(C) 二重积分 $\iint\limits_{D}f(x,y)dxdy$ 的几何意义是以 $z=f(x,y)$ 为曲顶,以 O 为底的曲顶柱体的体积

　　(D) $\Omega: x^2+y^2+z^2 \leqslant R^2$, $z \geqslant 0$, $\Omega_1: x^2+y^2+z^2 \leqslant R^2$,
$x,y,z \geqslant 0$,则 $\iiint\limits_{\Omega}xdv = 4\iiint\limits_{\Omega_1}xdv$

二、计算题

1. 设 $I = \iiint\limits_{1 \leqslant x^2+y^2+z^2 \leqslant 4} \ln\sqrt{x^2+y^2+z^2}\,dv$, $J = \iiint\limits_{1 \leqslant x^2+y^2+z^2 \leqslant 4} \ln^3\sqrt{x^2+y^2+z^2}\,dv$ 比较 I 与 J 的大小并说明理由.

2. 计算 $\iiint\limits_{x^2+y^2+z^2 \leqslant 1} e^z\,dv$.

3. 计算 $\iint\limits_{D}(x^2+y^2)\,dxdy$,其中 D 为圆区域: $x^2+y^2 \leqslant 1$.

4. 求锥面 $z = \sqrt{x^2+y^2}$ 被柱面 $z^2 = 2x$ 所截下部分的面积.

5. 计算 $I = \iiint\limits_{\Omega}(x^2+y^2)\,dv$, Ω 为平面曲线 $y^2 = z$ 绕 $\sqrt{z}$ 轴旋转一周形成的曲面与平面 $z=1$ 围成的区域.

章节练习题答案

一、客观题

1. $\int_0^1 dx \int_{2-x}^{1+\sqrt{1-x^2}} f(x,y)\,dy$.   2. $\dfrac{2}{3}$.   3. $\int_0^{\frac{\pi}{2}} d\theta \int_0^{a\cos\theta} r^3 \cos^2\theta\,dr$.

4. $\dfrac{4\pi}{15}R^5$.   5. (D).   6. (A).

二、计算题

1. 解:因 $1 \leqslant \sqrt{x^2+y^2+z^2} \leqslant 2$, $0 \leqslant \ln(\sqrt{x^2+y^2+z^2}) < 1$,

   所以 $\ln\sqrt{x^2+y^2+z^2} > \ln^3\sqrt{x^2+y^2+z^2}$,故 $I > J$.

2. 解:原式 $= \int_{-1}^{1} e^z\,dz \iint\limits_{D_z} dxdy = \pi\int_{-1}^{1} e^z(1-z^2)\,dz = \dfrac{4\pi}{e}$.

3. 解:原式 $= \int_0^{2\pi} d\theta \int_0^1 r^3\,dr = \dfrac{\pi}{2}$.

4. 解:原式 $= \iint\limits_{D_{xy}} \sqrt{1+z_x'^2+z_y'^2}\,dxdy = \sqrt{2}\,S_D = \sqrt{2}\,\pi$ $(D_{xy}: x^2+y^2 \leqslant 2x)$.

5. 解: Ω 为 $z = x^2+y^2$, $z=1$,所以原式 $= \int_0^1 dz \int_0^{2\pi} d\theta \int_0^{\sqrt{z}} r^3\,dr = \dfrac{\pi}{6}$.

第11章 曲线积分与曲面积分

[教学目的与要求]

1. 了解对弧长的曲线积分的实际背景,加深对该概念的理解;学会对弧长的曲线积分的计算方法.
2. 了解对坐标的曲线积分的实际背景,加深对该概念的理解;学会对坐标的曲线积分的计算方法.
3. 熟练掌握格林公式,理解格林公式重要意义;理解并会使用平面上曲线积分与路径无关的条件.
4. 理解对面积的曲面积分的概念;学会计算面积的曲面积分.
5. 理解对坐标的曲面积分的概念;学会计算对坐标的曲面积分.
6. 理解高斯公式;了解通量与散度的概念.了解斯托克斯公式;了解环流量与旋度的概念.

§11-1 第一类曲线积分

A 级同步训练题

一、客观题

1. 设 L 是 xOy 平面上的一条光滑曲线弧,函数 $f(x,y)$ 在 L 上有界.用 L 上的点 $M_1, M_2, \cdots, M_{n-1}$ 把 L 分成 n 个小段.设第 i 个小段的长度为 Δs_i,(ζ_i, η_i) 为第 i 小段上的一点,$i = 1, 2, \cdots, n$. 则函数 $f(x, y)$ 在曲线 L 上对弧长的曲线积分 $\int_L f(x,y) \mathrm{d}s = ($).

(A) $\sum\limits_{i=1}^{n} f(\xi_i, \eta_i) \Delta s_i$

(B) $\lim\limits_{\lambda \to 0} \sum\limits_{i=1}^{n} f(\xi_i, \eta_i) \Delta s_i$

(C) $\lim\limits_{\lambda \to 0} \sum\limits_{i=1}^{n} f(\xi_i, \eta_i) \Delta s_i$,且极限值与 L 的分法无关,与 (ξ_i, η_i) 的取法无关

(D) $\lim\limits_{\lambda \to 0} \sum\limits_{i=1}^{n} f(\xi_i, \eta_i) \Delta s_i$,其中 Δs_i 必须有相等的长度

其中,λ 为 Δs_i 的长度的最大值.

2. 设 L 为下半圆周 $x^2+y^2=1$ $(y<0)$,将曲线积分 $\int_L(x+2y)\mathrm{d}s$ 化为定积分的正确结果是( ).

(A) $\int_0^{-\pi}(\cos t+2\sin t)\mathrm{d}t$ 　　(B) $\int_\pi^0(\cos t+2\sin t)\mathrm{d}t$

(C) $\int_{-\pi}^0(\sin t+2\cos t)\mathrm{d}t$ 　　(D) $\int_{\frac{\pi}{2}}^{\frac{3\pi}{2}}(\sin t+2\cos t)\mathrm{d}t$

3. L 为圆周 $x^2+y^2=1$,则 $\oint_L x^2\mathrm{d}s=$ ＿＿＿＿.

二、计算曲线积分 AB 是连接 $A(0,2),B\left(\frac{3}{2},0\right)$ 的直线段,计算 $\int_{AB}(x^4+y^4)\mathrm{d}s$.

三、设 L 是从 $A(0,\sqrt{2})$ 沿 $x^2+y^2=2$ 经 $E(\sqrt{2},0)$ 到 $B(1,-1)$ 的弧段,计算曲线积分 $\int_L|y|\mathrm{d}s$.

四、已知 L 是由 $x^2+y^2=1$ 在第一象限与 $y=x$ 和 x 轴所围边界,求
$$\oint_L\cos\sqrt{x^2+y^2}\mathrm{d}s.$$

五、计算曲线积分 $\int_L(x-y)\mathrm{d}s$,其中 $L:y=|1-x|-x$; $0\leqslant x\leqslant 2$.

六、计算 $\oint_L\sqrt[3]{xy}\mathrm{d}s$,其中 L 是由 $y=x^2$ 与 $y=\sqrt{2}x$ 所围成平面域的边界.

七、计算曲线积分 $\int_L x\mathrm{e}^y\mathrm{d}s$,$L$ 是圆 $x^2+y^2=a^2$ 上 $\left(\frac{\sqrt{2}}{2}a,\frac{\sqrt{2}}{2}a\right)$ 到 $\left(-\frac{\sqrt{2}}{2}a,\frac{\sqrt{2}}{2}a\right)$ 的一段弧.

八、设 L 是连接点 $A(2,0)$ 及 $B\left(0,\frac{3}{2}\right)$ 的直线段,其线密度为 $\mu=2xy+\frac{3}{2}x^2$,求其质量.

九、计算曲线积分 $\oint_L(x+y)^2\mathrm{d}s$,其中 L 是圆周 $x^2+y^2=x$.

十、计算 $\int_L\ln(x^2+y^2)\mathrm{d}s$,其中 L 是对数螺线的一段:$\begin{cases}x=\mathrm{e}^\theta\cos\theta,\\ y=\mathrm{e}^\theta\sin\theta,\end{cases}$ $0\leqslant\theta\leqslant 2\pi$.

十一、计算曲线积分 $\int_L\mathrm{e}^{\frac{x^2+y^2}{a^2}}\mathrm{d}s$,其中 $L:\begin{cases}x=a(\cos t+t\sin t),\\ y=a(\sin t-t\cos t)\end{cases}$ $(a>0,0\leqslant t\leqslant 2\pi)$.

十二、计算曲线积分 $\oint_L(\mathrm{e}^x-\mathrm{e}^y)\mathrm{d}s$,其中 L 是 $x^2+xy+y^2=1$.

十三、计算曲线积分 $\int_L\dfrac{6xy-6}{y}\mathrm{d}s$,其中 L 是由 $6xy=y^4+3$,$1\leqslant y\leqslant\sqrt{3}$ 给出.

辅导与参考答案

A 级同步训练题

一、客观题

1. (C). 2. (D) 注：$\begin{cases} x = \sin t, \\ y = \cos t. \end{cases}$ 3. π.

二、解：$AB: 4x + 3y = 6, \ 0 \leq y \leq 2, \ ds = \dfrac{5}{4} dy$,

$$\text{原式} = \int_0^2 \left[\left(\dfrac{3}{4}\right)^4 (2-y)^4 + y^4\right] \dfrac{5}{4} dy = \dfrac{337}{32}.$$

三、解：$L: \begin{cases} x = \sqrt{2}\cos t, \\ y = \sqrt{2}\sin t, \end{cases} \ -\dfrac{\pi}{4} \leq t \leq \dfrac{\pi}{2}, \ ds = \sqrt{2}\, dt$（图 11-1）.

$$\text{原式} = \int_{-\frac{\pi}{4}}^{\frac{\pi}{2}} \sqrt{2} \,|\sin t|\, \sqrt{2}\, dt = \int_{-\frac{\pi}{4}}^{0} -2\sin t\, dt + \int_0^{\frac{\pi}{2}} 2\sin t\, dt = 4 - \sqrt{2}.$$

四、解：$\oint_L \cos\sqrt{x^2+y^2}\, ds$（图 11-2）.

$$= \int_0^1 \cos x\, dx + \int_0^{\frac{\pi}{4}} \cos 1\, dt + \int_{\frac{\sqrt{2}}{2}}^0 \cos(\sqrt{2}\, x) \cdot \sqrt{2}\, dx$$

$$= \sin 1 + \dfrac{\pi}{4} \cos 1 + \sin(\sqrt{2}\, x)\bigg|_0^{\frac{\sqrt{2}}{2}} = 2\sin 1 + \dfrac{\pi}{4} \cos 1.$$

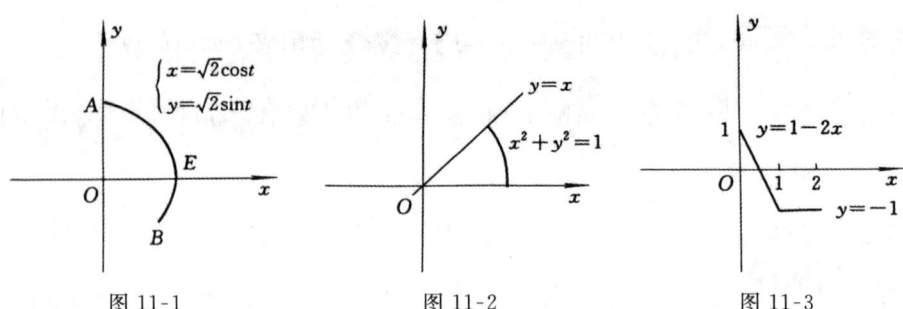

图 11-1　　　　图 11-2　　　　图 11-3

五、解：$L_1: y = 1 - 2x, \ 0 \leq x \leq 1; \ L_2: y = -1, 1 < x \leq 2$（图 11-3）.

$$\int_L (x-y)\, ds = \int_0^1 [x - (1-2x)]\sqrt{5}\, dx + \int_1^2 [x - (-1)]\, dx$$

$$= \dfrac{3}{2}\sqrt{5} - \sqrt{5} + \dfrac{3}{2} + 1 = \dfrac{\sqrt{5}}{2} + \dfrac{5}{2}.$$

六、解：交点 $A(\sqrt{2}, 2)$,

$$\text{原式} = \int_{\widehat{OA}} + \int_{\overline{OA}} \sqrt[3]{xy}\, ds = \int_0^{\sqrt{2}} x \cdot \sqrt{1 + 4x^2}\, dx + \int_0^{\sqrt{2}} \sqrt[3]{2x^2} \cdot \sqrt{3}\, dx$$

$$= \dfrac{13}{6} + \dfrac{6}{5}\sqrt{3} \ (\text{图 11-4}).$$

七、解：设 $L: \begin{cases} x = a\cos t, \\ y = a\sin t, \end{cases} \ \dfrac{\pi}{4} \leq t \leq \dfrac{3\pi}{4}, \ ds = a\, dt$（图 11-5）.

原式 $= \int_{\frac{\pi}{4}}^{\frac{3\pi}{4}} a\cos t e^{a\sin t} a\, dt = ae^{a\sin t}\Big|_{\frac{\pi}{4}}^{\frac{3\pi}{4}} = 0$.

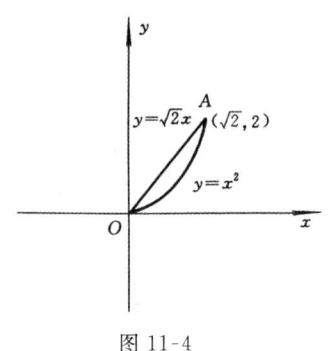

图 11-4

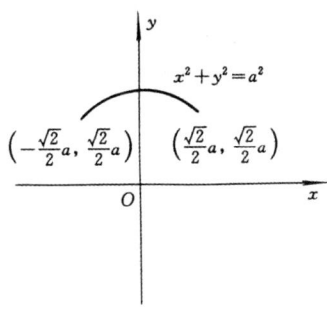

图 11-5

八、解：$\overline{AB}$ 的方程：$3x + 4y = 6$ $(0 \leqslant x \leqslant 2)$.

在 $\overline{AB}$ 上，$\mu = 2xy + \dfrac{3}{2}x^2 = \dfrac{x}{2}(4y + 3x) = 3x$.

$ds = \sqrt{1 + \left(-\dfrac{3}{4}\right)^2}\, dx = \dfrac{5}{4}dx$, $M = \int_L \mu\, ds = \int_0^2 3x \cdot \dfrac{5}{4} dx = \dfrac{15}{2}$.

九、解：$L: r = \cos\theta$, $ds = d\theta$, $-\dfrac{\pi}{2} \leqslant \theta \leqslant \dfrac{\pi}{2}$（图 11-6）.

原式 $= \oint_L (x^2 + y^2)ds + \oint_L 2xy\, ds = \int_{-\frac{\pi}{2}}^{\frac{\pi}{2}} \cos^2\theta\, d\theta + \int_{-\frac{\pi}{2}}^{\frac{\pi}{2}} 2\cos^3\theta\sin\theta\, d\theta$

$= \dfrac{\pi}{2}$.

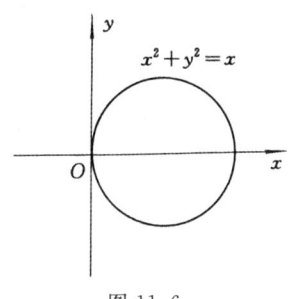

图 11-6

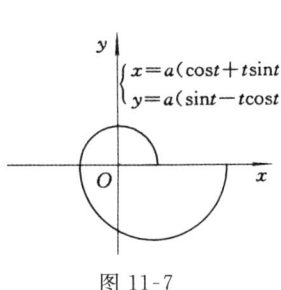

图 11-7

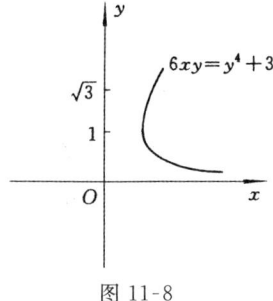

图 11-8

十、解：$ds = \sqrt{x'^2 + y'^2}\, d\theta = \sqrt{2}\, e^\theta d\theta$,

原式 $= \int_0^{2\pi} (\ln e^{2\theta})\sqrt{2}\, e^\theta d\theta = 2\sqrt{2}(\theta - 1)e^\theta\Big|_0^{2\pi} = 2\sqrt{2}(2\pi e^{2\pi} - e^{2\pi} + 1)$

（图 11-7）.

十一、解：$ds = at\, dt$, $x^2 + y^2 = a^2(1 + t^2)$.

原式 $= \int_0^{2\pi} e^{1+t^2} \cdot at\, dt = \dfrac{a}{2} e^{1+t^2}\Big|_0^{2\pi} = \dfrac{a}{2}(e^{1+4\pi^2} - e)$.

十二、解：由于 L 关于 $y = x$ 对称，故 $\oint_L (e^x - e^y)ds = \oint_L (e^y - e^x)ds$，故原式 $= 0$.

十三、解：$\dfrac{dx}{dy} = \dfrac{1}{2}y^2 - \dfrac{1}{2y^2}$，$ds = \sqrt{1 + \dfrac{1}{4}\left(y^2 - \dfrac{1}{y^2}\right)^2}\,dy = \dfrac{1}{2}\left(y^2 + \dfrac{1}{y^2}\right)dy$.

原式 $= \displaystyle\int_1^{\sqrt{3}} \left(y^3 - \dfrac{3}{y}\right)\dfrac{1}{2}\left(y^2 + \dfrac{1}{y^2}\right)dy = \dfrac{2}{3}$　（图 11-8）.

§11-2　第二类曲线积分

A 级同步训练题

一、客观题

1. 设 AB 为由点 $A(0,\pi)$ 到点 $B(\pi,0)$ 的直线段，则 $\displaystyle\int_{AB} \sin y\,dx + \sin x\,dy = (\quad)$.

　　(A) 2　　(B) -1　　(C) 0　　(D) 1

2. 设 C 是抛物线 $y^2 = x$ 上从点 $(1,-1)$ 到点 $(1,1)$ 的一段弧，则 $\displaystyle\int_C xy\,dx = (\quad)$.

　　(A) $-\dfrac{4}{5}$　　(B) $\dfrac{4}{5}$　　(C) $\dfrac{2}{5}$　　(D) 0

3. 设 C 表示椭圆 $\dfrac{x^2}{4} + \dfrac{y^2}{9} = 1$，其方向为逆时针方向，则曲线积分 $\displaystyle\oint_C (2x + y^2)\,dx = (\quad)$.

　　(A) 36π　　(B) 0　　(C) 20　　(D) -18π

4. 设 C 的曲线方程为 $\begin{cases} x = \sqrt{\cos t}, \\ y = \sqrt{\sin t}, \end{cases} 0 \leqslant t \leqslant \dfrac{\pi}{2}$，则 $\displaystyle\int_C x^2 y\,dy - y^2 x\,dx = (\quad)$.

　　(A) $\displaystyle\int_0^{\frac{\pi}{2}} [\cos t\sqrt{\sin t} - \sin t\sqrt{\cos t}]\,dt$　　(B) $\displaystyle\int_0^{\frac{\pi}{2}} [\cos t\sqrt{\sin t} + \sin t\sqrt{\cos t}]\,dt$

　　(C) $\displaystyle\int_0^{\frac{\pi}{2}} [\cos^2 t - \sin^2 t]\,dt$　　(D) $\displaystyle\int_0^{\frac{\pi}{2}} \dfrac{1}{2}\,dt$

5. 设 L 为 $x^2 + y^2 = 1$ 上从点 $A(1,0)$ 逆时针到点 $B(-1,0)$，则 $\displaystyle\int_L e^{y^2}\,dy = $ _____ .

6. 设 L 为曲线 $y^2 = x$ 上从点 $(0,0)$ 到点 $(1,1)$ 的一段，则曲线积分 $\displaystyle\int_{(0,0)}^{(1,1)} xy\,dx + (y-x)\,dy = $ _____ .

7. 设 L 为沿抛物线 $y=x^2$ 上从点 $(1,1)$ 到点 $(2,4)$ 的一段曲线弧,则对坐标的曲线积分 $\int_L P(x,y)\mathrm{d}x+Q(x,y)\mathrm{d}y$ 可化成对弧长的曲线积分_____,其中 $P(x,y)$ 和 $Q(x,y)$ 是在 L 上的连续函数.

8. 设 L 是从 $A(1,0)$ 沿 $x^2+\dfrac{y^2}{2}=1$ 到点 $B(0,\sqrt{2})$,则 $\int_L e^{x^2y}(2x\mathrm{d}x+y\mathrm{d}y)$ = _____.

9. 设 Γ 为曲线 $\begin{cases} y=x^2, \\ z=x^3 \end{cases}$ 从点 $(0,0,0)$ 到点 $(1,1,1)$ 的弧段,$\int_\Gamma (y^2-z^2)\mathrm{d}x+x^2\mathrm{d}z$ = _____.

二、计算 $\int_L \dfrac{1}{y}\mathrm{d}x+(2y+\ln x)\mathrm{d}y$,其中 L 是从点 $A(1,1)$ 沿抛物线 $y=x^2$ 到点 $B(2,4)$.

三、计算曲线积分 $\int_L -y\mathrm{d}x+x\mathrm{d}y$,其中 L 是曲线 $\begin{cases} x=a\cos^4 t, \\ y=a\sin^4 t \end{cases}$ $(a>0)$ 上从 $t=0$ 到 $t=\dfrac{\pi}{2}$ 的一段.

四、计算曲线积分 $\int_L (x^2-y^2)\mathrm{d}x+(x^2+y^2)\mathrm{d}y$,式中 L 是从点 $A(2,1)$ 沿 $y=|x|-1$ 经点 $B(0,-1)$ 至点 $C(-2,1)$ 的折线段.

五、计算曲线积分 $\int_L 2xy\mathrm{d}x+x\ln y\mathrm{d}y$,式中 L 是曲线 $y=e^x$ 上从点 $A(-1,e^{-1})$ 到点 $B(1,e)$ 的一段.

六、求 $\int_C (x+y)\mathrm{d}x+(1+\sin\pi x)\mathrm{d}y$,其中 C 是从 $A(0,1)$ 沿折线 $y=|2x-1|$ 到点 $B(2,3)$ 的曲线段.

七、计算 $\int_C xy\mathrm{d}x+(x-y)\mathrm{d}y$,其中 C 包含了从点 $(0,0)$ 到点 $(2,0)$ 的线段和从点 $(2,0)$ 到点 $(3,2)$ 的线段.

八、把 $\int_L P(x,y)\mathrm{d}x+Q(x,y)\mathrm{d}y$ 化为对弧长积分,式中 L 是从点 $O(0,0)$ 沿上半圆周 $x^2+y^2=2x$ 到点 $A(1,1)$ 的弧段.

九、把 $\int_L P(x,y)\mathrm{d}x+Q(x,y)\mathrm{d}y$ 化为对弧长积分,式中 L 是从点 $A(1,0)$ 沿 $\begin{cases} x=\cos t, \\ y=\sin t \end{cases}$ 上半圆周至点 $B(0,1)$ 的一段弧.

辅导与参考答案

A 级同步训练题

一、客观题

1. (C).   2. (B).   3. (B).   4. (D).   5. 0.   6. $\dfrac{17}{30}$.

7. $\displaystyle\int_L \dfrac{P(x,y)+2xQ(x,y)}{\sqrt{1+4x^2}}\,ds$.   8. 0.   9. $\dfrac{23}{35}$.

二、解: $\displaystyle\int_L \dfrac{1}{y}\,dx+(2y+\ln x)\,dy$

$\quad = \displaystyle\int_1^2 \left[\dfrac{1}{x^2}+(2x^2+\ln x)2x\right]dx$

$\quad = \left(-\dfrac{1}{x}+x^4+x^2\ln x-\dfrac{1}{2}x^2\right)\Big|_1^2$

$\quad = 14+4\ln 2$ (图 11-9).

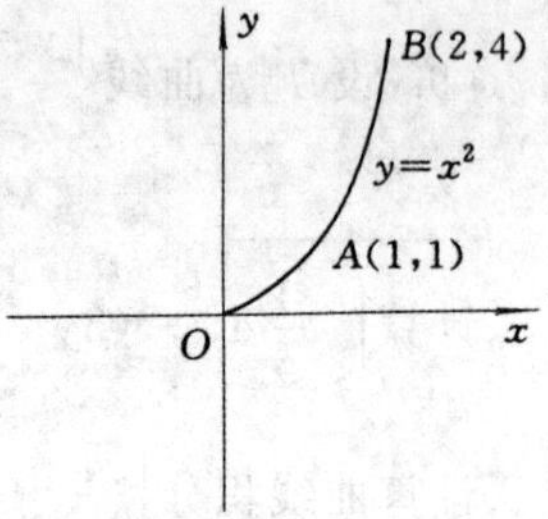

三、解: 原式 $= \displaystyle\int_0^{\frac{\pi}{2}}(a\sin^4 t\cdot 4a\cos^3 t\sin t+a\cos^4 t\,4a\sin^3 t\cos t)^3\,dt$

$\quad = 4a^2\displaystyle\int_0^{\frac{\pi}{2}}\sin^3 t\cos^3 t\,dt = 4a^2\displaystyle\int_0^{\frac{\pi}{2}}(\sin^3 t-\sin^5 t)\,d\sin t = \dfrac{a^2}{3}$.

四、解: 原式 $= \displaystyle\int_{\overline{AB}}+\int_{\overline{BC}}(x^2-y^2)\,dx+(x^2+y^2)\,dy$

$\quad = \displaystyle\int_1^{-1}\left[(y+1)^2-y^2+(y+1)^2+y^2\right]dy+$

$\qquad \displaystyle\int_{-1}^1\left[(y+1)^2-y^2\right](-dy)+\left[(y+1)^2+y^2\right]dy$

$\quad = -\dfrac{16}{3}+\dfrac{4}{3} = -4$ (图 11-10).

五、解: 原式 $= \displaystyle\int_{-1}^1 (2x\cdot e^x+x\cdot x\cdot e^x)\,dx = \displaystyle\int_{-1}^1 e^x\,dx^2+\displaystyle\int_{-1}^1 x^2 e^x\,dx$

$\quad = x^2 e^x\Big|_{-1}^1 -\displaystyle\int_{-1}^1 x^2 e^x\,dx+\displaystyle\int_{-1}^1 x^2 e^x\,dx = e-e^{-1}$

(图 11-11).

六、解: 折线段一为 $AD: y=1-2x, 0\leqslant x\leqslant \dfrac{1}{2}$, D 的坐标为 $\left(\dfrac{1}{2},0\right)$,

另一段为 $DB: y=2x-1, \dfrac{1}{2}<x\leqslant 2$ (图 11-12).

$\displaystyle\int_C (x+y)\,dx+(1+\sin\pi x)\,dy = \displaystyle\int_{AD}+\displaystyle\int_{DB}$

$\quad = \displaystyle\int_0^{\frac{1}{2}}[x+(1-2x)+(1+\sin\pi x)(-2)]\,dx+$

$\qquad \displaystyle\int_{\frac{1}{2}}^2[x+(2x-1)+2(1+\sin\pi x)]\,dx$

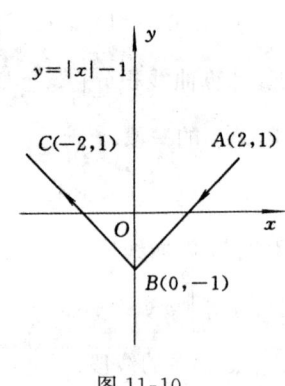

图 11-9

图 11-10

$$= \int_0^{\frac{1}{2}} (-x-1-2\sin\pi x)dx + \int_{\frac{1}{2}}^2 (3x+1+2\sin\pi x)dx = \frac{13}{2} - \frac{4}{\pi}.$$

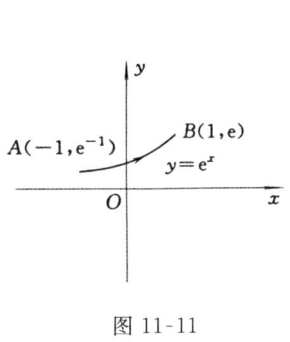

图 11-11

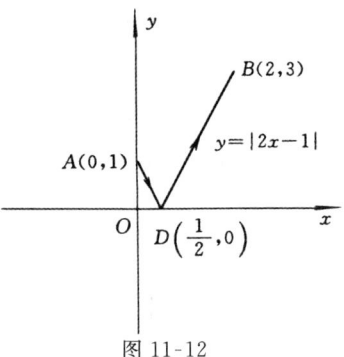

图 11-12

七、解:曲线 $C = C_1 + C_2$,其中

$C_1: y = 0, 0 \leqslant x \leqslant 2$;$C_2: y = 2x - 4, 2 \leqslant x \leqslant 3$.

$$I = \int_C xy dx + (x-y)dy = \int_{C_1} xy dx + (x-y)dy + \int_{C_2} xy dx + (x-y)dy$$

$$= \int_0^2 0 \cdot dx + \int_2^3 [(2x^2 - 4x) + (-x+4)(2)]dx$$

$$= \int_2^3 (2x^2 - 6x + 8)dx = \frac{17}{3}.$$

八、解:$y' = \dfrac{1-x}{y}$,$ds = \dfrac{1}{y}dx$,$\cos\alpha = y = \sqrt{2x - x^2}$,

$\sin\alpha = \sqrt{1 - \cos^2\alpha} = |1 - x| = 1 - x$.

$$\int_L P(x,y)dx + Q(x,y)dy = \int_L [P\sqrt{2x-x^2} + Q(1-x)]ds.$$

九、解:$ds = \sqrt{(-\sin t)^2 + (\cos t)^2}dt$,$\cos\alpha = \dfrac{dx}{ds} = -\sin t$;$\sin\alpha = \dfrac{dy}{ds} = \cos t$.

$$\int_L P(x,y)dx + Q(x,y)dy = \int_0^{\frac{\pi}{2}} [P(\cos t, \sin t)(-\sin t) + Q(\cos t, \sin t)\cos t]dt$$

$$= \int_L [P(x,y) \cdot (-y) + Q(x,y) \cdot x]ds.$$

§11-3 格林公式及其应用(1)

A 级同步训练题

一、客观题

1. 用格林公式求由曲线 C 所围成区域 D 的面积 $A = ($ $)$.

(A) $\oint_C x dy - y dx$

(B) $\oint_C y dx - x dy$

(C) $\dfrac{1}{2}\oint_C x\mathrm{d}y - y\mathrm{d}x$ (D) $\dfrac{1}{2}\oint_C y\mathrm{d}x - x\mathrm{d}y$

2. 设 C 为沿 $x^2+y^2=R^2$ 逆时针方向一周,则用格林公式计算, $I=\oint_C xy^2\mathrm{d}y - x^2 y\mathrm{d}x = ($ $)$.

(A) $\displaystyle\int_0^{2\pi}\mathrm{d}\theta\int_0^R r^2\mathrm{d}r$ (B) $\displaystyle\int_0^{2\pi}\mathrm{d}\theta\int_0^R 4r^3\sin\theta\cos\theta\mathrm{d}r$

(C) $\displaystyle\int_0^{2\pi}\mathrm{d}\theta\int_0^R R^2 r\mathrm{d}r$ (D) $\displaystyle\int_0^{2\pi}\mathrm{d}\theta\int_0^R r^3\mathrm{d}r$

3. 设 C 是沿圆周 $x^2+y^2=R^2$ 逆时针方向的一周,则 $I=\oint_C xy^2\mathrm{d}x + x^2 y\mathrm{d}y = ($ $)$.

(A) 0 (B) $\displaystyle\int_0^{2\pi}\mathrm{d}\theta\int_0^R 4r^3\sin\theta\cos\theta\mathrm{d}r$

(C) $\displaystyle\int_0^{2\pi}\mathrm{d}\theta\int_0^R R^2 r\mathrm{d}r$ (D) $\displaystyle\int_0^{2\pi}\mathrm{d}\theta\int_0^R r^3\mathrm{d}r$

4. 用格林公式计算 $\oint_C -y\mathrm{d}x + x\mathrm{d}y$,其中 C 为圆周 $x^2+y^2=R^2$,其方向为逆时针方向,则得(   ).

(A) 0 (B) πR^2 (C) $2\pi R^2$ (D) $-2\pi R^2$

5. 设 C 是以 $A(1,1),B(2,2),C(1,3)$ 为三顶点的三角形的三边所组成的围线,方向取为逆时针绕一周的方向,$I=\oint_C 2(x^2+y^2)\mathrm{d}x + 4xy\mathrm{d}y = ($ $)$.

(A) $\displaystyle\int_1^2\mathrm{d}x\int_x^{4-x}(x-y)\mathrm{d}y$ (B) $2\displaystyle\int_1^2\mathrm{d}x\int_x^{4-x}(x-y)\mathrm{d}y$

(C) 0 (D) $2\displaystyle\int_1^2\mathrm{d}x\int_1^3(x-y)\mathrm{d}y$

6. 设 L 是圆周 $x^2+y^2=a^2$ $(a>0)$ 顺向一周,则曲线积分 $\oint_L (x^3-x^2 y)\mathrm{d}x + (xy^2-y^3)\mathrm{d}y = ($ $)$.

(A) $-\dfrac{3\pi a^4}{2}$ (B) $-\dfrac{\pi a^4}{2}$ (C) $\dfrac{3\pi a^4}{2}$ (D) 0

7. 设 L 是 $|y|=1-x^2$ 表示的围线的正向,则 $\oint_L \dfrac{2x\mathrm{d}x+y\mathrm{d}y}{2x^2+y^2} = ($ $)$.

(A) 0 (B) 2π (C) -2π (D) $4\ln 2$

8. 设 L 是 xOy 平面上沿顺时针方向绕行的简单闭曲线,且 $\oint_L (3x-2y)\mathrm{d}x + (4x-3y)\mathrm{d}y = -9$,则 L 所围成的平面闭区域 D 的面积等于_____.

9. 设 $f(x,y)$ 在 $D: \frac{x^2}{4}+y^2 \leqslant 1$ 具有连续的二阶偏导数，L 是椭圆周 $\frac{x^2}{4}+y^2 \leqslant 1$ 的顺时针方向，则 $\oint_L [y+f'_x(x,y)]dx+[4x+f'_y(x,y)]dy$ 的值等于_____.

10. 设 L 由 $y=x^2$ 及 $y=1$ 所围成的区域 D 的正向边界，则 $\oint_L (2xy+x^3y^3)dx+(x^2+x^4y^3)dy=$_____.

二、设 C 是正向椭圆周 $\frac{x^2}{4}+y^2=1$，求 $\oint_C y^2dx+x^2dy$.

三、设 L 为 $|x|+|y|=1$ 逆时针一周，计算 $\oint_L \frac{-ydx+xdy}{|x|+|y|}$.

四、计算曲线积分 $\int_L \frac{y^2}{\sqrt{1+x^2}}dx+[4x+2y\ln(x+\sqrt{1+x^2})]dy$，式中，$L$ 是由点 $A(1,0)$ 沿下半椭圆 $y=-2\sqrt{1-x^2}$ 到点 $B(-1,0)$ 的弧段.

五、设 L_t 是沿圆周 $x^2+y^2=t^2$ 逆时针方向的曲线，计算曲线积分的极限：$\lim_{t \to 0+} \frac{1}{t^2} \oint_{L_t} (ax+by)dx+(mx+ny)dy$，式中，$a,b,m,n$ 皆为常数.

六、计算曲线积分 $\oint_L x^3ydx+x^2y^2dy$，式中，L 由不等式 $x^2+y^2 \geqslant 1$ 及 $x^2+y^2 \leqslant 2y$ 所确定的区域 D 的正向边界.

七、计算曲线积分 $\oint_L (3x+3y-x^2y)dx+(x+xy^2)dy$，式中，$L$ 是圆周 $x^2+y^2=2$ 的顺时针方向.

八、计算曲线积分 $\oint_L y^3dx+(x^4+3xy^2)dy$，其中，$L$ 是由 $x^4+y^4=1$ 与 Ox 轴，Oy 轴在第一象限所围成的区域 D 的正向边界曲线.

九、计算曲线积分 $\int_L (y+2xy)dx+(x^2+2x+y^2)dy$，其中，$L$ 是由点 $A(4,0)$ 沿上半圆周 $y=\sqrt{4x-x^2}$ 到点 $O(0,0)$ 的半圆周.

十、计算曲线积分 $\int_L (x+e^y)dy-ydx$，式中，L 是从点 $A(1,0)$ 沿 $y=3\sqrt{1-x^2}$ 到点 $B(-1,0)$ 的上半椭圆.

十一、计算曲线积分 $\int_L -ydx+xdy$，其中，L 是沿曲线 $y=\sqrt{x-x^2}$ 从点 $A(1,0)$ 到点 $O(0,0)$ 的有向弧段.

十二、计算曲线积分 $\int_L (e^x\sin y-my)dx+(e^x\cos y-m)dy$，式中，$L$ 是由点 $A(2,0)$ 沿 $y=\sqrt{2x-x^2}$ 到点 $O(0,0)$ 的上半圆周.

十三、计算曲线积分 $\oint_L (x+y)\mathrm{d}y - \mathrm{d}x$,其中,$L$ 是极坐标方程 $r = \sin 2\theta$ 所确定曲线上从 $\theta = 0$ 到 $\theta = \dfrac{\pi}{2}$ 的一段.

十四、计算曲线积分 $\oint_C (xy + \mathrm{e}^x)\mathrm{d}x + [x^2 - \sin(1+y)]\mathrm{d}y$,其中,$C$ 由点 $(0,0)$ 到点 $(\pi,0)$ 的线段和曲线 $y = \sin x$,$0 \leqslant x \leqslant \pi$ 的一段组成的正向.

辅导与参考答案

A 级同步训练题

一、客观题

1. (C).　**2.** (D).　**3.** (A).　**4.** (C).　**5.** (C).

6. (B).　**7.** (A).　**8.** $\dfrac{3}{2}$.　**9.** -6π.　**10.** 0.

二、解:$P = y^2$,$Q = x^2$,$\oint_C y^2 \mathrm{d}x + x^2 \mathrm{d}y = \iint\limits_D \left(\dfrac{\partial Q}{\partial x} - \dfrac{\partial P}{\partial y}\right)\mathrm{d}x\mathrm{d}y$

$= 2\iint\limits_D (x-y)\mathrm{d}x\mathrm{d}y$,由于区域 D 关于 x,y 轴对称,

则 $\iint\limits_D x\mathrm{d}x\mathrm{d}y = 0$;$\iint\limits_D y\mathrm{d}x\mathrm{d}y = 0$,故原式 $= 0$.

三、解:原式 $= \oint_L -y\mathrm{d}x + x\mathrm{d}y = \iint\limits_D [1-(-1)]\mathrm{d}x\mathrm{d}y = 4$(先 $|x|+|y|=1$ 代入,而后用格林公式),

其中 D 为 $|x|+|y|=1$ 所围区域(图 11-13).

四、解:记 D:$-2\sqrt{1-x^2} \leqslant y \leqslant 0$ (图 11-14).

原式 $= \int_L + \int_{\overline{BA}} - \int_{\overline{BA}} = -\iint\limits_D \left(\dfrac{\partial Q}{\partial x} - \dfrac{\partial P}{\partial y}\right)\mathrm{d}x\mathrm{d}y - 0 = -\iint\limits_D 4\mathrm{d}x\mathrm{d}y = -4\pi$.

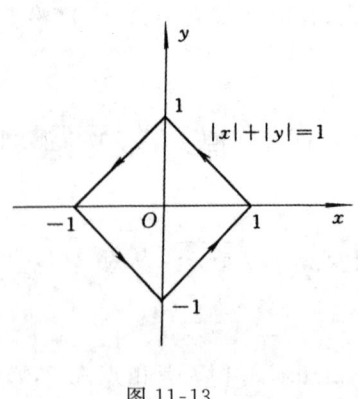

图 11-13

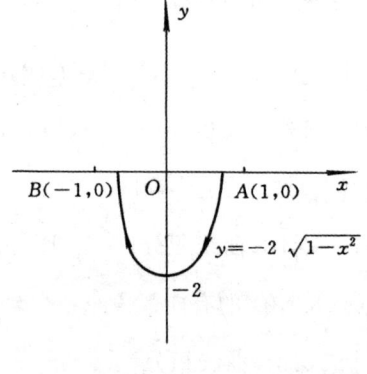

图 11-14

五、解:先用格林公式,原式 $= \lim_{t \to 0^+} \frac{1}{t^2} \iint_D (m-b) dxdy = \lim_{t \to 0^+} \frac{1}{t^2}(m-b)\pi t^2 = (m-b)\pi$.

六、解:原式 $= \iint_D (2xy^2 - x^3) dxdy = 0$ (D 关于 y 轴对称)(图 11-15).

七、解:原式 $= -\iint_D [(1+y^2) - (3-x^2)] dxdy = \int_0^{2\pi} d\theta \int_0^{\sqrt{2}} (2-r^2) rdr = 2\pi$.

八、解:由格林公式,原式 $\iint_D 4x^3 dxdy = \int_0^1 dy \int_0^{(1-y^4)^{\frac{1}{4}}} 4x^3 dx = \int_0^1 (1-y^4) dy = \frac{4}{5}$.

九、解:原式 $= \int_L + \int_{\overline{OA}} - \int_{\overline{OA}} = \oint_{L+\overline{OA}} - 0$ (图 11-16).
$= \iint_D 1 \cdot dxdy = 2\pi$. 这里 $D: 0 \leqslant y \leqslant \sqrt{4x-x^2}$.

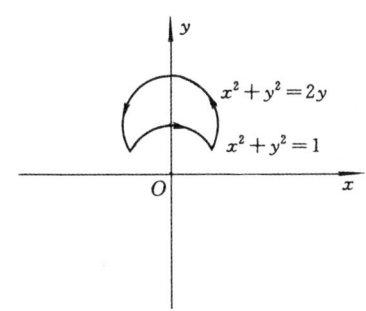

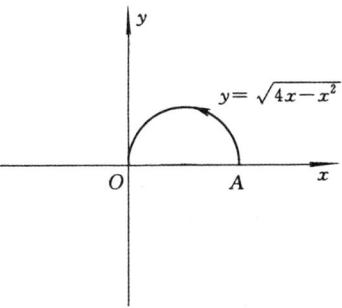

图 11-15

图 11-16

十、解:原式 $= \oint_{L+BA} - \int_{BA} = \iint_D 2dxdy - 0 = 3\pi$.

其中 D 上半椭圆周.

十一、解:原式 $= \oint_{L+OA} - \int_{OA} = \iint_D 2dxdy - 0 = \frac{1}{4}\pi$,其中 $D: 0 \leqslant y \leqslant \sqrt{x-x^2}, 0 \leqslant x \leqslant 1$.

十二、解:原式 $= \oint_{L+OA} - \int_{OA} = \iint_D m dxdy - 0 = \frac{1}{2} m\pi$,其中 $D:(x-1)^2 + y^2 = 1$,上半圆.

十三、解:由格林公式,原式 $= \iint_D dxdy = \int_0^{\frac{\pi}{2}} d\theta \int_0^{\sin 2\theta} rdr$
$= \frac{1}{2} \int_0^{\frac{\pi}{2}} \sin^2 2\theta d\theta = \frac{\pi}{8}$ (图 11-17).

十四、解:原式 $= \iint_D \left(\frac{\partial Q}{\partial x} - \frac{\partial P}{\partial y}\right) dxdy = \iint_D x dxdy$
$= \int_0^\pi dx \int_0^{\sin x} x dy = \int_0^\pi x \sin x dx = \pi$.

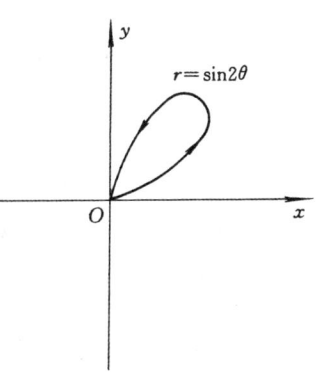

图 11-17

§11-4 格林公式及其应用(2)

A 级同步训练题

一、客观题

1. 设 C_1 和 C_2 是围住原点的两条同向的封闭曲线,若已知 $\int_{C_1} \dfrac{2x\,dx + y\,dy}{x^2 + y^2} = 2$,则 $\int_{C_2} \dfrac{2x\,dx + y\,dy}{x^2 + y^2} = (\quad)$.

  (A) 2   (B) -2

  (C) 不一定等于 2,与 C_2 形状有关 (D) 不一定等于 2,但与 C_2 形状无关

2. 若 $\dfrac{my\,dx + nx\,dy}{(3x + 4y)^2 + (2x + 3y)^2}$, $x^2 + y^2 \neq 0$, $mn \neq 0$ 是某二元函数的全微分,则 m,n 的关系是( ).

  (A) $m - n = 0$ (B) $m + n = 0$

  (C) $m - n = 1$ (D) $m + n = 1$

3. 设 $\dfrac{(2x + 3y)\,dx + (3x + 2y)\,dy}{(x^2 + y^2)^m}$, $x^2 + y^2 \neq 0$, 是某二元函数的全微分, $m = (\quad)$.

  (A) 0   (B) 1   (C) 2   (D) 3

4. 柱面 $\sum$ 以 xOy 平面上的线段 L 为准线,母线平行于 Oz 轴,则 $\sum$ 介于平面 $z = 0$ 及曲面 $z = 1 + x^2 + y^2$ 之间的部分的面积可用曲线积分表示为_____.

5. 设 $f(x)$ 有连续导数, L 是单连通域上任意简单闭曲线,且 $\oint_L e^{2y}[x\,dx + f(x)\,dy] = 0$,则 $f(x) =$ _____.

6. 设 L 是从点 $A(-1,-1)$ 沿曲线 $x^2 + xy + y^2 = 3$ 经过点 $E(1,-2)$ 到点 $B(1,1)$ 曲线段,则曲线积分 $\int_L (2x + y)\,dx + (x + 2y)\,dy = $ _____.

二、设 $P(x,y) = x$, $Q(x,y) = y$. 试求曲线积分 $\int_C P\,dx + Q\,dy$,其中 C 为连接点 $(-1,1)$ 和点 $(3,9)$ 的一曲线弧.

三、计算曲线积分 $\int_L (e^y + x)\,dx + (xe^y - 2y)\,dy$,式中 L 是过三点 $O(0,0)$,$A(0,1)$,$B(1,2)$ 的圆周上的弧段 $\overparen{OAB}$.

四、计算曲线积分 $\int_L 2x\ln(1+y)\,dx + \dfrac{x^2}{1+y}\,dy$,其中 L 是从点 $O(0,0)$ 沿曲线 $y = \sin x$

到点 $B\left(\dfrac{\pi}{2},1\right)$ 的曲线段.

五、 求曲线积分 $\oint_L (x^4+y^4)(x\mathrm{d}y+y\mathrm{d}x)$ 的值. L 为封闭曲线 $x^4+y^4-x^2y^2=1$ 的正向一周.

六、 计算曲线积分 $\int_L (2x^2-y^2+x^2\mathrm{e}^{3y})\mathrm{d}x+(x^3\mathrm{e}^{3y}-2xy-2y^2)\mathrm{d}y$,其中 L 为椭圆 $x^2+\dfrac{y^2}{9}=1$ 上从点 $A(-1,0)$ 经第二象限至点 $B(0,3)$ 的弧段.

七、 计算曲线积分 $\int_L \dfrac{\cos y\mathrm{d}x+x\sin y\mathrm{d}y}{\cos^2 y}$,式中 L 是从点 $A(1,1)$ 沿曲线 $y=x^2$ 到点 $B(0,0)$ 的弧段.

八、 计算曲线积分 $\oint_L \mathrm{e}^{x^2+y^2}\cdot x\mathrm{d}y+\mathrm{e}^{1-xy}\cdot y\mathrm{d}x$,式中 L 是沿曲线 $x^2+y^2+xy=1$ 逆时针方向一周.

九、 试证:若简单闭曲线 L 不通过 y 轴($x\neq 0$),则所围面积为 $A=\dfrac{1}{2}\oint_{L^+} x^2\mathrm{d}\dfrac{y}{x}$.

十、 若对平面上任何简单闭曲线 L,恒有 $\oint_L \{2xyf(x^2)\mathrm{d}x+[f(x^2)-x^4]\mathrm{d}y\}=0$,其中 $f(x)$ 在 $(-\infty,+\infty)$ 内具有连续的一阶导数,且 $f(0)=2$,试求 $f(x)$.

十一、 已知 $f(\pi)=1$,曲线积分 $\int_L [\sin x-f(x)]\dfrac{y}{x}\mathrm{d}x+f(x)\mathrm{d}y$ 与路径无关,求函数 $f(x)$.

十二、 $[xy(x+y)-f(x)y]\mathrm{d}x+[f(x)+x^2y]\mathrm{d}y=0$ 为全微分方程,其中函数 $f(x)$ 连续可微,$f(0)=0$,试求函数 $f(x)$,并求该方程的通解.

十三、 设 $f(x)$ 二阶连续可微,且使曲线积分 $\int_L 2[f'(x)]^2y\mathrm{d}x+f(x)f'(x)\mathrm{d}y$ 与路径无关,求函数 $f(x)$.

十四、 设 $f(x)$ 二阶连续可导,且曲线积分 $\int_L 4f(x)y\mathrm{d}x+[1-f'(x)]\mathrm{d}y$ 与路径无关,求函数 $f(x)$.

十五、 设 $f(x)$ 二阶连续可微,且使曲线积分 $\int_L [f(x)+x]y\mathrm{d}x+[f'(x)+\sin x]\mathrm{d}y$ 与路径无关,求函数 $f(x)$.

十六、 已知积分 $\int_L [xy(x+y)-f(x)y]\mathrm{d}x+[f'(x)+x^2y]\mathrm{d}y$ 与路径无关,其中 $f(x)$ 二阶可导,且 $f(0)=0,f'(0)=1$,试求 $f(x)$.

辅导与参考答案

A 级同步训练题

一、客观题

    1. (C).   **2.** (B).   **3.** (A).   **4.** $\int_L (1+x^2+y^2)\mathrm{d}s$.   **5.** x^2+C.   **6.** 0.

二、解：因 $\dfrac{\partial P}{\partial y}=0$, $\dfrac{\partial Q}{\partial x}=0$，故 $\dfrac{\partial P}{\partial y}=\dfrac{\partial Q}{\partial x}$，曲线积分与路径无关.

$$\text{故 } I=\int_C P\mathrm{d}x+Q\mathrm{d}y=\int_{-1}^{3}x\mathrm{d}x+\int_{1}^{9}y\mathrm{d}y$$

$$=\left[\frac{x^2}{2}\right]_{-1}^{3}+\left[\frac{y^2}{2}\right]_{1}^{9}=\left(\frac{9}{2}-\frac{1}{2}\right)+\left(\frac{81}{2}-\frac{1}{2}\right)=44.$$

三、解：因 $\dfrac{\partial P}{\partial y}=\mathrm{e}^y=\dfrac{\partial Q}{\partial x}$，故积分与路径无关.

$$\text{原式}=\int_{(0,0)}^{(1,2)}(\mathrm{e}^y+x)\mathrm{d}x+(x\mathrm{e}^y-2y)\mathrm{d}y=\mathrm{e}^2-\frac{7}{2}.$$

四、解：因 $\dfrac{\partial P}{\partial y}=\dfrac{2x}{1+y}=\dfrac{\partial Q}{\partial x}$，所以与路径无关.

$$\text{原式}=\int_{(0,0)}^{(\frac{\pi}{2},1)}\mathrm{d}[x^2\ln(1+y)]=\frac{\pi^2}{4}\ln 2.$$

五、解：因为 $x^4+y^4=1+x^2y^2$，所以

$$\text{原式}=\oint_L (1+x^2y^2)(x\mathrm{d}y+y\mathrm{d}x)=\oint_L \mathrm{d}\left(xy+\frac{1}{3}x^3y^3\right)=0.$$

六、解：因 $\dfrac{\partial P}{\partial y}=-2y+3x^2\mathrm{e}^{3y}=\dfrac{\partial Q}{\partial x}$，故积分与路径无关.

$$\text{原式}=\int_{AO}+\int_{OB}=\int_{-1}^{0}3x^2\mathrm{d}x+\int_{0}^{3}-2y^2\mathrm{d}y=-17.$$

七、解：因为与路径无关，所以

$$\text{原式}=\int_L \frac{\cos y\mathrm{d}x-x\mathrm{d}\cos y}{\cos^2 y}=\int_{(1,1)}^{(0,0)}\mathrm{d}\left(\frac{x}{\cos y}\right)=-\frac{1}{\cos 1}.$$

八、解：因为 $x^2+y^2=1-xy$，原式 $=\oint_L \mathrm{e}^{1-xy}x\mathrm{d}y+\mathrm{e}^{1-xy}y\mathrm{d}x$，

$$P=y\mathrm{e}^{1-xy},\ Q=x\mathrm{e}^{1-xy}，因\frac{\partial P}{\partial y}=(1-xy)\mathrm{e}^{1-xy}=\frac{\partial Q}{\partial x}，故原式=0.$$

九、证明：$A=\dfrac{1}{2}\oint_{L^+}-y\mathrm{d}x+x\mathrm{d}y=\dfrac{1}{2}\oint_{L^+}x^2\mathrm{d}\left(\dfrac{y}{x}\right)$.

十、解：$\dfrac{\partial}{\partial y}[2xyf(x^2)]=\dfrac{\partial}{\partial x}[f(x^2)-x^4]，\dfrac{\mathrm{d}f(x)^2}{\mathrm{d}x}-2xy(x^2)=4x^3$，

$$f(x^2)=-2(x^2+1)+C_1\mathrm{e}^{x^2}，$$

由 $f(0)=2$，求得 $C_1=4$，故 $f(x)=-2(x+1)+4\mathrm{e}^x$.

十一、解：$\dfrac{\partial P}{\partial y}=\dfrac{\partial Q}{\partial x}$，故 $\dfrac{\sin x-f(x)}{x}=f'(x)$，即：$f'(x)+\dfrac{1}{x}f(x)=\dfrac{\sin x}{x}$，

通解为 $f(x) = \dfrac{-\cos x + C}{x}$, $f(\pi) = 0$, $C = -1$, 故 $f(x) = -\dfrac{1 + \cos x}{x}$.

十二、解: $\dfrac{\partial P}{\partial y} = \dfrac{\partial Q}{\partial x}$, 故 $f'(x) = x^2 - f(x)$, $f(x) = \left[\int x^2 e^x dx + C\right] e^{-x} = x^2 - 2x + 2 + Ce^{-x}$,

$f(0) = 0$, 故 $C = -2$, $f(x) = x^2 - 2x + 2 - 2e^{-x}$, 将原方程分项组合得

$\dfrac{1}{2}dx^2 y^2 + dx^2 y - 2dxy - 2dye^{-x} + 2dy = 0$, 所以原方程的通解为

$\dfrac{1}{2}x^2 y^2 + x^2 y - 2xy - 2ye^{-x} + 2y = C$.

十三、解: 由曲线积分与路径无关的条件得

$2[f'(x)]^2 = [f'(x)]^2 + f(x)f''(x)$,

即 $f(x)f''(x) = [f'(x)]^2$,

令 $P = f'(x)$, 则 $f''(x) = P\dfrac{dP}{df}$, 上述方程可化为

$fP\dfrac{dP}{df} = P^2$, 分离变量积分得 $P = C_1 f$,

$\dfrac{df}{f} = C_1$, 再积分得 $\ln f = C_1 x + \ln C_2$,

故所求函数为 $f(x) = C_2 e^{C_1 x}$.

十四、解: 由曲线积分与路径无关的条件得

$\dfrac{d[1 - f'(x)]}{dx} = 4f(x)$, 即 $f''(x) + 4f(x) = 0$,

其解为: $f(x) = C_1 \cos 2x + C_2 \sin 2x$.

十五、解: 由曲线积分与路径无关的条件得

$f''(x) + \cos x = f(x) + x$, $f''(x) - f(x) = x - \cos x$,

此方程有特解: $f_p(x) = -x + \dfrac{1}{2}\cos x$, 相应齐次方程的通解为

$f_C(x) = C_1 e^x + C_2 e^{-x}$, 故所求函数为

$f(x) = C_1 e^x + C_2 e^{-x} - x + \dfrac{1}{2}\cos x$.

十六、解: 与路径无关, 故 $\dfrac{\partial Q}{\partial x} = \dfrac{\partial P}{\partial y}$, 得: $x^2 + 2xy - f(x) = f''(x) + 2xy$,

由 $f''(x) + f(x) = x^2$, 解得通解为 $f(x) = C_1 \cos x = C_2 \sin x + x^2 - 2$,

由初始条件: $f(0) = 0$, $f'(0) = 1$, 得 $C_1 = 2$, $C_2 = 1$.

故 $f(x) = 2\cos x + \sin x + x^2 - 2$.

§11-5 对面积的曲面积分

A 级同步训练题

一、客观题

1. 设 $\sum$ 为平面 $\dfrac{x}{2} + \dfrac{y}{3} + \dfrac{z}{4} = 1$ 在第一卦限的部分, 则 $\iint\limits_{\sum}\left(z + 2x + \dfrac{4}{3}y\right)dS$

= (   ).

(A) $\dfrac{\sqrt{61}}{3} \cdot 4 \int_0^2 dx \int_0^{3\left(1-\frac{x}{2}\right)} dy$ (B) $\dfrac{\sqrt{61}}{3} \cdot 4 \int_0^2 dx \int_0^3 dy$

(C) $\dfrac{\sqrt{61}}{3} \cdot 4 \int_0^{2\left(\frac{x}{3}-1\right)} dx \int_0^3 dy$ (D) $4 \int_0^2 dx \int_0^{3\left(1-\frac{x}{2}\right)} dy$

2. 设 $\sum$ 为曲面 $z = 2 - (x^2 + y^2)$ 在 xOy 平面上方的部分，则 $\iint\limits_{\sum} z\mathrm{d}S = (\quad)$.

(A) $\int_0^{2\pi} \mathrm{d}\theta \int_0^{2-r^2} (2-r^2)\sqrt{1+4r^2}\,r\mathrm{d}r$ (B) $\int_0^{2\pi} \mathrm{d}\theta \int_0^2 (2-r^2)\sqrt{1+4r^2}\,r\mathrm{d}r$

(C) $\int_0^{2\pi} \mathrm{d}\theta \int_0^{\sqrt{2}} (2-r^2)\,r\mathrm{d}r$ (D) $\int_0^{2\pi} \mathrm{d}\theta \int_0^{\sqrt{2}} (2-r^2)\sqrt{1+4r^2}\,r\mathrm{d}r$

3. 设 $\sum$ 为曲面 $z = (x^2 + y^2)$ 在 $z = 1$ 平面下方部分，则 $\iint\limits_{\sum} \mathrm{d}S = (\quad)$.

(A) $\int_0^{2\pi} \mathrm{d}\theta \int_0^r \sqrt{1+4r^2}\,r\mathrm{d}r$ (B) $\int_0^{2\pi} \mathrm{d}\theta \int_0^1 \sqrt{1+4r^2}\,r\mathrm{d}r$

(C) $\int_0^{2\pi} \mathrm{d}\theta \int_0^1 \sqrt{1+4r^2}\,\mathrm{d}r$ (D) $\int_0^{2\pi} \mathrm{d}\theta \int_0^r \sqrt{1+4r^2}\,\mathrm{d}r$

4. 设 $\sum$ 为球面 $x^2 + y^2 + z^2 = 1$ 在 $z \geqslant h$ 部分，$0 < h < 1$，则 $\iint\limits_{\sum} z\mathrm{d}S = (\quad)$.

(A) $\int_0^{2\pi} \mathrm{d}\theta \int_0^{1-h^2} \sqrt{1-r^2}\,r\mathrm{d}r$ (B) $\int_0^{2\pi} \mathrm{d}\theta \int_0^{\sqrt{1-h^2}} \sqrt{1-r^2}\,r\mathrm{d}r$

(C) $\int_0^{2\pi} \mathrm{d}\theta \int_{\sqrt{1-h^2}}^{\sqrt{1-h^2}} r\mathrm{d}r$ (D) $\int_0^{2\pi} \mathrm{d}\theta \int_0^{\sqrt{1-h^2}} r\mathrm{d}r$

二、计算 $\oiint\limits_{\sum}(x^2 + y^2 + z^2)\mathrm{d}S$，其中 $\sum$ 为球面 $x^2 + y^2 + z^2 = 4$.

三、计算 $\iint\limits_{\sum}\sqrt{2+z^2-x^2-y^2}\,\mathrm{d}S$，其中 $\sum$ 是半锥面 $z = \sqrt{x^2+y^2}$ 中介于 $z=0$ 及 $z=1$ 之间的那部分锥面块.

四、计算 $\oiint\limits_{\sum}(x^2 + 2y^2 + 3z^2)\mathrm{d}S$，其中 $\sum$ 是球面 $x^2 + y^2 + z^2 = a^2$，$a > 0$.

五、已知 $\sum$ 是 $z = x^2 + y^2$ 上 $z \leqslant 1$ 的部分曲面，试计算 $\iint\limits_{\sum}\sqrt{1+4z}\,\mathrm{d}S$.

六、计算 $\iint\limits_{\sum}\dfrac{z\mathrm{d}S}{\sqrt{9+4x^2+4y^2}}$，其中 $\sum$ 是曲面 $z = \dfrac{1}{3}(x^2+y^2)$ 中介于 $z=0$ 及 $z=2$ 之间的部分曲面.

七、计算 $\iint\limits_{\sum}(\sin x + y + z)\mathrm{d}S$，其中 $\sum$ 是平面 $y + z = 5$ 被柱面 $x^2 + y^2 = 25$ 所截有限

八、计算 $\iint\limits_{\Sigma}(x+y+z)\mathrm{d}S$,其中 Σ 是平面 $2x+2y+z=2$ 被三个坐标平面所截下的在第一卦限的平面块.

九、计算 $\iint\limits_{\Sigma}\left(x+\dfrac{1}{2}y+\dfrac{1}{3}z\right)\mathrm{d}S$,其中 Σ 是平面 $z=\dfrac{3}{2}(2-2x-y)$ 上满足条件 $x\geqslant 0,y\geqslant 0$ 及 $z\geqslant 0$ 的部分平面块.

十、计算 $\iint\limits_{\Sigma}(4x+2y+z)\mathrm{d}S$,其中 Σ 是平面 $4x+2y+z=4$ 在第一卦限内的部分.

十一、计算 $\iint\limits_{\Sigma}\sin x\sin y\mathrm{d}S$,其中 Σ 是平面 $x+y+z=\dfrac{\pi}{2}$ 在第一卦限的部分曲面.

十二、计算 $\iint\limits_{\Sigma}yz\mathrm{d}S$,其中 Σ 是锥面 $z=\sqrt{x^2+y^2}$ 被 $z=H$ 割下的部分曲面,H 为正数.

十三、计算 $\oiint\limits_{\Sigma}(x^2+z^2)\mathrm{d}S$,其中 Σ 是锥面 $y=\sqrt{x^2+z^2}$ 与平面 $y=1$ 所围成的区域的边界曲面.

十四、设 Σ 是锥面 $z=\sqrt{3(x^2+y^2)}$ 上被平面 $z=3$ 所截下的有限部分曲面.试计算 $\iint\limits_{\Sigma}(x^2+y^2)\mathrm{d}S$.

十五、计算 $\oiint\limits_{\Sigma}(y^2+2z^2)\mathrm{d}S$,其中 Σ 是球面 $x^2+y^2+z^2=16$.

十六、计算 $\iint\limits_{\Sigma}(\sin x^3+y^2+z)\mathrm{d}S$,其中 $\Sigma:2z=x^2+y^2$ 被平面 $z=2$ 所截下的有限部分曲面.

辅导与参考答案

A 级同步训练题

一、客观题

1. (A).   2. (D).   3. (B).   4. (D).

二、解:原式 $=\oiint\limits_{\Sigma}4\mathrm{d}S=4\cdot 4\pi\cdot 2^2=64\pi$.

三、解:Σ 的方程为:$z=\sqrt{x^2+y^2}$.

$\sum$ 在 xOy 面上的投影域为 $D: x^2 + y^2 \leqslant 1$(图 11-18).

$dS = \sqrt{2}dxdy$.

所以 $\iint\limits_{\sum} \sqrt{2 + z^2 - x^2 - y^2} dS = 2\iint\limits_{\sum} dxdy = 2\pi$.

四、解:由对称性,
$$\oiint\limits_{\sum} x^2 dS = \oiint\limits_{\sum} y^2 dS = \oiint\limits_{\sum} z^2 dS = \frac{1}{3}\oiint\limits_{\sum}(x^2 + y^2 + z^2)dS$$
$$= \frac{a^2}{3}\oiint\limits_{\sum} dS = \frac{4\pi}{3}a^4;$$

所以原式 $= (1 + 2 + 3) \cdot \frac{4\pi}{3}a^4 = 8\pi a^4$.

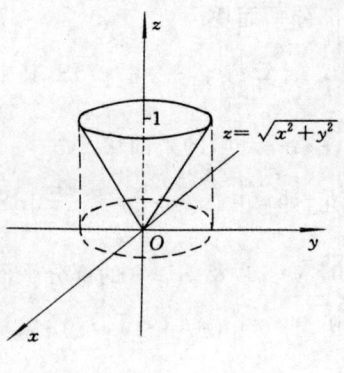

图 11-18

五、解: $\sum$ 在 xOy 面上的投影域为 $D: x^2 + y^2 \leqslant 1$, $dS = \sqrt{1 + 4x^2 + 4y^2}dxdy$.

$\oiint\limits_{\sum}\sqrt{1+4z}dS = \iint\limits_{D}[1 + 4(x^2 + y)]dxdy = \int_0^{2\pi}d\theta\int_0^1(1+4r^2)rdr = 3\pi$ (图 11-19).

六、解: $\sum$ 在 xOy 面上的投影域为 $D: x^2 + y^2 \leqslant 6$,

原式 $= \frac{1}{9}\iint\limits_{D}(x^2 + y^2)dxdy = \frac{1}{9}\int_0^{2\pi}d\theta\int_0^{\sqrt{6}}r^3 dr = 2\pi$.

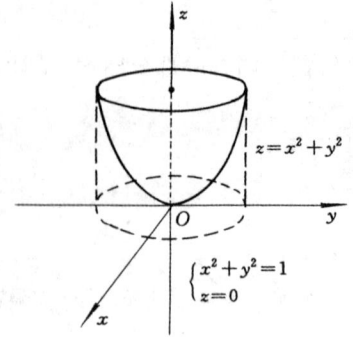

图 11-19

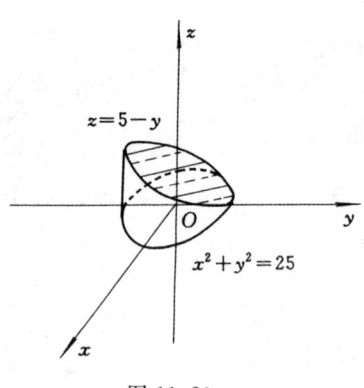

图 11-20

七、解: $\sum$ 的方程为 $z = 5 - y$ (图 11-20).

$\sum$ 在 xOy 面上的投影域为 $D: x^2 + y^2 \leqslant 25$,面积元素为 $dS = \sqrt{2}dxdy$.

$\iint\limits_{\sum}(\sin x + y + z)dS = \sqrt{2}\iint\limits_{D}(\sin x + 5)dxdy$.

由对称性,$\iint\limits_{D}\sin xdxdy = 0$,故原式 $= 5\sqrt{2}\iint\limits_{D}dxdy = 125\sqrt{2}\pi$.

八、解: $\sum$ 在 xOy 面上的投影域为 $D: x + y \leqslant 1, x \geqslant 0, y \geqslant 0$ (图 11-21).

$\sum$ 的方程为 $z = 2 - 2x - 2y$,面积元素

$dS = 3dxdy$,

所以原式 $= \iint\limits_{D}(6-3x-3y)dxdy = 2$.

九、解：$\sum$ 在 xOy 面上的投影域为 $D:2x+y \leqslant 2, x \geqslant 0$, $y \geqslant 0$, $dS = \dfrac{7}{2}dxdy$.

原式 $= \dfrac{7}{2}\iint\limits_{D}dxdy = \dfrac{7}{2}$.

十、解：$\sum$ 在 xOy 面上的投影域为 $D:x+\dfrac{y}{2} \leqslant 1, x \geqslant 0$, $y \geqslant 0$.

$\sum$ 的方程为 $z = 4-4x-2y$，面积元素 $dS = \sqrt{21}dxdy$.

原式 $= \iint\limits_{D}4\sqrt{21}dxdy = 4\sqrt{21}$.

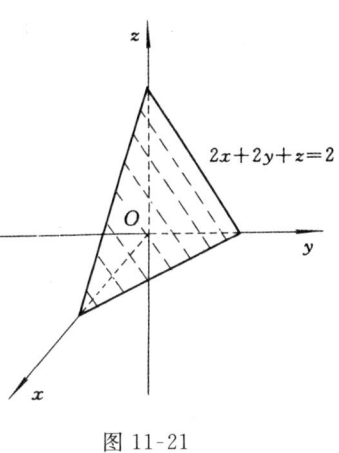

图 11-21

十一、解：$\sum$ 的方程为 $z = \dfrac{\pi}{2}-x-y$,

$\sum$ 在 xOy 面上的投影域为 $D:x+y \leqslant \dfrac{\pi}{2}, x \geqslant 0, y \geqslant 0$，面积元素 $dS = \sqrt{3}dxdy$,

原式 $= \sqrt{3}\iint\limits_{D}\sin x \sin y dxdy = \sqrt{3}\int_{0}^{\frac{\pi}{2}}\sin x dx \int_{0}^{\frac{\pi}{2}-x}\sin y dy$

$= \sqrt{3}\int_{0}^{\frac{\pi}{2}}\sin x(1-\sin x)dx = \left(1-\dfrac{\pi}{4}\right)\sqrt{3}$.

十二、解：$\sum$ 在 xOy 面上的投影域为 $D:x^2+y^2 \leqslant H^2$，面积元素 $dS = \sqrt{2}dxdy$.

原式 $= \sqrt{2}\iint\limits_{D}y\sqrt{x^2+y^2}dxdy = \sqrt{2}\int_{0}^{2\pi}\sin\theta d\theta\int_{0}^{H}r^3 dr = 0$.

十三、解：$\sum$ 的锥面部分为 $\sum_{1}$，平面部分为 $\sum_{2}$，它们在 xOz 面上的投影域都为 $D:x^2+z^2 \leqslant 1$. 对 $\sum_{1}$, $dS = \sqrt{2}dxdz$; 对 $\sum_{2}$, $dS = dxdz$（图 11-22）.

$\oiint\limits_{\Sigma} = \iint\limits_{\Sigma_{1}} + \iint\limits_{\Sigma_{2}} = \iint\limits_{D}(1+\sqrt{2})(x^2+z^2)dxdz$

$= (1+\sqrt{2})\int_{0}^{2\pi}d\theta\int_{0}^{1}r^3 dr = \dfrac{1+\sqrt{2}}{2}\pi$.

十四、解：$\sum$ 在 xOy 面上的投影域为 $D:x^2+y^2 \leqslant (\sqrt{3})^2$.

原式 $= 2\iint\limits_{D}(x^2+y^2)dxdy = 2\int_{0}^{2\pi}d\theta\int_{0}^{\sqrt{3}}r^3 dr = 9\pi$.

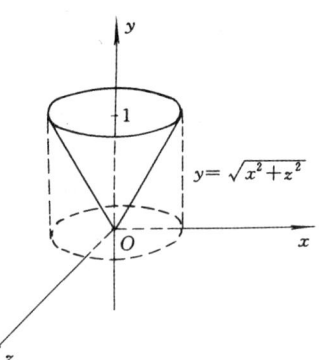

图 11-22

十五、解：由对称性，

$$\oiint_{\Sigma} x^2 \mathrm{d}S = \oiint_{\Sigma} y^2 \mathrm{d}S = \oiint_{\Sigma} z^2 \mathrm{d}S = \frac{1}{3}\oiint_{\Sigma}(x^2+y^2+z^2)\mathrm{d}S$$
$$= \frac{16}{3}\oiint_{\Sigma}\mathrm{d}S = \frac{1024}{3}\pi, 所以原式 = 1024\pi.$$

十六、解：Σ 在 xOy 面上的投影域 $D: x^2+y^2 \leqslant 2^2$，面积元素 $\mathrm{d}S = \sqrt{1+x^2+y^2}\mathrm{d}x\mathrm{d}y$.

由对称性：$\iint\limits_{\Sigma}\sin x^3 \mathrm{d}S = 0, \iint\limits_{\Sigma} y^2 \mathrm{d}S = \iint\limits_{\Sigma} x^2 \mathrm{d}S = \frac{1}{2}\iint\limits_{\Sigma}(x^2+y^2)\mathrm{d}S,$

所以原式 $= \iint\limits_{\Sigma}(x^2+y^2)\sqrt{1+x^2+y^2}\mathrm{d}x\mathrm{d}y = \int_0^{2\pi}\mathrm{d}\theta\int_0^2 r^3\sqrt{1+r^2}\mathrm{d}r$

$= \frac{4}{15}(25\sqrt{5}+1)\pi.$

§11-6 对坐标的曲面积分

A 级同步训练题

一、客观题

1. 设 $\sum$ 为球面 $x^2+y^2+z^2=R^2$ 的下半球面下侧，则 $I = \iint\limits_{\Sigma} z\mathrm{d}x\mathrm{d}y = ($).

  (A) $\int_0^{2\pi}\mathrm{d}\theta\int_0^R \sqrt{R^2-r^2}\mathrm{d}r$ (B) $\int_0^{2\pi}\mathrm{d}\theta\int_0^R \sqrt{R^2-r^2}\,r\mathrm{d}r$

  (C) $-\int_0^{2\pi}\mathrm{d}\theta\int_0^R \sqrt{R^2-r^2}\mathrm{d}r$ (D) $-\int_0^{2\pi}\mathrm{d}\theta\int_0^R \sqrt{R^2-r^2}\,r\mathrm{d}r$

2. 设 $\sum$ 为柱面 $x^2+y^2=1$，被平面 $z=0$ 及 $z=3$ 所截得的第一卦限部分的外侧，则 $\iint\limits_{\Sigma} z\mathrm{d}x\mathrm{d}y + x\mathrm{d}y\mathrm{d}z + y\mathrm{d}x\mathrm{d}z = ($).

  (A) $3\int_0^3\mathrm{d}y\int_0^1\sqrt{1-x^2}\mathrm{d}x$ (B) $2\int_0^3\mathrm{d}z\int_0^1\sqrt{1-y^2}\mathrm{d}y$

  (C) $3\int_0^{2\pi}\mathrm{d}\theta\int_0^1\sqrt{1-r^2}\,r\mathrm{d}r$ (D) $3\int_0^{2\pi}\mathrm{d}\theta\int_0^1 r\cos\theta\mathrm{d}r$

3. 设 $\sum$ 是 xOy 面上的闭区域 $\begin{cases} 0\leqslant x\leqslant 1, \\ 0\leqslant y\leqslant 1 \end{cases}$ 的上侧，则 $\iint\limits_{\Sigma}(x+2y+3z)\mathrm{d}y\mathrm{d}z$ = _____.

4. 设 $\sum$ 是柱面 $x^2+y^2=a^2$ 的介于平面 $z=0$ 及 $z=h$ 间的部分曲面的外侧，则 $\iint\limits_{\Sigma} x^2 y^4 z\mathrm{d}x\mathrm{d}y = $ _____.

5. 设 $\sum$ 是柱面 $x^2+y^2=a^2$ 介于 $1 \leqslant z \leqslant 3$ 之间部分曲面，它的法向指向含 Oz 轴的一侧，则 $\iint\limits_{\sum} \sqrt{x^2+y^2+z^2}\,dxdy =$ _____.

二、解答下列各题

1. 计算 $\iint\limits_{\sum}(1+x^2)dydz+(1-y^2)dzdx$，其中 $\sum$ 是平面 $z=1$ 上的圆域 $\begin{cases} x^2+y^2 \leqslant 1, \\ z=1 \end{cases}$ 的上侧.

2. 计算 $\iint\limits_{\sum} xdydz+zdxdy$，其中 $\sum$ 为圆柱面 $x^2+y^2=a^2$ 在第一卦限中，被平面 $z=0$ 及 $z=h$ $(h>0)$ 所截出部分曲面块的前侧，a 和 h 均为正数.

3. 计算 $\iint\limits_{\sum} xzdydz$，其中 $\sum$ 是柱面 $x^2+y^2=1$ 上由 $x \geqslant 0, y \geqslant 0$ 及 $0 \leqslant z \leqslant 2$ 所限定的那部分曲面的前侧.

4. 计算 $\iint\limits_{\sum} y^2dzdx$，其中 $\sum$ 是圆柱面 $x^2+y^2=1$ 上由 $y \geqslant 0, 0 \leqslant z \leqslant 3$ 所限定的部分曲面的右侧.

5. 计算 $\iint\limits_{\sum} xydxdz+(e^z+y)dxdy$，其中 $\sum$ 为圆柱面 $x^2+y^2=R^2$ 上 $x \geqslant 0$ 且 $0 \leqslant z \leqslant 1$ 的一部分曲面块，它的法线与 x 轴的正向交成锐角，R 为正数.

6. 计算 $\iint\limits_{\sum} x^2dydz$，其中 $\sum$ 是球面 $x^2+y^2+z^2=R^2$ 在第一卦限部分的上侧，R 为正数.

7. 计算 $\iint\limits_{\sum} x^3dydz$，其中 $\sum$ 是球面 $x^2+y^2+z^2=a^2$ 的下半部分曲面的下侧，a 为正数.

8. 计算 $\iint\limits_{\sum}(x^2+y^2+z^2)\sqrt{x^2+y^2}\,dxdy$，其中 $\sum$ 是下半球面 $z=-\sqrt{1-x^2-y^2}$ 的下侧.

9. 计算 $\iint\limits_{\sum} xy^2zdxdy$，其中 $\sum$ 为柱面 $x^2+z^2=R^2$ 在 $x \geqslant 0, y \geqslant 0$ 两卦限内被平面 $y=0$ 及 $y=H$ 所截下部分曲面的外侧，R 及 H 均为正数.

10. 计算 $\iint\limits_{\sum} xyzdxdy$，其中 $\sum$ 是柱面 $x^2+y^2=a^2$ 与 $z=0, z=1$ 所围曲面的外

侧，a 为正数.

三、计算 $\iint\limits_{\Sigma} z^2 \sqrt{x^2+y^2+z^2} \, dxdy$，其中 Σ 是曲面 $z = \sqrt{x^2+y^2}$ 被 $z \leqslant 1$ 所限定的部分曲面的下侧.

四、计算 $\iint\limits_{\Sigma} (z-3) \, dxdy$，式中 Σ 是曲面 $2z = x^2+y^2$ 中介于平面 $z=2$ 及 $z=3$ 之间的部分曲面的下侧.

五、计算 $\iint\limits_{\Sigma} \left(z + 2x + \dfrac{4}{3}y\right) \cos\gamma \, dS$，其中 Σ 是平面 $\dfrac{x}{2}+\dfrac{y}{3}+\dfrac{z}{4}=1$ 在第一卦限部分的曲面块，r 为 Σ 的法线向量 $\left\{\dfrac{1}{2}, \dfrac{1}{3}, \dfrac{1}{4}\right\}$ 与 z 轴正向所夹的角.

六、计算 $\iint\limits_{\Sigma} [f(x,y,z)+x] \, dydz + [2f(x,y,z)+y] \, dzdx + [f(x,y,z)+z] \, dxdy$，其中 $f(x,y,z)$ 为连续函数，Σ 为平面 $x-y+z=1$ 在第四卦限中的那部分平面块的上侧.

七、计算曲面积分 $\iint\limits_{\Sigma} x^2 y^2 z \, dxdy$，$\Sigma$ 为沿球面 $x^2+y^2+z^2=R^2$ 的下半球面的上侧.

辅导与参考答案

A 级同步训练题

一、客观题

    1. (B).   **2.** (B).   **3.** 0.   **4.** 0.   **5.** 0.

二、解答下列各题

  1. 解：Σ 在 yOz 面上无投影域，故 $\iint\limits_{\Sigma}(1+x) \, dydz = 0$（图 11-23）；

$\qquad\quad \Sigma$ 在 zOx 面上无投影域，故 $\iint\limits_{\Sigma}(y-1) \, dzdx = 0$.

$\qquad\quad$ 所以 $\iint\limits_{\Sigma} = \iint\limits_{\Sigma}(1+x) \, dydz + \iint\limits_{\Sigma}(y-1) \, dzdx = 0$.

  2. 解：Σ 在 xOy 中无投影，故 $\iint\limits_{\Sigma} z \, dxdy = 0$（图 11-24）.

$\qquad\quad \Sigma$ 在 yOz 面中投影域为 $D: 0 \leqslant y \leqslant a, \, 0 \leqslant z \leqslant h$.

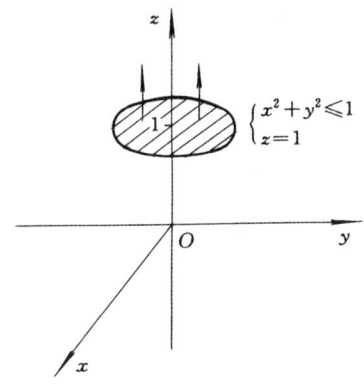

图 11-23

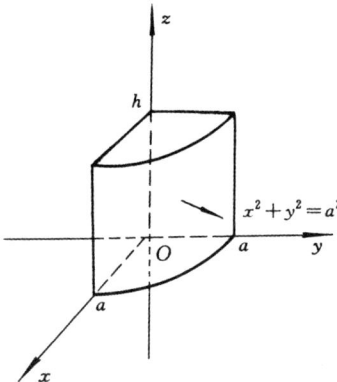

图 11-24

$$\text{原式} = \iint_D \sqrt{a^2 - y^2}\,dydz = \int_0^h dz \int_0^a \sqrt{a^2 - y^2}\,dy = \frac{\pi}{4}a^2 h.$$

3. 解：$\sum$ 在 yOz 面上的投影域为 $D: 0 \leqslant y \leqslant 1, 0 \leqslant z \leqslant 2$.

$$\text{原式} = \iint_D z\sqrt{1-y^2}\,dydz = \int_0^2 z\,dz \int_0^1 \sqrt{1-y^2}\,dy = \frac{1}{2}\pi.$$

4. 解：$\sum$ 的方程为 $y = \sqrt{1-x^2}$.

$\sum$ 在 zOx 面上的投影域为 $D: -1 \leqslant x \leqslant 1, 0 \leqslant z \leqslant 3$.

$$\text{原式} = \iint_D (1-x^2)\,dzdx = \int_0^3 dz \int_{-1}^1 (1-x^2)\,dx = 4.$$

5. 解：$\sum$ 的方程为 $y = \pm\sqrt{R^2-x^2}$，它在 xOy 面上无投影域，而在 zOx 面上的投影域为 D：$0 \leqslant x \leqslant R, 0 \leqslant z \leqslant 1$.

$$\text{原式} = 0 + 2\iint_D x\sqrt{R^2-x^2}\,dxdz = 2\int_0^1 dz \int_0^R x\sqrt{R^2-x^2}\,dx = \frac{2}{3}R^3.$$

6. 解：$\sum$ 在 yOz 面上的投影域为 $D: y^2+z^2 \leqslant R^2$，$y \geqslant 0$，$z \geqslant 0$（图 11-25）.

$$\text{原式} = \iint_D (R^2-y^2-z^2)\,dydz = \int_0^{\frac{\pi}{2}} d\theta \int_0^R (R^2-r^2)r\,dr = \frac{\pi}{8}R^4.$$

7. 解：$\sum$ 在 yOz 面上的投影域为 $D: -\sqrt{a^2-y^2} \leqslant z \leqslant 0$.

$$\text{原式} = 2\iint_D (a^2-y^2-z^2)^{\frac{3}{2}}\,dydz = 2\int_\pi^{2\pi} d\theta \int (a^2-r^2)^{\frac{3}{2}} r\,dr = \frac{2}{5}\pi a^5.$$

8. 解：$\sum$ 在 xOy 面上的投影域为 $D: x^2+y^2 \leqslant R^2$（图 11-26）.

$$\text{原式} = -\iint_D \sqrt{x^2+y^2}\,dxdy = -\int_0^{2\pi} d\theta \int_0^1 r^2\,dr = -\frac{2\pi}{3}.$$

9. 解：$\sum$ 在 xOy 面上的投影域为 $D: 0 \leqslant x \leqslant R, 0 \leqslant y \leqslant H$. 由对称性，

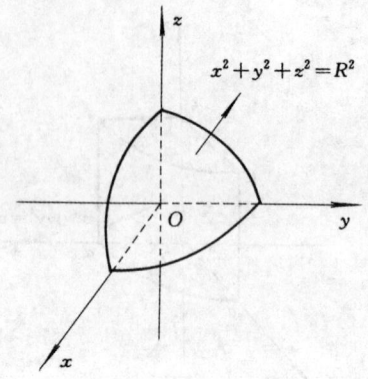

图 11-25   图 11-26

原式 $= 2\iint\limits_{D} xy^2 \sqrt{R^2-x^2}\,dxdy = 2\int_0^R x\sqrt{R^2-x^2}\,dx \int_0^H y^2\,dy = \dfrac{2}{9}R^3 H^3$.

10. 解：$\sum$ 在 xOy 面上的投影为：$0 \leqslant x^2+y^2 \leqslant a^2$，在 yOz 面上投影为：$0 \leqslant y \leqslant a$，$0 \leqslant z \leqslant 1$，在 xOz 面上投影为：$0 \leqslant x \leqslant a$，$0 \leqslant z \leqslant 1$.

原式 $= \iint\limits_{D} xy\,dxdy = \int_0^{2\pi} d\theta \int_0^a r^3 \cos\theta\sin\theta\,dr = 0$.

三、解：$\sum$ 在 xOy 面上的投影域为 $D: x^2+y^2 \leqslant 1$（图 11-27）.

$$\text{原式} = -\iint\limits_{D} (\sqrt{x^2+y^2})^2 \sqrt{x^2+y^2+(\sqrt{x^2+y^2})^2}\,dxdy$$

$$= -\sqrt{2}\int_0^{2\pi} d\theta \int_0^1 r^4\,dr = -\dfrac{2\sqrt{2}}{5}\pi.$$

四、解：$\sum$ 在 xOy 面上的投影域为 $D: 4 \leqslant x^2+y^2 \leqslant 6$（图 11-28）.

$$\text{原式} = -\iint\limits_{D} \left(\dfrac{x^2+y^2}{2}-3\right) dxdy = -\int_0^{2\pi} d\theta \int_2^{\sqrt{6}} \left(\dfrac{r^2}{2}-3\right) r\,dr = \pi.$$

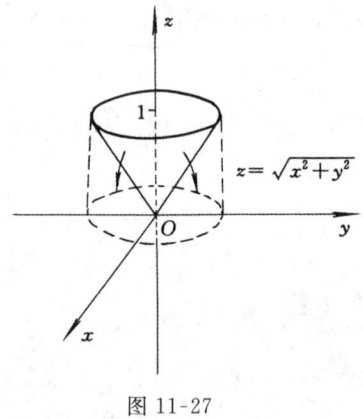

图 11-27

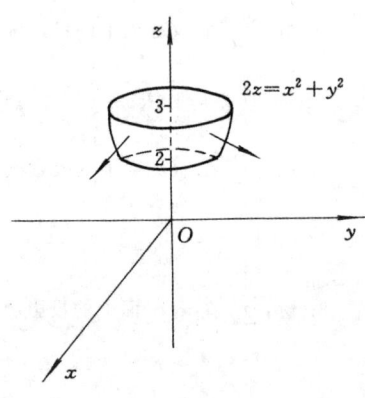

图 11-28

五、解：$\iint\limits_{\Sigma}\left(z+2x+\dfrac{4}{3}y\right)\cos\gamma \mathrm{d}S=\iint\limits_{\Sigma}\left(z+2x+\dfrac{4}{3}y\right)\mathrm{d}x\mathrm{d}y.$

$\sum$ 在 xOy 面上的投影域为 $D: x\geqslant 0, y\geqslant 0, \dfrac{x}{2}+\dfrac{y}{3}\leqslant 1.$

原式 $=\iint\limits_{D}\left[4\left(1-\dfrac{x}{2}-\dfrac{y}{3}\right)+2x+\dfrac{4}{3}y\right]\mathrm{d}x\mathrm{d}y=4\iint\limits_{D}\mathrm{d}x\mathrm{d}y=12.$

六、解：$\sum$ 的法向量为 $\{1,-1,1\}.$

$\cos\alpha=\dfrac{1}{\sqrt{3}}, \cos\beta=-\dfrac{1}{\sqrt{3}}, \cos\gamma=\dfrac{1}{\sqrt{3}}.$

原式 $=\iint\limits_{\Sigma}\left\{[f(x,y,z)+x]\cdot\dfrac{1}{\sqrt{3}}+(2f+y)\cdot\dfrac{-1}{\sqrt{3}}+(f+z)\cdot\dfrac{1}{\sqrt{3}}\right\}\mathrm{d}S$

$=\dfrac{1}{\sqrt{3}}\iint\limits_{\Sigma}(x-y+z)\mathrm{d}S=\dfrac{1}{\sqrt{3}}\iint\limits_{\Sigma}\mathrm{d}S.$

设 $\sum$ 在 xOy 面上的投影为 D，且 $\sum$ 的方程为 $z=1-x+y$，面积元素 $\mathrm{d}S=\sqrt{3}\mathrm{d}x\mathrm{d}y$，又 $\iint\limits_{\Sigma}\mathrm{d}S$

$=\sqrt{3}\iint\limits_{D}\mathrm{d}x\mathrm{d}y=\dfrac{\sqrt{3}}{2}$，所以原式 $=\dfrac{1}{2}.$

七、解：下半球面 $z=-\sqrt{R^2-x^2-y^2}$ 在 xOy 面上投影为 $D: x^2+y^2\leqslant R^2.$

$I=\iint\limits_{\Sigma}x^2y^2\mathrm{d}x\mathrm{d}y=\iint\limits_{D}x^2y^2(-\sqrt{R^2-x^2-y^2})\mathrm{d}x\mathrm{d}y$

$=-\int_0^{2\pi}\cos^2\theta\sin^2\theta\mathrm{d}\theta\int_0^R r^5\sqrt{R^2-r^2}\,\mathrm{d}r=-\dfrac{2\pi}{105}R^7.$

§11-7 高斯公式

A 级同步训练题

一、解答下列各题

1. 计算 $\oiint\limits_{\Sigma}(3x+2y+z)\mathrm{d}x\mathrm{d}y+(2x+y-3z)\mathrm{d}x\mathrm{d}z+(3y+2z-x)\mathrm{d}y\mathrm{d}z$，其中 $\sum$ 是由 $|x|\leqslant 1, |y|\leqslant 1, |z|\leqslant 1$ 所确定的立体 Ω 的表面的外侧.

2. 计算 $\oiint\limits_{\Sigma}(x-\sin y)\mathrm{d}y\mathrm{d}z+(3y-\mathrm{e}^z)\mathrm{d}z\mathrm{d}x+(3x-2z)\mathrm{d}x\mathrm{d}y$，其中 $\sum$ 是由 $x=0, y=0, z=0$ 及 $x+\dfrac{y}{3}+\dfrac{z}{2}=1$ 在第一卦限中所围成的立体 Ω 的表面的外侧.

3. 计算 $\oiint\limits_{\Sigma} x\mathrm{d}y\mathrm{d}z + y\mathrm{d}x\mathrm{d}z + z\mathrm{d}x\mathrm{d}y$，其中 Σ 是球面 $x^2 + y^2 + z^2 = a^2$ 的外侧，a 是正数.

4. 计算 $\oiint\limits_{\Sigma} z\mathrm{d}x\mathrm{d}y$，其中 Σ 是柱面 $x^2 + y^2 = a^2$ 和 $z = 0$，$z = 1$ 所围的外侧，a 是正数.

5. 计算 $\oiint\limits_{\Sigma} x^3\mathrm{d}y\mathrm{d}z + y^3\mathrm{d}z\mathrm{d}x + z^3\mathrm{d}x\mathrm{d}y$，其中 Σ 为球面 $z = \sqrt{1 - x^2 - y^2}$ 与 $z = 0$ 所围的外侧.

6. 计算 $\oiint\limits_{\Sigma} xz^2\mathrm{d}y\mathrm{d}z + yx^2\mathrm{d}z\mathrm{d}x + zy^2\mathrm{d}x\mathrm{d}y$，其中 Σ 是球面 $x^2 + y^2 + z^2 = 1$ 的外侧.

二、设有空间流速场 $\boldsymbol{v} = x^2 y \boldsymbol{i}$，求 $\boldsymbol{v}$ 通过曲面 $z = x^2 + y^2$ 位于平面 $z = 1$ 以下部分的 Σ 下侧的通量(流量).

三、计算 $\oiint\limits_{\Sigma} x^2\mathrm{d}y\mathrm{d}z + y^4\mathrm{d}z\mathrm{d}x + 3z\mathrm{d}x\mathrm{d}y$，其中 Σ 是由锥面 $z^2 = x^2 + y^2$ 和平面 $z = 1$，$z = 2$ 所围成的圆台 Ω 的表面外侧.

四、计算 $\oiint\limits_{\Sigma} z^2\mathrm{d}y\mathrm{d}z + \mathrm{e}^x\mathrm{d}z\mathrm{d}x + z^2\mathrm{d}x\mathrm{d}y$，其中 Σ 为 $z = \sqrt{x^2 + y^2}$ 与 $z = \sqrt{2 - x^2 - y^2}$ 所围立体 Ω 的表面外侧.

五、计算 $\iint\limits_{\Sigma} [x^3 \cos\alpha + y^3 \cos\beta + z^3 \cos\gamma]\mathrm{d}S$，$\cos\alpha, \cos\beta, \cos\gamma$ 是球面 $\Sigma : x^2 + y^2 + z^2 = a^2$ 的内法线向量的方向余弦，a 为正数.

六、计算 $\oiint\limits_{\Sigma} (x^3 z - xz^3)\mathrm{d}y\mathrm{d}z + (y^3 z + x^3)\mathrm{d}z\mathrm{d}x + z^4\mathrm{d}x\mathrm{d}y$，其中 Σ 是球体 $\Omega : x^2 + y^2 + z^2 \leqslant 2z$ 的表面的外侧.

七、计算 $\oiint\limits_{\Sigma} (x^3 z - z^3)\mathrm{d}y\mathrm{d}z - (x^2 yz + x^3)\mathrm{d}z\mathrm{d}x + y^2 z^2 \mathrm{d}x\mathrm{d}y$，其中 Σ 是由半球面 $z = \sqrt{2 - x^2 - y^2}$ 及半锥面 $z = \sqrt{x^2 + y^2}$ 所围成的立体 Ω 的表面的外侧.

八、计算 $\iint\limits_{\Sigma} \mathrm{d}y\mathrm{d}z + y\mathrm{d}z\mathrm{d}x + 2z\mathrm{d}x\mathrm{d}y$，其中 Σ 是圆锥面 $z = -\sqrt{x^2 + y^2}$ 被平面 $z = -1$ 所截下的有限部分曲面的上侧.

九、求曲面 $z = x^2 + y^2$ 被曲面 $z = 2 - \sqrt{x^2 + y^2}$ 所截下的那部分曲面 $\sum$ 的面积 S.

十、求曲面 $z^2 = x^2 + y^2$ 包含在圆柱面 $x^2 + y^2 = 2x$ 内部的那部分曲面 $\sum$ 的面积 S.

辅导与参考答案

A 级同步训练题

一、解答下列各题

1. 由高斯公式得

$$原式 = \iiint\limits_{\Omega}(-1+1+1)\mathrm{d}V = 8.$$

2. 由高斯公式得（图 11-29），

$$原式 = \iiint\limits_{\Omega}(1+3-2)\mathrm{d}V = 2.$$

3. 由高斯公式得

$$原式 = \iiint\limits_{\Omega}(1+1+1)\mathrm{d}V = 4\pi a^3.$$

4. 由高斯公式得

$$原式 = \iiint\limits_{\Omega} 1\mathrm{d}V = \pi a^2.$$

5. 由高斯公式得

$$原式 = \iiint\limits_{\Omega} 3(x^2+y^2+z^2)\mathrm{d}V = 3\int_0^{2\pi}\mathrm{d}\theta\int_0^{\frac{\pi}{2}}\sin\varphi\mathrm{d}\varphi\int_0^1 \rho^4\mathrm{d}\rho = \frac{6}{5}\pi.$$

6. 用高斯公式得

$$原式 = \iiint\limits_{\Omega}(z^2+x^2+y^2)\mathrm{d}V = \int_0^{2\pi}\mathrm{d}\theta\int_0^{\pi}\sin\varphi\mathrm{d}\varphi\int_0^1 \rho^4\mathrm{d}\rho$$
$$= \frac{4}{5}\pi.$$

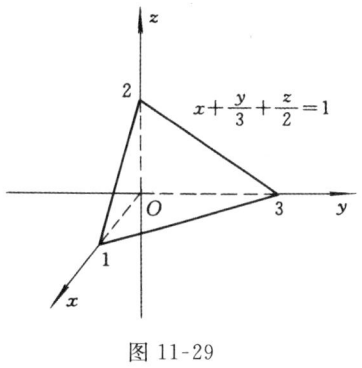

图 11-29

二、解：$\Phi = \iint\limits_{\sum} \boldsymbol{v}(x,y,z) \cdot \boldsymbol{n}\mathrm{d}S = \iint\limits_{\sum} x^2 y\mathrm{d}y\mathrm{d}z$（图 11-30）.

$\sum$ 在 yOz 面上的投影域为 $D: -1 \leqslant y \leqslant 1, y^2 \leqslant z \leqslant 1$.

故 $\Phi = 2\iint\limits_{D}(z - y^2) \cdot y\mathrm{d}y\mathrm{d}z = 0$（由对称性）.

三、解：由高斯公式（图 11-31），

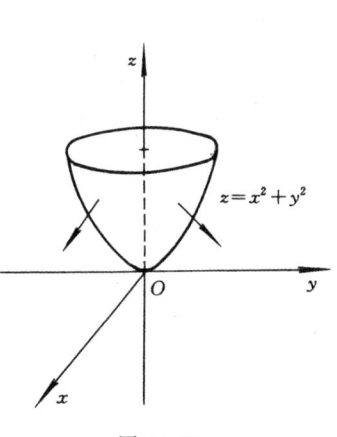

图 11-30

$$原式 = \iiint_\Omega (2x + 4y^3 + 3)dV = 0 + 0 + 7\pi = 7\pi.$$

四、解: 由高斯公式(图 11-32),

$$原式 = 2\iiint_\Omega z\,dV = 2\int_0^{2\pi} d\theta \int_0^1 r\,dr \int_r^{\sqrt{2-r^2}} z\,dz$$
$$= \pi.$$

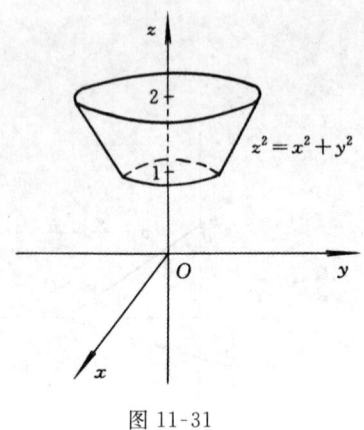

图 11-31

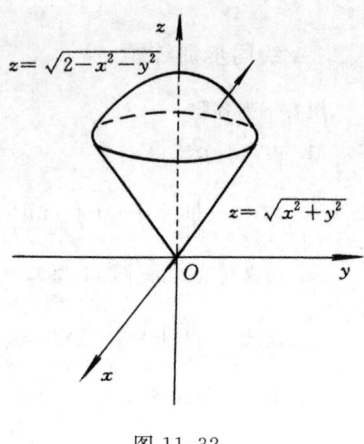

图 11-32

五、解: $\sum$ 围成球体 Ω,由两类积分关系:

$$原式 = -3\iiint_\Omega (x^2 + y^2 + z^2)dV$$
$$= -3\int_0^{2\pi} d\theta \int_0^\pi \sin\varphi\,d\varphi \int_0^a \rho^4 d\rho = -\frac{12}{5}\pi a^5.$$

六、解: $$原式 = \iiint_\Omega [(3x^2 z - z^3) + 3y^2 z + 4z^3]dV$$
$$= 3\iiint_\Omega z(x^2 + y^2 + z^2)dV$$
$$= 3\int_0^{2\pi} d\theta \int_0^{\frac{\pi}{2}} \sin\varphi\,d\varphi \int_0^{2\cos\varphi} \rho^5 \cos\varphi\,d\rho = 8\pi.$$

七、解: 由高斯公式,

$$原式 = 2\iiint_\Omega z(x^2+y^2)dV = 2\int_0^{2\pi}d\theta\int_0^{\frac{\pi}{4}}\sin\varphi\,d\varphi\int_0^{\sqrt{2}}\rho^5\sin^2\varphi\cos\varphi\,d\rho = \frac{\pi}{3}.$$

八、解: 补一块平面 $\sum_1: z = -1$, $x^2 + y^2 \leqslant 1$, 取下侧.

$$原式 = \oiint_{\sum+\sum_1} - \iint_{\sum_1} = 3\iiint_\Omega dx\,dy\,dz - 2\iint_D dx\,dy = \pi - 2\pi = -\pi.$$

九、解: $\sum$ 在 xOy 面上的投影域为 $D: x^2 + y^2 \leqslant 1$(图 11-33)

面积元素 $dS = \sqrt{1 + 4x^2 + 4y^2}\,dx\,dy$,

$$S = \iint_D \sqrt{1+4x^2+4y^2}\,dxdy$$
$$= \int_0^{2\pi}d\theta\int_0^1 \sqrt{1+4r^2}\,rdr = \frac{\pi}{6}(5\sqrt{5}-1).$$

十、解：由对称性，$S = \iint_\Sigma dS = 4\iint_{\Sigma_1}dS$，其中 $\sum_1$ 为 $\sum$ 中在第一卦限的部分．

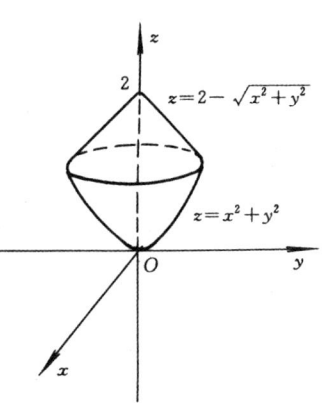

图 11-33

$\sum_1$ 的方程为 $z = \sqrt{x^2+y^2}$，

$\sum_1$ 在 xOy 面上的投影域为

$D: x^2 + y^2 \leqslant 2x, x \geqslant 0, y \geqslant 0$.

$$dS = \sqrt{1 + \left(\frac{x}{\sqrt{x^2+y^2}}\right)^2 + \left(\frac{y}{\sqrt{x^2+y^2}}\right)^2}\,dxdy$$
$$= \sqrt{2}\,dxdy.$$
$$S = 4\sqrt{2}\iint_D dxdy = 2\sqrt{2}\pi.$$

§11-8 斯托克斯公式

A 级同步训练题

一、解答下列各题

1. 试验证：$\oint_\Gamma yz\,dx + xz\,dy + xy\,dz = 0$，其中 Γ 为任意一条有向的光滑封闭曲线．

2. 验证 $\oint_\Gamma (x^2-yz)dx + (y^2-zx)dy + (z^2-xy)dz = 0$，其中 Γ 为任意一条有向的光滑封闭曲线．

3. 验证 $\oint_\Gamma 2xy e^z dx + x^2 e^z dy + x^2 y e^z dz = 0$，其中 Γ 为任意一条有向的光滑封闭曲线．

二、计算 $\oint_\Gamma (z-y)dx + (x-z)dy + (y-x)dz$，其中 Γ 是从 $(a,0,0)$ 到 $(0,a,0)$ 再到 $(0,0,a)$ 最后回到 $(a,0,0)$ 的三角形边界，$a > 0$．

三、计算 $\oint_\Gamma 2y\,dx + 6x\,dy - z^2\,dz$，其中 Γ 是圆周 $x^2+y^2+z^2 = R^2$，$z = 0$，$R > 0$．若对着 z 轴正方向看去，Γ 的方向为逆时针方向．

四、设有 $I = \int_A^B P\,dx + Q\,dy + R\,dz$,其中 $P = xz + ay^2 + bz^2$,$Q = xy + az^2 + bx^2$,$R = yz + ax^2 + by^2$. 试确定常数 a,b,使得积分 I 与路径无关. 且当取 $A = (0,0,z_0)$ 和 $B = (x_1, y_1, 0)$ 时积分 I 的值.

五、计算 $I = \oint_\Gamma y\,dx + z\,dy + x\,dz$,其中 Γ 是圆周 $\begin{cases} x^2 + y^2 + z^2 = a^2, \\ x + y + z = 0, \end{cases}$ 对着 z 轴正方向看去,Γ 取逆时针方向,$a > 0$.

六、计算 $\oint_\Gamma (e^x + x^2 y^2 z^2)\,dx + (e^y - y^2 z)\,dy + (e^z + yz^2)\,dz$,其中 Γ 为圆周 $\begin{cases} y^2 + z^2 = R^2, \\ x = 0, \end{cases}$ 且对着 x 轴正向看 Γ 时,Γ 的方向为逆时针方向,$R > 0$.

七、计算 $\int_\Gamma (y + \sin z)\,dx + x\,dy + x\cos z\,dz$,其中 Γ 为从 $(0,0,0)$ 出发的到点 $\left(3, 2, \dfrac{\pi}{2}\right)$ 的一条光滑有向曲线.

八、计算 $\int_\Gamma yz(2x + y + z)\,dx + zx(x + 2y + z)\,dy + xy(x + y + 2z)\,dz$,其中 Γ 为从原点出发的在圆锥面 $z^2 = x^2 + y^2$ 上的任意一条到点 $\left(\dfrac{\sqrt{2}}{2}, \dfrac{\sqrt{2}}{2}, 1\right)$ 的有向曲线.

九、已知 $dw = \left(1 - \dfrac{1}{y} + \dfrac{y}{z}\right)dx + \left(\dfrac{x}{z} + \dfrac{x}{y^2}\right)dy - \dfrac{xy}{z^2}dz$,求原函数 $w(x, y, z)$.

十、计算 $\oint_\Gamma (y - z)\,dx + (z - x)\,dy + (x - y)\,dz$,其中 Γ 为圆柱面 $x^2 + y^2 = a^2$ 和平面 $\dfrac{x}{a} + \dfrac{z}{h} = 1$ 的交线,且对着 z 轴正方向看去 Γ 的方向为逆时针方向,$a > 0$ 且 $h > 0$.

十一、计算 $\oint_\Gamma (y - z)\,dx + (z - x)\,dy + (x - y)\,dz$,其中 Γ 为球面 $x^2 + y^2 + z^2 = R^2$ 和平面 $y = x\tan\alpha$ 的相交曲线,其正方向为从 Ox 轴正向看 Γ 时为逆时针方向,R 和 α 均为正数且 $\alpha < \dfrac{\pi}{2}$.

十二、试证明表达式 $\dfrac{x\,dx + y\,dy + z\,dz}{\sqrt{x^2 + y^2 + z^2}}$ 是某个三元函数 $u(x, y, z)$ 的全微分表达式. 并求出此三元函数.

十三、计算 $\oint_\Gamma y^2\,dx + z^2\,dy + x^2\,dz$,其中 Γ 为曲线 $\begin{cases} x^2 + y^2 + z^2 = R^2, \\ x^2 + y^2 = Rx, \end{cases}$ $z \geq 0$, $R > 0$,且从 z 轴正向看此曲线的方向为顺时针方向.

十四、已知 $P = yz(2x + y + z)$,$Q = xz(x + 2y + z)$,$R = xy(x + y + 2z)$,试证明

表达式 $P\mathrm{d}x+Q\mathrm{d}y+R\mathrm{d}z$ 为某个函数 $u(x,y,z)$ 的全微分,并求出此函数.

十五、验证 $I=\int_{(1,1,1)}^{(2,2,-2)}x\mathrm{d}x+y^2\mathrm{d}y-z^3\mathrm{d}z$ 是与路径无关的曲线积分,并计算之.

十六、验证 $\int_{\Gamma}(2x+yz)\mathrm{d}x+(2y+xz)\mathrm{d}y+xy\mathrm{d}z$ 与路径无关,并计算

$$I=\int_{(0,0,0)}^{(1,1,1)}(2x+yz)\mathrm{d}x+(2y+xz)\mathrm{d}y+xy\mathrm{d}z.$$

辅导与参考答案

A 级同步训练题

一、解答下列各题

1. 解：$P=yz$, $Q=xz$, $R=xy$,

$$\frac{\partial R}{\partial y}=x=\frac{\partial Q}{\partial z},\ \frac{\partial P}{\partial z}=y=\frac{\partial R}{\partial x},\ \frac{\partial Q}{\partial x}=z=\frac{\partial P}{\partial y},$$

则曲线积分与路径无关,故 $\oint_{\Gamma}=0$.

2. 解：$P=x^2-yz$, $Q=y^2-zx$, $R=z^2-xy$,

因 $\frac{\partial R}{\partial y}=-x=\frac{\partial Q}{\partial z},\ \frac{\partial P}{\partial z}=-y=\frac{\partial R}{\partial x},\ \frac{\partial Q}{\partial x}=-z=\frac{\partial P}{\partial y}$,

故曲线积分与路径无关,所以 $\oint_{\Gamma}=0$.

3. 解：$P=2xy\mathrm{e}^z$, $Q=x^2\mathrm{e}^z$, $R=x^2y\mathrm{e}^z$,

因 $\frac{\partial R}{\partial y}=x^2\mathrm{e}^z=\frac{\partial Q}{\partial z},\ \frac{\partial P}{\partial z}=2xy\mathrm{e}^z=\frac{\partial R}{\partial x},\ \frac{\partial Q}{\partial x}=2x\mathrm{e}^z=\frac{\partial P}{\partial y}$,

故曲线积分与路径无关,所以 $\oint_{\Gamma}=0$.

二、解：记三角形平面块为 $\sum$,由 Γ 方向知 $\sum$ 的外法向与 Oz 轴成锐角.

$P=z-y$, $Q=x-z$, $R=y-x$.

原式 $=2\iint\limits_{\Sigma}\mathrm{d}y\mathrm{d}z+\mathrm{d}z\mathrm{d}x+\mathrm{d}x\mathrm{d}y=6\iint\limits_{\Sigma}\mathrm{d}x\mathrm{d}y=3a^2$.

三、解：设 Γ 所围曲面为平面块 $\sum: z=0$, $x^2+y^2\leqslant R^2$. 取上侧.

$P=2y$, $Q=6x$, $R=-z^2$,

原式 $=\iint\limits_{\Sigma}0\mathrm{d}y\mathrm{d}z+0\mathrm{d}z\mathrm{d}x+(6-2)\mathrm{d}x\mathrm{d}y=4\pi R^2$.

四、解:
$$\begin{cases} \dfrac{\partial R}{\partial y} = z + 2by = 2az = \dfrac{\partial Q}{\partial z}, \\ \dfrac{\partial P}{\partial z} = z + 2bz = 2ax = \dfrac{\partial R}{\partial x}, \\ \dfrac{\partial Q}{\partial x} = z + 2bx = 2ay = \dfrac{\partial P}{\partial y}, \end{cases}$$ 解得 $a = \dfrac{1}{2}, b = 0$.

$$L = \int_{(0,0,z_0)}^{(x_1,y_1,0)} P\mathrm{d}x + Q\mathrm{d}y + R\mathrm{d}z = \int_0^{y_1} x_1 y \mathrm{d}y = \dfrac{1}{2} x_1 y_1^2.$$

五、解: $\sum$ 是以 Γ 为边界的平面圆块 $x^2 + y^2 + z^2 \leqslant a^2$, $x + y + z = 0$ 的上侧. 由斯托克斯公式

$$I = -\iint_{\sum} \mathrm{d}y\mathrm{d}z + \mathrm{d}z\mathrm{d}x + \mathrm{d}x\mathrm{d}y = -3\iint_{\sum} \mathrm{d}x\mathrm{d}y \text{ (图 11-34)}.$$

$\sum$ 的法向 $\boldsymbol{n} = \{1,1,1\}$, 故 $\cos\gamma = \dfrac{1}{\sqrt{3}}$, 所以 $I = -3\iint_{\sum} \dfrac{1}{\sqrt{3}} \mathrm{d}S = -\sqrt{3}\pi a^2$.

六、解: Γ 所围曲面 $\sum$ 为圆块: $x = 0$, $y^2 + z^2 \leqslant R^2$, 法线方向与 x 轴正向相同.

$P = \mathrm{e}^x + x^2 y^2 z^2$, $Q = \mathrm{e}^y - y^2 z$, $R = \mathrm{e}^z + yz^2$ (图 11-35)

$$\oint_{\Gamma} = \iint_{\sum} (z^2 + y^2)\mathrm{d}y\mathrm{d}z + 2x^2 y^2 z\mathrm{d}z\mathrm{d}x - 2x^2 yz\mathrm{d}x\mathrm{d}y,$$

因为 $\sum$ 在 xOz, xOy 面上无投影,

故 $\iint_{\sum} 2x^2 y^2 z\mathrm{d}x\mathrm{d}z = \iint_{\sum} 2x^2 yz^2 \mathrm{d}x\mathrm{d}y = 0$,

又 $\sum$ 在 yOz 面上的投影域 $D: x^2 + z^2 \leqslant R^2$,

所以 $\oint_{\Gamma} = \iint_{D} (y^2 + z^2)\mathrm{d}y\mathrm{d}z = \int_0^{2\pi} \mathrm{d}\theta \int_0^R r^3 \mathrm{d}r = \dfrac{\pi}{2} R^4$.

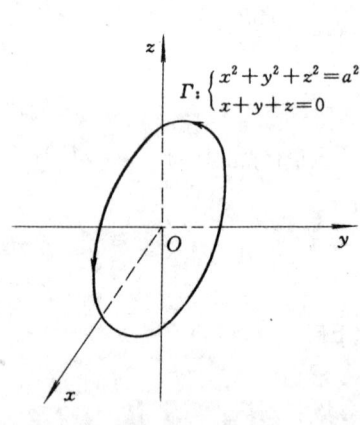

图 11-34

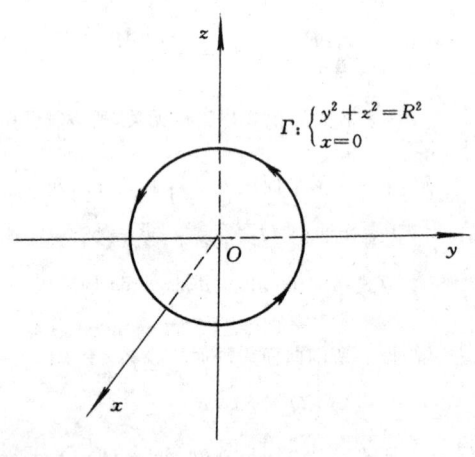

图 11-35

七、解: $P = y + \sin z$, $Q = x$, $R = x\cos z$,

$\dfrac{\partial R}{\partial y} = 0 = \dfrac{\partial Q}{\partial z}$, $\dfrac{\partial P}{\partial z} = \cos z = \dfrac{\partial R}{\partial x}$, $\dfrac{\partial Q}{\partial x} = 1 = \dfrac{\partial P}{\partial y}$.

故曲线积分与路径无关,原式 $=\int_0^3 (0+\sin 0)\mathrm{d}x + \int_0^2 3\mathrm{d}y + \int_0^{\frac{\pi}{2}} 3\cos z\mathrm{d}z = 9.$

八、解: $P = yz(2x+y+z), Q = zx(x+2y+z), R = xy(x+y+2z).$

因 $\dfrac{\partial R}{\partial y} = x^2 + 2xy + 2xz = \dfrac{\partial Q}{\partial z}, \dfrac{\partial P}{\partial z} = 2xy + y^2 + 2yz = \dfrac{\partial R}{\partial x},$

$\dfrac{\partial Q}{\partial x} = 2zx + 2yz + z^2 = \dfrac{\partial P}{\partial y},$ 故曲线积分与路径无关.

所以 $\oint_\Gamma = \int_0^{\frac{\sqrt{2}}{2}} 0 \cdot 0 \cdot (2x+0+0)\mathrm{d}x + \int_0^{\frac{\sqrt{2}}{2}} 0 \cdot \dfrac{\sqrt{2}}{2} \cdot \left(\dfrac{\sqrt{2}}{2} + 2y + 0\right)\mathrm{d}y +$

$\int_0^1 \dfrac{\sqrt{2}}{2} \cdot \dfrac{\sqrt{2}}{2} \cdot \left(\dfrac{\sqrt{2}}{2} + \dfrac{\sqrt{2}}{2} + 2z\right)\mathrm{d}z = \dfrac{1}{2}\int_0^1 (\sqrt{2} + 2z)\mathrm{d}z = \dfrac{1}{2} + \dfrac{\sqrt{2}}{2}.$

九、解: 设 $y > 0, z > 0,$ 则

$u(x, y, z) = \int_1^x (1-1+1)\mathrm{d}x + \int_1^y \left(x + \dfrac{x}{y^2}\right)\mathrm{d}y - \int_1^z \dfrac{xy}{z^2}\mathrm{d}z + C$

$= x - \dfrac{x}{y} + \dfrac{xy}{z} + C_1.$

十、解: 设 Γ 围成平面块方程为 $\sum : \dfrac{x}{a} + \dfrac{z}{h} = 1,$

$x^2 + y^2 \leqslant a^2.$

因 $P = y - z, Q = z - x, R = x - y,$

由斯托克斯公式(图 11-36),

$\oint_C = \iint_\Sigma (-1-1)\mathrm{d}y\mathrm{d}z + (-1-1)\mathrm{d}z\mathrm{d}x +$

$(-1-1)\mathrm{d}x\mathrm{d}y$

$= -2\iint_\Sigma \mathrm{d}y\mathrm{d}z + \mathrm{d}z\mathrm{d}x + \mathrm{d}x\mathrm{d}y.$

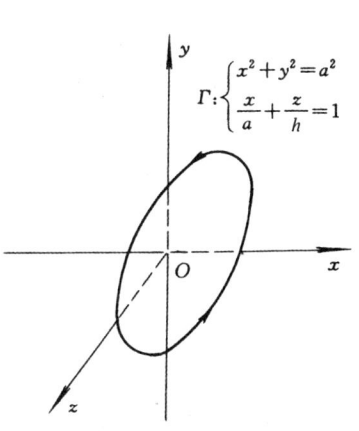

图 11-36

$\sum$ 在 zOx 面上无投影域,$\iint_\Sigma \mathrm{d}z\mathrm{d}x = 0, \sum$ 在 xOy 面

上投影域为 $D_{xy} : x^2 + y^2 \leqslant a^2,$

故 $\iint_\Sigma \mathrm{d}x\mathrm{d}y = \iint_D \mathrm{d}x\mathrm{d}y = \pi a^2, \sum$ 在 yOz 面上投影域为 $\dfrac{(z-h)^2}{h^2} + \dfrac{y^2}{a^2} = 1,$ 所以 $\iint_\Sigma \mathrm{d}z\mathrm{d}y = \iint_D \mathrm{d}z\mathrm{d}y$

$= \pi a h,$ 所以 $\oint_\Gamma = -2\pi a(a+h).$

十一、解: Γ 所围的平面为大圆平面块 $\sum$,其方向向前.

$P = y - z, Q = z - x, R = x - y,$

$\oint_\Gamma = -2\iint_\Sigma (\mathrm{d}y\mathrm{d}z + \mathrm{d}z\mathrm{d}x + \mathrm{d}x\mathrm{d}y),$

$\sum$ 在 xOy 面上无投影域,故 $\iint_\Sigma \mathrm{d}x\mathrm{d}y = 0.$

$\sum$ 在 yOz 面上的投影域为 $D_{yz} : (1+\cot^2 a)y^2 + z^2 = R^2$(椭圆),

所以 $\iint\limits_{\Sigma} dydz = \iint\limits_{D_{yz}} dydz = \pi \cdot \dfrac{R}{\sqrt{1+\cot^2\alpha}} \cdot R = \pi R^2 \cdot \sin\alpha.$

$\sum$ 在 zOx 面上的投影域为 $D_{zx}:(1+\tan^2\alpha)x^2+z^2=R^2$(椭圆),

所以 $\iint\limits_{\Sigma} dzdx = \iint\limits_{D_{zx}} dzdx = -\pi \cdot \dfrac{R}{\sqrt{1+\tan^2\alpha}} \cdot R = -\pi R^2 \cdot \cos\alpha.$

所以 $\oint\limits_{\Gamma} = -2\pi R^2(\sin\alpha - \cos\alpha) = 2\pi R(\cos\alpha - \sin\alpha).$

十二、解：$P = \dfrac{x}{\sqrt{x^2+y^2+z^2}}, Q = \dfrac{y}{\sqrt{x^2+y^2+z^2}}, R = \dfrac{z}{\sqrt{x^2+y^2+z^2}},$

$$\dfrac{\partial R}{\partial y} = -\dfrac{yz}{(x^2+y^2+z^2)^{\frac{3}{2}}} = \dfrac{\partial Q}{\partial z}\ (x^2+y^2+z^2 \neq 0).$$

同理：$\dfrac{\partial R}{\partial z} = \dfrac{\partial R}{\partial x}, \dfrac{\partial Q}{\partial x} = \dfrac{\partial P}{\partial y},$

故表达式为某函数的全微分表达式.

当 $x>0, u(x,y,z) = \int_{(1,0,0)}^{(x,y,z)} \dfrac{xdx+ydy+zdz}{\sqrt{x^2+y^2+z^2}} + C$

$\qquad = \int_1^x dx + \int_0^y \dfrac{ydy}{\sqrt{x^2+y^2}} + \int_0^z \dfrac{zdz}{\sqrt{x^2+y^2+z^2}}$

$\qquad = \sqrt{x^2+y^2+z^2} + C'.$

上式中适用于 $x>0$ 且 $(x,y,z) \neq (0,0,0)$ 情况,其他情况也有同样结论.

十三、解：取 $\sum$ 为球面 $x^2+y^2+z^2 = R^2$ 上被 Γ 所围的一块,且方向由 Γ 确定为取内侧.

$$P = y^2, Q = z^2, R = x^2,$$

由斯托克斯公式

$$\oint\limits_{\Gamma} = -2\iint\limits_{\Sigma} zdydz + zdzdx + ydxdy.$$

由对称性, $\iint\limits_{\Sigma} zdzdx = 0.$

设 $\cos\alpha, \cos\beta, \cos\gamma$ 为 $\sum$ 的法向方向余弦,则

$$\oint\limits_{\Gamma} = -2\iint\limits_{\Sigma}(z\cos\alpha + y\cos\gamma)dS.$$

但因 $\boldsymbol{n}^0 = \left|-\dfrac{x}{R}, -\dfrac{y}{R}, -\dfrac{z}{R}\right|,$ 即有 $\cos\alpha = -\dfrac{x}{R}, \cos\gamma = -\dfrac{z}{R},$

故 $z\cos\alpha = x\cos\gamma.$

所以 $\oint_\Gamma = -2\iint_\Sigma (x+y)\cos\gamma dS = 2\iint_\Sigma (x+y)dxdy.$

因 Σ 在 xOy 面上投影域为 $\left(x-\dfrac{R}{2}\right)^2 + y^2 \leqslant \left(\dfrac{R}{2}\right)^2$,

所以 $\oint_\Gamma = 2\int_{-\frac{\pi}{2}}^{\frac{\pi}{2}}(\cos\theta + \sin\theta)d\theta\int_0^{R\cos\theta}r^2 dr$

$$= \dfrac{2R^3}{3}\int_{-\frac{\pi}{2}}^{\frac{\pi}{2}}(\cos\theta + \sin\theta)\cos^3\theta d\theta = \dfrac{\pi}{4}R^3.$$

十四、解:$\dfrac{\partial R}{\partial y} = x^2 + 2xy + 2xz = \dfrac{\partial Q}{\partial z}, \dfrac{\partial P}{\partial z} = y^2 + 2xy + 2yz = \dfrac{\partial R}{\partial x}$,

$\dfrac{\partial Q}{\partial x} = z^2 + 2xz + 2yz = \dfrac{\partial P}{\partial y}$,故表达式为某函数的全微分.

$u(x,y,z) = \int_{(0,0,0)}^{(x,y,z)} Pdx + Qdy + Rdz + C$

$= \int_0^x 0dx + \int_0^y 0dy + \int_0^z xy(x+y+2z)dz = xyz(x+y+z) + C.$

十五、解:$P = x, Q = y^2, R = -z^3$,

$$\dfrac{\partial R}{\partial y} = 0 = \dfrac{\partial Q}{\partial z}, \dfrac{\partial P}{\partial z} = 0 = \dfrac{\partial R}{\partial x}, \dfrac{\partial Q}{\partial x} = 0 = \dfrac{\partial P}{\partial y},$$

所以积分与路径无关,原式 $= \int_1^2 xdx + \int_1^2 y^2 dy - \int_1^{-2} z^3 dz = \dfrac{1}{12}.$

十六、证明:$P = 2x + yz, Q = 2y + xz, R = xy$,

$$\dfrac{\partial R}{\partial y} = x = \dfrac{\partial Q}{\partial z}, \dfrac{\partial P}{\partial z} = y = \dfrac{\partial R}{\partial x}, \dfrac{\partial Q}{\partial x} = z = \dfrac{\partial P}{\partial y},$$

所以积分与路径无关,

$$I = \int_0^1 2xdx + \int_0^1 2ydy + \int_0^1 1dz = 3.$$

章节练习题

一、客观题

1. 设 C 是 xOy 平面上沿逆时针方向绕行的闭曲线,且 $\oint_C (\sin x - 2y)dx + (x + \cos y)dy = 3$,则 C 所围成平面区域 D 的面积等于_____.

2. $\dfrac{(x-y)dx + (x+y)dy}{(x^2+y^2)^n}(x^2+y^2 \neq 0)$ 是某个二元函数的全微分,则 n 为_____.

3. 设 $\sum$ 是球面 $x^2+y^2+z^2=a^2$ 的外侧,则 $\oiint\limits_{\sum} z\mathrm{d}x\mathrm{d}y=$ _____.

4. 设曲线积分 $\int_C xy^2\mathrm{d}x+yg(x)\mathrm{d}y$ 与路径无关,其中 $g(x)$ 具有连续的导函数,且 $g(0)=0$,则 $\int_{(0,0)}^{(1,2)} xy^2\mathrm{d}x+yg(x)\mathrm{d}y=($).

(A) 3   (B) 2   (C) 4   (D) 1

5. 设 S 是平面 $\sqrt{6}x+3y+z=4$ 被柱面 $x^2+y^2=1$ 截出的有限部分,则 $\iint\limits_S x\mathrm{d}S$ 的值为( ).

(A) 0   (B) 4   (C) 4π (D) π

二、计算题

1. 计算 $\int_L (x^2-y^2)\mathrm{d}S$,$L$ 为 $y=2x$ 由点 $(0,0)$ 到点 $(1,1)$ 的线段.

2. L 为圆周 $x^2+y^2=a^2$,求 $\oint_L x\mathrm{d}S$.

3. 计算 $\int_L (x+y)\mathrm{d}x-(x-y)\mathrm{d}y$,$L$ 为 $x^2+y^2=1$ 上半圆周取逆时针方向.

4. $\iint\limits_{\sum} z\mathrm{d}S$,$\sum$ 为柱面 $x^2+y^2=1,0\leqslant z\leqslant 1$.

5. $\iint\limits_{\sum} (x^2-yz)\mathrm{d}y\mathrm{d}z-2xy\mathrm{d}z\mathrm{d}x+z\mathrm{d}x\mathrm{d}y$,$\sum$ 为柱面 $x^2+y^2=1$ 被平面 $z=1$ 和 $z=0$ 所截得的外侧部分.

6. 设函数 $f(x)$ 在 $(-\infty,+\infty)$ 内具有一阶连续导数,L 是 $y>0$ 时的有向分段光滑曲线,起点 $A(1,2)$,终点 $B\left(4,\dfrac{1}{2}\right)$,

记 $I=\int_L \dfrac{1}{y}[1+y^2f(xy)]\mathrm{d}x+\dfrac{x}{y^2}[y^2f(xy)-1]\mathrm{d}y$.

(1) 求证:曲线积分与 I 的路径无关;(2) 计算 I 的值.

7. $\oint_\Gamma \mathrm{d}x-\mathrm{d}y+y\mathrm{d}z$,其中 Γ 为 $x+y+z=1$ 在第一卦限部分的三角形边界,从 x 轴正向看去方向是顺时针的.

章节练习题答案

一、客观题

1. 1. **2.** 1. **3.** $\dfrac{4\pi}{3}a^3$. **4.** (B). **5.** (A).

二、计算题

1. 解:原式 $= \int_0^1 (x^2 - 4x^2)\sqrt{1+4}\,dx = -\sqrt{5}$.

2. 解:原式 $= \int_0^{2\pi} aa\cos\theta\,d\theta = 0$(图 11-37).

3. 解:原式 $= \iint\limits_D (-1-1)\,dx\,dy = 0$
$= -2S = -\pi$.

4. 解:原式 $= 2\iint\limits_{D_{xy}} \dfrac{z}{\sqrt{1-x^2}}\,dx\,dz$
$= 2\int_0^1 z\,dz \int_{-1}^1 \dfrac{1}{\sqrt{1-x^2}}\,dx = \pi$.

5. 解:原式 $= \iiint\limits_\Omega (2x-2x+1)\,dV - \iint\limits_{D_{xy}} dx\,dy$
$= V - S = \pi - \pi = 0$(图 11-38).

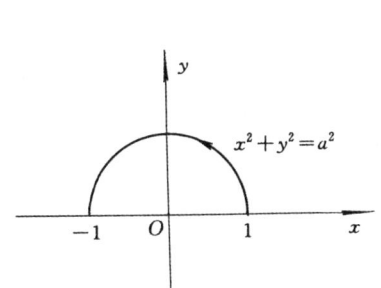

图 11-37

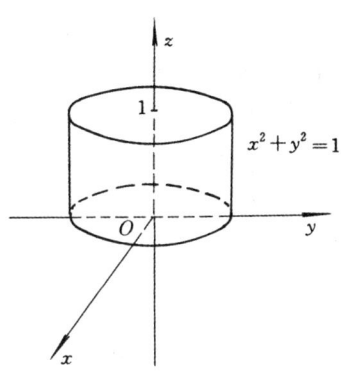

图 11-38

6. 解:$\dfrac{\partial P}{\partial y} = \dfrac{y^2 f - 1 + x^2 y^2 f'}{y^2} = \dfrac{\partial Q}{\partial x}$,所以与路径无关.

$$I = \int_2^{\frac{1}{2}} \dfrac{y^2 f - 1}{y^2}\,dy + \int_1^4 2\left[1 + \dfrac{1}{4} f\left(\dfrac{1}{2}x\right)\right]dx$$
$$= \int_2^{\frac{1}{2}} -\dfrac{1}{y^2}\,dy + \int_2^{\frac{1}{2}} f(y)\,dy$$
$$+ \int_1^4 2\,dx + \dfrac{1}{2}\int_1^4 f\left(\dfrac{1}{2}x\right)dx = \dfrac{15}{2}.$$

7. 解:原式 $= \iint\limits_\Sigma \begin{vmatrix} dy\,dz & dz\,dx & dx\,dy \\ \dfrac{\partial}{\partial x} & \dfrac{\partial}{\partial y} & \dfrac{\partial}{\partial z} \\ P & Q & R \end{vmatrix} = \iint\limits_\Sigma dy\,dz = \iint\limits_{D_{yz}} dy\,dz = \dfrac{1}{2}$.

第 12 章 无穷级数

[教学目的与要求]

1. 理解常数项级数收敛、发散及其收敛级数和的概念;掌握级数的基本性质及收敛的必要条件;掌握几何级数的收敛性及求和公式.

2. 了解正项级数收敛的充要条件;会用正项级数的比较审敛法和根值审敛法;掌握正项级数的比值审敛法;会用交错级数的莱布尼茨定理.

3. 了解无穷级数绝对收敛与条件收敛的概念.了解函数项级数的收敛域及和函数的概念;掌握幂级数的收敛半径、收敛域的求法.

4. 了解幂级数在收敛区间内的基本性质,会求幂级数的和函数.

5. 了解函数展开成泰勒级数的充分必要条件;掌握 e^x, $\sin x$, $\cos x$, $\ln(1+x)$ 和 $(1+x)^a$ 的麦克劳林展开式.

6. 会用间接法将一些简单函数展开成幂级数.

7. 了解傅立叶级数的概念;理解函数展开成傅立叶级数的锹狄克雷定理.

8. 会将周期为 2π 的函数展开成傅立叶级数,会将函数展开成正弦级数、余弦级数;会将定义在 $[-l, l]$ 上的函数展开成傅立叶级数.

§12-1 常数项级数的概念与性质

A 级同步训练题

一、客观题

1. 下列级数中收敛的是(   ).

   (A) $\sum\limits_{n=1}^{\infty} \dfrac{4^n + 8^n}{8^n}$ (B) $\sum\limits_{n=1}^{\infty} \dfrac{8^n - 4^n}{8^n}$

   (C) $\sum\limits_{n=1}^{\infty} \dfrac{2^n + 4^n}{8^n}$ (D) $\sum\limits_{n=1}^{\infty} \dfrac{2^n \cdot 4^n}{8^n}$

2. 如果 $\sum\limits_{n=1}^{\infty} u_n$ 收敛,则下列级数中(   )收敛.

(A) $\sum_{n=1}^{\infty}(u_n+0.001)$ (B) $\sum_{n=1}^{\infty}(u_n-0.001)$

(C) $\sum_{n=1}^{\infty}\dfrac{u_n}{1000}$ (D) $\sum_{n=1}^{\infty}\dfrac{1000}{u_n}$

3. $\lim\limits_{n\to\infty}u_n=0$ 是级数 $\sum_{n=1}^{\infty}u_n$ 收敛的(　　)条件.

(A) 充分且必要   (B) 充分

(C) 必要   (D) 既不充分也不必要

4. 下列级数中不收敛的是(　　).

(A) $\sum_{n=1}^{\infty}\ln\left(1+\dfrac{1}{n}\right)$ (B) $\sum_{n=1}^{\infty}\dfrac{1}{3^n}$

(C) $\sum_{n=1}^{\infty}\dfrac{1}{n(n+2)}$ (D) $\sum_{n=1}^{\infty}\dfrac{3^n+(-1)^n}{4^n}$

5. $\sum_{n=1}^{\infty}\dfrac{3\cdot 5\cdot\cdots\cdot(2n+1)}{2\cdot 4\cdot 6\cdot\cdots\cdot(2n)}$ 级数的第三项是_____.

6. 级数 $\dfrac{2}{1}-\dfrac{3}{2}+\dfrac{4}{3}-\dfrac{5}{4}+\dfrac{6}{5}-\cdots$ 的通项是_____.

7. 级数 $\dfrac{\sqrt{x}}{1}+\dfrac{x}{1\cdot 3}+\dfrac{x\sqrt{x}}{1\cdot 3\cdot 5}+\dfrac{x^2}{1\cdot 3\cdot 5\cdot 7}+\cdots$ 的通项为_____.

8. 级数 $\sum_{n=1}^{\infty}\left[\dfrac{1}{n(n+1)}-\dfrac{3}{2^n}\right]$ 的和为_____.

二、求下列级数的和

1. $\sum_{n=1}^{\infty}\dfrac{2}{(2n-1)(2n+1)}$.   2. $\sum_{n=1}^{\infty}(\sqrt{n+2}-2\sqrt{n+1}+\sqrt{n})$.

3. $\sum_{n=1}^{\infty}\dfrac{3^n+2^n}{6^n}$.   4. $\sum_{n=1}^{\infty}\ln\dfrac{n+1}{n}$.

三、判别下列级数的敛散性

1. $\dfrac{4}{3}+\dfrac{4}{9}+\cdots+\dfrac{4}{3^n}+\cdots$

2. $1+\dfrac{1}{3}+\dfrac{1}{\sqrt{3}}+\dfrac{1}{\sqrt[3]{3}}+\cdots+\dfrac{1}{\sqrt[n]{3}}+\cdots$

3. $\dfrac{1}{3}+\dfrac{1}{10}+\dfrac{1}{3^2}+\dfrac{1}{20}+\dfrac{1}{3^3}+\dfrac{1}{30}+\cdots+\dfrac{1}{3^n}+\dfrac{1}{10n}+\cdots$

B 级同步训练题

一、客观题

1. 设级数 $\sum\limits_{n=1}^{\infty} a_n$ 收敛,其和为 S,则级数 $\sum\limits_{n=1}^{\infty}(a_n+a_{n+1}-a_{n+2})$ 收敛于( ).
   (A) $S+a_1$ (B) $S+a_2$
   (C) $S+a_1-a_2$ (D) $S+a_2-a_1$

2. 已知级数 $\sum\limits_{n=1}^{\infty}\dfrac{1}{n^2}=\dfrac{\pi^2}{6}$,则级数 $\sum\limits_{n=1}^{\infty}\dfrac{1}{(2n-1)^2}$ 之和是( ).
   (A) $\dfrac{\pi^2}{4}$ (B) $\dfrac{\pi^2}{8}$ (C) $\dfrac{\pi^2}{12}$ (D) $\dfrac{\pi^2}{16}$

3. 级数 $\sum\limits_{n=1}^{\infty} u_{2n}$ 与 $\sum\limits_{n=1}^{\infty} u_{2n-1}$ 均收敛是 $\sum\limits_{n=1}^{\infty} u_n$ 收敛的( )条件.
   (A) 必要但非充分 (B) 充分但非必要
   (C) 充分必要 (D) 既非充分又非必要

4. 收敛级数 $1+\dfrac{1}{2}-\dfrac{1}{4}+\dfrac{1}{8}+\dfrac{1}{16}-\dfrac{1}{32}+\cdots$ 的和是_____.

5. 已知 $\sum\limits_{n=0}^{\infty}\dfrac{1}{n!}=e$,则 $\sum\limits_{n=1}^{\infty}\dfrac{n^2}{n!}=$_____.

二、求下列级数的和

1. 求级数 $\sum\limits_{n=1}^{\infty}\left[\dfrac{2+(-1)^{n+1}}{3^n}-\dfrac{4}{4n^2-1}\right]$ 之和.

2. 求级数 $\sum\limits_{n=1}^{\infty}\dfrac{n}{(n+1)(n+2)(n+3)}$ 的和.

3. 求级数 $1-\dfrac{3}{2}+\dfrac{5}{4}-\dfrac{7}{8}+\cdots+(-1)^{n-1}\dfrac{2n-1}{2^{n-1}}+\cdots$ 的和.

4. 已知 $\sum\limits_{n=1}^{\infty}\dfrac{(-1)^{n+1}}{n}=\ln 2$,求级数 $1+\dfrac{1}{3}-\dfrac{1}{2}+\dfrac{1}{5}+\dfrac{1}{7}-\dfrac{1}{4}+\cdots$ 的和.

三、判别级数 $\dfrac{1}{2}-1+\dfrac{1}{5}-\dfrac{1}{4}+\cdots+\dfrac{1}{3n-1}-\dfrac{1}{3n-2}+\cdots$ 的敛散性.

四、判别级数 $\sum\limits_{n=1}^{\infty}\left(\dfrac{1}{n^2+2}\right)^{\frac{1}{n}}$ 的敛散性.

五、证明若数列 $\{nu_n\}$ 收敛,级数 $\sum\limits_{n=1}^{\infty} n(u_n-u_{n-1})$ 收敛,则级数 $\sum\limits_{n=1}^{\infty} u_n$ 收敛.

辅导与参考答案

A 级同步训练题

一、客观题

1. (C). 2. (C). 3. (C). 4. (A). 5. $\dfrac{3\cdot 5\cdot 7}{2\cdot 4\cdot 6}$.

6. $(-1)^{n-1}\dfrac{n+1}{n}$. 7. $\dfrac{x^{\frac{n}{2}}}{(2n-1)!!}$. 8. -2.

二、求下列级数的和

1. 解：$S_n = \dfrac{2}{1\cdot 3} + \dfrac{2}{3\cdot 5} + \cdots + \dfrac{2}{(2n-1)(2n+1)}$

$= \dfrac{1}{1} - \dfrac{1}{3} + \dfrac{1}{3} - \dfrac{1}{5} + \cdots + \dfrac{1}{2n-1} - \dfrac{1}{2n+1} = 1 - \dfrac{1}{2n+1}$.

故级数收敛且 $S = 1$.

2. 解：$S_n = \sqrt{3} - 2\sqrt{2} + 1 + \sqrt{4} - 2\sqrt{3} + \sqrt{2} + \cdots + \sqrt{n+2} - 2\sqrt{n+1} + \sqrt{n}$

$= 1 - \sqrt{2} + \sqrt{n+2} - \sqrt{n+1} = 1 - \sqrt{2} + \dfrac{1}{\sqrt{n+2} + \sqrt{n+1}}$.

故级数收敛且 $S = 1 - \sqrt{2}$.

3. 解：$S_n = \dfrac{\dfrac{1}{2} - \dfrac{1}{2^{n+1}}}{1 - \dfrac{1}{2}} + \dfrac{\dfrac{1}{3} - \dfrac{1}{3^{n+1}}}{1 - \dfrac{1}{3}}$, $S = \lim\limits_{n\to\infty} S_n = \dfrac{3}{2}$.

4. 解：$S_n = \ln 2 - \ln 1 + \ln 3 - \ln 2 + \cdots + \ln(n+1) - \ln n = \ln(n+1)$.

所以原级数发散.

三、判别下列级数的敛散性

1. 解：因为级数是几何级数且公比 $q = \dfrac{1}{3}$，故级数收敛.

2. 解：因 $\lim\limits_{n\to\infty} u_n = \lim\limits_{n\to\infty} \dfrac{1}{\sqrt[n]{3}} = 1 \neq 0$，故级数发散.

3. 解：原级数 $= \sum\limits_{n=1}^{\infty}(u_n + v_n)$，$\sum\limits_{n=1}^{\infty}\dfrac{1}{3^n}$ 收敛，而 $\sum\limits_{n=1}^{\infty}\dfrac{1}{10n}$ 发散，所以原级数发散.

B 级同步训练题

一、客观题

1. (B). 2. (B). 3. (B). 4. $\dfrac{10}{7}$. 5. $2e$.

二、求下列级数的和

1. 解：已知 $\sum\limits_{n=1}^{\infty}\dfrac{2}{3^n} = \dfrac{\dfrac{2}{3}}{1 - \dfrac{1}{3}} = 1$, $\sum\limits_{n=1}^{\infty}(-1)^{n+1}\dfrac{1}{3^n} = \dfrac{\dfrac{1}{3}}{1 + \dfrac{1}{3}} = \dfrac{1}{4}$,

$$\frac{4}{4n^2-1} = \frac{2}{2n-1} - \frac{2}{2n+1}, \text{可得} \sum_{n=1}^{\infty} \frac{4}{4n^2-1} \text{的部分和},$$

$$S_n = \left(2 - \frac{2}{3}\right) + \left(\frac{2}{3} - \frac{2}{5}\right) + \cdots + \left(\frac{2}{2n-1} - \frac{2}{2n+1}\right) = 2 - \frac{2}{2n+1},$$

从而 $\sum_{n=1}^{\infty} \frac{4}{4n^2-1} = \lim_{n\to\infty}\left(2 - \frac{2}{2n+1}\right) = 2.$

因此原级数收敛，且和 $= 1 + \frac{1}{4} - 2 = -\frac{3}{4}.$

2. 解：
$$u_n = \frac{n}{(n+1)(n+2)(n+3)} = \frac{1}{2}\left[\frac{2n+1}{(n+1)(n+2)} - \frac{2n+3}{(n+2)(n+3)}\right].$$

$$S_n = \frac{1}{2}\left[\left(\frac{3}{6} - \frac{5}{12}\right) + \left(\frac{5}{12} - \frac{7}{20}\right) + \left(\frac{7}{20} - \frac{9}{30}\right) + \cdots\right.$$
$$\left. + \left(\frac{2n+1}{(n+1)(n+2)} - \frac{2n+3}{(n+2)(n+3)}\right)\right]$$
$$= \frac{1}{2} \times \frac{3}{6} - \frac{1}{2}\frac{2n+3}{(n+2)(n+3)}, \text{所求和为 } S = \lim_{n\to\infty}S_n = \frac{1}{4}.$$

3. 解：由于 $S_n = 1 - \frac{3}{2} + \frac{5}{4} - \frac{7}{8} + \cdots + (-1)^{n-1}\frac{2n-1}{2^{n-1}}.$

$$\frac{1}{2}S_n = \frac{1}{2} - \frac{3}{4} + \frac{5}{8} - \frac{7}{16} + \cdots + (-1)^{n-2}\frac{2n-3}{2^{n-1}} + (-1)^{n-1}\frac{2n-1}{2^n},$$

$$\frac{3}{2}S_n = 1 - \left[1 - \frac{1}{2} + \frac{1}{4} - \cdots + (-1)^{n-2}\frac{1}{2^{n-2}}\right] + (-1)^{n-1}\frac{2n-1}{2^n},$$

$$S_n = \frac{2}{9} + (-1)^{n-1}\frac{6n+1}{9\cdot 2^{n-1}}, \quad \text{故} \quad S_\infty = \lim_{n\to\infty}S_n = \frac{2}{9}.$$

4. 解：由于 $\ln 2 = 1 - \frac{1}{2} + \frac{1}{3} - \frac{1}{4} + \frac{1}{5} - \frac{1}{6} + \frac{1}{7} - \frac{1}{8} + \cdots,$

于是 $\frac{1}{2}\ln 2 = 0 + \frac{1}{2} + 0 - \frac{1}{4} + 0 + \frac{1}{6} + 0 - \frac{1}{8} + \cdots,$

相加得 $1 + \frac{1}{3} - \frac{1}{2} + \frac{1}{5} + \frac{1}{7} - \frac{1}{4} + \cdots = \frac{3}{2}\ln 2.$

三、 解：$S_{2n} = \left(\frac{1}{2} - 1\right) + \left(\frac{1}{5} - \frac{1}{4}\right) + \cdots + \left(\frac{1}{3n-1} - \frac{1}{3n-2}\right)$

$$= -\left[\frac{1}{2} + \frac{1}{20} + \cdots + \frac{1}{(3n-1)(3n-2)}\right].$$

而级数 $\sum_{n=1}^{\infty}\frac{1}{(3n-1)(3n-2)}$ 收敛，故 $\lim_{n\to\infty}S_{2n}$ 存在；

设 $\lim_{n\to\infty}S_{2n} = S, \lim_{n\to\infty}S_{2n+1} = \lim_{n\to\infty}\left(S_{2n} + \frac{1}{3n+2}\right) = S,$

故原级数是收敛的.

四、 解：设 $f(x) = \left(\frac{1}{x^2+2}\right)^{\frac{1}{x}}$，于是

$$\lim_{x\to\infty}\ln f(x) = \lim_{x\to\infty}\left(-\frac{\ln(x^2+2)}{x}\right) = -\lim_{x\to 0}\frac{2x}{x^2+2} = 0,$$

故 $\lim\limits_{n\to\infty}f(x)=1$,从而有 $\lim\limits_{n\to\infty}\left(\dfrac{1}{n^2+2}\right)^{\frac{1}{n}}=1$,

故而 $\sum\limits_{n=1}^{\infty}\left(\dfrac{1}{n^2+2}\right)^{\frac{1}{n}}$ 发散.

五、证:设 $\lim\limits_{n\to\infty}nu_n=A$, $\sum\limits_{n=1}^{\infty}n(u_n-u_{n-1})=S$.

$$S_n=\sum_{k=1}^{n}k(u_k-u_{k-1})=(u_1-u_0)+2(u_2-u_1)+\cdots+n(u_n-u_{n-1})$$

$$=nu_n-\sum_{k=0}^{n-1}u_k,\sum_{k=0}^{n-1}u_k=nu_n-\sum_{k=1}^{n}k(u_k-u_{k-1}),\sum_{k=0}^{\infty}u_k=A-S,$$

故而级数 $\sum\limits_{n=0}^{\infty}u_n$ 收敛,进而 $\sum\limits_{n=1}^{\infty}u_n$ 收敛.

§12-2　正项级数及其审敛法

A 级同步训练题

一、客观题

1. 下列级数中,收敛的是(　　).

(A) $\sum\limits_{n=1}^{\infty}\dfrac{1}{3n+1}$ 　　　　(B) $\sum\limits_{n=1}^{\infty}\dfrac{n+1}{n(n+2)}$

(C) $\sum\limits_{n=1}^{\infty}\dfrac{3^n}{2^n}$ 　　　　(D) $\sum\limits_{n=1}^{\infty}\dfrac{4}{(n+1)(n+3)}$

2. $\sum\limits_{n=1}^{\infty}u_n$ 为正项级数,下列命题中,错误的是(　　).

(A) 如果 $\lim\limits_{n\to\infty}\dfrac{u_{n+1}}{u_n}=\rho<1$,则 $\sum\limits_{n=1}^{\infty}u_n$ 收敛

(B) 如果 $\lim\limits_{n\to\infty}\dfrac{u_{n+1}}{u_n}=\rho>1$,则 $\sum\limits_{n=1}^{\infty}u_n$ 发散

(C) 如果 $\dfrac{u_{n+1}}{u_n}<1$,则 $\sum\limits_{n=1}^{\infty}u_n$ 收敛

(D) 如果 $\dfrac{u_{n+1}}{u_n}>1$,则 $\sum\limits_{n=1}^{\infty}u_n$ 发散

3. $\sum\limits_{n=1}^{\infty}\dfrac{1}{n^p}$,当 p 满足条件_____时收敛.

4. 若 $\sum\limits_{n=1}^{\infty}u_n$ 为正项级数,且其部分和数列为 $\{S_n\}$,则 $\sum\limits_{n=1}^{\infty}u_n$ 收敛的充要条件是_____.

二、用比较判断法或其极限形式判定下列级数的收敛性

1. $\sum_{n=1}^{\infty} \frac{1}{n(2n+1)}$.

2. $\sum_{n=1}^{\infty} \frac{n\cos^2 \frac{n\pi}{3}}{(n+1)^3}$.

3. $\sum_{n=1}^{\infty} \frac{n}{(n+1)(n+3)}$.

4. $\sum_{n=1}^{\infty} \arcsin \frac{2}{n}$.

5. $\sum_{n=1}^{\infty} \left(1 - \cos \frac{2}{n}\right)$.

6. $\sum_{n=1}^{\infty} \ln\left(1 + \frac{2}{n^2}\right)$.

三、用比值判断法或根值判别法判断下列级数的收敛性

1. $\sum_{n=1}^{\infty} \frac{n!}{a^n}, a > 0$.

2. $\sum_{n=1}^{\infty} \frac{(2n)!}{n! 3^n}$.

3. $\sum_{n=1}^{\infty} \frac{3^{2n}}{n^2}$.

4. $\sum_{n=1}^{\infty} \left(\sqrt{\frac{n-1}{9n+1}}\right)^n$.

5. $\sum_{n=1}^{\infty} \left(\frac{n}{2n-1}\right)^{2n-1}$.

四、已知 $\sum_{n=1}^{\infty} a_n$ 是正项级数且收敛,证明 $\sum_{n=1}^{\infty} a_n^2$ 也收敛.

B 级同步训练题

一、客观题

1. 设级数(1) $\sum_{n=1}^{\infty} \frac{2^n n!}{n^n}$ 与级数(2) $\sum_{n=1}^{\infty} \frac{3^n n!}{n^n}$,则( ).

(A) 级数(1),(2) 都收敛

(B) 级数(1),(2) 都发散

(C) 级数(1) 收敛,级数(2) 发散

(D) 级数(1) 发散,级数(2) 收敛

2. a 为任意正的实数,若级数 $\sum_{n=1}^{\infty} \frac{a^n n!}{n^n}$ 发散,级数 $\sum_{n=2}^{\infty} \frac{\sqrt{n+2} - \sqrt{n-2}}{n^a}$ 收敛,则( ).

(A) $a > e$ (B) $a = e$ (C) $\frac{1}{2} < a < e$ (D) $0 < a \leqslant \frac{1}{2}$

3. 设级数(1) $\sum_{n=1}^{\infty} \frac{n\sin^2 \frac{n\pi}{3}}{2^n}$ 和级数(2) $\sum_{n=1}^{\infty} \frac{n^{\ln n}}{(\ln n)^n}$,则( ).

(A) 级数(1) 收敛,级数(2) 发散   (B) 级数(1) 发散,级数(2) 收敛

(C) 级数(1),(2) 都收敛   (D) 级数(1),(2) 都发散

4. 设有级数(1) $\sum_{n=1}^{\infty} \frac{1}{n^p} \sin \frac{\pi}{n} (p \leqslant 0)$ 与级数(2) $\sum_{n=1}^{\infty} \log_{2^n}\left(1 + \frac{1}{n}\right)$,其敛散性判定的结果是( ).

(A) 级数(1),(2) 都收敛   (B) 级数(1) 收敛,级数(2) 发散

(C) 级数(1) 发散,(2) 收敛   (D) 级数(1),(2) 都发散

5. 判别级数 $\sum\limits_{n=1}^{\infty}\left(\ln\dfrac{1}{n}-\ln\sin\dfrac{1}{n}\right)$ 的敛散性,正确的结论是此级数_____.

二、已知级数的部分和 $S_n=\arctan n$,写出级数的一般项,证明该级数收敛并求它的和 S.

三、判别下列级数的敛散性

1. $\sum\limits_{n=1}^{\infty}\dfrac{n^2+1}{2^n+1}$.

2. $\sum\limits_{n=1}^{\infty}n\sin\dfrac{\pi}{4^n}$.

3. $\sum\limits_{n=1}^{\infty}\dfrac{n^{n+1}}{(n+1)!}$.

4. $\sum\limits_{n=1}^{\infty}2^n\dfrac{n!}{(2n)!}$.

5. $\sum\limits_{n=1}^{\infty}\dfrac{(4n+1)!}{4^n n^4}$.

6. $\dfrac{1}{\sqrt{2}}+\dfrac{1}{2\sqrt{3}}+\dfrac{1}{3\sqrt{4}}+\cdots$.

7. $\sum\limits_{n=1}^{\infty}2^n\ln\left(1+\dfrac{1}{3^n}\right)$.

四、判别级数 $\sum\limits_{n=1}^{\infty}\dfrac{n!}{(2n)!}\sin\dfrac{1}{4^n}$ 的敛散性.

五、判别级数 $\sum\limits_{n=1}^{\infty}\dfrac{\ln(1+n^2)}{n3^n}$ 的敛散性.

六、判别级数 $\sum\limits_{n=1}^{\infty}\dfrac{x^n}{(1+x)(1+x^2)\cdots(1+x^n)}(x\geqslant 0)$ 的敛散性.

七、判别级数 $\sum\limits_{n=1}^{\infty}(\sqrt{n+1}-\sqrt{n})\sin\dfrac{\pi}{n}$ 的敛散性.

八、判别级数 $\sum\limits_{n=1}^{\infty}\sin\dfrac{\ln n}{n^2}$ 的敛散性.

九、用积分判别法判别级数 $\sum\limits_{n=3}^{\infty}\dfrac{\ln n}{n^2}$ 的敛散性.

十、利用积分判别法判别级数 $\sum\limits_{n=1}^{\infty}\int_n^{n+1}e^{-\sqrt{x}}dx$ 的敛散性.

十一、设 $a_n>0, b_n>0, \dfrac{a_{n+1}}{a_n}\leqslant\dfrac{b_{n+1}}{b_n}(n=1,2,\cdots)$,且级数 $\sum\limits_{n=1}^{\infty}b_n$ 收敛,要证级数 $\sum\limits_{n=1}^{\infty}a_n$ 收敛,有人作出证明如下:因为 $\sum\limits_{n=1}^{\infty}b_n$ 收敛,所以 $\lim\limits_{n\to\infty}\dfrac{b_{n+1}}{b_n}<1$,从而 $\lim\limits_{n\to\infty}\dfrac{a_{n+1}}{a_n}<1$,由比值判别法知,正项级数 $\sum\limits_{n=1}^{\infty}a_n$ 收敛,上述证明对吗?如不对,给出正确证法.

十二、问 a 取什么值时,级数 $\sum\limits_{n=1}^{\infty}(\sqrt[n]{a}-1)$ 是收敛的.

十三、如果正项级数 $\sum\limits_{n=1}^{\infty}a_n$ 收敛,试证级数 $\sum\limits_{n=1}^{\infty}\dfrac{\sqrt{a_n}}{n}$ 也收敛.

辅导与参考答案

A 级同步训练题

一、客观题

    1. (D).   **2.** (C).   **3.** $p > 1$.   **4.** $\{s_n\}$ 有界.

二、用比较判别法或其极限形式判定下列级数的敛散性

    1. 解:因 $u_n = \dfrac{1}{n(2n+1)}$, 而 $0 \leqslant u_n \leqslant \dfrac{1}{n^2}$, 故由比较判别法知, 原级数收敛.

    2. 解:因 $u_n = \dfrac{n\cos^2\dfrac{n\pi}{3}}{(n+1)^3}$, 而 $0 \leqslant u_n \leqslant \dfrac{n}{(n+1)^3} \leqslant \dfrac{1}{n^2}$, 故由比较判别法知, 原级数收敛.

    3. 解:因 $u_n = \dfrac{n}{(n+1)(n+3)} > 0$, 而 $\lim\limits_{n\to\infty}\dfrac{u_n}{\dfrac{1}{n}} = 1$, 故原级数与 $\sum\limits_{n=1}^{\infty}\dfrac{1}{n}$ 同发散.

    4. 解:$u_n = \arcsin\dfrac{2}{n} > 0$, 因 $\lim\limits_{n\to\infty}\dfrac{u_n}{\dfrac{1}{n}} = 2$, 故原级数与 $\sum\limits_{n=1}^{\infty}\dfrac{1}{n}$ 同发散.

    5. 解:$u_n = 1 - \cos\dfrac{2}{n} > 0$, 因 $\lim\limits_{n\to\infty}\dfrac{u_n}{\dfrac{1}{n^2}} = \lim\limits_{n\to\infty}\dfrac{\dfrac{1}{2}\left(\dfrac{2}{n}\right)^2}{\dfrac{1}{n^2}} = 2$, 故原级数与 $\sum\limits_{n=1}^{\infty}\dfrac{1}{n^2}$ 同收敛.

    6. 解:$u_n = \ln\left(1 + \dfrac{2}{n^2}\right) > 0$, 因 $\lim\limits_{n\to\infty}\dfrac{u_n}{\dfrac{1}{n^2}} = \lim\limits_{n\to\infty}\dfrac{\dfrac{2}{n^2}}{\dfrac{1}{n^2}} = 2$, 故原级数与 $\sum\limits_{n=1}^{\infty}\dfrac{1}{n^2}$ 同收敛.

(注意:4,5,6 题可以利用极限的等价无穷小量替换来计算极限)

三、用比值判别法或根值判别法判断下列级数的收敛性

    1. 解:$u_n = \dfrac{n!}{a^n}$, 因 $\rho = \lim\limits_{n\to\infty}\dfrac{u_{n+1}}{u_n} = \lim\limits_{n\to\infty}\dfrac{(n+1)! \cdot a^n}{a^{n+1} \cdot n!} = +\infty > 1$, 故原级数发散.

    2. 解:$u_n = \dfrac{(2n)!}{n! \cdot 3^n}$,

        因 $\rho = \lim\limits_{n\to\infty}\dfrac{u_{n+1}}{u_n} = \lim\limits_{n\to\infty}\dfrac{(2n+2)!}{(n+1)! \cdot 3^{n+1}} \cdot \dfrac{n! \cdot 3^n}{(2n)!} = +\infty > 1$, 故原级数发散.

    3. 解:$u_n = \dfrac{3^{2n}}{n^2}$, 因 $\rho = \lim\limits_{n\to\infty}\dfrac{u_{n+1}}{u_n} = \lim\limits_{n\to\infty}\dfrac{3^{2n+2}}{(n+1)^2} \cdot \dfrac{n^2}{3^{2n}} = 9 > 1$, 故原级数发散.

    4. 解:$u_n = \left(\sqrt{\dfrac{n-1}{9n+1}}\right)^n$, 因 $\rho = \lim\limits_{n\to\infty}\sqrt[n]{u_n} = \lim\limits_{n\to\infty}\sqrt{\dfrac{n-1}{9n+1}} = \dfrac{1}{3} < 1$, 故原级数收敛.

    5. 解:$u_n = \left(\dfrac{n}{2n-1}\right)^{2n-1}$, 因 $\rho = \lim\limits_{n\to\infty}\sqrt[n]{u_n} = \lim\limits_{n\to\infty}\left(\dfrac{n}{2n+1}\right)^{\frac{2n-1}{n}} = \dfrac{1}{4} < 1$, 故原级数收敛.

四、证:因 $\sum\limits_{n=1}^{\infty}a_n$ 收敛, 故 $\lim\limits_{n\to\infty}a_n = 0$, 又因 $\lim\limits_{n\to\infty}\dfrac{a_n^2}{a_n} = 0$, 所以 $\sum\limits_{n=1}^{\infty}a_n^2$ 由比较判别法的极限形式知道也收敛.

B级同步训练题

一、客观题

1. (C).   2. (A).   3. (C).   4. (C).   5. 收敛.

二、解：由 $S_n = \arctan n$，可得

$$u_n = S_n - S_{n-1} = \arctan n - \arctan(n-1)$$
$$= \arctan \frac{1}{1-n+n^2}, \lim_{n\to\infty} S_n = \lim_{n\to\infty} \arctan n = \frac{\pi}{2},$$

即级数收敛，其和为 $\frac{\pi}{2}$.

三、判别下列级数的敛散性

1. **解**：因 $\lim\limits_{n\to\infty} \dfrac{u_{n+1}}{u_n} = \lim\limits_{n\to\infty} \dfrac{(n+1)^2+1}{n^2+1} \cdot \dfrac{2^n+1}{2^{n+1}+1} = \dfrac{1}{2} < 1$，

 故 $\sum\limits_{n=1}^{\infty} \dfrac{n^2+1}{2^n+1}$ 收敛.

2. **解**：$\lim\limits_{n\to\infty} \dfrac{u_{n+1}}{u_n} = \lim\limits_{n\to\infty} \dfrac{(n+1)\sin\dfrac{\pi}{4^{n+1}}}{n\sin\dfrac{\pi}{4^n}} = \dfrac{1}{4} < 1$，由比值判别法知，$\sum\limits_{n=1}^{\infty} u_n$ 收敛.

3. **解**：$\lim\limits_{n\to\infty} \dfrac{a_{n+1}}{a_n} = \lim\limits_{n\to\infty} \dfrac{n+1}{n+2} \left(1+\dfrac{1}{n}\right)^{n+1} = e > 1$，因此原级数发散.

4. **解**：$\lim\limits_{n\to\infty} \dfrac{u_{n+1}}{u_n} = \lim\limits_{n\to\infty} \dfrac{2^{n+1} \dfrac{(n+1)!}{(2n+2)!}}{2^n \dfrac{n!}{(2n)!}} = \lim\limits_{n\to\infty} 2 \dfrac{n+1}{(2n+2)(2n+1)} = 0.$

 由比值判别法，$\sum\limits_{n=1}^{\infty} u_n$ 收敛.

5. **解**：$\rho = \lim\limits_{n\to\infty} \dfrac{\dfrac{(4n+5)!}{4^{n+1}(n+1)^4}}{\dfrac{(4n+1)!}{4^n n^4}} = \lim\limits_{n\to\infty} \dfrac{(4n+2)(4n+3)(4n+4)(4n+5)}{4} \left(\dfrac{n}{n+1}\right)^4 = +\infty.$ 由比值

 判别法，$\sum\limits_{n=1}^{\infty} u_n$ 发散.

6. **解**：$u_n = \dfrac{1}{n\sqrt{n+1}}$，于是 $u_n < \dfrac{1}{n^{\frac{3}{2}}}$，又 $\sum\limits_{n=1}^{\infty} \dfrac{1}{n^{\frac{3}{2}}}$ 收敛，因此 $\sum\limits_{n=1}^{\infty} u_n$ 收敛.

7. **解**：记 $u_n = 2^n \ln\left(1+\dfrac{1}{3^n}\right)$，则有因 $\rho = \lim\limits_{n\to\infty} \dfrac{u_{n+1}}{u_n} = \dfrac{2}{3} < 1$，故原级数收敛.

四、解：$\lim\limits_{n\to\infty} \dfrac{u_{n+1}}{u_n} = \lim\limits_{n\to\infty} \dfrac{\dfrac{(n+1)!}{(2n+2)!} \sin\dfrac{1}{4^{n+1}}}{\dfrac{n!}{2n!} \sin\dfrac{1}{4^n}} = \lim\limits_{n\to\infty} \dfrac{1}{4} \dfrac{n+1}{(2n+2)(2n+1)} = 0.$

由比值判别法知，$\sum\limits_{n=1}^{\infty} u_n$ 收敛.

五、解:$\lim\limits_{n\to\infty}\dfrac{u_{n+1}}{u_n}=\lim\limits_{n\to\infty}\dfrac{\dfrac{\ln[1+(n+1)^2]}{(n+1)3^{n+1}}}{\dfrac{\ln(1+n^2)}{n3^n}}=\dfrac{1}{3}<1$,由比值判别法知,$\sum\limits_{n=1}^{\infty}u_n$ 收敛.

六、解:记 $u_n=\dfrac{x^n}{(1+x)(1+x^2)\cdots(1+x^n)}\geqslant 0(x\geqslant 0)$.

$$\lim_{n\to\infty}\dfrac{u_{n+1}}{u_n}=\lim_{n\to\infty}\dfrac{x}{1+x^{n+1}}=\begin{cases}x, & 0\leqslant x<1;\\ \dfrac{1}{2}, & x=1;\\ 0, & x>1.\end{cases}$$

由比值判别法,对一切 $x\geqslant 0$,原级数收敛.

七、解:记 $u_n=(\sqrt{n+1}-\sqrt{n})\sin\dfrac{\pi}{n}$,于是 $u_n=\dfrac{\sin\dfrac{\pi}{n}}{(\sqrt{n+1}+\sqrt{n})}$,取 $v_n=\dfrac{1}{n^{\frac{3}{2}}}$,

$$\lim_{n\to\infty}\dfrac{u_n}{v_n}=\lim_{n\to\infty}\dfrac{\sqrt{n}}{\sqrt{n+1}+\sqrt{n}}\cdot\dfrac{\sin\dfrac{\pi}{n}}{\dfrac{1}{n}}=\dfrac{\pi}{2},$$ 而级数 $\sum\limits_{n=1}^{\infty}v_n$ 收敛,故原级数收敛.

八、解:记 $u_n=\sin\dfrac{\ln n}{n^2}$,取 $v_n=\dfrac{1}{n^{\frac{3}{2}}}$,

$$\lim_{x\to+\infty}\dfrac{\sin\dfrac{\ln x}{x^2}}{\dfrac{1}{x^{\frac{3}{2}}}}=\lim_{x\to+\infty}\dfrac{\sin\dfrac{\ln x}{x^2}}{\dfrac{\ln x}{x^2}}\cdot\dfrac{\ln x}{x^{\frac{1}{2}}}=\lim_{x\to+\infty}\dfrac{\ln x}{\sqrt{x}}=0.$$

从而 $\lim\limits_{x\to\infty}\dfrac{u_n}{v_n}=0$,又 $\sum\limits_{n=1}^{\infty}\dfrac{1}{n^{\frac{3}{2}}}$ 收敛,故由比较判别法极限形式得原级数收敛(注意本题在用洛必达法则时,应将 n 换为 x,才能求导).

九、解:设 $f(x)=\dfrac{\ln x}{x^2}$,于是在 $(3,+\infty)$ 上有

$$f'(x)=\dfrac{x^2\dfrac{1}{x}-2x\ln x}{x^4}<0,$$ 故而 $f(x)$ 在 $(3,+\infty)$ 上单调减小,

$\int_3^{+\infty}\dfrac{\ln x}{x^2}\mathrm{d}x=-\dfrac{1}{x}\ln x\Big|_3^{+\infty}+\int_3^{+\infty}\dfrac{1}{x^2}\mathrm{d}x=\dfrac{1}{3}\ln 3-\dfrac{1}{3}=\dfrac{1}{3}(\ln 3-1)$,由积分判别法得原级数收敛.

十、解:记 $u_n=\int_n^{n+1}\mathrm{e}^{-\sqrt{x}}\mathrm{d}x$,于是

$$\sum_{n=1}^{\infty}u_n=\int_1^{+\infty}\mathrm{e}^{-\sqrt{x}}\mathrm{d}x=2\int_1^{+\infty}y\mathrm{e}^{-y}\mathrm{d}y=-2(y+1)\mathrm{e}^{-y}\Big|_1^{+\infty}=\dfrac{4}{\mathrm{e}}.$$

故所论级数收敛.

十一、解:上述证法不对.因为比值判别法的逆命题不成立.

由已知条件可得 $\dfrac{a_{n+1}}{b_{n+1}} \leqslant \dfrac{a_n}{b_n} \leqslant \cdots \leqslant \dfrac{a_1}{b_1}$,

于是 $a_n \leqslant \dfrac{a_1}{b_1} b_n, n = 1, 2, \cdots$

又知 $\sum\limits_{n=1}^{\infty} b_n$ 收敛,由比较判别法得级数 $\sum\limits_{n=1}^{\infty} a_n$ 收敛.

十二、解:记 $u_n = \sqrt[n]{a} - 1$,当 $a > 1$ 时,令 $b = \min\{1, a-1\}, u_n \geqslant \sqrt[n]{1+b} - 1 \geqslant \dfrac{b}{2n}$.

而 $\sum\limits_{n=1}^{\infty} \dfrac{b}{2n}$ 发散,故而 $\sum\limits_{n=1}^{\infty} u_n$ 发散. 当 $a = 1$ 时,$u_n = 0$,级数 $\sum\limits_{n=1}^{\infty} u_n$ 收敛.

当 $0 < a < 1$ 时,令 $b = 1 - a, u_n = \sqrt[n]{1-b} - 1 \leqslant -\dfrac{b}{2n}$,

$-u_n \geqslant \dfrac{b}{2n}$,级数 $\sum\limits_{n=1}^{\infty} u_n$ 发散.

当 $a = 0$ 时,$u_n = -1$,级数 $\sum\limits_{n=1}^{\infty} u_n$ 发散;当 $a < 0$ 时,$\sqrt[n]{a}$ 没有意义.

十三、证:由于级数 $\sum\limits_{n=1}^{\infty} a_n, \sum\limits_{n=1}^{\infty} \dfrac{1}{n^2}$ 收敛,又 $2\sqrt{a_n} \dfrac{1}{n} \leqslant a_n + \dfrac{1}{n^2}$,所以 $\sum\limits_{n=1}^{\infty} \dfrac{\sqrt{a_n}}{n}$ 收敛.

§12-3 交错级数与任意项级数及其审敛法

A级同步训练题

一、客观题

1. 下列级数中绝对收敛的是( ).

   (A) $\sum\limits_{n=1}^{\infty} (-1)^n \dfrac{1}{n+1}$ 　　(B) $\sum\limits_{n=2}^{\infty} \dfrac{(-1)^{n+1}}{\ln n + 1}$

   (C) $\sum\limits_{n=1}^{\infty} \dfrac{(-1)^{n+1}}{n \sqrt{n+1}}$ 　　(D) $\sum\limits_{n=2}^{\infty} \dfrac{(-1)^{n+1}}{\sqrt{n}}$

2. 下列级数中,条件收敛的是( ).

   (A) $\sum\limits_{n=1}^{\infty} (-1)^{n-1} \dfrac{n}{\sqrt{n^3+1}}$ 　　(B) $\sum\limits_{n=1}^{\infty} (-1)^{n-1} \dfrac{n}{2^n}$

   (C) $\sum\limits_{n=1}^{\infty} (-1)^{n-1} \sin \dfrac{1}{n^2}$ 　　(D) $\sum\limits_{n=1}^{\infty} (-1)^{n-1} \dfrac{1}{n2^n}$

3. $|a| < 1$ 是级数 $\sum\limits_{n=1}^{\infty} na^n$ 绝对收敛的( ).

   (A) 充分必要条件 　　(B) 充分但非必要求件
   (C) 必要但非充分条件 　　(D) 既非充分又非必要条件

4. 级数 $\sum\limits_{n=1}^{\infty}(-1)^n \ln\left(1+\dfrac{1}{n^2}\right)$ 是( ).

(A) 绝对收敛   (B) 条件收敛

(C) 发散   (D) 敛散性不能确定

5. $\sum\limits_{n=1}^{\infty}(-1)^{n-1}\dfrac{1}{u_n}(u_n>0, n=1,2,3,\cdots)$ 若满足条件_____,则此级数收敛.

二、判定下列级数是否收敛?若收敛是条件收敛还是绝对收敛?

1. $\sum\limits_{n=1}^{\infty}(-1)^n \dfrac{1}{\ln(2+n)}.$ 2. $\sum\limits_{n=1}^{\infty}(-1)^{n-1}\dfrac{n}{4^n}.$

3. $\sum\limits_{n=1}^{\infty}\dfrac{\sin\dfrac{a}{n+1}}{a^{n+1}}, a>1.$ 4. $\sum\limits_{n=1}^{\infty}(-1)^n \dfrac{\sin\sqrt{n}}{n^2}.$

5. $\sum\limits_{n=1}^{\infty}\dfrac{\cos n\pi}{n+1}.$

三、已知级数 $\sum\limits_{n=1}^{\infty}u_n^2$ 收敛. 证明: $\sum\limits_{n=1}^{\infty}\dfrac{u_n}{n}$ 必绝对收敛.

B 级同步训练题

一、客观题

1. 若级数 $\sum\limits_{n=1}^{\infty}u_n$ 收敛,则( ).

(A) $\sum\limits_{n=1}^{\infty}(u_n+u_{n+1})$ 收敛   (B) $\sum\limits_{n=1}^{\infty}u_{2n}$ 收敛

(C) $\sum\limits_{n=1}^{\infty}u_n u_{n+1}$ 收敛   (D) $\sum\limits_{n=1}^{\infty}(-1)^n u_n$ 收敛

2. 级数 $\sum\limits_{n=1}^{\infty}u_n$ 绝对收敛是 $\sum\limits_{n=1}^{\infty}u_n^2$ 收敛的( ).

(A) 充分必要条件   (B) 必要但非充分条件

(C) 充分但非必要条件   (D) 既非充分又非必要条件

3. 下列结论中,正确的是( ).

(A) 级数 $\sum\limits_{n=1}^{\infty}u_n$ 收敛,必条件收敛

(B) 级数 $\sum\limits_{n=1}^{\infty}u_n$ 收敛,必绝对收敛

(C) 若 $\sum\limits_{n=1}^{\infty}|u_n|$ 发散,则 $\sum\limits_{n=1}^{\infty}u_n$ 条件收敛

（D）若 $\sum\limits_{n=1}^{\infty}|u_{n+1}|$ 收敛,则 $\sum\limits_{n=1}^{\infty}u_n$ 收敛

4. 若 $\lim\limits_{n\to\infty}\dfrac{b_n}{a_n}=1$,则级数 $\sum\limits_{n=1}^{\infty}a_n$ 收敛是 $\sum\limits_{n=1}^{\infty}b_n$ 收敛的(   ).

（A）必要但非充分条件 （B）充分但非必要条件

（C）充分必要条件 （D）既非充分又非必要条件

二、级数 $\sum\limits_{n=1}^{\infty}\dfrac{(-1)^n}{n-\ln n}$ 是否收敛,是否绝对收敛?

三、证明级数 $\sum\limits_{n=1}^{\infty}(-1)^n\sin\dfrac{x}{n}$ $(x\neq 0)$ 条件收敛.

四、证明级数 $\sum\limits_{n=1}^{\infty}(-1)^n\dfrac{\ln n}{n^p}$,当 $0<p\leqslant 1$ 时,条件收敛.

五、判别级数 $\sum\limits_{n=1}^{\infty}\dfrac{1}{\sqrt{n}}\cos\dfrac{n\pi}{2}$ 的敛散性.

六、判断级数 $\sum\limits_{n=1}^{\infty}\dfrac{1}{\sqrt{n}}\sin\dfrac{n\pi}{2}$ 的敛散性,若收敛则说明是绝对收敛还是条件收敛.

七、证明级数 $\sum\limits_{n=1}^{\infty}\dfrac{(-1)^n}{\ln^2(n+1)}\left(\sin\dfrac{1}{n}\right)$ 绝对收敛.

八、设 $\sum\limits_{n=1}^{\infty}u_n$ 收敛,试证明 $\sum\limits_{n=1}^{\infty}\dfrac{u_n}{n^{1+\alpha}}(\alpha>0)$ 必绝对收敛.

九、设级数 $\sum\limits_{n=1}^{\infty}a_n$ 绝对收敛,$\sum\limits_{n=1}^{\infty}b_n$ 条件收敛,证明 $\sum\limits_{n=1}^{\infty}(a_n-2b_n)$ 条件收敛.

辅导与参考答案

A级同步训练题

一、客观题

1. （C）.   2. （A）.   3. （A）.   4. （A）.   5. $u_n\to+\infty$,且单调递增.

二、判定下列级数是否收敛?若收敛是条件收敛还是绝对收敛?

1. 解：$u_n=\dfrac{1}{\ln(2+n)}$,因 $\lim\limits_{n\to\infty}u_n=0$,$u_n>u_{n+1}$,故 $\sum\limits_{n=1}^{\infty}u_n$ 收敛.

又因为 $\sum\limits_{n=1}^{\infty}|u_n|$ 发散,所以原级数条件收敛.

2. 解：因 $\lim\limits_{n\to\infty}\dfrac{n+1}{4^{n+1}}\cdot\dfrac{4^n}{n}=\dfrac{1}{4}<1$, 收敛,所以原级数绝对收敛.

3. 解：$u_n = \dfrac{\sin\dfrac{a}{n+1}}{a^{n+1}}$，因 $|u_n| \leqslant \dfrac{1}{a^{n+1}}$，$\sum\limits_{n=1}^{\infty} \dfrac{1}{a^{n+1}}$ 收敛 $(a > 1)$，

$\sum\limits_{n=1}^{\infty} |u_n|$ 收敛，所以原级数绝对收敛.

4. 解：$u_n = (-1)^n \dfrac{\sin\sqrt{n}}{n^2}$，因 $|u_n| \leqslant \dfrac{1}{n^2}$，$\sum\limits_{n=1}^{\infty} \dfrac{1}{n^2}$ 收敛，所以 $\sum\limits_{n=1}^{\infty} |u_n|$ 收敛，

所以原级数绝对收敛.

5. 解：因 $\dfrac{\cos n\pi}{n+1} = \dfrac{(-1)^n}{n+1}$，所以原级数条件收敛.

三、证：因 $\left|\dfrac{u_n}{n}\right| \leqslant u_n^2 + \dfrac{1}{n^2}$，而 $\sum\limits_{n=1}^{\infty} u_n^2$，$\sum\limits_{n=1}^{\infty} \dfrac{1}{n^2}$ 收敛，由比较判别法知 $\sum\limits_{n=1}^{+\infty} \left|\dfrac{u_n}{n}\right|$ 收敛.

所以 $\sum\limits_{n=1}^{\infty} \dfrac{u_n}{n}$ 必绝对收敛.

B 级同步训练题

一、客观题

    1. (A).   2. (C).   3. (D).   4. (D).

二、解：$\dfrac{1}{(n+1) - \ln(n+1)} < \dfrac{1}{n - \ln n}$，又 $\dfrac{1}{n - \ln n} \to 0$ $(n \to \infty)$，故原级数收敛，

又因 $\dfrac{1}{n - \ln n} > \dfrac{1}{n}$，故 $\sum\limits_{n=1}^{\infty} \dfrac{1}{n - \ln n}$ 发散，因此原级数条件收敛.

三、解：不妨设 $x > 0$，当 n 充分大时，$\dfrac{x}{n} < \dfrac{\pi}{2}$，$\sum\limits_{n=1}^{\infty} (-1)^n \sin\dfrac{x}{n}$ 为交错级数，由莱布尼茨判别法知它

收敛，$\lim\limits_{n \to \infty} \dfrac{\sin\dfrac{x}{n}}{\dfrac{1}{n}} = x$，知绝对值级数发散，因此所论级数条件收敛.

四、解：令 $f(x) = \dfrac{\ln x}{x^p}$，因 $f'(x) = \dfrac{1}{x^{p+1}} - \dfrac{p \ln x}{x^{p+1}}$，$\lim\limits_{x \to \infty} \dfrac{\ln x}{x^p} = \lim\limits_{x \to \infty} \dfrac{1}{p x^p} = 0$，当 $x > e^{\frac{1}{p}}$ 时，单调减少且

趋近于零，所以由莱布尼茨判别法知原级数收敛.

$\dfrac{\ln n}{n^p} \geqslant \dfrac{1}{n^p}$ $(n \geqslant 3)$，

可得 $\sum\limits_{n=1}^{\infty} \left|(-1)^n \dfrac{\ln n}{n^p}\right|$ 发散 $(0 < p \leqslant 1)$，因此所论级数条件收敛.

五、解：$u_n = \dfrac{1}{\sqrt{n}} \cos\dfrac{n\pi}{2} = \begin{cases} 0, & n = 2k-1; \\ \dfrac{(-1)^k}{\sqrt{2k}}, & n = 2k. \end{cases}$ 故原级数为交错级数 $\sum\limits_{k=1}^{\infty} \dfrac{(-1)^k}{\sqrt{2k}}$，从而收敛.

六、解：由于 n 偶数时，通项为 0，所以原级数即为 $\sum\limits_{k=1}^{\infty} \dfrac{(-1)^{k-1}}{\sqrt{2k-1}}$ 因此它收敛，且为条件收敛.

七、解：$\left|\dfrac{(-1)^n}{\ln^2(n+1)}\left(\sin\dfrac{1}{n}\right)\right|\leqslant\dfrac{1}{n\ln^2(n+1)}$，因为 $\displaystyle\int_1^{+\infty}\dfrac{1}{(x+1)\ln^2(x+1)}\mathrm{d}x$ 收敛.

由积分判敛法，知 $\displaystyle\sum_{n=1}^{\infty}\dfrac{1}{n\ln^2(n+1)}$ 收敛，所以原级数绝对收敛.

八、解：因为 $\displaystyle\sum_{n=1}^{\infty}u_n$ 收敛，故 $\lim\limits_{x\to\infty}u_n=0$，$\lim\limits_{x\to\infty}\dfrac{\dfrac{|u_n|}{n^{1+a}}}{\dfrac{1}{n^{1+a}}}=\lim\limits_{x\to\infty}|u_n|=0$，

而 $\displaystyle\sum_{n=1}^{\infty}\dfrac{1}{n^{1+a}}$ 收敛 $(a>0)$，所以 $\displaystyle\sum_{n=1}^{\infty}\dfrac{u_n}{n^{1+a}}$ 绝对收敛.

九、解：由假设，$\displaystyle\sum_{n=1}^{\infty}a_n$ 与 $\displaystyle\sum_{n=1}^{\infty}b_n$ 收敛，故 $\displaystyle\sum_{n=1}^{\infty}(a_n-2b_n)$ 收敛.

假如 $\displaystyle\sum_{n=1}^{\infty}(a_n-2b_n)$ 绝对收敛，则由 $2|b_n|\leqslant|a_n-2b_n|+|a_n|$

得 $\displaystyle\sum_{n=1}^{\infty}|b_n|$ 收敛，与题设有矛盾，此矛盾说明 $\displaystyle\sum_{n=1}^{\infty}(a_n-2b_n)$ 条件收敛.

章节练习题（一）

一、客观题

1. 当 $\displaystyle\sum_{n=1}^{\infty}(a_n+b_n)$ 收敛时，$\displaystyle\sum_{n=1}^{\infty}a_n$ 与 $\displaystyle\sum_{n=1}^{\infty}b_n$ (　　).

   (A) 必同时收敛　　　　　　　(B) 必同时发散

   (C) 可能不同时收敛　　　　　(D) 不可能同时收敛

2. 级数 $\displaystyle\sum_{n=1}^{\infty}a_n^2$ 收敛是级数 $\displaystyle\sum_{n=1}^{\infty}a_n^4$ 收敛的(　　).

   (A) 充分而不必要条件　　　　(B) 必要而不充分条件

   (C) 充要条件　　　　　　　　(D) 既非充分也非必要条件

3. $\displaystyle\sum_{n=1}^{\infty}a_n$ 为任意项级数，若 $|a_n|>|a_{n+1}|$ 且 $\lim\limits_{n\to\infty}a_n=0$，则该级数(　　).

   (A) 条件收敛　　　　　　　　(B) 绝对收敛

   (C) 发散　　　　　　　　　　(D) 敛散性不确定

4. 级数 $\displaystyle\sum_{n=0}^{\infty}\dfrac{1}{1+a^n}$ 当 $a>0$ 且满足条件_____时收敛.

二、判断下列级数的敛散性.

(1) $\displaystyle\sum_{n=1}^{\infty}\dfrac{2n^n}{(1+n)^n}$.　　　　　　(2) $\displaystyle\sum_{n=1}^{\infty}\ln\dfrac{n}{n+1}$.

(3) $\displaystyle\sum_{n=1}^{\infty}\dfrac{3n+1}{n!2^n}$.　　　　　　(4) $\displaystyle\sum_{n=1}^{\infty}\ln\left(1+\dfrac{2}{n}\right)\cdot\sin\dfrac{1}{n}$.

三、判断下列级数的敛散性，如果收敛，是条件收敛还是绝对收敛？

(1) $\sum_{n=1}^{\infty}(-1)^n(\sqrt{n+1}-\sqrt{n})$.

(2) $\sum_{n=1}^{\infty}(-1)^{n+1}\ln\frac{n}{n+1}$.

(3) $\sum_{n=1}^{\infty}\frac{\sin\frac{\pi}{n+1}}{\pi^{n+1}}$.

(4) $\sum_{n=1}^{\infty}(-1)^{\frac{n(n-1)}{2}}\frac{n}{2^n}$.

四、讨论 $\sum_{n=1}^{\infty}\left(\frac{an}{n+1}\right)^n$ $(a>0)$ 的敛散性.

章节练习题答案（一）

一、客观题

1. (C).   2. (A).   3. (D).   4. $a>1$.

二、1. 因 $\lim_{n\to+\infty}u_n=\frac{2}{e}\neq 0$，原级数发散.

2. 故 $S_n=0-\ln 2+\ln 2-\ln 3+\cdots+\ln n-\ln(1+n)$，$\lim_{n\to+\infty}S_n=-\infty$，级数发散.

3. $\lim_{n\to+\infty}\frac{3n+4}{(n+1)!2^{n+1}}\cdot\frac{n!2^n}{3n+1}=0<1$，级数收敛.

4. $\lim_{n\to+\infty}\left[\ln\left(1+\frac{1}{n}\right)\cdot\sin\frac{1}{n}\right]\bigg/\frac{1}{n^2}=1$，原级数收敛.

三、1. 因 $\sum_{n=1}^{\infty}(\sqrt{n+1}-\sqrt{n})$，$\lim_{n\to+\infty}S_n=+\infty$，级数发散，而 $\lim_{n\to+\infty}(\sqrt{n+1}-\sqrt{n})=0$，$\sqrt{n+2}-\sqrt{n+1}<\sqrt{n+1}-\sqrt{n}$，所以原级数条件收敛.

2. 因 $\sum_{n=1}^{\infty}\ln\frac{n}{n+1}$ 发散，而 $\lim_{n\to+\infty}\ln\frac{n}{n+1}=0$，$\ln\frac{n+1}{n+2}<\ln\frac{n}{n+1}$，原级数条件收敛.

3. 因 $\sum_{n=1}^{\infty}\frac{1}{\pi^{n+1}}$ 收敛，而 $\frac{\sin\frac{\pi}{n+1}}{\pi^{n+1}}\leqslant\frac{1}{\pi^{n+1}}$，所以原级数绝对收敛.

4. 因 $\lim_{n\to\infty}\frac{n+1}{2^{n+1}}\cdot\frac{2^n}{n}=\frac{1}{2}$，所以 $\sum_{n=1}^{\infty}\frac{n}{2^n}$ 收敛，原级数绝对收敛.

四、因 $\lim_{n\to+\infty}\sqrt[n]{u_n}=\lim_{n\to+\infty}\frac{na}{n+1}=a$，所以当 $0<a<1$ 时，级数收敛；当 $a>1$ 时，级数发散；当 $a=1$ 时，$\lim_{n\to+\infty}u_n=\lim_{n\to+\infty}\frac{1}{\left(1+\frac{1}{n}\right)^n}=\frac{1}{e}\neq 0$，级数发散.

§12-4　幂级数

A级同步训练题

一、客观题

1. 设级数 $\sum_{n=0}^{\infty} b_n(x-2)^n$ 在 $x=-2$ 处收敛,则此级数在 $x=4$ 处（　　）.
   (A) 发散　　　　　　　　(B) 绝对收敛
   (C) 条件收敛　　　　　　(D) 不能确定敛散性

2. 级数 $\sum_{n=1}^{\infty} \dfrac{(x-5)^n}{\sqrt{n}}$ 的收敛区间为（　　）.
   (A) $(4,6)$　　(B) $[4,6)$　　(C) $(4,6]$　　(D) $[4,6]$

3. 级数 $\sum_{n=1}^{\infty} \dfrac{(x-1)^{2n}}{4^n}$ 的收敛半径为_____.

4. 幂级数 $\sum_{n=1}^{\infty} \dfrac{2^n}{n} x^n$ 的收敛区间为_____.

5. $\sum_{n=1}^{\infty} a_n x^n$ 在 $x=-3$ 时收敛,则 $\sum_{n=1}^{\infty} a_n x^n$ 在 $|x|<3$ 时_____.

6. 幂级数 $\sum_{n=1}^{\infty} \dfrac{1}{n}\left(\dfrac{x-2}{3}\right)^n$ 的收敛区间为_____.

二、确定下列幂级数的收敛区间

1. $\sum_{n=1}^{\infty} n^2 x^n$.　　　　　2. $\sum_{n=1}^{\infty} \dfrac{nx^n}{(2n)!!}$.

3. $\sum_{n=1}^{\infty} (-1)^n \dfrac{x^n}{n \cdot 4^n}$.　　4. $\sum_{n=1}^{\infty} \dfrac{2+n}{1+n^2}(2x-5)^n$.

三、求下列幂级数的和函数

1. $\sum_{n=1}^{\infty} n x^{n-1}\ (|x|<1)$.　　2. $\sum_{n=1}^{\infty} \dfrac{x^n}{n}\ (|x|<1)$.

B级同步训练题

一、客观题

1. 若级数 $\sum_{n=1}^{\infty} \dfrac{(2x-a)^n}{2n-1}$ 的收敛域为 $[3,4)$,则常数 $a=$（　　）.
   (A) 4　　(B) 5　　(C) 6　　(D) 7

2. 若幂级数 $\sum_{n=1}^{\infty} a_n x^n$ 在 $x=1$ 处收敛,则该级数的收敛半径 R 满足（　　）.

(A) $R=1$　　(B) $R<1$　　(C) $R\leqslant 1$　　(D) $R\geqslant 1$

3. 设级数 $\sum\limits_{n=0}^{\infty}a_n(x-1)^n$ 的收敛半径是1,则级数在 $x=3$ 处(　　).

(A) 发散　　(B) 条件收敛　　(C) 绝对收敛　　(D) 不能确定敛散性

4. 设级数 $\sum\limits_{n=1}^{\infty}a_n(x+3)^n$ 在 $x=-1$ 处是收敛的,则此级数在 $x=1$ 处(　　).

(A) 发散　　(B) 绝对收敛　　(C) 条件收敛　　(D) 不能确定敛散性

5. 设幂级数 $\sum\limits_{n=0}^{\infty}a_n x^n$ 的收敛半径是 R,则幂级数 $\sum\limits_{n=0}^{\infty}a_n x^{2n+1}$ 的收敛半径是_____.

6. 幂级数 $\sum\limits_{n=0}^{\infty}x^{n^2}$ 的收敛半径是_____,收敛域是_____.

7. 幂级数 $\sum\limits_{n=0}^{\infty}\dfrac{1}{a^n+(-b)^n}x^n\ (a>0,b>0,a\neq b)$ 的收敛半径 $R=$_____.

8. 幂级数 $\sum\limits_{n=0}^{\infty}\dfrac{\ln(n+1)}{n+1}x^{n+1}$ 的收敛半径是_____,收敛域是_____.

9. $\sum\limits_{n=1}^{\infty}\dfrac{x^{2n-1}}{2n-1}$ 的收敛区间为_____,和函数 $S(x)$ 为_____.

二、试求幂级数 $\sum\limits_{n=1}^{\infty}\left(1+\dfrac{2}{n}\right)^{-n^2}x^n$ 的收敛半径.

三、试求幂级数 $\sum\limits_{n=1}^{\infty}a^{n^2}x^n\ (a>0)$ 的收敛域.

四、求级数 $\sum\limits_{n=1}^{\infty}\dfrac{x^n}{1+x^{2n}}$ 的收敛域.

五、试求幂级数 $\sum\limits_{n=1}^{\infty}\left(1+\dfrac{1}{n}\right)^{n^2}x^n$ 的收敛半径及收敛域.

六、求级数 $\sum\limits_{n=1}^{\infty}\dfrac{(n!)^2}{(2n)!}x^n$ 的收敛域.

七、试求幂级数 $\sum\limits_{n=1}^{\infty}\dfrac{(-1)^n}{n(\sqrt[n]{n})}x^n$ 的收敛域.

八、试求幂级数 $\sum\limits_{n=1}^{\infty}\dfrac{(-1)^n n^n}{a^{n^2}}x^n\ (a\neq 0)$ 的收敛半径.

九、求 $\sum\limits_{n=1}^{\infty}\dfrac{2n-1}{2^n}$.

辅导与参考答案

A 级同步训练题

一、客观题

1. (B). 2. (B). 3. 2. 4. $\left[-\dfrac{1}{2},\dfrac{1}{2}\right)$. 5. 绝对收敛. 6. $[-1,5)$.

二、确定下列幂级数的收敛区间

1. 解：$a_n=n^2$，$\rho=\lim\limits_{n\to\infty}\left|\dfrac{a_{n+1}}{a_n}\right|=\lim\limits_{n\to\infty}\dfrac{(n+1)^2}{n^2}=1$，则 $R=\dfrac{1}{\rho}=1$，因 $x=-1$，$x=1$ 代入原级数发散，故收敛区间为 $(-1,1)$.

2. 解：$a_n=\dfrac{n}{(2n)!!}$，$\rho=\lim\limits_{n\to\infty}\left|\dfrac{a_{n+1}}{a_n}\right|=\lim\limits_{n\to\infty}\dfrac{(n+1)(2n)!!}{(2n+2)!!n}=0$，故 $R=+\infty$，所以原级数收敛区间为 $(-\infty,+\infty)$.

3. 解：$a_n=(-1)^n\dfrac{1}{n\cdot 4^n}$，$\rho=\lim\limits_{n\to\infty}\left|\dfrac{a_{n+1}}{a_n}\right|=\lim\limits_{n\to\infty}\dfrac{n\cdot 4^n}{(n+1)4^{n+1}}=\dfrac{1}{4}$，所以 $R=4$，因 $x=-4$，$\sum\limits_{n=1}^{\infty}\dfrac{1}{n}$ 发散，$x=4$，$\sum\limits_{n=1}^{\infty}\dfrac{(-1)^n}{n}$ 收敛，所以收敛区间为 $(-4,4]$.

4. $a_n=\dfrac{2+n}{1+n^2}\cdot 2^n$，$\rho=\lim\limits_{n\to\infty}\left|\dfrac{a_{n+1}}{a_n}\right|=\lim\limits_{n\to\infty}\left|\dfrac{(3+n)\cdot 2^{n+1}}{1+(n+1)^2}\cdot\dfrac{1+n^2}{(2+n)\cdot 2^n}\right|=2$，所以 $R=\dfrac{1}{2}$，因 $x=2$，$\sum\limits_{n=1}^{\infty}\dfrac{2+n}{1+n^2}(-1)^n$ 收敛；

   $x=3$，$\sum\limits_{n=1}^{\infty}\dfrac{2+n}{1+n^2}$ 发散，所以收敛区间为 $[2,3)$.

三、求下列幂级数的和函数

1. 解：设 $S(x)=\sum\limits_{n=1}^{\infty}nx^{n-1}$，$\int_0^x S(t)\mathrm{d}t=\sum\limits_{n=1}^{\infty}x^n=\dfrac{x}{1-x}$，

   故 $S(x)=\left(\dfrac{x}{1-x}\right)'=\dfrac{1}{(1-x)^2}$ $(|x|<1)$.

2. 解：设 $S(x)=\sum\limits_{n=1}^{\infty}\dfrac{x^n}{n}$，$S'(x)=\sum\limits_{n=1}^{\infty}x^{n-1}=\dfrac{1}{1-x}$，

   故 $S(x)=\int_0^x\dfrac{1}{1-x}\mathrm{d}x=-\ln(1-x)$ $(|x|<1)$.

B 级同步训练题

一、客观题

1. (D). 2. (D). 3. (A). 4. (D). 5. $\sqrt{R}$. 6. $1,(-1,1)$.

7. $\max(a,b)$. 8. $1,[-1,1)$. 9. $(-1,1),\dfrac{1}{2}\ln\dfrac{1+x}{1-x}$.

二、解：$a_n=\left(1+\dfrac{2}{n}\right)^{-n^2}$，$\lim\limits_{n\to\infty}\sqrt[n]{|a_n|}=\lim\limits_{n\to\infty}\left(1+\dfrac{2}{n}\right)^{-n}=\dfrac{1}{\mathrm{e}^2}$，故收敛半径为 $R=\dfrac{1}{\rho}=\mathrm{e}^2$.

三、解:设 $a_n = a^{n^2}$,由于 $\lim\limits_{n\to\infty} \dfrac{a_n}{a_{n+1}} = \lim\limits_{n\to\infty} a^{-(2n+1)} = \begin{cases} \infty, & 0 < a < 1; \\ 1, & a = 1; \\ 0, & a > 1. \end{cases}$

所以,当 $0 < a < 1$ 时,收敛域为 $(-\infty, +\infty)$;

当 $a = 1$ 时,收敛域为 $(-1, 1)$;当 $a > 1$ 时,收敛域为 $\{0\}$.

四、解:$\lim\limits_{n\to\infty} \dfrac{\dfrac{|x|^{n+1}}{1+x^{2n+2}}}{\dfrac{|x|^n}{1+x^{2n}}} = \lim\limits_{n\to\infty} |x| \cdot \dfrac{1+x^{2n}}{1+x^{2n+2}} = \begin{cases} |x|, & |x| < 1; \\ 1, & |x| = 1; \\ \dfrac{|x|}{x^2}, & |x| > 1. \end{cases}$

当 $|x| < 1$ 时,原级数收敛,

当 $|x| = 1$ 时,即 $x = \pm 1$ 时,比值判别法失效,

但 $x = 1, u_n = \dfrac{1}{2}$,原级数发散,$x = -1$,原级数为 $\sum\limits_{n=1}^{\infty} (-1)^n \dfrac{1}{2}$ 发散,

当 $|x| > 1, \dfrac{|x|}{x^2} < 1$,原级数收敛;综上所述:收敛域为 $(-\infty, -1) \cup (-1, 1) \cup (1, +\infty)$.

五、解:由于 $\lim\limits_{n\to\infty} \sqrt[n]{|u_n(x)|} = e|x|$,所以 $R = e^{-1}$,

且当 $|x| = e^{-1}$ 时,$\lim\limits_{n\to\infty} |u_n(x)| = \lim\limits_{n\to\infty} \left[\dfrac{\left(1+\dfrac{1}{n}\right)^n}{e}\right]^n = 1$,

所以收敛域是 $(-e^{-1}, e^{-1})$.

六、解:$a_n = \dfrac{(n!)^2}{(2n)!}, \rho = \lim\limits_{n\to\infty} \dfrac{|a_{n+1}|}{|a_n|} = \lim\limits_{n\to\infty} \dfrac{[(n+1)!]^2}{(2n+2)!} \cdot \dfrac{(2n)!}{(n!)^2} = \lim\limits_{n\to\infty} \dfrac{n+1}{2(2n+1)} = \dfrac{1}{4}$,故 $R = 4$.

又当 $x = \pm 4$ 时,原级数为 $\sum\limits_{n=1}^{\infty} \dfrac{(n!)^2}{(2n)!}(\pm 4)^n$, $\left|\dfrac{u_{n+1}}{u_n}\right| = \dfrac{4(n+1)}{2(2n+1)} > 1, \lim\limits_{n\to\infty} u_n \neq 0$.

故原级数发散,综上所述,所求收敛域为 $(-4, 4)$.

七、解:$a_n = \dfrac{(-1)^n}{n \cdot \sqrt[n]{n}}$,由于 $\lim\limits_{n\to\infty} \left|\dfrac{a_{n+1}}{a_n}\right| = 1$,所以收敛半径 $R = 1$,

且在点 $x = -1$ 处,级数发散;在点 $x = 1$ 处,级数化为 $\sum\limits_{n=1}^{\infty} \dfrac{(-1)^n}{n\sqrt[n]{n}}$,

设 $y = \dfrac{1}{x^{1+\frac{1}{x}}}, \ln y = -\left(1+\dfrac{1}{x}\right)\ln x, (\ln y)' = \dfrac{-[x+1-\ln x]}{x^2}$,

当 $x > 1$ 时,$(\ln y)' < 0$,从而 y 单调下降,

故 $\dfrac{1}{n\sqrt[n]{n}}$ 单调下降,且趋于零,级数 $\sum\limits_{n=1}^{\infty} \dfrac{(-1)^n}{n\sqrt[n]{n}}$ 收敛,级数的收敛域为 $(-1, 1]$.

八、解:$a_n = \dfrac{(-1)^n \cdot n^n}{a^{n^2}}$,由于 $\lim\limits_{n\to\infty} \left|\dfrac{a_{n+1}}{a_n}\right| = \lim\limits_{n\to\infty} \dfrac{(n+1)\left(1+\dfrac{1}{n}\right)^n}{|a|^{2n+1}} = \begin{cases} +\infty, & |a| \leqslant 1; \\ 0, & |a| > 1, \end{cases}$

所以收敛半径 $R = \begin{cases} 0, & |a| \leqslant 1; \\ +\infty, & |a| > 1. \end{cases}$

九、解:因为 $\sum\limits_{n=1}^{\infty} \dfrac{2n-1}{2^n} = \dfrac{1}{2} \sum\limits_{n=1}^{\infty} (2n-1)\left(\dfrac{1}{\sqrt{2}}\right)^{2n-2}$,

令 $S(x) = \sum_{n=1}^{\infty}(2n-1)x^{2n-2} = \left(\sum_{n=1}^{\infty}x^{2n-1}\right)'$

$= \left(\dfrac{x}{1-x^2}\right)' = \dfrac{1+x^2}{(1-x^2)^2}, |x|<1,$

所以 $\sum_{n=1}^{\infty}\dfrac{2n-1}{2^n} = \dfrac{1}{2}S\left(\dfrac{1}{\sqrt{2}}\right) = 3.$

§12-5 函数展开成幂级数

A 级同步训练题

一、客观题

1. $f^{(n)}(0)$ 存在是 $f(x)$ 可展开成 x 的幂级数的( ).

(A) 充要条件   (B) 充分条件但非必要条件

(C) 必要条件而不充分条件   (D) 既不是充分条件也非必要条件

2. 将 $\dfrac{x^4}{1-x^2}$ 展开成 x 的幂级数是( ).

(A) $\sum_{n=1}^{\infty} x^{2n}$ (B) $\sum_{n=1}^{\infty}(-1)^n x^{2n}$ (C) $\sum_{n=2}^{\infty} x^{2n}$ (D) $\sum_{n=2}^{\infty}(-1)^n x^{2n}$

3. 函数 $f(x) = -e^{x^2}$ 展开成 x 的幂级数为( ).

(A) $-\sum_{n=0}^{\infty}\dfrac{x^{2n}}{n!}$ (B) $\sum_{n=0}^{\infty}\dfrac{(-1)^n \cdot x^{2n}}{n!}$

(C) $-\sum_{n=0}^{\infty}\dfrac{x^n}{n!}$ (D) $\sum_{n=0}^{\infty}\dfrac{(-1)^n \cdot x^n}{n!}$

4. 函数 $y = \ln(3+x)$ 的麦克劳林展开式为 _____,收敛域是 _____.

5. $f(x) = \dfrac{1}{x^2+3x+2}$ 展开成 x 的幂级数为 _____,收敛域为 _____.

二、将下列函数展成 x 的幂级数

1. 求函数 $f(x) = \dfrac{x^{10}}{1-x}$ 展开成 x 的幂级数,并计算 $f^{(n)}(0)$ $(n=1,2,\cdots)$ 的值.

2. 设 $f(x) = 5x^3 - 4x^2 - 3x + 2$,求 $f(x+h)$ 关于 h 的麦克劳林级数.

3. 试将函数 $y = \arctan x^2$ 展开为 x 的幂级数.

4. 试将函数 $y = \sqrt[3]{8+x}$ 展开成 x 的幂级数.

5. 试求函数 $y = \dfrac{ax+b}{cx+d}(cd \neq 0)$ 的麦克劳林级数.

三、设 $f(x) = e^x$,试求函数关于 $(x+1)$ 的幂级数.

四、求函数 $f(x)=\ln\dfrac{1}{2+2x+x^2}$ 在点 $x_0=-1$ 处的泰勒级数展开式.

五、试将函数 $y=\dfrac{1}{x^2}$ 在点 $x_0\neq 0$ 处展开成泰勒级数.

B 级同步训练题

一、客观题

1. 如果 $f(x)$ 能展开成 x 的幂级数,那么该幂级数( ).
 (A) 是 $f(x)$ 的麦克劳林级数
 (B) 不一定是 $f(x)$ 的麦克劳林级数
 (C) 不是 $f(x)$ 的麦克劳林级数
 (D) 是 $f(x)$ 在点 x_0 处的泰勒级数

2. 函数 $\ln(a+x)$ 在 x_0 ($x_0>-a$) 点处的泰勒展开式为_____,其收敛域是_____.

3. 函数 $\sin x$ 在点 $x_0\neq 0$ 处的泰勒级数为_____,收敛区间为_____.

4. 函数 $f(x)=\displaystyle\int_0^x \dfrac{\sin t}{t}dt$ 在点 $x_0=0$ 处的泰勒级数为_____,其收敛域是_____.

5. 函数 $y=\ln\dfrac{1+x}{1-x}$ 的麦克劳林展开式为_____,收敛域是_____.

6. 函数 $\sin\left(x+\dfrac{\pi}{4}\right)$ 的麦克劳林展开式为_____,其收敛域是_____.

7. 函数 $\mathrm{sh}x$ 的麦克劳林展开式为_____,$(\mathrm{sh}x)^{(n)}\big|_{x=0}=$_____.

8. 函数 $\sin^2 x$ 的麦克劳林级数为_____,$(\sin^2 x)^{(n)}\big|_{x=0}=$_____.

9. 函数 $y=\ln(1+x-2x^2)$ 关于 x 的幂级数为_____,收敛域是_____.

10. 函数 $y=\displaystyle\int_0^x e^{-t}dt$ 关于 x 的幂级数是_____.

二、试求函数 $y=\ln(4-7x-2x^2)$ 在点 $x=0$ 处的泰勒级数,并指出收敛域.

三、试求函数 $y=\dfrac{1+x}{(1-x)^3}$ 在点 $x_0=0$ 处的泰勒级数展开式,并计算 $\displaystyle\sum_{n=1}^{\infty}\dfrac{n^2}{2^{n-1}}$ 之和.

四、设函数 $f(x)=\begin{cases}\dfrac{\sin x-x\cos^2 x}{x^3}, & x\neq 0;\\ \dfrac{5}{6}, & x=0,\end{cases}$ 试求 $f(x)$ 的麦克劳林级数.

五、试把函数 $f(x)=(x^2+1)\ln(1+x^2)-(x^2+1)$ 展成 x 的幂级数.

六、试将函数 $y=(1+e^x)^3$ 成开成 x 的幂级数.

七、试将函数 $f(x)=(x-2)e^{-x}$ 展开为 $(x-1)$ 的幂级数,并计算 $f^{(n)}(1)$ 的值.

辅导与参考答案

A 级同步训练题

一、客观题

1. (C). 2. (C). 3. (A). 4. $\ln 3 + \sum_{n=1}^{\infty} \dfrac{(-1)^{n+1} x^n}{n \cdot 3^n}$, $(-3, 3]$.

5. $\sum_{n=1}^{\infty} (-1)^n \left(1 - \dfrac{1}{2^{n+1}}\right) x^n$, $(-1, 1)$.

二、将下列函数展成 x 的幂级数

1. 解:由于 $\dfrac{1}{1-x} = \sum_{n=0}^{\infty} x^n, x \in (-1, 1)$,所以 $f(x) = \sum_{n=0}^{\infty} x^{10+n}, x \in (-1, 1)$.

$$f^{(n)}(0) = \begin{cases} 0, n = 1, 2, \cdots, 9; \\ n!, n = 10, 11, \cdots. \end{cases}$$

2. 解: $f(x+h) = 5(x+h)^3 - 4(x+h)^2 - 3(x+h) + 2$

$$= (5x^3 - 4x^2 - 3x + 2) + (15x^2 - 8x - 3)h$$

$$+ (15x - 4)h^2 + 5h^3,$$

$$x \in (-\infty, +\infty), h \in (-\infty, +\infty).$$

3. 解: $y' = \dfrac{2x}{1+x^4} = 2x \sum_{n=0}^{\infty} (-1)^n x^{4n}$,

$$y = 2 \sum_{n=0}^{\infty} (-1)^n \dfrac{x^{4n+2}}{4n+2} = \sum_{n=0}^{\infty} (-1)^n \dfrac{x^{4n+2}}{2n+1}, x \in [-1, 1].$$

4. 解: $y = 2 \sqrt[3]{1 + \dfrac{x}{8}}$,

$$y = 2 \sum_{n=1}^{\infty} \dfrac{\dfrac{1}{3}\left(-\dfrac{2}{3}\right)\left(-\dfrac{5}{3}\right) \cdots \left(-\dfrac{3n-4}{3}\right) x^n}{n!} + 2$$

$$= \sum_{n=1}^{\infty} \dfrac{(-1)^{n-1} 2 \cdot 5 \cdots (3n-4)}{3^n \cdot 2^{3n-1} n!} x^n + 2, x \in (-8, 8).$$

5. 解: $y = \dfrac{ax+b}{cx+d} = \dfrac{b}{d} + \dfrac{(ad-bc)x}{d(cx+d)} = \dfrac{b}{d} + \dfrac{ad-bc}{dc} \cdot \dfrac{\dfrac{c}{d}x}{1 + \dfrac{c}{d}x}$

$$= \dfrac{b}{d} + \dfrac{ad-bc}{dc} \sum_{n=0}^{\infty} (-1)^n \cdot \dfrac{c^{n+1}}{d^{n+1}} x^{n+1}.$$

三、解:所求级数为 $\sum_{n=0}^{\infty} \dfrac{e^{-1}(x+1)^n}{n!}, x \in (-\infty, +\infty)$.

四、解:$f(x) = -\ln[1 + (x+1)^2], f(x) = -\sum_{n=1}^{\infty} (-1)^{n-1} \dfrac{1}{n}(x+1)^{2n}, x \in [-2, 0)$.

五、解:$\dfrac{1}{x^2} = -\left(\dfrac{1}{x}\right)', \dfrac{1}{x} = \dfrac{1}{x_0} \cdot \dfrac{1}{1 + \dfrac{x - x_0}{x_0}}$,

$$\frac{1}{x} = \frac{1}{x_0} \sum_{n=0}^{\infty} (-1)^n \frac{(x-x_0)^n}{x_0^n}, x \in (0, 2x_0),$$

$$\frac{1}{x^2} = \sum_{n=0}^{\infty} (-1)^{n-1} \frac{n(x-x_0)^{n-1}}{x_0^{n+1}}, x \in (0, 2x_0).$$

B 级同步训练题

一、客观题

1. (A).　　2. $\ln(a+x_0) + \sum_{n=1}^{\infty} (-1)^{n-1} \frac{(x-x_0)^n}{n(a+x_0)^n}, (-a, a+2x_0]$.

3. $\sum_{n=0}^{\infty} (-1)^n \left[\frac{\cos x_0}{(2n+1)!} (x-x_0)^{2n+1} + \frac{\sin x_0}{(2n)!} (x-x_0)^{2n} \right], (-\infty, +\infty)$.

4. $\sum_{n=0}^{\infty} (-1)^n \frac{x^{2n+1}}{(2n+1)(2n+1)!}, (-\infty, +\infty)$.

5. $2 \sum_{n=1}^{\infty} \frac{x^{2n-1}}{2n-1}, (-1, 1)$.

6. $\sum_{n=0}^{\infty} (-1)^{\left(\frac{n}{2}\right)} \cdot \frac{\sqrt{2}}{2} \cdot \frac{x^n}{n!}, (-\infty, +\infty)$.

7. $\sum_{n=0}^{\infty} \frac{x^{2n+1}}{(2n+1)!} \quad (-\infty, +\infty), (\operatorname{sh} x)^{(n)} \Big|_{x=0} = \begin{cases} 1, & n=2k+1; \\ 0, & n=2k. \end{cases}$

8. $\sum_{n=1}^{\infty} \frac{(-1)^{n-1} 2^{2n-1} x^{2n}}{(2n)!} \quad (-\infty, +\infty)$,

$(\sin^2 x)^{(n)} \Big|_{x=0} = \begin{cases} 0, & n=2k+1, \\ (-1)^{k-1} 2^{2k-1}, & n=2k. \end{cases}$

9. $\sum_{n=1}^{\infty} \frac{(-1)^{n+1} 2^n - 1}{n} x^n, \quad x \in \left(-\frac{1}{2}, \frac{1}{2}\right]$.

10. $\sum_{n=0}^{\infty} \frac{(-1)^n x^{n+1}}{n!(n+1)}, x \in (-\infty, +\infty)$.

二、解：因为 $4 - 7x - 2x^2 = (4+x)(1-2x)$,

$$y = \ln 4 + \ln\left(1 + \frac{x}{4}\right) + \ln(1-2x),$$

由于 $\ln(1+t) = \sum_{n=1}^{\infty} (-1)^{n-1} \frac{t^n}{n}, t \in (-1, 1]$.

$$y = \ln 4 + \sum_{n=1}^{\infty} (-1)^{n-1} \frac{x^n}{n \cdot 4^n} + \sum_{n=1}^{\infty} (-1)^{n-1} \frac{(-2)^n x^n}{n}$$

$$= \ln 4 + \sum_{n=1}^{\infty} \frac{(-1)^{n-1}}{n} \left[\frac{1}{4^n} + (-1)^n \cdot 2^n\right] x^n, x \in \left[-\frac{1}{2}, \frac{1}{2}\right).$$

三、解：$y = \frac{1+x}{2}\left(\frac{1}{1-x}\right)''$, $\frac{1}{1-x} = \sum_{n=0}^{\infty} x^n$, $x \in (-1, 1)$.

$$y = \frac{1+x}{2} \left(\sum_{n=0}^{\infty} x^n\right)'' = \frac{1+x}{2} \sum_{n=2}^{\infty} n(n-1) x^{n-2}$$

$$= \frac{1}{2} \left(\sum_{n=2}^{\infty} n(n-1) x^{n-2} + \sum_{n=2}^{\infty} n(n-1) x^{n-1}\right) = \sum_{n=1}^{\infty} n^2 x^{n-1}, x \in (-1, 1).$$

$$\sum_{n=1}^{\infty}\frac{n^2}{2^{n-1}}=\left[\frac{1+x}{(1-x)^3}\right]\Big|_{x=\frac{1}{2}}=12.$$

四、解:因 $\sin x=\sum_{n=0}^{\infty}(-1)^n\frac{x^{2n+1}}{(2n+1)!},x\in(-\infty,+\infty).$

$\cos x=\sum_{n=0}^{\infty}(-1)^n\frac{x^{2n}}{(2n)!},\quad x\in(-\infty,+\infty).$

当 $x\neq 0$ 时,$\dfrac{\sin x-x\cos^2 x}{x^3}=\dfrac{1}{x^3}\Big[\sin x-x+\dfrac{x}{2}(1-\cos 2x)\Big]$

$$=\sum_{n=1}^{\infty}(-1)^{n-1}\Big(\frac{2^{2n-1}}{(2n)!}-\frac{1}{(2n+1)!}\Big)x^{2n-2}.$$

又当 $x=0$ 时,上述级数和为 $\dfrac{5}{6}$,所以

$$f(x)=\sum_{n=1}^{\infty}(-1)^{n-1}\Big(\frac{2^{2n-1}}{(2n)!}-\frac{1}{(2n+1)!}\Big)x^{2n-2},x\in(-\infty,+\infty).$$

五、解:因为 $f'(x)=2x\ln(x^2+1)$,而 $\ln(1+t)=\sum_{n=1}^{\infty}(-1)^{n-1}\dfrac{t^n}{n},t\in(-1,1].$

$$f'(x)=2\sum_{n=1}^{\infty}(-1)^{n-1}\frac{x^{2n+1}}{n},\quad x\in[-1,1].$$

$$f(x)=\int_0^x f'(x)\mathrm{d}x+f(0)=-1+\sum_{n=1}^{\infty}(-1)^{n-1}\frac{x^{2n+2}}{n(n+1)},x\in[-1,1].$$

六、解:$y=\mathrm{e}^{3x}+3\mathrm{e}^{2x}+3\mathrm{e}^x+1.$

$$y=\sum_{n=0}^{\infty}\frac{3^n x^n}{n!}+\sum_{n=0}^{\infty}\frac{3\cdot 2^n x^n}{n!}+\sum_{n=0}^{\infty}\frac{3x^n}{n!}+1=8+\sum_{n=1}^{\infty}\frac{3+3\cdot 2^n+3^n}{n!}x^n,x\in(-\infty,+\infty).$$

七、解:$f(x)=(x-1-1)\mathrm{e}^{-1}\cdot\mathrm{e}^{-(x-1)}.$

$$f(x)=\mathrm{e}^{-1}[(x-1)-1]\sum_{n=0}^{\infty}\frac{(-1)^n}{n!}(x-1)^n$$

$$=-\mathrm{e}^{-1}+\sum_{n=0}^{\infty}\frac{(-1)^n(n+2)}{\mathrm{e}(n+1)!}(x-1)^{n+1}.$$

$$f(1)=\mathrm{e}^{-1},f^{(n)}(1)=(-1)^{n-1}\frac{(n+1)}{\mathrm{e}},\quad n=1,2,\cdots$$

§12-6 傅立叶级数(1)

A 级同步训练题

一、客观题

1. $f(x)$ 是以周期为 2π 的周期函数,它在 $[-\pi,\pi)$ 内的表达式为 $f(x)=\begin{cases}x,-\pi\leqslant x<0;\\ 0,0<x\leqslant\pi,\end{cases}$ $f(x)$ 的傅立叶级数的和函数为 $S(x)$,则 $S(\pi)=(\quad)$.

(A) $-\dfrac{\pi}{2}$　　(B) $-\pi$.　　(C) 0　　(D) 其他值

2. $f(x)=|\sin x|(-\pi\leqslant x\leqslant\pi)$ 的傅立叶系数 a_n, b_n 满足(　　).

(A) $a_n=0(n=0,1,2,\cdots), b_n\neq 0(n=1,2,\cdots)$

(B) $b_n=0(n=1,2,\cdots), a_{2k-1}=0(k=0,1,2,\cdots)$

(C) $a_n\neq 0(n=0,1,2,\cdots), b_n=0(n=1,2,\cdots)$

(D) 以上结论都不对

3. 利用 $f(x)=x^2$ 在 $[-\pi,\pi]$ 上的傅立叶展开式可求得 $\sum\limits_{n=1}^{\infty}\dfrac{1}{n^2}=$ (　　).

(A) $\dfrac{\pi^2}{3}$　　(B) $\dfrac{\pi^2}{6}$　　(C) $\dfrac{\pi^2}{9}$　　(D) $\dfrac{\pi^2}{12}$

4. 设 $f(x)=x\sin x, 0\leqslant x\leqslant\pi$, 已知 $S(x)$ 是 $f(x)$ 的以 2π 为周期的正弦级数展开式的和函数, 则在 $(\pi,2\pi)$ 内, $S(x)=$ _____.

5. 根据函数的傅立叶级数展开式, 数项级数 $\sum\limits_{n=1}^{\infty}\int_{-\pi}^{\pi}\mathrm{e}^{-x}\cos nx\,\mathrm{d}x$ 之和是 _____.

6. $f(x)$ 满足收敛的条件, 其傅立叶级数的和函数为 $S(x)$, 已知 $f(x)$ 在 $x=0$ 处左连续, 且 $f(0)=-1, S(0)=2$, 则 $\lim\limits_{x\to 0^+}f(x)=$ _____.

二、设 $f(x)$ 是以 2π 为周期的函数, 当 $x\in\left(-\dfrac{\pi}{2},\dfrac{3\pi}{2}\right]$ 时, $f(x)=|x|$. 又设 $S(x)$ 是 $f(x)$ 的以 2π 为周期的傅立叶级数之和函数. 试写出 $S(x)$ 在 $[-\pi,\pi]$ 内的表达式.

三、设 $f(x)=\begin{cases}2x, & 0\leqslant x<\dfrac{\pi}{2};\\ \dfrac{\pi}{2}, & \dfrac{\pi}{2}\leqslant x<\dfrac{3\pi}{2},\\ \dfrac{5\pi}{2}-x, & \dfrac{3\pi}{2}\leqslant x\leqslant 2\pi;\end{cases}$ 又设 $S(x)$ 是以 2π 为周期的函数 $f(x)$ 的傅立叶级数之和函数, 求 $S\left(-\dfrac{\pi}{2}\right), S(4\pi), S\left(-\dfrac{\pi}{4}\right)$.

四、在区间 $(-\pi,\pi]$ 内把函数 $f(x)=\begin{cases}\cos x, & 0\leqslant x\leqslant\pi;\\ 0, & -\pi<x<0.\end{cases}$ 展开成以 2π 为周期的傅立叶级数并写出和函数在 $[-\pi,\pi]$ 内的表达式.

五、在 $(-\pi,\pi)$ 内把函数 $f(x)=\begin{cases}\cos x, & |x|\leqslant\dfrac{\pi}{2};\\ 0, & -\pi<x<\dfrac{\pi}{2},\ \dfrac{\pi}{2}<x<\pi\end{cases}$

展开成以 2π 为周期的傅立叶级数.

六、设 $f(x)$ 以 2π 为周期, 在区间 $[0,2\pi]$ 内, $f(x) = \begin{cases} \dfrac{x}{2\pi}, & 0 \leqslant x < 2\pi; \\ 0, & x = 2\pi. \end{cases}$ 试求 $f(x)$ 的傅立叶级数展开式并写出和函数在 $[-\pi,\pi]$ 内的表达式.

七、求证函数系 $\left\{ \sin\dfrac{\pi x}{L}, \sin\dfrac{2\pi x}{L}, \cdots, \sin\dfrac{n\pi x}{L}, \cdots \right\}$ 是 $[0,L]$ 上的正交函数系 $(L>0)$.

A 级同步训练题

一、客观题

1. (A). **2.** (B). **3.** (B). **4.** $-(x-2\pi)\sin x$ **5.** $S = \pi - \dfrac{e^{\pi} - e^{-\pi}}{2} = \pi - \text{sh}\pi.$

6. 5.

二、解:对 $f(x) = |x|, -\dfrac{\pi}{2} < x \leqslant \dfrac{3\pi}{2}$ 作周期为 2π 的延拓, $f(x)$ 在 $[-\pi,\pi]$ 内的表达式为

$$f(x) = \begin{cases} x + 2\pi, & -\pi \leqslant x \leqslant -\dfrac{\pi}{2}; \\ -x, & -\dfrac{\pi}{2} < x \leqslant 0; \\ x, & 0 < x \leqslant \pi. \end{cases}$$

$f(x)$ 满足傅立叶级数收敛的充分条件.

$$S(x) = \begin{cases} x + 2\pi, & -\pi \leqslant x < -\dfrac{\pi}{2}; \\ \pi, & x = -\dfrac{\pi}{2}; \\ -x, & -\dfrac{\pi}{2} < x \leqslant 0; \\ x, & 0 < x \leqslant \pi. \end{cases}$$

三、解: $S\left(-\dfrac{\pi}{2}\right) = S\left(\dfrac{3\pi}{2}\right) = \dfrac{1}{2}\left[f\left(\dfrac{3\pi}{2}+0\right) + f\left(\dfrac{3\pi}{2}-0\right)\right] = \dfrac{3\pi}{4},$

$S(4\pi) = S(2\pi) = \dfrac{1}{2}[f(2\pi-0) + f(0+0)] = \dfrac{\pi}{4},$

$S\left(-\dfrac{\pi}{4}\right) = S\left(\dfrac{7\pi}{4}\right) = f\left(\dfrac{7\pi}{4}\right) = \dfrac{3\pi}{4}.$

四、解: $a_0 = \dfrac{1}{\pi}\int_0^{\pi} \cos x \, dx = 0, a_1 = \dfrac{1}{\pi}\int_0^{\pi} \cos x \cos x \, dx = \dfrac{1}{2},$

$a_n = \dfrac{1}{\pi}\int_0^{\pi} \cos x \cos nx \, dx = \dfrac{1}{2\pi}\int_0^{\pi} [\cos(n+1)x + \cos(n-1)x] \, dx = 0,$

$n = 2,3,\cdots,$

$b_1 = 0, n > 1$ 时,

$$b_n = \frac{1}{\pi}\int_0^\pi \cos x \sin nx \,dx = \frac{1}{2\pi}\int_0^\pi [\sin(n+1)x + \sin(n-1)x]dx,$$

$$b_n = \frac{1}{2\pi}\left[-\frac{\cos(n+1)x}{n+1} - \frac{\cos(n-1)x}{n-1}\right]\Big|_0^\pi = \frac{n[1+(-1)^n]}{\pi(n^2-1)}.$$

所以,$b_{2n-1} = 0, b_{2n} = \frac{4n}{\pi(4n^2-1)}, n = 1, 2, \cdots$.

由 $f(x)$ 在 $(-\pi, \pi]$ 内分段单调,除 $x = 0$ 外,在其余点均连续,又 $f(0-0) = 0, f(0+0) = 1, f(-\pi+0) = 0, f(\pi-0) = -1$,故

$$f(x) \sim \frac{1}{2}\cos x + \frac{4}{\pi}\sum_{n=1}^\infty \frac{n\sin 2nx}{4n^2-1} = \begin{cases} 0, & -\pi < x < 0; \\ \frac{1}{2}, & x = 0; \\ \cos x, & 0 < x < \pi; \\ -\frac{1}{2}, & x = \pm\pi. \end{cases}$$

五、解:$f(x)$ 是偶函数,故其傅立叶系数

$$b_n = \frac{1}{\pi}\int_{-\pi}^\pi f(x)\sin nx\,dx = 0, n = 1, 2, 3, \cdots,$$

$$a_0 = \frac{2}{\pi}\int_0^{\frac{\pi}{2}} \cos x\,dx = \frac{2}{\pi}, a_1 = \frac{2}{\pi}\int_0^{\frac{\pi}{2}}\cos^2 x\,dx = \frac{1}{2},$$

$$a_n = \frac{2}{\pi}\int_0^{\frac{\pi}{2}} \cos x \cos nx\,dx$$

$$= \frac{1}{\pi}\int_0^{\frac{\pi}{2}}[\cos(n+1)x + \cos(n-1)x]dx$$

$$= \frac{1}{\pi}\left[\frac{\sin(n+1)x}{n+1} + \frac{\sin(n-1)x}{(n-1)}\right]\Big|_0^{\frac{\pi}{2}}$$

$$= \frac{1}{\pi}\left[\frac{\sin\frac{(n+1)\pi}{2}}{n+1} + \frac{\sin\frac{(n-1)}{2}\pi}{n-1}\right], n = 2, 3, \cdots,$$

当 $n = 3, 5, 7, \cdots$ 时,$a_n = 0$,当 $n = 2m(m = 1, 2, \cdots)$ 时,

$$a_{2m} = \frac{1}{\pi}\left[\frac{(-1)^m}{2m+1} + \frac{(-1)^{m-1}}{2m-1}\right] = \frac{2}{\pi} \cdot \frac{(-1)^{m-1}}{4m^2-1}.$$

又由 $f(x)$ 在 $(-\pi, \pi)$ 内分段单调且连续,故当 $x \in (-\pi, \pi)$ 时,

$$f(x) = \frac{1}{\pi} + \frac{\cos x}{2} + \frac{2}{\pi}\sum_{m=1}^\infty \frac{(-1)^{m-1}}{4m^2-1}\cos 2mx.$$

六、解:$a_n = \frac{1}{\pi}\int_0^{2\pi} \frac{x}{2\pi}\cos nx\,dx = \frac{x\sin nx}{2\pi^2 n}\Big|_0^{2\pi} - \frac{1}{2\pi^2 n}\int_0^{2\pi}\sin nx\,dx = 0,$

$$b_n = \frac{1}{\pi}\int_0^{2\pi}\frac{x}{2\pi}\sin nx\,dx = -\frac{x\cos nx}{2\pi^2 n}\Big|_0^{2\pi} + \frac{1}{2\pi^2 n}\int_0^{2\pi}\cos nx\,dx = \frac{-1}{n\pi}.$$

又 $f(x)$ 满足傅立叶级数收敛的狄利克雷条件,

$$f(x) \sim \frac{1}{2} - \frac{1}{\pi}\sum_{n=1}^{\infty}\frac{\sin nx}{x} = \begin{cases} \dfrac{x}{2\pi}+1, & -\pi \leqslant x < 0; \\ \dfrac{1}{2}, & x = 0; \\ \dfrac{x}{2\pi}, & 0 < x \leqslant \pi. \end{cases}$$

七、证：令 $\dfrac{\pi x}{L} = u$，则当 $m \neq n$ 时，

$$\int_0^L \sin\frac{m\pi x}{L}\sin\frac{n\pi x}{L}\mathrm{d}x = \frac{L}{\pi}\int_0^{\pi}\sin mu\sin nu\,\mathrm{d}u$$
$$= \frac{L}{2\pi}\int_0^{\pi}[\cos(m-n)u - \cos(m+n)u]\mathrm{d}u = 0.$$

当 $m = n$ 时，

$$\int_0^L \sin\frac{m\pi x}{L}\sin\frac{n\pi x}{L}\mathrm{d}x = \frac{L}{\pi}\int_0^{\pi}\sin^2 mu\,\mathrm{d}u$$
$$= \frac{L}{2\pi}\int_0^{\pi}(1-\cos 2mu)\mathrm{d}u = \frac{L}{2} \neq 0.$$

因此 $\left\{\sin\dfrac{\pi x}{L}, \sin\dfrac{2\pi x}{L}, \cdots, \sin\dfrac{n\pi x}{L}, \cdots\right\}$ 是 $[0, L]$ 上的正交系.

§12-7 傅立叶级数（2）

A 级同步训练题

一、客观题

1. 设 $f(x) = \begin{cases} 1, & 0 < x < 1; \\ x-1, & 1 \leqslant x < 2. \end{cases}$

又设 $S(x)$ 是 $f(x)$ 的以 4 为周期的正弦级数展开式的和函数，则 $S(6) = $ _____.

2. 设 $f(x) = \begin{cases} x, & 0 \leqslant x < \dfrac{\pi}{2}; \\ 2x, & \dfrac{\pi}{2} \leqslant x < \pi. \end{cases}$ 又设 $S(x)$ 是 $f(x)$ 的以 2π 为周期的正弦级数展开式的和函数，则 $S\left(\dfrac{3\pi}{2}\right) = $ _____.

3. 设 $f(x) = \begin{cases} 0, & -\pi < x \leqslant -\dfrac{\pi}{2}; \\ x - \dfrac{\pi}{2}, & -\dfrac{\pi}{2} < x < 0. \end{cases}$ 已知 $S(x)$ 是 $f(x)$ 的以 2π 为周期的正弦级数展开式的和函数，则 $S\left(\dfrac{9\pi}{4}\right) = $ _____.

4. 设 $f(x) = \begin{cases} 0, & 0 \leqslant x < \dfrac{\pi}{2}; \\ x, & \dfrac{\pi}{2} \leqslant x \leqslant \pi. \end{cases}$ 已知 $S(x)$ 是 $f(x)$ 的以 2π 为周期的余弦级数展开式的和函数,则 $S(-3\pi) = $ _____.

5. 设 $f(x) = \begin{cases} 2-x, & 0 \leqslant x < \dfrac{\pi}{2}; \\ x, & \dfrac{\pi}{2} \leqslant x < \pi. \end{cases}$ 又设 $S(x)$ 是 $f(x)$ 的以 2π 为周期的余弦级数展开式的和函数,则 $S(4) = $ _____.

6. 设 $f(x) = x\sin x, 0 \leqslant x \leqslant \pi$,已知 $S(x)$ 是 $f(x)$ 的以 2π 为周期的正弦级数展开式的和函数,则在 $(\pi, 2\pi)$ 内, $S(x) = $ _____.

二、设函数 $f(x) = \pi x - x^2, 0 < x < \pi$. 又设 $S(x)$ 是 $f(x)$ 在 $(0,\pi)$ 内的以 2π 为周期的正弦级数展开式的和函数,试写出 $S(x)$ 在 $(\pi, 2\pi)$ 内的表达式.

三、把函数 $f(x) = x^2$ 在 $(0,\pi)$ 内展开成以 2π 为周期的正弦级数.

四、在 $(0,\pi)$ 内把函数 $f(x) = \pi - x$ 展开成以 2π 为周期的正弦级数.

五、把函数 $f(x) = x, 0 \leqslant x \leqslant \pi$ 展开成以 2π 为周期的余弦级数.

六、把函数 $f(x) = x^2 (0 \leqslant x \leqslant \pi)$ 展开成以 2π 为周期的余弦级数.

七、设 $f(x) = \begin{cases} 0, & 0 \leqslant x < \dfrac{\pi}{2}; \\ 1, & \dfrac{\pi}{2} \leqslant x < \pi. \end{cases}$

试在区间 $(0,\pi)$ 内把函数 $f(x)$ 展开成以 2π 为周期的正弦级数,并写出和函数在 $[0,\pi]$ 上的表达式.

八、在区间 $[0,\pi]$ 内把函数 $f(x) = \pi^2 x - \pi x^2$ 展开成以 2π 为周期的正弦级数.

九、在 $[0,\pi]$ 内把函数 $f(x) = \pi - x$ 展开成以 2π 为周期的余弦级数.

辅导与参考答案

A 级同步训练题

一、客观题

1. 0.　　2. $-\dfrac{3\pi}{4}$.　　3. $\dfrac{3\pi}{4}$.　　4. π.　　5. $S(4-2\pi) = S(2\pi-4) = 2\pi-4$.

6. $-(x-2\pi)\sin x$.

二、解:先对 $f(x)$ 在 $(-\pi, 0)$ 内做奇拓展,对 $x \in (-\pi, 0)$,

令 $f(x) = -f(-x) = -[\pi(-x) - (-x)^2] = \pi x + x^2$, $f(0) = 0$,

则拓展后 $f(x)$ 在$(-\pi,\pi)$内连续且只有有限个极值点,故在$(-\pi,\pi)$内,
$S(x)=f(x)$,当 $x\in(\pi,2\pi)$ 时, $x-2\pi\in(-\pi,0)$,故当 $x\in(\pi,2\pi)$ 时,
$S(x)=S(x-2\pi)=\pi(x-2\pi)+(x-2\pi)^2=x^2-3\pi x+2\pi^2$.

三、解:在$(-\pi,0)$内对 $f(x)$ 做奇延拓,拓展后所得函数的傅立叶系数

$$a_n=0,\ n=0,1,2,\cdots,\ b_n=\frac{2}{\pi}\int_0^{\pi}x^2\sin nx\,\mathrm{d}x$$

$$=-\frac{2}{n\pi}x^2\cos nx\Big|_0^{\pi}+\frac{4}{n\pi}\int_0^{\pi}x\cos nx\,\mathrm{d}x$$

$$=\frac{2\pi}{n}(-1)^{n-1}+\frac{4}{n^2\pi}x\sin nx\Big|_0^{\pi}-\frac{4}{n^2\pi}\int_0^{\pi}\sin nx\,\mathrm{d}x$$

$$=\frac{2\pi}{n}(-1)^{n-1}+\frac{4}{n^3\pi}[(-1)^n-1],\ n=1,2,3,\cdots.$$

由 $f(x)$ 在$(0,\pi)$内连续,单调,故在$(0,\pi)$内

$$f(x)=x^2=\sum_{n=1}^{\infty}\left[\frac{2\pi(-1)^{n-1}}{n}+\frac{4[(-1)^n-1]}{n^3\pi}\right]\sin nx$$

$$=2\pi\sum_{n=1}^{\infty}\frac{(-1)^{n-1}}{n}\sin nx-\frac{8}{\pi}\sum_{k=1}^{\infty}\frac{\sin(2k-1)x}{(2k-1)^3}.$$

四、解:在$(-\pi,0)$内对 $f(x)$ 做奇延拓,延拓后所得函数的傅立叶系数

$$a_n=0,\quad n=0,1,2,\cdots,\ b_n=\frac{2}{\pi}\int_0^{\pi}(\pi-x)\sin nx\,\mathrm{d}x$$

$$=-\frac{2}{n\pi}(\pi-x)\cos nx\Big|_0^{\pi}-\frac{2}{n\pi}\int_0^{\pi}\cos nx\,\mathrm{d}x=\frac{2}{n},\ n=1,2,3,\cdots$$

由 $f(x)$ 在$(0,\pi)$内连续,单调,故在$(0,\pi)$内

$$f(x)=\pi-x=2\sum_{n=1}^{\infty}\frac{\sin nx}{n}.$$

五、解:对 $f(x)$ 在$[-\pi,0)$内作偶延拓,其傅立叶系数

$$b_n=0,\quad n=1,2,3,\cdots,\ a_0=\frac{2}{\pi}\int_0^{\pi}x\,\mathrm{d}x=\pi,$$

$$a_n=\frac{2}{\pi}\int_0^{\pi}x\cos nx\,\mathrm{d}x=\frac{2[(-1)^n-1]}{n^2\pi},\quad n=1,2,3,\cdots$$

因此有 $a_{2n}=0,\ a_{2n-1}=\dfrac{-4}{\pi(2n-1)^2},\quad n=1,2,3,\cdots$

由 $f(x)=x$ 在$[0,\pi]$内单调、连续,

故在$[0,\pi]$内 $f(x)=x=\dfrac{\pi}{2}-\dfrac{4}{\pi}\sum_{n=1}^{\infty}\dfrac{\cos(2n-1)x}{(2n-1)^2}.$

六、解:对 $f(x)$ 在$[-\pi,0)$内作偶延拓,其傅立叶系数为

$$b_n=0,\quad n=1,2,3,\cdots,a_0=\frac{2}{\pi}\int_0^{\pi}x^2\,\mathrm{d}x=\frac{2\pi^2}{3},$$

$$a_n=\frac{2}{\pi}\int_0^{\pi}x^2\cos nx\,\mathrm{d}x=\frac{2x^2\sin nx}{n\pi}\Big|_0^{\pi}-\frac{4}{n\pi}\int_0^{\pi}x\sin nx\,\mathrm{d}x$$

$$=\frac{4}{n^2\pi}x\cos nx\Big|_0^{\pi}-\frac{4}{n^2\pi}\int_0^{\pi}\cos nx\,\mathrm{d}x$$

$= \dfrac{4(-1)^n}{n^2}$, $n=1,2,3,\cdots$,由 $f(x)$ 在 $[0,\pi]$ 内单调、连续,

故在 $[0,\pi]$ 内,$f(x) = x^2 = \dfrac{\pi^2}{3} + 4\sum\limits_{n=1}^{\infty}\dfrac{(-1)^n}{n^2}\cos nx$.

七、解:对 $f(x)$ 作奇延拓,得到函数

$$f_1(x) = \begin{cases} 0, & -\dfrac{\pi}{2} < x < \dfrac{\pi}{2}; \\ 1, & \dfrac{\pi}{2} \leqslant x \leqslant \pi; \\ -1, & -\pi < x \leqslant -\dfrac{\pi}{2}. \end{cases}$$

$f_1(x)$ 的傅立叶系数

$a_n = 0$, $n = 0,1,2,3\cdots$, $\quad b_n = \dfrac{2}{\pi}\int_0^{\pi} f_1(x)\sin nx\, dx = \dfrac{2}{\pi}\int_{\frac{\pi}{2}}^{\pi}\sin nx\, dx$

$= -\dfrac{2}{n\pi}\cos nx \Big|_{\frac{\pi}{2}}^{\pi} = \dfrac{2}{n\pi}\left[(-1)^{n-1} + \cos\dfrac{n\pi}{2}\right]$, $n = 1,2,3,\cdots$

所以,$f_1(x) \sim \sum\limits_{n=1}^{\infty}\dfrac{2}{n\pi}\left[(-1)^{n-1} + \cos\dfrac{n\pi}{2}\right]\sin nx$

$$= \begin{cases} 0, & 0 \leqslant x < \dfrac{\pi}{2},\ x = \pi; \\ \dfrac{1}{2}, & x = \dfrac{\pi}{2}; \\ 1, & \dfrac{\pi}{2} < x < \pi. \end{cases}$$

八、解:对 $f(x) = \pi^2 x - \pi x^2$, $0 \leqslant x \leqslant \pi$ 在 $[-\pi,0)$ 内作奇延拓,

$f(x) = -f(-x) = \pi^2 x + \pi x^2$, $-\pi \leqslant x < 0$,

$f(x)$ 的傅立叶系数 $a_n = 0$, $n = 0,1,2,\cdots$,

$b_n = \dfrac{2}{\pi}\int_0^{\pi}(\pi^2 x - \pi x^2)\sin nx\, dx$

$= -\dfrac{2}{n\pi}(\pi^2 x - \pi x^2)\cos nx \Big|_0^{\pi} + \dfrac{2}{n}\int_0^{\pi}(\pi - 2x)\cos nx\, dx$

$= \dfrac{2}{n^2}(\pi - 2x)\sin nx \Big|_0^{\pi} + \dfrac{4}{n^2}\int_0^{\pi}\sin nx\, dx = -\dfrac{4}{n^3}\cos nx \Big|_0^{\pi}$

$= \dfrac{4}{n^3}[1 - (-1)^n]$, $n = 1,2,\cdots$

所以,$b_{2n} = 0$, $b_{2n-1} = \dfrac{8}{(2n-1)^3}$, $n = 1,2,3,\cdots$.

$f(x)$ 在 $[0,\pi]$ 内连续且只有一个极值点,故

$$f(x) = 8\sum_{n=1}^{\infty}\dfrac{\sin(2n-1)x}{(2n-1)^3} = \pi^2 x - \pi x^3,\ 0 \leqslant x \leqslant \pi.$$

九、解:对 $f(x) = \pi - x$, $0 \leqslant x \leqslant \pi$ 在 $[-\pi,0)$ 内作偶延拓,得到

$$f(x) = \begin{cases} x + \pi, & -\pi \leqslant x < 0; \\ \pi - x, & 0 \leqslant x \leqslant \pi. \end{cases}$$

所以 $b_n = 0$, $n = 1,2,3,\cdots$

$a_0 = \dfrac{2}{\pi}\int_0^\pi (\pi - x)\mathrm{d}x = \pi$,

$a_n = \dfrac{2}{\pi}\int_0^\pi (\pi-x)\cos nx\,\mathrm{d}x = \dfrac{2}{n\pi}(\pi-x)\sin nx\Big|_0^\pi + \dfrac{2}{n\pi}\int_0^\pi \sin nx\,\mathrm{d}x$

$= -\dfrac{2}{n^2\pi}\cos nx\Big|_0^\pi = \dfrac{2}{n^2\pi}[1-(-1)^n]$, $n = 1,2,3,\cdots$

所以, $a_{2n} = 0$, $a_{2n-1} = \dfrac{4}{(2n-1)^2\pi}$, $n = 1,2,3,\cdots$

故在 $[0,\pi]$ 内 $f(x) = \pi - x = \dfrac{\pi}{2} + \dfrac{4}{\pi}\sum_{n=1}^\infty \dfrac{\cos(2n-1)x}{(2n-1)^2}$.

§12-8　傅立叶级数(3)

A 级同步训练题

一、客观题

1. 设 $f(x)$ 是以 4 为周期的周期函数,已知
$$f(x) = \begin{cases} 1+x, & -1 \leqslant x < 0; \\ 1-x, & 0 \leqslant x < 3. \end{cases}$$
又设 $f(x)$ 的傅立叶级数展开式的和函数为 $S(x)$,则 $S(\pi) = $ _____.

2. 设 $f(x)$ 是以 5 为周期的周期函数,已知在 $(-2,3)$ 内, $f(x) = |x|$. 又设 $f(x)$ 的傅立叶级数展开式的和函数为 $S(x)$,则 $S(8) = $ _____.

3. 设 $f(x)$ 是以 5 为周期的周期函数,当 $x \in (2,7]$ 时, $f(x) = x$. 且 $f(x)$ 的傅立叶级数展开式的和函数为 $S(x)$,则 $S(2) = $ _____.

4. 设 $f(x)$ 是以 3 为周期的周期函数,已知 $f(x) = \begin{cases} 1+x, & -1 \leqslant x < 0; \\ x, & 0 \leqslant x < 2. \end{cases}$

又设 $f(x)$ 的傅立叶级数展开式的和函数为 $S(x)$,则 $S(3) = $ _____.

5. 设 $f(x)$ 是以 2 为周期的周期函数,已知 $f(x) = \begin{cases} -1, & -1 < x \leqslant 0; \\ 1, & 0 < x \leqslant 1. \end{cases}$

又设 $f(x)$ 的傅立叶级数展开式的和函数为 $S(x)$,则 $S(\pi) = $ _____.

6. 设 $f(x) = \begin{cases} x, & 0 \leqslant x < \dfrac{1}{2}; \\ 0, & \dfrac{1}{2} \leqslant x \leqslant 1. \end{cases}$

已知 $S(x)$ 是 $f(x)$ 的以 2 为周期的正弦级数展开式的和函数,则 $S\left(\dfrac{7}{4}\right) = $ _____.

7. 设在区间$(0,\pi)$内，$f(x) = \dfrac{\sin x}{\pi x - x^2}$，若$S(x)$是$f(x)$的以$\pi$为周期的傅立叶级数展开式的和函数，则$S(2\pi) = $ _____.

二、计算下列各题

1. 设$f(x)$以1为周期，在$(0,1)$内，$f(x) = x$. 试求$f(x)$的傅立叶级数展开式，并写出其和函数在$\left(-\dfrac{1}{2}, \dfrac{1}{2}\right)$上的表达式.

2. 在$(0,1)$内把$f(x) = 1$展成以2为周期的正弦级数.

3. 设$f(x)$是以2π为周期的连续函数，其傅立叶系数为$a_0, a_n, b_n, n = 1,2,3,\cdots$. 试用$a_0, a_n, b_n$表示函数$F(x) = f(x)\sin x$的傅立叶系数$A_0, A_n, B_n, n = 1,2,\cdots$.

4. 设$f(x)$是以$2L$为周期的连续的偶函数. 其傅立叶系数为$a_0, a_n, b_n, n = 1,2,3,\cdots$. 试用$a_0, a_n, b_n$表示函数

$$\varphi(x) = \dfrac{1}{2}[f(L+x) + f(L-x)]$$

的傅立叶系数$A_0, A_n, B_n, n = 1,2,3,\cdots$.

5. 设$f(x)$在$[-L, L]$内有连续的导函数，且$f(-L) = f(L)$. 已知$f(x)$展成以$2L$为周期的傅立叶级数的系数为$a_0, a_n, b_n, n = 1,2,3,\cdots$. 试用$a_0, a_n, b_n$表示$f'(x)$的傅立叶系数$A_0, A_n, B_n, n = 1,2,3\cdots$.

三、设$f(x)$是以$2L$为周期的连续的偶函数. 又设$f(x)$关于$x = \dfrac{L}{2}$对称.

试证：$f(x)$的傅立叶系数：$a_{2n-1} = \dfrac{1}{L}\displaystyle\int_{-L}^{L} f(x)\cos(2n-1)\dfrac{\pi x}{L}\mathrm{d}x = 0$, $n = 1,2,3,\cdots$

四、在$(-1,1)$内把$f(x) = x$展开成以2为周期的傅立叶级数.

五、设$f(x) = \begin{cases} x^2, & -1 \leqslant x \leqslant 0; \\ x - 1, & 0 < x \leqslant 1. \end{cases}$

$a_n = \displaystyle\int_{-1}^{1} f(x)\cos n\pi x \mathrm{d}x$, $n = 0,1,2,\cdots$，求$\displaystyle\sum_{n=0}^{\infty} a_n$ 及 $\displaystyle\sum_{n=0}^{\infty} (-1)^n a_n$.

辅导与参考答案

A级同步训练题

一、客观题

1. $S(\pi) = S(\pi - 4) = f(\pi - 4) = \pi - 3$.

2. $S(8) = \dfrac{1}{2}[f(3-0) + f(-2+0)] = \dfrac{5}{2}$.

3. $S(2) = \dfrac{1}{2}[f(2+0) + f(7-0)] = \dfrac{9}{2}$.

4. $S(3) = S(0) = \frac{1}{2}[f(0+0) + f(0-0)] = \frac{1}{2}.$

5. $S(\pi) = S(\pi - 4) = -1.$

6. $S\left(\frac{7}{4}\right) = S\left(\frac{7}{4} - 2\right) = S\left(-\frac{1}{4}\right) = -S\left(\frac{1}{4}\right) = -\frac{1}{4}.$

7. $S(2\pi) = S(0) = \frac{1}{2}[f(0+0) + f(\pi-0)] = \frac{1}{\pi}.$

二、计算下列各题

1. 解:由傅立叶系数的计算公式得

$$a_0 = \frac{1}{\frac{1}{2}} \int_{-\frac{1}{2}}^{\frac{1}{2}} f(x)\mathrm{d}x = 2\int_0^1 f(x)\mathrm{d}x = 2\int_0^1 x\mathrm{d}x = 1,$$

$$a_n = \frac{1}{\frac{1}{2}} \int_{-\frac{1}{2}}^{\frac{1}{2}} f(x)\cos\frac{n\pi x}{\frac{1}{2}}\mathrm{d}x$$

$$= 2\int_0^1 f(x)\cos 2n\pi x\mathrm{d}x = 2\int_0^1 x\cos 2n\pi x\mathrm{d}x = 0.$$

$$b_n = \frac{1}{\frac{1}{2}} \int_{-\frac{1}{2}}^{\frac{1}{2}} f(x)\sin\frac{n\pi x}{\frac{1}{2}}\mathrm{d}x$$

$$= 2\int_0^1 f(x)\sin 2n\pi x\mathrm{d}x = 2\int_0^1 x\sin 2n\pi x\mathrm{d}x = -\frac{1}{n\pi},\ n = 1,2,3,\cdots$$

在 $\left(-\frac{1}{2}, \frac{1}{2}\right)$ 内 $f(x)$ 的表达式为 $f(x) = \begin{cases} x+1, & -\frac{1}{2} < x \leqslant 0; \\ x, & 0 < x < \frac{1}{2}. \end{cases}$

所以 $f(x) \sim \frac{1}{2} - \sum_{n=1}^{\infty} \frac{1}{n\pi}\sin 2n\pi x = \begin{cases} x+1, & -\frac{1}{2} < x < 0; \\ \frac{1}{2}, & x = 0; \\ x, & 0 < x < \frac{1}{2}. \end{cases}$

2. 解:在 $(-1,0)$ 内对 $f(x)$ 作奇延拓,令 $f(x) = -1, -1 < x < 0$,

$a_n = 0,\ n = 0,1,2,\cdots, b_n = 2\int_0^1 \sin n\pi x\mathrm{d}x = -\frac{2}{n\pi}\cos n\pi x\Big|_0^1 = \frac{2}{n\pi}[1 - (-1)^n],$

所以 $b_{2n} = 0,\ b_{2n-1} = \frac{4}{(2n-1)\pi},\ n = 1,2,3,\cdots$

故在 $(0,1)$ 内 $f(x) = 1 = \frac{4}{\pi}\sum_{n=1}^{\infty} \frac{\sin(2n-1)\pi x}{2n-1}.$

3. 解:由傅立叶系数的计算公式得

$$A_0 = \frac{1}{\pi}\int_{-\pi}^{\pi} f(x)\sin x\mathrm{d}x = b_1,$$

$$A_1 = \frac{1}{\pi}\int_{-\pi}^{\pi} f(x)\sin x\cos x\mathrm{d}x = \frac{1}{2\pi}\int_{-\pi}^{\pi} f(x)\sin 2x\mathrm{d}x = \frac{b_2}{2},$$

$$A_n = \frac{1}{\pi}\int_{-\pi}^{\pi} f(x)\sin x\cos nx\,dx$$

$$= \frac{1}{2\pi}\int_{-\pi}^{\pi} f(x)[\sin(n+1)x - \sin(n-1)x]dx$$

$$= \frac{1}{2}(b_{n+1} - b_{n-1}),\quad n = 2,3,\cdots$$

$$B_n = \frac{1}{\pi}\int_{-\pi}^{\pi} f(x)\sin x\sin nx\,dx$$

$$= \frac{1}{2\pi}\int_{-\pi}^{\pi} f(x)[\cos(n-1)x - \cos(n+1)x]dx$$

$$= \frac{1}{2}(a_{n-1} - a_{n+1}),\quad n = 1,2,3,\cdots$$

4. 解:由傅立叶系数的计算公式得

$$A_n = \frac{1}{L}\int_{-L}^{L} \frac{1}{2}[f(L+x) + f(L-x)]\cos\frac{n\pi x}{L}dx$$

$$= \frac{1}{2L}\int_0^{2L} f(t)\cos\frac{n\pi(t-L)}{L}dt + \frac{1}{2L}\int_{2L}^0 f(u)\cos\frac{n\pi(L-u)}{L}(-du)$$

$$= \frac{1}{L}\int_0^{2L} f(t)\cos n\pi\cos\frac{n\pi t}{L}dt = (-1)^n a_n,\quad n = 0,1,2,3,\cdots$$

$\varphi(x)$ 是偶函数,故 $B_n = 0,\quad n = 1,2,3,\cdots$

5. 解:$A_0 = \frac{1}{L}\int_{-L}^{L} f'(x)dx = \frac{1}{L}f(x)\Big|_{-L}^{L} = 0,$

$$A_n = \frac{1}{L}\int_{-L}^{L} f'(x)\cos\frac{n\pi x}{L}dx$$

$$= \frac{1}{L}f(x)\cos\frac{n\pi x}{L}\Big|_{-L}^{L} + \frac{n\pi}{L^2}\int_{-L}^{L} f(x)\sin\frac{n\pi x}{L}dx$$

$$= \frac{n\pi}{L}b_n,\quad n = 1,2,3,\cdots$$

$$B_n = \frac{1}{L}\int_{-L}^{L} f'(x)\sin\frac{n\pi x}{L}dx$$

$$= \frac{1}{L}f(x)\sin\frac{n\pi x}{L}\Big|_{-L}^{L} - \frac{n\pi}{L^2}\int_{-L}^{L} f(x)\cos\frac{n\pi x}{L}dx$$

$$= -\frac{n\pi}{L}a_n,\quad n = 1,2,3,\cdots$$

三、解:由 $f(x)$ 关于 $x = \frac{L}{2}$ 对称,故 $f\left(\frac{L}{2}+x\right) = f\left(\frac{L}{2}-x\right)$,

也就是 $f(x) = f(L-x)$,令 $L-x = t$,由 $f(x)$ 是偶函数,故

$$a_{2n-1} = \frac{2}{L}\int_0^L f(x)\cos\frac{(2n-1)\pi x}{L}dx = \frac{2}{\pi}\int_0^L f(L-x)\cos\frac{(2n-1)\pi x}{L}dx$$

$$= -\frac{2}{\pi}\int_L^0 f(t)\cos\frac{(2n-1)\pi(L-t)}{L}dt = -\frac{2}{\pi}\int_0^L f(t)\cos\frac{(2n-1)\pi t}{L}dt = -a_{2n-1}.$$

所以,$a_{2n-1} = 0,\ n = 1,2,3,\cdots$

四、解:$f(x)$ 为奇函数,故其傅立叶系数为

$$a_n = 0,\ n = 0,1,2,\cdots,\ b_n = 2\int_0^1 x\sin n\pi x\,dx;$$

$$b_n = -\frac{2}{n\pi}x\cos n\pi x\Big|_0^1 + \frac{2}{n\pi}\int_0^1 \cos n\pi x \mathrm{d}x = \frac{2}{n\pi}(-1)^{n-1}, \quad n=1,2,3,\cdots$$

由 $f(x)=x$ 在 $(-1,1)$ 内单调、连续得

$$f(x) = \frac{2}{\pi}\sum_{n=1}^{\infty}\frac{(-1)^{n-1}}{n}\sin n\pi x = x, \quad -1<x<1.$$

五、解：$f(x)$ 满足傅立叶级数的收敛条件，$f(x)$ 在 $(-1,0)$ 及 $(0,1)$ 内连续

$$\frac{1}{2}[f(0+0)+f(0-0)] = -\frac{1}{2}, \quad \frac{1}{2}[f(-1+0)+f(1-0)] = \frac{1}{2}.$$

$$\frac{a_0}{2}+\sum_{n=1}^{\infty}(a_n\cos n\pi x + b_n\sin n\pi x) = S(x) = \begin{cases} x^2, & -1<x<0; \\ x-1, & 0<x<1; \\ -\frac{1}{2}, & x=0; \\ \frac{1}{2}, & x=\pm 1. \end{cases}$$

其中 $a_n = \int_{-1}^{1}f(x)\cos n\pi x\mathrm{d}x, \quad n=0,1,2,\cdots$

由于 $a_0 = \int_{-1}^{1}f(x)\mathrm{d}x = \int_{-1}^{0}x^2\mathrm{d}x + \int_{0}^{1}(x-1)\mathrm{d}x = -\frac{1}{6}$，

$$\sum_{n=0}^{\infty}a_n = \frac{a_0}{2}+S(0) = -\frac{1}{12}-\frac{1}{2} = -\frac{7}{12},$$

故 $\sum_{n=1}^{\infty}(-1)^n a_n = \frac{a_0}{2}+S(1) = -\frac{1}{12}+\frac{1}{2} = \frac{5}{12}.$

章节练习题（二）

一、客观题

1. 若级数 $\sum_{n=1}^{\infty}\frac{(2x-a)^n}{2n-1}$ 的收敛域为 $[1,2)$，则常数 $a = (\quad)$.

   (A) 3　　　(B) 5　　　(C) 4　　　(D) 以上都不对

2. 函数 $f(x) = \mathrm{e}^{-x^2}$ 展开成 x 的幂级数为（　　）.

   (A) $\sum_{n=0}^{\infty}\frac{x^{2n}}{n!}$　　　(B) $\sum_{n=0}^{\infty}\frac{(-1)^n\cdot x^{2n}}{n!}$

   (C) $\sum_{n=0}^{\infty}\frac{x^n}{n!}$　　　(D) $\sum_{n=0}^{\infty}\frac{(-1)^n\cdot x^n}{n!}$

二、确定下列幂级数的收敛区间

1. $\sum_{n=1}^{\infty}n^3 x^n$　　　2. $\sum_{n=1}^{\infty}\frac{x^n}{2\cdot 4\cdot 6\cdot\cdots\cdot(2n)}$

3. $\sum_{n=1}^{\infty}(-1)^n\frac{x^{2n+1}}{n\cdot 2^n}$　　　4. $\sum_{n=1}^{\infty}\frac{1+n}{1+n^2}(x-2)^n$

三、求下列幂级数的和函数

1. $\sum_{n=1}^{\infty}\dfrac{1}{n(n+1)}x^{n+1}$,并求 $\sum_{n=1}^{\infty}\dfrac{1}{n(n+1)}$.

四、将下列函数展成 x 的幂级数

1. $f(x)=(1+x)\ln(1+x)$ 2. $f(x)=x\arctan x-\ln\sqrt{1+x^2}$

3. $f(x)=\dfrac{1}{x}$ 展开为 $x-1$ 的幂级数

章节练习题答案(二)

一、客观题

1. (A).   2. (B).

二、确定下列幂级数的收敛区间

1. 解:$\lim\limits_{n\to+\infty}\left|\dfrac{a_{n+1}}{a_n}\right|=1$,$x=-1$,$x=1$ 级数均发散,所以收敛区间为 $(-1,1)$.

2. 解:$\lim\limits_{n\to+\infty}\left|\dfrac{a_{n+1}}{a_n}\right|=0$,$R=+\infty$,收敛区域为 $(-\infty,+\infty)$.

3. 解:$\lim\limits_{n\to+\infty}\left|\dfrac{a_{n+1}}{a_n}\right|=\dfrac{1}{2}$,故 $R_1=\dfrac{1}{\rho}=2$,$R=\sqrt{2}$,

又 $x=-\sqrt{2}$,级数发散,$x=\sqrt{2}$ 级数收敛,收敛区间为 $(-\sqrt{2},\sqrt{2}]$.

4. 解:$\lim\limits_{n\to+\infty}\left|\dfrac{a_{n+1}}{a_n}\right|=1$,$x=1$ 收敛,$x=3$ 发散,所以收敛区间为 $[1,3)$.

三、求下列幂级数的和函数

解:收敛区间 $[-1,1]$,$S'(x)=\sum\limits_{n=1}^{\infty}\dfrac{x^n}{n}$,$S''(x)=\sum\limits_{n=1}^{\infty}x^{n-1}=\dfrac{1}{1-x}$,

$S'(x)=\int_0^x S''(x)\mathrm{d}x=-\ln(1-x)$,$S(x)=\int_0^x S'(x)\mathrm{d}x=(1-x)\ln(1-x)+x$,

所以 $\sum\limits_{n=1}^{\infty}\dfrac{1}{n(n+1)}=S(1)=\lim\limits_{x\to 1}(1-x)\ln(1-x)+x=1$.

四、将下列函数展成 x 的幂级数

1. 解:$[(1+x)\ln(1+x)]'=1+\ln(1+x)$

$=1+\sum\limits_{n=1}^{\infty}(-1)^{n-1}\dfrac{x^n}{n}$,$-1<x\leqslant 1$,

原式 $=x+\sum\limits_{n=1}^{\infty}(-1)^{n-1}\dfrac{x^{n+1}}{n(n+1)}$,$[-1,1]$.

2. 解: $(\arctan x)' = \dfrac{1}{1+x^2} = \sum\limits_{n=0}^{\infty}(-1)^n x^{2n}$, $\arctan x = \sum\limits_{n=0}^{\infty}(-1)^n \dfrac{x^{2n+1}}{2n+1}$, $|x|\leqslant 1$,

$$\ln(1+x^2) = \sum_{n=0}^{\infty}(-1)^n \dfrac{x^{2n+2}}{n+1}, \ |x|\leqslant 1.$$

原式 $= \sum\limits_{n=0}^{\infty}(-1)^n \left(\dfrac{1}{2n+1} - \dfrac{1}{2n+2}\right) x^{2n+2} = \sum\limits_{n=0}^{\infty}(-1)^n \dfrac{x^{2n+2}}{(2n+1)(2n+2)}, \ |x|\leqslant 1.$

3. 解: $\dfrac{1}{x} = \dfrac{1}{x-1+1} = \sum\limits_{n=0}^{\infty}(x-1)^n, 0<x<2.$

附　　　录

附录 A　同步模拟测试题

第一学期期中测试题试卷

一、选择题(每题 2 分,共 14 分)(只有一个答案正确,填在括号内)

1. 若 $x \to 0$,下面说法中,错误的是(　　).

   (A) x^2 是无穷小　　　　　　(B) $2x$ 是无穷小

   (C) $x - 0.0001$ 是无穷小　　(D) $-x$ 是无穷小

2. $f(x) = \begin{cases} \dfrac{\sqrt{1-\cos x^2}}{\arctan^2 x}, & x \neq 0; \\ a, & x = 0 \end{cases}$ 要使 $f(x)$ 在 $x = 0$ 处连续,$a = ($　　$)$.

   (A) $\sqrt{2}$　　　　　　　　　(B) $\dfrac{1}{\sqrt{2}}$

   (C) $\pm\sqrt{2}$　　　　　　　(D) 不存在

3. 已知函数 $y = f(x)$ 对一切 x 满足 $xf''(x) + 3x[f'(x)]^2 = 1 - e^{-x}$,若 $f'(x_0) = 0 (x_0 \neq 0)$,则(　　).

   (A) $f(x_0)$ 是 $f(x)$ 的极大值

   (B) $f(x_0)$ 是 $f(x)$ 的极小值

   (C) $(x_0, f(x_0))$ 是曲线 $y = f(x)$ 的拐点

   (D) $f(x_0)$ 不是 $f(x)$ 的极值,$(x_0, f(x_0))$ 也不是曲线 $y = f(x)$ 的拐点.

4. $\lim\limits_{x \to \pi} \dfrac{\tan x}{\sin x} = ($　　$)$.

   (A) 1　　　　(B) -1　　　　(C) 0　　　　(D) ∞

5. 设 $f(x)$ 在 $x = 0$ 处存在 4 阶导数,且 $\lim\limits_{x \to 0} \dfrac{f(x)}{x - \sin x} = 1$,则(　　).

   (A) $f'(0) = 1$　　　　　　　(B) $f''(0) = 1$

   (C) $f'''(0) = 1$　　　　　　(D) $f^{(4)}(0) = 1$

6. 曲线 $y = x\mathrm{arccot}\,x$ 的图象(　　).

   (A) 在 $(-\infty, +\infty)$ 内为凸

(B) 在 $(-\infty,+\infty)$ 内为凹
(C) 在 $(-\infty,0)$ 内为凸,$(0,+\infty)$ 内为凹
(D) 在 $(-\infty,0)$ 内为凹,在 $(0,\infty)$ 内为凸

7. 设 $f(x)$ 在 $(-\infty,+\infty)$ 内可导,且对任意 x_1、x_2,当 $x_1>x_2$ 时,都有 $f(x_1)>f(x_2)$,则( ).

(A) 对任意 $x,f'(x)>0$ 　　　　(B) 对任意 $x,f'(-x)\leqslant 0$
(C) 函数 $f(-x)$ 单调增加　　　　(D) 函数 $-f(-x)$ 单调增加

二、填空题(每题 3 分,共 12 分)(在横线上填上最简答案)

1. $\lim\limits_{x\to\infty}\dfrac{3x^2+5}{5x+3}\cdot\sin\dfrac{4}{x}=$ _____.

2. 设函数 $y=y(x)$ 由方程 $\sin(x^2+y^2)+e^x-y^2=0$ 所确定,则 $\dfrac{dy}{dx}=$ _____.

3. 设 $f(x)=\dfrac{4}{2+3^{\frac{1}{x}}}$,则 $f(0^+)=$ _____.

4. $f(x)=x^3-3x^2+6$ 的极小值是 _____.

三、解答题(本大题共 74 分)(要有解答过程)

1. (本小题 8 分) 计算 $\lim\limits_{x\to 1}\left(\dfrac{1}{1-x}-\dfrac{3x}{1-x^3}\right)$.

2. (本小题 8 分) 计算 $\lim\limits_{x\to 0}\dfrac{1-e^{x(\cos x-1)}}{x\cdot\arctan x^2}$.

3. (本小题 8 分) 设 $y=y(x)$ 由方程 $e^{x-y}-x\sin y=1$ 确定,求 dy.

4. (本小题 8 分) 设 $y=y(x)$ 由方程组 $\begin{cases}x=f'(t)\\y=f(t)-tf'(t)\end{cases}$ 所确定 $f''(t)$ 存在且不为零,求 $\dfrac{dy}{dx}$ 及 $\dfrac{d^2y}{dx^2}$.

5. (本小题 8 分) 设当 $x\to 0,\alpha(x)=\sqrt[3]{1+3x^3}-\sqrt[3]{1-3x^3}\sim Ax^k$,试确定 A 及 k.

6. (本小题 8 分) 设 $y=\ln\dfrac{1-x}{1+x}$,求 y''.

7. (本小题 8 分) 设 $f(x)=\begin{cases}e^x,&x\leqslant 0\\x^2+bx+c,&x>0\end{cases}$ 则 b,c 为何值时,

1) $f(x)$ 在 $x=0$ 处可导;
2) 求过点 $(0,1)$ 的切线方程.

8. (本小题 10 分) 设 $f(x)$ 在 $[a,b]$ 上二阶可导,且连接 $A(a,f(a)),B(b,f(b))$ 的弦与曲线 $y=f(x)$ 交于 $C(c,f(c)),a<c<b$,试证存在 $\xi\in(a,b)$,使 $f''(\xi)=0$.

9. (本小题 8 分) 在半径为 R 的球内,求体积最大的内接圆柱体的高.

第一学期期终测试题试卷1

一、选择题(每题2分,共12分)(只有一个答案正确,填在括号内)

1. $\lim\limits_{n\to\infty}(1+\dfrac{1}{n})^{n+1000}$ 的值是( ).

   (A) e (B) e^{1000} (C) $e\cdot e^{1000}$ (D) 其他值

2. 设函数 $f(x)=\begin{cases}\dfrac{ax-b}{\sqrt{3x+1}-\sqrt{x+3}}, & x\neq 1;\\ 4, & x=1\end{cases}$ 在 $x=1$ 处连续,则常数 a,b 用数组 (a,b) 表示为( ).

   (A) $(2,-2)$ (B) $(-2,2)$ (C) $(-2,-2)$ (D) $(2,2)$

3. 设 $y=e^2\log_{10}x+\sqrt{x}-\tan x-\ln x$,则 $y'=$( ).

   (A) $\dfrac{e^2}{x}\ln 10+\dfrac{1}{2\sqrt{x}}-\sec^2 x-\dfrac{1}{x}$
   (B) $\dfrac{e^2}{x\ln 10}+\dfrac{1}{2\sqrt{x}}-\sec^2 x-\dfrac{1}{x}$

   (C) $\dfrac{e^2}{x}\ln 10+\dfrac{1}{2\sqrt{x}}-\sec x\cdot\tan x-x$
   (D) $\dfrac{e^2}{x\ln 10}+\dfrac{1}{2\sqrt{x}}-\dfrac{1}{1+x^2}-x$

4. 方程 $x^5+2x^3+3x+4=0$ ( ).

   (A) 无实根 (B) 有唯一实根
   (C) 有三个不同的实根 (D) 有5个不同的实根

5. 若 $\int_0^x f(t)\mathrm{d}t=\dfrac{x^4}{2}$,则 $\int_0^4\dfrac{1}{\sqrt{x}}f(\sqrt{x})\mathrm{d}x=$( ).

   (A) 16 (B) 8 (C) 4 (D) 2

6. 微分方程 $y''-5y'+6y=xe^{-2x}$ 的一个特解应具有形式( ).

   (A) Axe^{-2x} (B) $(Ax+B)e^{-2x}$
   (C) $(Ax^2+Bx+C)e^{-2x}$ (D) $x(Ax+B)e^{-2x}$

二、填空题(每题3分,共15分)(在横线上填上最简答案)

1. 设 $f(x)=\dfrac{4}{2+3^{\frac{1}{x}}}$,则 $f(0^-)=$ _____.

2. 设 $y=\sin[\sin(\cos x)]$,则 $y'=$ _____.

3. $y=x-\sqrt{x}$ 的单调减少区间是 _____.

4. $\int\dfrac{\mathrm{d}x}{(1-x)\sqrt{1-x}}=$ _____.

5. $\int_1^{e^3}\dfrac{\mathrm{d}x}{x(1+\ln x)}=$ _____.

三、解答题(本大题共 43 分)(要有解答过程)

1.(本小题 5 分) 求 $\lim\limits_{x \to 1^+} \dfrac{\sqrt{x-1}+\sqrt{x-1}}{\sqrt{x^2-1}}$.

2.(本小题 5 分) 求 $\lim\limits_{x \to 0} \dfrac{\tan x - \sin x}{\arcsin^3 x}$.

3.(本小题 5 分) 设 $y = \arcsin 2x - \tan x^2$,求 $y'(x)$.

4.(本小题 7 分) 设 $y = y(x)$ 由方程 $e^{x-y} - x\sin y = 1$ 确定,求 dy.

5.(本小题 5 分) 计算 $\int_0^{\frac{\pi}{4}} \tan^4 x \, dx$.

6.(本小题 8 分) 求初值问题 $\begin{cases} y' = e^{-\frac{y}{x}} + \dfrac{y}{x} \\ y\big|_{x=1} = 1 \end{cases}$ 的解.

7.(本小题 8 分) 求 a,b 之值,使得 $f(x) = \begin{cases} e^{ax}, & x \leqslant 0; \\ b(1-x)^2, & x > 0 \end{cases}$ 在 $x = 0$ 点可微.

四、应用与证明题(本大题共 30 分)(要有解答过程)

1.(本小题 8 分)

试求星型线 $x^{\frac{2}{3}} + y^{\frac{2}{3}} = a^{\frac{2}{3}}$ 上夹在两坐标轴之间的切线长度$(xy \neq 0, a > 0)$.

2.(本小题 5 分)

试证明:当 $x \to 0$ 时,$x - \ln(1+x)$ 与 $\dfrac{x^2}{2}$ 是等价无穷小.

3.(本小题 10 分)

求曲线 $y = e^x$,x 轴及该曲线过原点的切线所围成的图形面积和绕 x 轴旋转的旋转体的体积.

4.(本小题 7 分)

设 $f(x)$ 在 $[a,b]$ 上连续,$x_0 \in (a,b)$,且 $f(x)$ 在 (a,x_0) 与 (x_0,b) 内均可导且 $\lim\limits_{x \to x_0} f'(x) = 1$,试用拉格朗日中值定理证明:$f'(x_0)$ 存在,且 $f'(x_0) = 1$.

第一学期期终测试题试卷 2

一、选择题(每题 2 分,共 14 分)(只有一个答案正确,填在括号内)

1.设数列 $\{u_n\}$ 满足 $\lim\limits_{n \to \infty} |u_n| = A$,则( ).

(A) $\lim\limits_{n \to \infty} u_n = A$　　　　　　　　(B) $\lim\limits_{n \to \infty} u_n = -A$

(C) $\lim\limits_{n \to \infty} u_n$ 不一定存在　　　　　(D) $\lim\limits_{n \to \infty} u_n = \pm A$

2.下面命题中正确的是( ).

(A) 无穷大是一个非常大的数　　　　(B) 有限个无穷大的和仍为无穷大

(C) 无界变量必为无穷大　　　　　　(D) 无穷大必是无界变量

3. 设 $f(x)$ 在下列所给区间上连续,a、b 是任意实数,且 $a<b$ 则 $f(x)$ 必有界的区间是( ).

(A) $[a,b]$ (B) $(a,b]$ (C) $[a,b)$ (D) (a,b)

4. 若函数 $y=f(x)$ 有 $f'(x_0)=k\neq 0,1$,则当 $\Delta x\to 0$ 时,$f(x)$ 在点 $x=x_0$ 处微分 dy 是( ).

(A) 与 Δx 等价的无穷小

(B) 与 Δx 同阶的无穷小,但不是等价的无穷小

(C) 比 Δx 高阶的无穷小

(D) 比 Δx 低阶的无穷小

5. 设函数 $f(x)$ 满足关系式 $f''(x)+[f'(x)]^2=x$,且 $f'(0)=0$,则( ).

(A) $f(0)$ 是 $f(x)$ 的极大值

(B) $f(0)$ 是 $f(x)$ 的极小值

(C) 点 $(0,f(0))$ 是曲线 $y=f(x)$ 的拐点

(D) $f(0)$ 不是 $f(x)$ 的极值,$(0,f(0))$ 也不是曲线 $y=f(x)$ 的拐点

6. 在 $\left[-\dfrac{\pi}{2},\dfrac{\pi}{2}\right]$ 上的曲线 $y=\sin x$ 与 x 轴围成图形的面积为( ).

(A) $\displaystyle\int_{-\frac{\pi}{2}}^{\frac{\pi}{2}}\sin x\,dx$ (B) $\displaystyle\int_{0}^{\frac{\pi}{2}}\sin x\,dx$

(C) 0 (D) $2\displaystyle\int_{0}^{\frac{\pi}{2}}\sin x\,dx$

7. 以下各积分不属于反常积分的是( ).

(A) $\displaystyle\int_{0}^{+\infty}\ln(1+x)\,dx$ (B) $\displaystyle\int_{0}^{1}\dfrac{\sin x}{x}\,dx$

(C) $\displaystyle\int_{-1}^{1}\dfrac{dx}{x^2}$ (D) $\displaystyle\int_{-3}^{0}\dfrac{dx}{1+x}$

二、填空题(每题3分,共12分)(在横线上填上最简答案)

1. $\lim\limits_{n\to\infty}(\sqrt{1+2+\cdots+n}-\sqrt{1+2+\cdots+(n-1)})=$ _____.

2. 已知曲线的方程为 $\begin{cases}x=a(t-\sin t),\\ y=a(1-\cos t).\end{cases}$ 则其在 $t=\dfrac{\pi}{2}$ 处的切线方程是_____.

3. 关于曲线 $y=x^5-10x^2-2$ 在 $[-1,1]$ 上一段的凹凸性的正确判断是_____.

4. 函数 $f(x)=xe^x+x\displaystyle\int_{x}^{1}f(t)\,dt$ 则 $f'(1)=$ _____.

三、解答题(本大题42分,每题7分)(要有解答过程)

1. 设 $\lim\limits_{x\to+\infty}(\sqrt{4x^2+2x+3}-ax-b)=0$,试确定 a,b 之值.

2. 讨论函数 $y=\dfrac{x}{\tan x}$ 的连续性并判别间断点的类型.

3.设 $f(x) = \lim\limits_{t \to +\infty} \left(1 - \dfrac{x}{t}\right)^{t+x}$,求 $f''(x)$.

4.求极限 $\lim\limits_{x \to 0} \dfrac{e^x + e^{-x} - 2}{1 - \cos x}$.

5.解方程 $\dfrac{dy}{dx} + (\cot x)y = \csc x$.

6.设 $f(x) = \begin{cases} 1 + x^2, & x < 0; \\ e^{-x}, & x \geqslant 0 \end{cases}$ 求 $\int_1^3 f(x-2)dx$.

四、应用与证明题(本大题共 30 分)(要有解答过程)

1.(本小题 8 分)

求微分方程 $y'' + 2y' - 3y = (2x+1)e^x$ 的一个特解.

2.(本小题 8 分)

利用拉格朗日中值定理计算极限 $\lim\limits_{x \to 0} \dfrac{\tan\left(\dfrac{\pi}{4} + 2x\right) - \tan\left(\dfrac{\pi}{4} - 2x\right)}{\arctan(1+2x) - \arctan(1-2x)}$.

3.(本小题 8 分)

证明:当 $x > 0$ 时,$1 + x\ln(x + \sqrt{1+x^2}) > \sqrt{1+x^2}$.

4.(本小题 6 分)

求由平面图形 $y = \cos x - \sin x$,$y = 0$ $\left(0 \leqslant x \leqslant \dfrac{\pi}{4}\right)$ 绕 x 轴旋转的旋转体的体积.

第一学期期终测试题试卷 3

一、选择题(每题 2 分,共 14 分)(只有一个答案正确,填在括号内)

1.$\lim\limits_{x \to \infty} \dfrac{(2-3x)^3(3+2x)^5}{(1-6x)^8} = ($ $)$.

(A) -1 (B) 1 (C) $-\dfrac{1}{2^3 \times 3^5}$ (D) 不存在

2.$f(x) = \dfrac{\ln(1+2x)}{\sin x}$,$x = 0$ 为 $f(x)$ 的( )型间断点.

(A) 跳跃   (B) 振荡   (C) 无穷   (D) 可去

3.关于函数 $y = f(x)$ 在点 x 处连续,可导及可微三者的关系为( ).

(A) 连续是可微的充分条件   (B) 可导是可微的充分必要条件

(C) 可微不是连续的充分条件   (D) 连续是可导的充分必要条件

4.方程 $x^5 + 2x^3 + 3x + 4 = 0($ $)$.

(A) 无实根   (B) 有唯一实根

(C) 有三个不同的实根   (D) 有 5 个不同的实根

5.设 $f(x)$ 在 $(-\infty, +\infty)$ 内可导,且对任意 x_1、x_2,当 $x_1 > x_2$ 时,都有 $f(x_1) >$

$f(x_2)$,则( ).

(A) 对任意 $x, f'(x) > 0$ (B) 对任意 $x, f'(-x) \leqslant 0$
(C) 函数 $f(-x)$ 单调增加 (D) 函数 $-f(-x)$ 单调增加

6. $I = \int \dfrac{e^{-x}-1}{e^{-x}+1} dx, I = ($ $)$.

(A) $\ln(e^{-x}-1) + C$ (B) $\ln(e^{-x}+1) + C$
(C) $x - 2\ln(e^x+1) + C$ (D) $x - 2\ln(e^{-x}+1) + C$

7. 设 $F(x) = \dfrac{x^2}{x-a}\int_a^x f(t)dt$,其中 $f(x)$ 为连续函数,则 $\lim\limits_{x \to a} F(x)$ 等于( ).

(A) a^2 (B) $a^2 f(a)$ (C) 0   (D) 不存在

二、填空题(每小题 3 分,共 18 分)(在横线上填上最简答案)

1. 设 $y = \ln x \cdot \lg x - \ln 2 \cdot \log_2 x$,则 y' _____.

2. 曲线 L 的参数方程为 $\begin{cases} x = a(t - \sin t) \\ y = a(1 - \cos t) \end{cases}$,则在 $t = \dfrac{\pi}{2}$ 处的切线方程为 _____.

3. $\int x f(x^2) f'(x^2) dx = $ _____.

4. $\int_0^b |x| dx = $ _____,其中 b 是实数.

5. 设 $\int_1^x (2t-1) dt = 6$,则 $x = $ _____.

6. 曲线 $y = e^{-\frac{2}{x}}$ 的拐点坐标是 _____.

三、解答题(本大题共 46 分)(要有解答过程)

1. (本小题 5 分)

求 $\lim\limits_{x \to 1}\left(\dfrac{1}{1-x} - \dfrac{3}{1-x^3}\right)$.

2. (本小题 7 分)

设 $y = x e^{-x}$,求 $y^{(n)}$.

3. (本小题 7 分)

设 $y = y(x)$ 由方程 $e^{x-y} - x \sin y = 1$ 确定,求 dy.

4. (本小题 5 分)

求 $\int (\sqrt{x} - 1)(\sqrt{x^3} + 1) dx$.

5. (本小题 7 分)

已知: $\lim\limits_{x \to 0} \dfrac{1}{x^4} \int_0^{x^2} \dfrac{t}{\sqrt{a^2+t}} dt = 1$,求 a 的值.

6.(本小题 8 分)

设 $f(x) = x^2 - x\int_0^2 f(x)\mathrm{d}x + 2\int_0^1 f(x)\mathrm{d}x$,求 $f(x)$.

7.(本小题 7 分)

求 $\int x\sin\dfrac{x}{2}\mathrm{d}x$.

四、应用与证明题(本大题共 22 分)(要有解答过程)

1.(本小题 7 分)

求由曲线 $y = x^2$ 与直线 $y = 2x + 3$ 所围成图形的面积.

2.(本小题 8 分)

设函数 $f(x)$ 在 $[a,b]$ 上连续,且 $f(x) > 0$,$F(x) = \int_a^x f(t)\mathrm{d}t + \int_b^x \dfrac{\mathrm{d}t}{f(t)} (x \in [a,b])$,

证明: (1) $F'(x) \geqslant 2$,

(2) 方程 $F(x) = 0$ 在区间 (a,b) 内有且只有一个根.

3.(本小题 7 分)

欲做一个底为正方形,容积为 $108\mathrm{m}^3$ 的长方体开口容器,怎样做所用材料最省?

第一学期期终测试题试卷 4

一、选择题(每题 2 分,共 14 分)(只有一个答案正确,填在括号内)

1. $\lim\limits_{x \to 0} arc\cot \dfrac{1}{x} = ($　　$)$.

　(A) 0　　　　　　(B) π　　　　　　(C) 不存在　　　(D) 0 或 π

2. $x = 0$ 是 $f(x) = x \cdot \cos \dfrac{1}{2x}$ 的($\ $) 型间断点.

　(A) 可去　　　(B) 振荡　　　(C) 无穷　　　(D) 跳跃

3. 设 $f(x)$ 及 $g(x)$ 都在 $x = x_0$ 处取得极大值,$F(x) = f(x)g(x)$,则 $F(x)$ 在 $x = x_0$ 处($\ $).

　(A) 也必取得极小值　　　　　(B) 必取得极大值
　(C) 必不取得极值　　　　　　(D) 是否取得极值不能确定

4. 若 $f(x) = -f(-x)$,在 $(0, +\infty)$ 内 $f'(x) > 0$,$f''(x) > 0$,则 $f(x)$ 在 $(-\infty, 0)$ 内($\ $).

　(A) $f'(x) < 0, f''(x) < 0$　　　　　(B) $f'(x) < 0, f''(x) > 0$
　(C) $f'(x) > 0, f''(x) < 0$　　　　　(D) $f'(x) > 0, f''(x) > 0$

5. 如果 $f(x) = \mathrm{e}^{-x}$,则 $\int \dfrac{f'(\ln x)}{x}\mathrm{d}x = ($　　$) + C$.

(A) $-\dfrac{1}{x}$ (B) $\dfrac{1}{x}$ (C) $-\ln x$ (D) $\ln x$

6. 设 $f(x)$ 为连续函数,且 $F(x)=\displaystyle\int_{\frac{1}{x}}^{\ln x} f(t)\mathrm{d}t$,则 $F'(x)$ 等于( ).

(A) $\dfrac{1}{x}f(\ln x)+\dfrac{1}{x^2}f\left(\dfrac{1}{x}\right)$ (B) $f(\ln x)+f\left(\dfrac{1}{x}\right)$

(C) $\dfrac{1}{x}f(\ln x)-\dfrac{1}{x^2}f\left(\dfrac{1}{x}\right)$ (D) $f(\ln x)-f\left(\dfrac{1}{x}\right)$

7. 曲线 $y=\ln x, y=\ln a, y=\ln b(0<a<b)$ 及 y 轴所围成的平面图形的面积为( ).

(A) $\displaystyle\int_{\ln a}^{\ln b}\ln x\,\mathrm{d}x$ (B) $\displaystyle\int_{\ln a}^{\ln b}\mathrm{e}^y\,\mathrm{d}y$ (C) $\displaystyle\int_{\mathrm{e}^a}^{\mathrm{e}^b}\mathrm{e}^x\,\mathrm{d}x$ (D) $\displaystyle\int_{\mathrm{e}^b}^{\mathrm{e}^a}\ln x\,\mathrm{d}x$

二、填空题(每小题 3 分,共 15 分)(在横线上填上最简答案)

1. 设 $\displaystyle\lim_{x\to 0}\dfrac{[1-\cos 3x]f(x)}{x^2\sin 2x}=1$,其中 $f(x)$ 在 $x=0$ 处可导,$f(0)=0$ 则 $f'(0)=$ _____.

2. 设 $y=\ln\sqrt[3]{1-x^2}$,则 $\mathrm{d}y=$ _____.

3. $\displaystyle\int\dfrac{\mathrm{d}x}{x\sqrt{1-\ln^2 2x}}=$ _____.

4. $\dfrac{\mathrm{d}}{\mathrm{d}x}\displaystyle\int_0^x(x-t)\sin t\,\mathrm{d}t=$ _____.

5. 已知反常积分 $\displaystyle\int_{-\infty}^{+\infty}\mathrm{e}^{k|x|}\,\mathrm{d}x=1$,则 $k=$ _____.

三、解答题(本大题共 50 分)(要有解答过程)

1. (本小题 8 分)

设 $\displaystyle\lim_{x\to+\infty}(\sqrt{4x^2+2x+3}-ax-b)=0$,试确定 a,b 之值.

2. (本小题 7 分)

设 $y=\ln\dfrac{1-x}{1+x}$,求 y''.

3. (本小题 6 分)

已知 $y=2^x\sin^2 x$,求 $\mathrm{d}y$.

4. (本小题 6 分)

试判定曲线 $y=\mathrm{e}^{\frac{1}{x}}$ 在 $(0,+\infty)$ 内的凹凸性.

5. (本小题 7 分)

求 $y=x^2-2\ln x$ 的单调区间和极值.

6.（本小题 8 分）

设 $f(x)=\begin{cases}\dfrac{1-\cos ax}{x^2}, & x<0 \\ 1, & x=0 \\ \dfrac{b\sin x+\int_0^x \cos t^2\,dt}{x}, & x>0\end{cases}$ 在 $x=0$ 点连续，试求常数 a 和 b 的值．

7.（本小题 8 分）

设 $f(x)=\begin{cases}1+x^2, & x<0 \\ e^{-x}, & x\geqslant 0\end{cases}$ 求 $\int_1^3 f(x-2)\,dx$．

四、应用与证明题（本大题共 21 分）（要有解答过程）

1.（本小题 7 分）

若 $f(x)$ 在 $[0,1]$ 上连续，且 $0<f(x)<1$，证明：至少存在一点 $\xi\in(0,1)$，使得 $f(\xi)=\xi$．

2.（本小题 7 分）

证明不等式 $\ln(1+\sqrt{2})<\int_0^1\dfrac{dx}{\sqrt{1+x^n}}<1$ $(n>2)$．

3.（本小题 7 分）

求由曲线 $y=\dfrac{1}{x}$ 与直线 $y=x$ 及 $x=2$ 所围图形的面积．

第二学期期中测试题试卷 1

一、选择题（选出一个正确答案，填在题末的括号中）

（本大题分 6 小题，每小题 3 分，共 18 分）

1. 函数 $f(x,y)=\begin{cases}\dfrac{xy}{x^2+y^2}, & (x,y)\neq(0,0) \\ 0, & (x,y)=(0,0)\end{cases}$ 在点 $(0,0)$ 处（　　）．

(A) 连续且两个偏导存在　　　　　(B) 不连续且两个偏导不存在

(C) 连续但两个偏导不存在　　　　(D) 两个偏导存在但不连续

2. 设 $z=(1+xy)^x$，则 $\left.\dfrac{\partial z}{\partial x}\right|_{(1,1)}=$（　　）．

(A) $1+\ln 2$　　　(B) $1+2\ln 2$　　　(C) 4　　　(D) 8

3. 曲面 $z=F(x,y,z)$ 的一个法向量为（　　）．

(A) $\{F'_x, F'_y, F'_z-1\}$　　　　(B) $\{F'_z-1, F'_y-1, F'_z-1\}$

(C) $\{F'_x, F'_y, F'_z\}$　　　　　　(D) $\{-F'_z, -F'_y, 1\}$

4. 设空间三点的坐标分别为 $M(1,-3,4)$、$N(-2,1,-1)$、$P(-3,-1,1)$．则

∠MNP = ( ).

(A) π (B) $\dfrac{3\pi}{4}$ (C) $\dfrac{\pi}{2}$ (D) $\dfrac{\pi}{4}$

5. 设函数 $z = x^2 - y^2$，则（ ）.

(A) 函数 z 在点 $(0,0)$ 处取得极大值

(B) 函数 z 在点 $(0,0)$ 处取得极小值

(C) 点 $(0,0)$ 非函数 z 的极值点

(D) 点 $(0,0)$ 是函数 z 的最大值点或最小值点，但不是极值点

6. 交换 $\int_{\frac{1}{2}}^{1} dx \int_{\frac{1}{x}}^{2} f(x,y)dy + \int_{1}^{2} dx \int_{x}^{2} f(x,y)dy$ 的次序，则下列结果正确的是（ ）.

(A) $\int_{1}^{2} dy \int_{\frac{1}{y}}^{y} f(x,y)dx$ (B) $\int_{1}^{2} dy \int_{y}^{\frac{1}{y}} f(x,y)dx$

(C) $\int_{1}^{2} dy \int_{\frac{1}{y}}^{x} f(x,y)dx$ (D) $\int_{\frac{1}{2}}^{1} dy \int_{y}^{\frac{1}{x}} f(x,y)dx$

二、填空题（每题 4 分，共 12 分，把最简答案填在横线上）

1. 设函数 $z = z(x,y)$ 由方程 $x + y + z = e^{-(x^2+y^2+z^2)}$ 所确定，则 $\dfrac{\partial z}{\partial y} = $ _____.

2. 二次积分 $\int_{-a}^{a} dx \int_{0}^{\sqrt{a^2-x^2}} f(x,y)dy$ 在极坐标系下先对 r 积分的二次积分为 _____.

3. 设 a, b, c 满足 $a + a + c = 0$，且 $|a| = 3, |a| = 4, |c| = 5$，则 $|a \times a + a \times c + c \times a| = $ _____.

三、解答下列各题

（本大题共 6 小题，总计 48 分）

1.（本小题 8 分）设函数 $z = ye^x$，计算函数的全微分 dz.

2.（本小题 8 分）利用极坐标计算二重积分 $\iint_D \sqrt{R^2 - x^2 - y^2}\, d\sigma$ 其中 $D: x^2 + y^2 \leq Rx, R > 0$.

3.（本小题 8 分）设 $z = z(x,y)$ 由方程 $x = f(xz, yz)$ 所确定，其中 f 具有一阶连续偏导数，求 dz.

4.（本小题 8 分）已知三点 $M_1(2,1,5), M_2(0,4,-1), M_3(3,4,-7)$，求过点 $M_0(2,-6,3)$ 且与 $\triangle M_1M_2M_3$ 所在平面平行的平面方程.

5.（本小题 8 分）设 Ω 是由 $z = \sqrt{x^2+y^2}$ 及 $z = 1$ 所围的有界闭区域，试将 $\iiint_\Omega f(x,y,z)dv$ 化成先对 z 次对 y 再对 x 积分的三次积分式.

6.（本小题 8 分）在平面 $x + y + z = 1$ 上作一直线，使它与直线 $\begin{cases} y = 1 \\ z = -1 \end{cases}$ 垂直相交.

四、证明与应用(本大题共 22 分)

1. (本小题 7 分) 设 $u = \ln\sqrt{(x-1)^2 + (y-1)^2}$，求证 $\dfrac{\partial^2 u}{\partial x^2} + \dfrac{\partial^2 u}{\partial y^2} = 0$.

2. (本小题 8 分) 求函数 $z = x^4 - 2x^2 + \dfrac{1}{3}y^3 + y^2$ 的极值.

3. (本小题 7 分) 求曲面 $z = y\sin x + x\cos y$ 在点 $\left(\dfrac{\pi}{2}, \dfrac{\pi}{2}, \dfrac{\pi}{2}\right)$ 处的切平面方程.

第二学期期中测试题试卷 2

一、选择题（每题 3 分共 12 分）

1. 设有非零向量 $\vec{a}, \vec{b}$，若 $\vec{a} \perp \vec{b}$，则必有（　　）.
   (A) $|\vec{a}+\vec{b}| = |\vec{a}| + |\vec{b}|$　　　　(B) $|\vec{a}+\vec{b}| = |\vec{a}-\vec{b}|$
   (C) $|\vec{a}+\vec{b}| < |\vec{a}-\vec{b}|$　　　　(D) $|\vec{a}+\vec{b}| > |\vec{a}-\vec{b}|$

2. 函数 $f(x,y) = \begin{cases} \dfrac{xy}{x^2+y^2}, & (x,y) \neq (0,0); \\ 0, & (x,y) = (0,0) \end{cases}$ 在点 $(0,0)$ 处（　　）.
   (A) 连续且可导　　　　(B) 不连续且不可导
   (C) 连续但不可导　　　　(D) 可导但不连续

3. 若 $f(2x, -x) = x^2 + 3x$, $f_x(2x, -x) = 6x + 1$, 则 $f_y(2x, -x) = ($ 　　).
   (A) $x + 10$　　(B) $x - 10$　　(C) $10x + 1$　　(D) $10x - 1$

4. 对任何向量 a, b, c，总有（　　）.
   (A) $(a \cdot b)c = a(b \cdot c)$　　　　(B) $(a \times b) \cdot c = a \cdot (b \times c)$
   (C) $a \cdot (b \times c) = b \cdot (a \times c)$　　　　(D) $(a \times b) \times c = a \times (b \times c)$

二、填空题（每题 4 分共 16 分）

1. 设 $|\vec{a}| = 4$，$\vec{a}$ 与轴 l 的夹角为 $\dfrac{\pi}{6}$，则 $\text{Prj}_l \vec{a} = $ _____.

2. 设 $z = y\mathrm{e}^{x+y}$，则 $\mathrm{d}z = $ _____.

3. 设 $z = \dfrac{1}{x}f(x,y) + y\varphi(x+y)$，$f, \varphi$ 有二阶连续导数。则 $\dfrac{\partial^2 z}{\partial x \partial y} = $ _____.

4. $z = f\left(\mathrm{e}^x \sin y, \dfrac{y}{x}\right)$，其中 $f(u,v)$ 可微，则 $\dfrac{\partial z}{\partial x} = $ _____.

三、计算题（本大题共 45 分）

1. (本小题 8 分) 求过点 $(-1, 0, 4)$ 且与 $\begin{cases} x + 2y - z = 0; \\ x + 2y + 2z + 4 = 0 \end{cases}$ 垂直，与 $3x - 4y + z - 10 = 0$ 平行的直线.

2.(本小题 6 分)$z = \ln(1+xy)$ 计算全微分 dz.

3.(本小题 7 分)设 $M(1,0,0)$ 为曲面 $e^z = f(x,y)$ 上的一点,且 $f'_x(1,0) = 2$, $f'_y(1,0) = -2$,求曲面在点 M 处的切平面.

4.(本小题 9 分)求函数 $z = x^4 - 2x^2 + \dfrac{1}{3}y^3 + y^2$ 的极值.

5.(本小题 7 分)求微分方程 $x^2 y'' + xy' = 1$ 的通解.

6.(本小题 8 分)求微分方程 $y'' - 2y' + 2y = e^x \cos x$ 的一个特解.

四、综合题(本大题共 27 分)

1.(本小题 9 分)设 $z = z(x,y)$ 由方程 $\varphi(x-z, y-z) = 0$ 所确定,其中 φ 具有一阶连续偏导数,证明:$\dfrac{\partial z}{\partial x} + \dfrac{\partial z}{\partial y} = 1$.

2.(本小题 9 分)求方程 $y = e^x + \displaystyle\int_0^x y(t)\,dt$ 的解.

3.(本小题 9 分)设单位向量 $\vec{a}, \vec{b}, \vec{c}$ 满足 $\vec{a} + \vec{b} + \vec{c} = \vec{0}$,试证:
$\vec{a} \cdot \vec{b} + \vec{b} \cdot \vec{c} + \vec{c} \cdot \vec{a} = -\dfrac{3}{2}$.

第二学期期终测试题试卷 1

一、选择题(每题 2 分,共 12 分)(只有一个答案正确,填在括号内)

1.设 $z = x^2 + (y-2)\arcsin\sqrt{\dfrac{x}{y}}$,那么 $\left.\dfrac{\partial z}{\partial x}\right|_{(1,2)} = $ ( ).

(A) 2   (B) 1   (C) $\dfrac{\pi}{2}$ (D) $\dfrac{\pi}{4}$

2.曲面 $z = e^{yz} + x\cos(x+y)$ 在点 $\left(\dfrac{\pi}{2}, 0, 1\right)$ 处的法线方程为( ).

(A) $\dfrac{x - \dfrac{\pi}{2}}{\dfrac{\pi}{2}} = \dfrac{y}{1 + \dfrac{\pi}{2}} = \dfrac{z-1}{1}$

(B) $\dfrac{x - \dfrac{\pi}{2}}{-\dfrac{\pi}{2}} = \dfrac{y}{1 + \dfrac{\pi}{2}} = \dfrac{z-1}{-1}$

(C) $\dfrac{x - \dfrac{\pi}{2}}{-\dfrac{\pi}{2}} = \dfrac{y}{1 - \dfrac{\pi}{2}} = \dfrac{z-1}{1}$

(D) $\dfrac{x - \dfrac{\pi}{2}}{-\dfrac{\pi}{2}} = \dfrac{y}{1 - \dfrac{\pi}{2}} = \dfrac{z-1}{-1}$

3.设域 $D: x^2 + y^2 \leqslant 4$,f 是域 D 上的连续函数,则 $\displaystyle\iint_D f(2\sqrt{x^2+y^2})\,dx\,dy = $ ( ).

(A) $2\pi \displaystyle\int_0^2 f(2r^2)\,dr$ (B) $4\pi \displaystyle\int_0^r rf(2r)\,dr$

(C) $2\pi \displaystyle\int_0^2 rf(2r)\,dr$ (D) $4\pi \displaystyle\int_0^2 rf(2r)\,dr$

4.设 C 表示椭圆 $\dfrac{x^2}{4}+\dfrac{y^2}{9}=1$,其方向为逆时针方向,则曲线积分 $\oint_C (2x+y^2)\mathrm{d}x$ =( ).

(A) 36π　　　　(B) 0　　　　(C) 20　　　　(D) -18π

5.下列级数中,条件收敛的是( ).

(A) $\sum\limits_{n=1}^{\infty}(-1)^{n-1}\dfrac{n}{\sqrt{n^3+1}}$　　　　(B) $\sum\limits_{n=1}^{\infty}(-1)^{n-1}\dfrac{n}{2^n}$

(C) $\sum\limits_{n=1}^{\infty}(-1)^{n-1}\sin\dfrac{1}{n^2}$　　　　(D) $\sum\limits_{n=1}^{\infty}(-1)^{n-1}\dfrac{1}{n2^n}$

6.对任何向量 a,b,c,总有( ).
(A) $(a\cdot b)c=a(b\cdot c)$　　　　(B) $(a\times b)\cdot c=a\cdot(b\times c)$
(C) $a\cdot(b\times c)=b\cdot(a\times c)$　　　　(D) $(a\times b)\times c=a\times(b\times c)$

二、填空题(每题 3 分,共 15 分,把最简答案填在横线上)

1.设 $z=y\mathrm{e}^{x+y}$,则 $\mathrm{d}z=$ _____.

2.$x^2-y^2+z^2=1$ 在点 $(1,1,1)$ 的切平面方程为_____.

3.函数 $f(x,y)=(6x-x^2)(4y-y^2)$ 不在坐标轴上的驻点有_____.

4.交换 $\int_1^2 \mathrm{d}y \int_{2-y}^{\sqrt{2y-y^2}} f(x,y)\mathrm{d}x$ 积分次序得_____.

5.函数 $y=\ln(3+x)$ 的麦克劳林展开式为_____.

三、计算题(本大题共 50 分,需要有解题过程)

1.(本小题 7 分)设函数 $z=z(x,y)$ 由方程 $z+\mathrm{e}^z=xy$ 所确定,求 $\dfrac{\partial z}{\partial x}$.

2.(本小题 7 分)计算二重积分 $\iint\limits_{D}(|y|+x)\mathrm{d}\sigma$,其中 $D:|x|+|y|\leqslant 1$.

3.(本小题 7 分)设 $u=f(t)$ 具有三阶连续导数,且 $f(0)=0$,试完成下列算式 $I=\int_0^1 \mathrm{d}x \int_0^x \mathrm{d}y \int_0^y f'''(x+y+z)\mathrm{d}z$.

4.(本小题 7 分)设 L 为 $|x|+|y|=1$ 逆时针一周,计算 $\oint_L \dfrac{-y\mathrm{d}x+x\mathrm{d}y}{|x|+|y|}$.

5.(本小题 8 分)$\iint\limits_{\Sigma}(x^2-yz)\mathrm{d}y\mathrm{d}z+(y^2-zx)\mathrm{d}z\mathrm{d}x+2z\mathrm{d}x\mathrm{d}y$,$\Sigma: z=1-\sqrt{x^2+y^2}$ 被 $z=0$ 所截上侧.

6.(本小题 7 分)判别 $\sum\limits_{n=1}^{\infty}\dfrac{n\cos^2\dfrac{n\pi}{3}}{(n+1)^3}$ 的敛散性.

7.(本小题 7 分)一平面平分两点 $A(1,2,3)$ 和 $B(3,-1,4)$ 间的线段且和它垂直,求此平面方程.

四、综合题(本大题共 23 分)

1.(本小题 6 分)确定 $\sum_{n=1}^{\infty} \frac{2+n}{1+n^2} x^n$ 的收敛域.

2.(本小题 8 分)

求过 $P_0(4,2,-3)$ 与平面 $\pi: x+y+z-10=0$ 平行且与直线 $l_1:\begin{cases} x+2y-z-5=0, \\ z-10=0. \end{cases}$ 的直线方程.

3.(本小题 9 分)曲面 $S: \sqrt{x}+\sqrt{y}+\sqrt{z}=1$,求该曲面的切平面使其在三个坐标轴上截距之积最大.

第二学期期终测试题试卷 2

一、选择题(每题 2 分,共 14 分)(只有一个答案正确,填在括号内)

1. 若 $f(x,x^2)=2x^2 e^{-x}$, $f_x(x,x^2)=-x^2 e^{-x}$,则 $f_y(x,x^2)=(\quad)$.

(A) $2xe^{-x}$ (B) $(-x^2+2x)e^{-x}$

(C) $\frac{4-x}{2}e^{-x}$ (D) $(4-x)e^{-x}$

2. 若曲线 $x=\ln\cos t, y=\ln\sin t, z=\tan t$ 在对应于 $t=\frac{\pi}{4}$ 点处的切线与 zOx 平面交角的正弦值是( ).

(A) $\sqrt{\frac{1}{6}}$ (B) $-\sqrt{\frac{1}{6}}$ (C) 0   (D) 1

3. 下列结果中正确的是( )

(A) 若 $D: x^2+y^2 \leqslant 1, D_1: x^2+y^2 \leqslant 1, x,y \geqslant 0$ 则
$$\iint_D \sqrt{1-x^2-y^2}\,dxdy = 4\iint_{D_1}\sqrt{1-x^2-y^2}\,dxdy$$

(B) 若 $D: x^2+y^2 \leqslant 1, D_1: x^2+y^2 \leqslant 1, x,y \geqslant 0$ 则 $\iint_D xy\,dxdy = 4\iint_{D_1} xy\,dxdy$

(C) 二重积分 $\iint_D f(x,y)\,dxdy$ 的几何意义是以 $z=f(x,y)$ 为曲顶,以 D 为底的曲顶柱体的体积

(D) $\Omega: x^2+y^2+z^2 \leqslant R^2, z \geqslant 0, \Omega_1: x^2+y^2+z^2 \leqslant R^2$
$$x,y,z \geqslant 0 \text{ 则} \iiint_\Omega x\,dv = 4\iiint_{\Omega_1} x\,dv$$

4. 设 $\sum$ 为曲面 $z=x^2+y^2$ 在 $z=1$ 平面下方部分,则 $\iint_\Sigma dS=(\quad)$.

(A) $\int_0^{2\pi} d\theta \int_0^r \sqrt{1+4r^2}\, rdr$ 　　　　(B) $\int_0^{2\pi} d\theta \int_0^1 \sqrt{1+4r^2}\, rdr$

(C) $\int_0^{2\pi} d\theta \int_0^1 \sqrt{1+4r^2}\, dr$ 　　　　(D) $\int_0^{2\pi} d\theta \int_0^r \sqrt{1+4r^2}\, dr$

5.设有级数(1) $\sum_{n=1}^{\infty} \frac{1}{n^p} \sin \frac{\pi}{n}$ ($p \leqslant 0$) 与 (2) $\sum_{n=1}^{\infty} \log_{2^n}\left(1+\frac{1}{n}\right)$ 其敛散性判定的结果是( ).

(A)(1)(2) 都收敛　　　　(B)(1) 收敛,(2) 发散

(C)(1) 发散,(2) 收敛　　　　(D)(1)(2) 都发散

6.曲面 $z = \sqrt{x^2+y^2}$ 是( ).

(A) zOx 平面上曲线 $z = x$ 绕 z 轴旋转而成的旋转曲面

(B) zOy 平面上曲线 $z = |y|$ 绕 z 轴旋转而成的旋转曲面

(C) zOx 平面上曲线 $z = x$ 绕 x 轴旋转而成的旋转曲面

(D) zOy 平面上曲线 $z = |y|$ 绕 y 轴旋转而成的旋转曲面

7.若级数 $\sum_{n=1}^{\infty} u_n$ 收敛,则( ).

(A) $\sum_{n=1}^{\infty} (u_n + u_{n+1})$ 收敛　　　　(B) $\sum_{n=1}^{\infty} u_{2n}$ 收敛

(C) $\sum_{n=1}^{\infty} u_n u_{n+1}$ 收敛　　　　(D) $\sum_{n=1}^{\infty} (-1)^n u_n$ 收敛

二、填空题(每题 3 分,共 15 分,将最简答案填在横线上)

1. $\lim\limits_{\substack{x\to 0\\ y\to 0}} \frac{xy}{\sqrt{1+xy}-1} = $ _____.

2.曲面 $x^2+y^2+z^2 = 3$ 在点 $(1,-1,1)$ 的切平面方程为_____.

3.设 L 是从 $A(1,0)$ 沿曲线 $x^2+\frac{y^2}{2}=1$ 到点 $B(0,\sqrt{2})$,则 $\int_L e^{x^2 y}(2x dx + y dy) = $ _____.

4. $f(x)$ 满足狄利克雷收敛定理的条件,其傅立叶级数的和函数为 $S(x)$,已知 $f(x)$ 在 $x = 0$ 处左连续,且 $f(0) = -1$, $S(0) = 2$,则 $\lim\limits_{x\to 0^+} f(x) = $ _____.

5.过点 $(1,2,1)$ 与向量 $\boldsymbol{S}_1 = \boldsymbol{i} - 2\boldsymbol{j} - 3\boldsymbol{k}$, $\boldsymbol{S}_2 = -\boldsymbol{j} - \boldsymbol{k}$ 平行的平面方程为_____.

三、计算题(本大题共 49 分)(要有解答过程)

1.(本小题 8 分)设 $z = \ln\sqrt{1+x^2+y^2}$,求一阶偏导数 $\frac{\partial z}{\partial x}, \frac{\partial z}{\partial y}$.

2.(本小题 8 分)计算曲线积分 $\oint_L (x+y)^2 ds$,其中 L 是圆周 $x^2+y^2=1$.

3.(本小题 8 分)计算曲线积分 $\int_L (x+e^y)dy - ydx$,其中 L 是从点 $A(1,0)$ 沿 $y = $

$\sqrt{1-x^2}$ 到点 $B(-1,0)$ 的上半圆周.

4.(本小题 8 分)计算 $\iint\limits_{\Sigma} [xdydz + ydzdx + zdxdy]$,$\Sigma$ 是球面 $x^2 + y^2 + z^2 = a^2$ 外侧,a 为正数.

5.(本小题 8 分)求函数 $z = \cos(x+y) + \cos x$ 的驻点,其中 $0 < x < 2\pi, 0 < y < 2\pi$.

6.(本小题 9 分)利用 $\dfrac{1}{1-x}$ 的展开式的性质求 $\sum\limits_{n=1}^{+\infty} \dfrac{n}{2^{n-1}}$ 的和.

四、证明与应用(本小题共 22 分)

1.(本小题 7 分)设 $u^2 = yz, v^2 = xz, w^2 = xy$,且 $f(u,v,w) = F(x,y,z)$ 具有连续偏导数,试证明:$uf_u + vf_v + wf_w = xF_x + yF_y + zF_z$.

2.(本小题 8 分)利用拉格朗日乘数法,试将已知正数 9 分成 3 个正数之和,使它们的积为最大.

3.(本小题 7 分)
求过 $P_0(4,2,-3)$ 与平面 $\pi: x + y + z - 10 = 0$ 平行且与直线 l_1:
$\begin{cases} x + 2y - z - 5 = 0 \\ z - 10 = 0 \end{cases}$ 垂直的直线方程.

第二学期期终测试题试卷 3

一、选择题(每题 2 分共 10 分)(只有一个答案正确,填在括号内)

1.设 $\vec{a} = \{x,3,2\}, \vec{b} = \{-1,y,4\}$.若 $\vec{a} // \vec{b}$,则( ).
(A) $x = -0.5, y = 6$ (B) $x = 0.5, y = 6$
(C) $x = 1, y = -7$ (D) $x = -1, y = -3$

2. 函数 $z = f(x,y)$ 在点 (x_0, y_0) 处具有偏导数是它在该点存在全微分的( ).
(A) 充分而非必要条件   (B) 必要而非充分条件
(C) 充分必要条件   (D) 既非充分又非必要条件

3. 设 f 为可微函数,$x - az = f(y - bz)$,则 $a\dfrac{\partial z}{\partial x} + b\dfrac{\partial z}{\partial y} = ($).
(A) 1   (B) a (C) b (D) $a+b$

4.级数 $\sum\limits_{n=1}^{\infty} u_{2n}$ 与 $\sum\limits_{n=1}^{\infty} u_{2n-1}$ 均收敛是 $\sum u_n$ 收敛的( )条件.
(A) 必要但非充分   (B) 充分但非必要
(C) 充分必要   (D) 既非充分又非必要

5.设级数 $\sum_{n=0}^{\infty} b_n (x-2)^n$ 在 $x=-2$ 处收敛,则此级数在 $x=4$ 处( ).

(A)发散   (B)条件收敛

(C)绝对收敛   (D)不能确定敛散性

二、填空题(每题3分共15分)(在横线上填上最简答案)

1.设 $\vec{a}, \vec{b}, \vec{c}$ 均为非零向量,且 $\vec{a} = \vec{b} \times \vec{c}, \vec{b} = \vec{c} \times \vec{a}, \vec{c} = \vec{a} \times \vec{b}$,则 $|\vec{a}| + |\vec{b}| + |\vec{c}| = $ _____.

2. $f(x,y,z) = (\frac{x}{y})^{\frac{1}{z}}$,则 $df(1,1,1) = $ _____.

3.曲面 $x^2 - y^2 + z^2 = 1$ 在点 $(1,1,1)$ 的切平面方程为_____.

4.二次积分 $\int_{-a}^{a} dx \int_{0}^{\sqrt{a^2-x^2}} f(x,y) dy$,在极坐标系下先对 r 积分的二次积分为_____.

5.微分方程 $y'' - 4y = 2x + 3$ 的特解形式为_____.

三、计算题(本大题共54分)(要有解答过程)

1.(本小题7分)求过两点 $P_1(4,0,-2)$ 和 $P_2(5,1,7)$ 且平行于 x 轴的平面方程.

2.(本小题8分)设函数 $z = y e^x$ 计算全微分 dz.

3.(本小题7分)设 $u = f(xy, x-y)$,f 有连续的二阶偏导,求 $\dfrac{\partial^2 u}{\partial x \partial y}$.

4.(本小题7分)计算二重积分 $\iint\limits_{D} (|x| + |y|) d\sigma$ 其中 $D: |x| + |y| \leqslant 4$.

5.(本小题5分)判别 $\sum\limits_{n=1}^{\infty} \dfrac{1}{n(2n+1)}$ 的敛散性.

6.(本小题6分)判定 $\sum\limits_{n=1}^{\infty} \dfrac{\sin \dfrac{a}{n+1}}{a^{n+1}}, a > 1$ 是否收敛?若收敛是条件收敛还是绝对收敛?

7.(本小题6分)求微分方程 $xy' - y^2 + 1 = 0$ 的通解.

8.(本小题8分)求微分方程 $x^2 y'' + xy' = 1$ 的通解.

四、综合题(本大题共21分)

1.(本小题7分)求曲面 $x^y + y^x - \pi^z = \pi^\pi$ 在点 (π, π, π) 处的切平面和法线方程.

2.(本小题7分)求曲面 $2z = x^2 + y^2$ 被柱面 $x^2 + y^2 = 1$ 所截下部分的面积.

3.(本小题7分)利用 $\dfrac{1}{1-x}$ 的展开式的性质求 $\sum\limits_{n=1}^{+\infty} \dfrac{n}{2^{n-1}}$ 的和.

第二学期期终测试题试卷 4

一、选择题（每题 2 分，共 14 分）（只有一个答案正确，填在括号内）

1. 设在直线 $L_1: \dfrac{x-1}{1} = \dfrac{5-y}{2} = \dfrac{z+8}{1}$ 与 $L: \begin{cases} x-y=6, \\ 2y+z=3, \end{cases}$ 则 L_1 与 L_2 的夹角为（ ）.

(A) $\dfrac{\pi}{6}$ (B) $\dfrac{\pi}{4}$ (C) $\dfrac{\pi}{3}$ (D) $\dfrac{\pi}{2}$

2. 下列函数中，有且仅有一个间断点的函数是（ ）.

(A) $z = \dfrac{y}{x-y}$ (B) $z = e^x \ln(x^2 + y^2)$

(C) $z = \dfrac{x}{x+y}$ (D) $z = \tan xy$

3. 二重积分 $\iint\limits_{D} xy \, dx dy$（其中 $D: 0 \leqslant y \leqslant x^2, 0 \leqslant x \leqslant 1$）的值为（ ）.

(A) $\dfrac{1}{6}$ (B) $\dfrac{1}{12}$ (C) $\dfrac{1}{2}$ (D) $\dfrac{1}{4}$

4. 级数 $\sum\limits_{n=1}^{\infty} u_n$ 绝对收敛是 $\sum\limits_{n=1}^{\infty} u_n^2$ 收敛的（ ）.

(A) 充分必要条件   (B) 必要但非充分条件

(C) 充分但非必要条件   (D) 既非充分又非必要条件

5. 级数 $\sum\limits_{n=1}^{\infty} \dfrac{x^n}{2n-1}$ 的收敛域为（ ）.

(A) $[-1,1)$ (B) $(-1,1]$ (C) $[-1,1]$ (D) 以上都不对

6. 某二阶微分方程满足条件 $y'(2)=1, y(2)=1$ 的解是（ ）.

(A) $y = (x-1)^2$ (B) $y = \left(x+\dfrac{1}{2}\right)^2 - \dfrac{21}{4}$

(C) $y = \dfrac{1}{2}(x-1)^2 + \dfrac{1}{2}$ (D) $y = \left(x-\dfrac{1}{2}\right)^2 - \dfrac{5}{4}$

7. 微分方程 $y'' - 5y' + 6y = xe^{-3x}$ 的一个特解应具有形式（ ）.

(A) $Ax e^{-3x}$ (B) $(Ax + B)e^{-3x}$

(C) $(Ax^2 + Bx + C)e^{-3x}$ (D) $x(Ax + B)e^{-3x}$

二、填空题（每题 3 分共 15 分）（在横线上填上最简答案）

1. 设 $|\vec{a}| = 4, \vec{a}$ 与轴 l 的夹角为 $\dfrac{\pi}{6}$，则 $prj_l \vec{a} = $ _____.

2. 设 $f(x,y) = x + (y-1)\arccos\sqrt{\dfrac{x}{y}}$，则 $f_x(x,1) = $ _____.

3. 若函数 $z = 2x^2 + 2y^2 + 3xy + ax + by + c$ 在点$(-2,3)$处取得极小值-3,则常数 a,b,c 之积 $abc =$ _____.

4. 设 $D = \{(x,y)\ 0 \leqslant x \leqslant 2, x \leqslant y \leqslant 2\}$, $\iint\limits_D e^{-y^2}dxdy =$ _____.

5. 级数 $\sum\limits_{n=1}^{\infty} \dfrac{(x-1)^{2n}}{4^n}$ 的收敛半径为 _____.

三、计算题(本大题共 57 分)(要有解答过程)

1.(本小题 7 分)试求 k 值,使两直线 $\dfrac{x-1}{k} = \dfrac{y+4}{5} = \dfrac{z-3}{-3}, \dfrac{x+3}{3} = \dfrac{y-9}{-4} = \dfrac{z+14}{7}$ 相交.

2.(本小题 7 分)设函数 $z = ye^{2x}$,计算全微分 dz.

3.(本小题 7 分)设函数 $z = z(x,y)$ 由方程 $z^x = xyz$ 所确定,求 z_x.

4.(本小题 7 分)计算二重积分 $\iint\limits_D (|y|+x)d\sigma$,其中 $D: |x|+|y| \leqslant 1$.

5.(本小题 8 分)利用极坐标计算二重积分 $\iint\limits_D \sqrt{1-x^2-y^2}d\sigma$,其中 $D: x^2+y^2 \leqslant x, y \geqslant 0$.

6.(本小题 7 分)判定级数 $\sum\limits_{n=1}^{\infty} \dfrac{3^{2n}}{n^2}$ 的敛散性.

7.(本小题 7 分)将 $f(x) = (1+x)\ln(1+x)$ 展开为 x 的幂级数.

8.(本小题 7 分)求微分方程 $y' + (\tan x) \cdot y = \sec x$ 的通解.

四、综合题(本大题共 14 分)

1.(本小题 7 分)设 $M(1,0,0)$ 为曲面 $e^z = f(x,y)$ 上的一点,且 $f'_x(1,0) = 2$, $f'_y(1,0) = -2$,求曲面在点 M 处的切平面.

2.(本小题 7 分)求微分方程 $x''(t) - 4x'(t) + 5x(t) = 5$ 的通解.

附录 B　同步模拟测试题解答

第一学期期中测试题试卷解答

一、选择题

1. C　2. B　3. B　4. B　5. C　6. A　7. D

二、填空题

1. $\dfrac{12}{5}$　2. $-\dfrac{e^x + 2x\cos(x^2+y^2)}{2y\cos(x^2+y^2) - 2y}$　3. 0　4. $f(2) = 2$

三、解答题

1. 原式 $= \lim\limits_{x \to 1} \dfrac{1 + x + x^2 - 3x}{(1-x)(1+x+x^2)} = 0.$

2. 原式 $= \lim\limits_{x \to 0} \dfrac{x(1-\cos x)}{x \cdot x^2} = \dfrac{1}{2}.$

3. 解：$e^{x-y}(dx - dy) - \sin y\,dx - x\cos y\,dy = 0$,

$$dy = \dfrac{e^{x-y} - \sin y}{e^{x-y} + x\cos y}dx.$$

4. 解：$\dfrac{dy}{dx} = \dfrac{f'(t) - f'(t) - tf''(t)}{f''(t)} = -t, \dfrac{d^2 y}{dx^2} = -\dfrac{1}{f''(t)}.$

5. 解：$\lim\limits_{x \to 0} \dfrac{\alpha(x)}{x^3} = \lim\limits_{x \to 0} \dfrac{\sqrt[3]{1+3x^3} - \sqrt[3]{1-3x^3}}{x^3}$

$$= \lim\limits_{x \to 0} \left[\dfrac{(1+3x^3)^{\frac{1}{3}} - 1}{x^3} - \dfrac{(1-3x^3)^{\frac{1}{3}} - 1}{x^3} \right] = 2,$$

故 $\alpha(x) \sim 2x^3$，即 $A = 2, k = 3$ 为所求.

6. 解：$y' = -\dfrac{1}{1+x} - \dfrac{1}{1-x} = -\dfrac{2}{1-x^2},$

$$y'' = \dfrac{1}{(1+x)^2} - \dfrac{1}{(1-x)^2} = \dfrac{-4x}{(1-x^2)^2}.$$

7. 解：分段函数的可导讨论，利用可导的左导等于右导；连续的左右极限相等.

$f(0-0) = \lim\limits_{x \to 0-0} e^x = 1; f(0+0) = \lim\limits_{x \to 0+0}(x^2 + bx + c) = c$；所以 $c = 1$,

$f'_-(0) = \lim\limits_{x \to 0-0} \dfrac{e^x - 1}{x} = 1; f'_+(0) = \lim\limits_{x \to 0+0} \dfrac{x^2 + bx + 1 - 1}{x} = b$，所以 $b = 1$.

$(0,1)$ 在曲线上，故 $(0,1)$ 为切点，$f'(0) = 1, k = 1$，切线为 $y - 1 = x$.

8. 证明：$f(x)$ 在 $[a,b]$ 上二阶可导，则 $f(x)$ 在 $[a,c],[c,b]$ 上满足拉格朗日中值定理条件，至少存在 $\xi_1 \in (a,c), \xi_2 \in (c,b)$ 使 $f'(\xi_1) = \dfrac{f(c) - f(a)}{c - a}, f'(\xi_2) = $

$\dfrac{f(b)-f(c)}{b-c}$，而 A,B,C 三点共线，即 $f'(\xi_1) = f'(\xi_2)$，于是 $f'(x)$ 在 $[\xi_1,\xi_2]$ 上满足罗尔定理的条件，故至少存在 $\xi \in (\xi_1,\xi_2) \subset (a,b)$，使 $f''(\xi) = 0$.

9. 解： 设内接圆柱体的高为 h，则圆柱体的底面半径 $r = \sqrt{R^2 - \left(\dfrac{h}{2}\right)^2}$，其体积为

$$V = \pi h\left(R^2 - \dfrac{h^2}{4}\right), \quad 0 < h < 2R,$$

$V' = \pi\left(R^2 - \dfrac{3}{4}h^2\right)$，唯一驻点 $h = \dfrac{2\sqrt{3}}{3}R$，

$V'' = -\dfrac{3}{2}\pi h < 0$，故 $h = \dfrac{2\sqrt{3}}{3}R$ 时，圆柱体体积最大.

第一学期期终测试题试卷 1 解答

一、选择题

  1. A **2.** D **3.** B **4.** B **5.** A **6.** B

二、填空题

  1. 2 **2.** $-\cos(\sin(\cos x)) \cdot \cos(\cos x) \cdot \sin x$ **3.** $\left[0, \dfrac{1}{4}\right]$

  4. $2(1-x)^{-\frac{1}{2}} + C$ **5.** $2\ln 2$

三、解答题

1. 原式 $= \lim\limits_{x \to 1+0} \dfrac{1}{\sqrt{x+1}} \cdot \left[\dfrac{\sqrt{x}-1}{\sqrt{x-1}} + 1\right]$

$= \dfrac{1}{\sqrt{2}}\left[\lim\limits_{x \to 1+0} \dfrac{(x-1)}{\sqrt{x-1}(\sqrt{x}+1)} + 1\right] = \dfrac{1}{\sqrt{2}}$.

2. 原式 $= \lim\limits_{x \to 0} \dfrac{\tan x(1-\cos x)}{x^3} = \lim\limits_{x \to 0} \dfrac{x \cdot \dfrac{1}{2}x^2}{x^3} = \dfrac{1}{2}$.

3. 解： $y' = \dfrac{2}{\sqrt{1-4x^2}} - 2x\sec^2 x^2$.

4. 解： $e^{x-y}(dx - dy) - \sin y\, dx - x\cos y\, dy = 0$, $dy = \dfrac{e^{x-y} - \sin y}{e^{x-y} + x\cos y}dx$.

5. 原式 $= \left(\dfrac{1}{3}\tan^3 x - \tan x + x\right)\Big|_0^{\frac{\pi}{4}} = \dfrac{\pi}{4} - \dfrac{2}{3}$.

6. 解： 令 $y = xu$，原方程化为 $x\dfrac{du}{dx} = e^{-u}$，积分得：$e^u = \ln x + C$，

以 $u = \dfrac{y}{x}$ 代入上式得原方程的通解为：$e^{\frac{y}{x}} = \ln x + C$；

故初始条件得:$C=\mathrm{e}$,初始值问题解为:$\mathrm{e}^{\frac{y}{x}}-\mathrm{e}=\ln x$.

7. 解:因为在 $x=0$ 处连续,所以 $\lim\limits_{x\to 0^+} b(1-x)^2 = \lim\limits_{x\to 0^-} \mathrm{e}^{ax} = 1$,得 $b=1$

在 $x=0$ 处可导:

$$f'_+(0) = \lim_{x\to 0^+}\frac{(1-x)^2-1}{x} = \lim_{x\to 0^+}\frac{x^2-2x}{x} = -2$$

$$f'_-(0) = \lim_{x\to 0^-}\frac{\mathrm{e}^{ax}-1}{x} = \lim_{x\to 0^-}\frac{ax}{x} = a$$

故 $a=-2,b=1$ 时,$f(x)$ 在 $x=0$ 时可导.

四、应用与证明题(本大题共 30 分)

1. 解:$\frac{2}{3}x^{-\frac{1}{3}} + \frac{2}{3}y^{-\frac{1}{3}}y' = 0$,所以 $y' = -\sqrt[3]{\frac{y}{x}}$,

设切点为 (x,y) 则切线方程为

$Y-y = -\sqrt[3]{\frac{y}{x}}(X-x)$,化简得:$\sqrt[3]{x}Y + \sqrt[3]{y}X = a^{\frac{2}{3}}\sqrt[3]{xy}$,

截距为 $a^{\frac{2}{3}}\cdot\sqrt[3]{x}$;$a^{\frac{2}{3}}\cdot\sqrt[3]{y}$,故夹在两坐标轴之间距离为 a,为常数。

2. 证明:因为 $\lim\limits_{x\to 0}\frac{x-\ln(1+x)}{\frac{x^2}{2}} = \lim\limits_{x\to 0}\frac{1-\frac{1}{1+x}}{x} = 1$,

则当 $x\to 0$ 时,$x-\ln(1+x)$ 与 $\frac{x^2}{2}$ 是等价无穷小.

3. 解:设切点为 (m,e^m),在该点切线斜率为 $y'(m) = \mathrm{e}^m$,

过原点的切线为 $y = \mathrm{e}^m x$,又因为切点在曲线和切线上,得 $m=1$;

切点 $(1,\mathrm{e})$,切线 $y = \mathrm{e}x$,

$$S = \int_{-\infty}^{1}\mathrm{e}^x\mathrm{d}x - \int_{0}^{1}\mathrm{e}x\mathrm{d}x = \frac{\mathrm{e}}{2}.$$

$$V = \pi\int_{-\infty}^{1}\mathrm{e}^{2x}\mathrm{d}x - \pi\int_{0}^{1}(\mathrm{e}x)^2\mathrm{d}x = \frac{\pi}{6}\mathrm{e}^2.$$

4. 证明:在以 x_0 与 x 为端点的区间上,$f(x)$ 满足拉格朗日中值定理条件,

则至少存在 ξ 介于 x_0 与 x 之间,使 $f(x)-f(x_0) = f'(\xi)(x-x_0)$,

又 $\lim\limits_{x\to x_0}f'(x) = 1$,则 $\lim\limits_{x\to x_0}\frac{f(x)-f(x_0)}{x-x_0} = \lim\limits_{x\to x_0}f'(\xi) = \lim\limits_{\xi\to x_0}f'(\xi) = 1$,

即 $f'(x_0)$ 存在,且 $f'(x_0) = 1$.

第一学期期终测试题试卷 2 解答

一、选择题

    1. C **2.** D **3.** C **4.** B **5.** C **6.** D **7.** B

二、填空题

1. $\dfrac{\sqrt{2}}{2}$ 2. $x - y = a\left(\dfrac{\pi}{2} - 2\right)$ 3. 凸 4. e

三、解答题

1. 解: 因 $\lim\limits_{x \to +\infty}(\sqrt{4x^2+2x+3} - ax - b) = 0$, 故 $\lim\limits_{x \to +\infty} \dfrac{\sqrt{4x^2+2x+3} - ax - b}{x}$

$= \lim\limits_{x \to +\infty}\left(\sqrt{4 + \dfrac{2}{x} + \dfrac{3}{x^2}} - a - \dfrac{b}{x}\right) = 2 - a = 0$,

得 $a = 2$,

代回原式: $b = \lim\limits_{x \to +\infty}(\sqrt{4x^2+2x+3} - 2x)$

$= \lim\limits_{x \to +\infty} \dfrac{2x+3}{\sqrt{4x^2+2x+3}+2x} = \dfrac{2}{4} = \dfrac{1}{2}.$

2. 解: $\lim\limits_{x \to 0}\dfrac{x}{\tan x} = 1$, 所以 $x = 0$ 为可去间断点;

$\lim\limits_{x \to k\pi}\dfrac{x}{\tan x} = \infty, (k \neq 0)$, 所以 $x = k\pi$ 为无穷间断点;

$\lim\limits_{x \to k\pi + \frac{\pi}{2}}\dfrac{x}{\tan x} = 0$, 所以 $x = k\pi + \dfrac{\pi}{2}$ 为可去间断点;

连续区间为 $\left(k\pi, k\pi + \dfrac{\pi}{2}\right), \left(k\pi - \dfrac{\pi}{2}, k\pi\right).$

3. 解: $f(x) = \lim\limits_{t \to +\infty}\left[\left(1 - \dfrac{x}{t}\right)^{-\frac{t}{x}}\right]^{-\frac{(t+x)}{t}} = e^{-x}$,

故 $f'(x) = -e^{-x}, f''(x) = e^{-x}$

4. 解: 原式 $= \lim\limits_{x \to 0}\dfrac{e^x - e^{-x}}{\sin x} = \lim\limits_{x \to 0}\dfrac{e^x + e^{-x}}{\cos x} = 2.$

5. 解: $y = \left\{C + \int \csc x e^{\int \cot x dx} dx\right\} e^{-\int \cot x dx}$

$= \{C + x\}\dfrac{1}{\sin x} = \dfrac{x}{\sin x} + \dfrac{C}{\sin x}$

6. 解: 令 $x - 2 = u, dx = du$,

原式 $= \int_{-1}^{1} f(u)du = \int_{-1}^{0}(1+u^2)du + \int_{0}^{1}e^{-u}du = \dfrac{7}{3} - e^{-1}$

四、应用与证明题

1. 解: 特征方程 $r^2 + 2r - 3 = 0$ 的根为 $r_1 = 1, r_2 = -3$

设特解为 $y_p = x(Ax + B)e^x$ 代入方程得 $y_p = \dfrac{x}{8}(2x+1)e^x$

2. 解: $\tan\left(\dfrac{\pi}{4} + 2x\right) - \tan\left(\dfrac{\pi}{4} - 2x\right) = (\sec^2 \xi_1) \cdot (4x)$,

$$\arctan(1+2x) - \arctan(1-2x) = \frac{1}{1+\xi_2^2} \cdot (4x),$$

其中 $\frac{\pi}{4} - 2x < \xi_1 < \frac{\pi}{4} + 2x, 1-2x < \xi_2 < 1+2x,$

原式 $= \lim\limits_{x \to 0} \dfrac{4x \cdot \sec^2 \xi_1}{4x \cdot \dfrac{1}{1+\xi_2^2}} = 4, \left(\xi_1 \to \dfrac{\pi}{4}, \xi_2 \to 1\right).$

3. 解:令 $f(x) = 1 + x\ln(x + \sqrt{1+x^2}) - \sqrt{1+x^2}$, $f'(x) = \ln(x + \sqrt{1+x^2})$,
当 $x > 0$ 时,$f'(x) > 0, f(x)$ 在 $[0, +\infty)$ 单调增,即 $f(x) > f(0) = 0$,
$1 + x\ln(x + \sqrt{1+x^2}) > \sqrt{1+x^2}.$

4. 解:$V = \pi \int_0^{\frac{\pi}{4}} (\cos x - \sin x)^2 \mathrm{d}x = \pi \left(\dfrac{\pi}{4} - \dfrac{1}{2}\right).$

第一学期期终测试题试卷 3 解答

一、选择题

1. C **2.** D **3.** B **4.** B **5.** D **6.** C **7.** B

二、填空题

1. $\dfrac{1}{x}\lg x + \ln x \cdot \dfrac{1}{x \cdot \ln 10} - \dfrac{1}{x}$ **2.** $x - y = a\left(\dfrac{\pi}{2} - 2\right)$

3. $\dfrac{1}{4}f^2(x^2) + C$ **4.** $\begin{cases} -\dfrac{b^2}{2}, b < 0; \\ 0, b = 0; \\ \dfrac{b^2}{2}, b > 0. \end{cases}$ **5.** 3 或 -2 **6.** $(1, \mathrm{e}^{-2})$

三、解答题

1. 原式 $= \lim\limits_{x \to 1} \dfrac{1 + x + x^2 - 3}{(1-x)(1+x+x^2)} = -1.$

2. 解:$y' = (1-x)\mathrm{e}^{-x},$
$y'' = (x-2)\mathrm{e}^{-x}, \cdots$
$y^{(n)} = (-1)^{n-1}\mathrm{e}^{-x}(n - x).$

3. 解:$\mathrm{e}^{x-y}(\mathrm{d}x - \mathrm{d}y) - \sin y \mathrm{d}x - x\cos y \mathrm{d}y = 0,$
$\mathrm{d}y = \dfrac{\mathrm{e}^{x-y} - \sin y}{\mathrm{e}^{x-y} + x\cos y}\mathrm{d}x.$

4. 原式 $= \dfrac{1}{3}x^3 - \dfrac{2}{5}x^{\frac{5}{2}} + \dfrac{2}{3}x^{\frac{3}{2}} - x + C.$

5. 原式 $= \lim\limits_{x \to 0} \dfrac{\dfrac{2x^3}{\sqrt{a^2 + x^2}}}{4x^3} = \dfrac{1}{2\sqrt{a^2}},$

$\frac{1}{2|a|} = 1, a = \pm \frac{1}{2}.$

6. 解:令 $\int_0^2 f(x)dx = A, \int_0^1 f(x)dx = B,$

$\int_0^2 f(x)dx = \int_0^2 x^2 dx - A\int_0^2 x dx + 4B, 3A - 4B = \frac{8}{3},$

$\int_0^1 f(x)dx = \int_0^1 x^2 dx - A\int_0^1 x dx + 2B, \frac{1}{2}A - B = \frac{1}{3},$

$A = \frac{4}{3}; B = \frac{1}{3};$ 故 $f(x) = x^2 - \frac{4}{3}x + \frac{2}{3}.$

7. 解:原式 $= -2\int x d\cos\frac{x}{2} = -2x\cos\frac{x}{2} + 2\int \cos\frac{x}{2}dx$

$= -2x\cos\frac{x}{2} + 4\sin\frac{x}{2} + C.$

四、应用与证明题

1. 解:交点 $\begin{cases} y = x^2, \\ y = 2x + 3, \end{cases} (-1,1),(3,9),$

$S = \int_{-1}^3 (2x+3-x^2)dx = (x^2 + 3x - \frac{x^3}{3})\Big|_{-1}^3 = \frac{32}{3}.$

2. 解:$F'(x) = f(x) + \frac{1}{f(x)} \geq 2,$

因为 $F(x)$ 在 $[a,b]$ 上连续,$F(a) \cdot F(b) < 0,$

所以由根值定理知至少存在一点 $\xi \in (a,b);$

使 $F(\xi) = 0,$ 又因为 $F(x)$ 单调增,故 $F(x) = 0$ 有且仅有一个根.

3. 解:设底面正方形的边长为 x,高为 h,则表面积为 $S = x^2 + 4xh,$

又体积为 $V = x^2 h,$ 有 $h = \frac{V}{x^2}.$

得 $S = x^2 + \frac{4V}{x} = x^2 + \frac{432}{x}, \frac{dS}{dx} = 2x - \frac{432}{x^2} = 0,$ 解出 $x = 6, h = 3.$

即取底面边长为 6,高为 3 时,做成的容器表面积最大.

第一学期期终测试题试卷 4 解答

一、选择题

1. C 2. A 3. D 4. C 5. B 6. A 7. B

二、填空题

1. $f'(0) = \frac{4}{9}$ 2. $\frac{-2xdx}{3(1-x^2)}$ 3. $\arcsin(\ln 2x) + C$

4. $\int_0^x \sin t dt = 1 - \cos x$ 5. $-2.$

三、解答题

1. 解：因 $\lim\limits_{x\to+\infty}(\sqrt{4x^2+2x+3}-ax-b)=0$，故 $\lim\limits_{x\to+\infty}\dfrac{\sqrt{4x^2+2x+3}-ax-b}{x}$,

$=\lim\limits_{x\to+\infty}(\sqrt{4+\dfrac{2}{x}+\dfrac{3}{x^2}}-a-\dfrac{b}{x})=2-a=0$，得 $a=2$,

代回原式：$b=\lim\limits_{x\to+\infty}(\sqrt{4x^2+2x+3}-2x)$

$=\lim\limits_{x\to+\infty}\dfrac{2x+3}{\sqrt{4x^2+2x+3}+2x}=\dfrac{2}{4}=\dfrac{1}{2}.$

2. 解：$y'=-\dfrac{1}{1+x}-\dfrac{1}{1-x}=-\dfrac{2}{1-x^2}$，$y''=\dfrac{1}{(1+x)^2}-\dfrac{1}{(1-x)^2}=\dfrac{-4x}{(1-x^2)^2}$

3. 解：$d(2^x\sin^2 x)=2^x d\sin^2 x+\sin^2 x d(2^x)$

$=2^x[\sin 2x+\sin^2 x\ln 2]dx.$

4. 解：$y'=\dfrac{-1}{x^2}e^{\frac{1}{x}}$，$y''=\left(\dfrac{2}{x^3}+\dfrac{1}{x^4}\right)e^{\frac{1}{x}}$，当 $x\in(0,+\infty)$，$y''>0$ 故曲线

$y=e^{\frac{1}{x}}$ 在 $(0,+\infty)$ 内向上凹.

5. 解：$y'=2x-\dfrac{2}{x}=0$，$x=\pm 1$，因为 $x>0$，所以当 $0<x<1$，函数单调减

当 $x\geqslant 1$ 时，函数单调增.

$x=1$ 时有极小值 $y=1$.

6. 解：$\lim\limits_{x\to 0^-}f(x)=\lim\limits_{x\to 0^-}\dfrac{1-\cos ax}{x^2}=\dfrac{a^2}{2}=f(0)=1$，故 $a=\pm\sqrt{2}$;

$\lim\limits_{x\to 0^+}f(x)=\lim\limits_{x\to 0^+}\dfrac{b\sin x+\int_0^x\cos t^2 dt}{x}=\lim\limits_{x\to 0}\dfrac{b\cos x+\cos x^2}{1}=b+1;$

$=f(0)=1$，故 $b=0.$

7. 解：令 $x-2=u$，$dx=du$,

原式 $=\int_{-1}^1 f(u)du=\int_{-1}^0(1+u^2)du+\int_0^1 e^{-u}du=\dfrac{7}{3}-e^{-1}$

四、应用与证明题

1. 证：$\varphi(x)=f(x)-x$,

$\varphi(x)$ 在 $[0,1]$ 上连续，$\varphi(0)=f(0)-0>0$,

$\varphi(1)=f(1)-1<0$,

由根值定理所以至少有一点 $\xi\in(0,1)$，满足 $\varphi(\xi)=0$，即 $f(\xi)=\xi.$

2. 证：因为 $\sqrt{1+x^2}>\sqrt{1+x^n}>1$，$x\in(0,1)$,

于是 $\int_0^1\dfrac{dx}{\sqrt{1+x^2}}<\int_0^1\dfrac{dx}{\sqrt{1+x^n}}<1,$

即 $\ln(1+\sqrt{2})<\int_0^1\dfrac{dx}{\sqrt{1+x^n}}<1.$

3. 解：$S = \int_1^2 \left(x - \dfrac{1}{x}\right)\mathrm{d}x = \left(\dfrac{x^2}{2} - \ln x\right)\Big|_1^2 = \dfrac{3}{2} - \ln 2.$

第二学期期中测试题试卷 1 解答

一、选择题

 1. D **2.** B **3.** A **4.** D **5.** C **6.** A

二、填空题

 1. $-\dfrac{1 + 2y\mathrm{e}^{-(x^2+y^2+z^2)}}{1 + 2z\mathrm{e}^{-(x^2+y^2+z^2)}}$ **2.** $\int_0^\pi \mathrm{d}\theta \int_0^a f(r\cos\theta, r\sin\theta)r\mathrm{d}r$ **3.** 36

三、计算题

 1. 解：$z'_x = y\mathrm{e}^x,\ z'_y = \mathrm{e}^x,\ \mathrm{d}z = \mathrm{e}^x(y\mathrm{d}x + \mathrm{d}y)$

 2. 解：原式 $= 2\int_0^{\frac{\pi}{2}} \mathrm{d}\theta \int_0^{R\cos\theta} \sqrt{R^2 - r^2}\, r\mathrm{d}r$

  $= \dfrac{2}{3}\int_0^{\frac{\pi}{2}}(R^3 - R^3\sin^3\theta)\mathrm{d}\theta$

  $= \dfrac{2R^3}{3}\left(\dfrac{\pi}{2} - \dfrac{2}{3}\right).$

 3. 解：令 $F(x, y, z) = f(xz, yz) - x,$

 $F_x = zf_1 - 1,\ F_y = zf_2,\ F_z = xf_1 + yf_2$

 $\mathrm{d}z = \dfrac{1}{xf_1 + yf_2}\left[(1 - zf_1)\mathrm{d}x - zf_2\mathrm{d}y\right].$

 4. 解：$\overrightarrow{M_1M_2} = \{-2, 3, -6\},\ \overrightarrow{M_1M_3} = \{1, 3, -12\},$

 $\boldsymbol{n} = \overrightarrow{M_1M_2} \times \overrightarrow{M_1M_3} = \{-18, -30, -9\} = -3\{6, 10, 3\},$

 所求平面方程为：$6x + 10y + 3z + 39 = 0.$

 5. $I = \int_{-1}^1 \mathrm{d}x \int_{-\sqrt{1-x^2}}^{\sqrt{1-x^2}} \mathrm{d}y \int_{\sqrt{x^2+y^2}}^1 f\mathrm{d}z.$

 6. 已知直线与平面交点为 $P_0(1, 1, -1)$，过点 P_0 作与已知直线垂直的平面为 $x = 1$，故所求直线为 $\begin{cases} x = 1 \\ x + y + z = 1 \end{cases}.$

四、证明与应用

 1. 证明：$u_x = \dfrac{x - 1}{(x-1)^2 + (y-1)^2},$

 $u_{xx} = \dfrac{1}{(x-1)^2 + (y-1)^2} - \dfrac{2(x-1)^2}{[(x-1)^2 + (y-1)^2]^2};$

 $u_y = \dfrac{y - 1}{(x-1)^2 + (y-1)^2},$

$$u_{yy} = \frac{1}{(x-1)^2+(y-1)^2} - \frac{2(y-1)^2}{[(x-1)^2+(y-1)^2]^2},$$

$u_{xx} + u_{yy} = 0.$

2. 解：由 $\begin{cases} z_x = 4x^3 - 4x = 0, \\ z_y = y^2 + 2y = 0; \end{cases}$ 得驻点 $(0,0), (0,-2), (-1,0), (-1,-2), (1,0), (1,-2)$.

$D = z_{xx}z_{yy} - z_{xy}^2 = (12x^2-4) \cdot (2y+2) = 8(3x^2-1)(y+1),$

$D(0,0) = -8 < 0,\quad D(-1,-2) = -16 < 0, D(1,-2) = -16 < 0,$

$D(0,-2) = 8 > 0,\quad z_{xx}(0,-2) = -4 < 0,$

$D(-1,0) = 16 > 0,\quad z_{xx}(-1,0) = 8 > 0,$

$D(1,0) = 16 > 0,\quad z_{xx}(1,0) = 8 > 0;$

点 $(0,0), (-1,-2), (1,-2)$ 非极值点.

函数 z 在点 $(0,-2)$ 处取极大值 $z(0,-2) = \dfrac{4}{3}$.

函数 z 在点 $(-1,0)$ 处取极小值 $z(-1,0) = -1$.

函数 z 在点 $(1,0)$ 处取极小值 $z(1,0) = -1$.

3. 解：对应的切平面法向量 $\left\{0, 1-\dfrac{\pi}{2}, -1\right\}$，切平面：$\left(1-\dfrac{\pi}{2}\right)y - z + \dfrac{\pi^2}{4} = 0.$

第二学期期中测试题试卷 2 解答

一、选择题

  1. B   **2.** D   **3.** D   **4.** B

二、填空题

  1. $2\sqrt{3}$ **2.** $e^{x+y}[y\,dx + (1+y)\,dy]$

  3. $\dfrac{xf''_{xy} - f'_y}{x^2} + y\varphi'' + \varphi'$ **4.** $f'_u e^x \sin y - f'_v \cdot \dfrac{y}{x^2}$

三、计算题

1. 解：$\vec{S_1} = \begin{vmatrix} \vec{i} & \vec{j} & \vec{k} \\ 1 & 2 & -1 \\ 1 & 2 & 2 \end{vmatrix} = \{6, -3, 0\},$

由已知条件得：$6m - 3n = 0, 3m - 4n + p = 0,$

解得：$n = 2m, p = 5m,$

故所求直线为：$\dfrac{x+1}{1} = \dfrac{y}{2} = \dfrac{z-4}{5}.$

2. 解：$z'_x = \dfrac{y}{1+xy},\quad z'_y = \dfrac{x}{1+xy},\quad dz = \dfrac{1}{1+xy}(y\,dx + x\,dy)$

3. 解:$F(x,y,z)=f(x,y)-e^z, F_x=f'_x, F_y=f'_y, F_z=-e^z$,

$\vec{n}=\{2,-2,-1\}$,切平面为$2x-2y-z-2=0$.

4. 解:由 $\begin{cases} z_x=4x^3-4x=0, \\ z_y=y^2+2y=0; \end{cases}$ 得驻点$(0,0),(0,-2),(-1,0),(-1,-2),(1,0),(1,-2)$.

$D=z_{xx}z_{yy}-z_{xy}^2=(12x^2-4)\cdot(2y+2)=8(3x^2-1)(y+1)$,

$D(0,0)=-8<0, D(-1,-2)=-16<0, D(1,-2)=-16<0$,

$D(0,-2)=8>0, z_{xx}(0,-2)=-4<0$,

$D(-1,0)=16>0, z_{xx}(-1,0)=8>0$,

$D(1,0)=16>0, z_{xx}(1,0)=8>0$;

点$(0,0),(-1,-2),(1,-2)$非极值点.

函数z在点$(0,-2)$处取极大值$z(0,-2)=\dfrac{4}{3}$.

函数z在点$(-1,0)$处取极小值$z(-1,0)=-1$.

函数z在点$(1,0)$处取极小值$z(1,0)=-1$.

5. 解:$y''+\dfrac{1}{x}y'=\dfrac{1}{x^2}, y'=\dfrac{1}{x}[\ln|x|+C_1]$,

$y=\dfrac{1}{2}\ln^2|x|+C_1\ln|x|+C_2$

6. 解:特征方程$r^2-2r+2=0$的根为$r_{1,2}=1\pm i$

设特解为$y_p=xe^x(A\cos x+B\sin x)$

代入方程得$y_p=\dfrac{x}{2}e^x\sin x$.

四、综合题

1. 证明:$\left(1-\dfrac{\partial z}{\partial x}\right)\varphi_1-\dfrac{\partial z}{\partial x}\varphi_2=0, \dfrac{\partial z}{\partial x}=\dfrac{\varphi_1}{\varphi_1+\varphi_2}$,

$-\dfrac{\partial z}{\partial y}\varphi_1+\left(1-\dfrac{\partial z}{\partial y}\right)\varphi_2=0, \dfrac{\partial z}{\partial y}=\dfrac{\varphi_2}{\varphi_1+\varphi_2}$,

所以$\dfrac{\partial z}{\partial x}+\dfrac{\partial z}{\partial y}=1$.

2. 由已给方程得 $\begin{cases} y'-y=e^x & (1) \\ y|_{x=0}=1 & (2) \end{cases}$

(1)的通解为 $y=xe^x+Ce^x$,

由初始条件(2)确定$C=1$,故原方程的解为 $y=(x+1)e^x$.

3. 解:在$\vec{a}+\vec{b}+\vec{c}=0$两边分别同乘$\vec{a},\vec{b},\vec{c}$得:$\vec{a}\cdot\vec{a}+\vec{a}\cdot\vec{b}+\vec{a}\cdot\vec{c}=0$;

$\vec{b}\cdot\vec{a}+\vec{b}\cdot\vec{b}+\vec{b}\cdot\vec{c}=0; \vec{c}\cdot\vec{a}+\vec{c}\cdot\vec{b}+\vec{c}\cdot\vec{c}=0$,

三式相加得：
$$2(\vec{a}\cdot\vec{b}+\vec{b}\cdot\vec{c}+\vec{c}\cdot\vec{a})+3=0,$$
所以 $\vec{a}\cdot\vec{b}+\vec{b}\cdot\vec{c}+\vec{c}\cdot\vec{a}=-\dfrac{3}{2}.$

第二学期期终测试题试卷 1 解答

一、选择题

1. A 2. D 3. C 4. B 5. A 6. B

二、填空题

1. $e^{x+y}[y\mathrm{d}x+(1+y)\mathrm{d}y]$ 2. $x-y+z-1=0$

3. $(3,2),(6,4)$ 4. $\displaystyle\int_0^1 \mathrm{d}x\int_{2-x}^{1+\sqrt{1-x^2}} f(x,y)\mathrm{d}y$

5. $\ln 3+\displaystyle\sum_{n=1}^{\infty}\dfrac{(-1)^{n+1}x^n}{n\cdot 3^n}$

三、计算题

1. 解：$\dfrac{\partial z}{\partial x}+e^z\dfrac{\partial z}{\partial x}=y,$ $\dfrac{\partial z}{\partial x}=\dfrac{y}{1+e^z}.$

2. 解：原式 $=\displaystyle\iint_D x\mathrm{d}x\mathrm{d}y+\iint_D |y|\mathrm{d}x\mathrm{d}y=4\iint_{\substack{0\leqslant x\leqslant 1-y\\0\leqslant y\leqslant 1}} y\mathrm{d}x\mathrm{d}y$

$=4\displaystyle\int_0^1 \mathrm{d}y\int_0^{1-y} y\mathrm{d}x=\dfrac{2}{3}.$

3. 解：$I=\displaystyle\int_0^1 \mathrm{d}x\int_0^x [f''(x+2y)-f''(x+y)]\mathrm{d}y$

$=\displaystyle\int_0^1 \left[\dfrac{1}{2}f'(3x)-f'(2x)+\dfrac{1}{2}f'(x)\right]\mathrm{d}x$

$=\dfrac{1}{6}f(3)-\dfrac{1}{2}f(2)+\dfrac{1}{2}f(1).$

4. 解：原式 $=\displaystyle\oint_L -y\mathrm{d}x+x\mathrm{d}y=\iint_D [1-(-1)]\mathrm{d}x\mathrm{d}y=4.$

5. 解：补一曲面 $\sum_2: x^2+y^2=1, z=0$ 下侧，

则原式 $=\displaystyle\oiint_{\Sigma_1}-\iint_{\Sigma_2}=\iiint_\Omega 2(x+y+1)\mathrm{d}v=\dfrac{2\pi}{3}.$

6. 解：因 $u_n=\dfrac{n\cos^2\dfrac{n\pi}{3}}{(n+1)^2},$ 而 $0\leqslant u_n\leqslant \dfrac{n}{(n+1)^3}\leqslant \dfrac{1}{n^2},$

故由比较判别法知：原级数收敛.

7. 解: A,B 中点为 $P\left(2,\dfrac{1}{2},\dfrac{7}{2}\right)$, $\overrightarrow{AB}=\{2,-3,1\}$,

故平面方程为 $2x-3y+z-6=0$.

四、综合题

1. 解: $a_n=\dfrac{2+n}{1+n^2}$, $\rho=\lim\limits_{n\to\infty}\left|\dfrac{a_{n+1}}{a_n}\right|=\lim\limits_{n\to\infty}\dfrac{(3+n)}{1+(n+1)^2}\cdot\dfrac{1+n^2}{(2+n)}=1$,

所以 $R=1$, $x=-1$, $\sum\limits_{n=1}^{\infty}\dfrac{2+n}{1+n^2}(-1)^n$ 收敛;

$x=1$, $\sum\limits_{n=1}^{\infty}\dfrac{2+n}{1+n^2}$ 发散,故收敛区间为 $[-1,1)$.

2. 解: π 的法向量为 $\boldsymbol{n}=\{1,1,1\}$, $\boldsymbol{S}_1=\begin{vmatrix}\boldsymbol{i}&\boldsymbol{j}&\boldsymbol{k}\\1&2&-1\\0&0&1\end{vmatrix}=\{2,-1,0\}$,

$\boldsymbol{S}=\boldsymbol{n}\times\boldsymbol{S}_1=\{1,2,-3\}$, $\dfrac{x-4}{1}=\dfrac{y-2}{2}=\dfrac{z+3}{-3}$.

3. 解: $F=\sqrt{x}+\sqrt{y}+\sqrt{z}-1$, $F'_x=\dfrac{1}{2\sqrt{x}}$, $F'_y=\dfrac{1}{2\sqrt{y}}$, $F'_z=\dfrac{1}{2\sqrt{z}}$,

切平面为: $\dfrac{1}{\sqrt{x}}(X-x)+\dfrac{1}{\sqrt{y}}(Y-y)+\dfrac{1}{\sqrt{z}}(Z-z)=0$,

$\dfrac{X}{\sqrt{x}}+\dfrac{Y}{\sqrt{y}}+\dfrac{Z}{\sqrt{z}}=1.$

截距之积为 $\sqrt{xyz}$,设 $L=xyz+\lambda(\sqrt{x}+\sqrt{y}+\sqrt{z}-1)$,

$$\begin{cases}L'_x=yz+\dfrac{\lambda}{2\sqrt{x}},\\ L'_y=xz+\dfrac{\lambda}{2\sqrt{y}},\\ L'_z=xy+\dfrac{\lambda}{2\sqrt{z}},\\ L'_\lambda=\sqrt{x}+\sqrt{y}+\sqrt{z}-1;\end{cases}$$ 解得: $x=y=z=\dfrac{1}{9}$,

平面为 $x+y+z-\dfrac{1}{3}=0$.

第二学期期终测试题试卷 2 解答

一、选择题

1. C **2.** A **3.** A **4.** B **5.** C **6.** B **7.** A

二、填空题

    1. 2　　2. $x-y+z-3=0$　　3. 0　　4. 5　　5. $x-y+z=0$

三、计算题(本大题共49分)

1. 解：$\dfrac{\partial z}{\partial x}=\dfrac{x}{1+x^2+y^2}$，$\dfrac{\partial z}{\partial y}=\dfrac{y}{1+x^2+y^2}$.

2. 解：$L:\begin{cases}x=\cos t,\\ y=\sin t;\end{cases} 0\leqslant t\leqslant 2\pi$，

原式 $=\oint_L (x^2+y^2)\mathrm{d}s+\oint_L 2xy\,\mathrm{d}s$

$=\displaystyle\int_0^{2\pi}1\mathrm{d}t+\int_0^{2\pi}2\cos t\sin t\,\mathrm{d}t=2\pi.$

3. 解：原式 $=\displaystyle\oint_{L+BA}-\int_{BA}=\iint_D 2\mathrm{d}x\mathrm{d}y-0=\pi.$

4. 解：$\sum$ 围成球体 Ω，高斯公式：

原式 $=\displaystyle\iiint_\Omega (1+1+1)\mathrm{d}v=3V=4\pi a^3.$

5. 解：由 $\begin{cases}z_x=-\sin(x+y)-\sin x=0,\\ z_y=-\sin(x+y)=0,\end{cases}$

$0<x<2\pi,0<y<2\pi$ 解得驻点：(π,π).

6. 解：$\dfrac{1}{1-x}=\displaystyle\sum_{n=0}^{+\infty}x^n$，$-1<x<1$，

求导得：$\dfrac{1}{(1-x)^2}=\displaystyle\sum_{n=1}^{+\infty}nx^{n-1}$，$-1<x<1$，

令 $x=\dfrac{1}{2}$，得 $\displaystyle\sum_{n=1}^{+\infty}\dfrac{n}{2^{n-1}}=S\left(\dfrac{1}{2}\right)=\dfrac{1}{\left(1-\dfrac{1}{2}\right)^2}=4.$

四、证明与应用

1. 证：$F_x=f_v\cdot\dfrac{z}{2v}+f_w\cdot\dfrac{y}{2w}$，$xF_x=\dfrac{v}{2}f_v+\dfrac{w}{2}f_w$；

$F_y=f_u\cdot\dfrac{z}{2u}+f_w\cdot\dfrac{x}{2w}$，$yF_y=\dfrac{u}{2}f_u+\dfrac{w}{2}f_w$；

$F_z=f_u\cdot\dfrac{y}{2u}+f_v\cdot\dfrac{x}{2v}$，$zF_z=\dfrac{u}{2}f_u+\dfrac{v}{2}f_v$；

$xF_x+yF_y+zF_z=uf_u+vf_v+wf_w.$

2. 解：求 $f=x_1x_2x_3$ 在条件 $x_1+x_2+x_3=9,x_i>0\ (i=1,2,3)$ 下的极大值，

令 $L=x_1x_2x_3+\lambda(x_1+x_2+x_3-9)$，

由 $\begin{cases} L_{x_1} = x_2 x_3 + \lambda = 0, \\ L_{x_2} = x_1 x_3 + \lambda = 0, \\ L_{x_3} = x_1 x_2 + \lambda = 0, \\ L_\lambda = x_1 + x_2 + x_3 - 9 = 0; \end{cases}$ 得驻点 $(3,3,3)$,

且 $f(3,3,3) = 27$ 因此应把 9 分成 3 个相等的正数 3, 它们的积为最大 27.

3. π 的法向量为 $\boldsymbol{n} = \{1,1,1\}$, $\boldsymbol{S}_1 = \begin{vmatrix} \boldsymbol{i} & \boldsymbol{j} & \boldsymbol{k} \\ 1 & 2 & -1 \\ 0 & 0 & 1 \end{vmatrix} = \{2,-1,0\}$,

$\boldsymbol{S} = \boldsymbol{n} \times \boldsymbol{S}_1 = \{1,2,-3\}$, $\dfrac{x-4}{1} = \dfrac{y-2}{2} = \dfrac{z+3}{-3}$.

第二学期期终测试题试卷 3 解答

一、选择题

1. A **2.** B **3.** A **4.** B **5.** C

二、填空题

1. 3   **2.** $\mathrm{d}x - \mathrm{d}y$ **3.** $x - y + z - 1 = 0$

4. $\int_0^\pi \mathrm{d}\theta \int_0^a f(r\cos\theta, r\sin\theta) r \mathrm{d}r$ **5.** $y^* = ax + b$

三、计算题

1. 解:设平面方程为:$By + Cz + D = 0$,

过 P_1, P_2 点,故 $\begin{cases} -2C + D = 0, \\ B + 7C + D = 0, \end{cases}$

得 $B:C:D = 9:(-1):(-2)$,

故平面方程为:$9y - z - 2 = 0$.

2. 解:$z'_x = y\mathrm{e}^x$, $z'_y = \mathrm{e}^x$ $\mathrm{d}z = \mathrm{e}^x(y\mathrm{d}x + \mathrm{d}y)$.

3. 解:$u'_x = yf'_1 + f'_2$, $\dfrac{\partial^2 u}{\partial x \partial y} = xyf''_{11} + (x-y)f''_{12} - f''_{22} + f'_1$.

4. 解:原式 $= 4\int_0^4 \mathrm{d}y \int_0^{4-y}(x+y)\mathrm{d}x = 2\int_0^4(16-y^2)\mathrm{d}y = \dfrac{256}{3}$.

5. 解:$u_n = \dfrac{1}{n(2n+1)}$. 而 $0 \leqslant u_n \leqslant \dfrac{1}{n^2}$, 由比较判别法知:原级数收敛.

6. 解:$u_n = \dfrac{\sin\dfrac{a}{n+1}}{a^{n+1}}$, $|u_n| \leqslant \dfrac{1}{a^{n+1}}$, $\sum\limits_{n=1}^{\infty} \dfrac{1}{a^{n+1}}$ 收敛, $(a > 1)$,

$\sum\limits_{n=1}^{\infty} |u_n|$ 收敛,所以原级数绝对收敛.

— 347 —

7. 解:当 $y \neq 1$ 时, $\dfrac{\mathrm{d}y}{y^2-1} = \dfrac{\mathrm{d}x}{x}$, $\ln\dfrac{y-1}{y+1} = 2\ln x + \ln C$ $y = \dfrac{Cx^2+1}{1-Cx^2}$.

8. 解: $y'' + \dfrac{1}{x}y' = \dfrac{1}{x^2}$, $y' = \dfrac{1}{x}[\ln|x| + C_1]$,

$y = \dfrac{1}{2}\ln^2|x| + C_1\ln|x| + C_2$.

四、综合题

1. 解:对应的切平面法向量 $\vec{n} = \{\pi^\pi(1+\ln\pi), \pi^\pi(1+\ln\pi), -\pi^\pi\ln\pi\}$

切平面方程 $(1+\ln\pi)(x+y) - \ln\pi \cdot z - \pi(2+\ln\pi) = 0$,

法线方程 $\dfrac{x-\pi}{1+\ln\pi} = \dfrac{y-\pi}{1+\ln\pi} = \dfrac{z-\pi}{-\ln\pi}$.

2. 解: $S = \iint\limits_D \sqrt{1+x^2+y^2}\,\mathrm{d}x\mathrm{d}y = \int_0^{2\pi}\mathrm{d}\theta\int_0^1 \sqrt{1+r^2}\,r\mathrm{d}r$

$= \dfrac{1}{3}\int_0^{2\pi}(1+r^2)^{\frac{3}{2}}\Big|_0^1 \mathrm{d}\theta = \dfrac{1}{3}\int_0^{2\pi}[(2)^{\frac{3}{2}}-1]\mathrm{d}\theta$

$= \dfrac{2\pi}{3}[2\sqrt{2}-1]$.

3. 解: $\dfrac{1}{1-x} = \sum_{n=0}^{+\infty} x^n$, $-1 < x < 1$,

求导得: $\dfrac{1}{(1-x)^2} = \sum_{n=1}^{+\infty} nx^{n-1}$, $-1 < x < 1$,

令 $x = \dfrac{1}{2}$, 得 $\sum_{n=1}^{+\infty} \dfrac{n}{2^{n-1}} = S\left(\dfrac{1}{2}\right) = \dfrac{1}{\left(1-\dfrac{1}{2}\right)^2} = 4$.

第二学期期终测试题试卷 4 解答

一、选择题

1. C **2.** B **3.** B **4.** C **5.** A **6.** C **7.** B

二、填空题

1. $2\sqrt{3}$ **2.** 1   **3.** 30   **4.** $\dfrac{1}{2}(1-\mathrm{e}^{-4})$ **5.** 2

三、计算题

1. 解:第二条直线的参数方程为 $\begin{cases} x = 3t-3, \\ y = -4t+9, \\ z = 7t-14; \end{cases}$

满足第一条直线方程, $\dfrac{3t-4}{k} = \dfrac{-4t+13}{5} = \dfrac{7t-17}{-3}$, $k = 2$.

2. 解: $z'_x = 2y\mathrm{e}^{2x}$, $z'_y = \mathrm{e}^{2x}$, $\mathrm{d}z = \mathrm{e}^{2x}(2y\mathrm{d}x + \mathrm{d}y)$.

3. 解: 令 $F(x,y,z) = z^x - xyz$, $F_x = z^x\ln z - yz$, $F_z = xz^{x-1} - xy$,
$z_x = -\dfrac{z^x\ln z - yz}{xz^{x-1} - xy}$.

4. 解: 原式 $= \iint\limits_{D} x\mathrm{d}x\mathrm{d}y + \iint\limits_{D} |y|\mathrm{d}x\mathrm{d}y = 4\iint\limits_{\substack{0 \leqslant x \leqslant 1-y \\ 0 \leqslant y \leqslant 1}} y\mathrm{d}x\mathrm{d}y$

$= 4\int_0^1 \mathrm{d}y \int_0^{1-y} y\mathrm{d}x = \dfrac{2}{3}$.

5. 解: 原式 $= \int_0^{\frac{\pi}{2}} \mathrm{d}\theta \int_0^{\cos\theta} \sqrt{1-r^2}\, r\mathrm{d}r = \dfrac{1}{3}\int_0^{\frac{\pi}{2}}(1-\sin^3\theta)\mathrm{d}\theta = \dfrac{1}{3}\left(\dfrac{\pi}{2} - \dfrac{2}{3}\right)$.

6. 解: $u_n = \dfrac{3^{2n}}{n^2}$, $\rho = \lim\limits_{n\to\infty}\dfrac{u_{n+1}}{u_n} = \lim\limits_{n\to\infty}\dfrac{3^{2n+2}}{(n+1)^2}\dfrac{n^2}{3^{2n}} = 9 > 1$, 原级数发散.

7. 解: $((1+x)\ln(1+x))' = 1 + \ln(1+x) = 1 + \sum\limits_{n=1}^{\infty}(-1)^{n-1}\dfrac{x^n}{n}$,
$-1 < x \leqslant 1$,

原式 $= x + \sum\limits_{n=1}^{\infty}(-1)^{n-1}\dfrac{x^{n+1}}{n(n+1)}$, $[-1,1]$.

8. 解: $y = \mathrm{e}^{-\int\tan x\mathrm{d}x}\left[C + \int\sec x\mathrm{e}^{\int\tan x\mathrm{d}x}\mathrm{d}x\right]$

$= \cos x\left[\int\sec^2 x\mathrm{d}x + C\right] = \sin x + C\cos x$.

四、综合题

1. 解: $F(x,y,z) = f(x,y) - \mathrm{e}^z$, $F_x = f'_x$, $F_y = f'_y$, $F_z = -\mathrm{e}^z$,
$\vec{n} = \{2, -2, -1\}$, 切平面为 $2x - 2y - z - 2 = 0$.

2. 解: 特征方程 $r^2 - 4r + 5 = 0$ 的根为 $r_{1,2} = 2 \pm i$,
对应齐次方程的通解为 $x_C = \mathrm{e}^{2t}(C_1\cos t + C_2\sin t)$,
设特解为 $x_p = A$, 代入方程得 $x_p = 1$,
故所求通解为 $x = x_C + x_p = \mathrm{e}^{2t}(C_1\cos t + C_2\sin t) + 1$.

附录 C 历年硕士研究生入学考试真题选

一、选择题

1. 当 $x \to 0$ 时，$f(x) = x - \sin ax$ 与 $g(x) = x^2 \ln(1-bx)$ 等价无穷小，则（　　）

    (A) $a=1, b=-\dfrac{1}{6}$ 　　　　　(B) $a=1, b=\dfrac{1}{6}$

    (C) $a=-1, b=-\dfrac{1}{6}$ 　　　(D) $a=-1, b=\dfrac{1}{6}$

2. 正方形 $\{(x,y) \mid |x| \leqslant 1, |y| \leqslant 1\}$ 被其对角线划分为四个区域 $D_k(k=1,2,3,4)$，$I_k = \iint\limits_{D_k} y \cos x \mathrm{d}x\mathrm{d}y$，则 $\max\limits_{1 \leqslant k \leqslant 4}\{I_k\} = $（　　）

    (A) I_1　　　　　　　　　　(B) I_2

    (C) I_3　　　　　　　　　　(D) I_4

3. 设函数 $y=f(x)$ 在区间 $[-1,3]$ 上的图形为

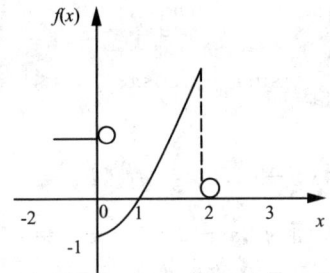

则函数 $F(x) = \displaystyle\int_0^x f(t)\mathrm{d}t$ 的图形为（　　）

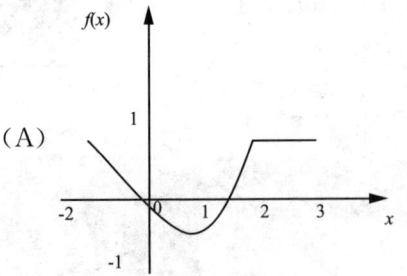
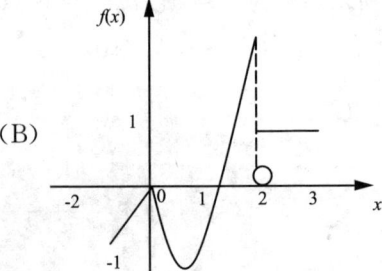

(C) 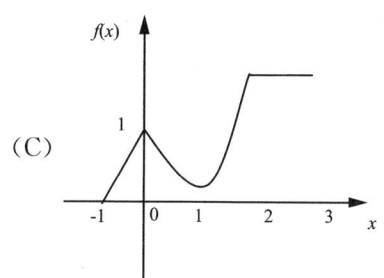 (D)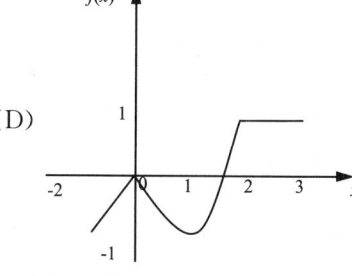

4. 设有两个数列 $\{a_n\}, \{b_n\}$，若 $\lim\limits_{n\to\infty} a_n = 0$，则（   ）

(A) 当 $\sum\limits_{n=1}^{\infty} b_n$ 收敛时，$\sum\limits_{n=1}^{\infty} a_n b_n$ 收敛.   (B) 当 $\sum\limits_{n=1}^{\infty} b_n$ 发散时，$\sum\limits_{n=1}^{\infty} a_n b_n$ 发散.

(C) 当 $\sum\limits_{n=1}^{\infty} |b_n|$ 收敛时，$\sum\limits_{n=1}^{\infty} a_n^2 b_n^2$ 收敛.   (D) 当 $\sum\limits_{n=1}^{\infty} |b_n|$ 发散时，$\sum\limits_{n=1}^{\infty} a_n^2 b_n^2$ 发散.

5. 极限 $\lim\limits_{x\to\infty}\left[\dfrac{x^2}{(x-a)(x+b)}\right]^x = ($ $)$

(A) 1   (B) e

(C) e^{a-b} (D) e^{b-a}

6. 设函数 $z = z(x,y)$ 由方程 $F\left(\dfrac{y}{x}, \dfrac{z}{x}\right) = 0$ 确定，其中 F 为可微函数，且 $F'_2 \neq 0$，则 $x\dfrac{\partial z}{\partial x} + y\dfrac{\partial z}{\partial y} = ($ $)$

(A) x (B) z
(C) $-x$ (D) $-z$

7. 设 m, n 为正整数，则反常积分 $\int_0^1 \dfrac{\sqrt[m]{\ln^2(1-x)}}{\sqrt[n]{x}} dx$ 的收敛性（   ）

(A) 仅与 m 取值有关   (B) 仅与 n 取值有关
(C) 与 m, n 取值都有关   (D) 与 m, n 取值都无关

8. $\lim\limits_{x\to\infty} \sum\limits_{i=1}^{n} \sum\limits_{j=1}^{n} \dfrac{n}{(n+i)(n^2+j^2)} = ($ $)$

(A) $\int_0^1 dx \int_0^x \dfrac{1}{(1+x)(1+y^2)} dy$ (B) $\int_0^1 dx \int_0^x \dfrac{1}{(1+x)(1+y)} dy$

(C) $\int_0^1 dx \int_0^1 \dfrac{1}{(1+x)(1+y)} dy$ (D) $\int_0^1 dx \int_0^1 \dfrac{1}{(1+x)(1+y^2)} dy$

9. 曲线 $y = x(x-1)(x-2)^2(x-3)^3(x-4)^4$ 的拐点是（   ）
(A) $(1,0)$ (B) $(2,0)$ (C) $(3,0)$ (D) $(4,0)$

10. 设数列 $\{a_n\}$ 单调减少，且 $\lim\limits_{n\to\infty} a_n = 0$. $S_n = \sum\limits_{i=1}^{n} a_i$ 无界，则幂级数 $\sum\limits_{n=1}^{\infty} a_n(x-1)^n$ 的收敛域为（   ）

(A) $(-1\ \ 1]$ (B) $[-1\ \ 1)$ (C) $[0\ \ 2)$ (D) $(0\ \ 2]$

11. 设函数 $f(x)$ 具有二阶连续的导数，且 $f(x) > 0$. $f'(0) = 0$. 则函数 $z = \ln f(x) f(y)$ 在点 $(0,0)$ 处取得极小值的一个充分条件是（ ）

(A) $f(0) > 1$ $f''(0) > 0$ (B) $f(0) > 1$ $f''(0) < 0$
(C) $f(0) < 1$ $f''(0) > 0$ (D) $f(0) < 1$ $f''(0) < 0$

12. 设 $I = \int_0^{\frac{\pi}{4}} \ln\sin x dx, J = \int_0^{\frac{\pi}{4}} \ln\cot x dx, K = \int_0^{\frac{\pi}{4}} \ln\cos x dx$，则 I 和 J 及 K 的大小关系是（ ）

(A) $I < J < K$ (B) $I < K < J$ (C) $J < I < K$ (D) $K < J < I$

13. 曲线 $y = \dfrac{x^2 + x}{x^2 - 1}$ 渐近线的条数为（ ）

(A) 0   (B) 1   (C) 2   (D) 3

14. 设函数 $f(x) = (e^x - 1)(e^{2x} - 2)\cdots(e^{nx} - n)$，其中 n 为正整数，则 $f'(0) = ($ $)$

(A) $(-1)^{n-1}(n-1)!$ (B) $(-1)^n(n-1)!$
(C) $(-1)^{n-1}n!$ (D) $(-1)^n n!$

15. 如果 $f(x, y)$ 在 $(0,0)$ 处连续，那么下列命题正确的是（   ）

(A) 若极限 $\lim\limits_{\substack{x \to 0 \\ y \to 0}} \dfrac{f(x,y)}{|x| + |y|}$ 存在，则 $f(x,y)$ 在 $(0,0)$ 处可微

(B) 若极限 $\lim\limits_{\substack{x \to 0 \\ y \to 0}} \dfrac{f(x,y)}{x^2 + y^2}$ 存在，则 $f(x,y)$ 在 $(0,0)$ 处可微

(C) 若 $f(x,y)$ 在 $(0,0)$ 处可微，则极限 $\lim\limits_{\substack{x \to 0 \\ y \to 0}} \dfrac{f(x,y)}{|x| + |y|}$ 存在

(D) 若 $f(x,y)$ 在 $(0,0)$ 处可微，则极限 $\lim\limits_{\substack{x \to 0 \\ y \to 0}} \dfrac{f(x,y)}{x^2 + y^2}$ 存在

16. 设 $I_k = \int_e^k e^{x^2} \sin x dx (k = 1, 2, 3)$，则有 D（   ）

(A) $I_3 < I_2 < I_1$ (B) $I_2 < I_1 < I_3$
(C) $I_1 < I_3 < I_2$ (D) $I_1 < I_2 < I_3$

17. 已知极限 $\lim\limits_{x \to 0} \dfrac{x - \arctan x}{x^k} = c$，其中 k, c 为常数，且 $c \neq 0$，则（   ）

(A) $k = 2, c = -\dfrac{1}{2}$ (B) $k = 2, c = \dfrac{1}{2}$
(C) $k = 3, c = -\dfrac{1}{3}$ (D) $k = 3, c = \dfrac{1}{3}$

18. 曲面 $x^2 + \cos(xy) + yz + x = 0$ 在点 $(0, 1, -1)$ 处的切平面方程为（   ）

(A) $x - y + z = -2$ (B) $x + y + z = 0$

(C) $x-2y+z=-3$ (D) $x-y-z=0$

19. 设 $f(x)=\left|x-\dfrac{1}{2}\right|,b_n=2\displaystyle\int_0^1 f(x)\sin n\pi x\mathrm{d}x(n=1,2,\cdots)$，令 $S(x)=\displaystyle\sum_{n=1}^{\infty}b_n\sin n\pi x$，则 $S\left(-\dfrac{9}{4}\right)=(\quad)$

(A) $\dfrac{3}{4}$ (B) $\dfrac{1}{4}$ (C) $-\dfrac{1}{4}$ (D) $-\dfrac{3}{4}$

20. 设 $L_1:x^2+y^2=1,L_2:x^2+y^2=2,L_3:x^2+2y^2=2,L_4:2x^2+y^2=2$ 为四条逆时针方向的平面曲线，记 $I_i=\displaystyle\oint_{L_i}\left(y+\dfrac{y^3}{6}\right)\mathrm{d}x+\left(2x-\dfrac{x^3}{3}\right)\mathrm{d}y(i=1,2,3,4)$，则 $\max\{I_1,I_2,I_3,I_4\}=(\quad)$

(A) I_1 (B) I_2 (C) I_3 (D) I_4

21. 设函数 $f(x)$ 在 $(-\infty,+\infty)$ 内连续，其中二阶导数 $f''(x)$ 的图形如图所示，则曲线 $y=f(x)$ 拐点的个数为（　）

(A) 0   (B) 1   (C) 2   (D) 3

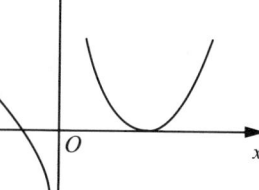

22. 设 $y=\dfrac{1}{2}\mathrm{e}^{2x}+\left(x-\dfrac{1}{3}\right)\mathrm{e}^x$ 是二阶常系数非齐次线性微分方程 $y''+ay'+by=c\mathrm{e}^x$ 的一个特解，则（　）

(A) $a=-3,b=2,c=-1$ (B) $a=3,b=2,c=-1$
(C) $a=-3,b=2,c=1$ (D) $a=3,b=2,c=1$

23. 若级数 $\displaystyle\sum_{n=1}^{\infty}a_n$ 条件收敛，则 $x=\sqrt{3}$ 与 $x=3$ 依次为幂级数 $\displaystyle\sum_{n=1}^{\infty}na_n(x-1)^n$ 的（　）

(A) 收敛点，收敛点   (B) 收敛点，发散点
(C) 发散点，收敛点   (D) 发散点，发散点

24. 设 D 是第一象限由曲线 $2xy=1,4xy=1$ 与直线 $y=x,y=\sqrt{3}x$ 围成的平面区域，函数 $f(x,y)$ 在 D 上连续，则 $\displaystyle\iint_D f(x,y)\mathrm{d}x\mathrm{d}y=(\quad)$

(A) $\displaystyle\int_{\frac{\pi}{4}}^{\frac{\pi}{3}}\mathrm{d}\theta\int_{\frac{1}{2\sin 2\theta}}^{\frac{1}{\sin 2\theta}}f(r\cos\theta,r\sin\theta)r\mathrm{d}r$

(B) $\displaystyle\int_{\frac{\pi}{4}}^{\frac{\pi}{3}}\mathrm{d}\theta\int_{\frac{1}{\sqrt{2\sin 2\theta}}}^{\sqrt{\frac{1}{\sin 2\theta}}}f(r\cos\theta,r\sin\theta)r\mathrm{d}r$

(C) $\displaystyle\int_{\frac{\pi}{4}}^{\frac{\pi}{3}}\mathrm{d}\theta\int_{\frac{1}{2\sin 2\theta}}^{\frac{1}{\sin 2\theta}}f(r\cos\theta,r\sin\theta)\mathrm{d}r$

(D) $\displaystyle\int_{\frac{\pi}{4}}^{\frac{\pi}{3}}\mathrm{d}\theta\int_{\frac{1}{\sqrt{2\sin 2\theta}}}^{\sqrt{\frac{1}{\sin 2\theta}}}f(r\cos\theta,r\sin\theta)\mathrm{d}r$

二、填空题

1. 设函数 $f(u,v)$ 具有二阶连续偏导数，$z=f(x,xy)$，则 $\dfrac{\partial^2 z}{\partial x \partial y}=$ _____

2. 若二阶常系数线性齐次微分方程 $y''+ay'+by=0$ 的通解为 $y=(C_1+C_2x)\mathrm{e}^x$，则非齐次方程 $y''+ay'+by=x$ 满足条件 $y(0)=2,y'(0)=0$ 的解为 $y=$ _____

3. 已知曲线 $L: y=x^2(0 \leqslant x \leqslant \sqrt{2})$，则 $\int_L x\,\mathrm{d}s=$ _____

4. 设 $\Omega=\{(x,y,z)\mid x^2+y^2+z^2 \leqslant 1\}$，则 $\iiint_\Omega z^2\,\mathrm{d}x\mathrm{d}y\mathrm{d}z=$ _____

5. 设 $x=\mathrm{e}^{-t}, y=\int_0^t \ln(1+u^2)\,\mathrm{d}u$，求 $\dfrac{\mathrm{d}^2 y}{\mathrm{d}x^2}\bigg|_{t=0}=$ _____

6. $\int_0^{\pi^2} \sqrt{x}\cos\sqrt{x}\,\mathrm{d}y=$ _____

7. 已知曲线 L 的方程为 $y=1-|x|\{x\in[-1,1]\}$，起点是 $(-1,0)$ 终点是 $(1,0)$，则曲线积分 $\int_L xy\,\mathrm{d}x+x^2\,\mathrm{d}y=$ _____

8. 设 $\Omega=\{(x,y,z)\mid x^2+y^2 \leqslant z \leqslant 1\}$，则 Ω 的形心的竖坐标 $\bar{z}=$ _____

9. 曲线 $y=\int_0^x \tan t\,\mathrm{d}t\ \left(0 \leqslant x \leqslant \dfrac{\pi}{4}\right)$ 的弧长为 _____

10. 微分方程 $y'+y=\mathrm{e}^x\cos x$ 满足条件 $y(0)=0$ 的解为 _____

11. 设函数 $F(x,y)=\int_0^{xy}\dfrac{\sin t}{1+t^2}\,\mathrm{d}t$，则 $\dfrac{\partial^2 F}{\partial x^2}\bigg|_{\substack{x=0\\y=2}}=$ _____

12. 设 L 是柱面方程 $x^2+y^2=1$ 与平面 $z=x+y$ 的交线，从 z 轴正向往 z 轴负向看去为逆时针方向，则曲线积分 $\oint_L xz\,\mathrm{d}x+x\,\mathrm{d}y+\dfrac{y^2}{2}\mathrm{d}z=$ _____

13. 若函数 $f(x)$ 满足方程 $f''(x)+f'(x)-2f(x)=0$ 及 $f'(x)+f(x)=2\mathrm{e}^x$，则 $f(x)=$ _____

14. $\int_0^2 x\sqrt{2x-x^2}\,\mathrm{d}x=$ _____.

15. $\mathrm{grad}\left(xy+\dfrac{z}{y}\right)\bigg|_{(2,1,1)}=$ _____.

16. 设 $\sum=\{(x,y,z)\mid x+y+z=1, x\geqslant 0, y\geqslant 0, z\geqslant 0\}$，则 $\iint_\Sigma y^2\,\mathrm{d}s=$ _____.

17. 设函数 $y=f(x)$ 由方程 $y-x=\mathrm{e}^{x(1-y)}$ 确定，则 $\lim\limits_{n\to\infty}n\left[f\left(\dfrac{1}{n}\right)-1\right]=$ _____.

18. 已知 $y_1=\mathrm{e}^{3x}-x\mathrm{e}^{2x}, y_2=\mathrm{e}^x-x\mathrm{e}^{2x}, y_3=-x\mathrm{e}^{2x}$ 是某二阶常系数非齐次线性微分方程的3个解，则该方程的通解 $y=$ _____.

19. 设 $\begin{cases} x=\sin t \\ y=t\sin t+\cos t \end{cases}$ (t 为参数)，则 $\dfrac{\mathrm{d}^2 y}{\mathrm{d}x^2}\bigg|_{t=\frac{\pi}{4}}=$ _____

20. $\int_1^{+\infty} \dfrac{\ln x}{(1+x)^2} dx = $ _____.

21. $\lim\limits_{x\to 0} \dfrac{\ln\cos x}{x^2} = $ _____.

22. $\int_{-\frac{\pi}{2}}^{\frac{\pi}{2}} \left(\dfrac{\sin x}{1+\cos x} + |x|\right) dx = $ _____.

23. 若函数 $z = z(x,y)$ 由方程 $e^z + xyz + x + \cos x = 2$ 确定,则 $dz|_{(0,1)} = $ _____.

24. 设 Ω 是由平面 $x+y+z=1$ 与三个坐标平面所围成的空间区域,则 $\iiint\limits_{\Omega}(x+2y+3z)dxdydz = $ _____.

三、解答题

1. 求二元函数 $f(x,y) = x^2(2+y^2) + y\ln y$ 的极值.

2. 设 a_n 为曲线 $y = x^n$ 与 $y = x^{n+1}(n = 1,2,\cdots)$ 所围成区域的面积,记 $S_1 = \sum\limits_{n=1}^{\infty} a_n, S_2 = \sum\limits_{n=1}^{\infty} a_{2n-1}$,求 S_1 与 S_2 的值.

3. 椭球面 S_1 是椭圆 $\dfrac{x^2}{4} + \dfrac{y^2}{3} = 1$ 绕 x 轴旋转而成,圆锥面 S_2 是过点 $(4,0)$ 且与椭圆 $\dfrac{x^2}{4} + \dfrac{y^2}{3} = 1$ 相切的直线绕 x 轴旋转而成.

    (1) 求 S_1 及 S_2 的方程.   (2) 求 S_1 与 S_2 之间的立体体积.

4. 求微分方程 $y'' - 3y' + 2y = 2xe^x$ 的通解.

5. 求函数 $f(x) = \int_1^x (x^2 - t)e^{-t^2} dt$ 的单调区间与极值.

6. (1) 比较 $\int_0^1 |\ln t|[\ln(1+t)]^n dt$ 与 $\int_0^1 t^n |\ln t| dt(n = 1,2,\cdots)$ 的大小,说明理由记 $u_n = \int_0^1 |\ln t|[\ln(1+t)]^n dt(n = 1,2,\cdots)$,求极限 $\lim\limits_{n\to\infty} u_n$.

7. 求幂级数 $\sum\limits_{n=1}^{\infty} \dfrac{(-1)^{n-1}}{2n-1} x^{2n}$ 的收敛域及和函数.

8. 设 P 为椭球面 $S: x^2 + y^2 + z^2 - yz = 1$ 上的动点,若 S 在点 P 的切平面与 xOy 面垂直,求 P 点的轨迹 C,并计算曲面积分 $I = \iint\limits_{\Sigma} \dfrac{(x+\sqrt{3})|y-2z|}{\sqrt{4+y^2+z^2-4yz}} dS$,其中 Σ 是椭球面 S 位于曲线 C 上方的部分.

9. 求极限 $\lim\limits_{x\to 0} \left(\dfrac{\ln(1+x)}{x}\right)^{\frac{1}{e^x-1}}$.

10. 设函数 $z = f(xy, yg(x))$,其中 f 具有二阶连续的偏导数,函数 $g(x)$ 可导且在 $x = 1$ 处取得极值 $g(1) = 1$. 求 $\dfrac{\partial^2 z}{\partial x \partial y}\bigg|_{\substack{x=1 \\ y=1}}$.

11. 求方程 $k\arctan x - x = 0$ 的不同实根的个数,其中 k 为参数.

12. (1) 证明:对任意的正整数 n,都有 $\dfrac{1}{n+1} < \ln\left(1+\dfrac{1}{n}\right) < \dfrac{1}{n}$ 成立;

(2) 设 $a_n = 1 + \dfrac{1}{2} + \cdots + \dfrac{1}{n} - \ln n \quad (n=1,2,\cdots)$,证明数列 $\{a_n\}$ 收敛.

13. 已知函数 $f(x,y)$ 具有二阶连续的偏导数,且 $f(1,y) = f(x,1) = 0$,$\iint\limits_{D} f(x,y)\mathrm{d}x\mathrm{d}y = a$,其中 $D = \{(x,y) \mid 0 \leqslant x \leqslant 1, 0 \leqslant y \leqslant 1\}$ 计算二重积分 $\iint\limits_{D} xy f''_{xy}(x,y)\mathrm{d}x\mathrm{d}y$.

14. 证明:$x\ln\dfrac{1+x}{1-x} + \cos x \geqslant 1 + \dfrac{x^2}{2}$,$-1 < x < 1$.

15. 求 $f(x,y) = x\mathrm{e}^{-\dfrac{x^2+y^2}{2}}$ 的极值.

16. 求幂级数 $\sum\limits_{n=0}^{\infty} \dfrac{4n^2+4n+3}{2n+1} x^{2n}$ 的收敛域及和函数.

17. 已知 L 是第一象限中从点 $(0,0)$ 沿圆周 $x^2+y^2=2x$ 到点 $(2,0)$,再沿圆周 $x^2+y^2=4$ 到点 $(0,2)$ 的曲线段,计算曲线积分 $J = \int_L 3x^2 y \mathrm{d}x + (x^2+x-2y)\mathrm{d}y$.

18. 计算 $\int_0^1 \dfrac{f(x)}{\sqrt{x}}\mathrm{d}x$,其中 $f(x) = \int_1^x \dfrac{\ln(t+1)}{t}\mathrm{d}t$.

19. 设数列 $\{a_n\}$ 满足条件:$a_0=3, a_1=1, a_{n-2} - n(n-1)a_n = 0 (n \geqslant 2)$.$S(x)$ 是幂级数 $\sum\limits_{n=0}^{\infty} a_n x^n$ 的和函数.

(1) 证明:$S''(x) - S(x) = 0$;

(2) 求 $S(x)$ 的表达式.

20. 求函数 $f(x,y) = \left(y + \dfrac{x^3}{3}\right)\mathrm{e}^{x+y}$ 的极值.

21. 设奇函数 $f(x)$ 在 $[-1,1]$ 上具有二阶导数,且 $f(1)=1$,证明:

(1) 存在 $\zeta \in (0,1)$,使得 $f'(\zeta) = 1$.

(2) 存在 $\eta \in (-1,1)$,使得 $f''(\eta) + f'(\eta) = 1$.

22. 设直线 L 过 $A(1,0,0), B(0,1,1)$ 两点将 L 绕 z 轴旋转一周得到曲面 Σ,Σ 与平面 $z=0, z=2$ 所围成的立体为 Ω.

(1) 求曲面 Σ 的方程;

(2) 求 Ω 的形心坐标.

23. (1) 证明拉格朗日中值定理:若函数 $f(x)$ 在 $[a,b]$ 上连续,在 (a,b) 可导,则存在 $\zeta \in (a,b)$,使得 $f(b) - f(a) = f'(\zeta)(b-a)$.

(2) 证明:若函数 $f(x)$ 在 $x=0$ 处连续,在 $(0,\delta)(\delta>0)$ 内可导,且 $\lim\limits_{x \to 0^+} f'(x) =$

A,则 $f'_+(0)$ 存在,且 $f'_+(0) = A$.

24. 计算曲面积分 $I = \oiint_{\Sigma} \dfrac{x\mathrm{d}y\mathrm{d}z + y\mathrm{d}z\mathrm{d}x + z\mathrm{d}x\mathrm{d}y}{(x^2+y^2+z^2)^{\frac{3}{2}}}$,其中 Σ 是曲面 $2x^2 + 2y^2 + z^2 = 4$ 的外侧.

25. 设函数 $f(x) = x + a\ln(1+x) + bx\sin x, g(x) = kx^3$,若 $f(x)$ 与 $g(x)$ 在 $x \to 0$ 是等价无穷小,求 a,b,k 的值.

26. 设函数 $f(x)$ 在定义域 I 上的导数大于零,若对任意的 $x_0 \in I$,曲线 $y = f(x)$ 在点 $(x_0, f(x_0))$ 处的切线与直线 $x = x_0$ 及 x 轴所围成区域的面积恒为 4,且 $f(0) = 2$,求 $f(x)$ 的表达式.

27. 已知函数 $f(x,y) = x + y + xy$,曲线 $C: x^2 + y^2 + xy = 3$,求 $f(x,y)$ 在曲线 C 上的最大方向导数.

28. (Ⅰ) 设函数 $u(x), v(x)$ 可导,利用导数定义证明 $[u(x)v(x)]' = u'(x)v(x) + u(x)v'(x)$.

(Ⅱ) 设函数 $u_1(x), u_2(x), \cdots, u_n(x)$ 可导,$f(x) = u_1(x)u_2(x)\cdots u_n(x)$,写出 $f(x)$ 的求导公式.

29. 已知曲线 L 的方程为 $\begin{cases} z = \sqrt{2-x^2-y^2}, \\ z = x, \end{cases}$ 起点为 $A(0,\sqrt{2},0)$,终点为 $B(0,-\sqrt{2},0)$,计算曲线积分 $I = \int_L (y+z)\mathrm{d}x + (z^2 - x^2 + y)\mathrm{d}y + (x^2 + y^2)\mathrm{d}z$.

历年硕士研究生入学考试真题解答

一、选择题

1. A 2. A 3. D 4. D 5. C 6. C 7. D 8. D 9. C 10. C 11. A 12. B 13. C
14. C 15. B 16. D 17. D 18. A 19. C 20. D 21. C 22. A 23. B 24. B

二、填空题

1. $xf''_{12} + f'_2 + xyf''_{22}$ 2. $y = -xe^x + x + 2$ 3. $\dfrac{13}{6}$ 4. $\dfrac{4}{15}\pi$ 5. 0

6. -4π 7. 0 8. $\dfrac{2}{3}$ 9. $1 - \dfrac{\pi}{4}$ 10. $\sin x e^{-x}$ 11. 4 12. π 13. e^x

14. $\dfrac{\pi}{2}$ 15. $\{1,1,1\}$ 16. $\dfrac{\sqrt{3}}{12}$ 17. 1 18. $C_1 e^x + C_2 e^{3x} - xe^{2x}$ 19. $\sqrt{2}$

20. $\ln 2$ 21. $-\dfrac{1}{2}$ 22. $\dfrac{\pi^2}{4}$ 23. $-\mathrm{d}x$ 24. $\dfrac{1}{4}$

三、解答题

1. 解:$f'_x(x,y) = 2x(2+y^2) = 0$

$f'_y(x,y) = 2x^2 y + \ln y + 1 = 0$

故 $x = 0, y = \dfrac{1}{e}$

$f''_{xx} = 2(2+y^2), f''_{yy} = 2x^2 + \dfrac{1}{y}, f''_{xy} = 4xy$

则

$$f''_{xx}\big|_{(0,\frac{1}{e})} = 2\left(2+\frac{1}{e^2}\right)$$

$$f''_{xy}\big|_{(0,\frac{1}{e})} = 0$$

$$f''_{yy}\big|_{(0,\frac{1}{e})} = e$$

因 $f''_{xx} > 0$ 而 $(f''_{xy})^2 - f''_{xx}f''_{yy} < 0$

故二元函数存在极小值 $f\left(0,\dfrac{1}{e}\right) = -\dfrac{1}{e}$.

2. **解**: 由题意, $y = x^n$ 与 $y = x^{n+1}$ 在点 $x = 0$ 和 $x = 1$ 处相交,

所以 $a_n = \int_0^1 (x^n - x^{n+1})\,\mathrm{d}x = \left(\dfrac{1}{n+1}x^{n+1} - \dfrac{1}{n+2}x^{n+2}\right)\bigg|_0^1 = \dfrac{1}{n+1} - \dfrac{1}{n+2}$,

从而 $S_1 = \sum\limits_{n=1}^{\infty} a_n = \lim\limits_{N\to\infty} \sum\limits_{n=1}^{N} a_n = \lim\limits_{N\to\infty}\left(\dfrac{1}{2} - \dfrac{1}{3} + \cdots + \dfrac{1}{N+1} - \dfrac{1}{N+2}\right)$

$= \lim\limits_{N\to\infty}\left(\dfrac{1}{2} - \dfrac{1}{N+2}\right) = \dfrac{1}{2}$

$S_2 = \sum\limits_{n=1}^{\infty} a_{2n-1} = \sum\limits_{n=1}^{\infty}\left(\dfrac{1}{2n} - \dfrac{1}{2n+1}\right) = \dfrac{1}{2} - \dfrac{1}{3} + \cdots + \dfrac{1}{2n} - \dfrac{1}{2n+1} + \cdots$

由 $\ln(1+x) = x - \dfrac{1}{2}x^2 + \cdots + (-1)^{(n-1)}\dfrac{x^n}{n} + \cdots$ 取 $x = 1$ 得

$\ln 2 = 1 - \left(\dfrac{1}{2} - \dfrac{1}{3} + \dfrac{1}{4}\cdots\right) = 1 - S_2 \Rightarrow S_2 = 1 - \ln 2$.

3. **解**: (I) S_1 的方程为 $\dfrac{x^2}{4} + \dfrac{y^2+z^2}{3} = 1$,

过点 $(4,0)$ 与 $\dfrac{x^2}{4} + \dfrac{y^2}{3} = 1$ 的切线为 $y = \pm\left(\dfrac{1}{2}x - 2\right)$,

所以 S_2 的方程为 $y^2 + z^2 = \left(\dfrac{1}{2}x - 2\right)^2$.

(II) 记 $y_1 = \dfrac{1}{2}x - 2$, 由 $\dfrac{x^2}{4} + \dfrac{y^2}{3} = 1$, 记 $y_2 = \sqrt{3\left(1-\dfrac{x^2}{4}\right)}$,

则 $V = \int_0^4 \pi y_1^2\,\mathrm{d}x - \int_0^2 \pi y_2^2\,\mathrm{d}x = \pi\int_0^4\left(\dfrac{1}{4}x^2 - 2x + 4\right)\mathrm{d}x - \pi\int_0^2\left(3 - \dfrac{3}{4}x^2\right)\mathrm{d}x$

$= \pi\left[\dfrac{1}{12}x^3 - x^2 + 4x\right]_0^4 - \pi\left[3x - \dfrac{1}{4}x^3\right]_0^2 = \dfrac{4}{3}\pi$.

4. **解**: 微分方程 $y'' - 3y' + 2y = 0$ 的特征方程为

$\lambda^2 - 3\lambda + 2 = 0$,

特征值为 $\lambda_1 = 1, \lambda_2 = 2$, 则方程 $y'' - 3y' + 2y = 0$ 的通解为 $y = C_1 e^x + C_2 e^{2x}$;

令原方程的特解为 $y_0(x) = x(ax+b)e^x = (ax^2 + bx)e^x$, 代入原方程得 $a = -1, b = -2$,

于是原方程的通解为 $y = C_1 e^x + C_2 e^{2x} - (x^2 + 2x)e^x$ (其中 C_1, C_2 为任意常数).

5. **解**:

$f(x) = \int_1^{x^2}(x^2-t)e^{-t^2}\,\mathrm{d}t = x^2\int_1^{x^2} e^{-t^2}\,\mathrm{d}t - \int_1^{x^2} t e^{-t^2}\,\mathrm{d}t$,

令 $f'(x) = 2x\int_1^{x^2} e^{-t^2}\,\mathrm{d}t = 0$, 得 $x = -1, x = 0, x = 1$.

$$f''(x) = 2\int_1^{x^2} e^{-t^2} dt + 4x^2 e^{-x^4},$$

因为 $f''(\pm 1) = \dfrac{4}{e} > 0$, $f''(0) = -2\int_0^1 e^{-t^2} dt < 0$,

所以 $x = -1, x = 1$ 为 $f(x)$ 的极小点, 极小值为 $f(\pm 1) = 0$. $x = 0$ 为 $f(x)$ 的极大点, 极大值为 $f(0) = \int_0^1 t e^{-t^2} dt = \dfrac{1}{2}\left(1 - \dfrac{1}{e}\right)$.

$f(x)$ 在 $(-\infty - 1]$ 及 $[0,1]$ 上单调减少, $f(x)$ 在 $[-1,0]$ 及 $[1, +\infty)$ 上单调增加.

6. 解

（Ⅰ）因为当 $0 \leqslant t \leqslant 1$ 时, $\ln(1+t) \leqslant t$,

所以 $|\ln t|[\ln(1+t)]^n \leqslant t^n|\ln t|$, 于是 $\int_0^1 |\ln t|[\ln(1+t)]^n dt \leqslant \int_0^1 t^n|\ln t| dt$,

（Ⅱ）因为 $0 \leqslant \int_0^1 |\ln t|[\ln(1+t)]^n dt \leqslant \int_0^1 t^n|\ln t| dt$,

$= -\dfrac{1}{n+1} t^{n+1} \ln t \Big|_0^1 + \dfrac{1}{(n+1)^2}$,

因为 $\lim\limits_{t \to 0} t^{n+1} \ln t = -\lim\limits_{x \to +\infty} \dfrac{\ln x}{x^{n+1}} = 0$, 所以 $\int_0^1 t^n |\ln t| dt = \dfrac{1}{(n+1)^2}$,

故 $0 \leqslant \int_0^1 |\ln t|[\ln(1+t)]^n dt \leqslant \dfrac{1}{(n+1)^2}$,

由夹逼定理得 $\lim\limits_{n \to \infty} u_n = \lim\limits_{n \to \infty} \int_0^1 |\ln t|[\ln(1+t)]^n dt = 0$.

7. 解：由 $\lim\limits_{n \to \infty} \left|\dfrac{u_{n+1}}{u_n}\right| = 1$, 得幂级数 $\sum\limits_{n=1}^{\infty} \dfrac{(-1)^{n-1}}{2n-1} x^{2n}$ 的收敛半径为 $R = 1$.

当 $x = \pm 1$ 时, $\sum\limits_{n=1}^{\infty} \dfrac{(-1)^{n-1}}{2n-1} x^{2n} = \sum\limits_{n=1}^{\infty} \dfrac{(-1)^{n-1}}{2n-1}$, 由交错级数审敛法得 $\sum\limits_{n=1}^{\infty} \dfrac{(-1)^{n-1}}{2n-1}$ 收敛, 故幂级数 $\sum\limits_{n=1}^{\infty} \dfrac{(-1)^{n-1}}{2n-1} x^{2n}$ 的收敛域为 $[-1,1]$.

令 $\sum\limits_{n=1}^{\infty} \dfrac{(-1)^{n-1}}{2n-1} x^{2n} = S(x)$,

则 $S(x) = \sum\limits_{n=1}^{\infty} \dfrac{(-1)^{n-1}}{2n-1} x^{2n} = x \sum\limits_{n=1}^{\infty} \dfrac{(-1)^{n-1}}{2n-1} x^{2n-1} = x S_1(x)$, 其中 $S_1(x) = \sum\limits_{n=1}^{\infty} \dfrac{(-1)^{n-1}}{2n-1} x^{2n-1}$.

而 $S'_1(x) = \sum\limits_{n=1}^{\infty} (-1)^{n-1} x^{2n-2} = \dfrac{1}{1+x^2}$, $S_1(0) = 0$,

所以 $S_1(x) = \int_0^x S'_1(x) dx = \arctan x$, 故 $S(x) = \sum\limits_{n=1}^{\infty} \dfrac{(-1)^{n-1}}{2n-1} x^{2n} = x S_1(x) = x \arctan x$.

8. 解：令 P 的坐标为 (x,y,z), 由 $S: x^2 + y^2 + z^2 - yz - 1 = 0$ 得 S 在点 P 处且平面的法向量为

$$\boldsymbol{n} = \{2x, 2y-z, 2z-y\}.$$

因为 S 在点 P 处的切平面与 xOy 平面垂直, 所以有 $y = 2z$, 注意到 $P \in S$,

所以 P 点的轨迹方程为 C：$\begin{cases} x^2 + y^2 + z^2 - yz = 1 \\ y = 2z \end{cases}$.

$$I = \iint_{\Sigma} \dfrac{(x+\sqrt{3})|y-2z|}{\sqrt{4+y^2+z^2-4yz}} dS = \iint_{\Sigma} \dfrac{(x+\sqrt{3})(2z-y)}{\sqrt{4+y^2+z^2-4yz}} dS,$$

将 S 向 xOy 平面投影，则 D_{xy}：$x^2 + \dfrac{y^2}{\frac{4}{3}} = 1$，

$x^2 + y^2 + z^2 - yz - 1 = 0$ 两边对 x 求导得 $2x + 2z\dfrac{\partial z}{\partial x} - y\dfrac{\partial z}{\partial x} = 0$，解得 $\dfrac{\partial z}{\partial x} = \dfrac{2x}{y - 2z}$，

$x^2 + y^2 + z^2 - yz - 1 = 0$ 两边对 y 求导得 $yx + 2z\dfrac{\partial z}{\partial y} - z - y\dfrac{\partial z}{\partial y} = 0$，

解得 $\dfrac{\partial z}{\partial y} = \dfrac{z - 2y}{y - 2z}$，$\mathrm{d}S = \sqrt{1 + \left(\dfrac{\partial z}{\partial x}\right)^2 + \left(\dfrac{\partial z}{\partial y}\right)^2}\,\mathrm{d}x\mathrm{d}y$

$$= \sqrt{4x^2 + 5y^2 + 5z^2 - 8yz}\,\mathrm{d}x\mathrm{d}y, = \sqrt{4 + y^2 + z^2 - 4yz}\,\mathrm{d}x\mathrm{d}y$$

于是 $I = \iint\limits_{\Sigma} \dfrac{(x+\sqrt{3})|y - 2z|}{\sqrt{4 + y^2 + z^2 - 4yz}}\,\mathrm{d}S = \iint\limits_{D_{xy}} (x + \sqrt{3})\,\mathrm{d}x\mathrm{d}y$

$$= \sqrt{3}\iint\limits_{D_{xy}} \mathrm{d}x\mathrm{d}y = \sqrt{3} \times \pi \times 1 \times \dfrac{2}{\sqrt{3}} = 2\pi.$$

9. 解：原式 $= \lim\limits_{x \to 0} \left[1 + \left(\dfrac{\ln(1+x) - x}{x}\right)^{\frac{x}{\ln(1+x) - x}}\right]^{\frac{1}{e^x - 1} \cdot \frac{\ln(1+x) - x}{x}} = \mathrm{e}^{\lim\limits_{x \to 0}\frac{\ln(1+x) - x}{x(e^x - 1)}} = \mathrm{e}^{\lim\frac{\frac{1}{1+x} - 1}{x^2}} = \mathrm{e}^{\frac{1}{2}}$

10. 解：由 $g(x)$ 可导且在 $x = 1$ 处取极值 $g(1) = 1$ 所以 $g'(1) = 0$

$$\dfrac{\partial z}{\partial x} = f'_1[xy, yg(x)]y + f'_2[xy, yg(x)]yg'(x)$$

$$\dfrac{\partial^2 z}{\partial x \partial y} = f'_1[xy, yg(x)] + y[xf''_{11}(xy, yg(x)) + g(x)f''_{12}(xy, yg(x))]$$

$$\dfrac{\partial^2 z}{\partial x \partial y} = f'_x(1,1) + f''_{11}(1,1) + f''_{12}(1,1)$$

11. 解：

令 $f(x) = k\arctan x - x$

$f'(x) = \dfrac{k - 1 - x^2}{1 + x^2}$

(1) 当 $k - 1 \leqslant 0$，即 $k \leqslant 1$ 时，$f'(x) \leqslant 0$（除去可能一点外 $f'(x) < 0$），所以 $f(x)$ 单调减少，又因为 $\lim\limits_{x \to -\infty} f(x) = +\infty$，$\lim\limits_{x \to +\infty} f(x) = -\infty$，所以方程只有一个根.

(2) 当 $k - 1 > 0$，即 $k > 1$ 时，由 $f'(x) = 0$ 得 $x = \pm\sqrt{k - 1}$，

当 $x \in (-\infty, -\sqrt{k-1})$ 时，$f'(x) < 0$，当 $x \in (-\sqrt{k-1}, \sqrt{k-1})$ 时，$f'(x) > 0$；

当 $x \in (\sqrt{k-1}, +\infty)$ 时，$f'(x) < 0$，

所以 $x = -\sqrt{k-1}$ 为极小点，$x = \sqrt{k-1}$ 为极大点

极小值为 $-k\arctan\sqrt{k-1} + \sqrt{k-1}$，极大值为 $k\arctan\sqrt{k-1} - \sqrt{k-1}$，

令 $\sqrt{k-1} = t$，当 $k > 1$ 时，$t > 0$，令 $g(t) = k\arctan\sqrt{k-1} - \sqrt{k-1} = (1+t^2)\arctan t - t$，

显然 $g(0) = 0$，因为 $g'(t) = 2t\arctan t > 0$，所以 $g(t) > g(0) = 0$（当 $t > 0$），

即 $k\arctan\sqrt{k-1} - \sqrt{k-1} > 0$，极小值 $-k\arctan\sqrt{k-1} + \sqrt{k-1} < 0$，

极大值 $k\arctan\sqrt{k-1} - \sqrt{k-1} > 0$，

又因为 $\lim\limits_{x \to -\infty} f(x) = +\infty$，$\lim\limits_{x \to +\infty} f(x) = -\infty$，所以方程有三个根，分别位于

$(-\infty, \sqrt{k-1})$，$(-\sqrt{k-1}, \sqrt{k-1})$ 及 $(\sqrt{k-1}, +\infty)$ 内.

12. 解：

(1) $f(x) = \ln(1+x)$ 在 $\left[0, \dfrac{1}{n}\right]$ 应用中值定理，$\ln\left(1+\dfrac{1}{n}\right) = \ln\left(1+\dfrac{1}{n}\right) - \ln 1 = \dfrac{1}{1+\xi} \cdot \dfrac{1}{n}$

$0 < \xi < \dfrac{1}{n}, \dfrac{1}{1+\dfrac{1}{n}} < \dfrac{1}{1+\xi} < 1$，即 $\dfrac{1}{1+\dfrac{1}{n}} \cdot \dfrac{1}{n} < \ln\left(1+\dfrac{1}{n}\right) < \dfrac{1}{n}$

(2) $a_{n+1} = 1 + 1/2 + \cdots + \dfrac{1}{n+1} - \ln(n+1)$

$a_{n+1} - a_n = \dfrac{1}{n+1} - \ln(n+1) + \ln n = \dfrac{1}{n+1} - \dfrac{1}{\xi}, n < \xi < n+1$

其中 $a_{n+1} - a_n < 0, a_{n+1} < a_n$ 即 $\{a_n\}$ 单调递减

$a_n = 1 + 1/2 + \cdots + \dfrac{1}{n} > \ln\left(1+\dfrac{1}{1}\right) + \ln\left(1+\dfrac{1}{2}\right) + \cdots + \ln\left(1+\dfrac{1}{n}\right) - \ln n$

$= \ln 2 - \ln 3/2 + \cdots + \ln\dfrac{n+1}{n} - \ln n$

$= \ln(n+1) - \ln n = \ln\dfrac{n+1}{n} > 0$

$\{a_n\}$ 单调递减有界，故收敛．

13. 解：

$I = \iint\limits_D xy f''_{xy}(x,y)\,\mathrm{d}x\mathrm{d}y = \int_0^1 x\,\mathrm{d}x \int_0^1 y f''_{xy}(x,y)\,\mathrm{d}y$

$\int_0^1 y f''_{xy}(x,y)\,\mathrm{d}y = \int_0^1 y\,\mathrm{d}f'_x(x,y) = y f'_x(x,y)\big|_0^1 - \int_0^1 f'_x(x,y)\,\mathrm{d}y$,

于是，$I = \int_0^1 x\,\mathrm{d}x \int_0^1 y f''_{xy}(x,y)\,\mathrm{d}y = \int_0^1 x f'_x(x,1)\,\mathrm{d}x - \int_0^1 x\,\mathrm{d}x \int_0^1 y f'_x(x,y)\,\mathrm{d}y$

$= x f(x,1)\big|_0^1 - \int_0^1 x\,\mathrm{d}x \int_0^1 y f'_x(x,y)\,\mathrm{d}y = -\int_0^1 \mathrm{d}y \int_0^1 x f'_x(x,y)\,\mathrm{d}x$

$= -\left[\int_0^1 x f_x(x,y)\big|_0^1 \mathrm{d}y - \int_0^1 \mathrm{d}y \int_0^1 f_x(x,y)\,\mathrm{d}x\right] = \int_0^1 \mathrm{d}y \int_0^1 f(x,y)\,\mathrm{d}x = \iint\limits_D f(x,y)\,\mathrm{d}x\mathrm{d}y = a.$

14. 解：令 $f(x) = x\ln\dfrac{1+x}{1-x} + \cos x - 1 - \dfrac{x^2}{2}$，可得

$f'(x) = \ln\dfrac{1+x}{1-x} + x \cdot \dfrac{1+x}{1-x} \cdot \dfrac{2}{(1-x)^2} - \sin x - x$

$\qquad = \ln\dfrac{1+x}{1-x} + \dfrac{2x}{1-x^2} - \sin x - x$

$\qquad = \ln\dfrac{1+x}{1-x} + \dfrac{1+x^2}{1-x^2} \cdot x - \sin x$

当 $0 < x < 1$ 时，有 $\ln\dfrac{1+x}{1-x} \geqslant 0, \dfrac{1+x^2}{1-x^2} > 1$，所以 $\dfrac{1+x^2}{1-x^2} \cdot x - \sin x \geqslant 0$，

故 $f'(x) \geqslant 0$，而 $f(0) = 0$，即得 $x\ln\dfrac{1+x}{1-x} + \cos x - 1 - \dfrac{x^2}{2} \geqslant 0$

所以 $x\ln\dfrac{1+x}{1-x} + \cos x \geqslant \dfrac{x^2}{2} + 1$.

当 $-1 < x < 0$，有 $\ln\dfrac{1+x}{1-x} \leqslant 0, \dfrac{1+x^2}{1-x^2} > 1$，所以 $\dfrac{1+x^2}{1-x^2} \cdot x - \sin x \leqslant 0$，

故 $f'(x) \geqslant 0$,即得 $x\ln\dfrac{1+x}{1-x} + \cos x - 1 - \dfrac{x^2}{2} \geqslant 0$

可知,$x\ln\dfrac{1+x}{1-x} + \cos x \geqslant 1 + \dfrac{x^2}{2}, -1 < x < 1.$

15. 解:$f(x,y) = x\mathrm{e} - \dfrac{x^2+y^2}{2}$,

先求函数的驻点. $f_x'(x,y) = \mathrm{e} - x = 0, f_y'(x,y) = -y = 0$,解得函数为驻点为 $(\mathrm{e},0)$.

又 $A = f_{xx}'(\mathrm{e},0) = -1, B = f_{xy}'(\mathrm{e},0) = 0, C = f_{yy}'(\mathrm{e},0) = -1$,

所以 $B^2 - AC < 0, A < 0$,故 $f(x,y)$ 在点 $(\mathrm{e},0)$ 处取得极大值 $f(\mathrm{e},0) = \dfrac{1}{2}\mathrm{e}^2$.

16. 解:$R = \lim\limits_{n\to\infty}\left|\dfrac{a_n}{a_{n+1}}\right| = \lim\limits_{n\to\infty}\left|\dfrac{a_n}{a_{n+1}}\right| = \lim\limits_{n\to\infty}\left|\dfrac{\dfrac{4n^2+4n+3}{2n+1}}{\dfrac{4(n+1)^2+4(n+1)+3}{2(n+1)+1}}\right|$

$= \lim\limits_{n\to\infty}\left|\dfrac{4n^2+4n+3}{2n+1} \cdot \dfrac{2(n+1)+1}{4(n+1)^2+4(n+1)+3}\right| = 1$

$S(x) = \sum\limits_{n=0}^{\infty}\dfrac{4n^2+4n+3}{2n+1}x^{2n}$

$\int_0^x S(t)\mathrm{d}t = \sum\limits_{n=0}^{\infty}\int_0^x \dfrac{4n^2+4n+3}{2n+1}x^{2n}\mathrm{d}x$

$x = 1$ 时 $\sum\limits_{n=0}^{\infty}\dfrac{4n^2+4n+3}{2n+1}x^{2n}$ 发散

因 $\lim\limits_{n\to\infty}\dfrac{\dfrac{4n^2+4n+3}{2n+1}}{\dfrac{1}{2n+1}} = \infty$

$x = -1$ 时 $\sum\limits_{n=0}^{\infty}\dfrac{4n^2+4n+3}{2n+1}(-1)^{2n}$ 发散

故 $x \in (-1,1)$ 为函数的收敛域.

和函数为 $S(x) = \sum\limits_{n=0}^{\infty}\dfrac{4n^2+4n+3}{2n+1}x^{2n} \cdot \dfrac{1}{x}$.

17. 解:设圆 $x^2+y^2 = 2x$ 为圆 C_1,圆 $x^2+y^2 = 4$ 为圆 C_2,下补线利用格林公式即可,设所补直线 L_1 为 $x = 0(0 \leqslant y \leqslant 2)$,下用格林格林公式得:

原式 $= \int_{L+L_1} 3x^2 y\mathrm{d}x + (x^3+x-2y)\mathrm{d}y - \int_{L_1} 3x^2 y\mathrm{d}x + (x^3+x-2y)\mathrm{d}y$

$= \iint_D (3x^2+1-3x^2)\mathrm{d}x\mathrm{d}y - \int_2^0 -2y\mathrm{d}y$

$= \dfrac{1}{4}S_{C_2} - \dfrac{1}{2}S_{C_1} + 4 = \dfrac{\pi}{2} - 4$

18. 解:使用分部积分法和换元积分法

$\int_0^1 \dfrac{f(x)}{\sqrt{x}}\mathrm{d}x = 2\int_0^1 f(x)\mathrm{d}\sqrt{x} = 2\sqrt{x}f(x)\Big|_0^1 - 2\int_0^1 f'(x)\sqrt{x}\mathrm{d}x$

$= -2\int_0^1 \dfrac{\ln(1+x)}{\sqrt{x}}\mathrm{d}x = -4\int_0^1 \ln(1+x)\mathrm{d}\sqrt{x}$

$$=-4\ln(1+x)\sqrt{x}\Big|_0^1+4\int_0^1\sqrt{x}\,\mathrm{d}\ln(1+x)$$

$$=-4\ln2+4\int_0^1\frac{\sqrt{x}}{1+x}\mathrm{d}x=-4\ln2+4\int_0^1\frac{t}{1+t^2}2t\mathrm{d}t$$

$$=-4\ln2+8\int_0^1\frac{t^2}{1+t^2}\mathrm{d}t=-4\ln2+8\int_0^1\left(1-\frac{1}{1+t^2}\right)\mathrm{d}t$$

$$=-4\ln2+8(t-\arctan t)\Big|_0^1=-4\ln2+8-2\pi$$

19. 解:① 证明:由题意得

$$s'(x)=\sum_{n=1}^{\infty}na_nx^{n-1}$$

$$s''(x)=\sum_{n=2}^{\infty}n(n-1)a_nx^{n-2}=\sum_{n=0}^{\infty}(n+1)(n+2)a_{n+2}x^n$$

因 $a_n=(n+1)(n+2)a_{n+2}$ $(n=0,1,2,\cdots)$

故 $s''(x)=s(x)$

即 $s''(x)-s(x)=0$

② 解: $s''(x)-s(x)=0$ 为二阶常系数齐次线性微分方程,其特征方程为 $\lambda^2-1=0$,从而 $\lambda=\pm1$,于是 $s(x)=C_1\mathrm{e}^{-x}+C_2\mathrm{e}^x$,

由 $s(0)=a_0=3,s'(0)=a_1=1$,得 $\begin{cases}C_1+C_2=3\\-C_1+C_2=1\end{cases}\Rightarrow C_1=1,C_2=2$

所以 $s(x)=\mathrm{e}^{-x}+2\mathrm{e}^x$.

20. 解:先求驻点,令

$$\begin{cases}f_x=\left(x^2+y+\frac{1}{3}x^3\right)\mathrm{e}^{x+y}=0\\f_y=\left(1+y+\frac{1}{3}x^3\right)\mathrm{e}^{x+y}=0\end{cases},\text{解得}\begin{cases}x=-1\\y=-\frac{2}{3}\end{cases}\text{或}\begin{cases}x=1\\y=-\frac{4}{3}\end{cases}$$

为了判断这两个驻点是否为极值点,求二阶导数

$$\begin{cases}f_{xx}=\left(2x+2x^2+y+\frac{1}{3}x^3\right)\mathrm{e}^{x+y}\\f_{xy}=\left(x^2+1+y+\frac{1}{3}x^3\right)\mathrm{e}^{x+y}\\f_{yy}=\left(2+y+\frac{1}{3}x^3\right)\mathrm{e}^{x+y}\end{cases}$$

在点 $\left(-1,-\frac{2}{3}\right)$ 处, $A=f_{xx}\left(-1,-\frac{2}{3}\right)=-\mathrm{e}^{-\frac{5}{3}},B=f_{xy}\left(-1,-\frac{2}{3}\right)=\mathrm{e}^{-\frac{5}{3}}$,

$C=f_{yy}\left(-1,-\frac{2}{3}\right)=\mathrm{e}^{-\frac{5}{3}}$

因为 $A<0,AC-B^2<0$,所以 $\left(-1,-\frac{2}{3}\right)$ 不是极值点.

类似的,在点 $\left(1,-\frac{4}{3}\right)$ 处, $A=f_{xx}\left(1,-\frac{4}{3}\right)=3\mathrm{e}^{-\frac{1}{3}},B=f_{xy}\left(1,-\frac{4}{3}\right)=\mathrm{e}^{-\frac{1}{3}},C=f_{yy}\left(1,-\frac{4}{3}\right)=\mathrm{e}^{-\frac{1}{3}}$

因为 $A>0,AC-B^2=2\mathrm{e}^{-\frac{2}{3}}>0$,所以 $\left(1,-\frac{4}{3}\right)$ 是极小值点,极小值为 $f\left(1,-\frac{4}{3}\right)=$

$\left(-\dfrac{4}{3} + \dfrac{1}{3}\right)e^{-\frac{1}{3}} = -e^{-\frac{1}{3}}$.

21. 证明:$f(x)$ 在 $[-1,1]$ 上可导,且为奇函数,所以 $f(0) = 0$
    $f(1) - f(0) = f'(\xi)$,所以 $f'(\xi) = 1$
    又 $f(x)$ 为奇函数,所以 $f'(x)$ 为偶函数,$f'(-\xi) = f'(\xi) = 1$
    构造函数 $g(x) = e^x(f'(x) - 1)$
    $g(-\xi) = g(\xi) = 0$
    由 rolle 定理存在 $\eta \in (-1,1)$,$g'(\eta) = 0$
    $g'(x) = e^x[f'(x) - 1 + f''(x)]$
    所以 $f''(\eta) + f'(\eta) = 1$.

22. 解:

    (1) $\vec{AB} = \{-1, 1, 1\}$

    $L: \dfrac{x-1}{-1} = \dfrac{y}{1} = \dfrac{z}{1}$

    $\forall M(x,y,z) \in \Sigma$,对应于 L 上的点 $M_0(x_0, y_0, z_0)$

    则 $x^2 + y^2 = x_0^2 + y_0^2$,

    由 $\begin{cases} x_0 = 1 - z \\ y_0 = z \end{cases}$ 得 $\Sigma: x^2 + y^2 = (1-z)^2 + z^2$

    即 $\Sigma: x^2 + y^2 = 2z^2 - 2z + 1$

    (2) 显然 $\bar{x} = 0, \bar{y} = 0$

    $\bar{z} = \dfrac{\iiint_\Omega z\,dv}{\iiint_\Omega dv}$

    $\iiint_\Omega dv = \int_0^2 dz \iint_{2z^2-2z+1} dxdy = \pi \int_0^2 (2z^2 - 2z + 1)dz = \pi\left(\dfrac{16}{3} - 4 + 2\right) = \dfrac{10}{3}\pi$

    $\iiint_\Omega z\,dv = \int_0^2 z\,dz \iint_{2z^2-2z+1} dxdy = \pi \int_0^2 (2z^3 - 2z^2 + z)dz = \pi\left(8 - \dfrac{16}{3} + 2\right) = \dfrac{14}{3}\pi$

    故 $\bar{z} = \dfrac{7}{5}$

    所以重心坐标 $\left(0, 0, \dfrac{7}{5}\right)$.

23. 解:① 作辅助函数 $\varphi(x) = f(x) - f(a) - \dfrac{f(b) - f(a)}{b - a}(x - a)$,易验证 $\varphi(x)$ 满足:

    $\varphi(a) = \varphi(b)$;$\varphi(x)$ 在闭区间 $[a,b]$ 上连续,在开区间 (a,b) 内可导,且 $\varphi'(x) = f'(x) - \dfrac{f(b) - f(a)}{b - a}$.

    根据罗尔定理,可得在 (a,b) 内至少有一点 ξ,使 $\varphi'(\xi) = 0$,即

    $f'(\xi) - \dfrac{f(b) - f(a)}{b - a} = 0$,$\therefore f(b) - f(a) = f'(\xi)(b - a)$.

    ② 任取 $x_0 \in (0, \delta)$,则函数 $f(x)$ 满足:

    在闭区间 $[0, x_0]$ 上连续,开区间 $(0, x_0)$ 内可导,从而有拉格朗日中值定理可得:存在

$\xi_{x_0} \in (0, x_0) \subset (0, \delta)$,使得 $f'(\xi_{x_0}) = \dfrac{f(x_0) - f(0)}{x_0 - 0}$ ……(*)

又由于 $\lim\limits_{x \to 0^+} f'(x) = A$,对上式(*)式两边取 $x_0 \to 0^+$ 时的极限可得:

$$f_+'(0) = \lim_{x_0 \to 0^+} \dfrac{f(x_0) - f(0)}{x_0 - 0} = \lim_{x_0 \to 0^+} f'(\xi_{x_0}) = \lim_{\xi_{x_0} \to 0^+} f'(\xi_{x_0}) = A$$

故 $f_+'(0)$ 存在,且 $f_+'(0) = A$.

24. 解:$I = \oiint\limits_{\Sigma} \dfrac{x\mathrm{d}y\mathrm{d}z + y\mathrm{d}x\mathrm{d}z + z\mathrm{d}x\mathrm{d}y}{(x^2 + y^2 + z^2)^{3/2}}$,其中 $2x^2 + 2y^2 + z^2 = 4$

因 $\dfrac{\partial}{\partial x}\left(\dfrac{x}{(x^2 + y^2 + z^2)^{3/2}}\right) = \dfrac{y^2 + z^2 - 2x^2}{(x^2 + y^2 + z^2)^{5/2}}$,①

$\dfrac{\partial}{\partial y}\left(\dfrac{y}{(x^2 + y^2 + z^2)^{3/2}}\right) = \dfrac{x^2 + z^2 - 2y^2}{(x^2 + y^2 + z^2)^{5/2}}$,②

$\dfrac{\partial}{\partial z}\left(\dfrac{z}{(x^2 + y^2 + z^2)^{3/2}}\right) = \dfrac{x^2 + y^2 - 2z^2}{(x^2 + y^2 + z^2)^{5/2}}$,③

故 ① + ② + ③ $= \dfrac{\partial}{\partial x}\left(\dfrac{x}{(x^2 + y^2 + z^2)^{3/2}}\right) + \dfrac{\partial}{\partial y}\left(\dfrac{y}{(x^2 + y^2 + z^2)^{3/2}}\right)$

$\qquad + \dfrac{\partial}{\partial z}\left(\dfrac{z}{(x^2 + y^2 + z^2)^{3/2}}\right) = 0$

由于被积函数及其偏导数在点 $(0,0,0)$ 处不连续,作封闭曲面(外侧)

$\sum_1 : x^2 + y^2 + z^2 = R^2. \ 0 < R < \dfrac{1}{16}$ 有

$\oiint\limits_{\Sigma} = \oiint\limits_{\Sigma_1} \dfrac{x\mathrm{d}y\mathrm{d}z + y\mathrm{d}x\mathrm{d}z + z\mathrm{d}x\mathrm{d}y}{(x^2 + y^2 + z^2)^{3/2}} = \oiint\limits_{\Sigma_1} \dfrac{x\mathrm{d}y\mathrm{d}z + y\mathrm{d}x\mathrm{d}z + z\mathrm{d}x\mathrm{d}y}{R^3}$

$= \dfrac{1}{R^3}\iiint\limits_{\Omega} 3 \mathrm{d}V = \dfrac{3}{R^3} \cdot \dfrac{4\pi R^3}{3} = 4\pi.$

25. 解:原式 $\lim\limits_{x \to 0} \dfrac{x + a\ln(1 + x) + bx\sin x}{kx^3} = 1$

$= \lim\limits_{x \to 0} \dfrac{x + a\left[x - \dfrac{x^2}{2} + \dfrac{x^3}{3} + o(x^3)\right] + bx\left[x - \dfrac{x^3}{6} + o(x^3)\right]}{kx^3} = 1$

$= \lim\limits_{x \to 0} \dfrac{(1 + a)x + \left(b - \dfrac{a}{2}\right)x^2 + \dfrac{a}{3}x^3 - \dfrac{b}{6}x^4 + o(x^3)}{kx^3} = 1$

即 $1 + a = 0, b - \dfrac{a}{2} = 0, \dfrac{a}{3k} = 1$

故 $a = -1, b = -\dfrac{1}{2}, k = -\dfrac{1}{3}$.

26. 解:设 $f(x)$ 在点 $(x_0, f(x_0))$ 处的切线方程为:$y - f(x_0) = f'(x_0)(x - x_0)$,

令 $y = 0$,得到 $x = -\dfrac{f(x_0)}{f'(x_0)} + x_0$,

故由题意,$\dfrac{1}{2} f(x_0) \cdot (x_0 - x) = 4$,即 $\dfrac{1}{2} f(x_0) \cdot \dfrac{f(x_0)}{f'(x_0)} = 4$,可以转化为一阶微分方程,

即 $y' = \dfrac{y^2}{8}$,可分离变量得到通解为:$\dfrac{1}{y} = -\dfrac{1}{8}x + C$,

已知 $y(0)=2$，得到 $C=\dfrac{1}{2}$，因此 $\dfrac{1}{y}=-\dfrac{1}{8}x+\dfrac{1}{2}$；

即 $f(x)=\dfrac{8}{-x+4}$.

27. 解：

因为 $f(x,y)$ 沿着梯度的方向的方向导数最大，且最大值为梯度的模.

$f_x{}'(x,y)=1+y, f_y{}'(x,y)=1+x$,

故 $\mathrm{grad} f(x,y)=\{1+y,1+x\}$，模为 $\sqrt{(1+y)^2+(1+x)^2}$,

此题目转化为对函数 $g(x,y)=\sqrt{(1+y)^2+(1+x)^2}$

在约束条件 $C:x^2+y^2+xy=3$ 下的最大值. 即为条件极值问题.

为了计算简单，可以转化为对 $d(x,y)=(1+y)^2+(1+x)^2$

在约束条件 $C:x^2+y^2+xy=3$ 下的最大值.

构造函数：$F(x,y,\lambda)=(1+y)^2+(1+x)^2+\lambda(x^2+y^2+xy-3)$

$$\begin{cases} F'_x=2(1+x)+\lambda(2x+y)=0 \\ F'_y=2(1+y)+\lambda(2y+x)=0, \\ F'_\lambda=x^2+y^2+xy-3=0 \end{cases}$$

得到 $M_1(1,1), M_2(-1,-1), M_3(2,-1), M_4(-1,2)$.

$d(M_1)=8, d(M_2)=0, d(M_3)=9, d(M_4)=9$

所以最大值为 $\sqrt{9}=3$.

28. 解：

① $[u(x)v(x)]' = \lim\limits_{h\to 0}\dfrac{u(x+h)v(x+h)-u(x)v(x)}{h}$

$= \lim\limits_{h\to 0}\dfrac{u(x+h)v(x+h)-u(x+h)v(x)+u(x+h)v(x)-u(x)v(x)}{h}$

$= \lim\limits_{h\to 0} u(x+h)\dfrac{v(x+h)-v(x)}{h} + \lim\limits_{h\to 0}\dfrac{u(x+h)-u(x)}{h}v(x)$

$= u(x)v'(x)+u'(x)v(x)$

② 由题意得

$f'(x)=[u_1(x)u_2(x)\cdots u_n(x)]'$

$=u_1{}'(x)u_2(x)\cdots u_n(x)+u_1(x)u_2{}'(x)\cdots u_n(x)+\cdots+u_1(x)u_2(x)\cdots u_n{}'(x)$.

29. 解： 由题意假设参数方程 $\begin{cases} x=\cos\theta \\ y=\sqrt{2}\sin\theta, \theta:\dfrac{\pi}{2}\to -\dfrac{\pi}{2} \\ z=\cos\theta \end{cases}$

$\displaystyle\int_{\frac{\pi}{2}}^{-\frac{\pi}{2}}[-(\sqrt{2}\sin\theta+\cos\theta)\sin\theta+2\sin\theta\cos\theta+(1+\sin^2\theta)\sin\theta]d\theta$

$=\displaystyle\int_{\frac{\pi}{2}}^{-\frac{\pi}{2}}-\sqrt{2}\sin^2\theta+\sin\theta\cos\theta+(1+\sin^2\theta)\sin\theta d\theta$

$=2\sqrt{2}\displaystyle\int_0^{\frac{\pi}{2}}\sin^2\theta d\theta=\dfrac{\sqrt{2}}{2}\pi$.